AT-AT Walker를 활용한

디지털모델링

From Analogue to Digital,
From Digital to Analogue

이나래 · 박기백 · 함남혁 · 유기찬 공저

3차원 기반 구조 설계 및 정보 관리를 위한 BIM

파라메트릭한 구조 설계 및 정보 구축 | 건축, 구조 협업체계 구축을 위한 환경 제공 | 설계변경에 따른
물량관리 | 다양한 구조 BIM Tool의 활용 | 빠르고 정확한 엔지니어링 시각화

한솔아카데미
H/A/N/S/O/L/A/C/A/D/E/M/Y

*AT-AT Walker*를
활용한 디지털 모델링 방법론를 만들면서

머리말

건설 산업에 있어 프로세스는 참으로 간단해 보이기도 하면서 복잡합니다. 35년 전에 제가 대학에 진학하였다고 하자 동네 미루나무 아래 할아버지들이 나에게 던진 말이 무슨 과로 진학할 것이냐고 물으시길래 당연 건축과로 진학할 것이라고 이야기하며 기분이 좋았습니다. 하지만 그분들은 의외로 목수하려고 대학까지 가냐고 이야기를 하는 것이었습니다.

세상의 모든 것은 변합니다. 목수일과 건축이 차이를 가져오듯이 나에게 있어서 건축이란 참으로 재미있는 것입니다.

처음 설계사무실에 입사하여 구조도면과 창호도면 등을 그리며 내가 앞으로 설계할 건물에 대한 많은 생각이 저를 감싸고 있었습니다. 그런 세월은 연필가루와 함께 날아가더니 CAD와 함께 컴퓨터가 그 자리를 대신하였습니다.

무엇이든 그 변화에 적응하지 않으면 모든 일에서 후퇴하듯이 저는 CAD에 집중하였습니다. 그러나 그때부터 우리는 형상정보와 속성정보를 바로 처리하여야 한다는 사실을 마음에 새기며 그저 애타는 마음뿐이었으나 CAD라는 물건에 우리는 정신을 팔아버려야만 했습니다. 그 때 우리는 형상과 속성에 메이기보다 Layer에 따른 선의 색깔에 정신이 팔려버리는 일이 발생하였습니다. 그 이후 우리의 건축은 큰 발전보다 있는 일에 충실한 것뿐이었습니다.

그것을 고민하던 일부 프로그래머들이 BIM Tool이라는 Revit, ArchiCAD, Bentley Tool을 만들었지만 건축인이 감당하기에는 부족한 형태의 구성이 항상 남아 있었습니다. 하지만 저희는 BIM을 하고 있으며 해야 합니다. 그래야 우리의 건축이 죽지 않을 것입니다.

BIM을 위해서 제일 먼저 해야 할 것은 형태를 잡는 일일 것입니다. 필자에게 있어 이 형태를 마음대로 잡아 주는 것이 Rhino 3D입니다. 따라서 NURB-S커브를 잡아내는 프로그램인 Rhino 3D 책을 출간하는 바입니다.

우리는 BIM Tool 안에서 어디까지 형태를 잡을 것인가를 개인적인 규칙을 가지고 있어야 한다고 생각합니다. 각자의 형태에 대한 것을 꿈꾸게 함을 위하여 이 책을 시중에 내어놓습니다.

2014년 1월
RP use technology for your 「PACE」
㈜알피종합건축사사무소

본 교육의 구성 및 특징

Rhino 3D는 3D CAD의 대표적인 프로그램으로
NURB-S커브를 구현하는 Tool 중 하나입니다.
본 교재는 Rhino 3D를 활용한 디지털 모델링 방법에 대한 교재로써
다양한 Modeling TOOL을 소개하고 사용법을 익히는데 그 의의를 가지고 있습니다.
본 교재는 아래와 같이 구성되어 있습니다.

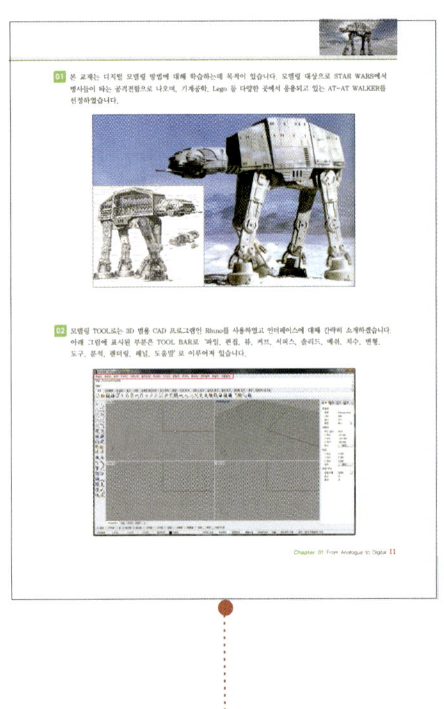

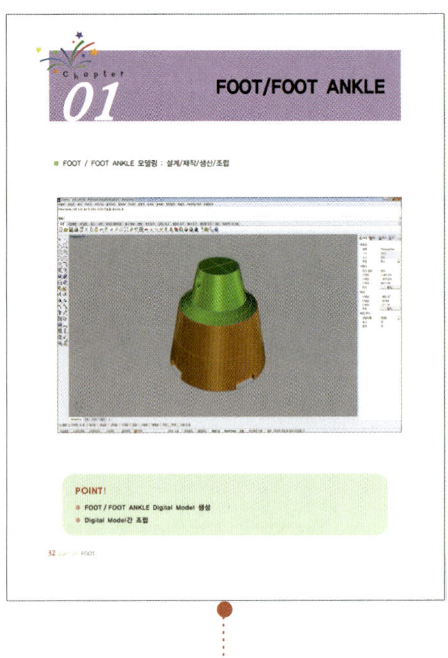

| 1단계 | 기본 인터페이스 소개

Rhino 3D의 기본 인터페이스를 알기 쉽게 설명하고
있어 교재를 진행하기 앞서 Rhino 3D를 좀 더 쉽게
접할 수 있습니다.

| 2단계 | POINT 요약

강의별 학습목표 설명을 통해 학습의 목표를 설정
하고, 쉽게 정리된 Point를 통해 각 단계별 학습
효과를 향상시킬 수 있습니다.

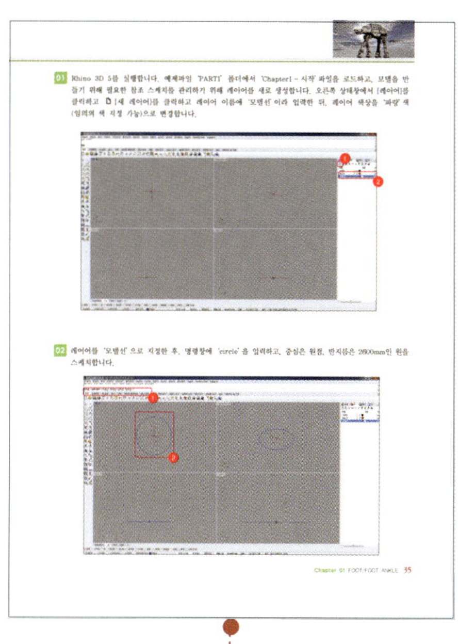

| 3단계 | 따라하기 편의성 제공

교재의 Revit 및 Navisworks 화면에 표시된 숫자 순서대로 학습을 보다 쉽게 진행할 수 있습니다.

| 4단계 | 예제파일

각 강별로 시작파일과 완료파일을 제공하고 있어 학습을 차질없이 진행하실 수 있습니다.

 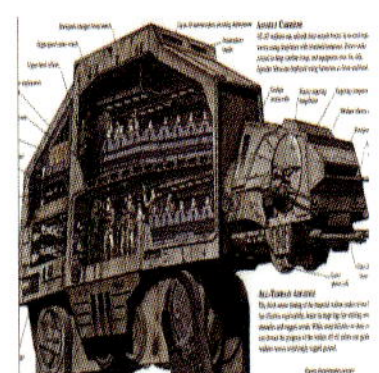

Prologue **From Analogue to Digital, From Digital to Analogue** ·········· 9

01. From Analogue to Digital 10
02. From Digital to Analogue 22

Part 01 **FOOT** ··· 33

01. FOOT/FOOT ANKLE 34
02. TOE 모델링 58
03. ANKLE 모델링 68
04. ANKLE GEAR BOX 모델링 88

Part 02 **LEG** ··· 107

01. LOWER LEG 모델링 108
02. UPPER LEG 모델링 142
03. LEG 배치하기 164
04. 하부 JOINT 작성하기 170
05. 상부 JOINT 작성하기 178

Part **03 BODY** ·· 195

01. BODY GEAR 모델링 196
02. OIL TANK 모델링 218
03. BODY 모델링 244
04. BODY 부속 모델링 276

Part **04 HEAD** ·· 291

01. HEAD 모델링 292
02. HEAD 모델링–Detail 316
03. GUN 모델링 338
04. UNDER GUN 모델링 348

From Analogue to Digital,
From Digital to Analogue

01_ From Analogue to Digital

02_ From Digital to Analogue

Chapter 01

From Analogue to Digital

■ Analogue Data의 Digital 화

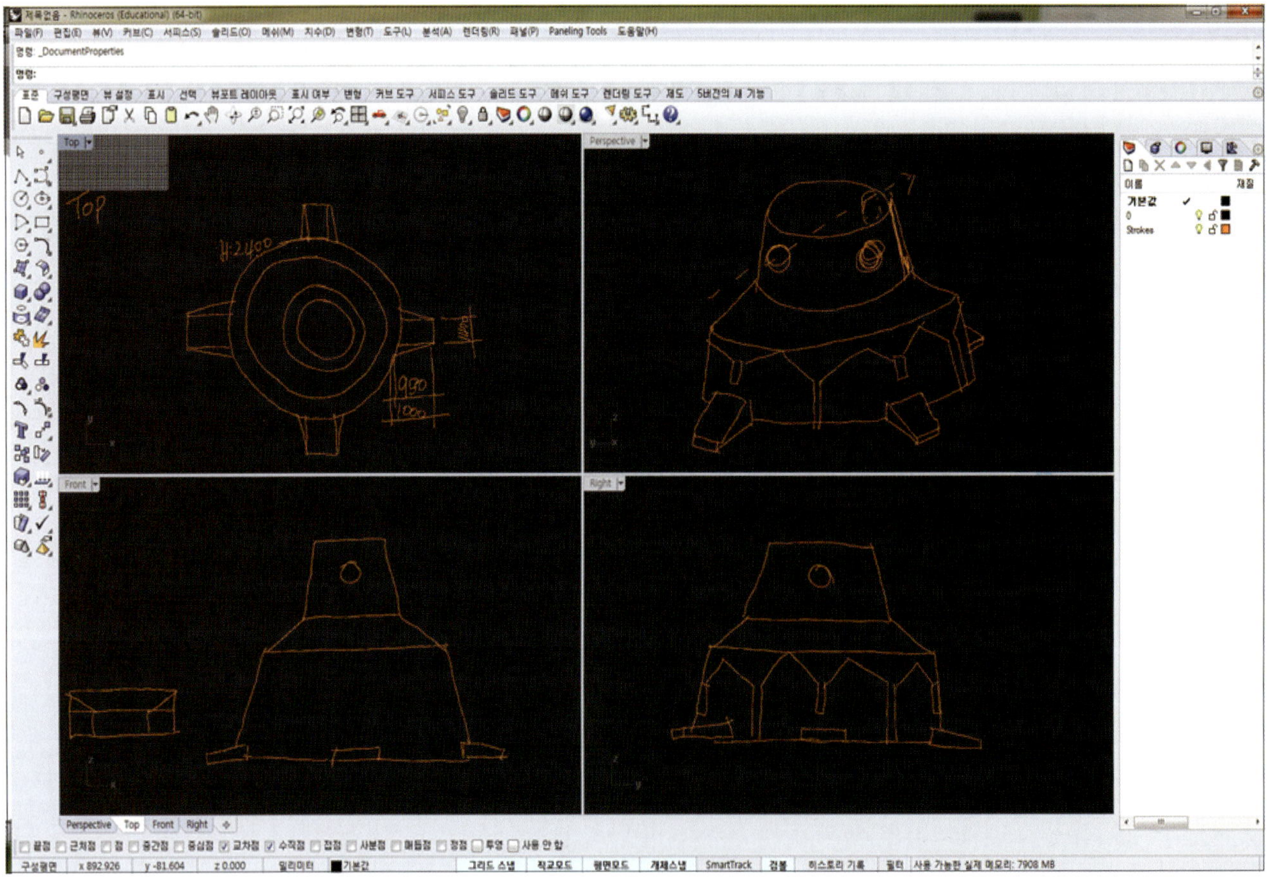

POINT!

- Sketch를 Digital Data로 만들기
- Digital Data 호환

01 본 교재는 디지털 모델링 방법에 대해 학습하는데 목적이 있습니다. 모델링 대상으로 STAR WARS에서 병사들이 타는 공격전합으로 나오며, 기계공학, Lego 등 다양한 곳에서 응용되고 있는 AT-AT WALKER를 선정하였습니다.

02 모델링 TOOL로는 3D 범용 CAD 프로그램인 Rhino를 사용하였고 인터페이스에 대해 간략히 소개하겠습니다. 아래 그림에 표시된 부분은 TOOL BAR로 '파일, 편집, 뷰, 커브, 서피스, 솔리드, 메쉬, 치수, 변형, 도구, 분석, 렌더링, 패널, 도움말' 로 이루어져 있습니다.

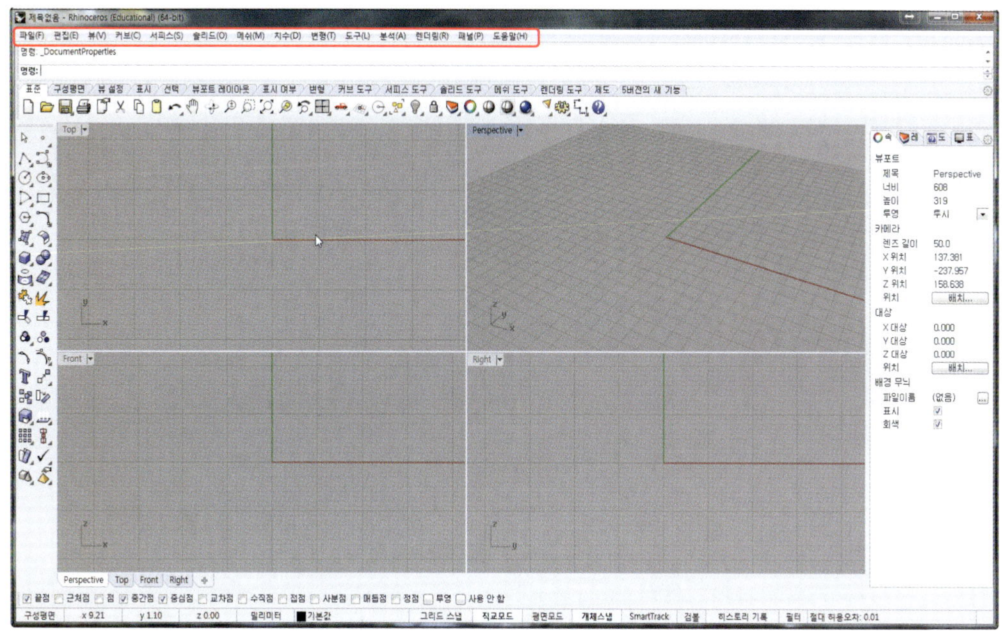

03 아래 그림의 표시된 부분은 명령창으로 라이노의 모든 명령을 text로 쳐서 실행시킬 수 있습니다.

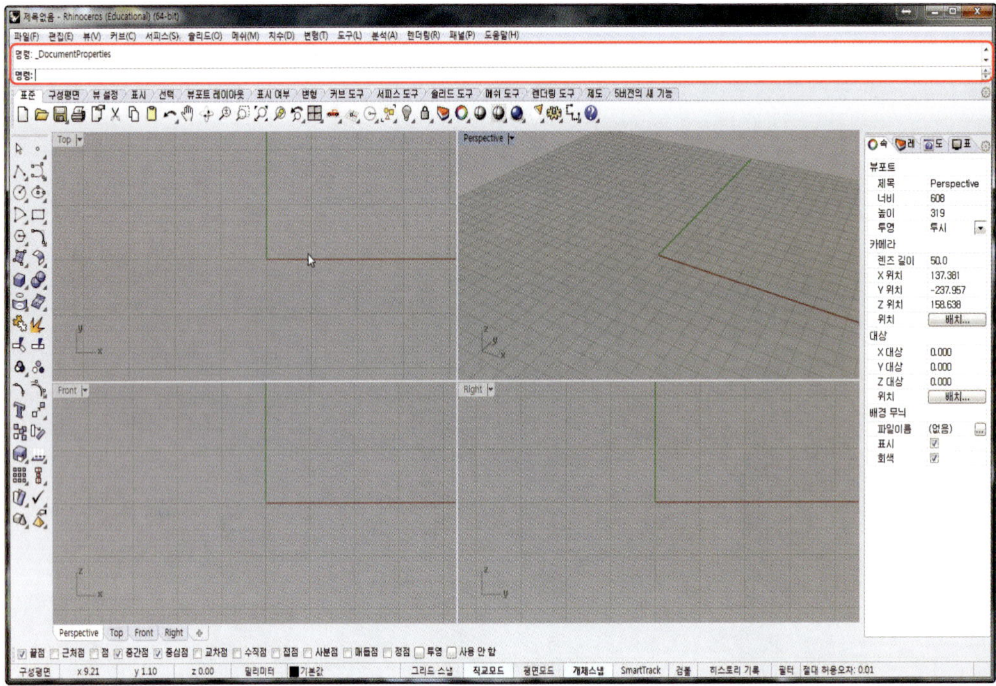

04 Rhino 5부터 새로 변형된 도구모음입니다.

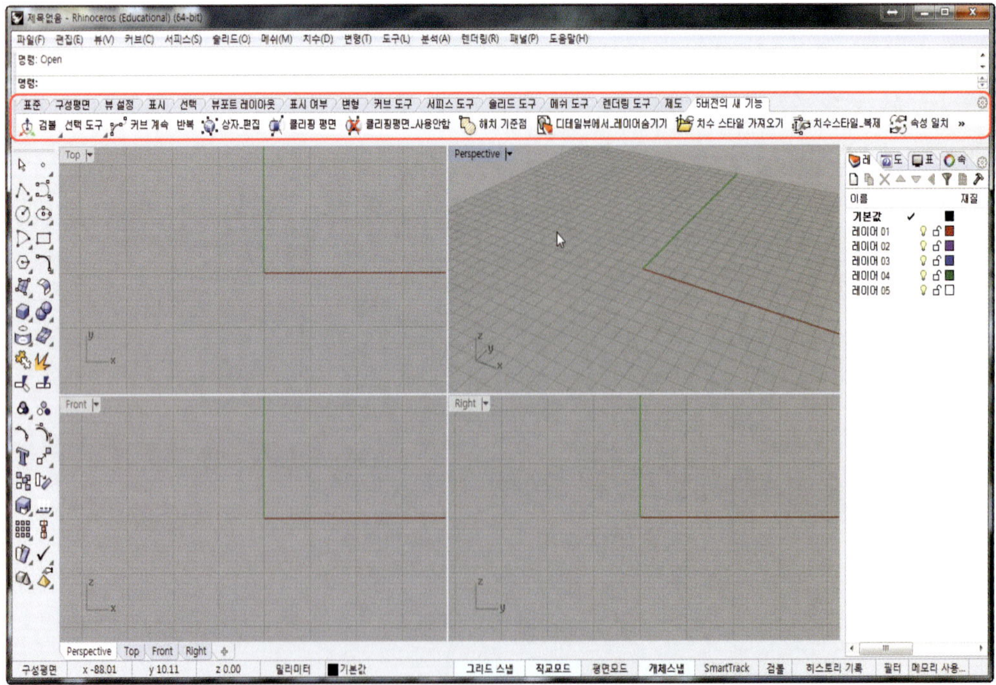

05 그리기 도구 팔레트입니다. 이곳에서는 결합, 분해, Spline, Box, Cylinder, 등 그리기에 필요한
여러 가지 도구들을 아이콘을 클릭하여 실행시킬 수 있습니다.

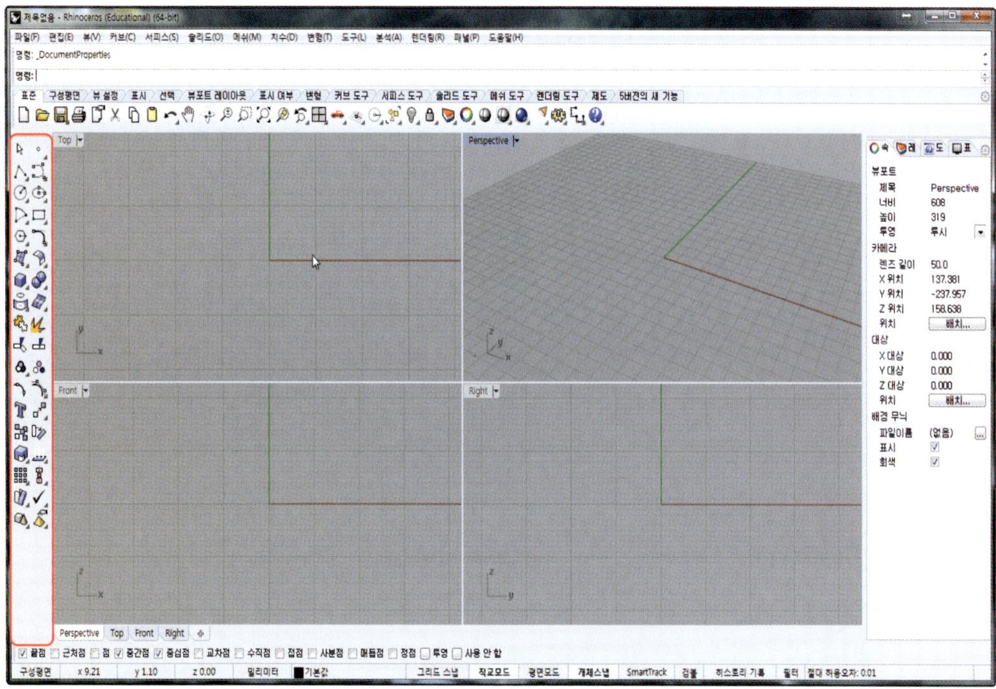

06 상태창입니다. 속성, 레이어, 도움말, 표시 탭이 기본으로 설정되어 있으며 오른쪽 톱니바퀴를 클릭하면
상태창 메뉴를 수정할 수 있습니다.

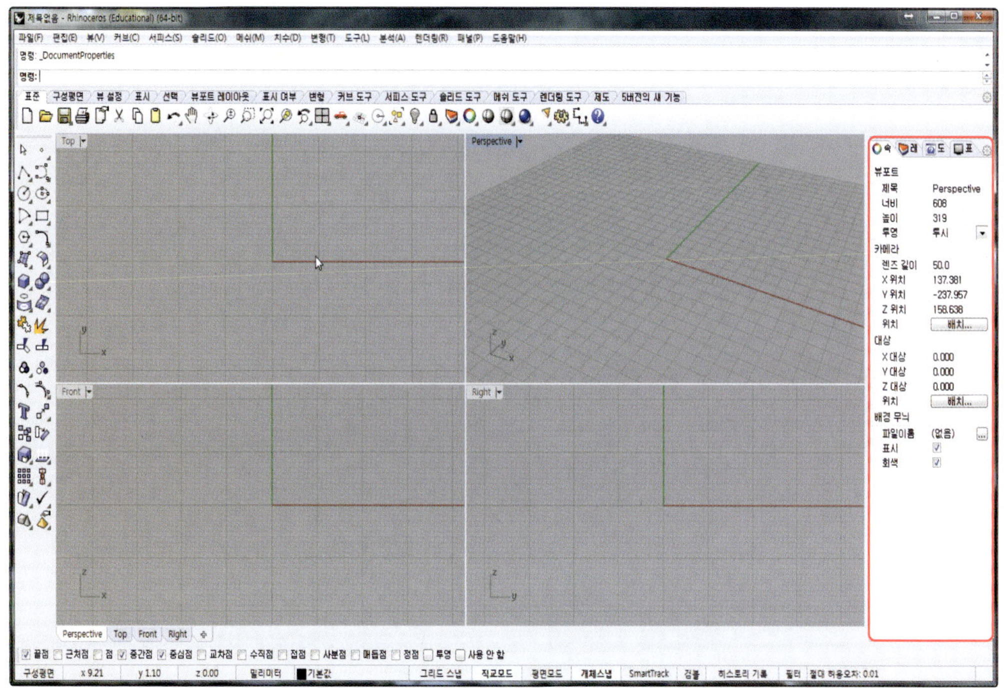

07 뷰포트(작업창)입니다. 처음 설정 시에는 Top, Perspective, Front, Right 으로 구성되어 있으며 각 뷰의 이름을 더블클릭하면 뷰포트를 확장하거나 우클릭하여 뷰포트 설정을 할 수 있도록 구성되어 있습니다.

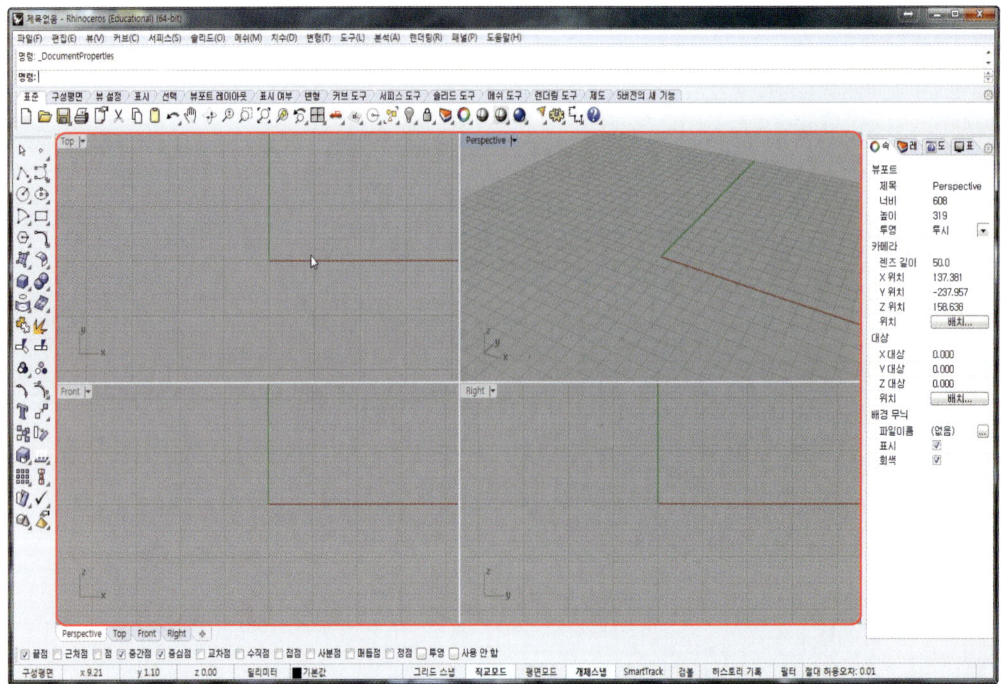

08 스냅도구입니다. 작업시 개체를 정확히 그릴 수 있도록 편의를 제공하는 메뉴입니다.

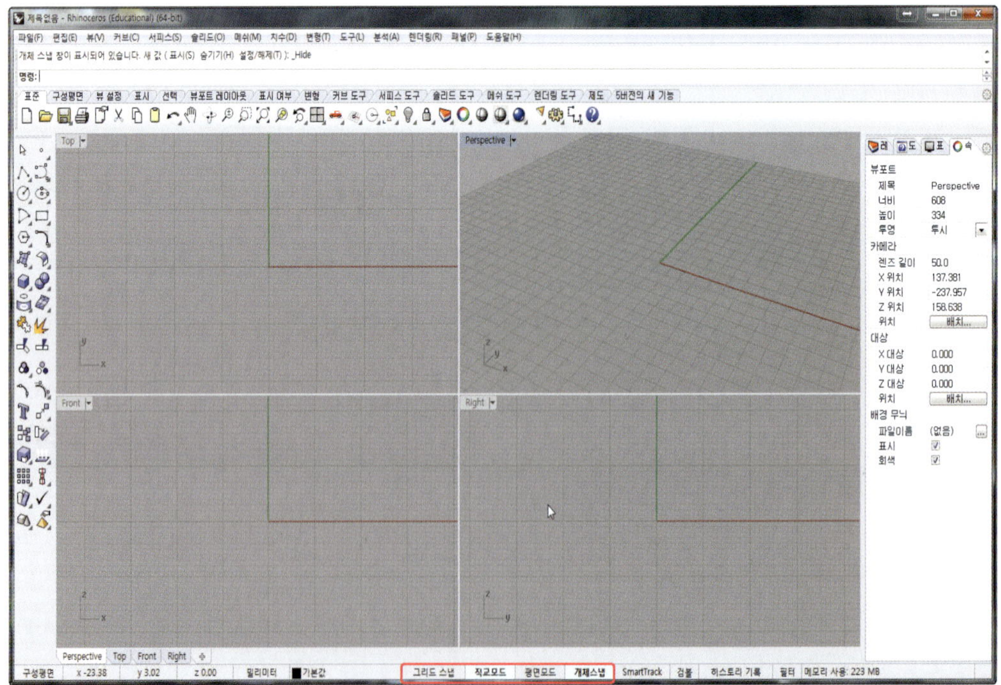

08 [도구] ➡ [개체스냅] ➡ [지속성 개체스냅 대화상자]를 체크하면 아래에 '끝점, 근처점, 중간점' 등 스냅을 위한 체크박스가 생깁니다. 작업 시 용도에 맞게 체크해서 사용할 수 있습니다.

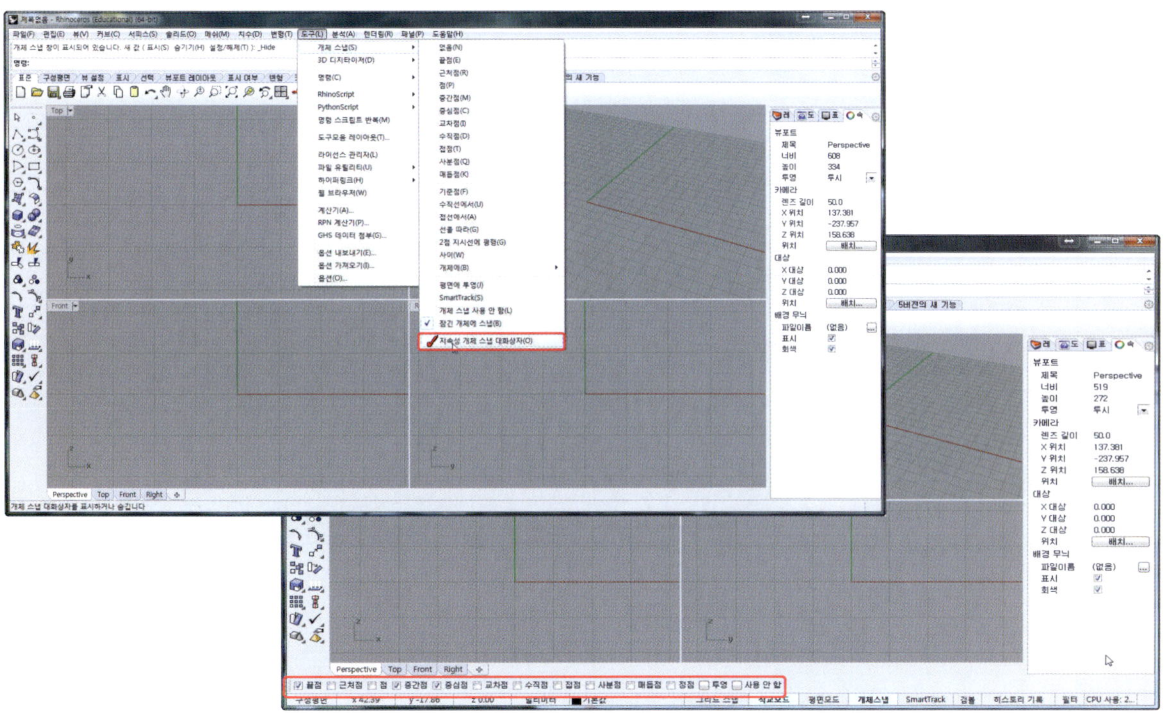

09 3D 스캐너는 점 데이터를 바탕으로 실제 건물, 기계류 등 실물을 3D 모형으로 변환할 수 있습니다. 3D 스캐너만큼 정확도를 가지지는 않지만 Autodesk 사에서 새로 내어놓은 '123D'라는 프로그램을 통해 Analogue 데이터를 Digital 화하는 과정에 대해 알아보겠습니다.

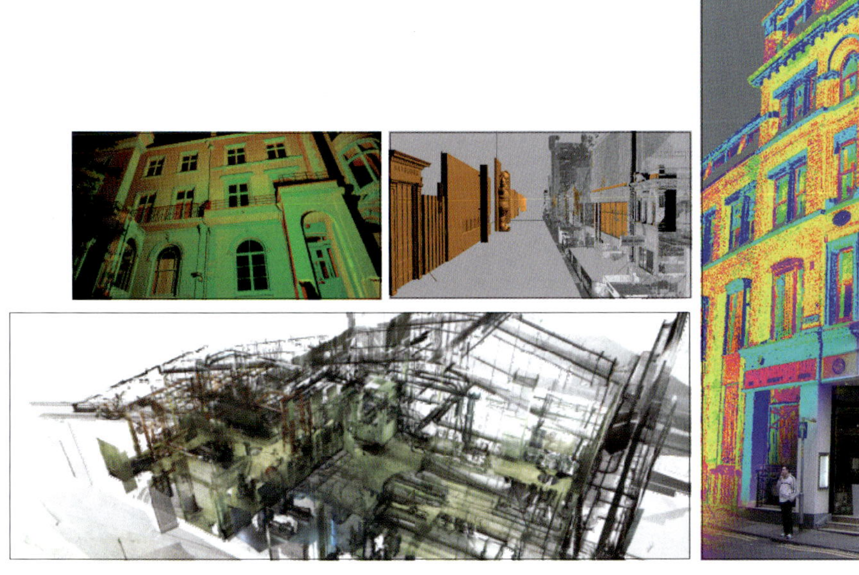

10 '123D' 는 I-Phone, Web(Crome), Desktop에서 무료로 사용이 가능합니다.
http://www.123dapp.com/catch/learn

11 전개도를 작성해 만든 AT-AT WALKER의 FOOT 부분 종이모형을 준비합니다.

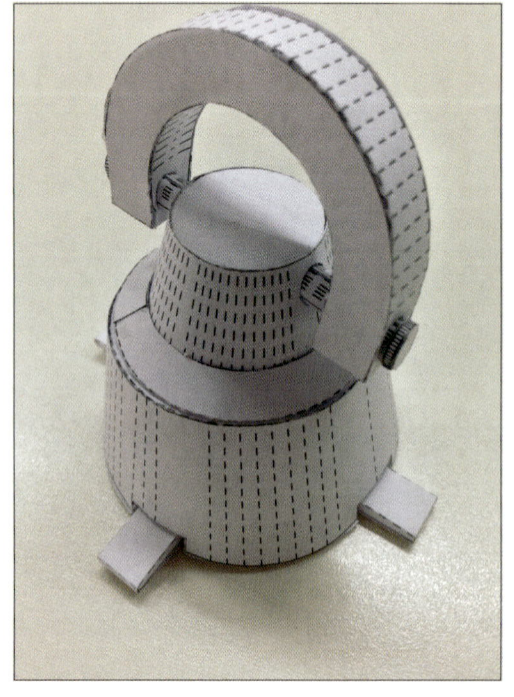

12 Http://youtu.be/7TfXXJxDsXw의 유튜브 동영상을 참고하여 아래 그림과 같이 다양한 각도에서 모형 사진을 찍어줍니다. 카메라가 좋을수록 원하는 결과물을 얻을 수 있습니다.

13 프로젝트를 저장하고 사방으로 사진을 찍어 올리면 점 데이터로 인식해 불러들입니다.

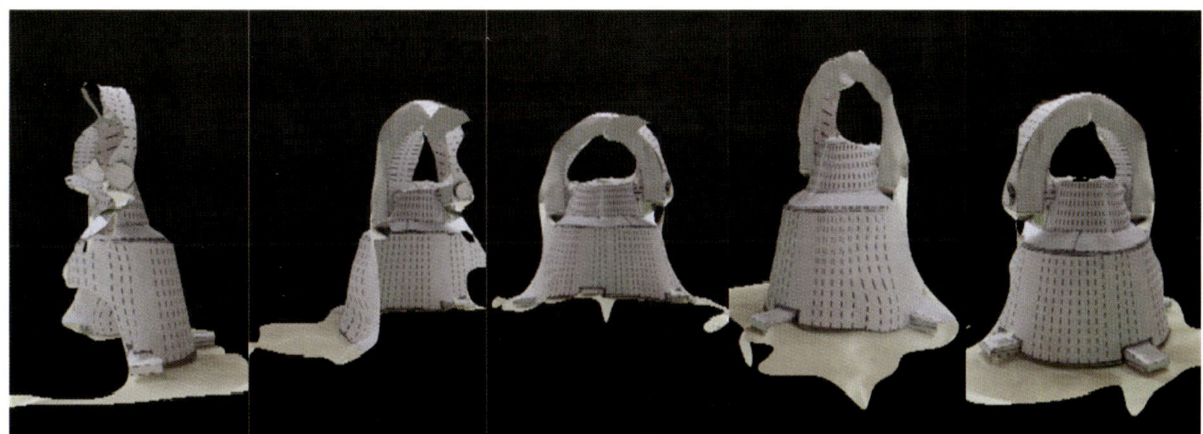

14 Crome에서 123D Catch를 실행하여 새로운 프로젝트를 만들기 위한 화면입니다.
Web 상에서는 최소 6장에서 70장 사이의 이미지를 넣을 수 있으며 I-Phone에서는 40장까지 가능합니다.

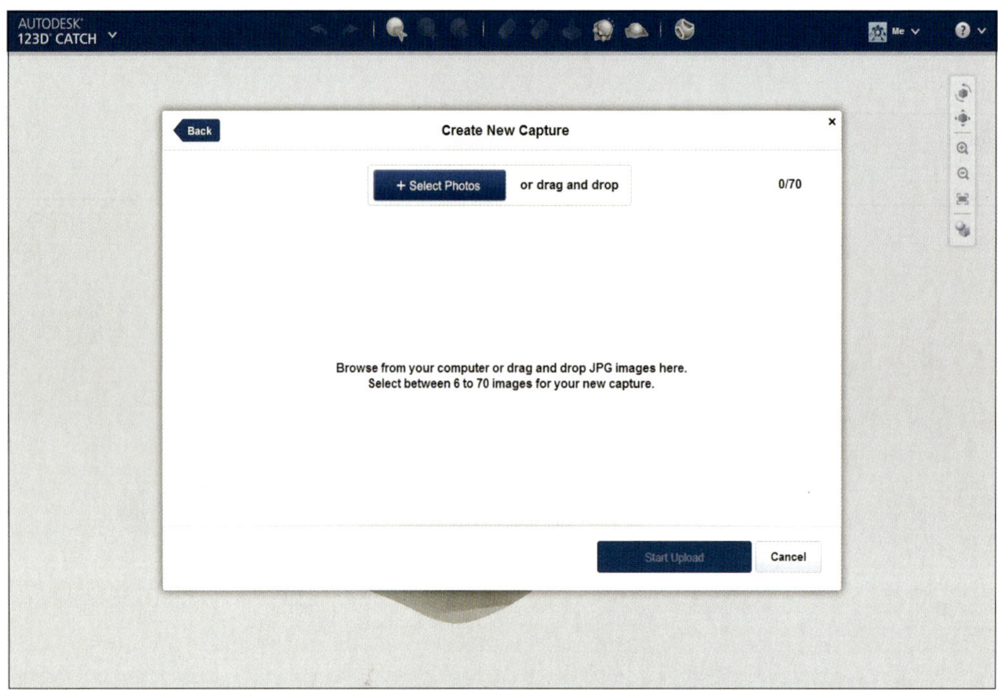

15 I-Phone이나 Web상에서 만든 프로젝트는 클라우드서버에 저장됩니다.

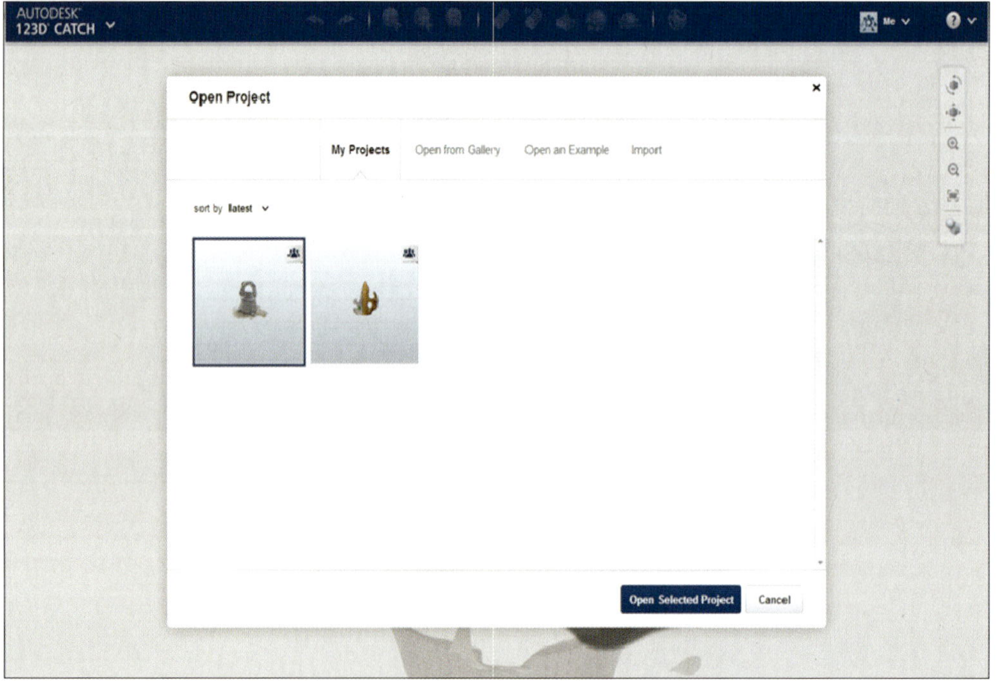

16 점 데이터 기반으로 들어온 사진들이 모여서 하나의 개체가 됩니다.
아래 그림은 프로젝트를 로드한 화면이며 둘러보기 및 수정도 가능합니다.

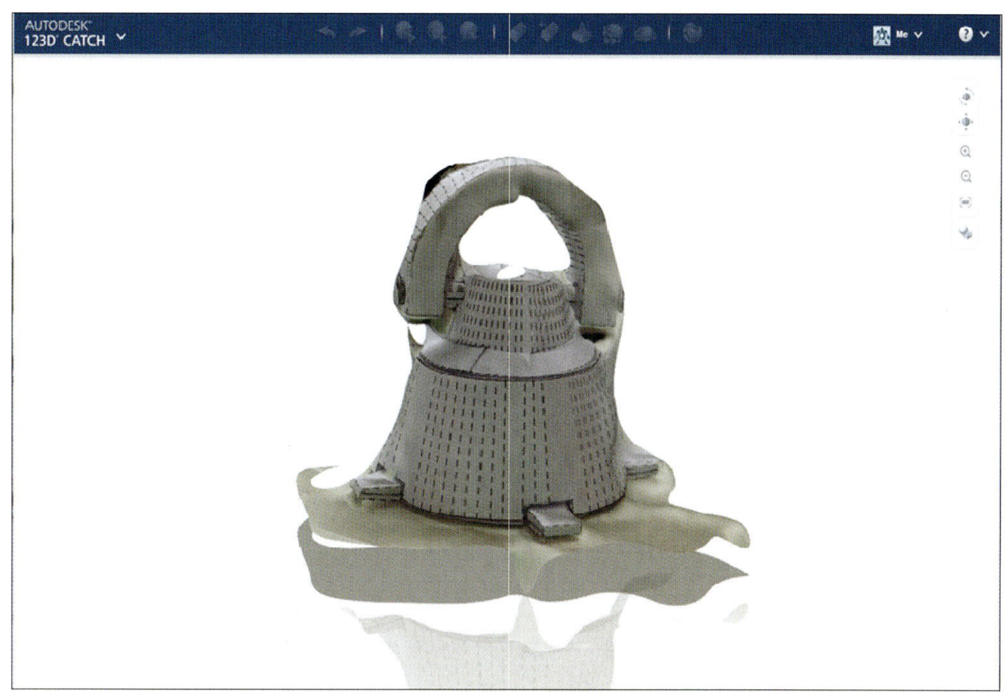

17 드롭다운 메뉴에서 STL, OBJ 파일로 내보내기가 가능합니다.
STL, OBJ 파일 포맷은 3D 프린터에서 출력이 가능한 파일 포맷입니다.

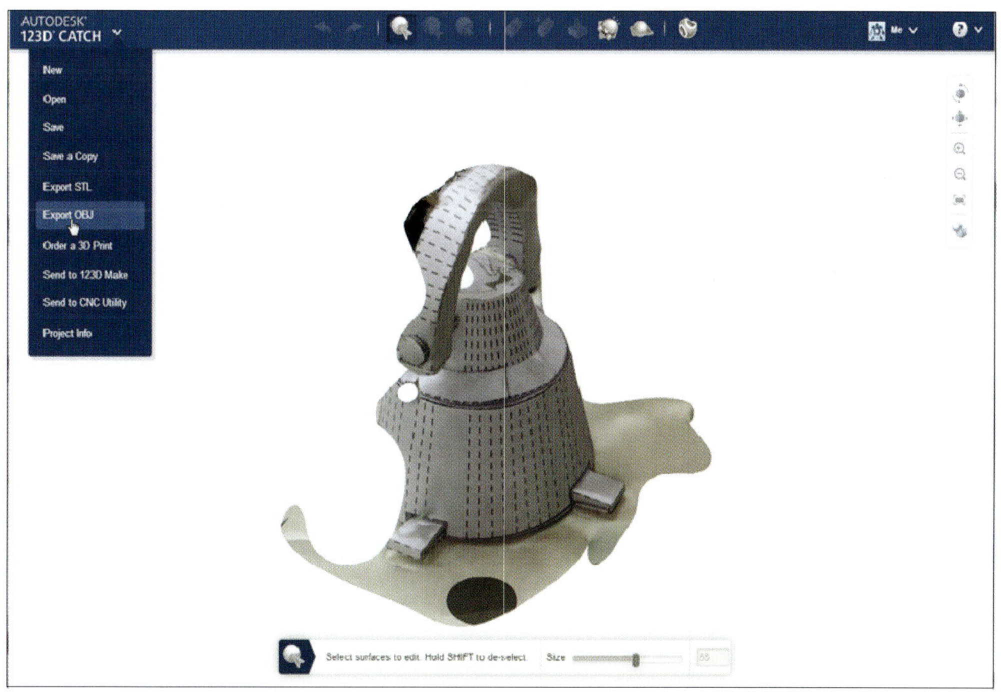

18 123D Catch에서 OBJ 파일 포맷으로 내보내기한 것을 Rhino에서 로드한 모습입니다.

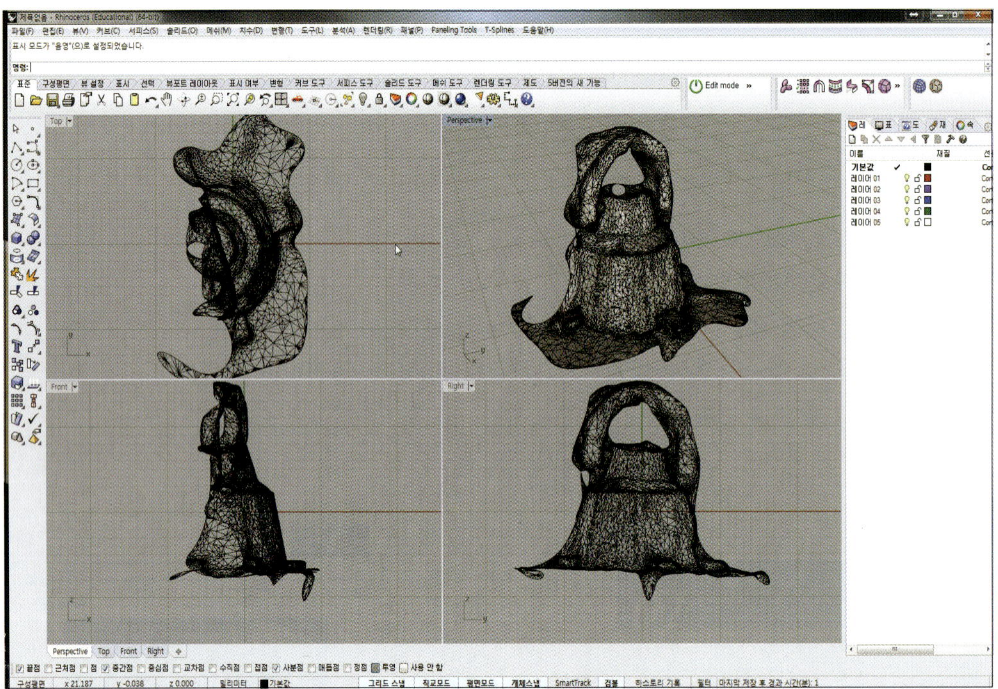

• MUST BIM 온라인커뮤니티

www.inup.co.kr / http://rpaec.com/pace

From Digital to Analogue

■ Digital Data의 Analogue 화

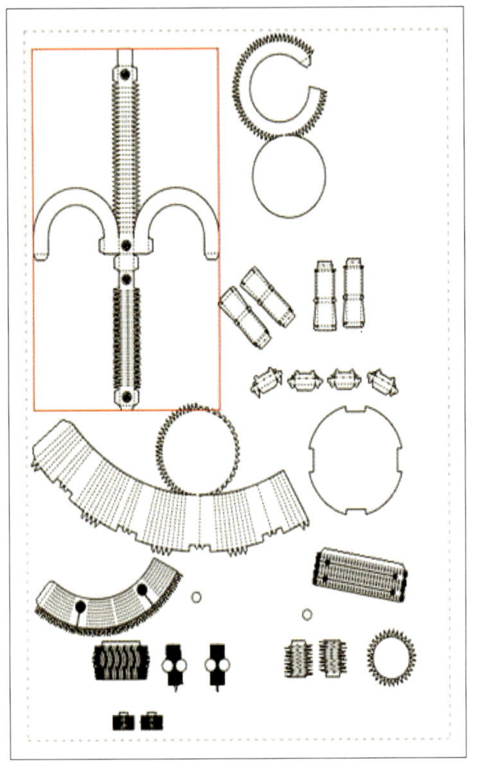  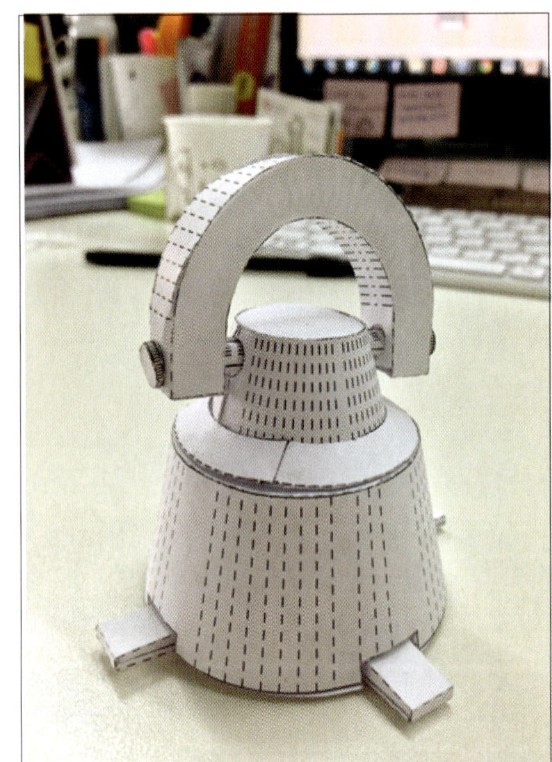

POINT!

● Digital Data를 활용한 전개도 작성

● Digital Data를 활용한 모형 작성

01 Digital 기반 정보를 Analogue화 시킬 수 있는 방법에는 최근 각광받기 시작한 3D 프린터,
CNC 장비 등이 있습니다. 또한 3D 모델 표면 전개도를 만들어 실제 모형을 만들 수도 있습니다.

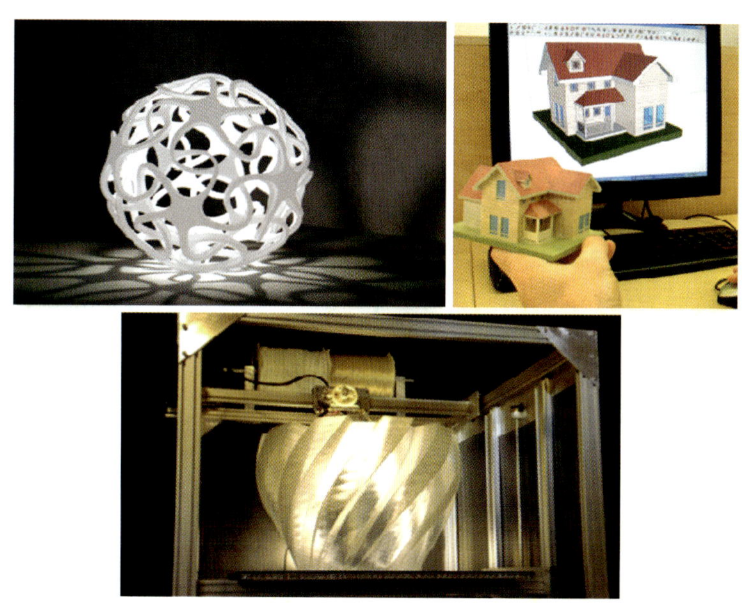

02 본 교재에서 모델링한 AT-AT WALKER는 Digital 정보 기반의 3D 모델입니다.
최종 완성한 3D 모델을 바탕으로 전개도 작성을 통해 Analogue화 하는 과정을 진행하였습니다.

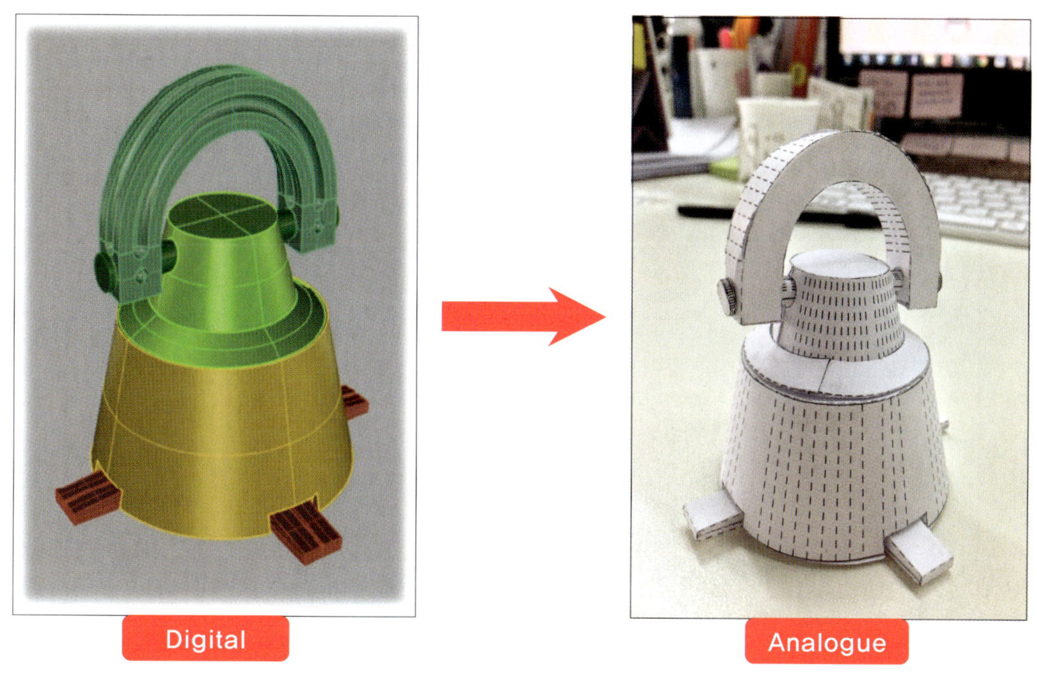

03 전개도 작성은 Rhino 에서도 가능하지만 제작을 위한 전개도는 풀을 칠할 수 있는 면을 따로 만들어줘야 합니다. 이를 위해 본 교재에서는 Pepakura라는 종이모델 제작 프로그램을 사용하여 전개도를 작성하였 습니다.

04 페파쿠라 디자이너는 3D 모델링 파일을 전개도 형식으로 펼쳐주는 범용 프로그램입니다. 페파쿠라의 장점으로는 사용하기가 쉽고, 종이모형 전개용 프로그램으로 다운받아서 무료로 PDF 출력이 가능하다는 점입니다.

05 현재 버전 3까지 나왔으며 기능 추가 이외에 무료로 사용 가능한 PDF 파일과는 별도로 종이모형 전용 파일 포맷인 PDO를 사용하기 위해서는 라이센스를 구매해야 합니다. PDO 파일 포맷을 사용하면 모델링 파일과 전개 정보를 비롯하여 풀칠면 정보와 부품 배치 등 전개도에 필요한 요소들을 편집하고 저장할 수 있습니다. 다운로드 및 라이센스는 www.tamasoft.co.jp/pepakura-en에서 제공합니다.

06 페파쿠라는 전개도를 만들 수 있는 페파쿠라 디자이너와 PDO파일을 볼 수만 있는 페파쿠라 뷰어가 있습니다.

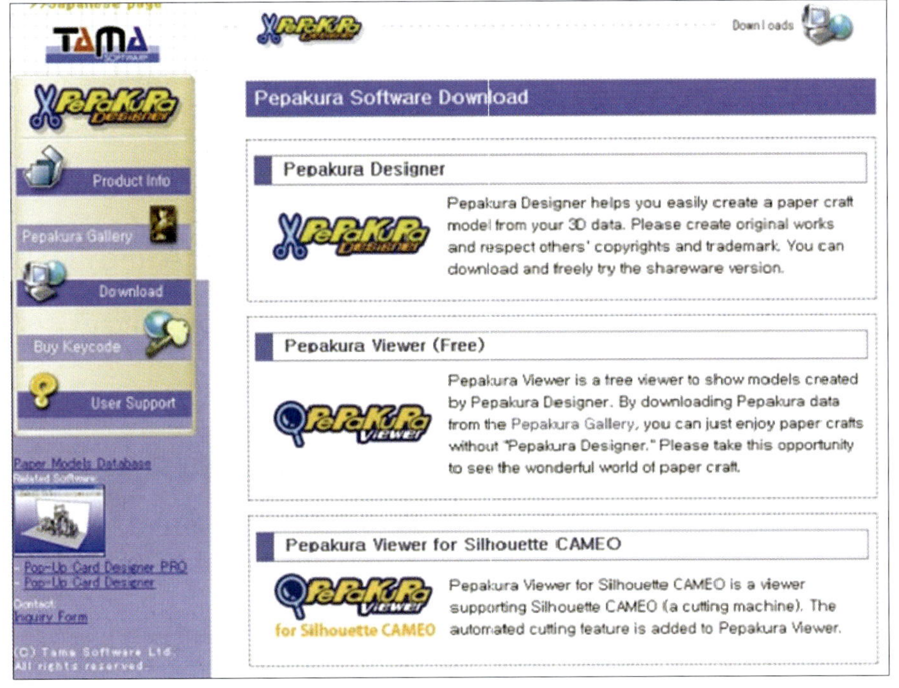

07 페파쿠라 디자이너를 사용해서 전개도를 만들 때에는 라이센스를 등록하지 않아도 되지만,
저장 및 편집은 라이센스 등록이 필요하며 38달러 비용이 발생합니다.

08 아래 그림처럼 파일을 전개하고 각 부분의 전개도를 선택하면 해당하는 위치의 3D 모델이 표시됩니다.

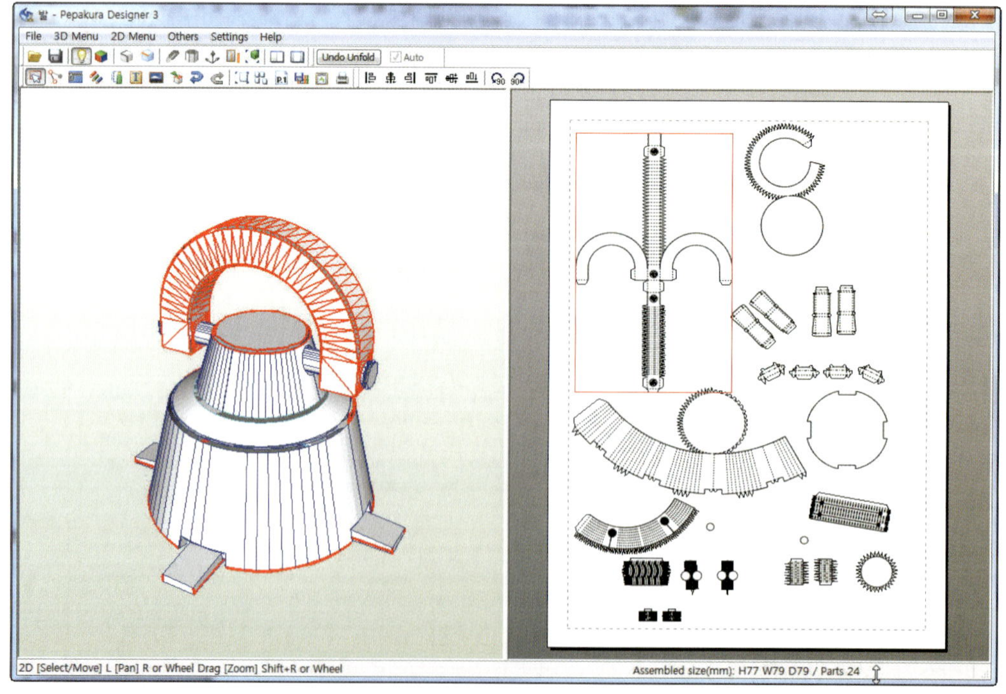

Pepakura 인터페이스 소개

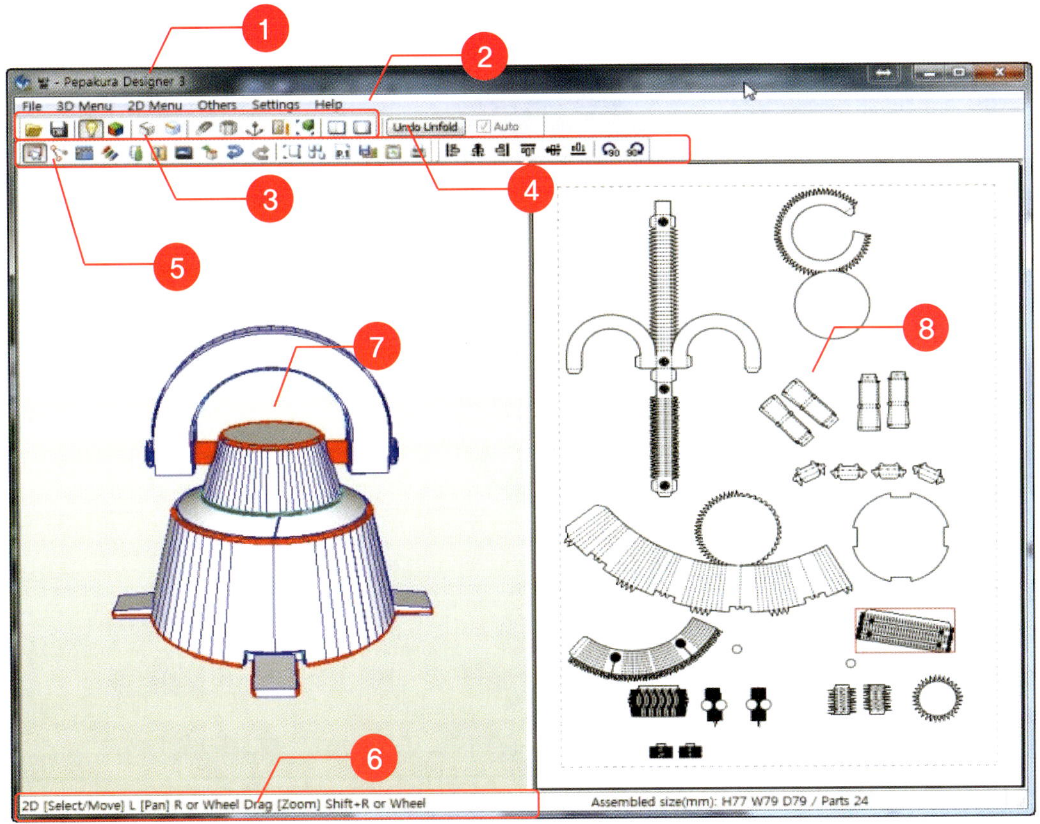

1. 제목표시줄 - 현재 열려있는 파일의 경로와 이름을 표시합니다.

2. 메뉴바 - 3D창, 2D창을 컨트롤할 수 있는 메뉴와 출력 설정 등을 할 수 있습니다.

3. 도구모음 - Modeling창을 제어하는 아이콘과 열기, 저장 등 주로 사용하는 아이콘 모음입니다.

4. 전개 버튼 - Modeling 파일을 전개도 형식으로 펼쳐주는 버튼입니다.

5. 편집 도구 모음 - 전개도를 편집하는데 사용하는 아이콘 모음입니다.

6. 조작법 안내 - 명령 패널에서 선택한 기능에 대해 간략한 키 조작법이 나옵니다.

7. 모델링 창 - 3D 모델을 보고 편집할 수 있는 창입니다.

8. 전개도 창 - 실제 작업하고 있는 결과물을 보여주며, 수정이 가능합니다.

01 마우스 조작법은 아래 그림과 같습니다.

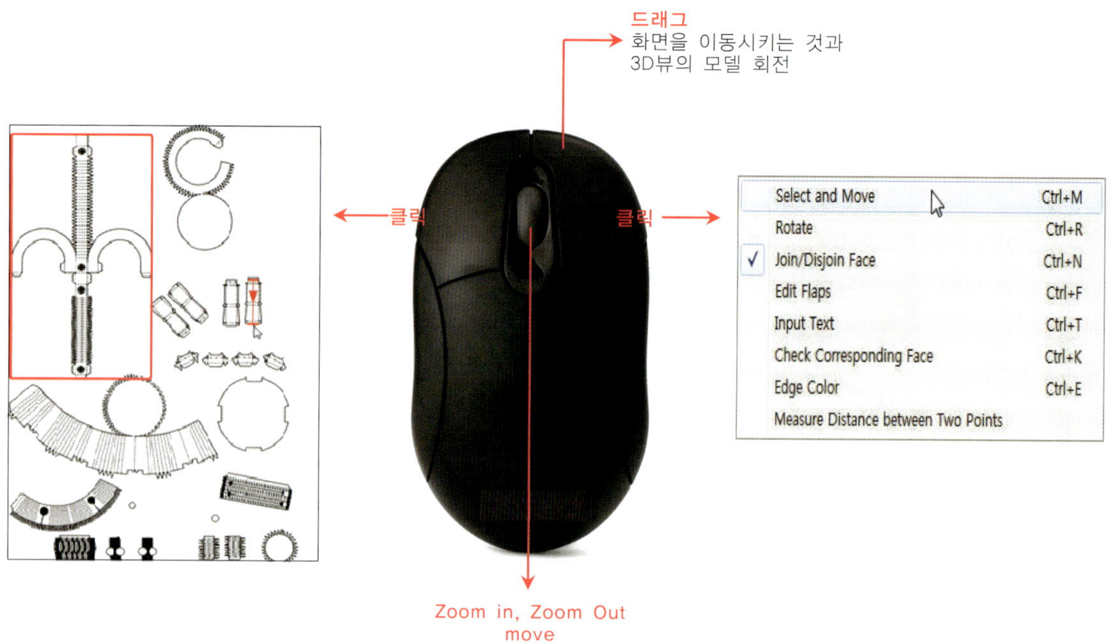

02 Edit Flaps : 풀칠면 생성 및 삭제, 크기조절, 위치조정 등 다양한 기능을 제공합니다.

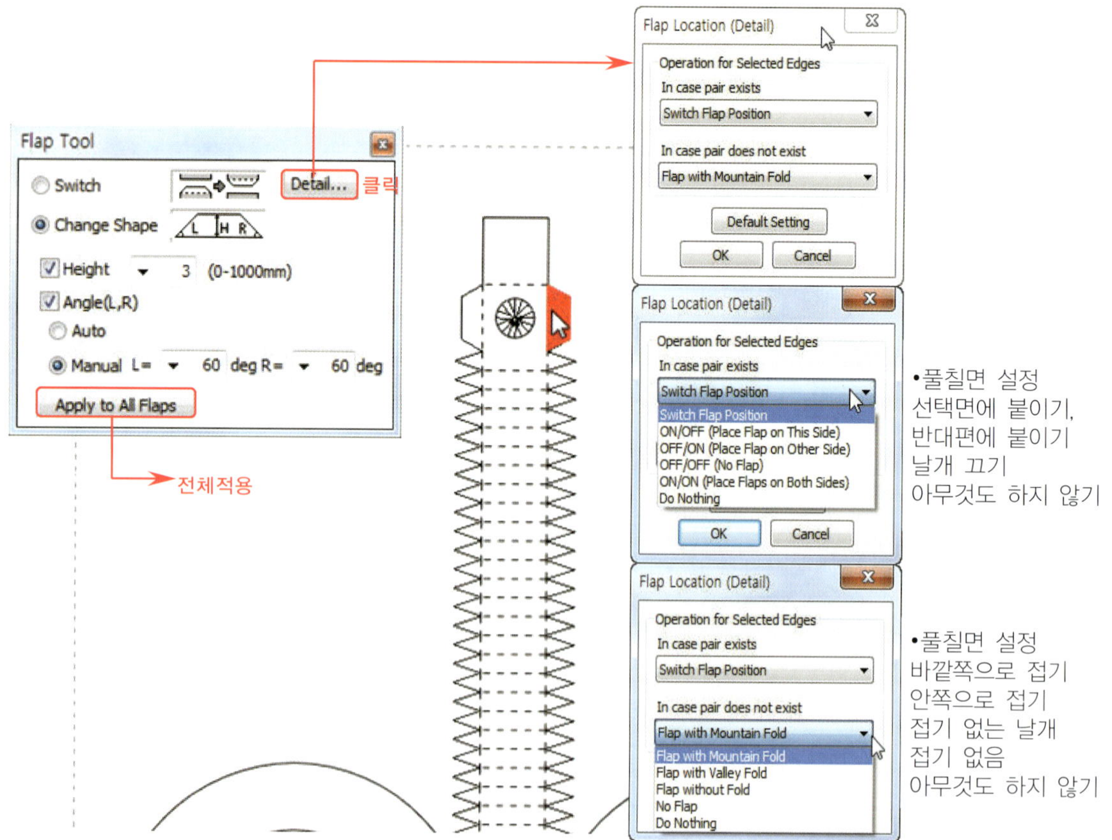

메뉴의 Settings에서 Print설정을 한다.

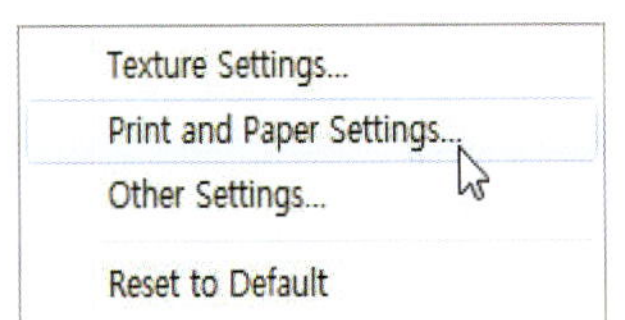

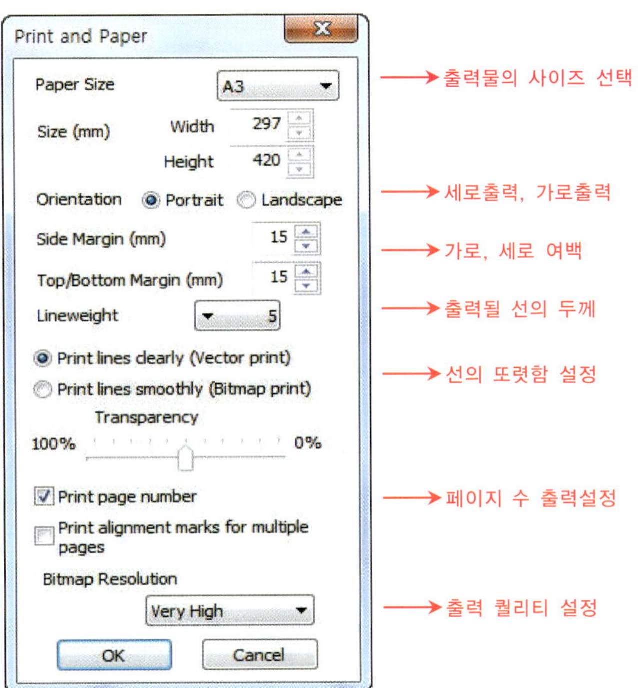

출력물의 사이즈 선택

세로출력, 가로출력

가로, 세로 여백

출력될 선의 두께

선의 또렷함 설정

페이지 수 출력설정

출력 퀄리티 설정

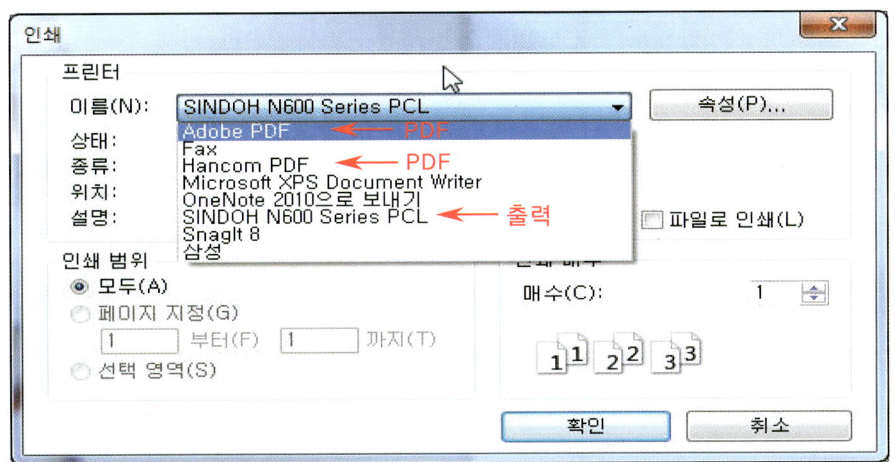

 아래 그림과 같이 Digital 정보 기반인 Rhino 3D 모델을 바탕으로 페파쿠라를 활용하면 Analogue 정보인 전개도를 생성할 수 있습니다. 전개도를 살펴보면 각 부품별로 전개되어 있어 부품을 먼저 만들고 추후 본체를 조립해야함을 알 수 있습니다.

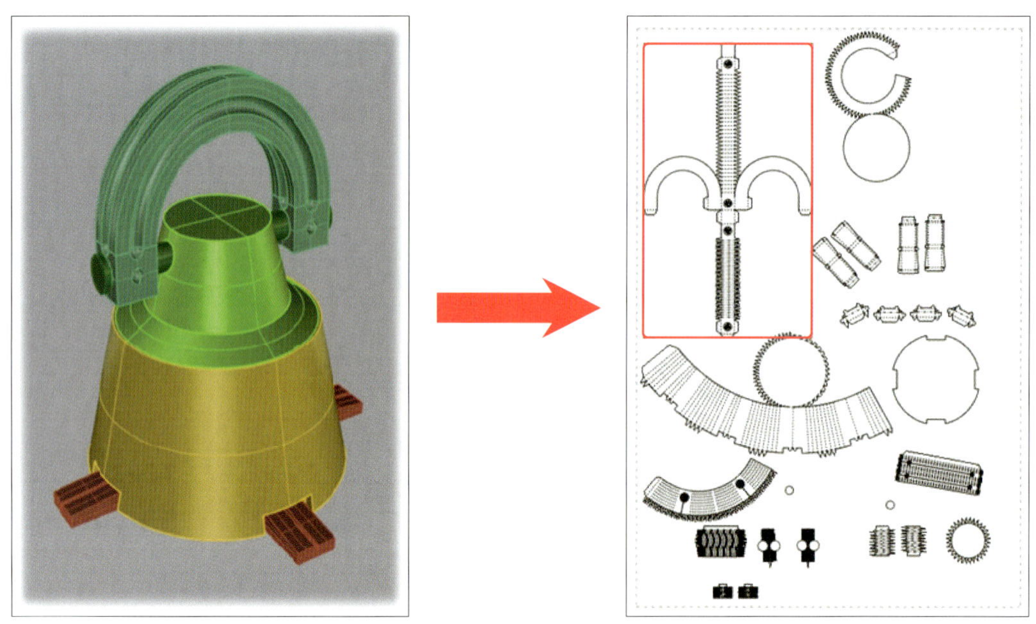

05 전개도를 활용하여 AT-AT Walker FOOT 부분의 부품을 모아 조립한 실제 종이 모델입니다.

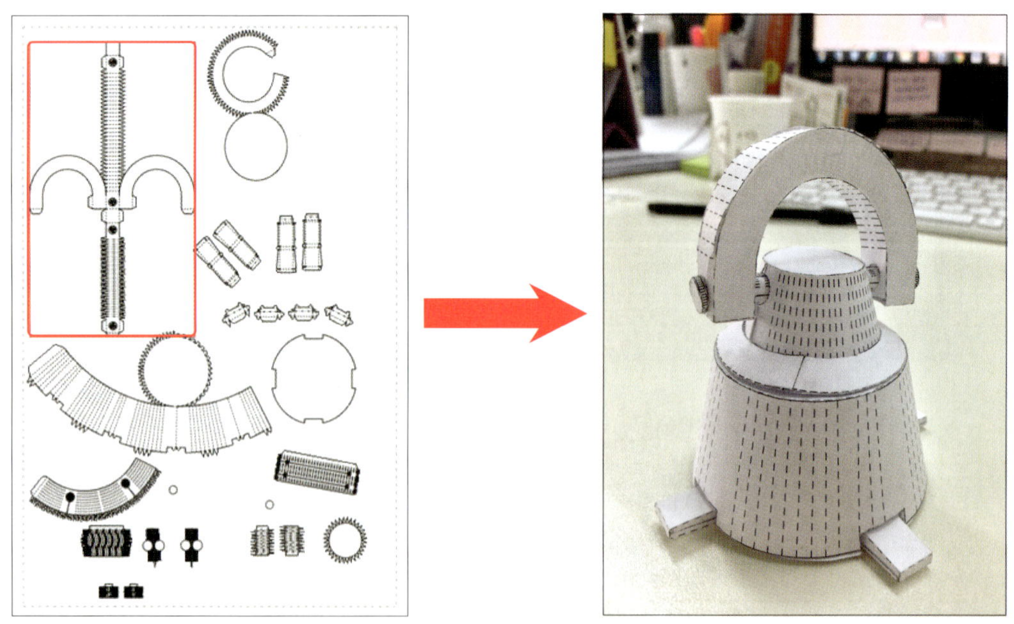

제 1 편

FOOT

01_ FOOT/FOOT ANKLE

02_ TOE 모델링

03_ ANKLE 모델링

04_ ANKLE GEAR BOX 모델링

Chapter 01

FOOT/FOOT ANKLE

FOOT / FOOT ANKLE 모델링 : 설계/제작/생산/조립

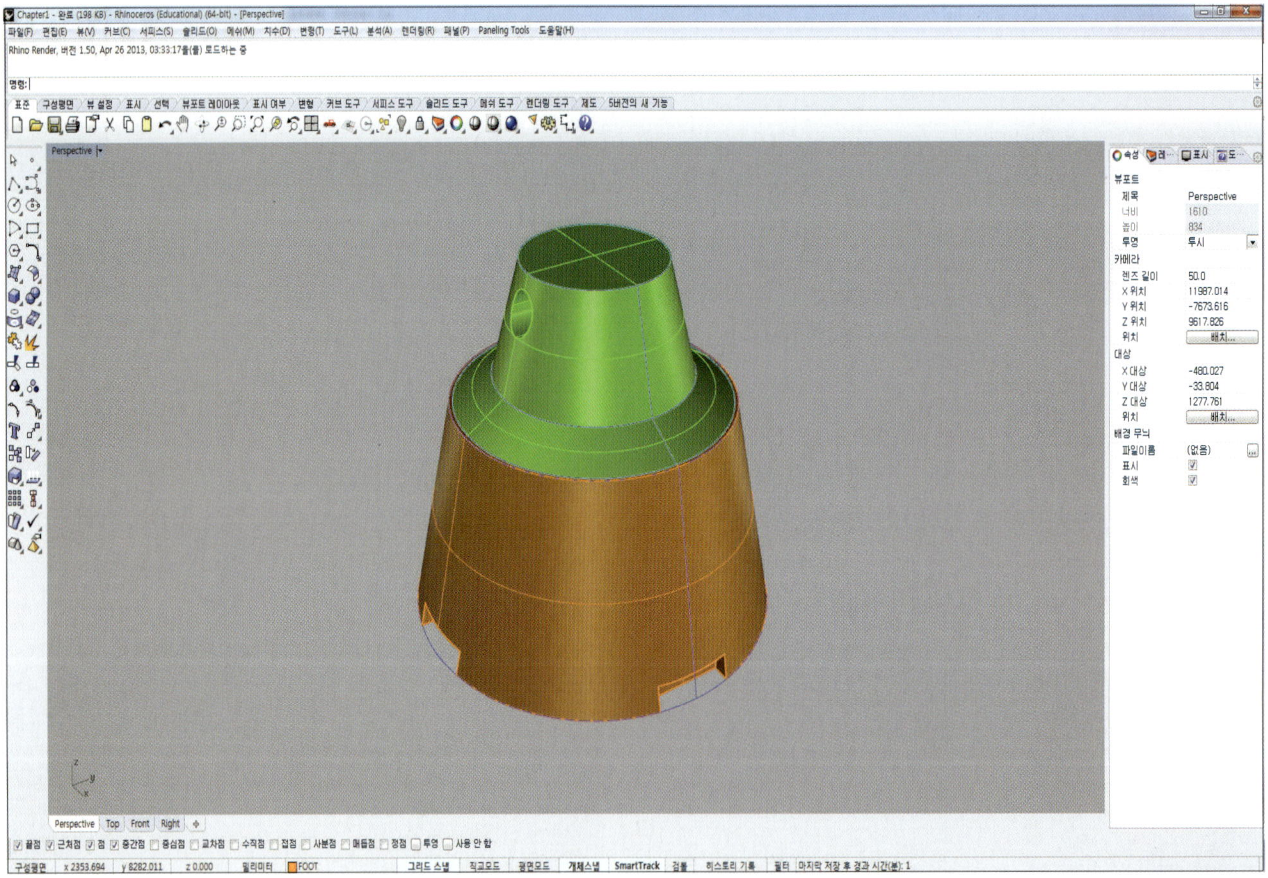

POINT!

- FOOT / FOOT ANKLE Digital Model 생성
- Digital Model간 조립

01 Rhino 3D 5를 실행합니다. 예제파일 ‘PART1’ 폴더에서 ‘Chapter1 – 시작’ 파일을 로드하고, 모델을 만들기 위해 필요한 참조 스케치를 관리하기 위해 레이어를 새로 생성합니다. 오른쪽 상태창에서 [레이어]를 클릭하고 [새 레이어]를 클릭하고 레이어 이름에 ‘모델선’이라 입력한 뒤, 레이어 색상을 ‘파랑’ 색(임의의 색 지정 가능)으로 변경합니다.

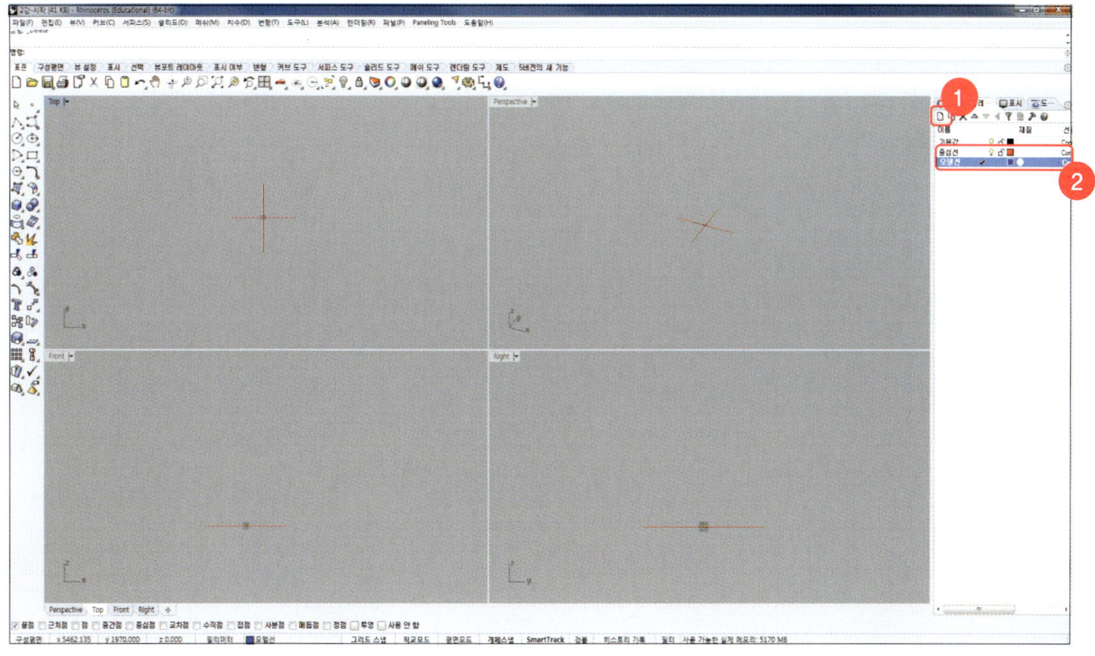

02 레이어를 ‘모델선’으로 지정한 후, 명령창에 ‘circle’을 입력하고, 중심은 원점, 반지름은 2600mm인 원을 스케치합니다.

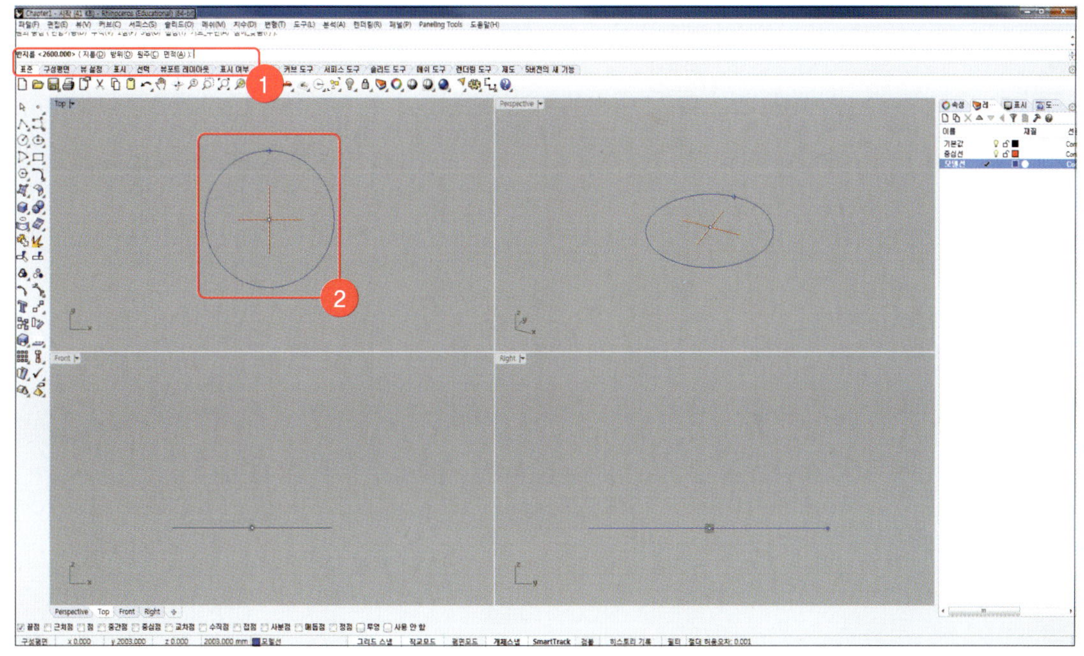

03 명령창에 line을 입력하고, Front view에서 원점으로부터 높이 2600mm(방향 위쪽)의 커브를 작성합니다.

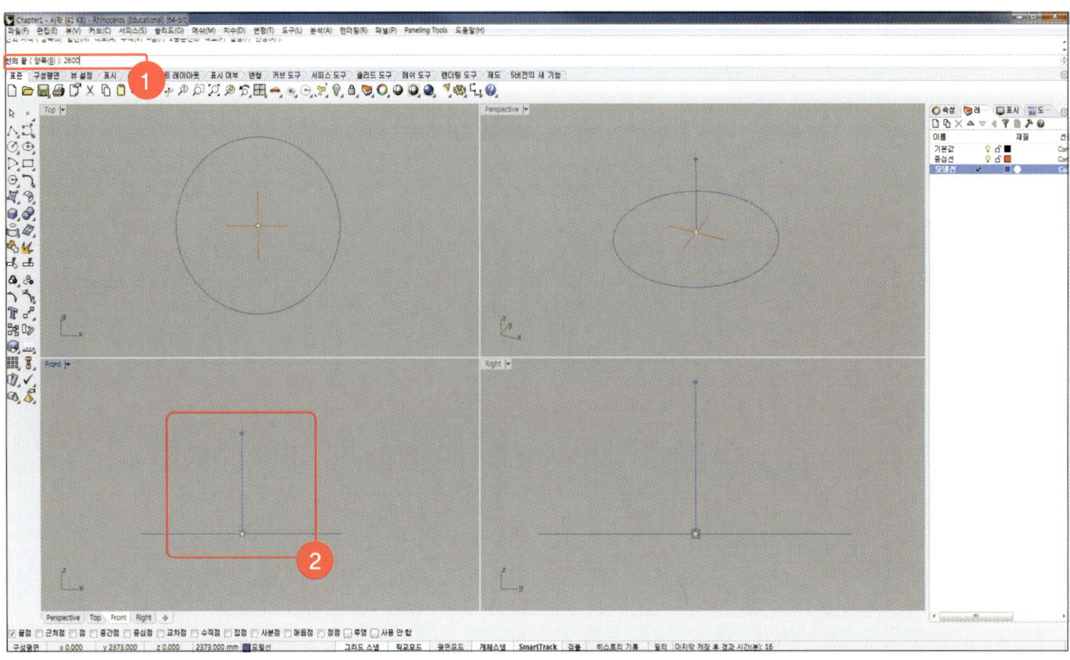

04 밑단 스냅상자에서 끝점(END)를 체크하고 축의 상단 끝점을 원점으로 하여 반지름 2000mm의 원을 그린다.
[명령창에 Circle입력] ➡ [Front뷰에서 Step 03에서 그린 커브의 위쪽 끝 클릭] ➡ [Top뷰에 마우스를 대고 2000입력] ➡ [Enter]키를 누릅니다.

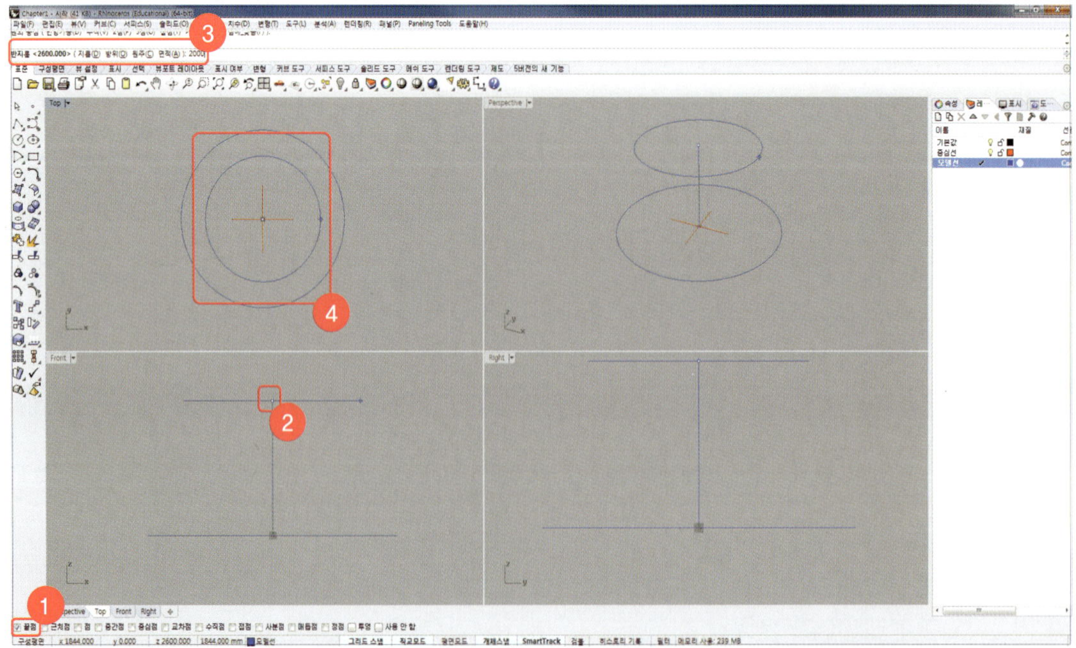

05 밑면의 원과 윗면의 원을 line을 이용해 이어줍니다. 스냅상자에서 [사분점]을 클릭하고 명령 창에 [line 입력] ➡ [윗 원의 사분점 클릭] ➡ [아랫 원의 사분점(or 끝점) 클릭]합니다.

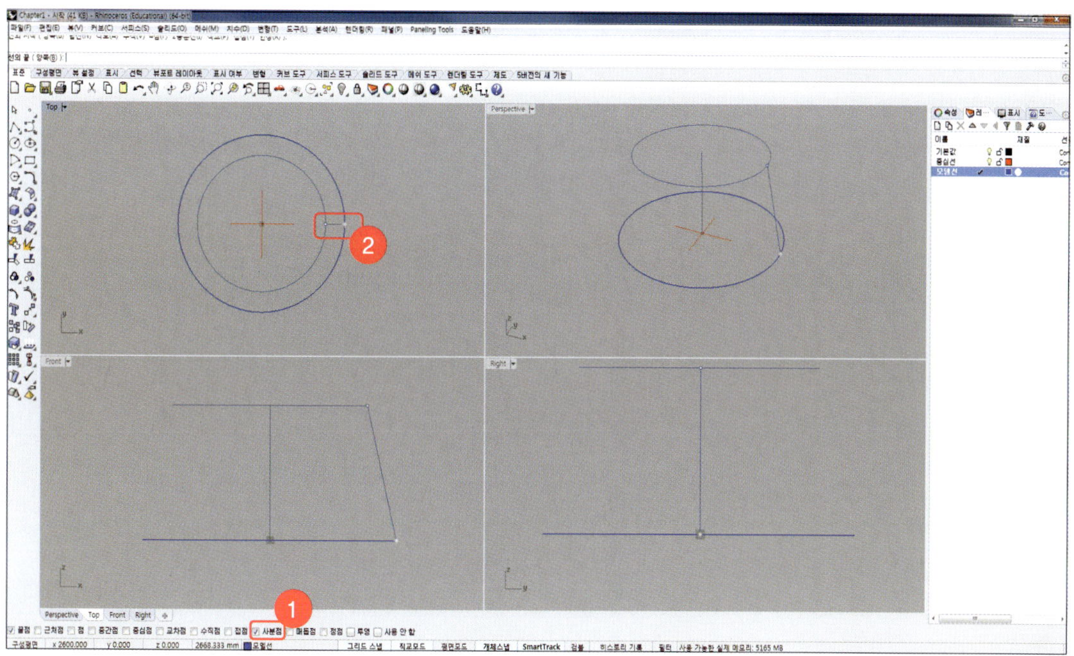

06 sweep2 명령을 이용하여 surface를 생성합니다. 명령창에 [sweep2]를 입력하고 첫 번째 레일 선택에 아래쪽 원, 두 번째 레일 선택에 위쪽 원, 단면커브 선택에 Step 05에서 그린 curve를 선택하고 [Enter]키를 누릅니다.

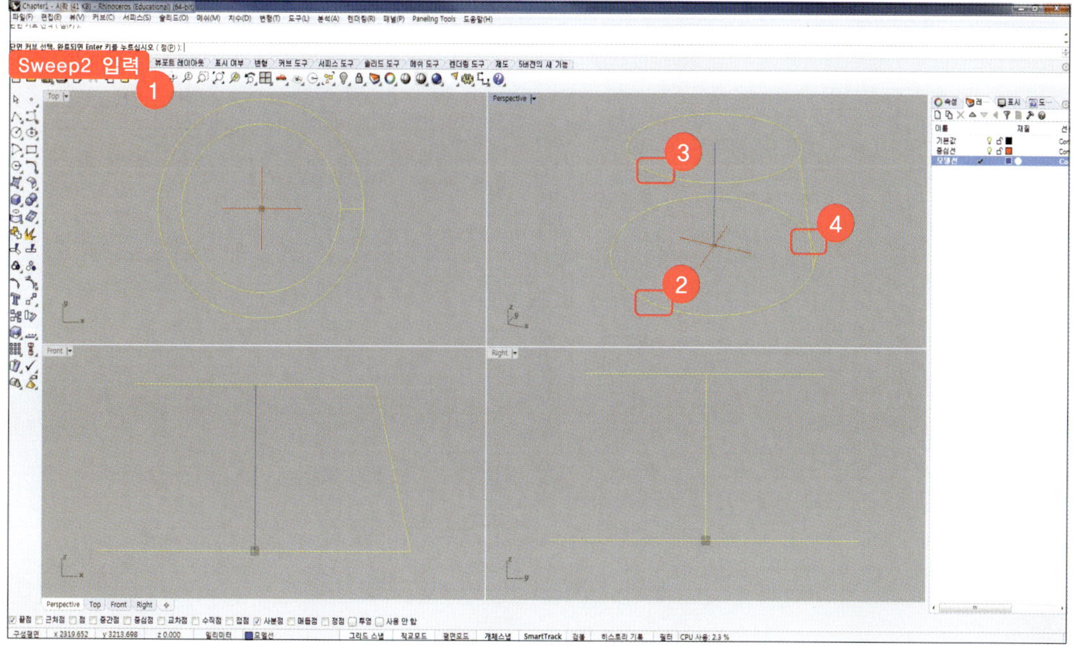

07 [2개의 레일 스윕 옵션]창이 활성화 되면 [단순 스윕]에 체크하고 [확인]을 클릭합니다.

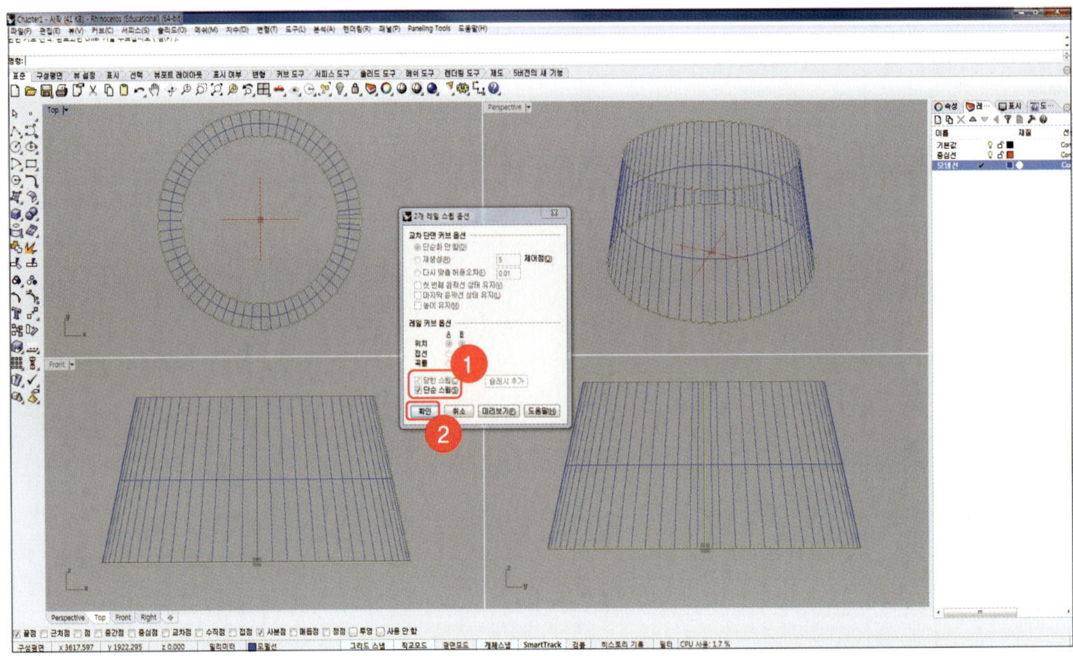

08 Perspective뷰이름 오른쪽 화살표를 드롭다운하여 비주얼 스타일을 [음영]을 변경하고 가운데 축을 삭제합니다.

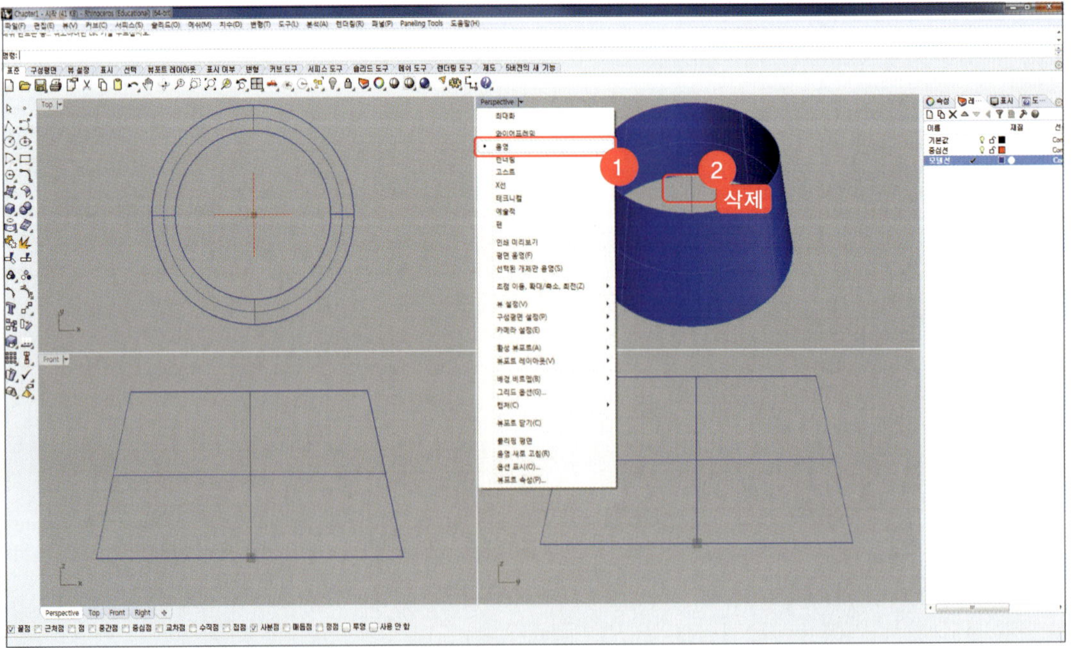

09 상태창에서 'FOOT' 라는 이름의 레이어를 추가하고, 레이어 색상은 '주황'(임의의 색 지정 가능)으로 변경합니다. Step 06~07에서 만든 surface를 선택하고 [상태창] [속성]탭에서 'FOOT' 레이어로 변경합니다.

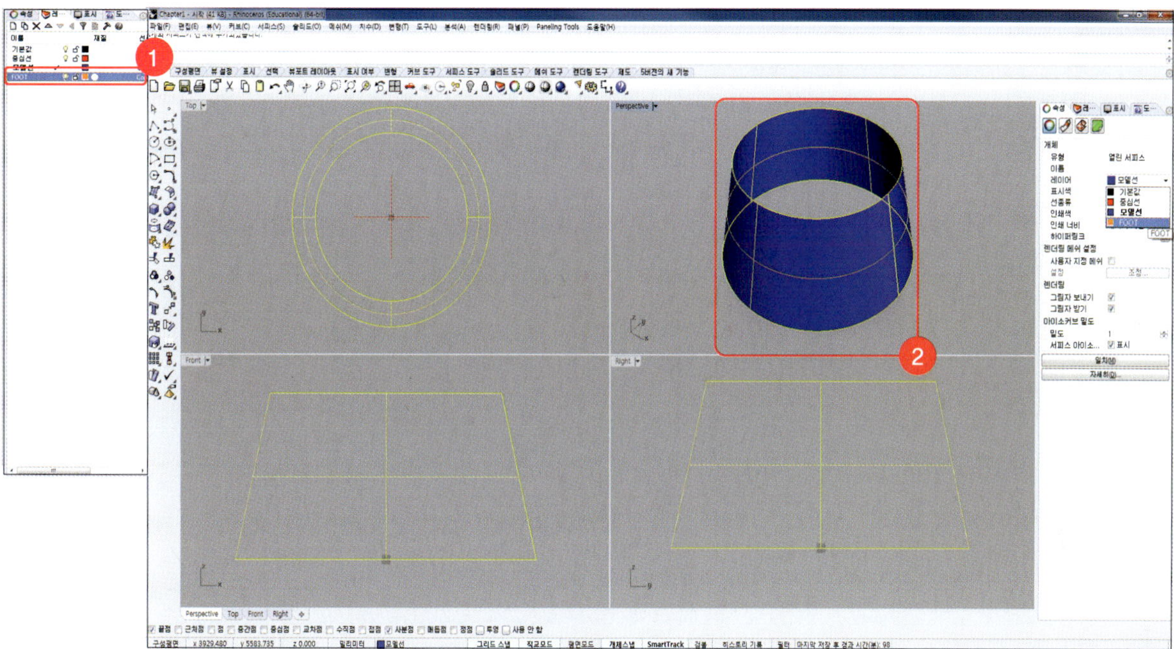

10 [cap]명령어를 이용하여 surface 개구부를 닫아 줍니다.
명령창에 'cap' 을 입력하고 Step 06~07에서 만든 surface를 선택하고 [Enter]키를 입력합니다.

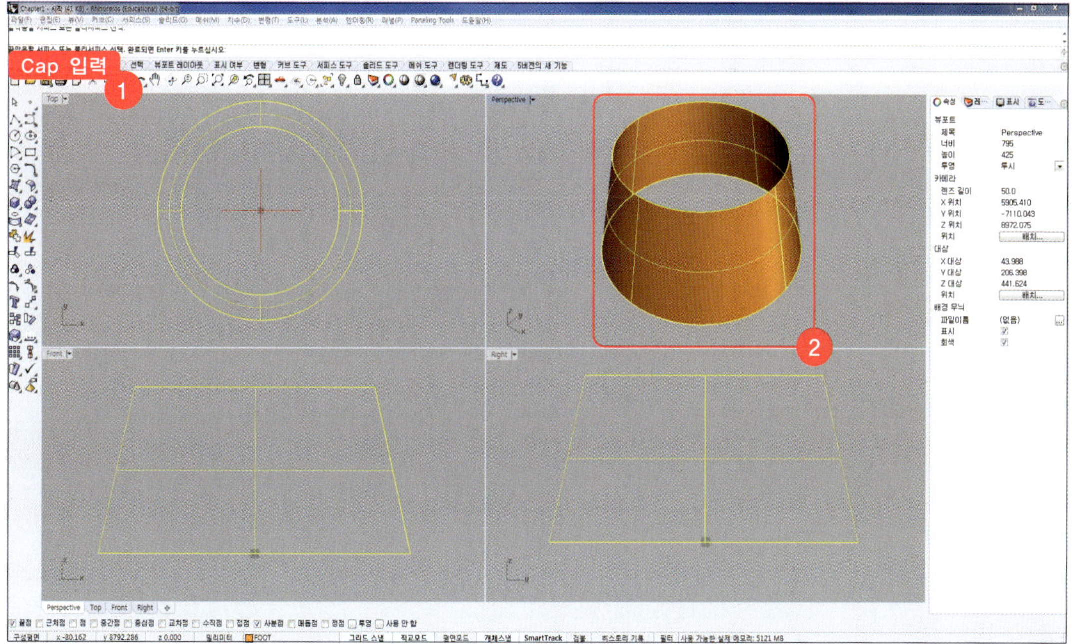

11 발가락이 들어갈 부분을 만들어 줍니다. 명령창에 'plane'을 입력하고 [Front]뷰에서 첫 번째 모서리에 원점을 선택하고 아래 그림과 같이 오른 쪽 위로 임의의 점을 선택하여 사각형 면을 생성합니다.

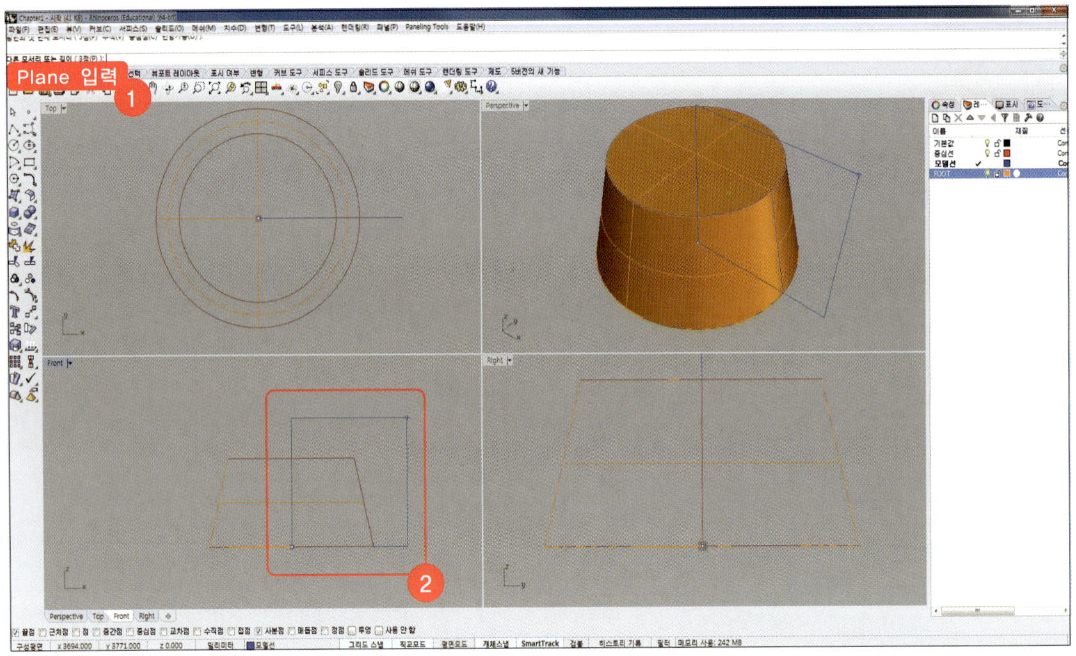

12 Step 11에서 생성한 면을 Top뷰에서 위쪽으로 550만큼 이동합니다. 명령창에 'move'를 입력하고 Step 11에서 생성한 surface를 선택하고 [이동의 기준점]을 정한 뒤, [이동의 기준점 새 위치]에 '550'을 입력하고 [Enter]키를 누릅니다. 방향을 Top뷰에서 위쪽 클릭합니다.
(개체 스냅에서 '직교 모드'를 이용하면 편리하게 수직으로 이동이 가능합니다.)

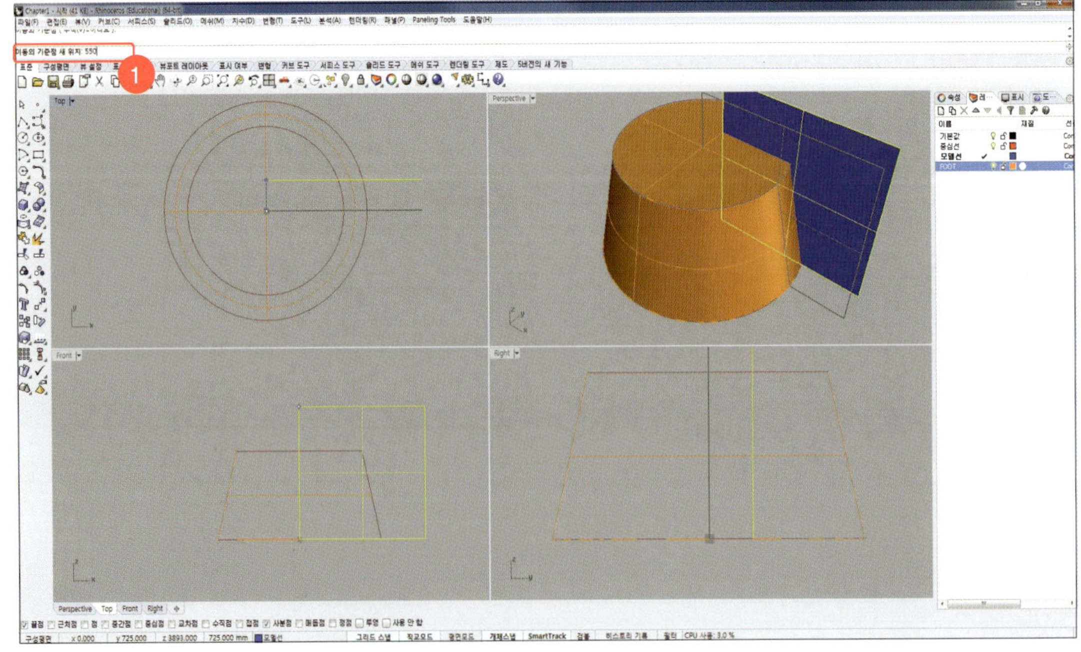

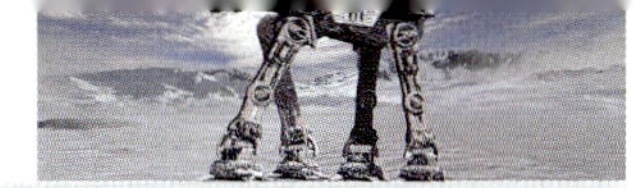

13 이동 시킨 surface를 [Top]뷰의 x축 기준으로 mirror 복사합니다. 명령창에 'mirror'를 입력하고 mirror를 실행할 개체에 이전 Step에서 이동시킨 surface를 선택하고 [Enter]키를 누릅니다. 미러 평면의 시작을 [Top]뷰에서 원점을 선택하고 x축선 상의 점을 클릭합니다.

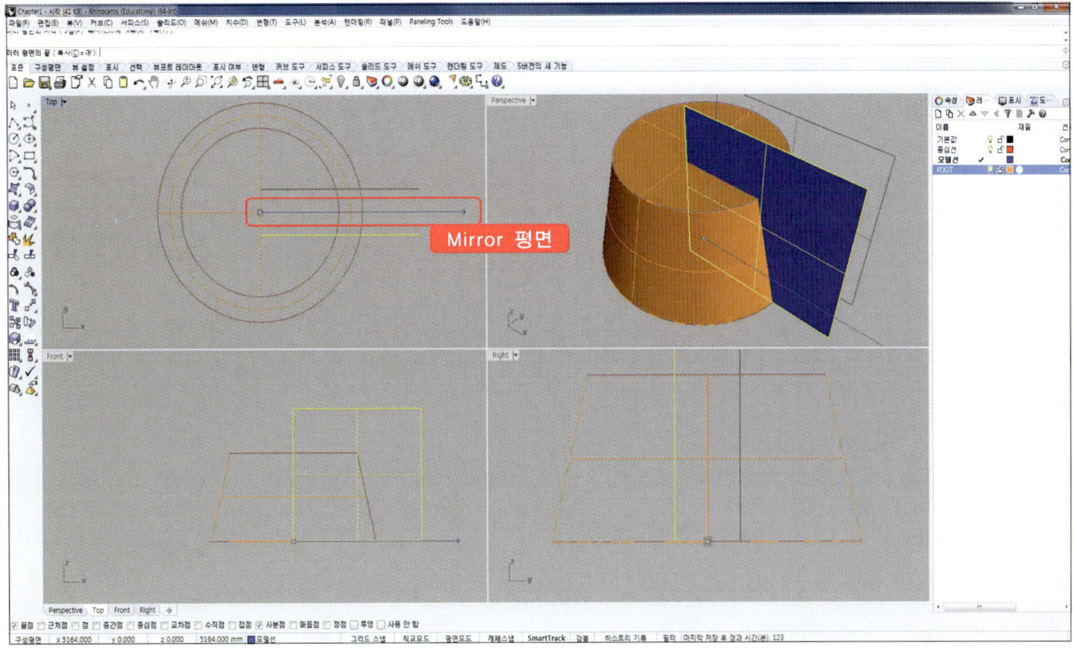

14 명령창에 'plane'을 입력하고 [Perspective]뷰에서 아래 그림과 같이 mirror된 평면 오른쪽 아래 끝점을 클릭하고 [Top]뷰에서 왼쪽 위 점을 클릭해 Step 11~13에서 작성한 두 surface의 아래 면을 작성합니다.

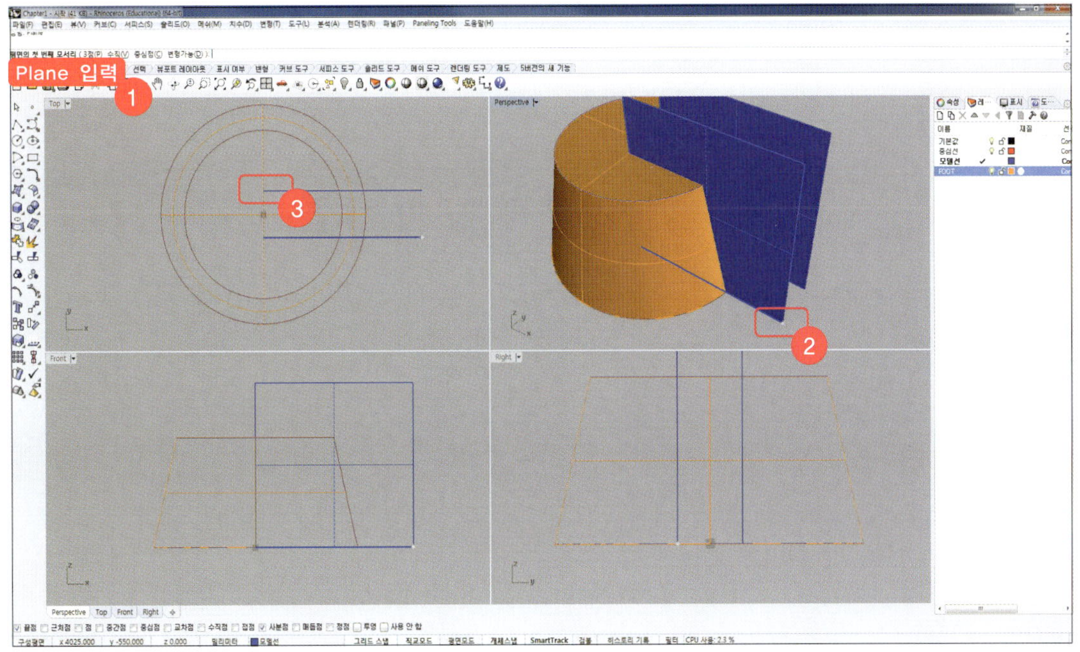

15 Step 14에서 생성한 surface를 z축으로 '300'만큼 이동시킵니다. 명령창에 'move'를 입력하고
이동시킬 개체에 Step 14에서 생성한 면을 선택하고 [Front]뷰에서 [이동의 기준점]을 선택(임의의 점
선택 가능)하고 [이동의 기준점 새 위치]에 '300'을 입력한 뒤, z축으로 이동시킵니다.

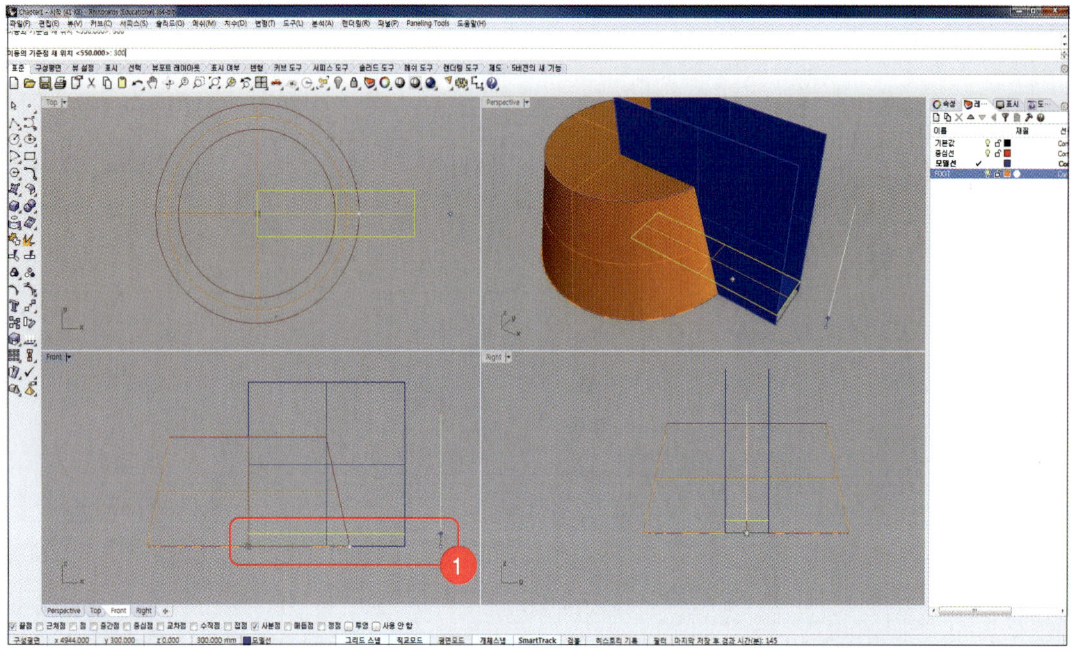

16 명령창에 'srfpt'를 입력하고 아래 [Perspective]뷰에 표시된 4개의 점을 선택합니다.

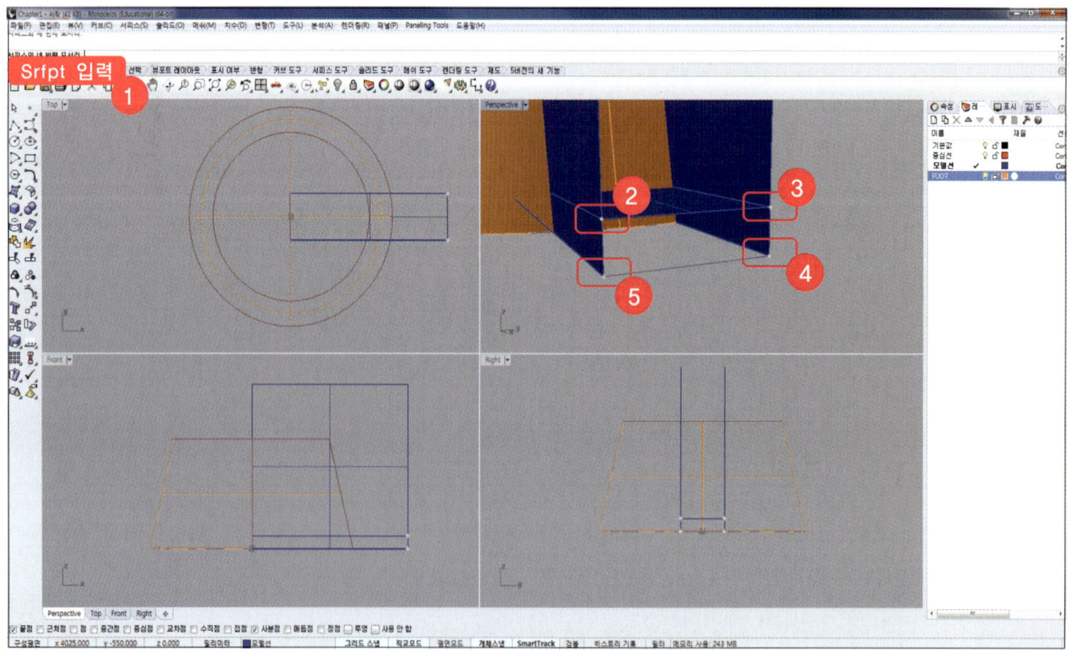

17 명령창에 'move'를 입력하고 Step 16에서 생성한 surface를 선택합니다. 밑단 개체스냅에서 '중간점'을 체크한 뒤, [이동의 기준점]을 아래 그림과 같이 Step 16에서 생성한 면 아랫변 중간점을 선택하고, [이동 기준의 새 위치]는 [Top]뷰에서 큰 원의 사분점(or 끝점)을 선택합니다.

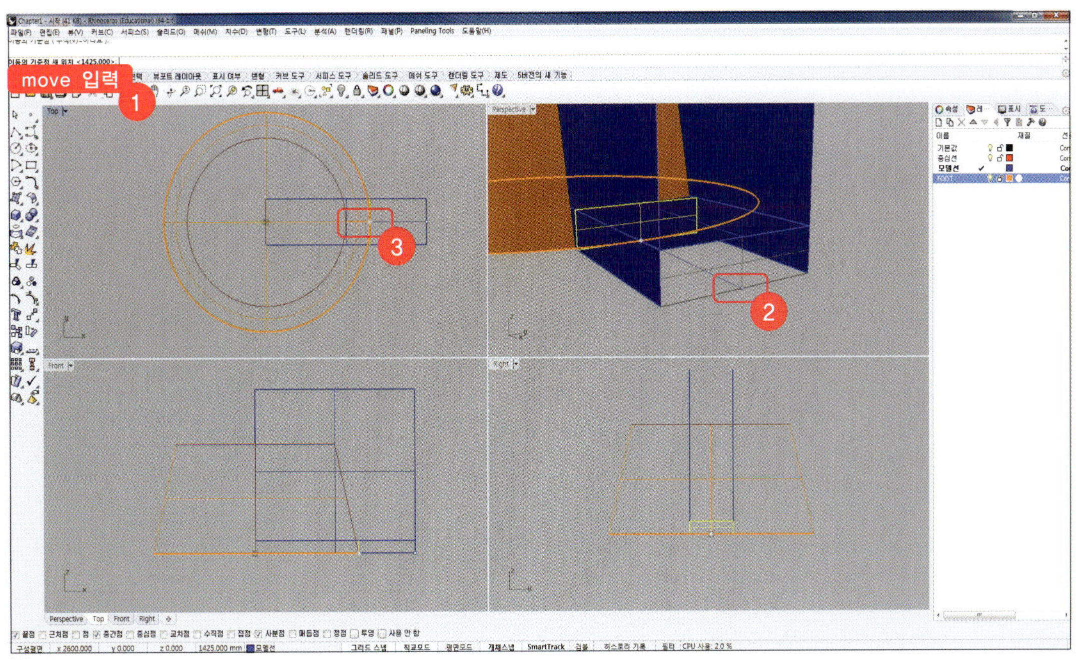

18 다시 Step 17에서 이동시킨 면을 [Top]뷰 큰 원 안쪽으로 '300' 만큼 이동시킵니다. 명령창에 [move]를 입력하고 Step 17에서 이동시킨 면을 선택합니다.

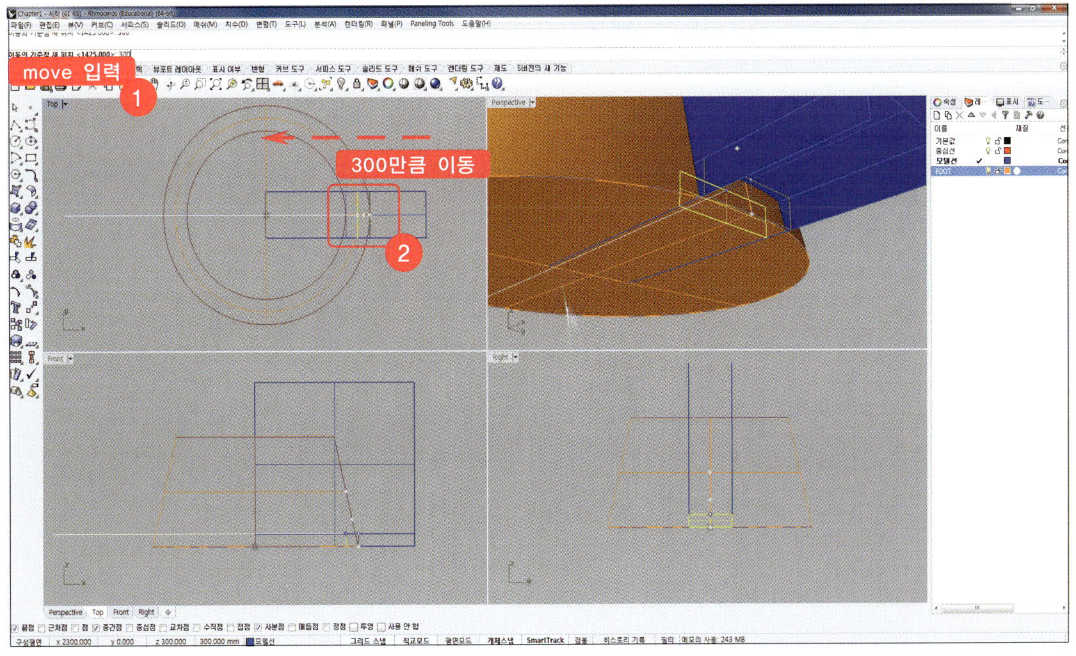

19 생성한 4개의 surface를 기준으로 원통의 polysurface를 trim을 이용해 절단합니다.
명령창에 'trim'을 입력하고 아래 그림과 같이 4개의 surface를 선택하고, [Enter]키를 누른 뒤,
4개 surface 안쪽의 원통 polysurface를 클릭합니다.

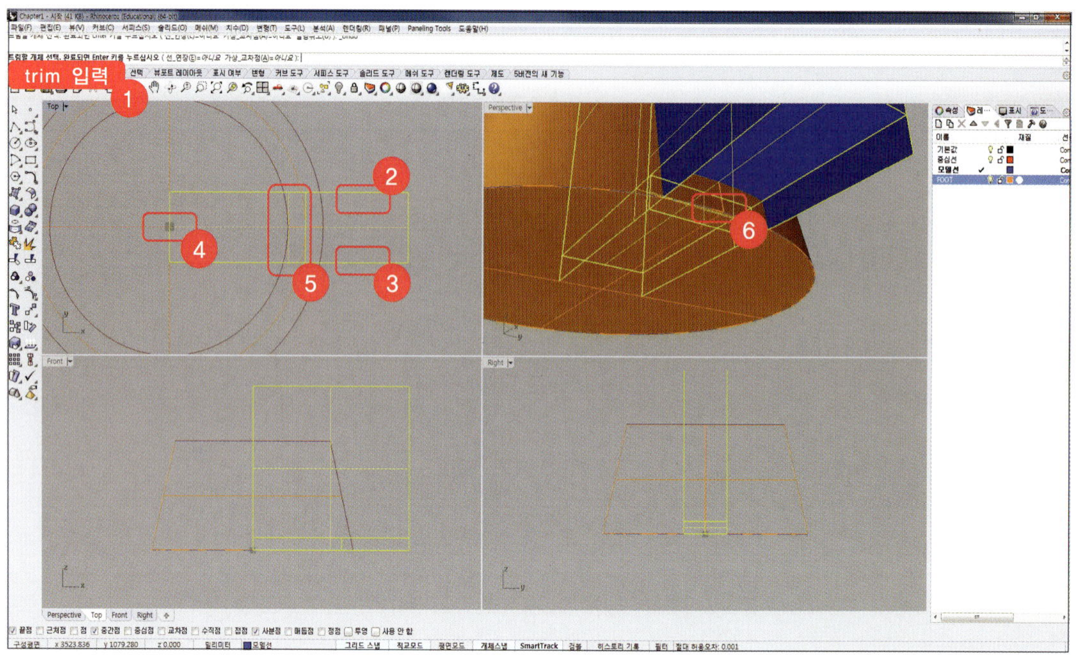

20 불필요한 surface도 trim을 이용하여 자릅니다. 명령창에 trim을 입력하고 [절단 개체 선택]에
원통 polysurface를 선택하고 [Enter]키를 누른 뒤, 트림할 개체 선택에 아래 그림과 같이 3개의
surface를 선택합니다.

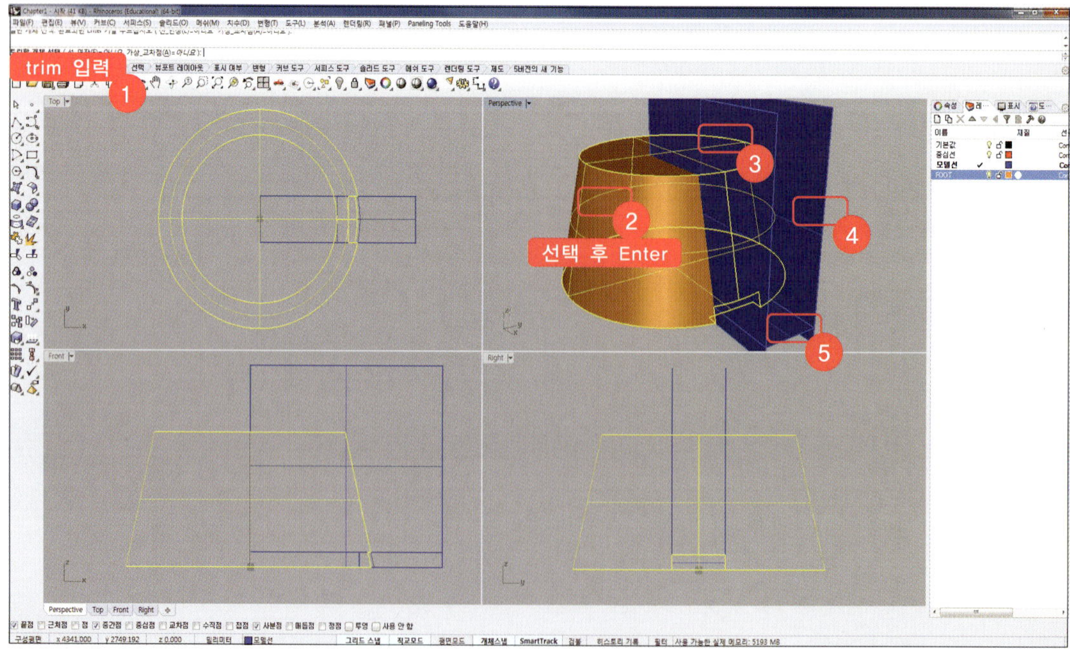

21 내부 surface를 자르기 위해 'hide'를 이용합니다.
명령창에 'hide'를 입력하고 원통 polysurface를 선택하고 [Enter]키를 누릅니다.

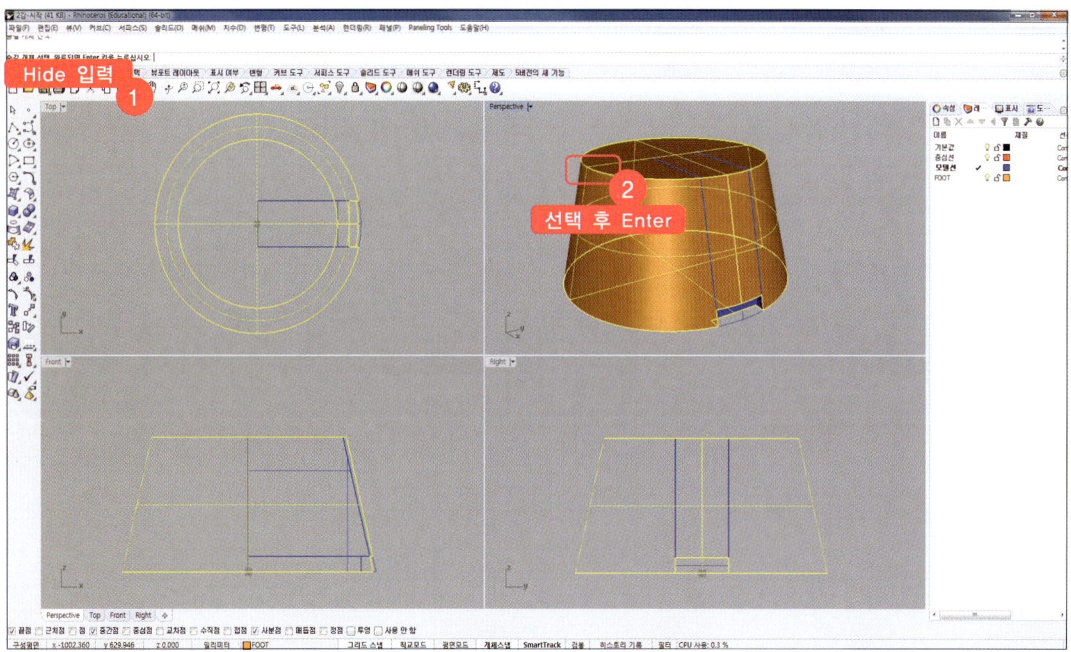

22 명령창에 trim을 입력하고 [절단 개체 선택]에 아래 그림과 같이 2개의 surface를 선택합니다.

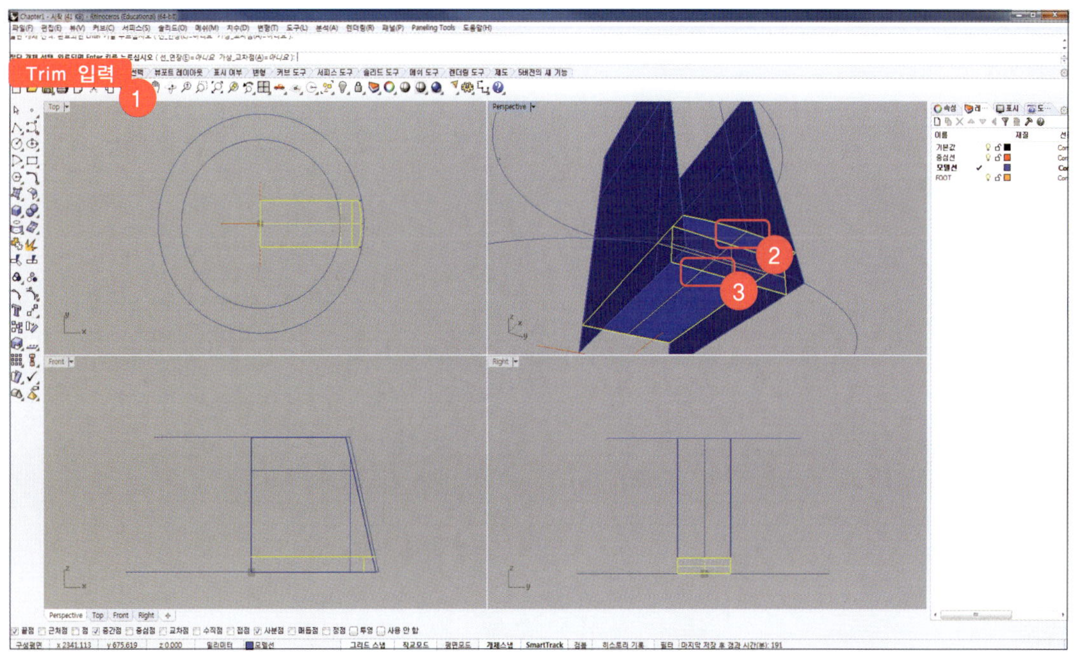

23 아래 그림과 같은 결과가 되도록 [트림할 개체 선택]에 불필요한 surface를 잘라냅니다.

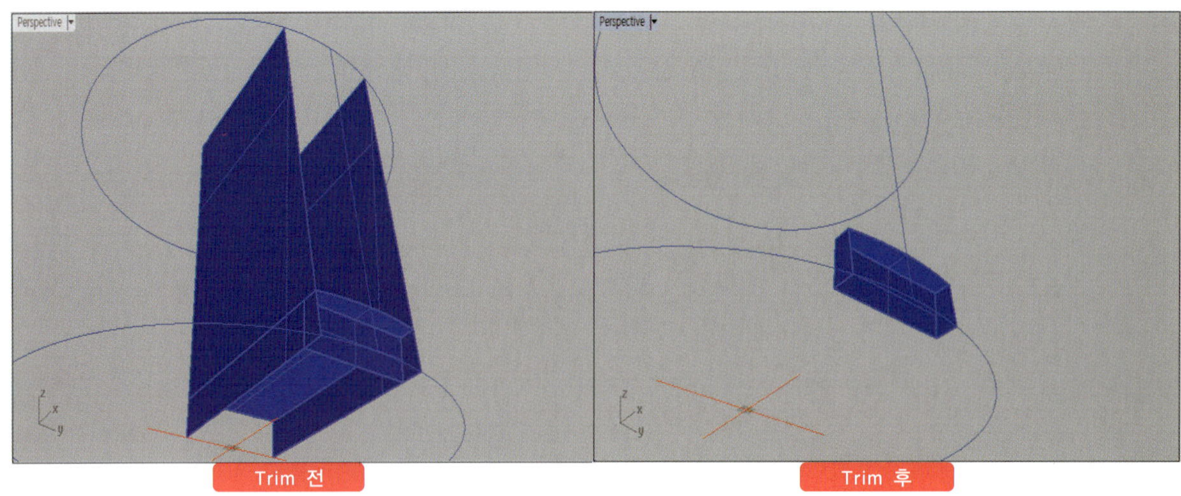

24 편집된 surface를 각 사분점에 회전복사합니다. 명령창에 'rotate'를 입력하고 Step 23에서 편집된 4개의 surface를 선택하고 [Enter]키를 누릅니다. [회전 중심 (복사(C)=예)]를 확인하고 회전 중심에 [Top]뷰에서 원점을 선택하고 [첫 번째 참조점]에 [Top]뷰의 x축 위의 임의의 점을 선택하고 [두 번째 참조점]에 90도 간격으로 각 사분점을 선택합니다.

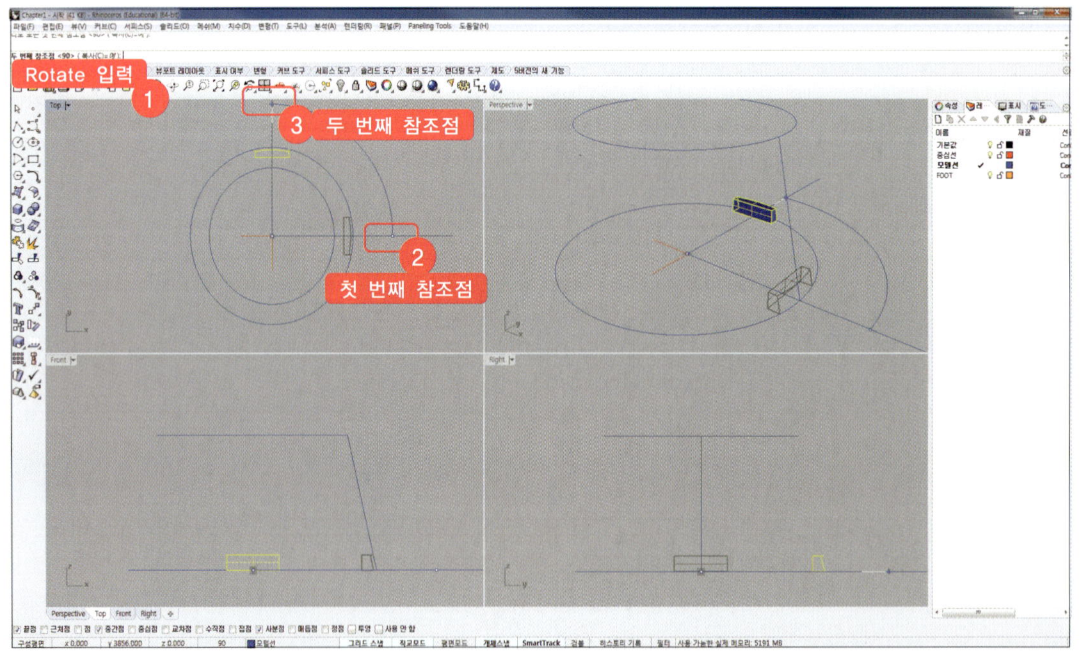

25 회전 복사한 모든 surface를 선택하고 [상태창] ➡ [레이어]탭에서 'FOOT' 레이어로 변경합니다.

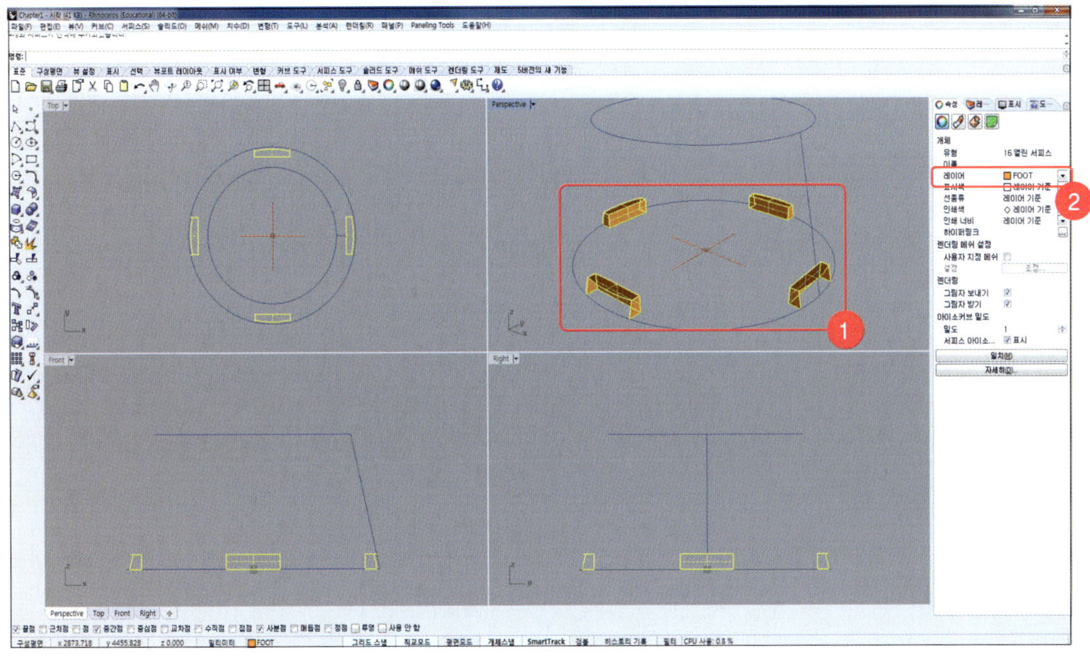

26 레이어가 변경된 모든 surface를 선택한 채로 명령창에 'show'를 입력합니다.

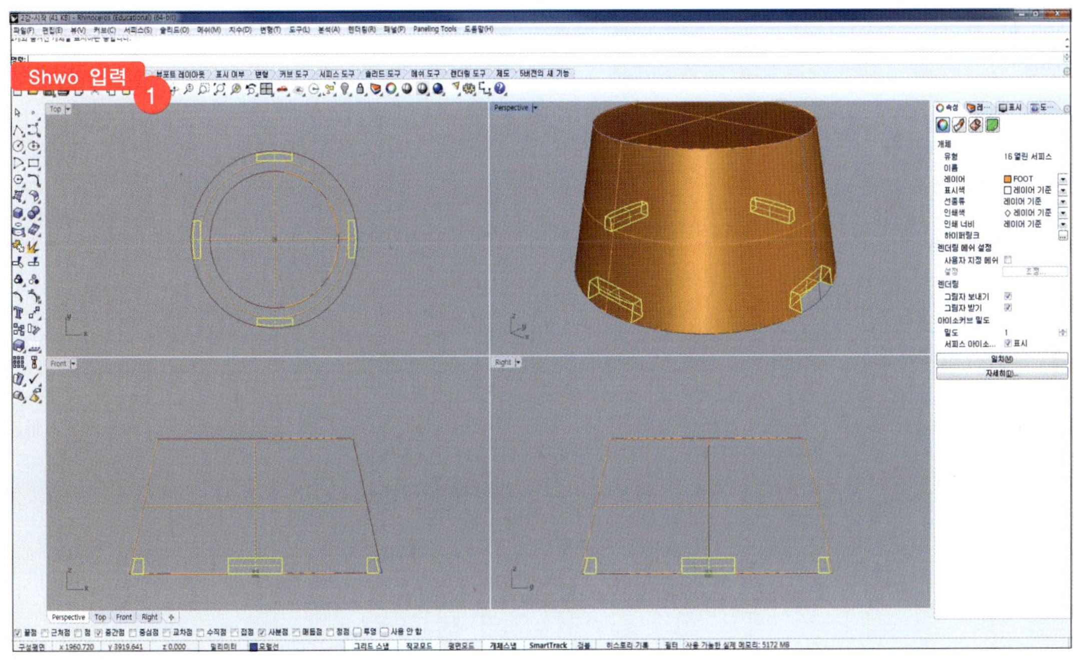

27 Step 26에서처럼 선택을 유지한 상태에서 명령창에 'trim'을 입력합니다. [절단 개체 선택]을 건너 뛰어 바로 [트림할 개체 선택]으로 넘어옵니다. Step 19에서 각 사분점의 원통 polysurface를 절단합니다.

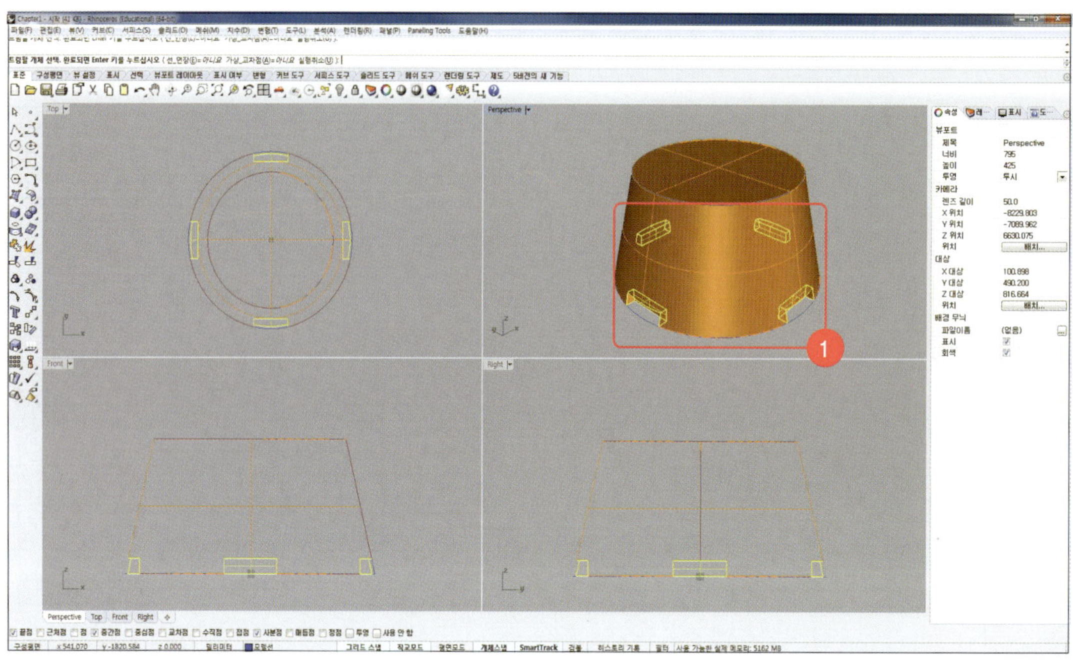

28 [상태창] ➡ [레이어]탭에서 'FOOT' 레이어를 더블 클릭 후 선택하고 마우스 오른쪽 버튼을 클릭하여 '개체 선택'을 클릭합니다. [솔리트]탭 ➡ [솔리드 만들기]를 클릭합니다.

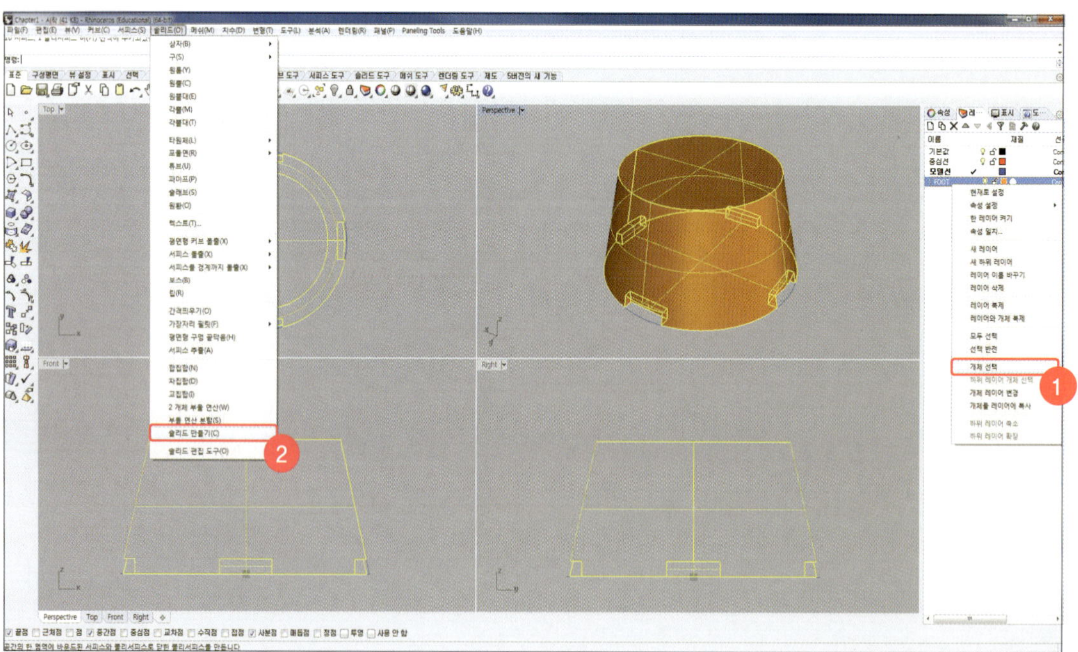

29 다음으로 발목 연결부를 만들기 위해 새로 레이어를 생성합니다.

[상태창] ➡ [레이어]탭에서 'FOOT ANKEL' 이름의 레이어를 생성하고 레이어 색은 '흐린 황록색'(임의의 색 지정 가능)으로 지정합니다. '모델선' 레이어를 더블 클릭하여 활성화 합니다. 'FOOT' 레이어 옆에 전구 표시를 클릭하여 FOOT 레이어는 보이지 않도록 합니다.

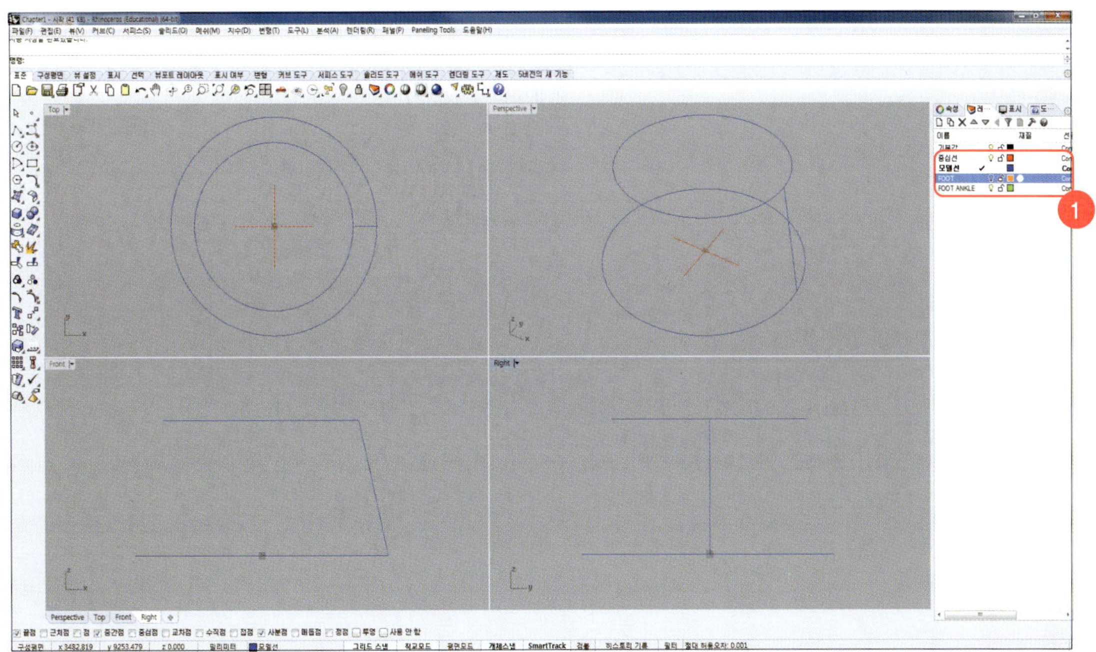

30 명령창에 'offset'을 입력하고 [간격띄우기 실행할 커브 선택]에 아래 그림과 같이 [Perspective]뷰에서 위쪽 원을 선택하고 명령창에 '50'을 입력하고 [Enter]키를 누른 뒤, 원 안쪽으로 방향을 잡고 클릭하여 간격띄우기 원을 작성합니다.

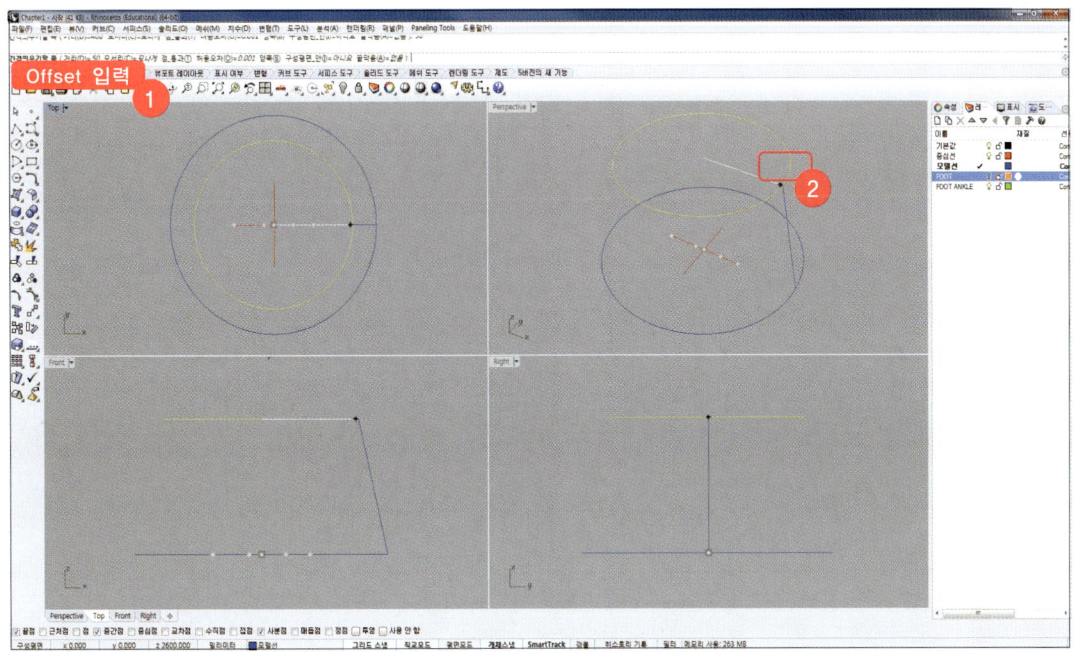

31 Step 30과 같은 방법으로 아래 그림과 같이 각각 간격띄우기 한 원에서 '550', '400' 간격으로 간격띄우기 원을 작성합니다.

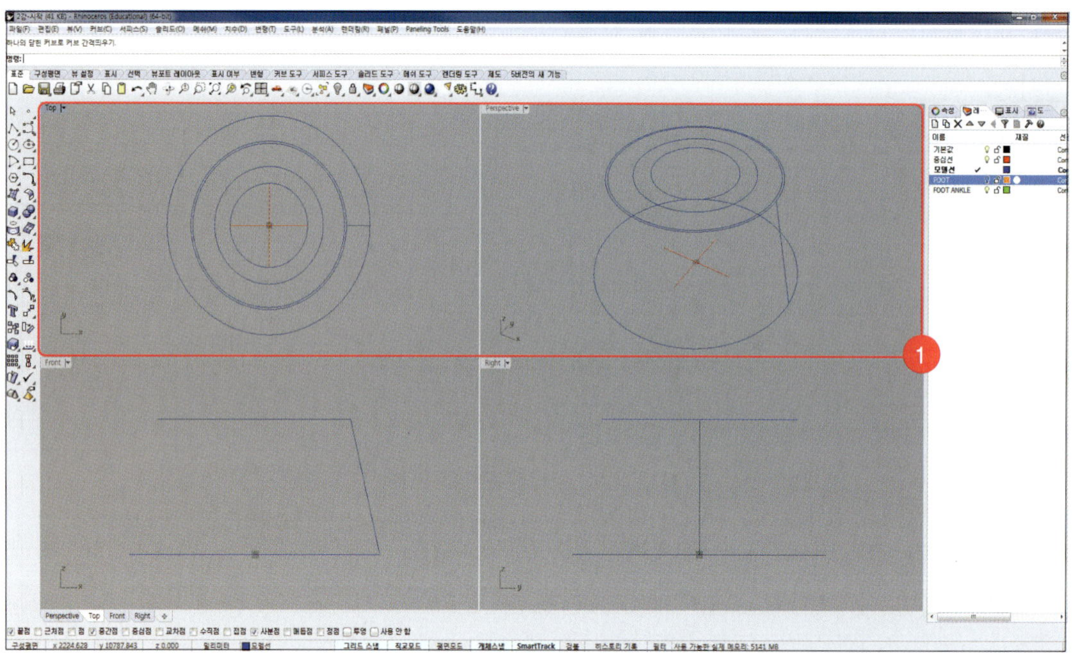

32 move를 이용하여 [Top]뷰에서 제일 안쪽 원부터 z축 방향으로 '1650', '300' 간격만큼 이동시킵니다. 이동이 완료되면 아래 그림과 같이 선이 위치하게 됩니다.

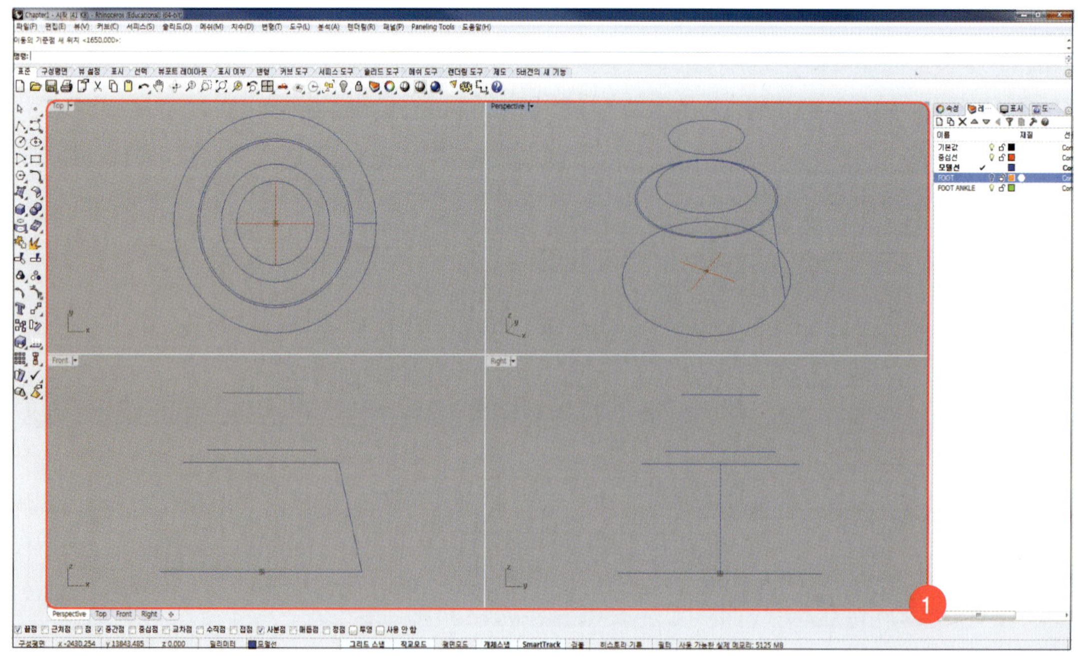

33 sweep2의 단면이 될 커브를 작성합니다. 명령창에 'line'을 입력하고, 아래 그림과 같이 [Top]뷰에서 x축 위에 있는 안쪽원의 사분점과 다음 원의 사분점을 차례대로 클릭합니다.

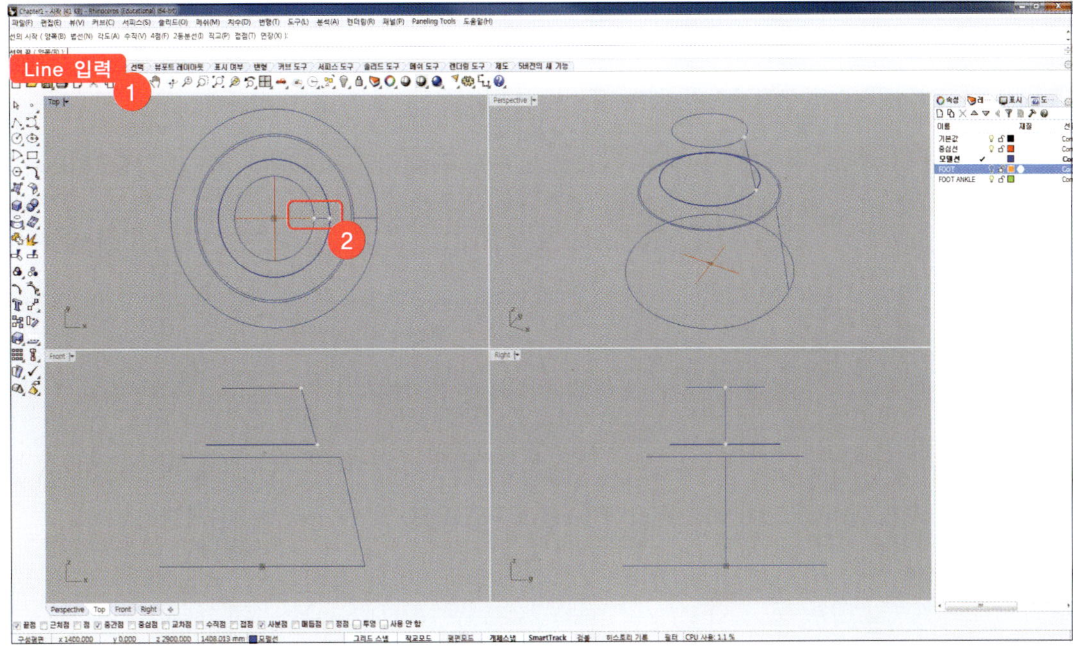

34 다시 line을 입력(이전 명령어를 바로 실행하고자 할 때는 바로 [Enter]키나 [Space]를 누릅니다.)하고 아래 그림과 같이 [Top]뷰에서 안쪽에서 2번째, 3번째 원의 x축 위 사분점을 연결하여 단면커브를 생성합니다.

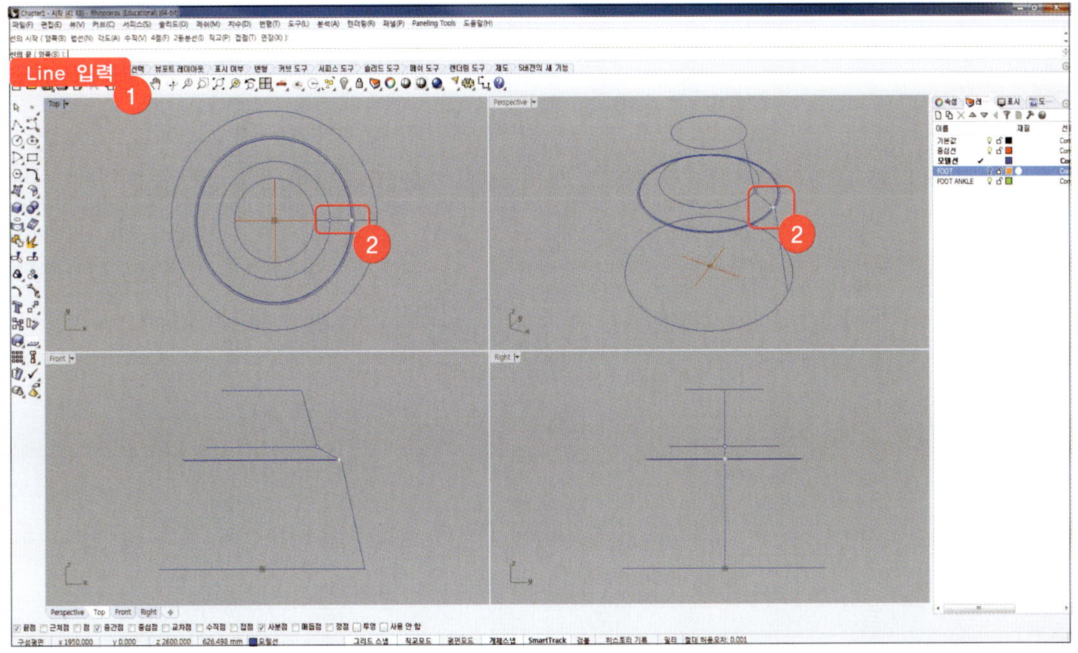

35 명령창에 sweep2를 입력하고 아래 그림과 같이 [첫 번째 레일 커브], [두 번째 레일 커브], [단면커브]를 선택하고 [Enter]키를 누른 뒤, [2개 레일 스윕 옵션]창이 나타나면 '단순 스윕'에 체크하고 [확인]을 클릭합니다.

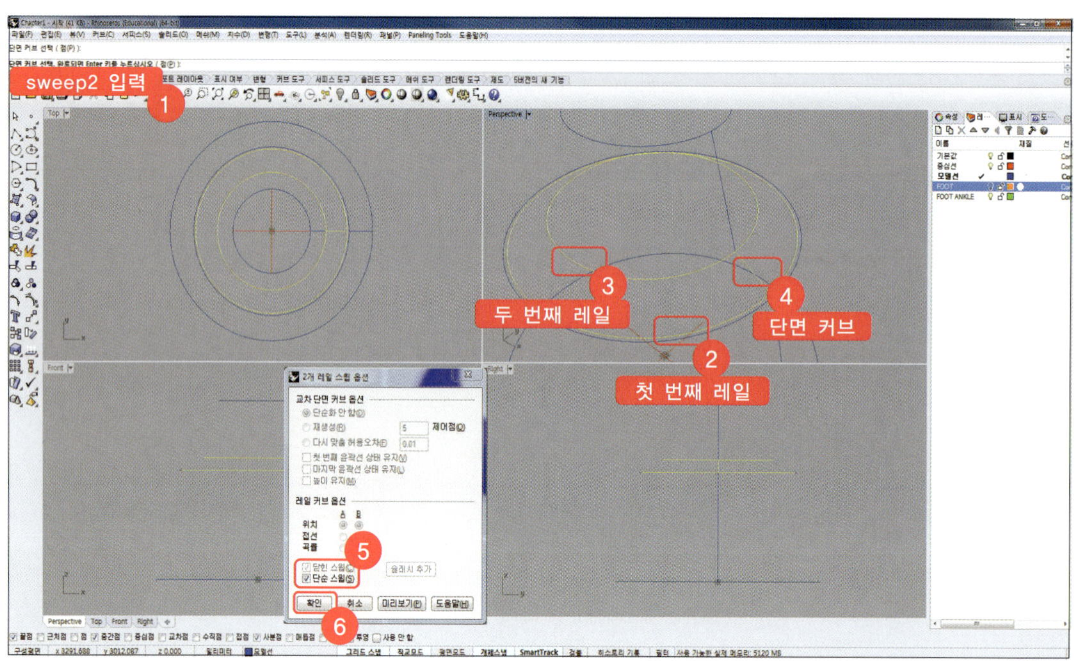

36 다시 sweep2를 명령창에 입력하고 아래 그림과 같이 [첫 번째 레일 커브], [두 번째 레일 커브], [단면커브]를 선택하고 [Enter]키를 누른 뒤, [2개 레일 스윕 옵션]창이 나타나면 '단순 스윕'에 체크하고 [확인]을 클릭합니다.

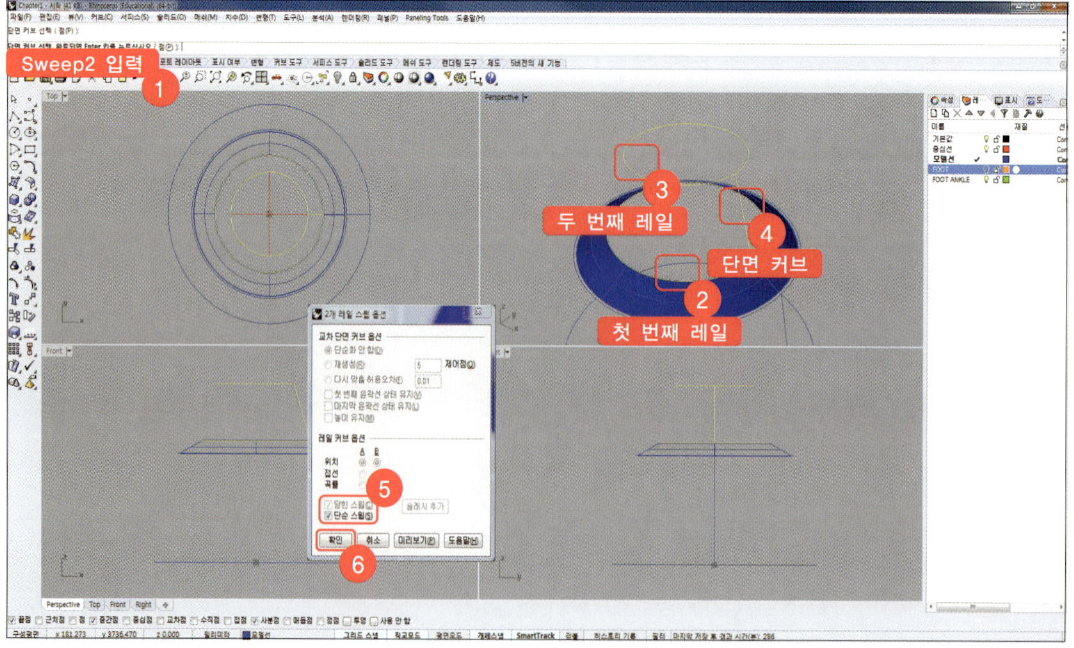

37 Step 35~36에서 생성한 2개의 surface의 레이어를 선택하고 [상태창] ➡ [레이어]탭에서 'FOOT ANKLE' 레이어로 변경하고 다시 [레이어]탭에서 'FOOT ANKLE' 레이어를 더블클릭해 활성화 합니다.

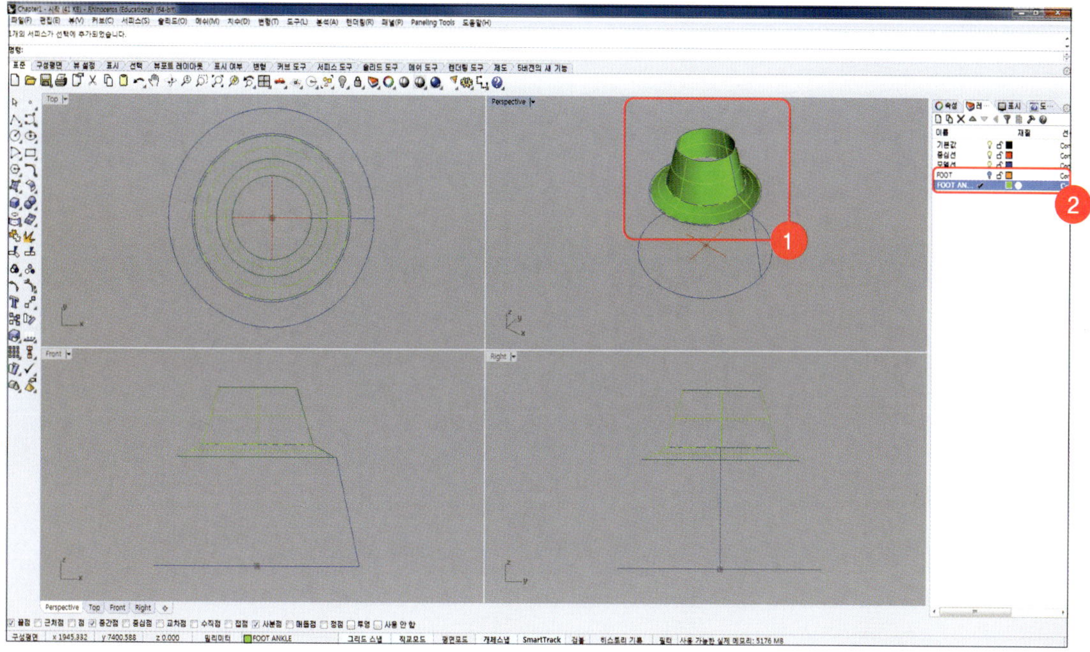

38 명령창에 'planarSrf'를 입력하고 원통 위쪽 모델선 레이어의 커브를 선택하고 [Enter]키를 누릅니다.

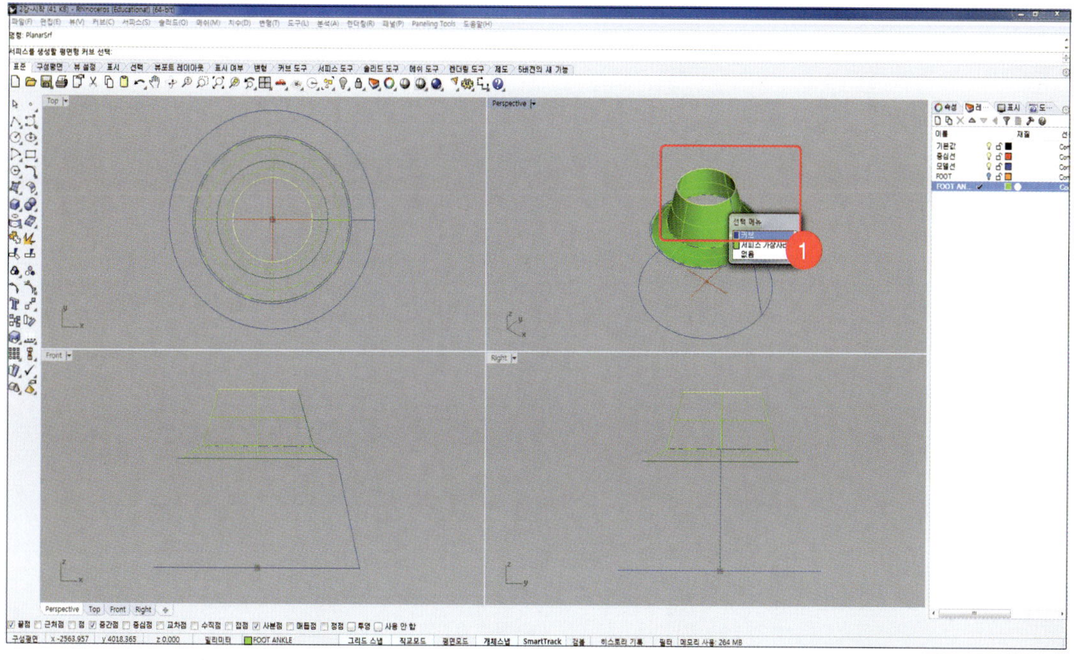

39 다시 명령창에 'PlanarSrf'를 입력하고 아래 그림과 같이 아래 커브를 선택하고 [Enter]키를 누릅니다.

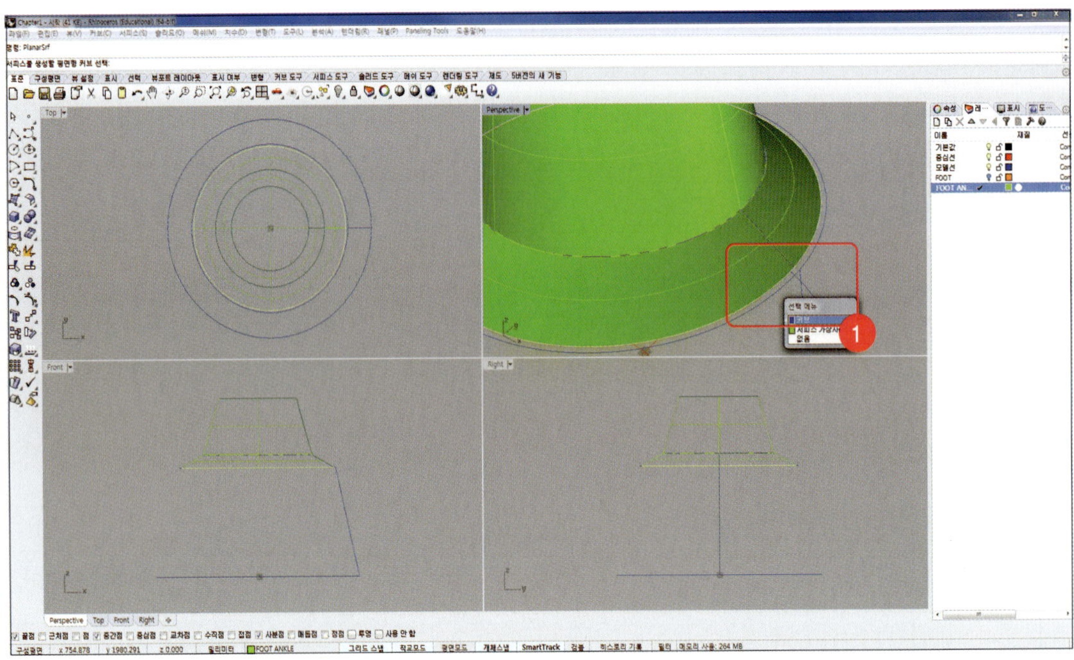

40 [상태창] ➡ [레이어]탭에서 'FOOT ANKLE' 레이어를 선택하고 마우스 오른쪽 버튼을 클릭한 뒤, [개체 선택]을 클릭합니다. 명령창에 'CreatSolid'를 입력하고 [Enter]키를 누릅니다.

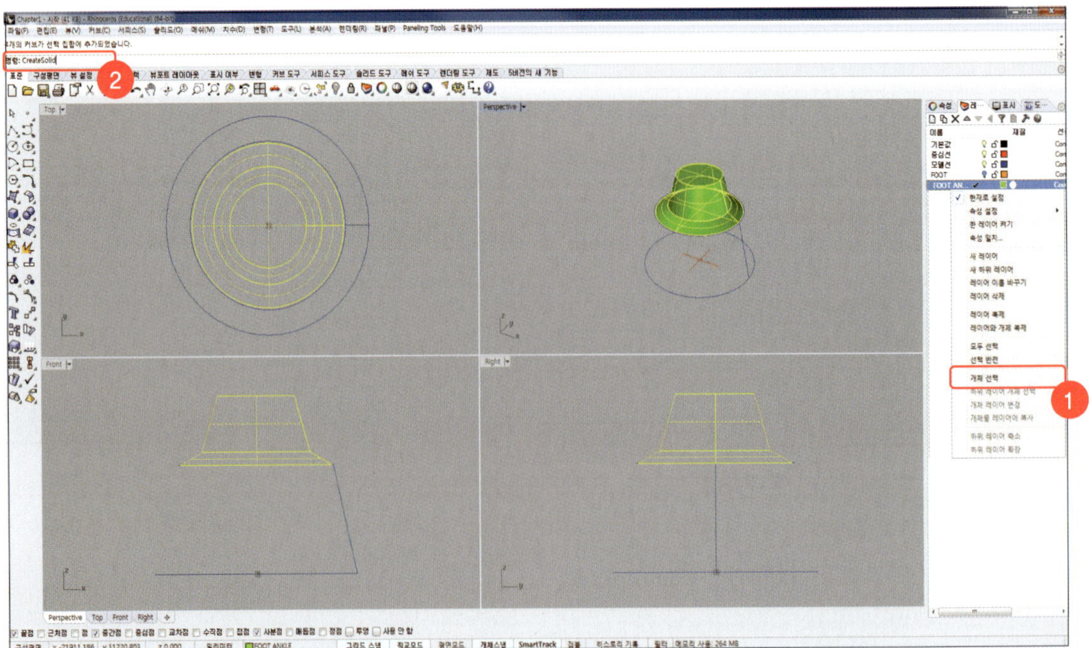

41 발목과 연결되는 부분의 구멍을 뚫어줍니다. 명령창에 Cylinder를 입력하고 [Front]뷰에서 [원통의 밑면]을 아래 그림과 같이 선택하고, 반지름 '250'을 입력하고, [Top]뷰에서 위쪽으로 cylinder를 작성합니다. 길이는 아래 그림과 같이 충분히 길게 하도록 합니다.

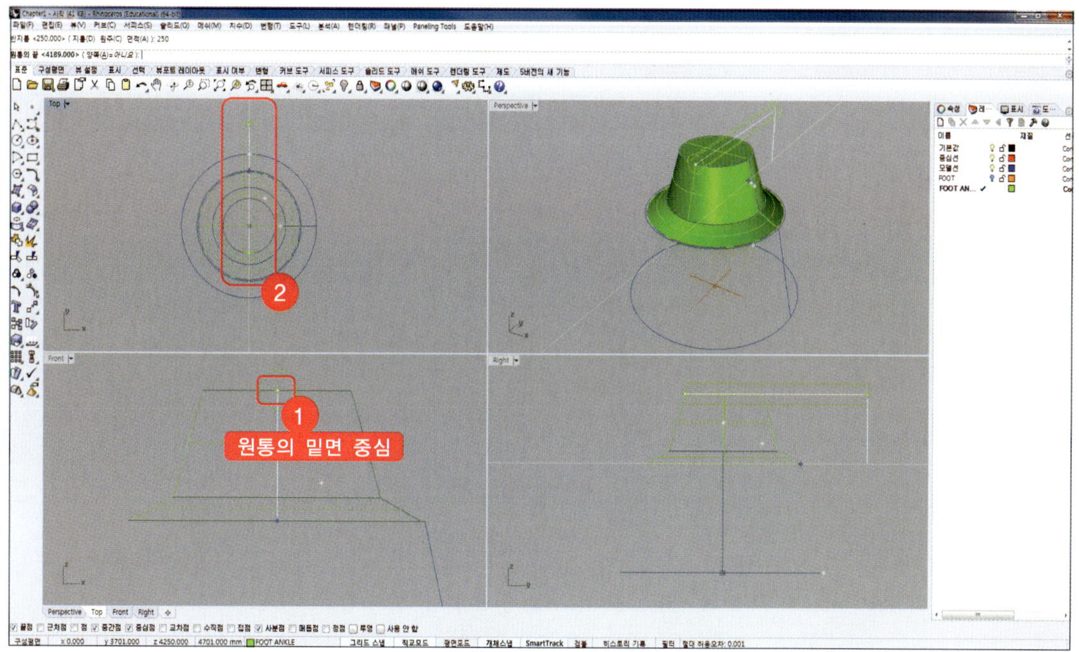

42 Step 41에서 작성한 cylinder를 [Right]뷰에서 'move' 명령어를 이용하여 아래로 '430'으로 이동하고 아래 그림과 같이 cylinder의 가운데가 ANKLE surface의 가운데로 위치하도록 이동합니다. (정확히 가운데를 맞출 필요는 없습니다.)

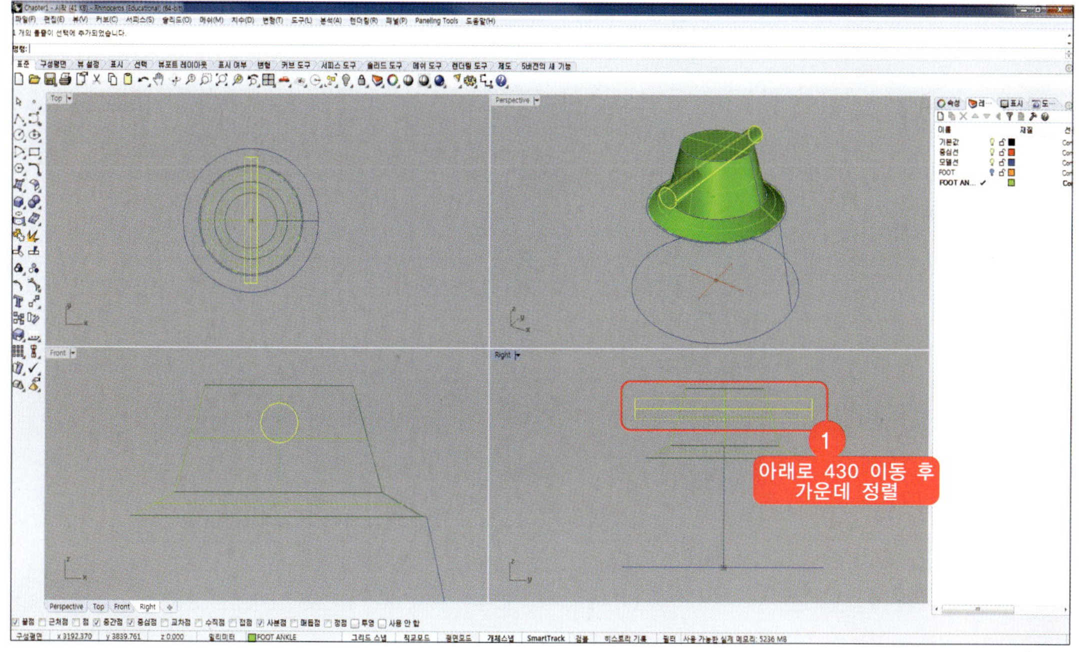

43 명령창에 'BooleanDifference'를 입력하고 아래 그림과 같이 surface를 순서대로 선택합니다.
(원래 객체_삭제(D)=예)를 확인합니다.)

44 [상태창]에서 'FOOT' 레이어와 'FOOT ANKLE' 레이어를 제외한 모든 레이어 옆 [전구]를 클릭하여
비활성 상태로 만들어 줍니다. 아래 그림과 같이 FOOT의 발가락 부분을 제외한 부분이 만들어 졌습니다.

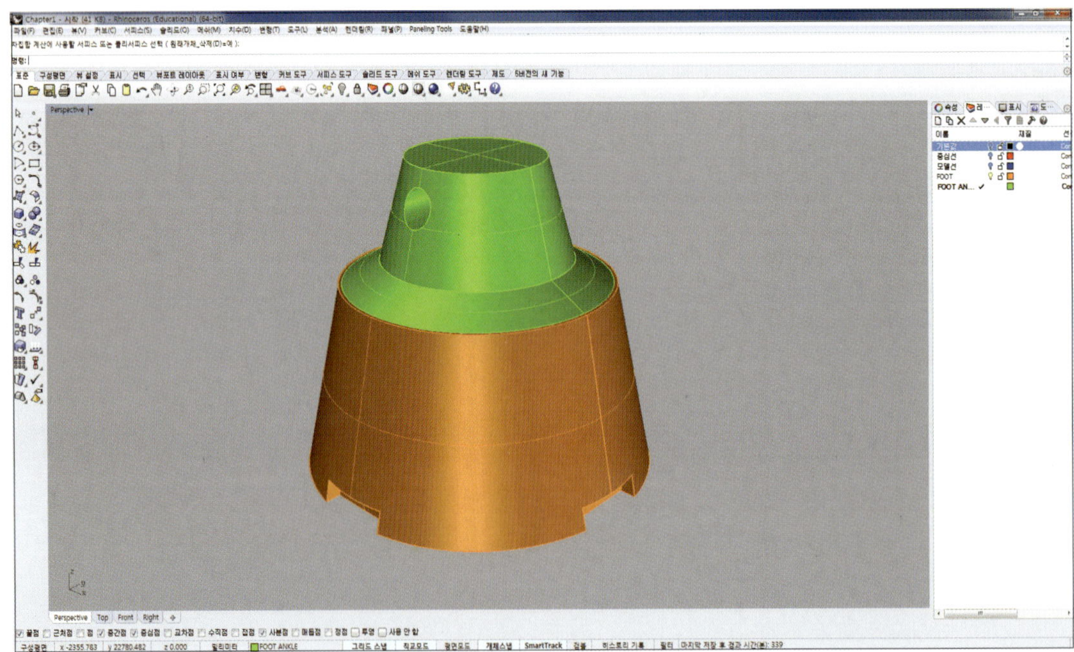

Chapter 02

TOE 모델링

■ TOE 모델링 : 설계/제작/생산/조립

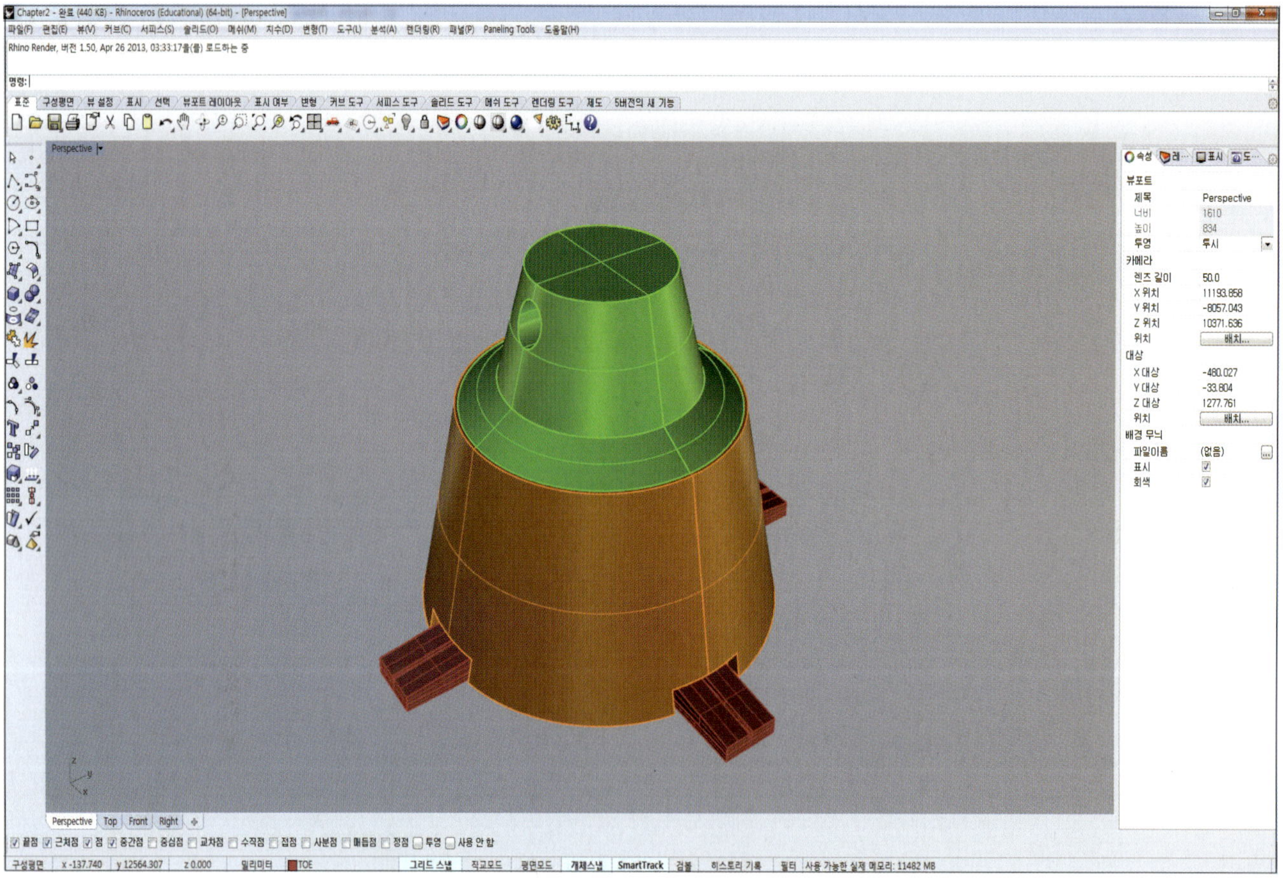

POINT!

- TOE Digital Model 생성
- Digital Model간 조립

01 Chapter 01에 이어 AT-AT Walker의 발가락을 조립하겠습니다. 예제파일 'PART1' 폴더에서 'Chapter2 - 시작' 파일을 로드합니다. [상태창] ➡ [레이어]탭에서 'TOE' 라는 이름의 레이어를 생성하고 색상은 '밤색(임의의 색 지정 가능)'을 선택한 뒤, 현재 레이어로 지정합니다.

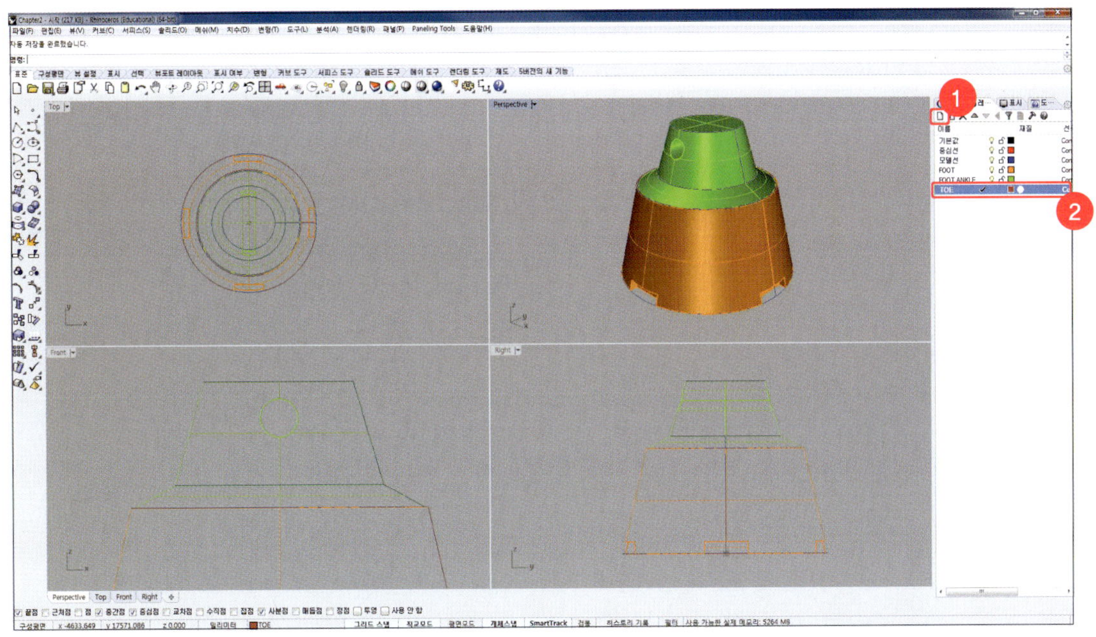

02 명령창에 'Box' 를 입력하고 이어서 '3점' 을 나타내는 명령어 'P' 를 입력합니다. 시작점을 임의로 선택한 다음 ['1275' 입력] ➡ [Enter] ➡ [마우스를 시작점 오른쪽에 두고 클릭] ➡ ['800' 입력] ➡[Enter] ➡ [마우스를 시작점 아래에 두고 클릭] ➡ ['100' 입력] ➡ [Front 뷰에서 마우스 커서를 위로 두고 클릭] 하여 '1275 * 800 * 100' 사이즈의 박스를 생성합니다.

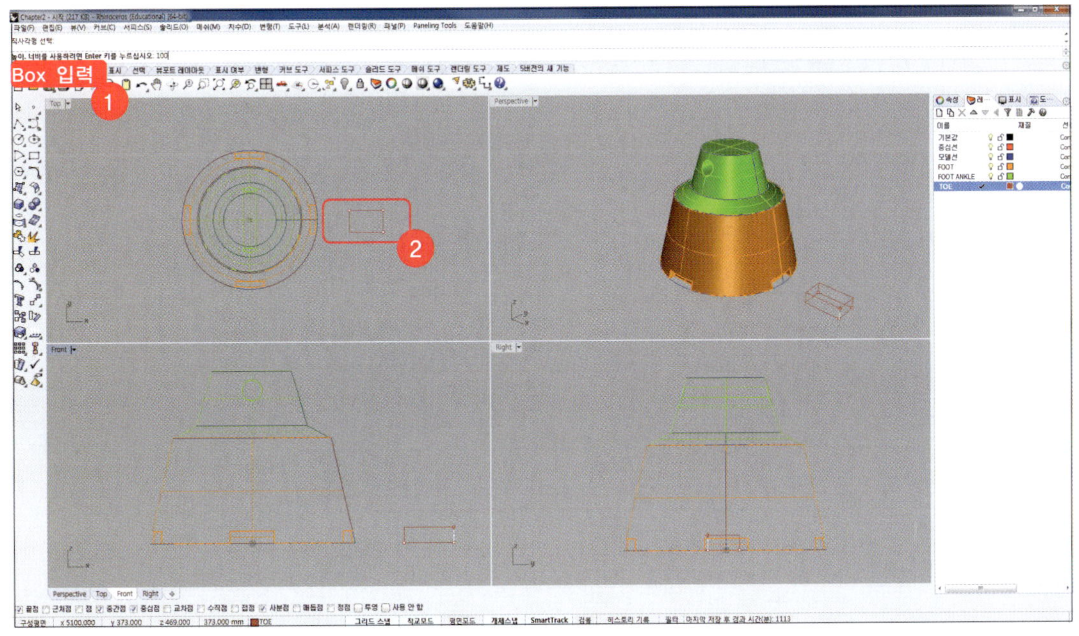

03 발가락 상단 부분을 polyline 명령어를 이용하여 단면을 스케치합니다. Step 02에서 생성한 box에 초점을 맞춘 뒤, 명령창에 pline입력하고 아래 그림과 같이 단면을 스케치합니다. 단면 스케치 시 [Right]뷰와 [Perspective]뷰를 활용하여 스케치하면 편리합니다. 또한 개체 스냅에 '직교모드'를 체크하고 스케치를 하면 좀 더 용이하게 스케치할 수 있습니다.

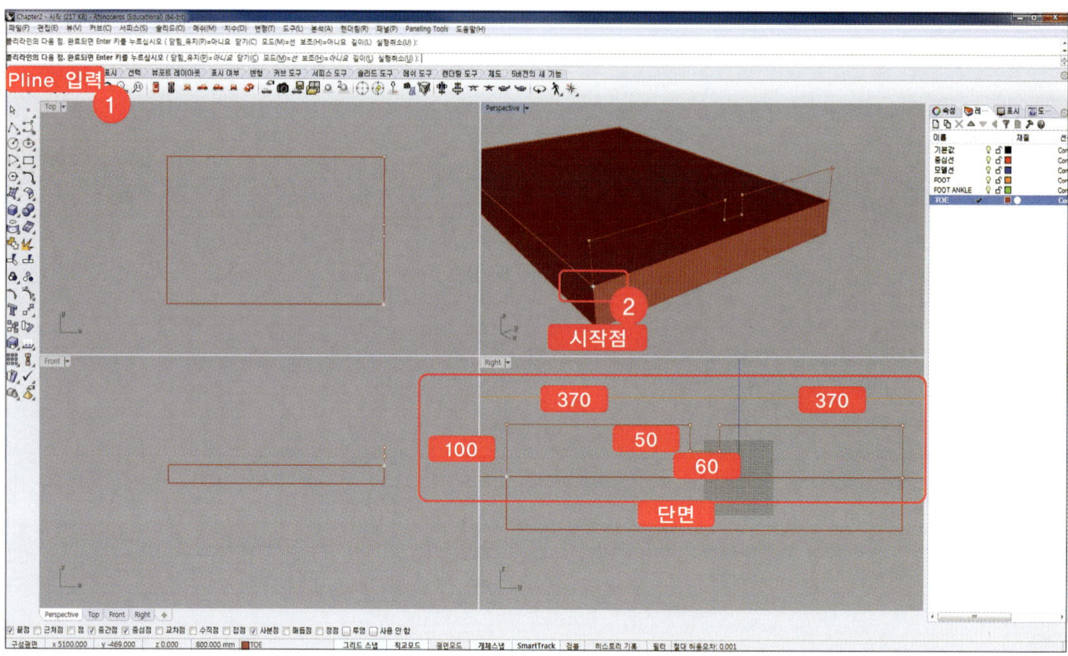

04 명령창에 'Copy'를 입력하고 Step 03에서 작성한 polyline을 선택하고 아래 그림과 같이, [Right]뷰에서 왼쪽으로 평행하게 '1100'만큼 이동한 위치에 복사합니다.

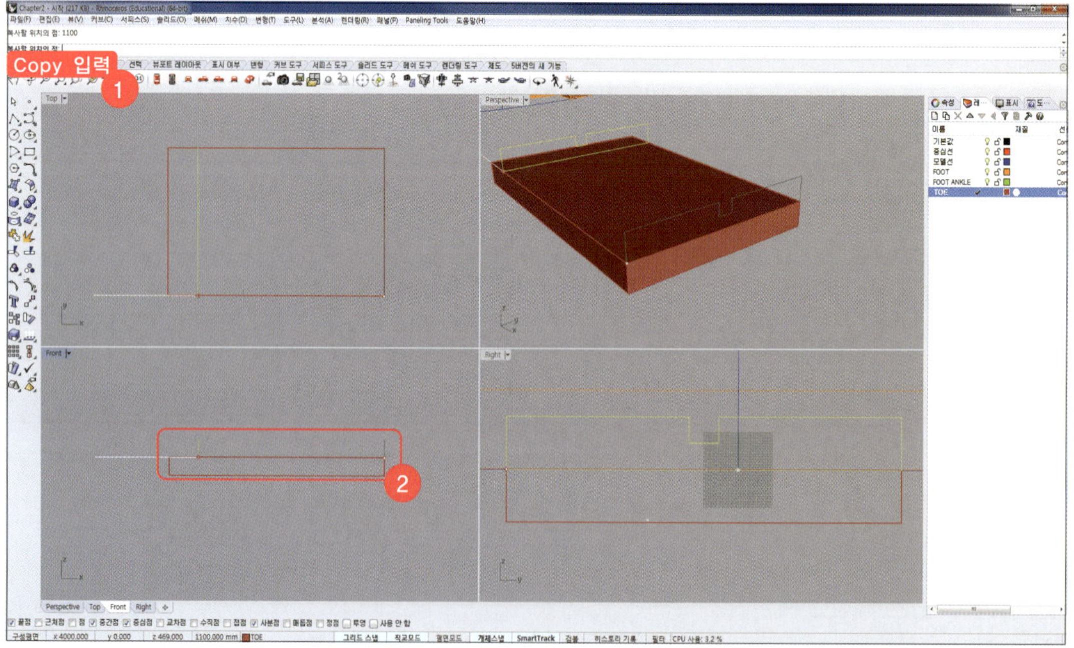

05 Strech를 통해 복사한 polyline의 크기를 조정합니다. 명령창에 'stretch'를 입력하고 Step 04에서 복사한 polyline을 선택하고 [Enter]키를 누릅니다. 아래 그림과 같이 [스트레치 축의 시작]과 [스트레치 축의 끝] 점(홈이 파인 수직 선분)을 지정하고 명령창에 'L'을 입력합니다. 명령창에 'Enter new length for stretch axis'이 나타나며 '150'을 입력하고 [Enter]키를 누릅니다.

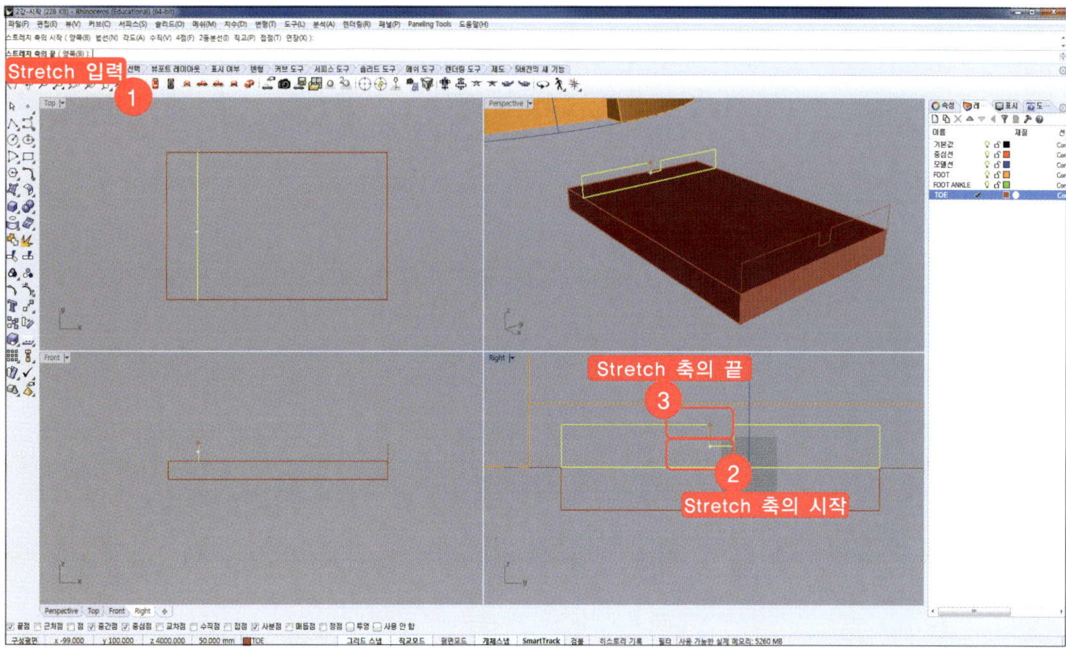

06 아래 그림과 같이 stretch 축에 따라 150 만큼 길이가 조정된 것을 확인할 수 있습니다.

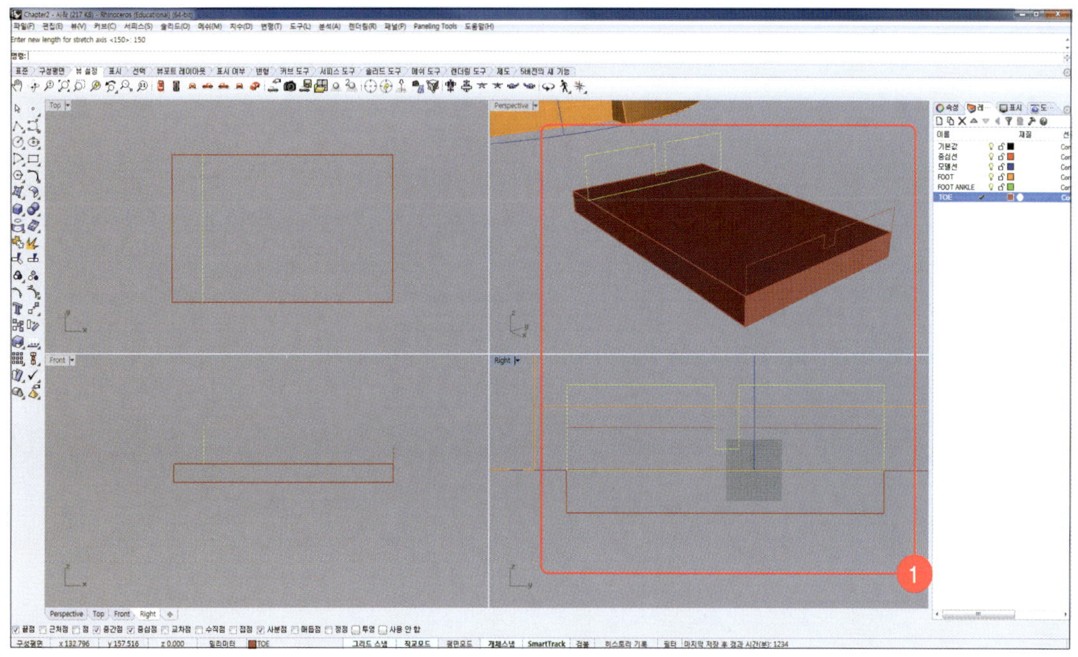

07 sweep2를 위한 단면 커브를 작성합니다.

명령창에 'line'을 입력하고 아래 그림과 같이 line의 시작점과 끝점을 선택합니다.

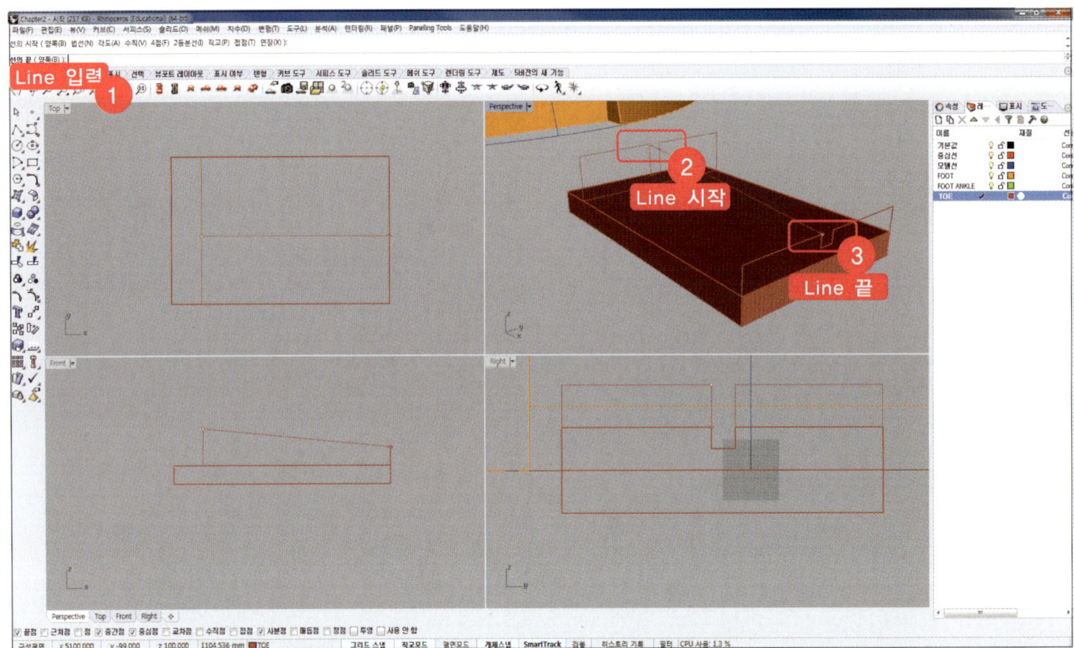

08 명령창에 'sweep2'를 입력하고 아래 그림과 같이 [첫 번째 레일커브], [두 번째 레일 커브], [단면 커브]를 선택하고 [Enter]키를 누릅니다. [2개 레일 스윕 옵션]창이 활성화되면 '닫힌 스윕'에 체크하고 [확인]을 클릭합니다.

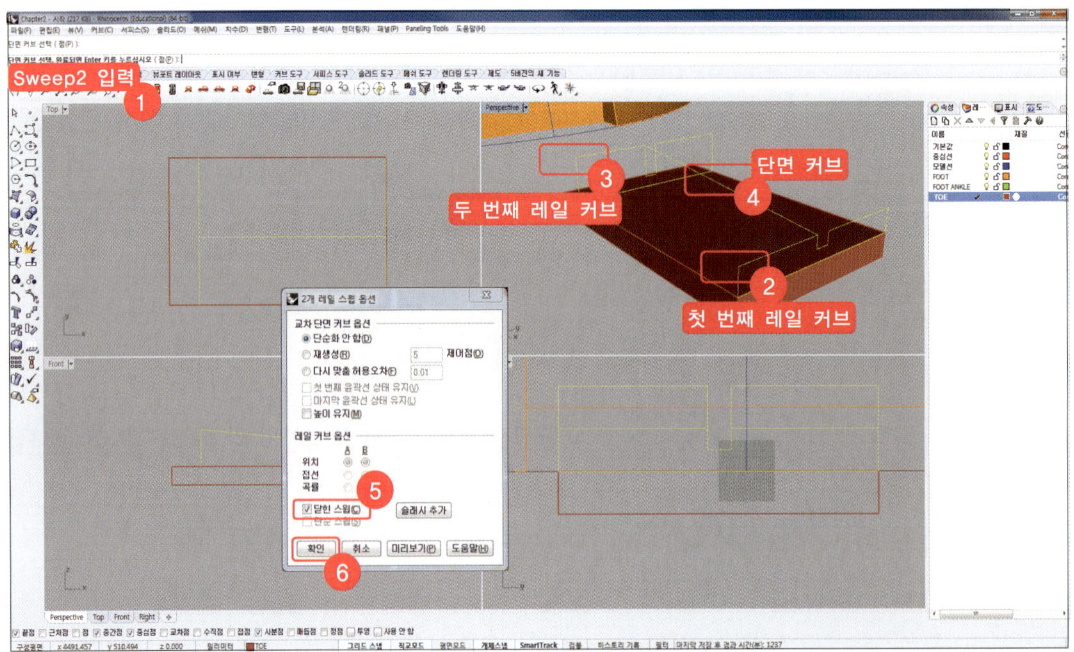

09 명령창에 'Cap'을 입력하고 Step 08에서 생성한 surface를 선택후 [Enter]키를 누릅니다.

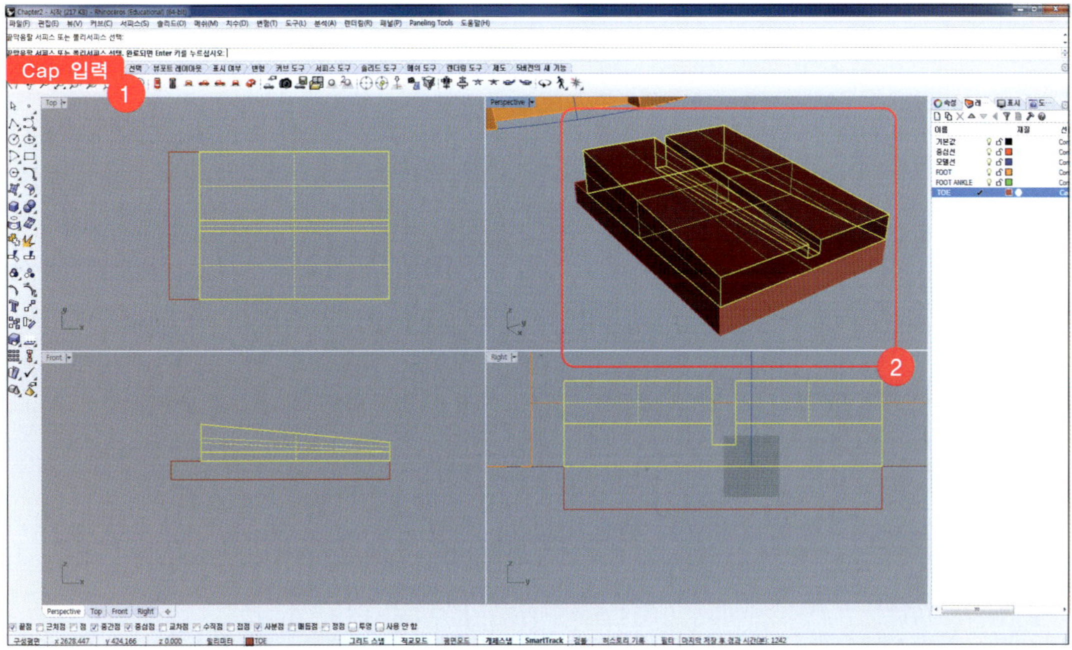

10 명령창에 'BooleanUnion'을 입력하고 아래 그림과 같이 2개의 개체를 선택하여 하나의 개체로 만들어 줍니다.

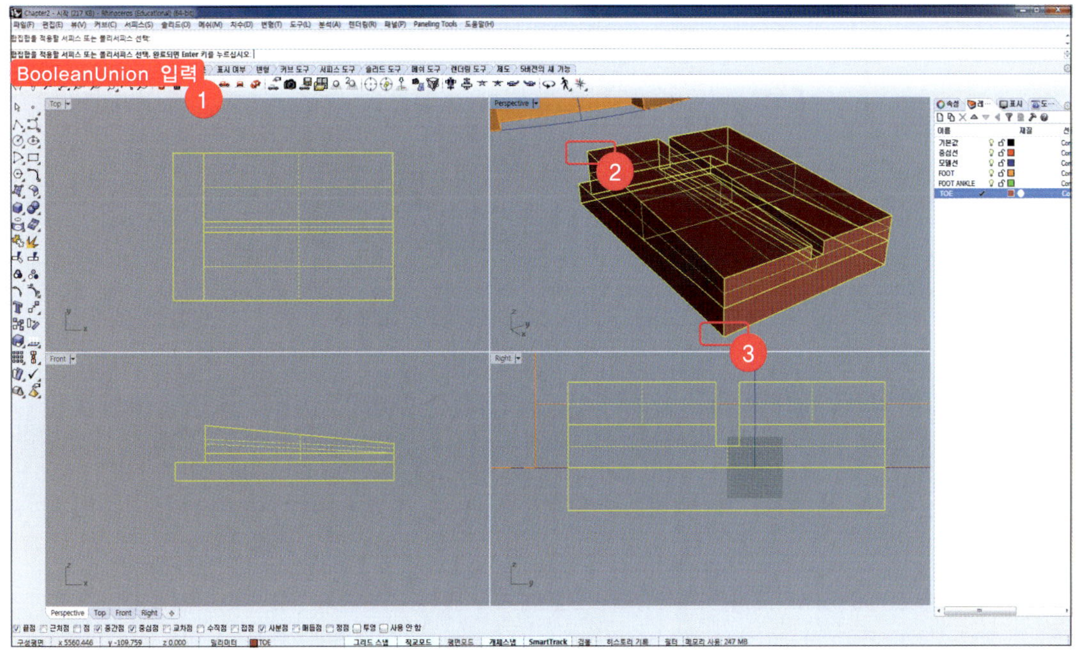

11 완성된 TOE부분을 FOOT에 부착합니다. 명령창에 'Move'를 입력하고 [이동의 기준점]으로 아래 그림과 같이 중간점을 선택합니다. 중간점이 잡히지 않을 경우 아래 개체 스냅에 '중간점'이 체크되어있는지 확인합니다.

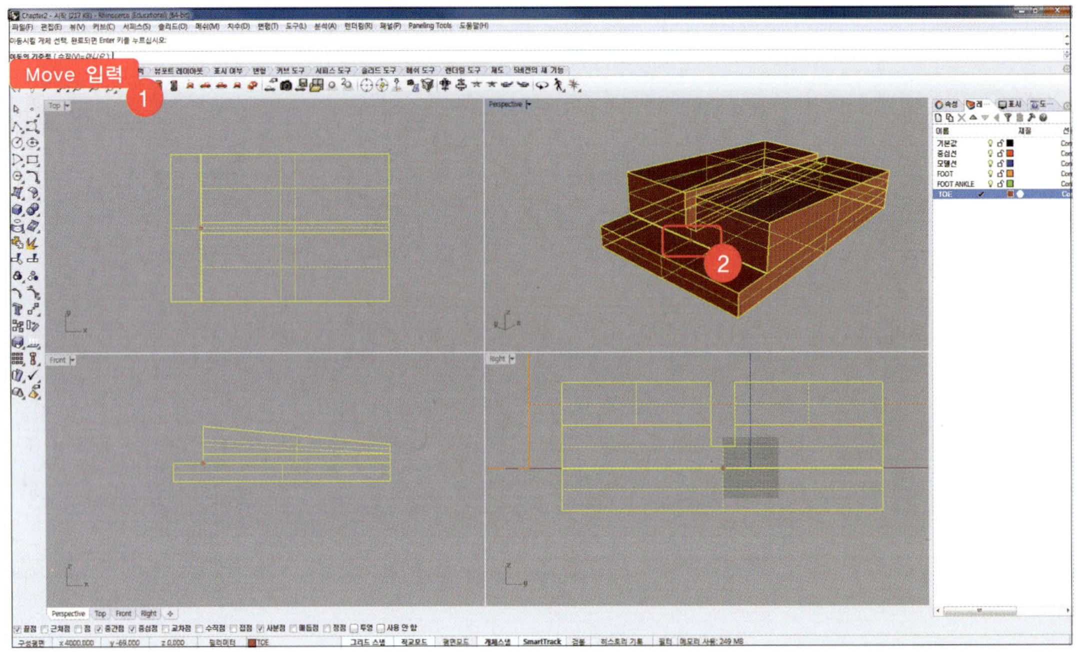

12 이어서 이동의 기준점 새 위치를 [Perspective]뷰에서 아래 그림과 같이 FOOT의 아래 TOE 부분이 들어갈 홈의 가운데 중간점을 선택합니다.

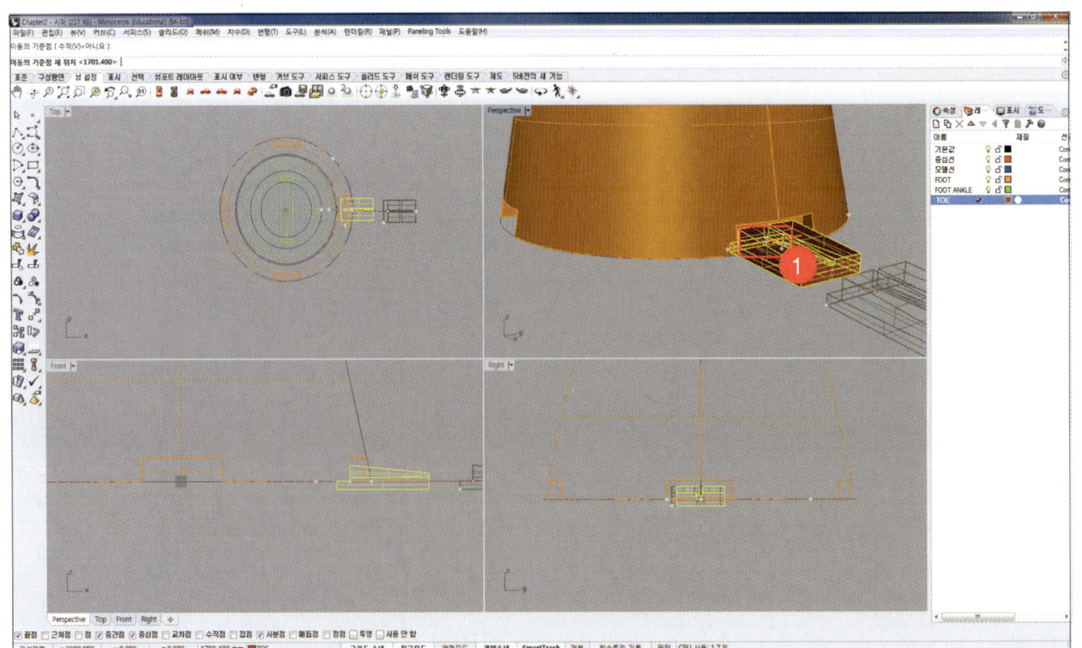

13 TOE를 작성하기 위해 스케치한 커브는 모두 삭제하고 명령창에 'Rotate'를 입력하고
(복사(C)=아니오)를 클릭하여 (복사(C)=예)로 변경합니다.

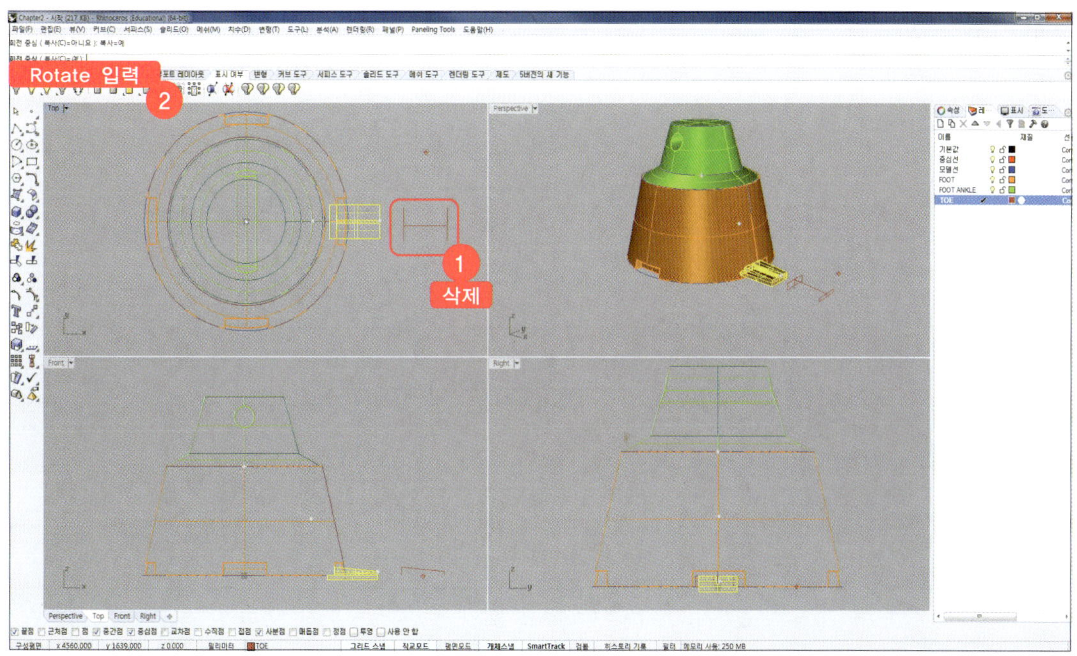

14 아래 그림과 같이 [회전 중심]에 원점을 선택하고 [첫 번째 참조점]에 [Top]뷰에서 x축 위의 점을 선택하고
[두 번째 참조점]에 TOE가 위치하는 각 사분면 점을 선택하여 4개의 TOE를 회전 복사합니다.

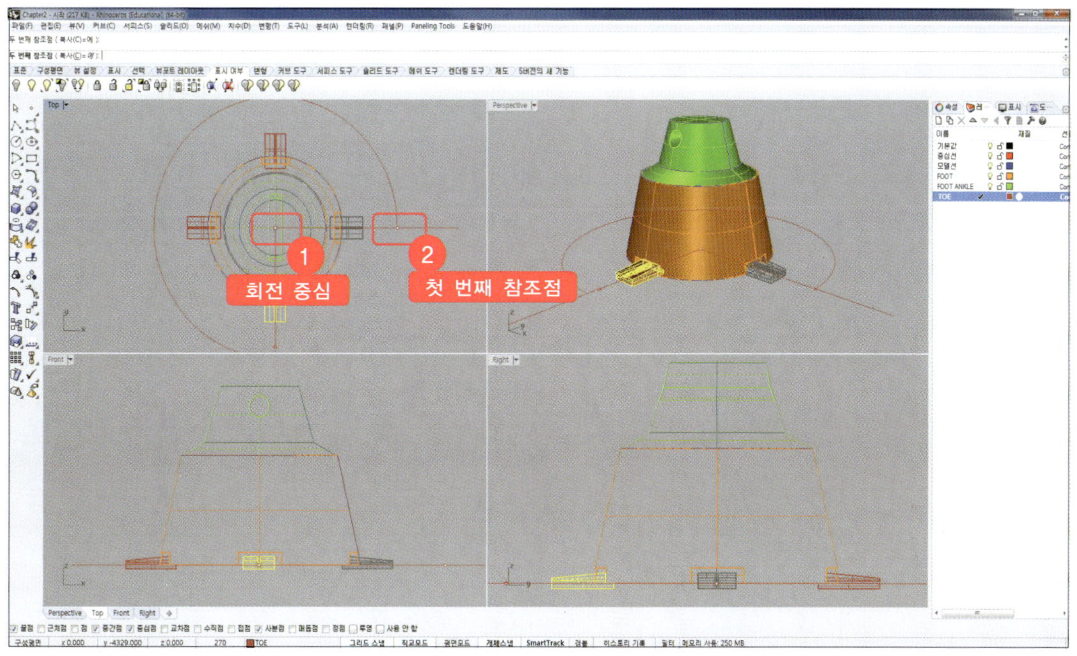

15 TOE, FOOT, FOOT ANKLE(연결부)가 모두 작성된 모습입니다.

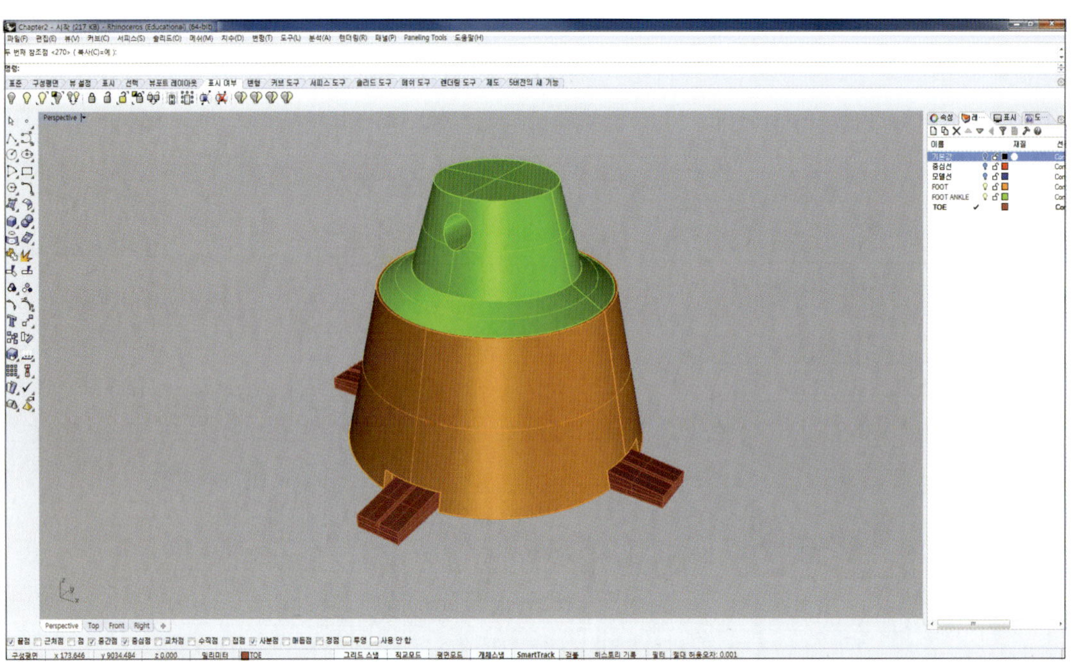

Chapter 03

ANKLE 모델링

ANKLE 모델링 : 설계/제작/생산/조립

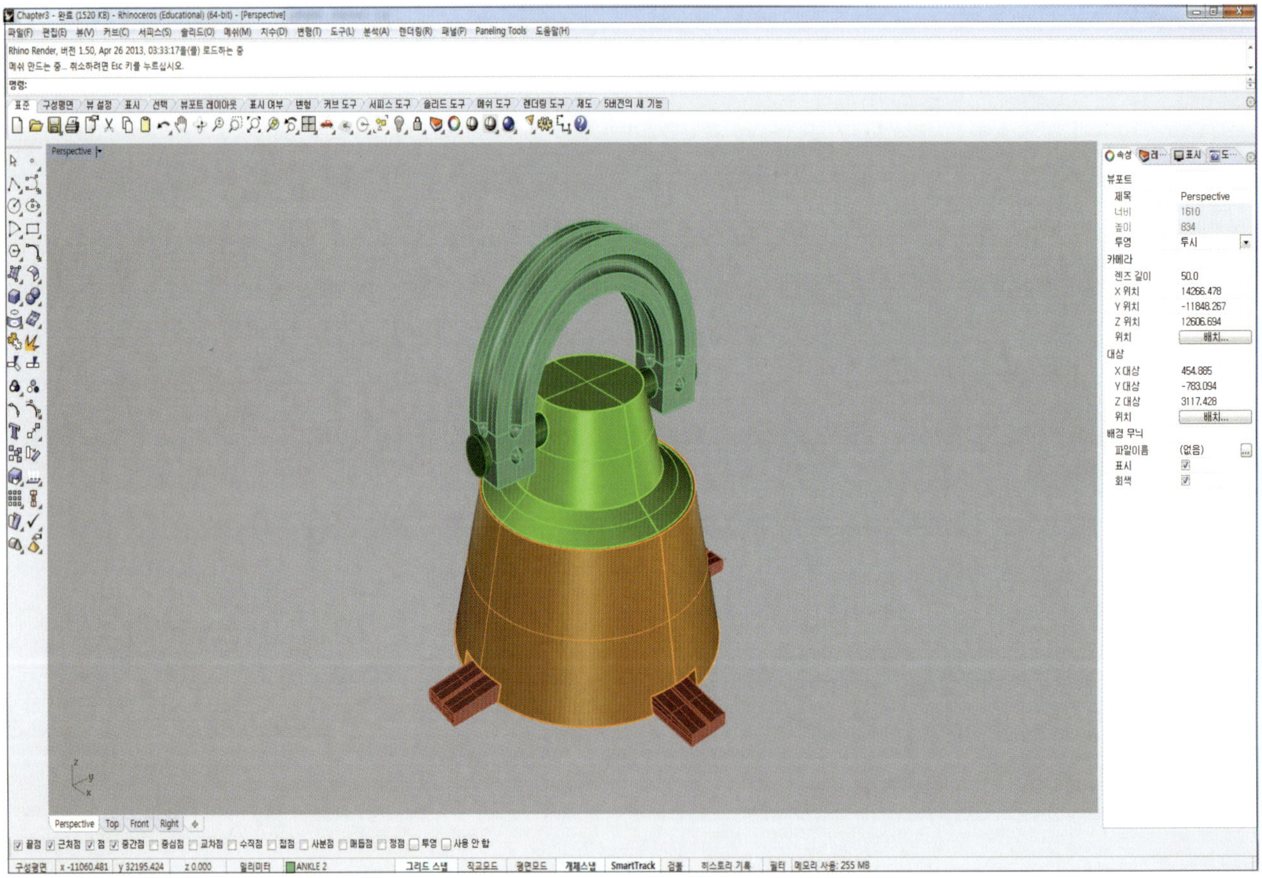

POINT!

- ANKLE Digital Model 생성
- Digital Model간 조립

01 Rhino 3D 5를 실행합니다. 예제파일 'PART1' 폴더에서 'Chapter3 – 시작' 파일을 로드하고, [상태창] ➡ [레이어]탭에서 'ANKLE' 이라는 이름의 새 레이어를 생성합니다. 'ANKLE' 레이어의 색상은 '진한녹색' (임의의 색 선택 가능)을 선택합니다.

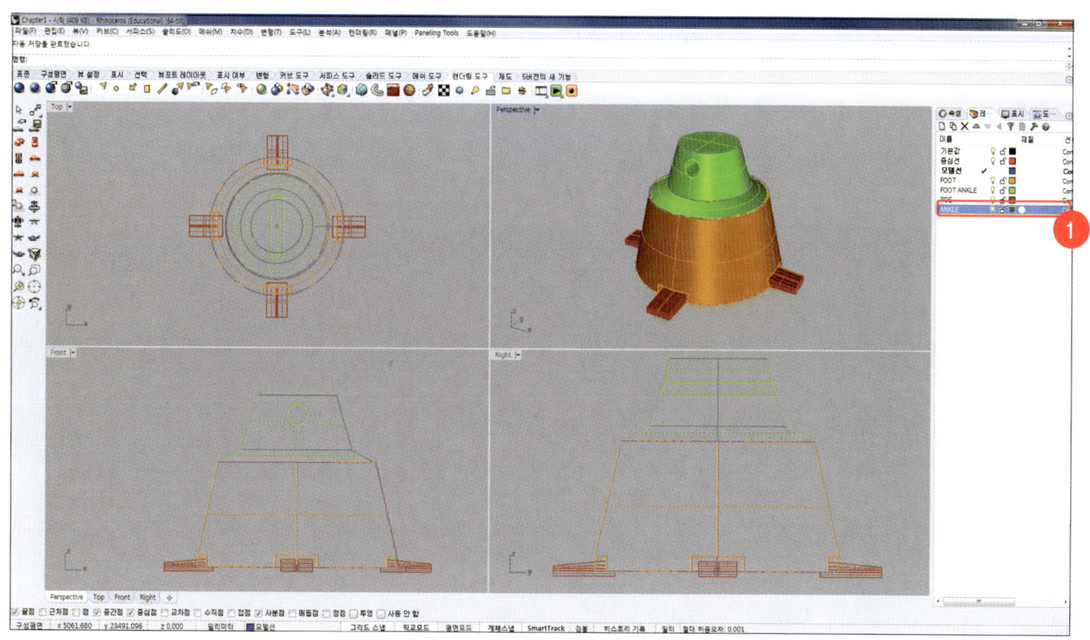

02 명령창에 'Cylinder' 를 입력하고, 개체 스냅에 '중심점' 이 체크되어 있는지 확인한 뒤, 아래 그림과 같이 '원통의 밑면' 은 [Front]뷰에서 FOOT의 가장 윗 면의 중심점을 선택합니다.
이어서 '반지름' 에 '240' 을 입력하고 '원통의 끝' 에 '4700' 을 입력하고 [Enter]키를 누릅니다.

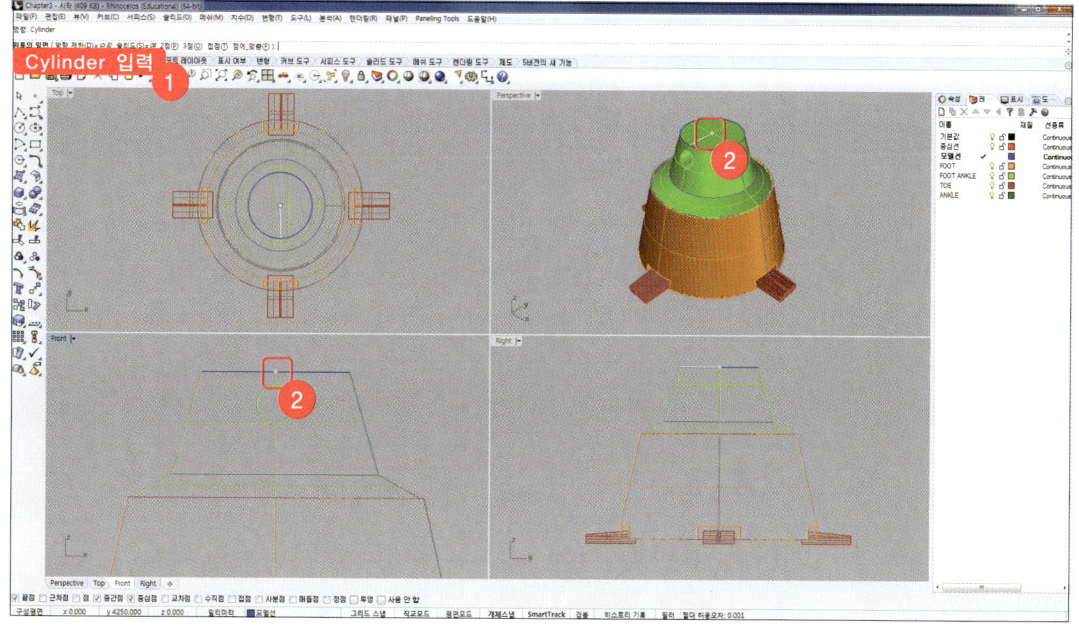

03 명령창에 'move'를 입력하고 Step 02에서 생성한 원통 solid를 선택한 뒤, [Right]뷰에서 '이동의 기준점'으로 원통의 중간점을 선택하고, '이동 기준의 새 위치'에 이동하기 전 원통의 끝점을 선택해 원통을 FOOT의 가운데 오도록 이동합니다.

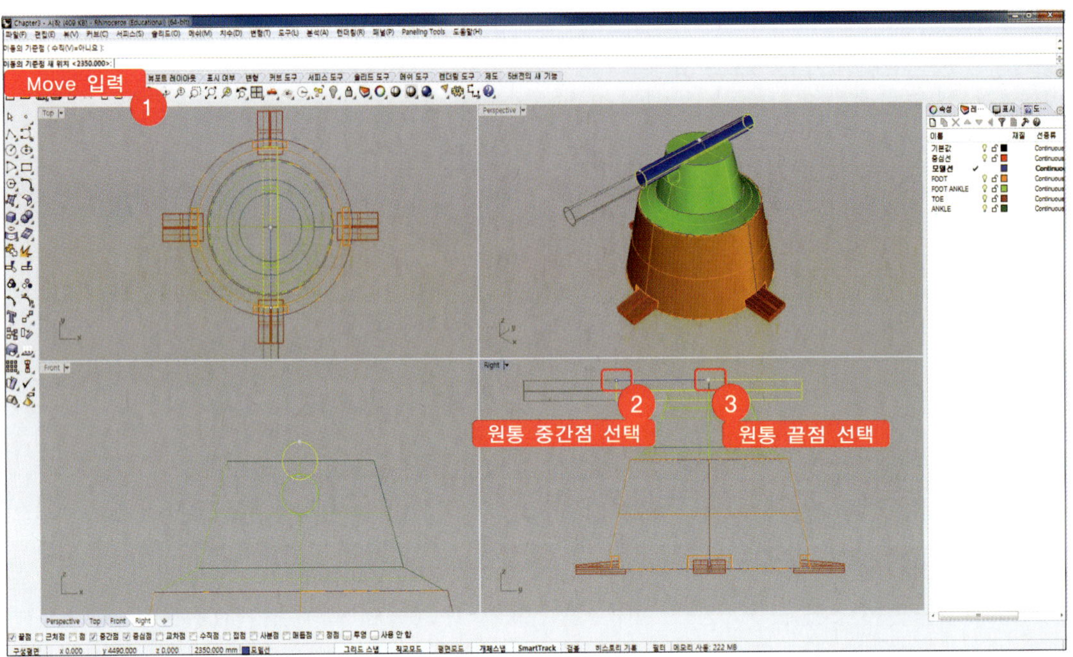

04 이동한 원통을 다시 [Front]뷰에서 아랫방향으로 '430' 만큼 'move'를 이용하여 이동시킵니다.

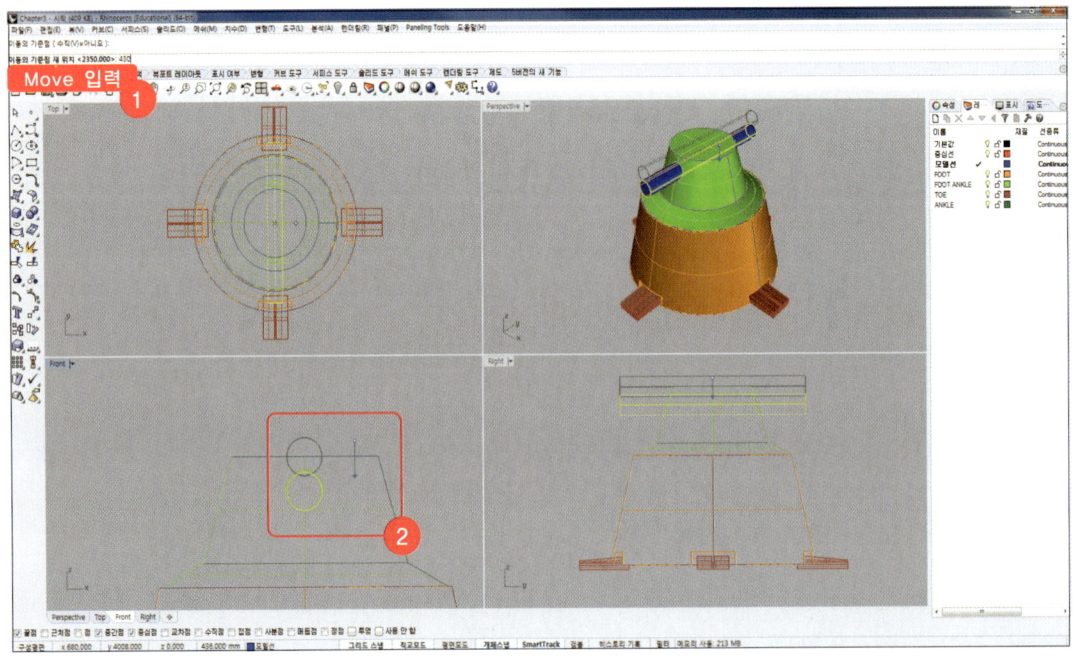

명령창에 'cylinder'를 입력하고 아래 그림과 같이 '원통의 밑면'의 중심점으로 아래 그림과 같이 Step 04에서 이동시킨 원통 표면의 중심점을 선택하고 [Front]뷰에서 '반지름'에 '300'을 입력하고, [Right] 뷰에서 마우스 커서를 원통의 왼쪽에 두고 '원통의 끝'에 '100'을 입력하고 [Enter]키를 누릅니다.

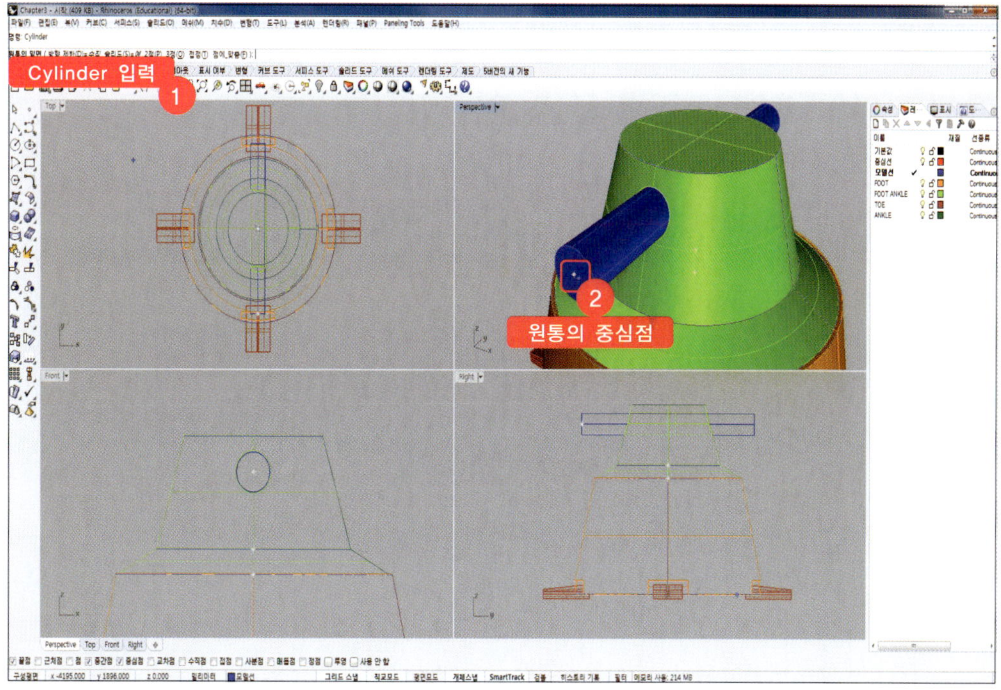

Step 05에서 생성한 원통을 반대편에 mirror복사 합니다. 명령창에 'mirror'를 입력하고 '미러를 실행할 개체'에 Step 05에서 생성한 원통을 선택합니다. '미러 평면'은 [Right]뷰에서 아래 그림과 같이 원점(중심점)을 지나는 z축 선을 작성합니다.

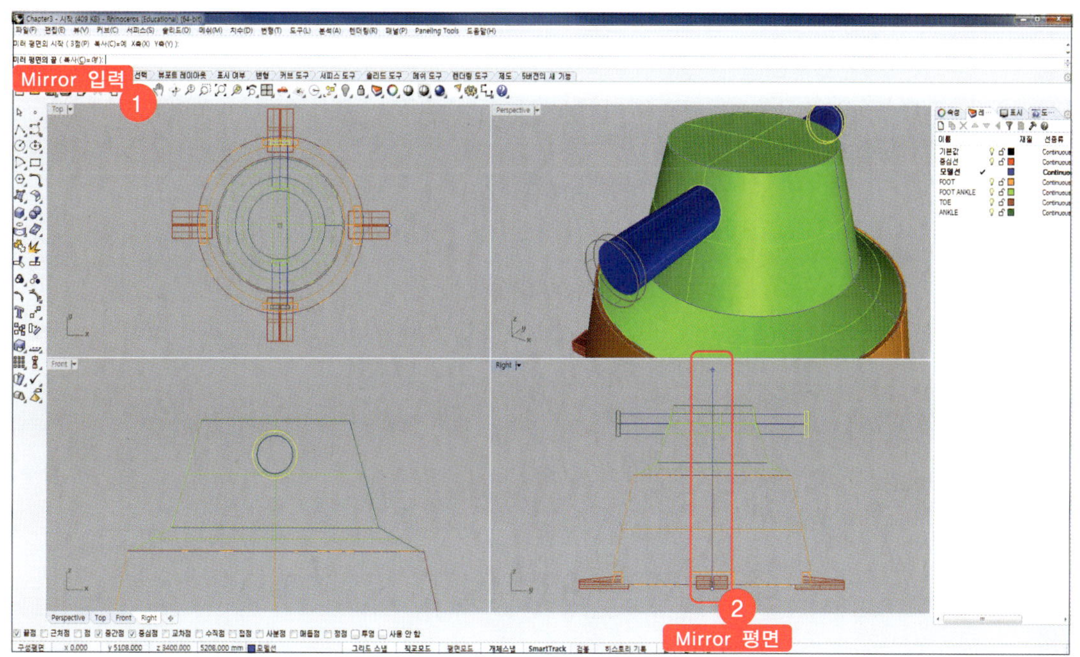

07 지금까지 생성한 3개의 개체를 선택하고 [상태창] ➡ [속성]탭에서 'ANKLE' 레이어로 변경합니다.

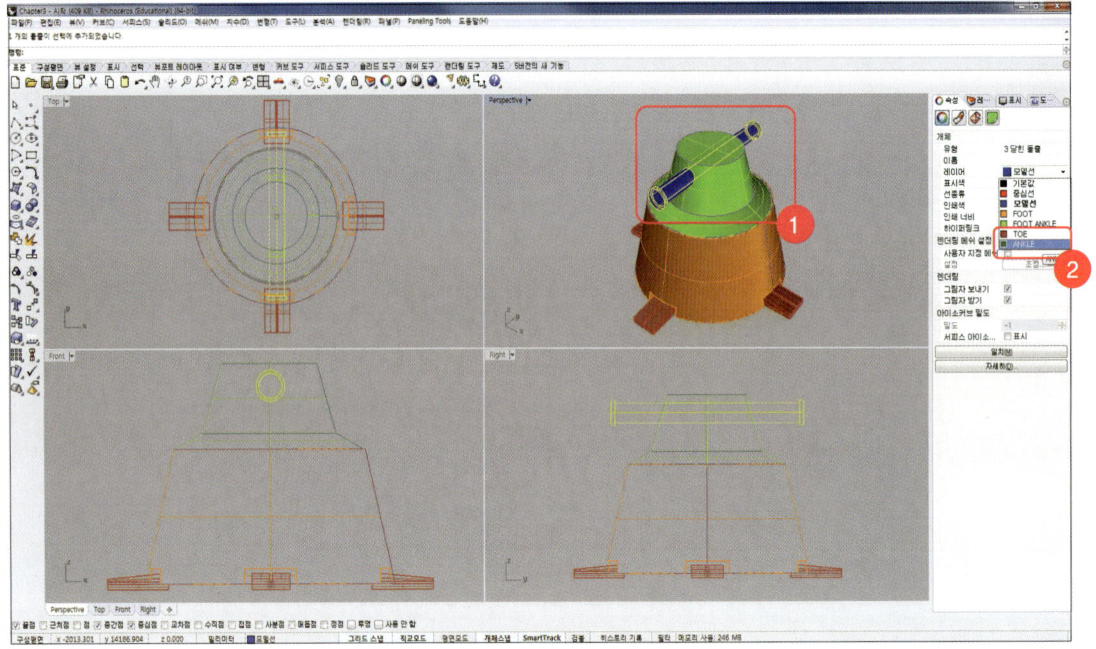

08 800*800*800 사이즈의 box를 생성합니다. 명령창에 'box'를 입력하고 박스 생성 기준점을 선택한 뒤, '기준의 대각선 방향 모서리 또는 길이', '너비', '높이'에 모두 800을 입력합니다.

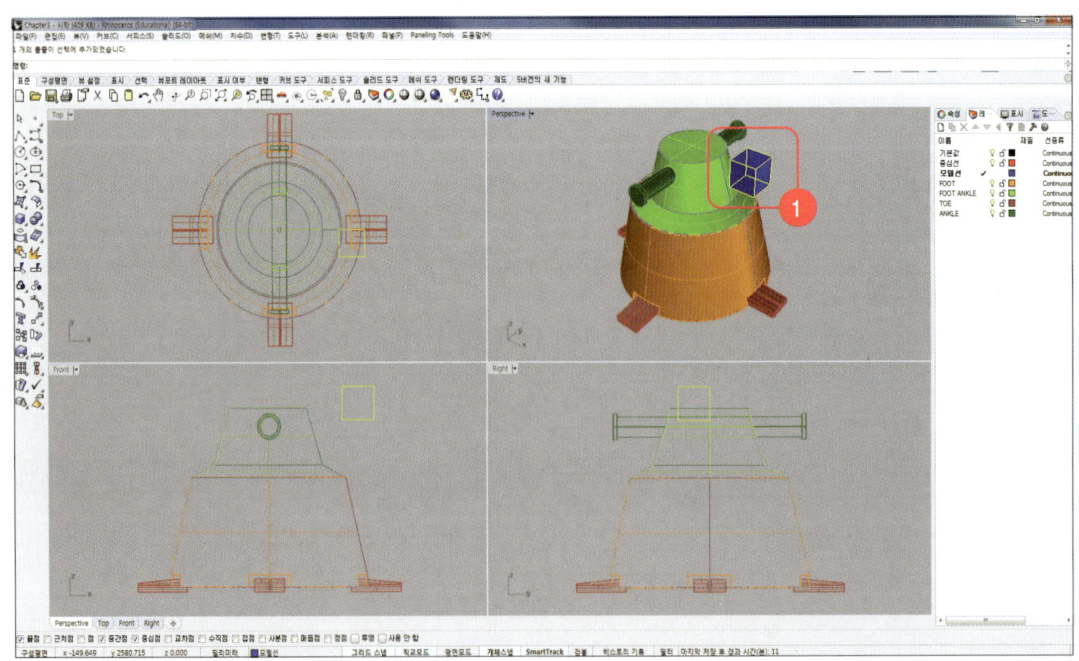

09 box를 이동시키기 위한 기준선을 작성합니다.

명령창에 line을 입력하고 아래 그림과 같이 box 한 면의 중간점과 중간점을 이어 line을 작성합니다.

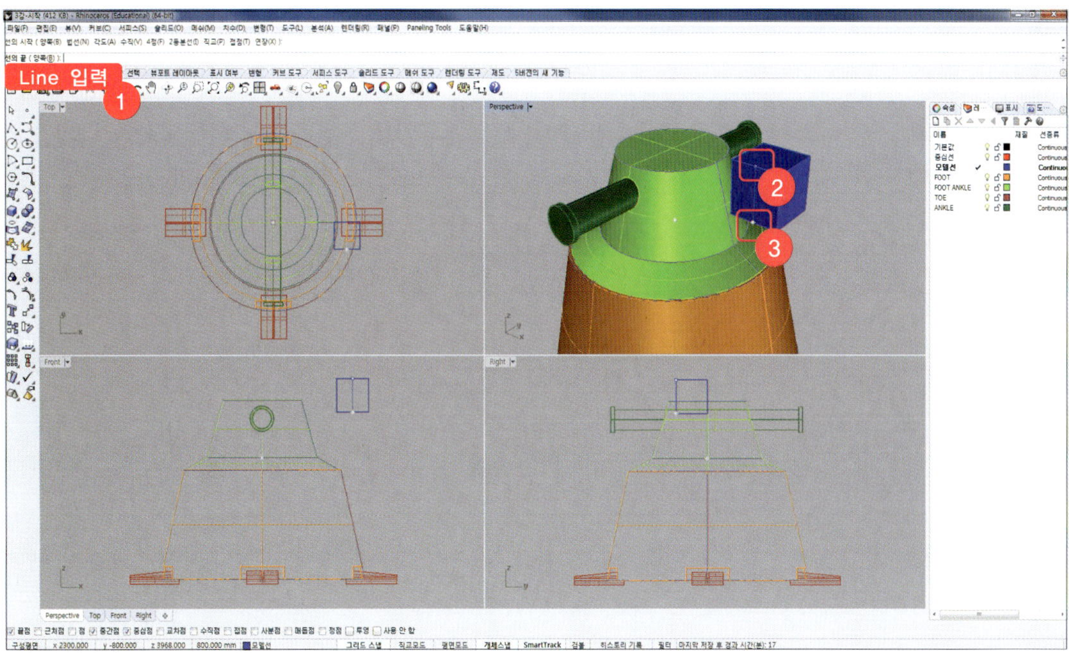

10 명령창에 'move'를 입력하고 '이동시킬 개체'에 box를 선택합니다. 아래 그림과 같이 Step 09에서 작성한 line의 중심점을 '이동의 기준점'으로 선택하고 cylinder의 밑면의 중심점을 '이동의 기준점 새 위치'로 선택합니다.

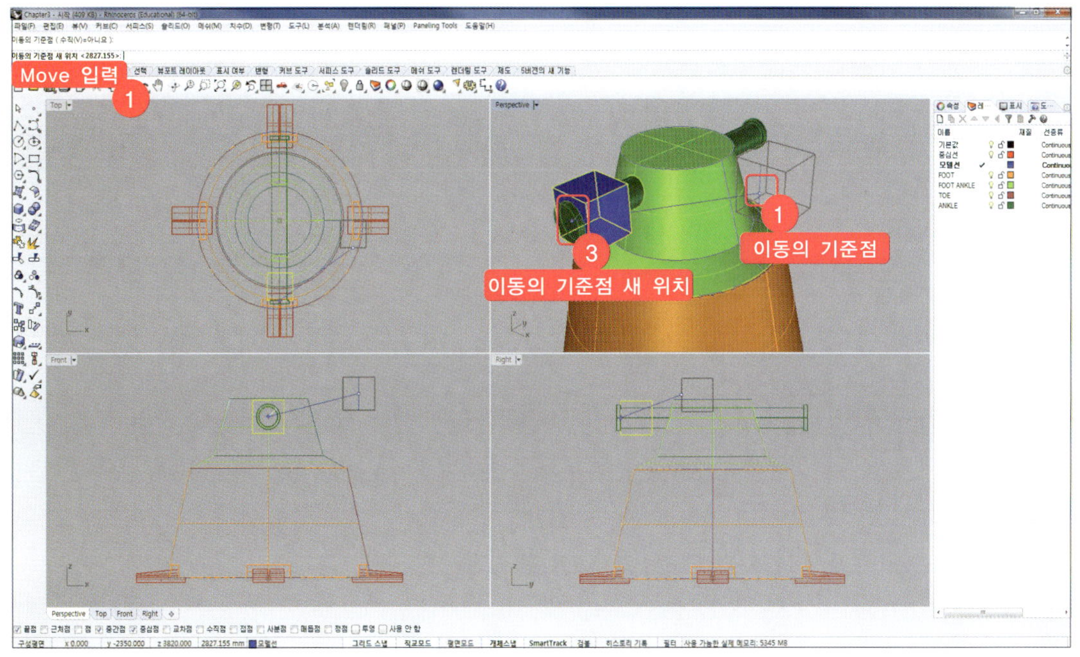

11 이동시킨 box를 안쪽으로 '50'만큼 이동시킵니다. 명령창에 'move'(혹인 Enter명령반복)를 입력하고 box를 선택합니다. [Right]뷰에서 '이동의 기준점'을 정하고 아래 그림과 같이 왼쪽으로 마우스 커서를 위치시키고 '이동의 기준점 새 위치'에 '50'을 입력합니다.

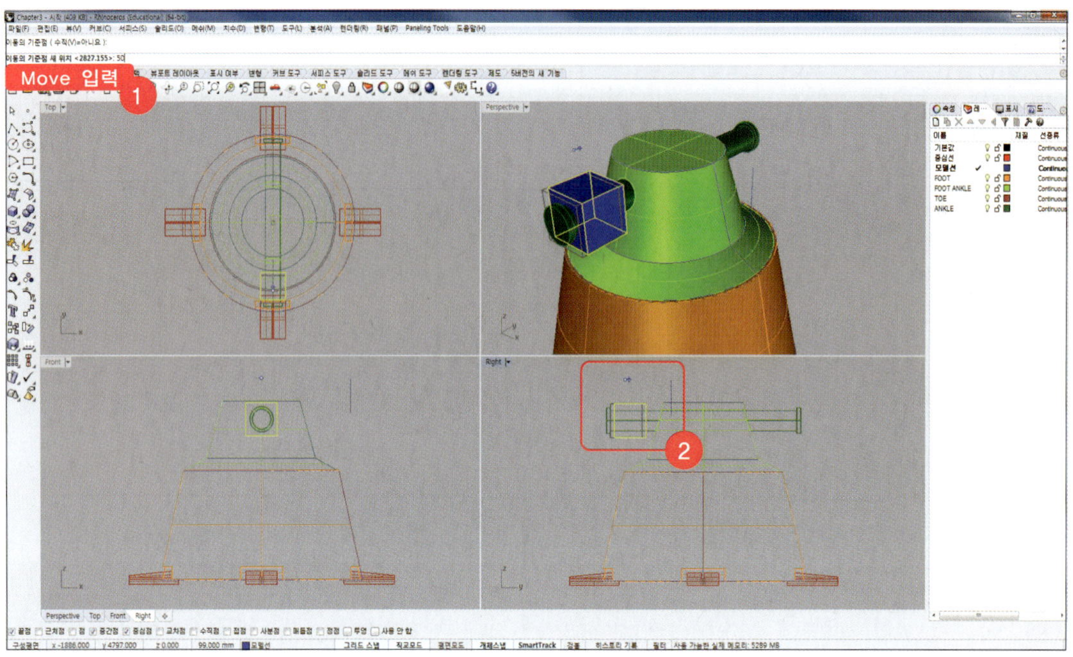

12 명령창에 BooleanDifference를 입력하고 '차집합을 계산할 원래 서피스 또는 폴리서피스 선택'에 box를 선택하고 명령창에 (원래개체_삭제(D)=예)가 되어 있다면 그 부분을 클릭하거나 명령창에 'D'를 입력한 뒤, '차집합 계산에 사용할 서피스 또는 폴리서피스 선택'에 box와 겹치는 긴 cylinder를 선택합니다.

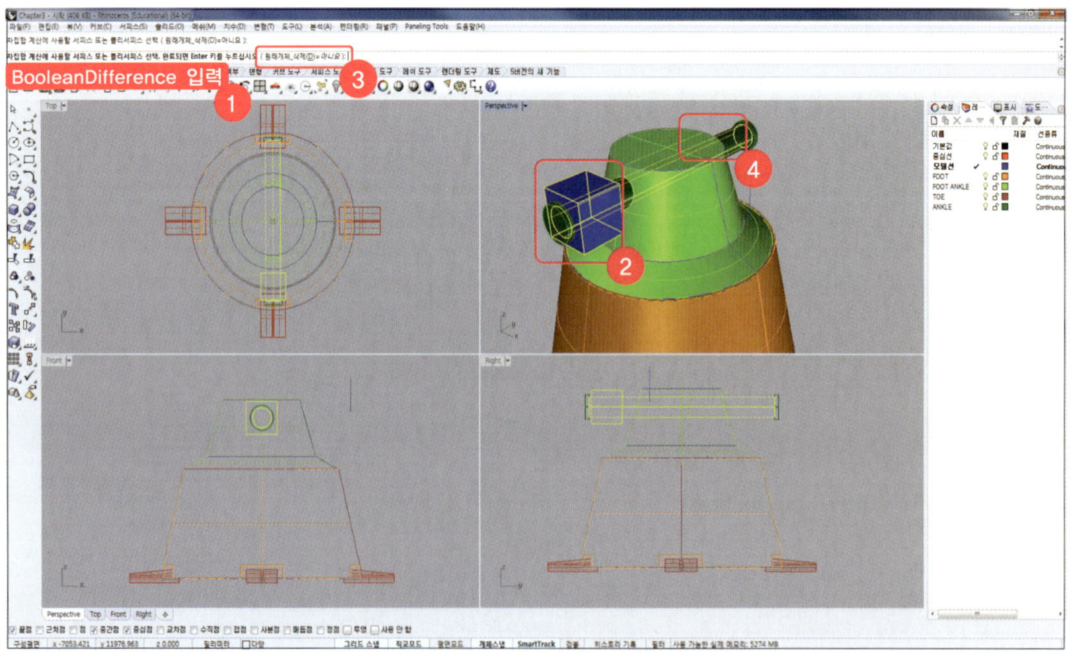

13 [상태창] ➡ [레이어]탭에서 'ANKLE 2'라는 레이어를 새로 생성하고(레이어 색상 임의 지정)
box의 레이어를 'ANKLE 2'로 변경합니다.

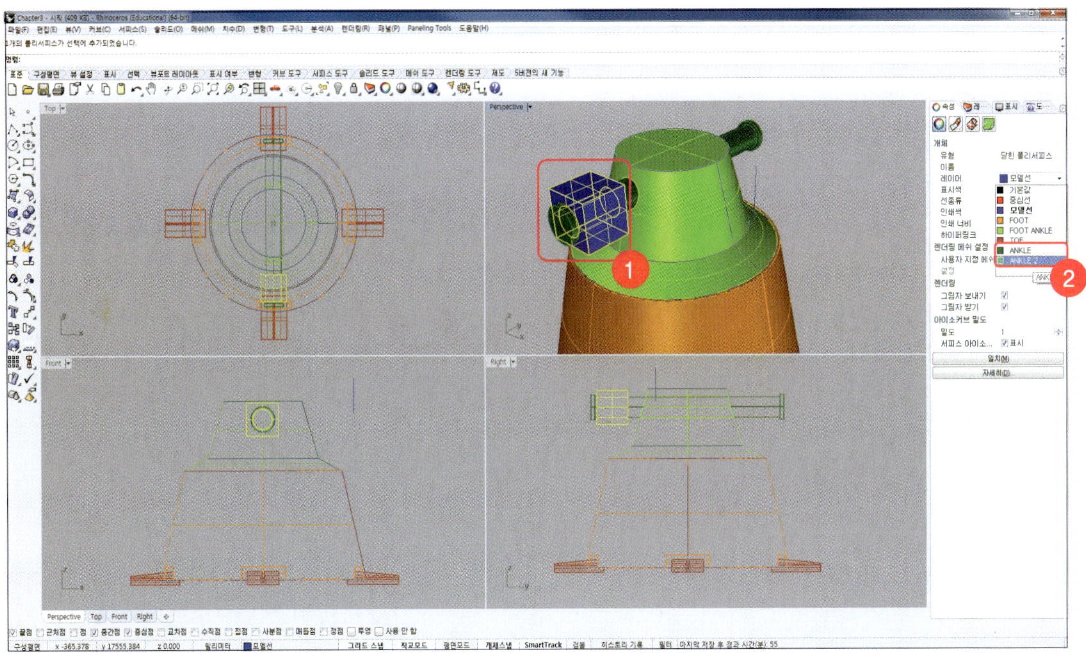

14 box와 고정 핀(cylinder)를 고정하는 핀 구멍을 뚫어주기 위해 기준 선을 작성합니다.
명령창에 'Line'을 입력하고 아래 그림과 같이 box의 옆 면의 모서리의 중간점을 선의 시작과 끝점으로
선택합니다.

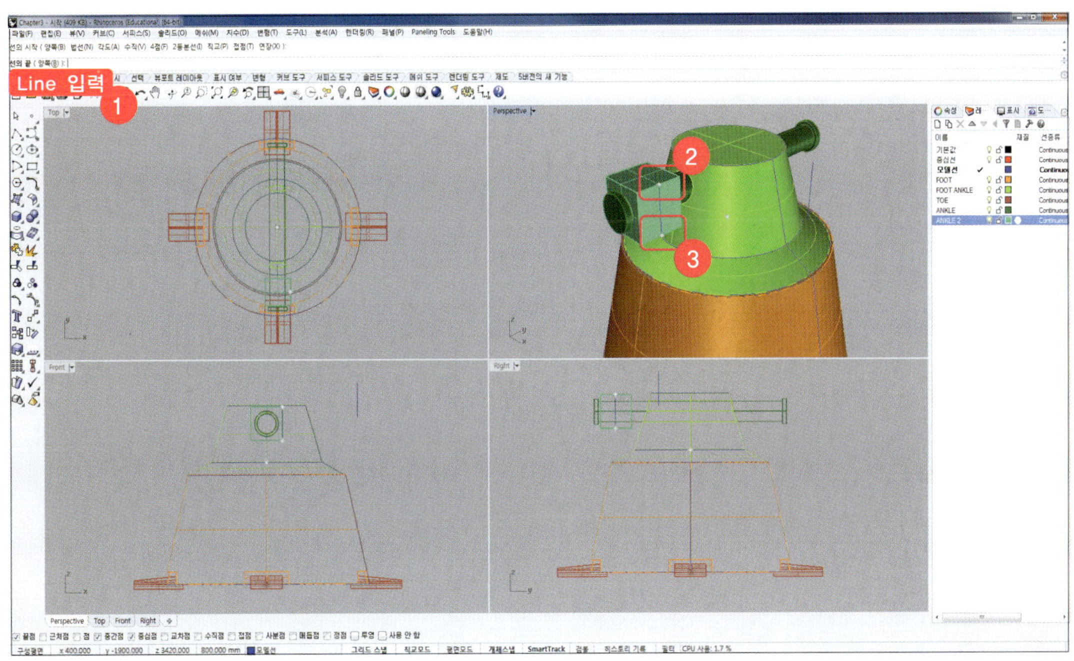

15 Step 14에서 작성한 line의 중간점을 원점으로 하는 반지름 100의 circle을 생성합니다. 명령창에 cirlcle을 입력하고 중심점을 선택한 뒤, [Right]뷰에서 반지름에 '100'을 입력하고 [Enter]키를 누릅니다.

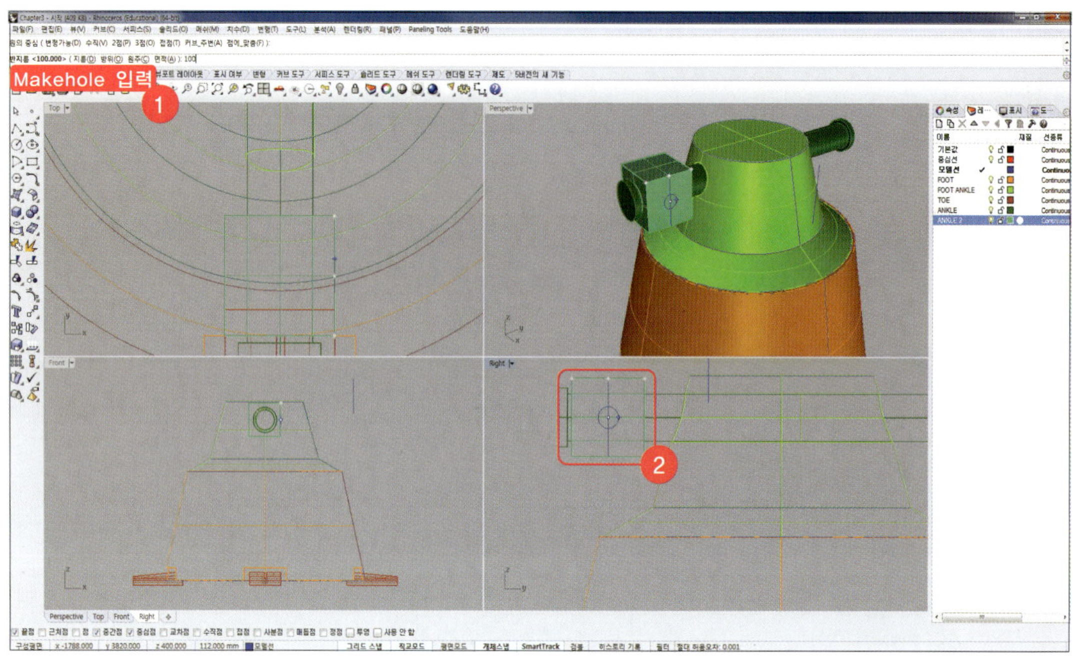

16 명령창에 'MakeHole'을 입력하고 '닫힌 커브 선택'에 Step 15에서 작성한 circle을 선택하고 '서피스 또는 폴리서피스 선택'에 FOOT를 관통하는 핀(Cylinder)를 선택합니다. '깊이 점'에는 충분히 핀(cylinder)을 뚫을 만큼 깊이 점을 선택합니다.

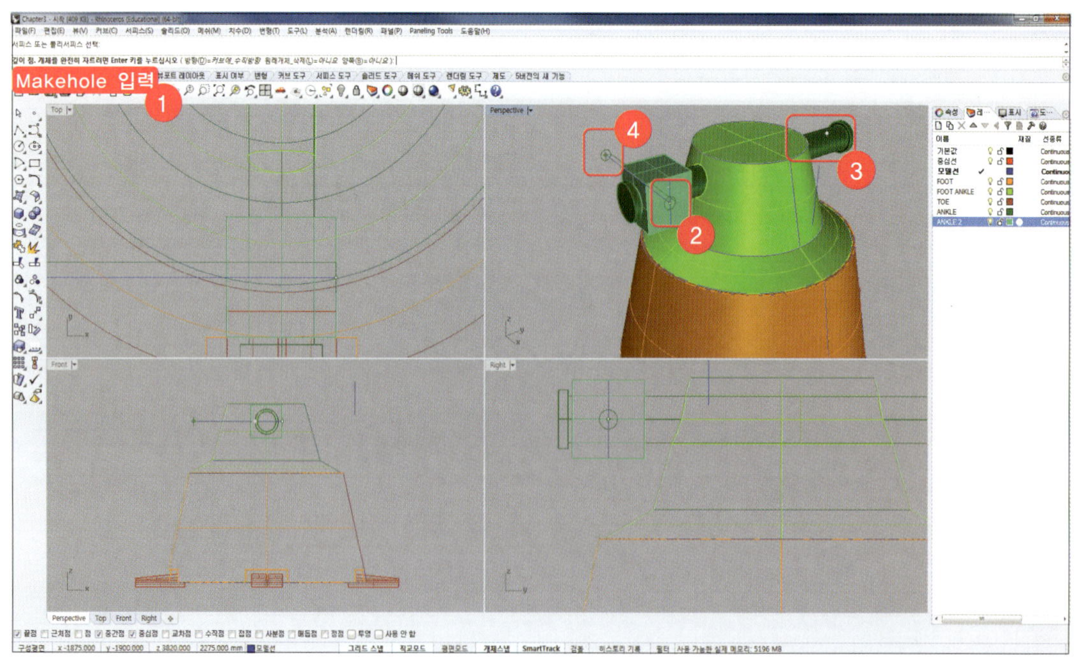

17 Step 16을 참고하여 box에도 똑같이 'MakeHole' 명령어를 이용하여 구멍을 뚫어줍니다.

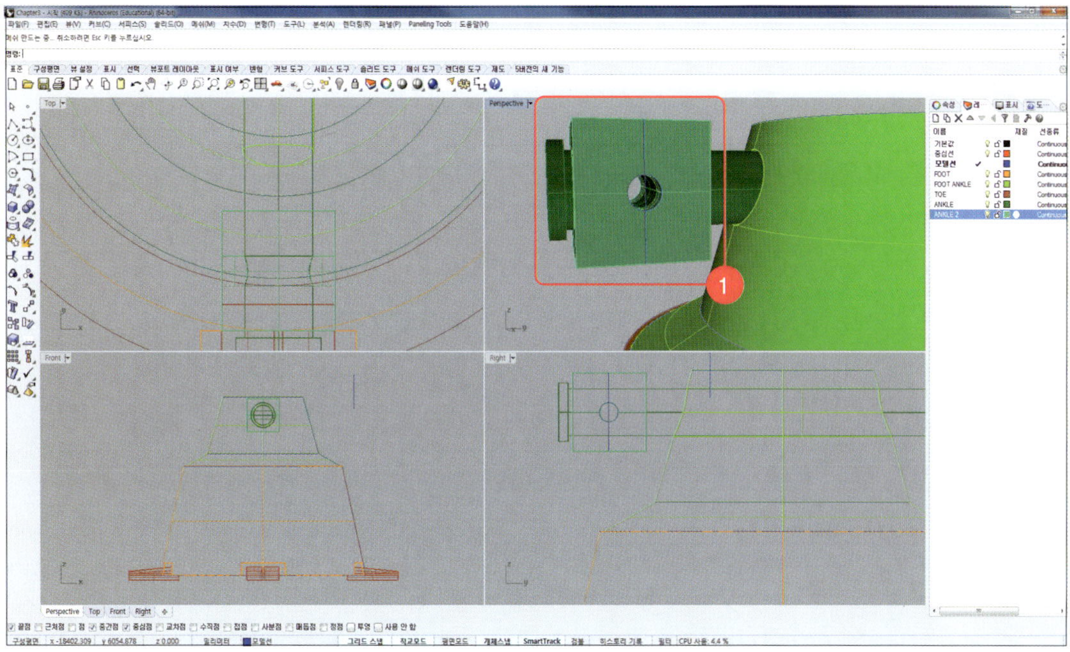

18 위 과정을 참고하여 아래 그림과 같이 'Mirror' 명령어를 이용해 circle과 box를 복사하여 반대편에도 핀(cylinder)의 구멍을 뚫어줍니다.

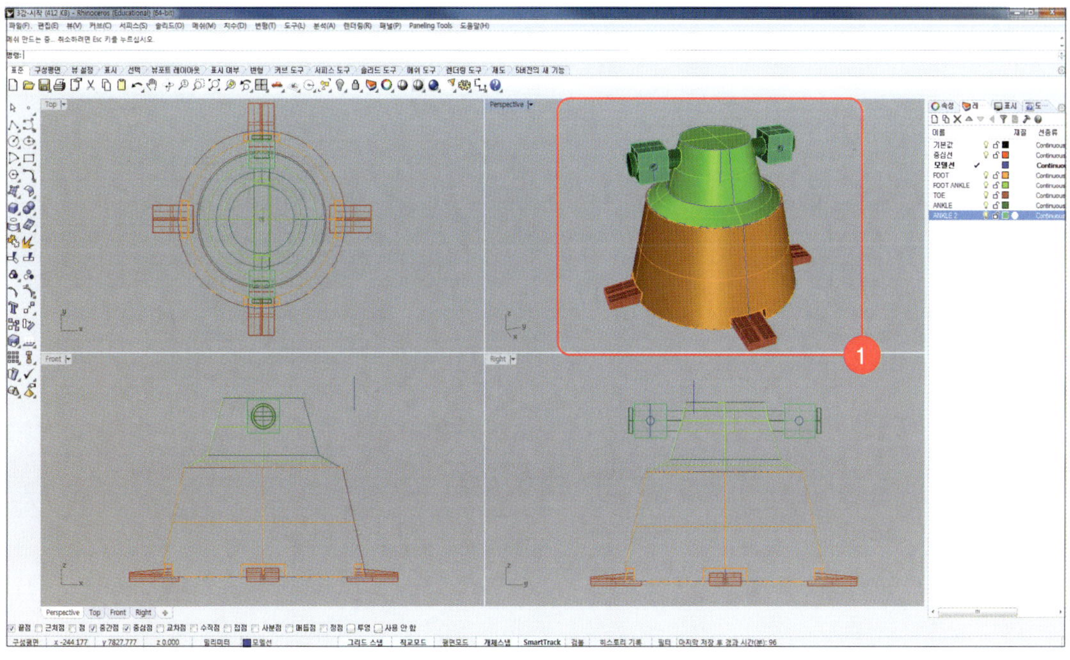

19 명령창에 'Sphere'를 입력하고 구의 중심으로 [Right]뷰에서 Step 14에서 작성한 line의 위쪽 끝점을 선택하고 반지름에는 '140'을 입력합니다.

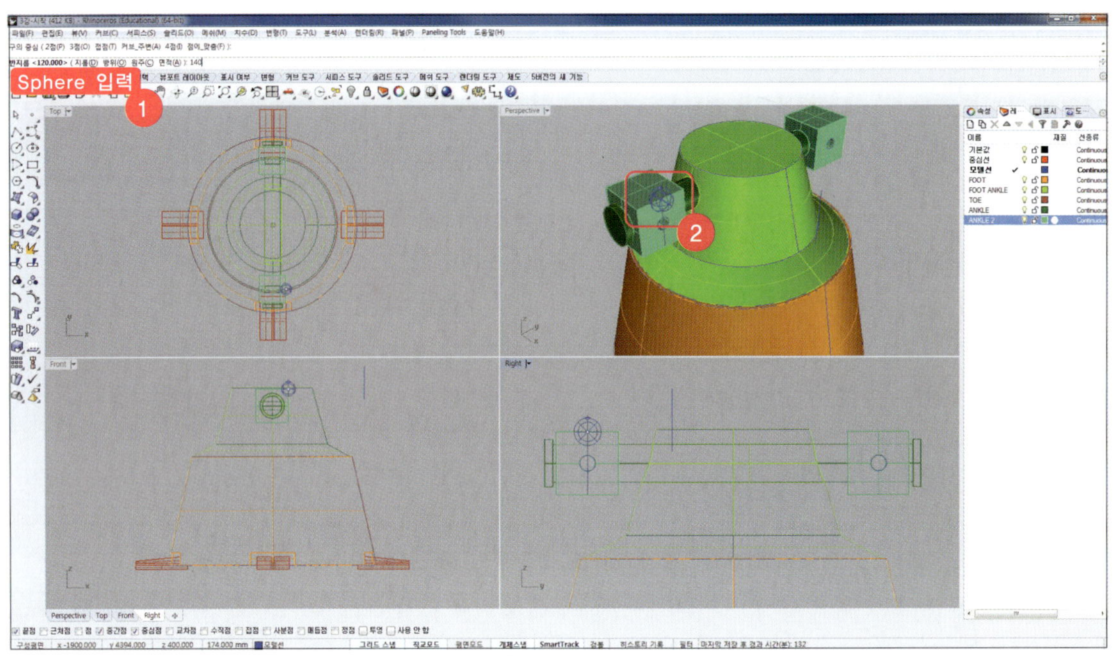

20 아래 그림과 같이 box 윗면의 각 모서리 중간점을 구의 중심으로 반지름이 140인 구를 모두 작성합니다.

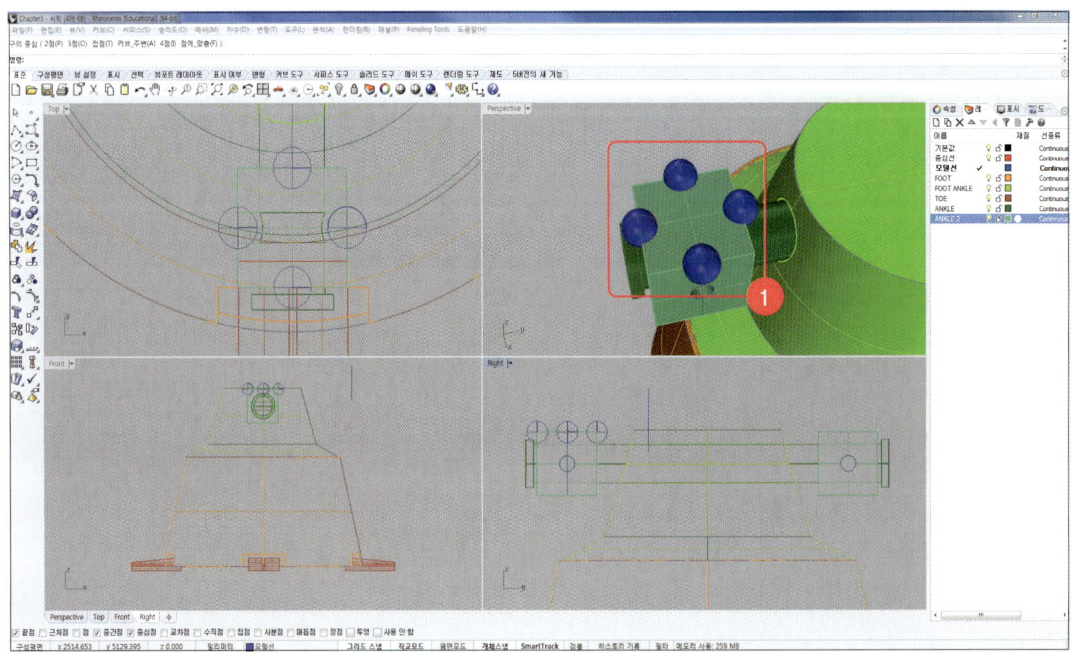

21 명령창에 'BooleanDifference'를 입력하고 '차집합을 계산할 원래 서피스 또는 폴리서피스'에 box를 선택하고 '차집합 계산에 사용할 서피스 또는 폴리서피스'에 (원래개체_삭제(D)=예)로 변경하고 이전 Step에서 생성한 구 4개를 선택하고 [Enter]키를 누릅니다.

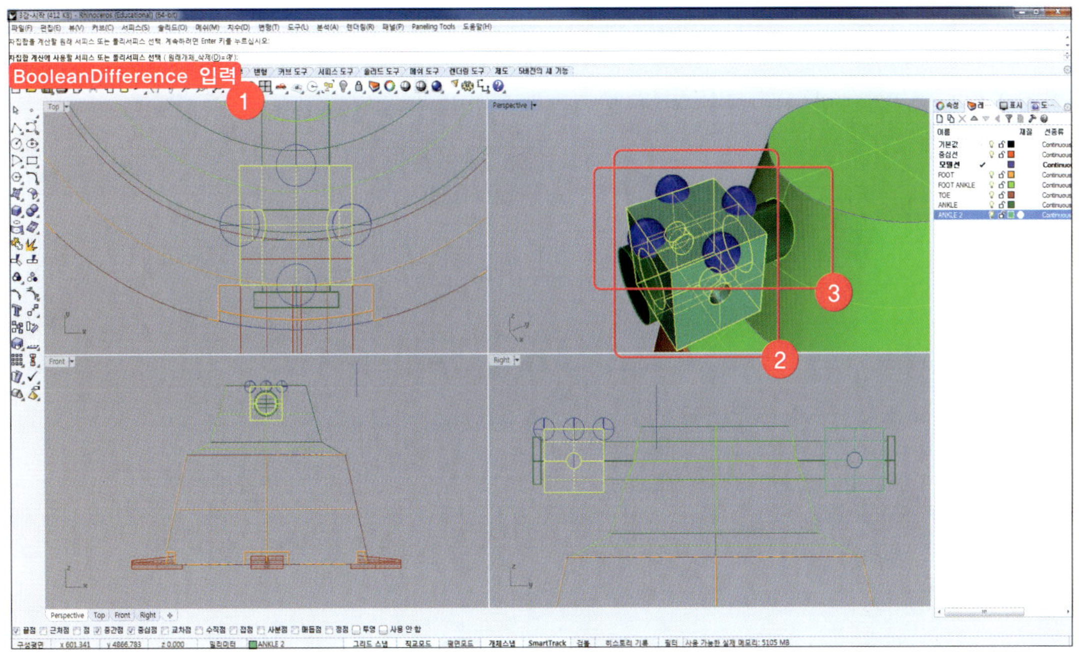

22 Box와 핀(Cylinder)을 이어줄 볼트를 만듭니다. 현재 레이어창을 'ANKLE 2'로 변경하고 명령창에 'Cylinder' 명령어를 입력한 뒤, [Right]뷰에서 아래 그림과 같이 Step 14에서 작성했던 line의 중심점을 원통의 밑면 중심점으로 선택하고 반지름에 '90'을 입력합니다. 원통의 길이는 [Top]뷰에서 box의 반대편 모서리의 중간점(끝점)을 선택합니다.

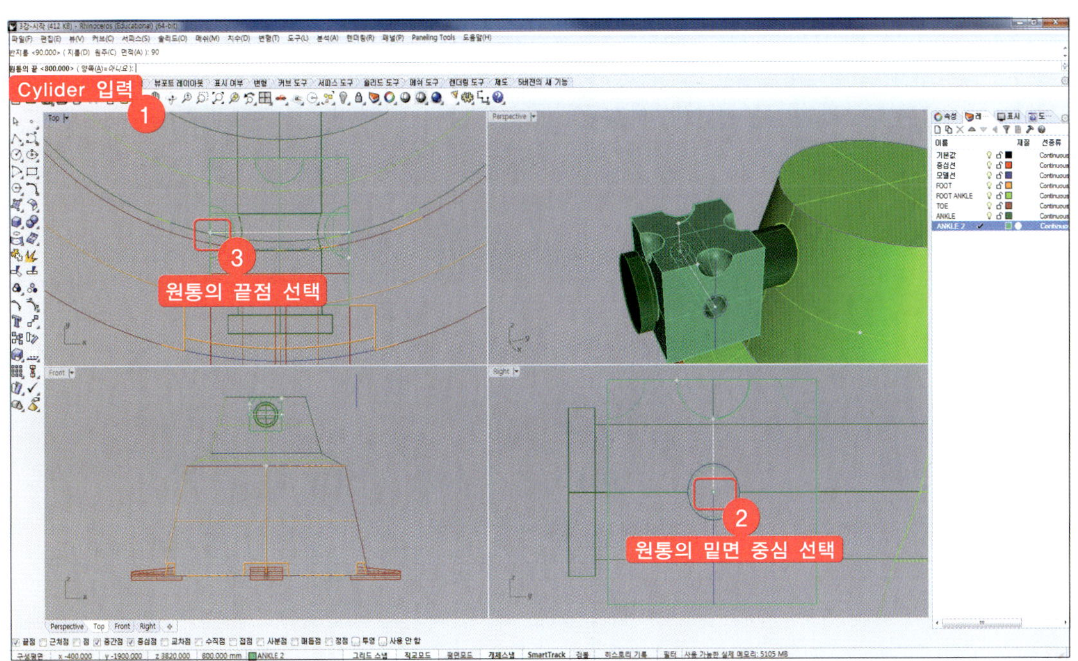

23 볼트 머리를 만듭니다. 명령창에 'Sphere'를 입력하고 구의 중심을 Step 14에서 작성한 line의 중심점을 선택하고 반지름에 '120'을 입력한 뒤 [Enter]키를 누릅니다.

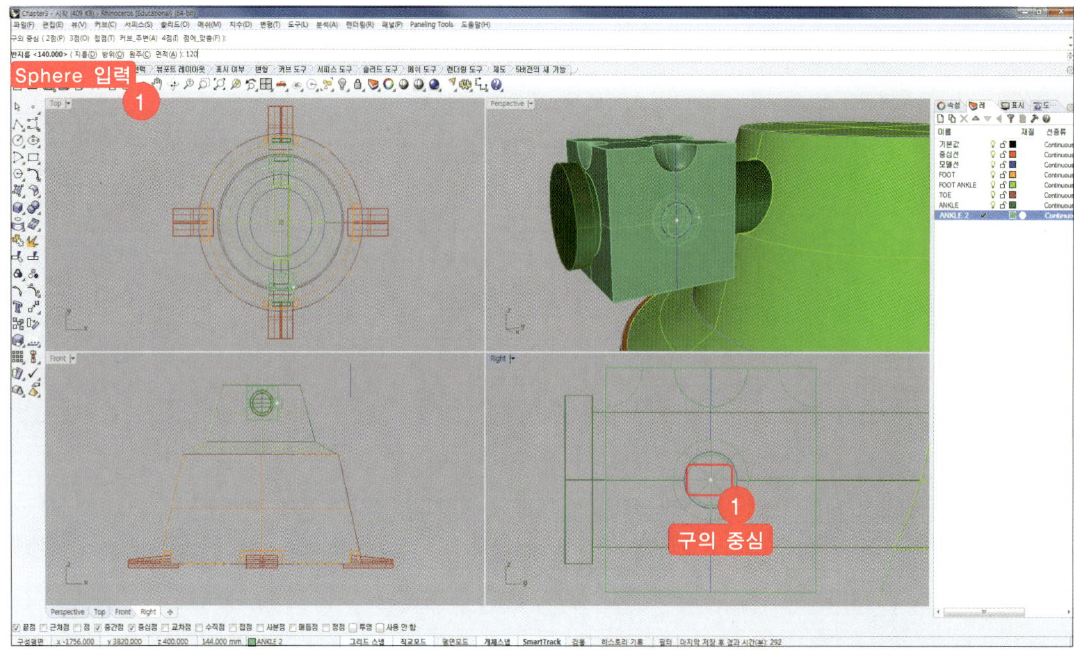

24 명령창에 'Torus'를 입력하고 '원환의 중심'에 Step 23에서 생성한 구의 중심과 같은 중심을 선택하고 [Front]뷰에서 '반지름'에 '120', '두 번째 반지름'에 '10'을 입력하고 [Enter]키를 누릅니다.

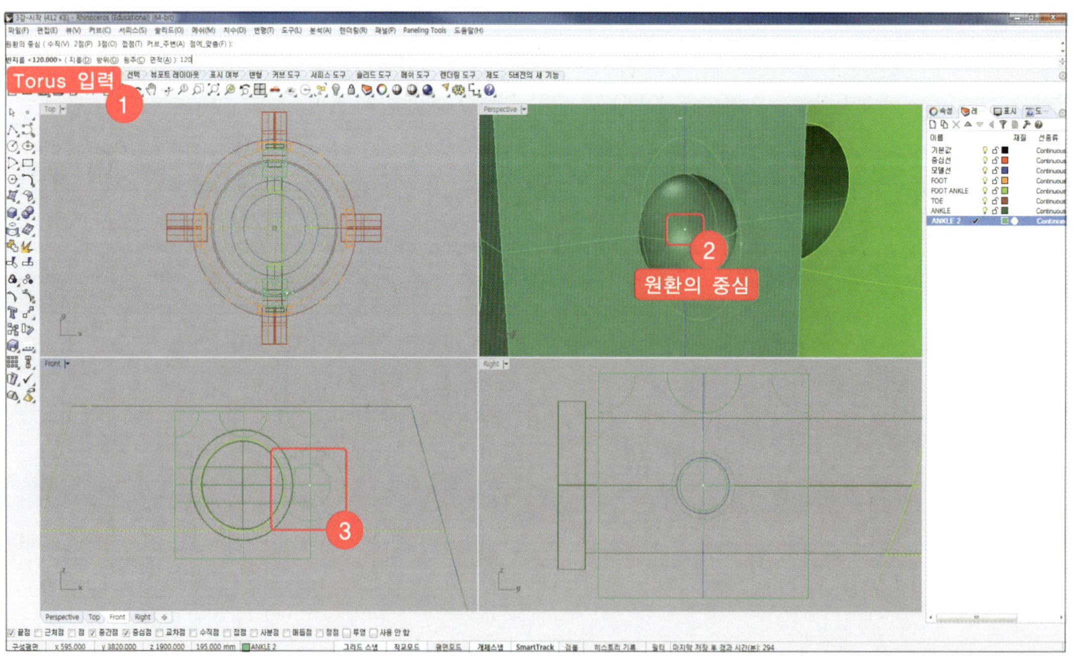

25 명령창에 'BooleanDifference'를 입력하고 '차집합을 계산할 원래 서피스'에 Step 23에서 생성한 원 구를 선택하고, (원래개체_삭제(D)=예)을 확인하고 '차집합 계산에 사용할 서피스'에 Step 24에서 생성한 원환을 선택합니다.

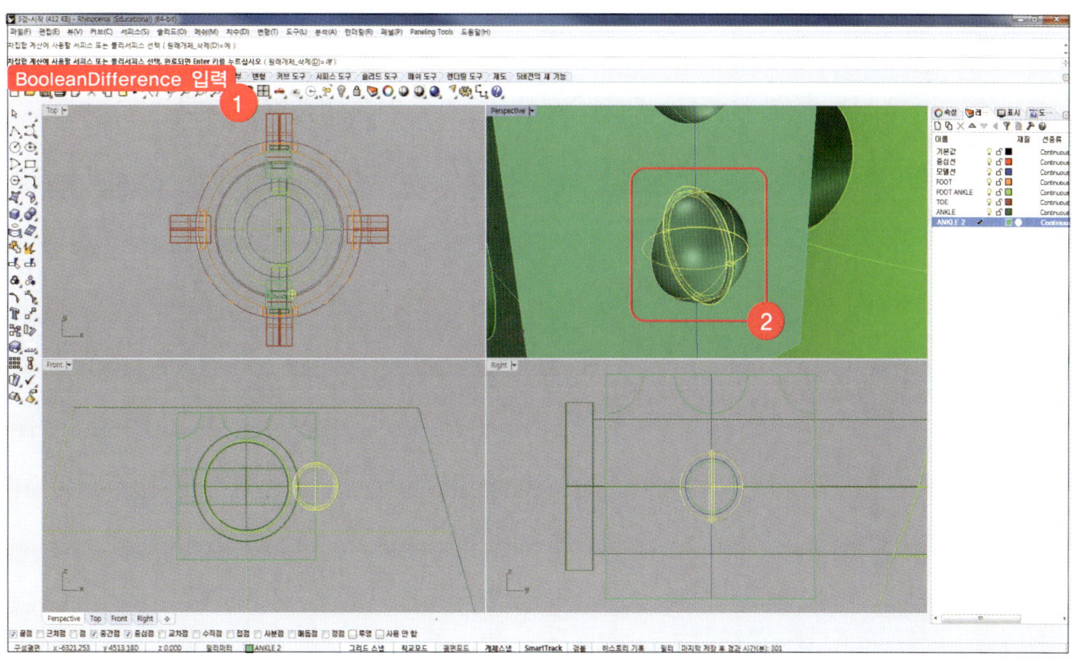

26 반구 형태의 볼트머리를 만들기 위해 box를 작성합니다. 명령창에 'Box'를 입력하고 이어서 명령창에 'D'를 입력합니다. 박스를 대각선을 선택해 생성하겠다는 뜻입니다. 첫 번째 모서리와 두 번째 모서리를 아래 그림과 같이 box의 대각선을 선택합니다.

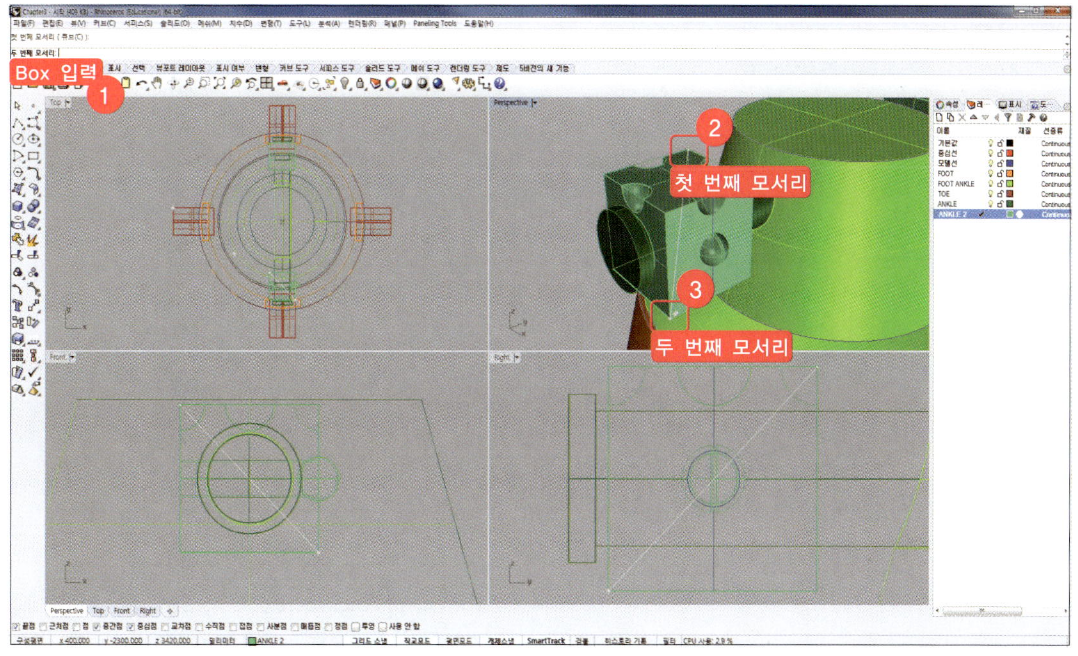

27 명령창에 'BooleanDifference'를 입력하고 '차집합을 계산할 원래 서피스'에 볼트 머리를 선택하고, (원래개체_삭제(D)=예)을 확인하고 '차집합 계산에 사용할 서피스'에 Step 26에서 생성한 box를 선택합니다.

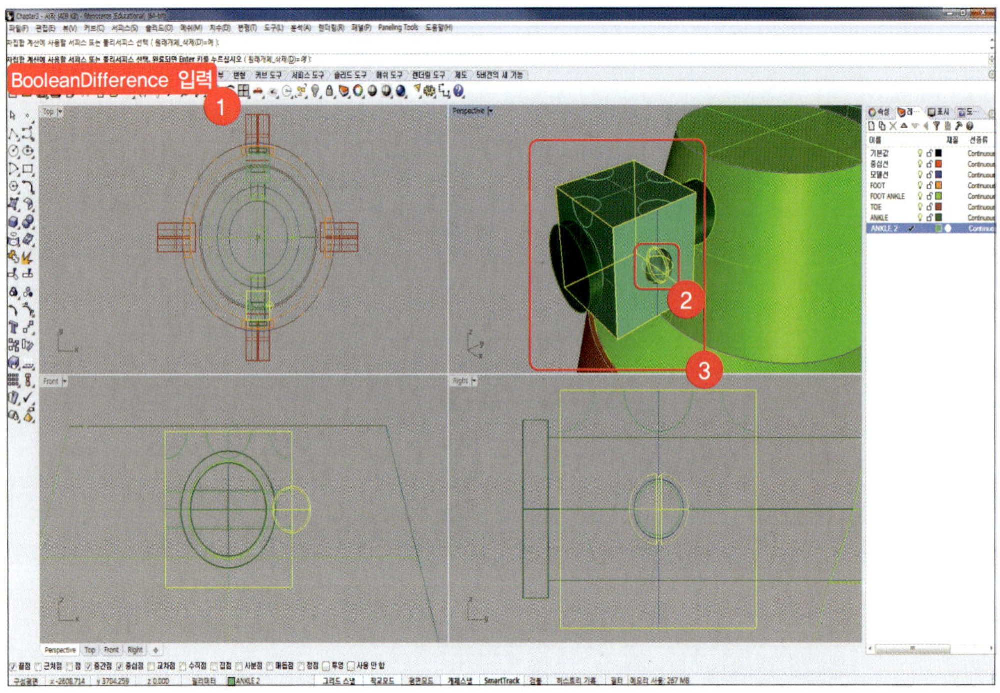

28 명령창에 'Mirror'를 입력하고 볼트 머리를 box 반대편에도 복사합니다.

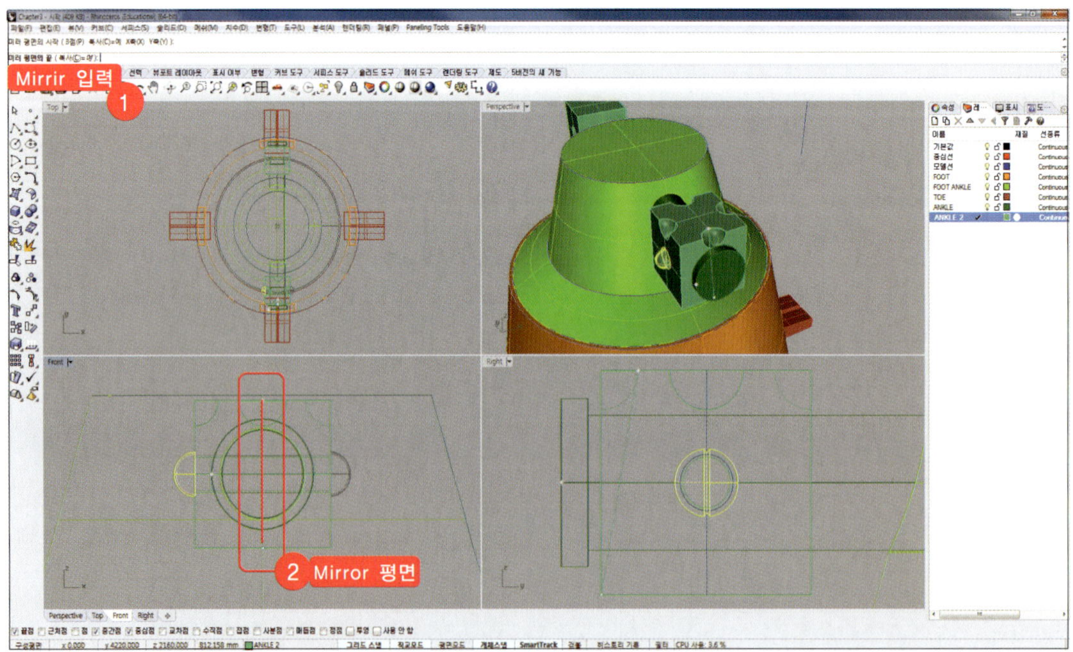

29 반대편 박스를 삭제하고 [상태창] ➡ [레이어]탭에서 'ANKLE 2' 레이어를 선택하고 마우스 우클릭한 뒤, [개체 선택]을 클릭합니다.

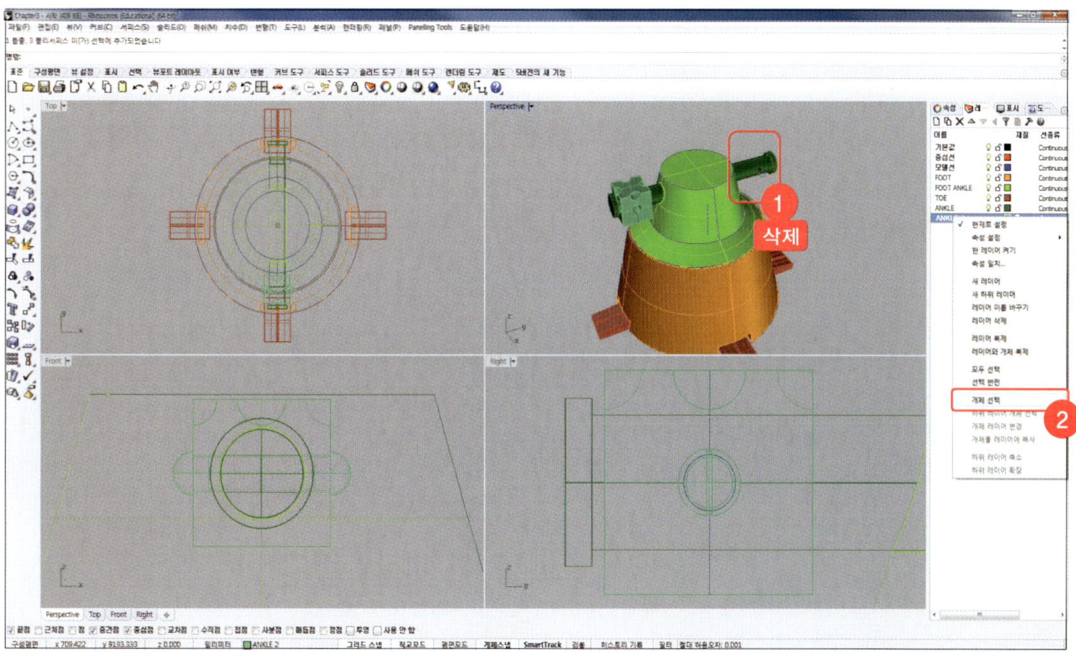

30 개체가 모두 선택되어 있는 상태에서 명령창에 'Mirror'를 입력하고 mirror평면으로 아래 그림과 같이 원점을 지나가는 z축 평면을 지정합니다.

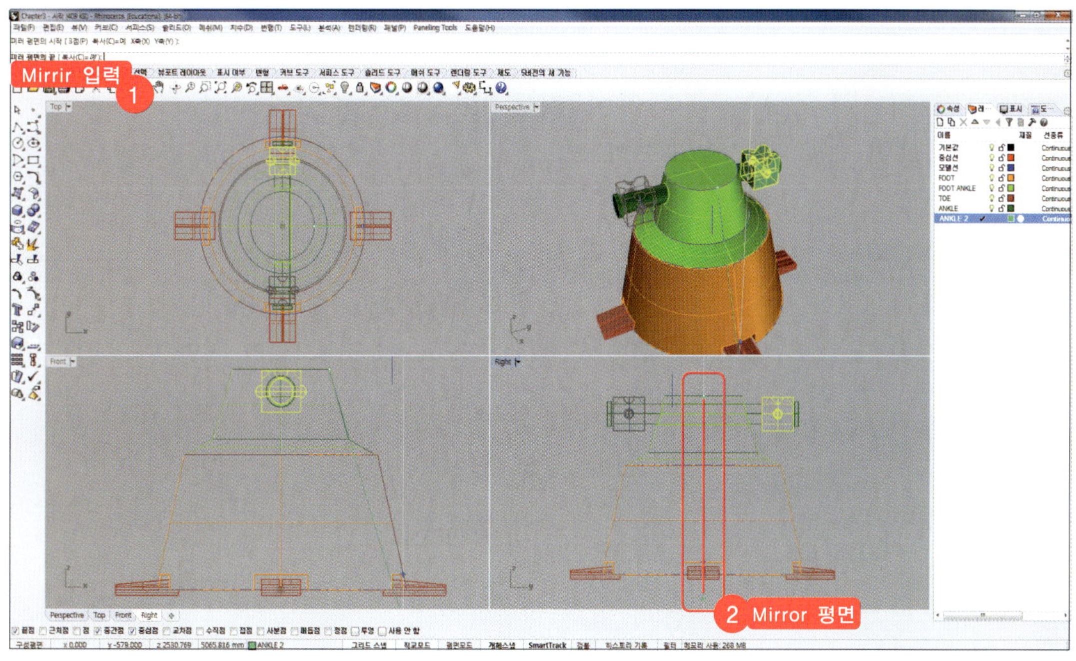

31 발목 고리를 작성합니다. 현재 레이어 창을 '모델선'으로 변경하고 명령창에 'Line'을 입력하고 아래 그림과 같이 line의 시작점과 끝점을 선택합니다. (아래 그림은 좀 더 원활한 설명을 위해 만든 뷰 입니다.)

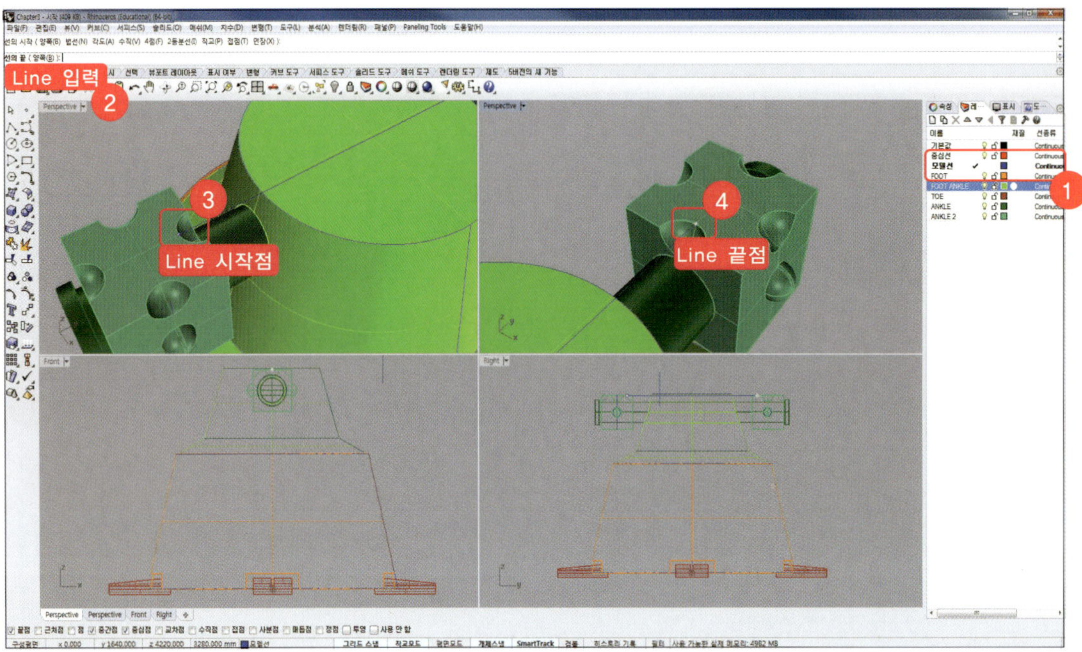

32 [상태창] ➡ [레이어]탭에서 'FOOT ANKLE' 레이어의 가시성(전구)를 클릭하여 비활성상태로 만든 뒤, 명령창에 'dupfaceborder'를 입력하고, '테두리를 복제할 서피스 또는 면 선택'에 아래 그림과 같이 box의 윗 면을 선택하고 [Enter]키를 누릅니다.

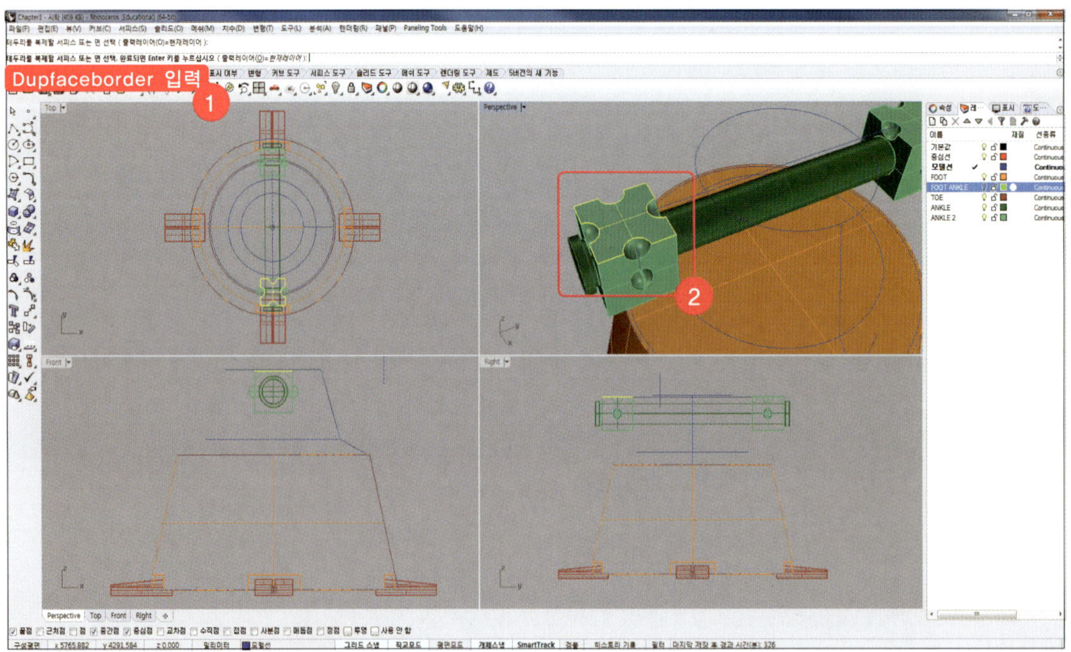

33 현재 레이어를 'ANKLE 2'로 더블클릭으로 변경한 뒤, 명령창에 'Revolve'를 입력합니다.
'회전시킬 커브'에 Step 32에서 생성한 테두리 커브를 선택하고, '회전축의 시작'에 Step 31에서 작성한 line의 중심점을 선택합니다.

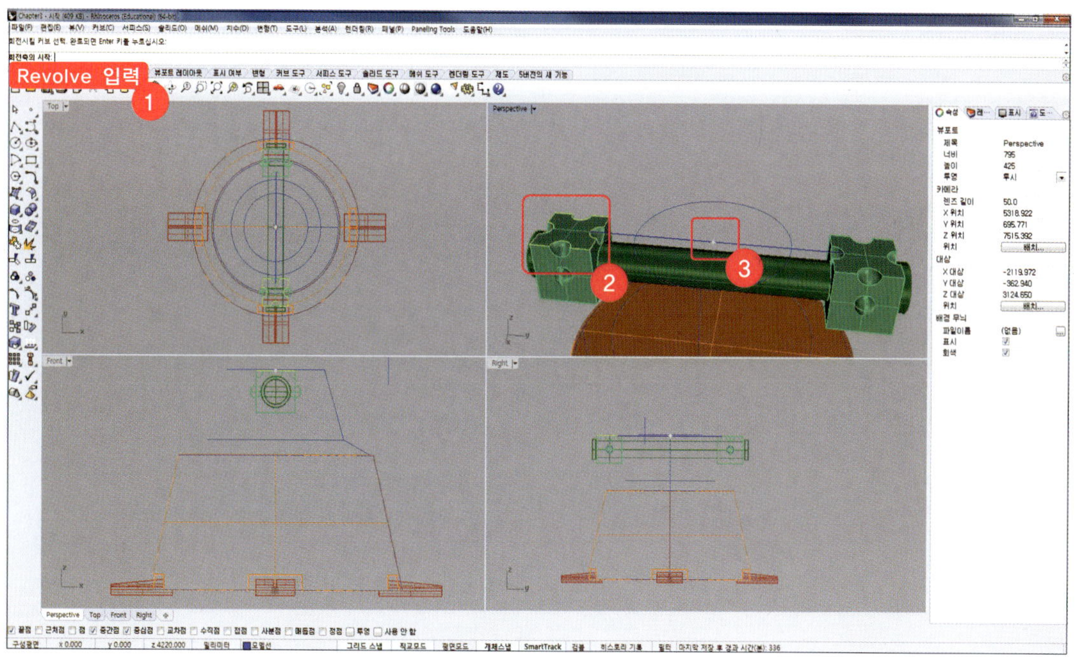

34 이어 '회전축의 끝'은 [Top]뷰에서 x 축 위의 점을 선택하고 '시작 각도'는 [Right]뷰에서 각도가 0이되는 지점을 클릭한 뒤, '회전 각도'는 [Right]뷰 오른쪽에 시작각도의 180도 되는 지점을 클릭합니다.

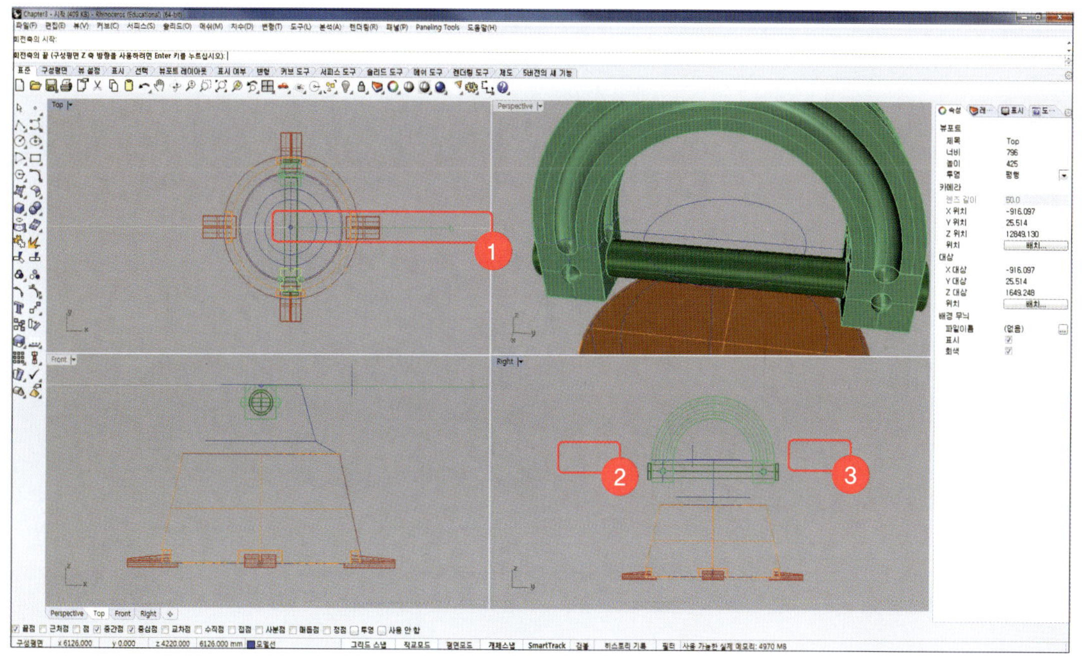

35 명령창에 'Cap'을 입력하고 Step 34에서 생성한 발목 고리를 선택하고 [Enter]키를 누릅니다.

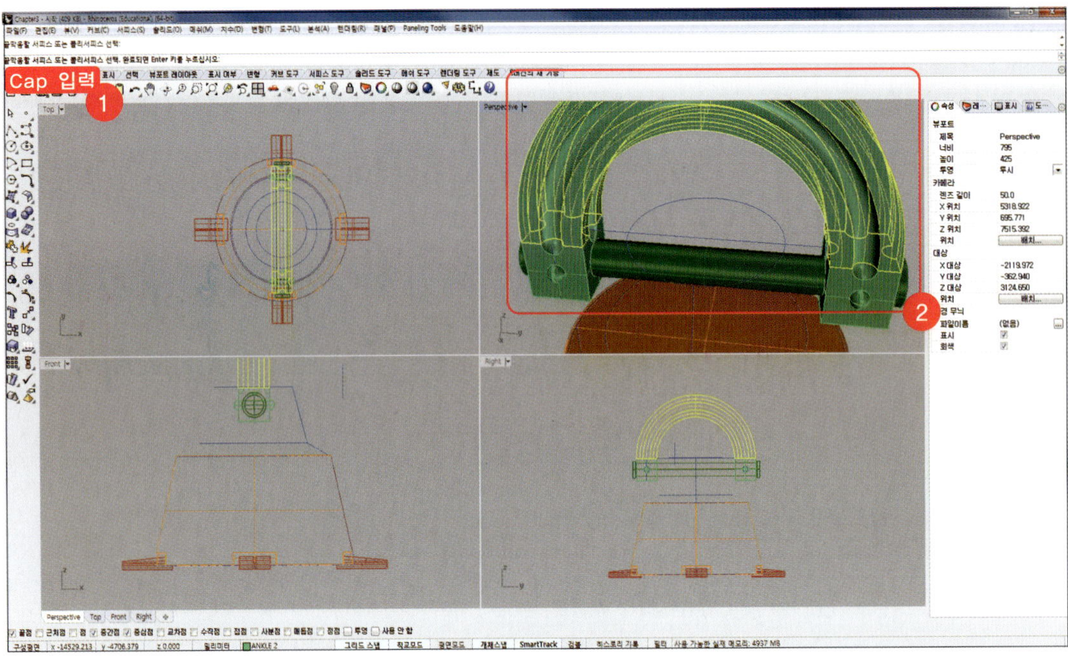

36 아래 그림과 같이 FOOT와 ANKLE 부분이 완성되었습니다.

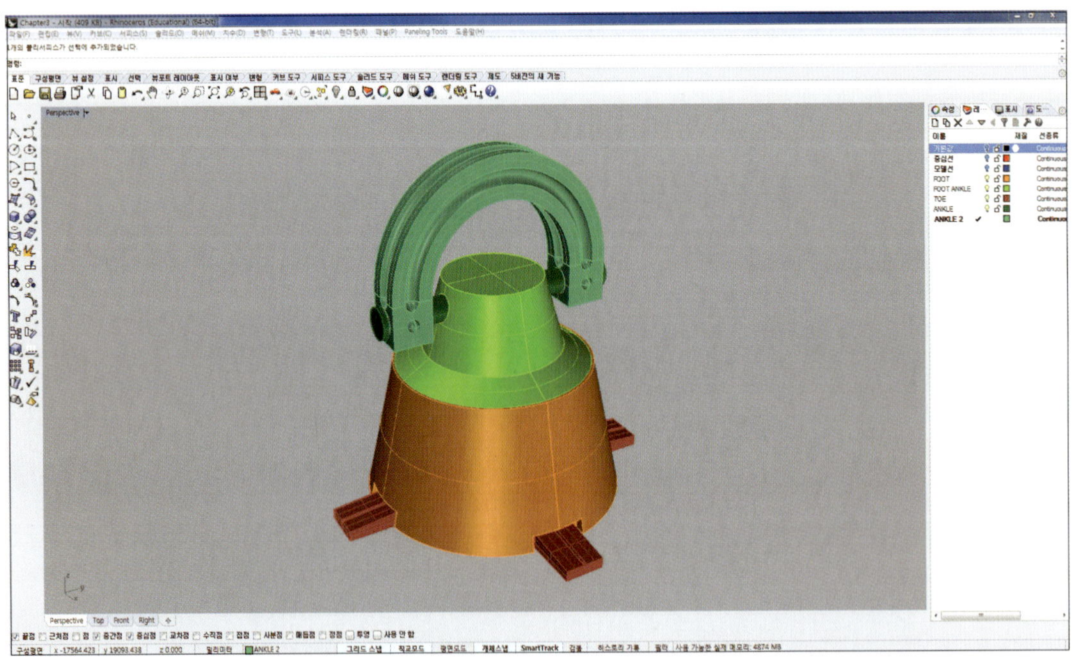

Chapter 04

ANKLE GEAR BOX 모델링

ANKLE GEAR BOX 모델링 : 설계/제작/생산/조립

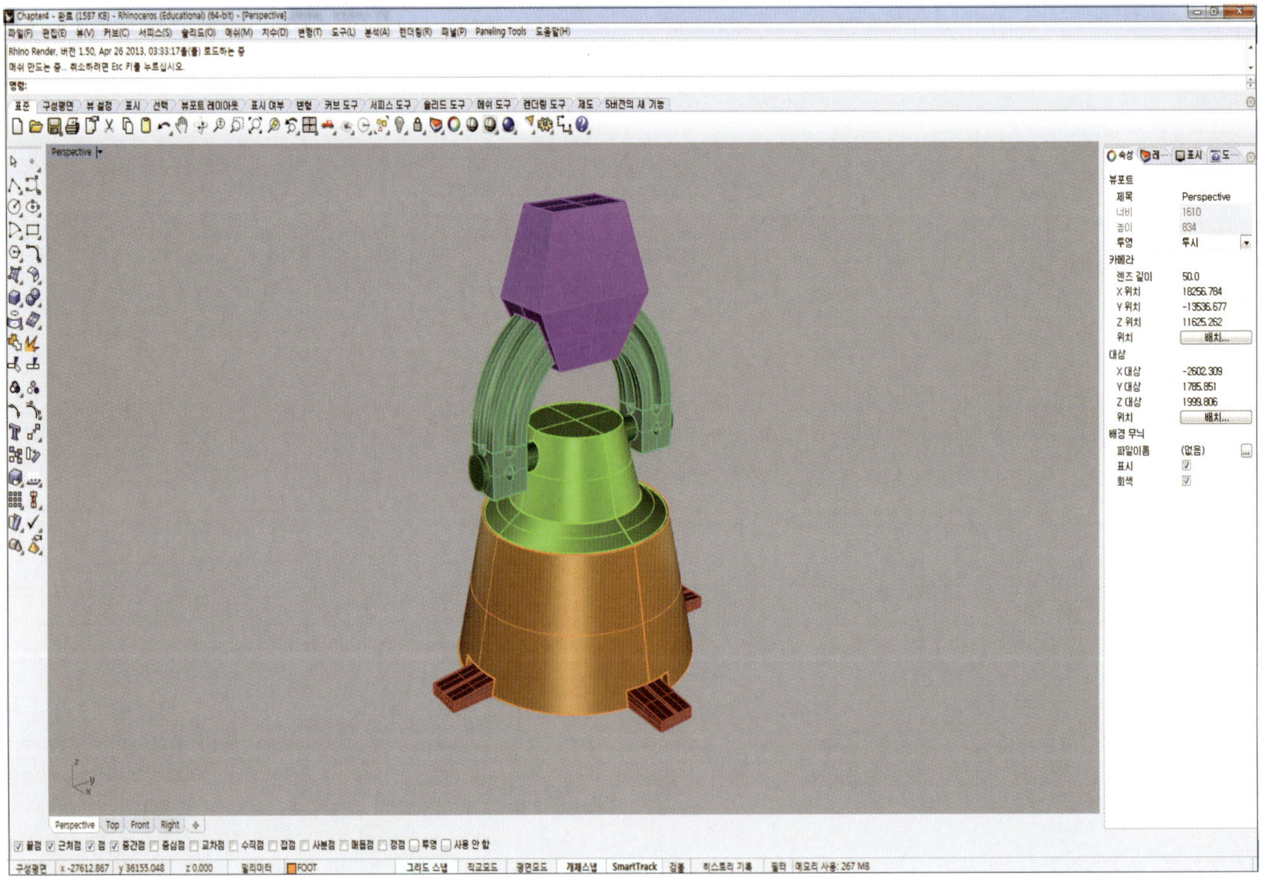

POINT!

- ANKLE GEAR BOX Digital Model 생성
- Digital Model간 조립

01 Chapter 03에 이어 GEAR BOX를 작성하도록 하겠습니다. 예제파일 'PART1' 폴더에서 'Chapter4 – 시작' 파일을 로드합니다. [상태창] ➡ [레이어]탭에서 'ANKLE 2' 레이어를 끄고 회전으로 통로를 만들기 위해 참조 커브를 작성합니다. 명령창에 'Rectangle'을 입력하고 아래 그림과 같이 Chapter 01에서 그렸던 참조 커브의 모서리에서 모서리를 클릭해 사각형을 작성합니다.

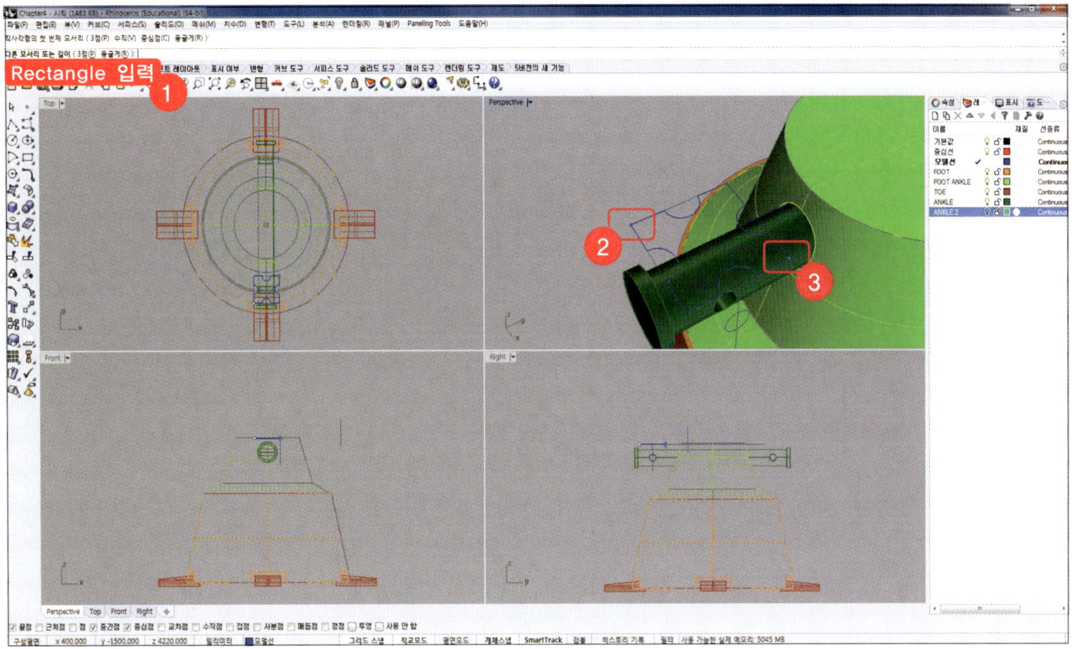

02 명령창에 'Offset'을 입력하고 '간격띄우기 실행할 커브 선택'에 Step 01에서 작성한 'Rectangle' 커브를 선택하고 '간격띄우기할 쪽'에 '20'을 입력한 뒤, 커브 바깥쪽으로 클릭합니다.

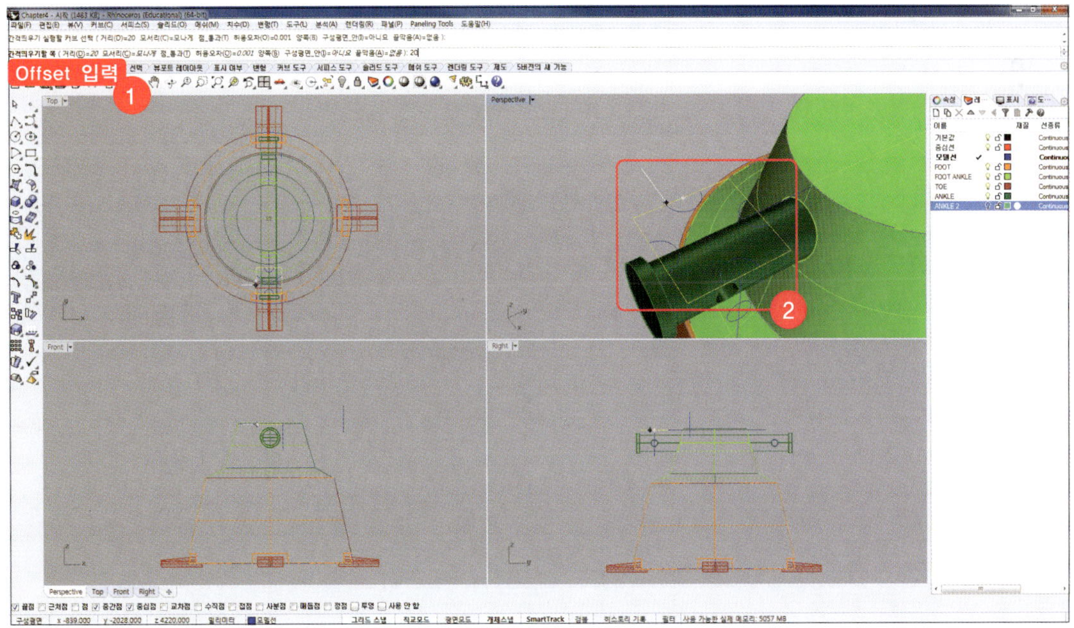

03 [상태창] ➡ [레이어]창에서 'FOOT ANKLE' 레이어를 끄고 'ANKLE GEAR BOX' 레이어를 새로 생성한 뒤, 현재 레이어로 지정합니다. (레이어 색상 임의 지정)

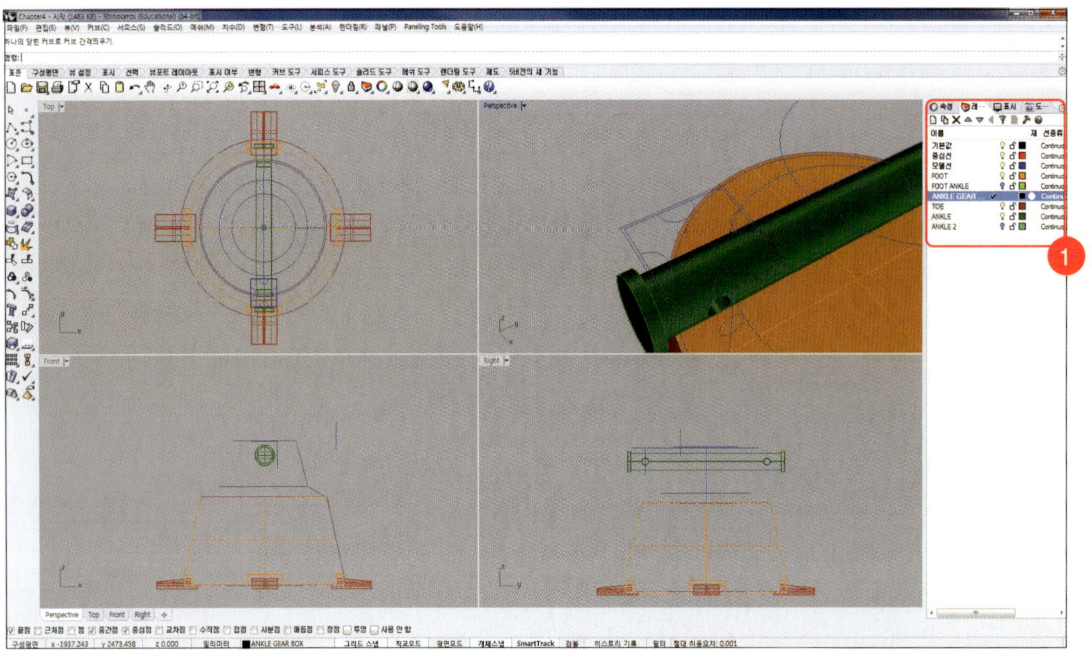

04 명령창에 'Revolve' 입력하고 '회전시킬 커브 선택'에 Step 02에서 offset한 커브를 선택하고 '회전축의 시작'은 [Perspective]뷰에서 아래 그림과 같이 line의 중심점을 선택하고 '회전축의 끝'은 [Top]뷰에서 x축 위의 점을 선택합니다.

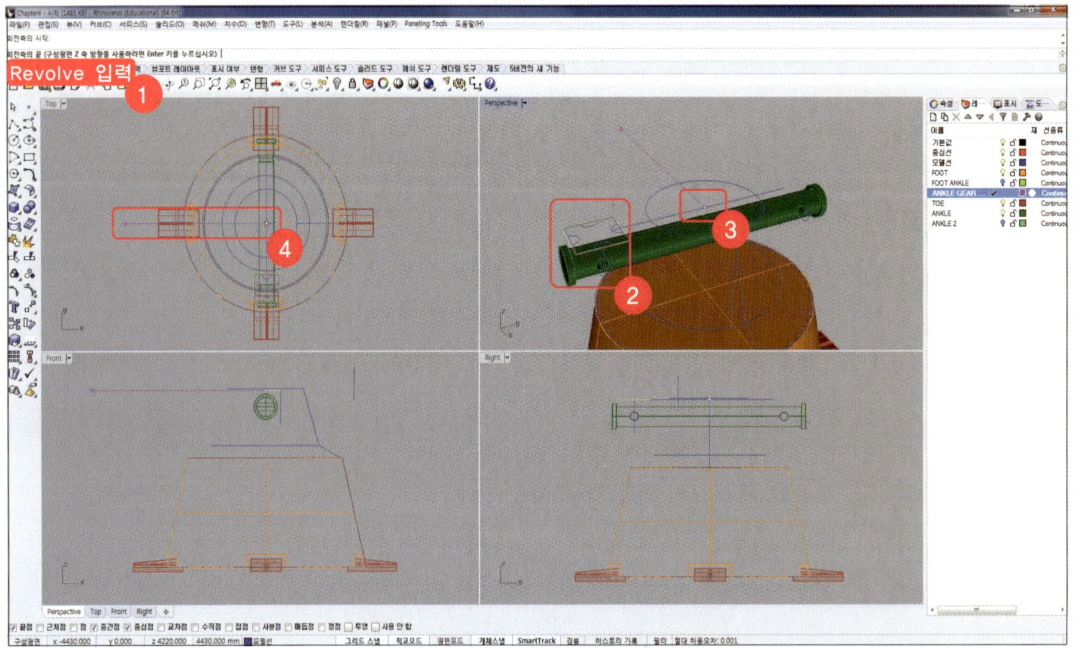

 '시작 각도' 선택에 아래 그림과 같이 [Right]뷰에서 y축 위의 왼쪽 점을 선택하고 각도가 180도가 되도록 '회전 각도'를 선택합니다.

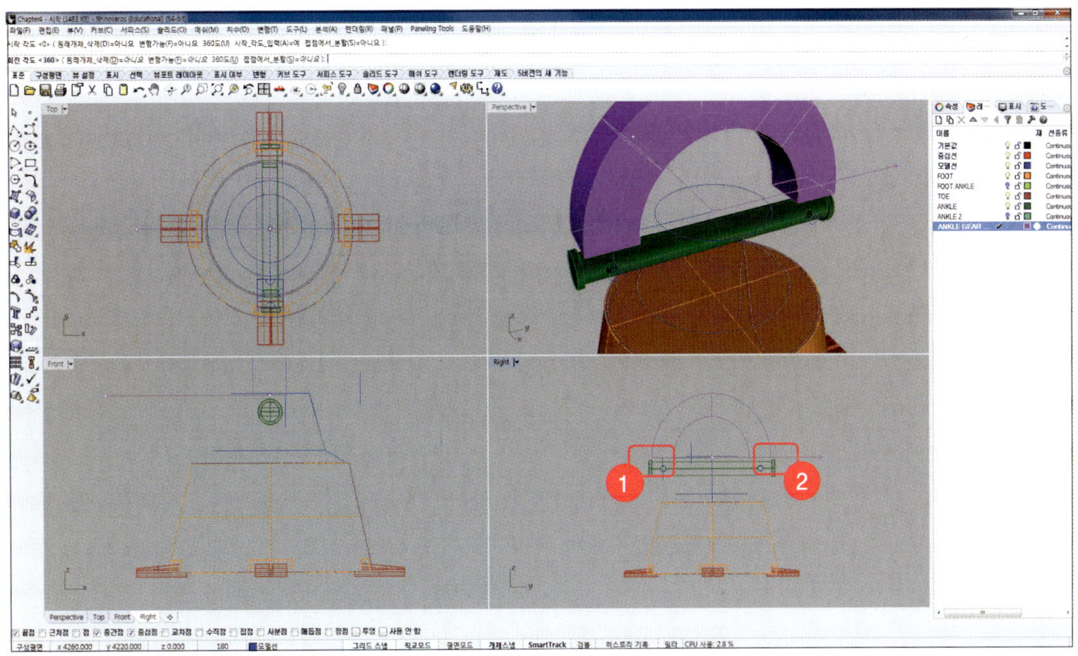

 기어 박스를 작성하기 위한 커브를 생성합니다. 명령창에 'Rectangle'을 입력하고 '3점'을 설정하고 '가장자리의 시작'에 [Top]뷰에서 임의의 점을 선택하고 '가장자리의 끝'에 '980'을 입력한 뒤, '가장 자리의 시작'의 오른쪽으로 선택합니다. '너비'에는 '1500'을 입력하고 아래쪽을 클릭합니다.

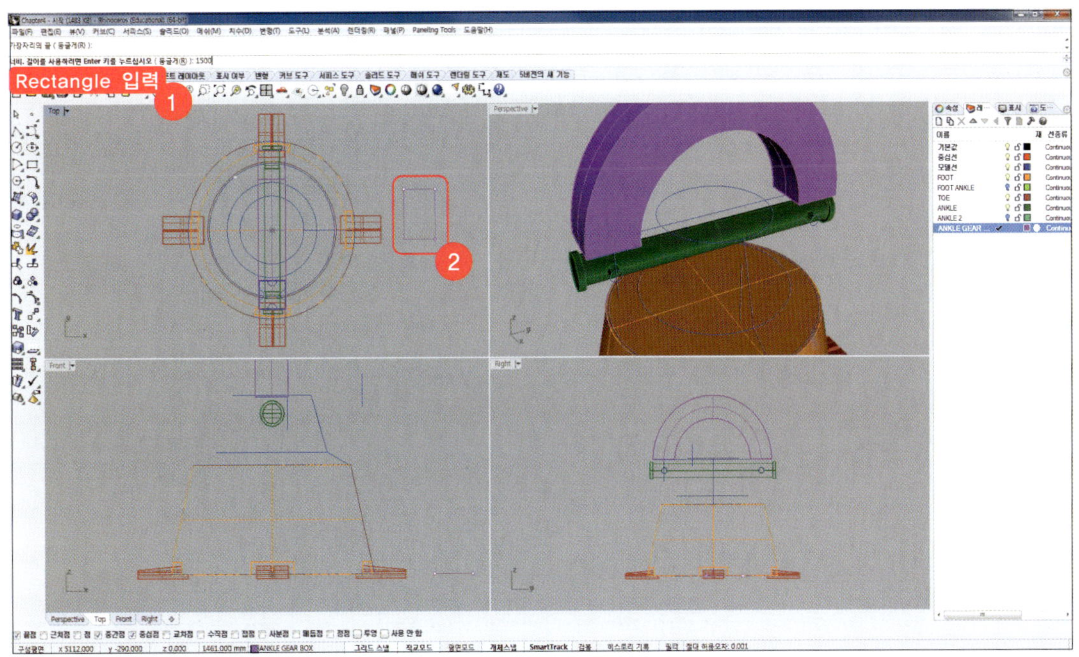

07 명령창에 'Offset'을 입력하고 '간격띄우기 실행할 커브'에 Step 06에서 작성한 rectangle 커브를 선택하고 '간격띄우기할 쪽'에 '220'을 입력한 뒤, rectangle 커브 바깥쪽을 클릭합니다.

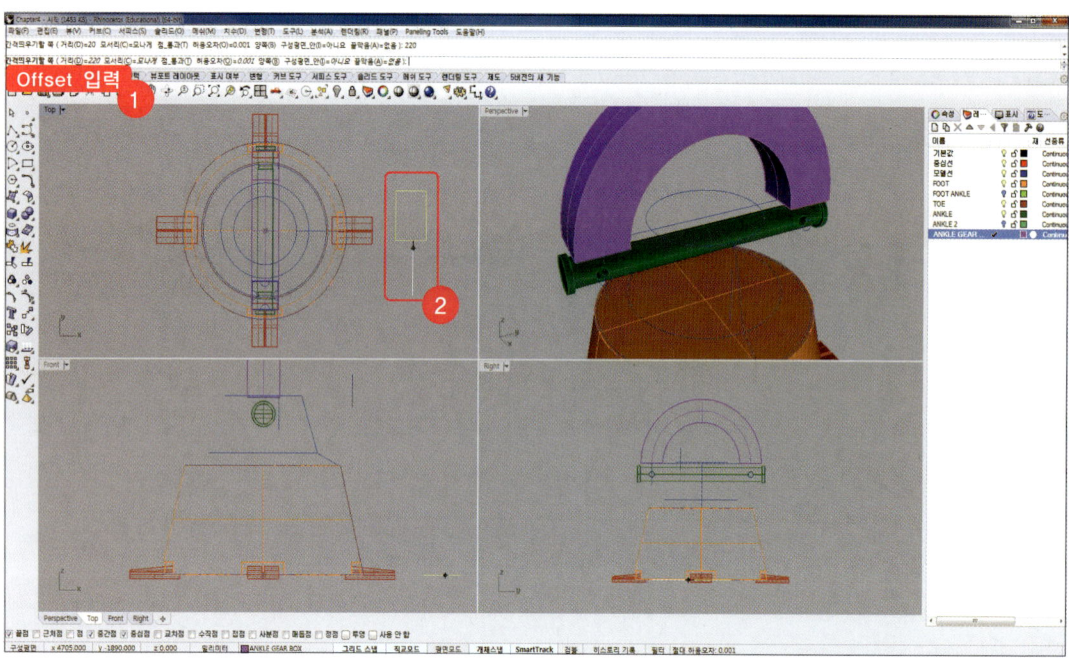

08 Step 07과 같은 과정으로 안쪽 사각형의 '600' 간격만큼 다시 간격띄우기를 실행합니다.

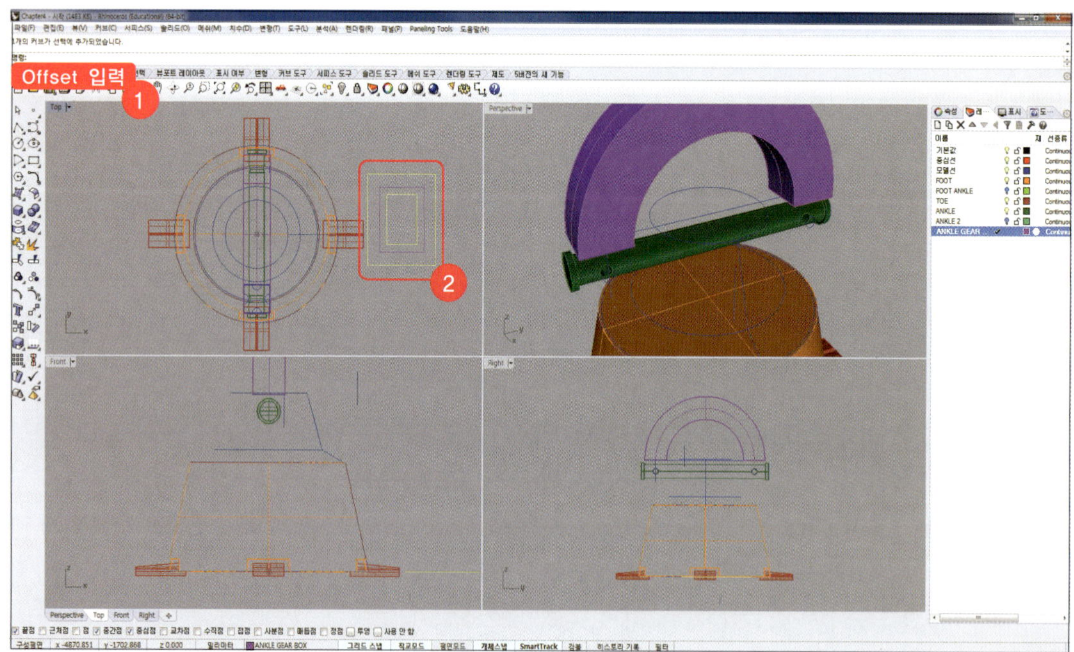

09 명령창에 'Line'을 입력하고 아래 개체 스냅에서 '수직점'을 체크하고 아래 그림과 같이 가운데 사각형의 모서리점을 시작점으로 하고 가장자리 사각형과 수직으로 만나는 점을 line의 끝점으로 선택하여 line 2개를 작성합니다.

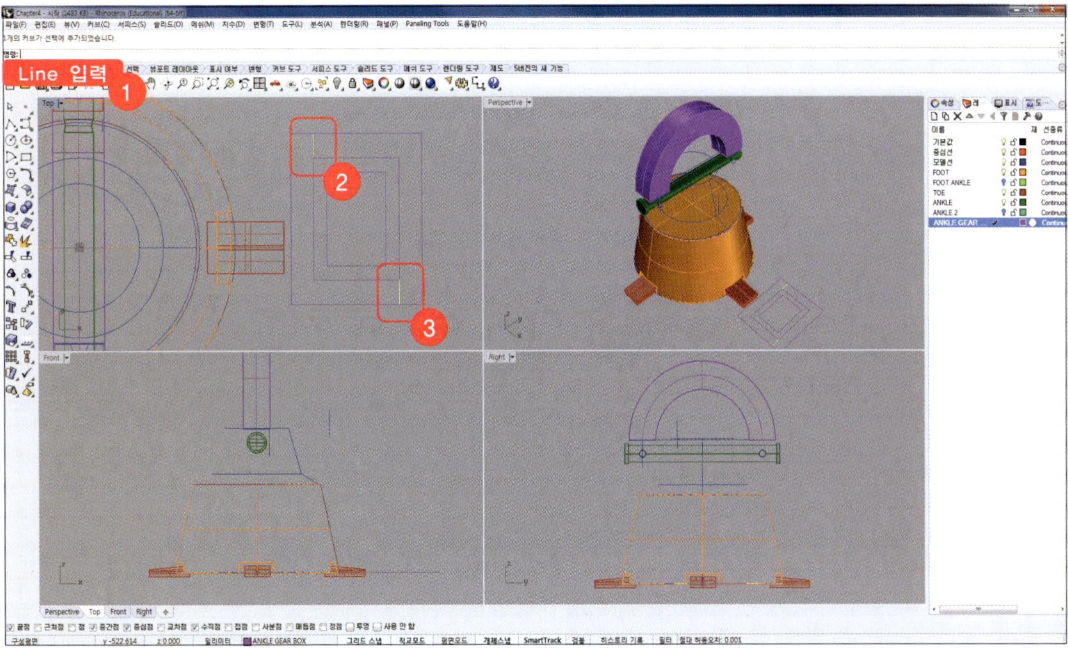

10 명령창에 'Rectangle'을 입력하고 '직사각형의 첫 번째 모서리'와 '다른 모서리 또는 길이'를 아래 그림과 같이 Step 09에서 작성한 line의 끝점을 선택합니다.

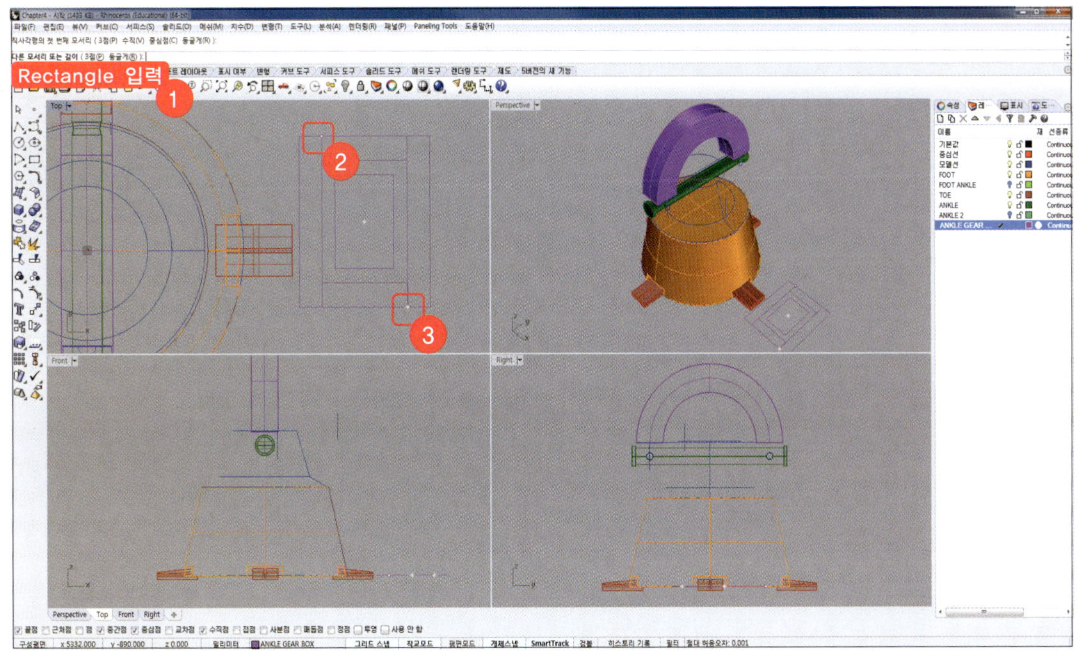

11 명령창에 'Move'를 입력하고 Step 10에서 작성한 rectangle 커브를 선택합니다.
[Front]뷰에서 '이동의 기준점'을 선택하고 수직으로 '1100'만큼 이동시킵니다.

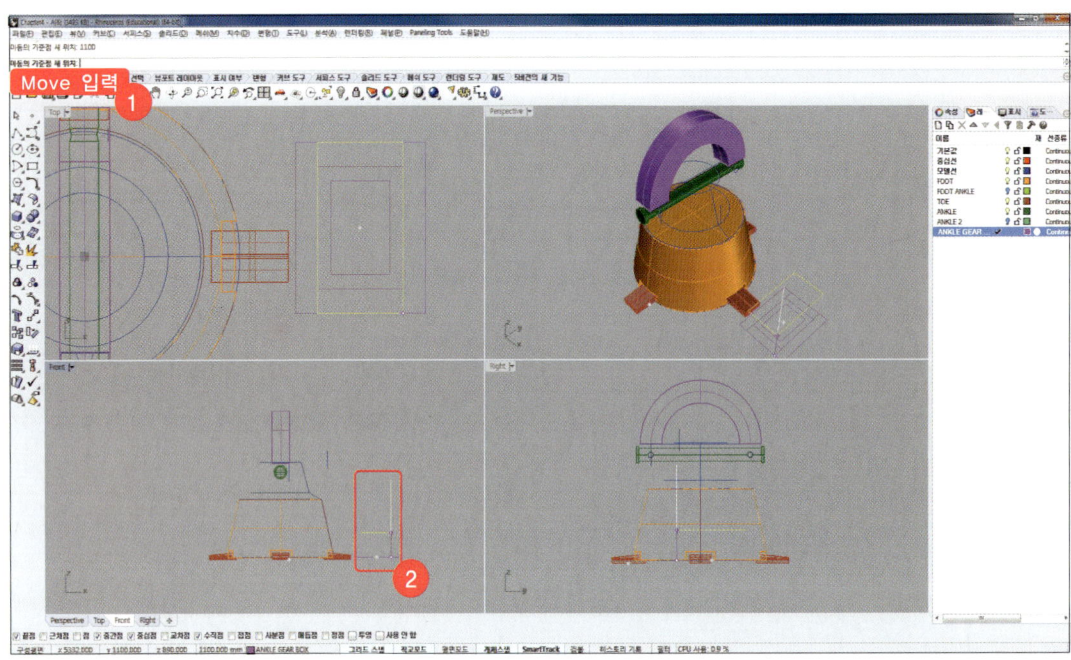

12 sweep2를 위한 단면커브를 작성합니다. 명령창에 'Line'을 입력하고 아래 그림과 같이 가장 안쪽의
오른쪽 위 모서리점과 Step 11에서 이동시킨 사각형 오른쪽 위 모서리를 선택합니다.

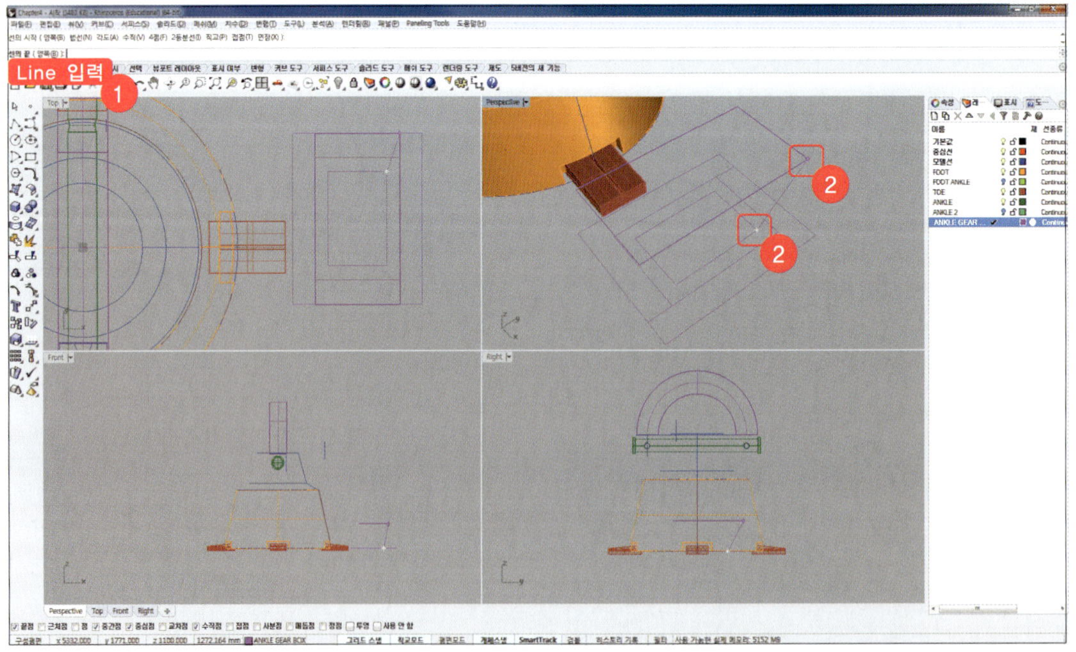

13 명령창에 'Sweep2'를 입력하고 아래 그림과 같이 '첫 번째 레일'에 아래 사각형, '두 번째 레일'에 위쪽 사각형 '단면 커브'에 Step 12에서 작성한 line을 선택하고 [Enter]키를 누릅니다.
[2개 레일 스윕 옵션]창이 활성화되면 [확인]을 클릭합니다.

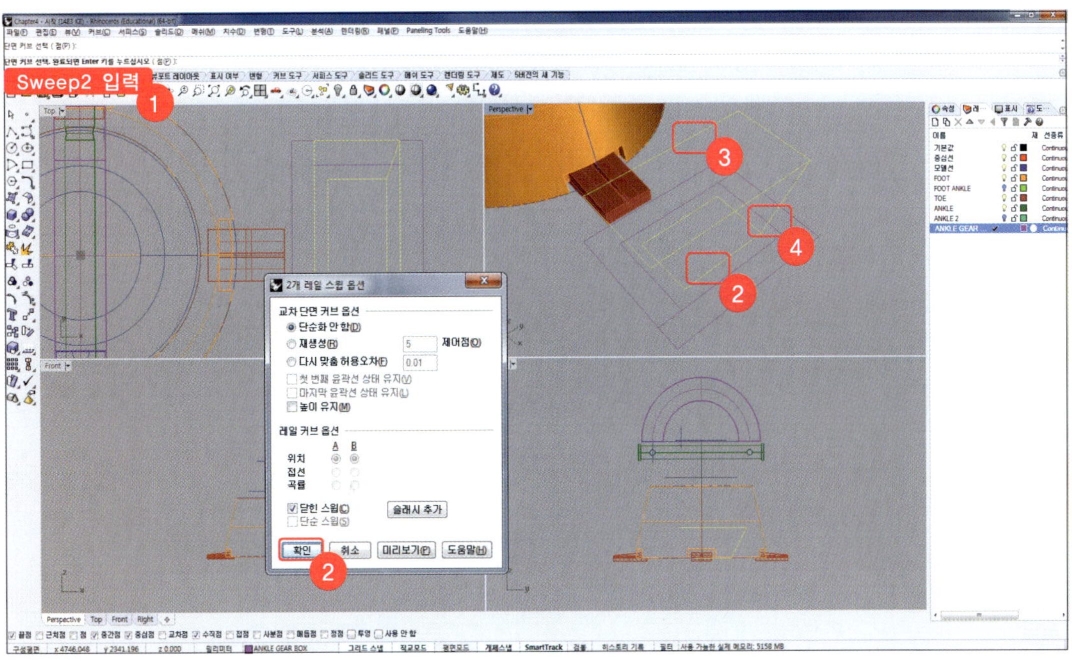

14 명령창에 'cap'을 입력하고 '끝막음할 서피스 또는 폴리서피스'에 Step 13에서 작성한 서피스를 선택하고 [Enter]키를 누릅니다.

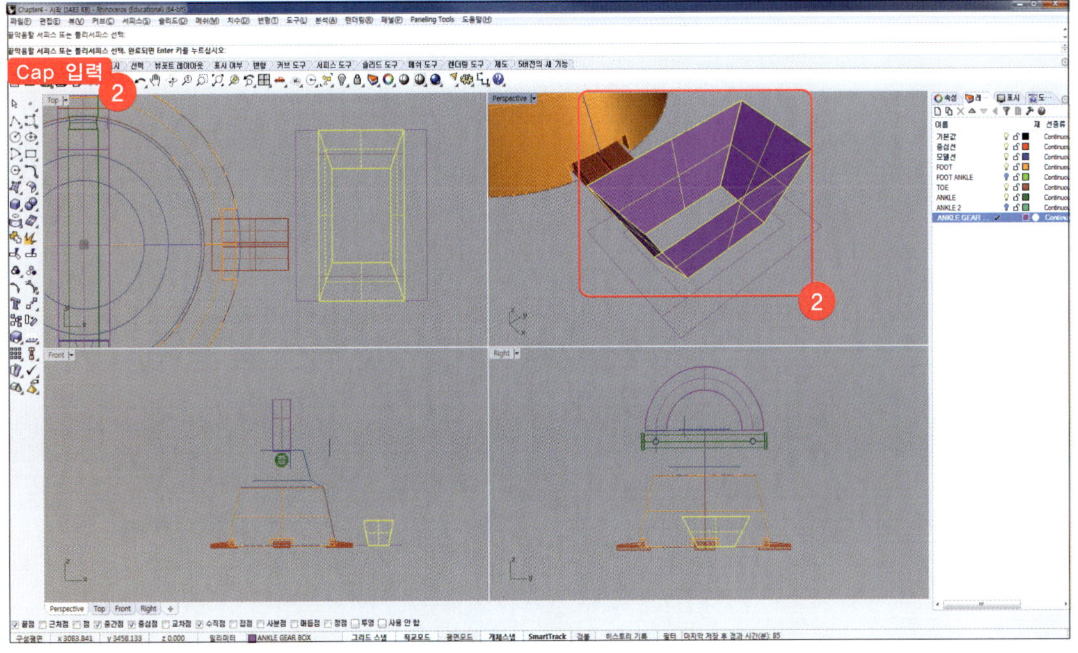

15 GEAR BOX를 이동시키기 위한 참조선을 작성합니다.

현재 레이어를 '모델선'으로 변경하고 아래 그림과 같이 각각의 surface에 line을 작성합니다.

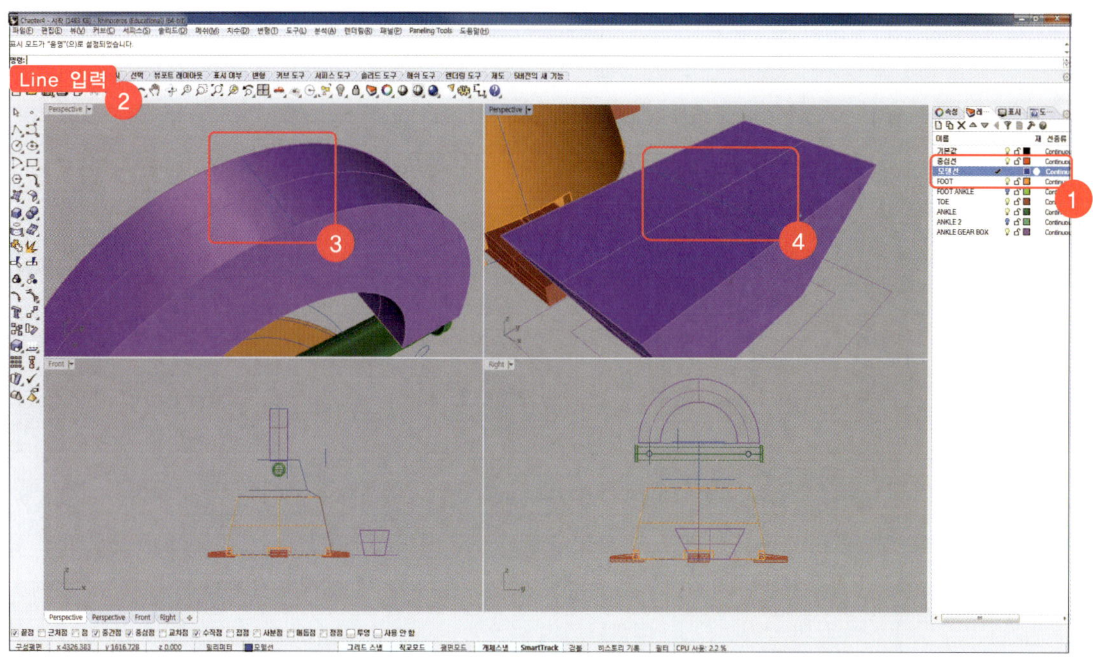

16 명령창에 'move'를 입력하고 GEAR BOX 서피스를 선택하고 '이동의 기준점'에 GEAR BOX 위에 작성한 line의 중간점을 선택하고 '이동의 기준점 새 위치'에 revolve한 서피스 위에 작성한 line의 중심점을 선택합니다.

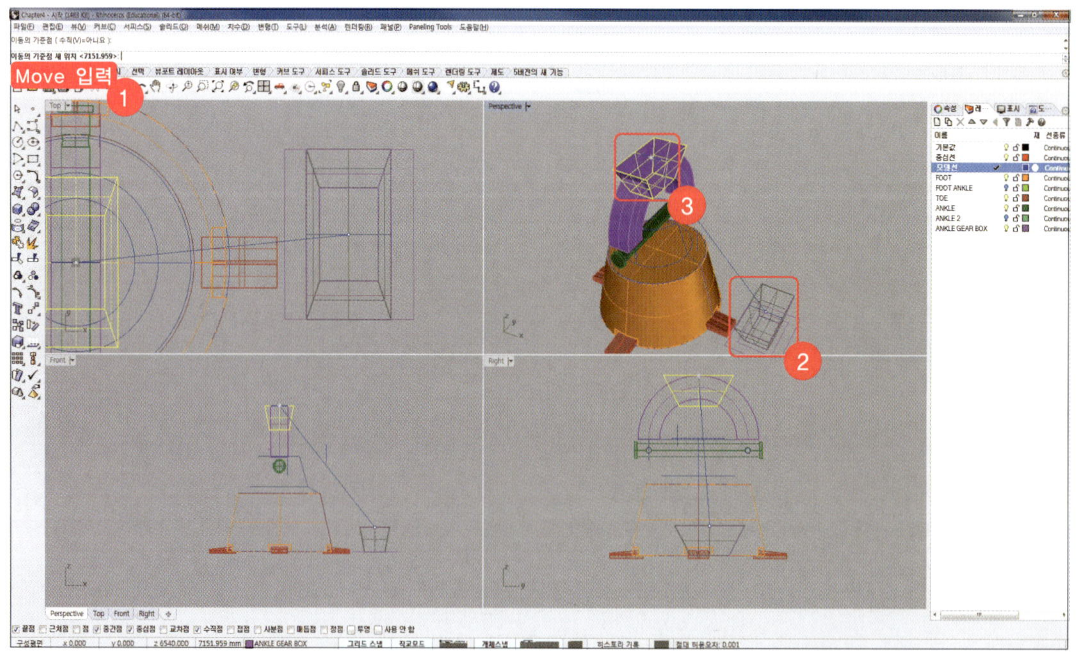

17 명령창에 다시 'move'를 입력하고 GEAR BOX 서피스를 선택합니다.
[Front]뷰에서 아래쪽으로 '110'만큼 이동시킵니다.

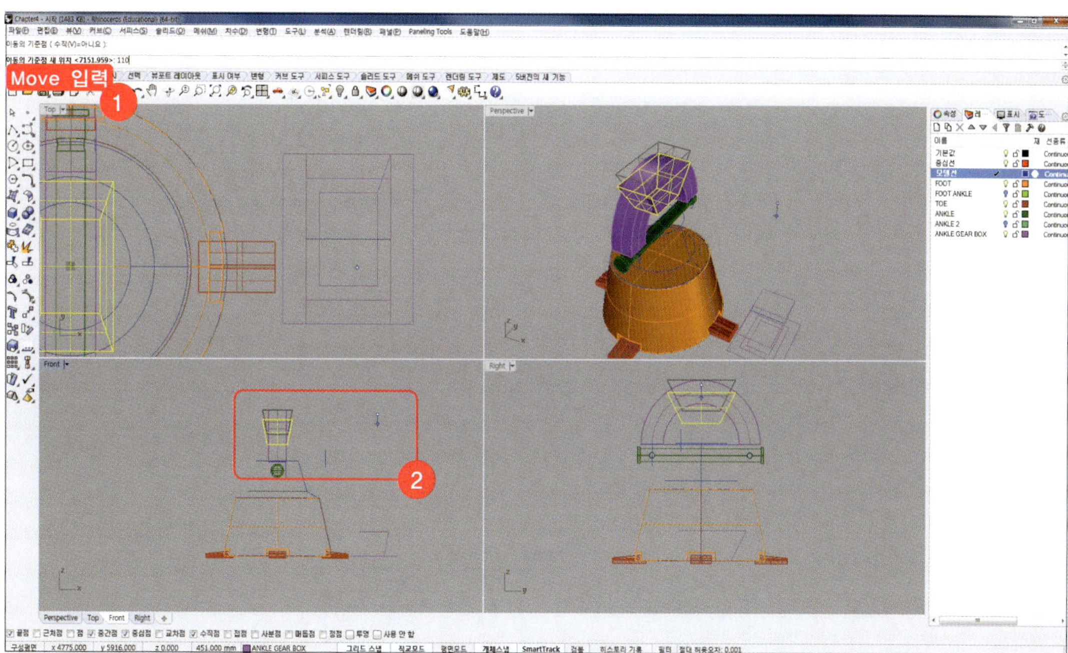

18 명령창에 'Dupfaceborder'를 입력하고 GEAR BOX의 가장 윗 면을 선택하여 테두리 선을 생성합니다.

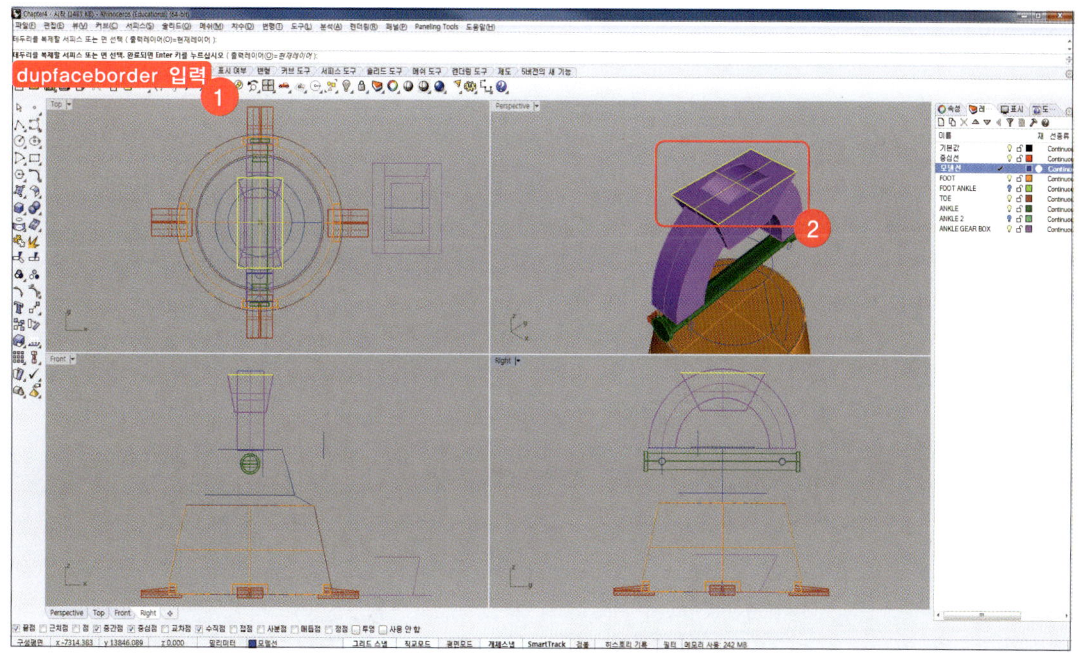

19 명령창에 'Offset'을 입력하고 '간격띄우기를 실행할 커브'에 Step 18에서 생성한 커브를 선택하고 '간격띄우기할 쪽'에 '1500'을 입력한 다음 [Front]뷰에서 모델 위쪽으로 마우스를 클릭합니다.

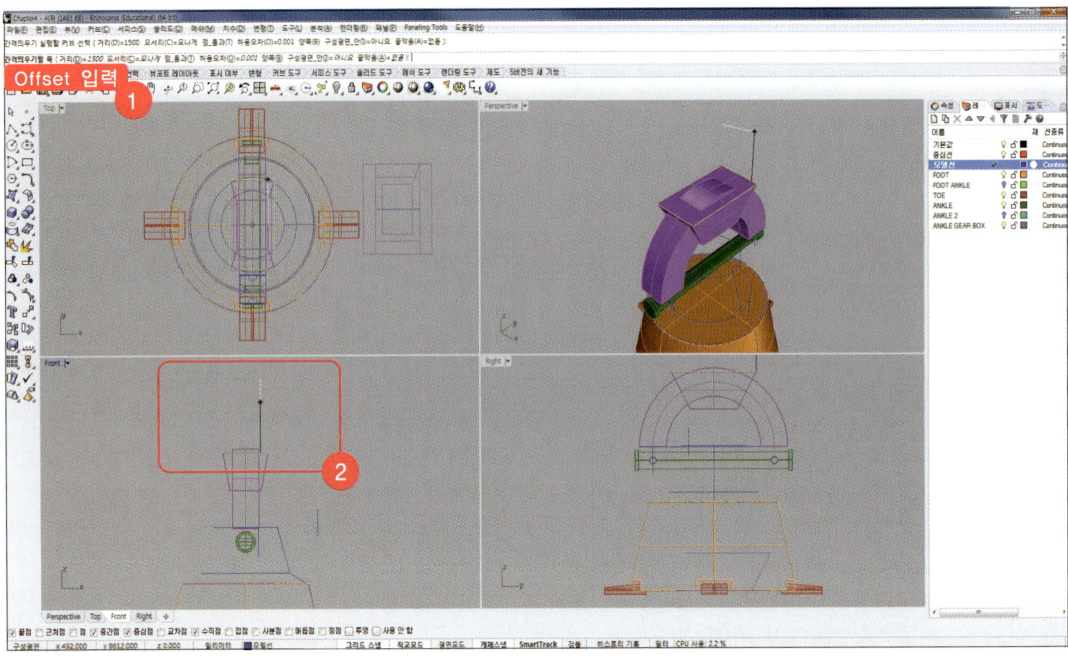

20 'Offset'을 이용하여 아래 그림과 같이 Step 19에서 위쪽으로 이동시킨 rectangle 커브를 선택하고 안쪽으로 각각 '210', '450' 간격으로 간격띄우기를 실행합니다.

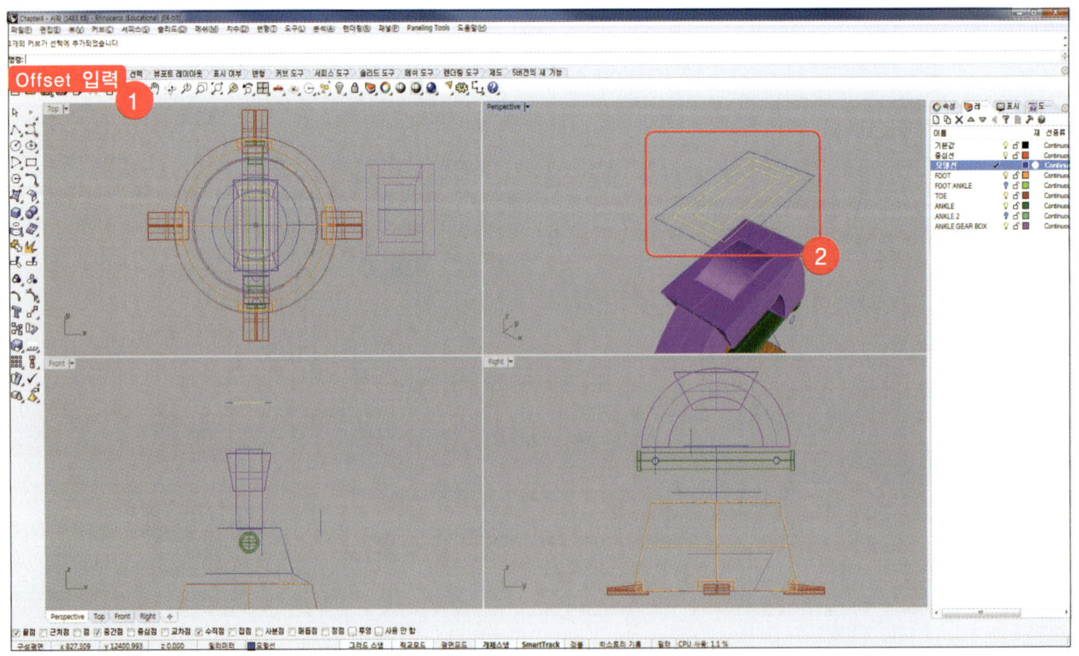

21 명령창에 'Line'을 입력하고 개체스냅에 '수직점'이 체크되어 있는지 확인하고 아래 그림과 같이 Step 20에 간격띄우기 한 커브의 모서리를 시작점으로 바깥쪽 rectangle 커브로 연장선을 작성합니다.

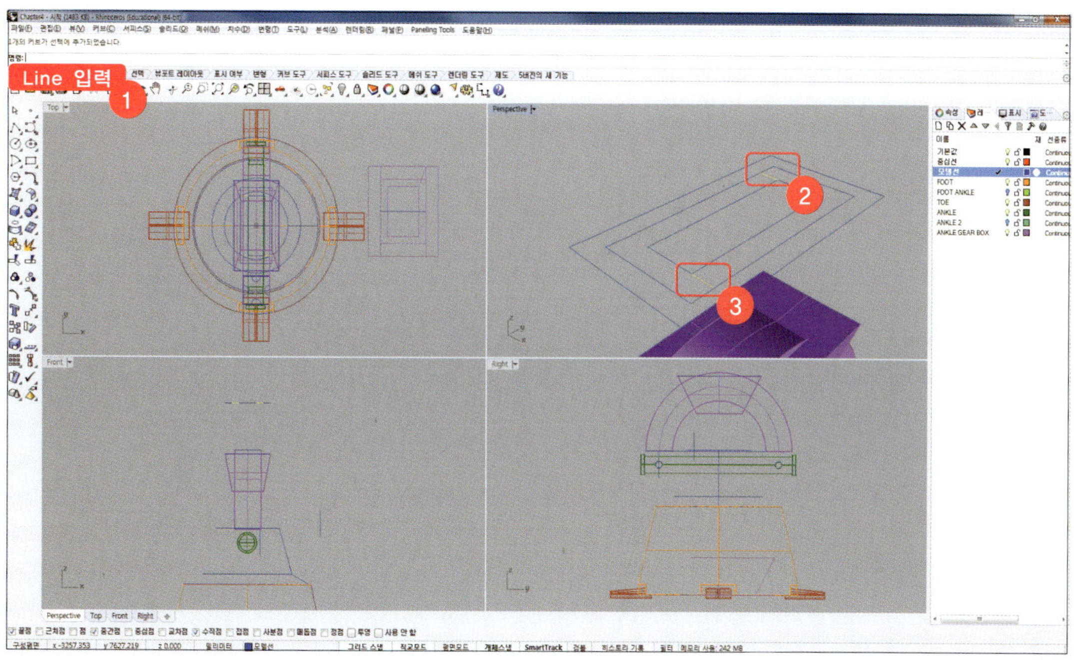

22 명령창에 'Rectangle'을 입력하고 아래 그림과 같이 두 점을 선택해 GEAR BOX 윗면이 될 사각형 커브를 작성합니다. (끝점 스냅이 잘 잡히지 않을 시, '중심점'을 체크 해제합니다.)

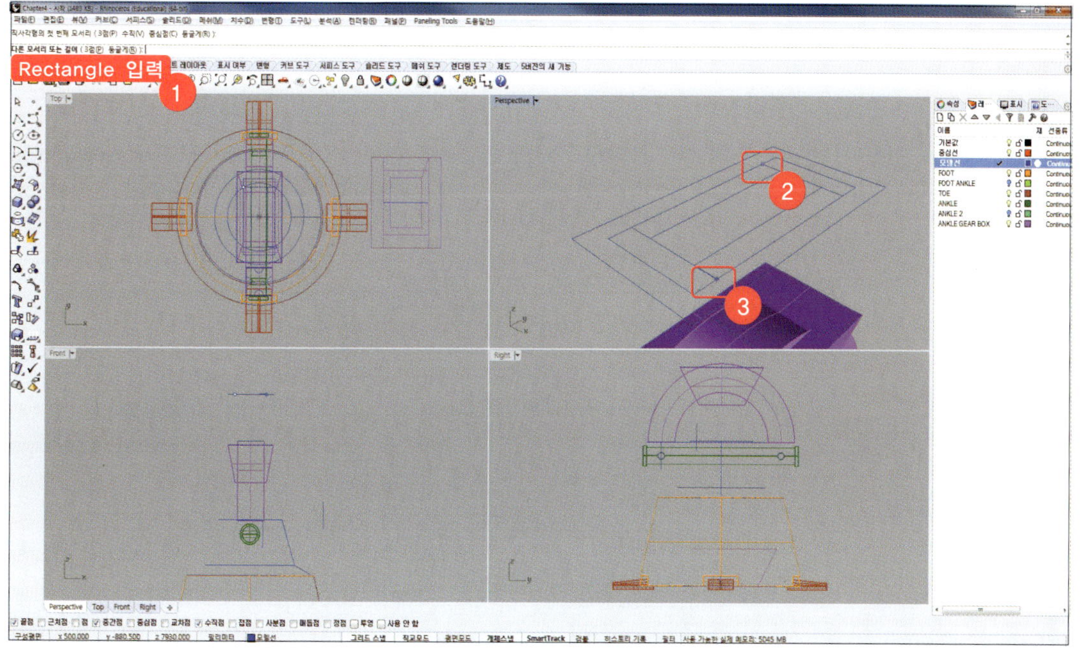

23 sweep2에 이용할 단면커브를 작성합니다. 'Line'을 입력하고 아래 그림과 같이 '선의 시작'에 Step 22 에서 생성한 rectangle 커브의 모서리를 선택하고 '선의 끝'에 작성된 GEAR BOX 중간의 모서리를 선택합니다.

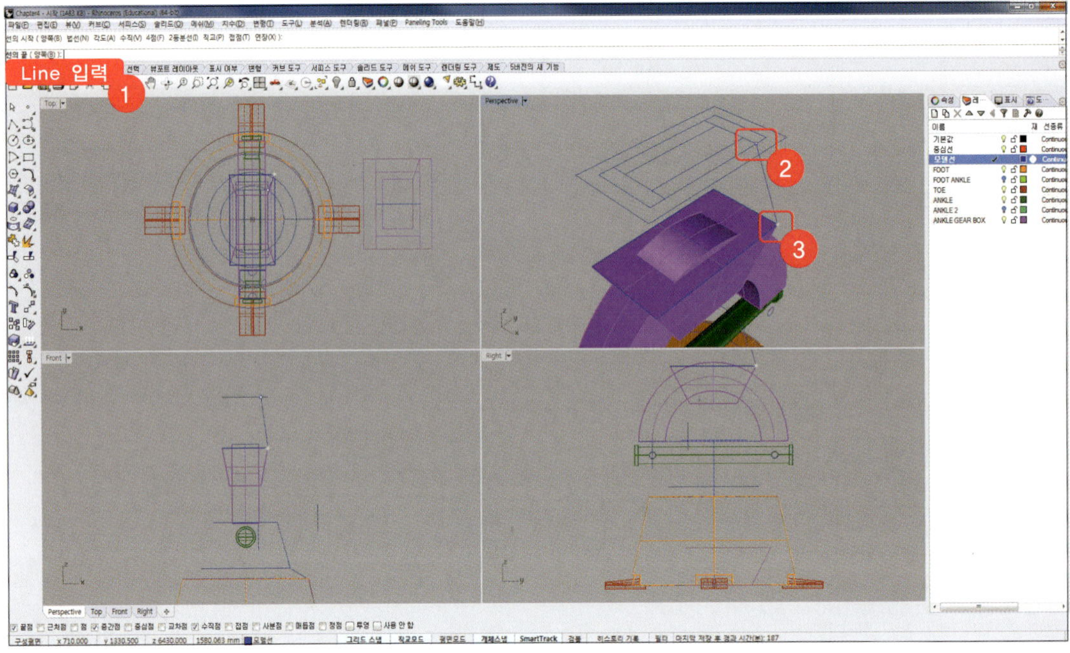

24 명령창에 'Sweep2'를 입력하고 아래 그림과 같이 '첫 번째 레일'에 아래쪽 rectangle 커브, '두 번째 레일'에 위쪽 rectangle 커브, '단면 커브'에 Step 23에서 작성한 line을 선택하고 [2개 레일 스윕 옵션] 창에서 [확인]을 클릭합니다.

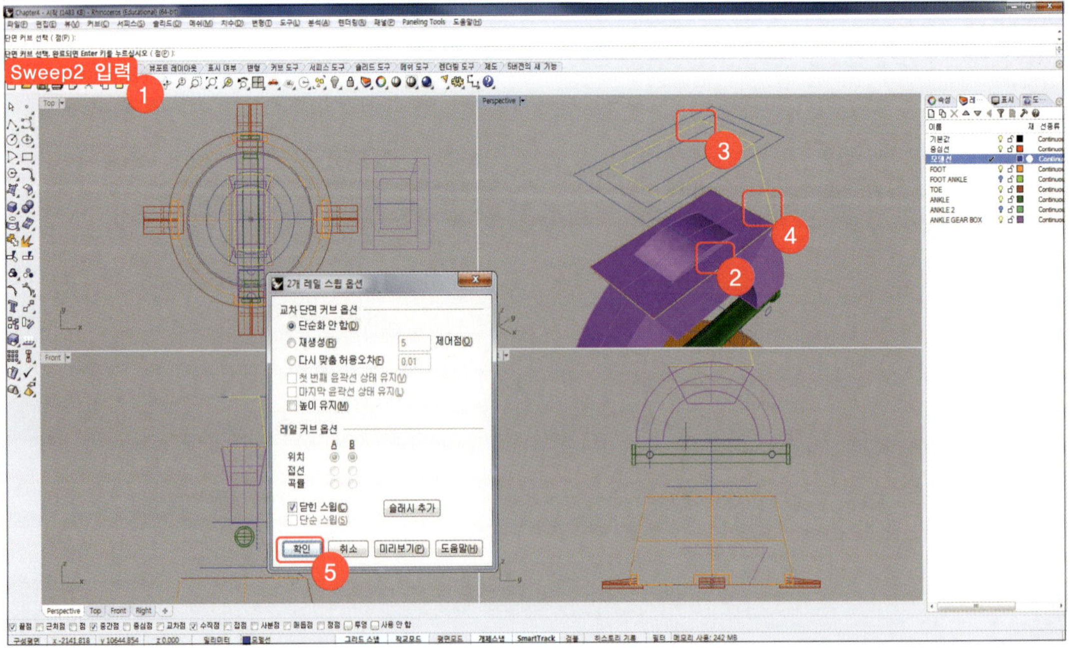

25 Step 24에서 작성한 서피스의 레이어를 'ANKLE GEAR BOX'로 변경하고, 명령창에 'Cap'을 입력한 뒤, Step 24에서 작성한 서피스를 선택하고 [Enter]키를 누릅니다.

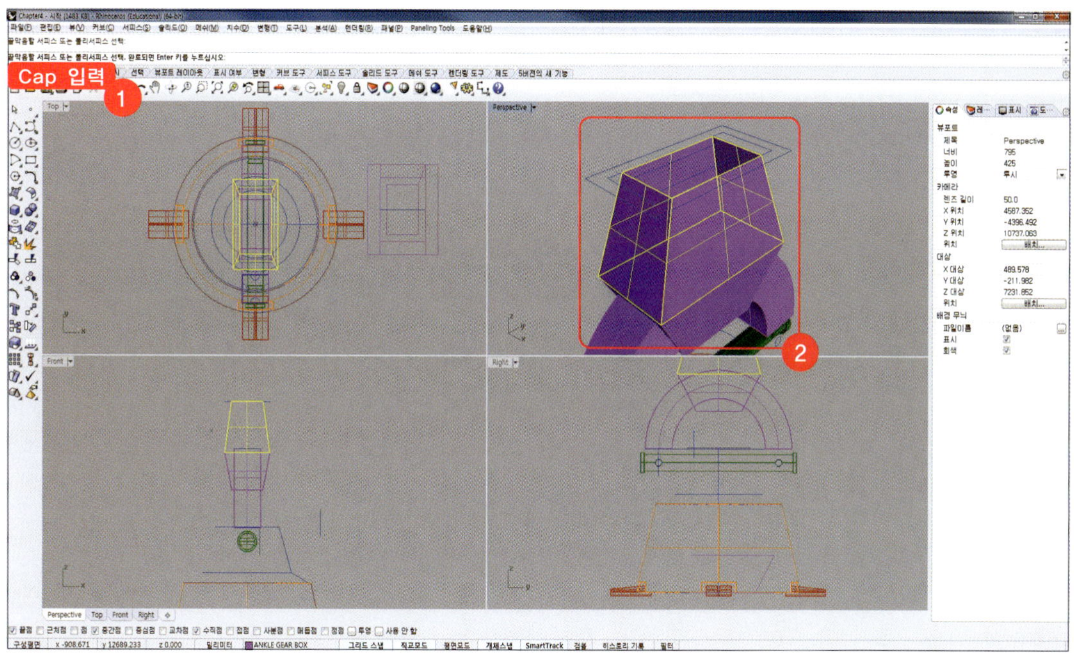

26 명령창에 'BooleanUnion'을 입력하고 작성한 GEAR BOX 위쪽, 아래쪽 서피스를 순서대로 선택합니다.

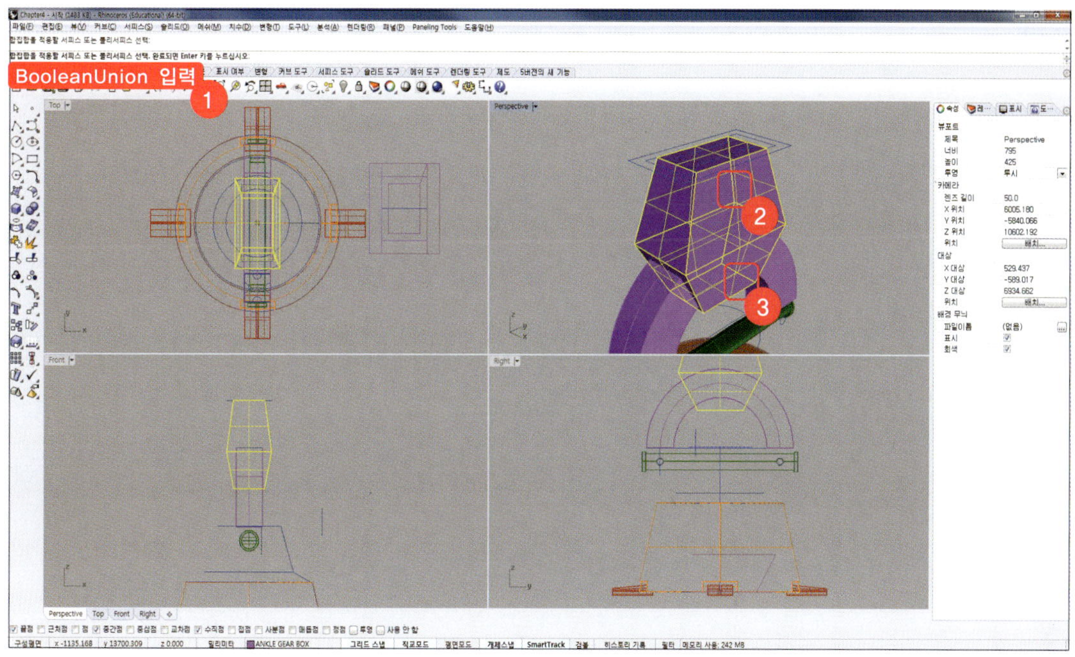

27 아래쪽에 작성되어 있는 참조선을 삭제합니다.

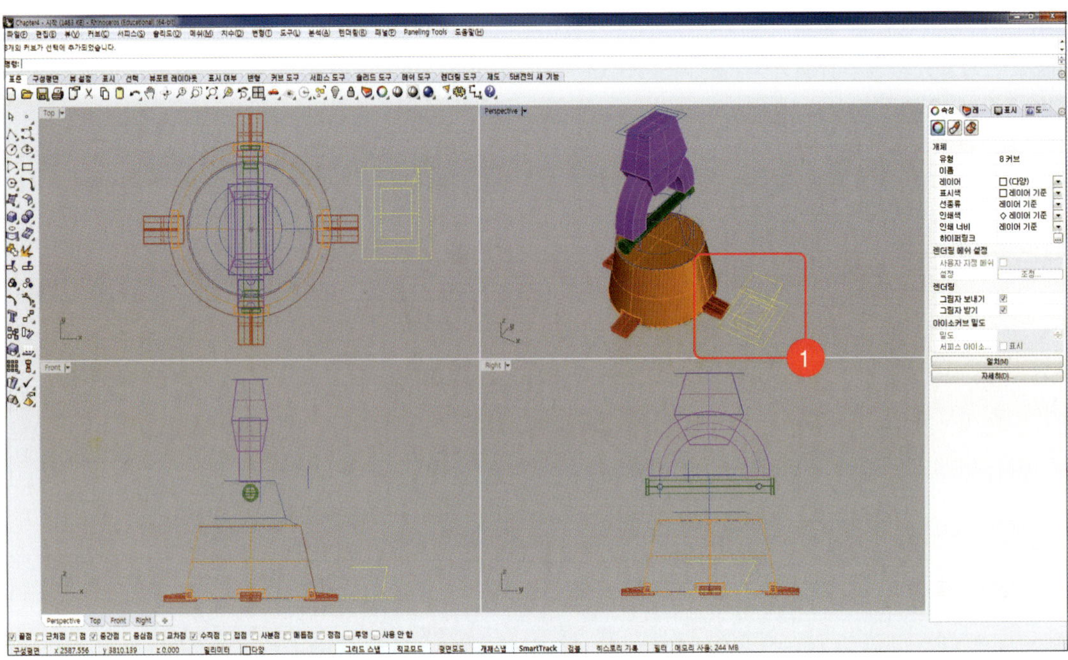

28 명령창에 'Cap'을 입력하고 GEAR BOX 아래 서피스를 선택하여 끝막음 합니다.

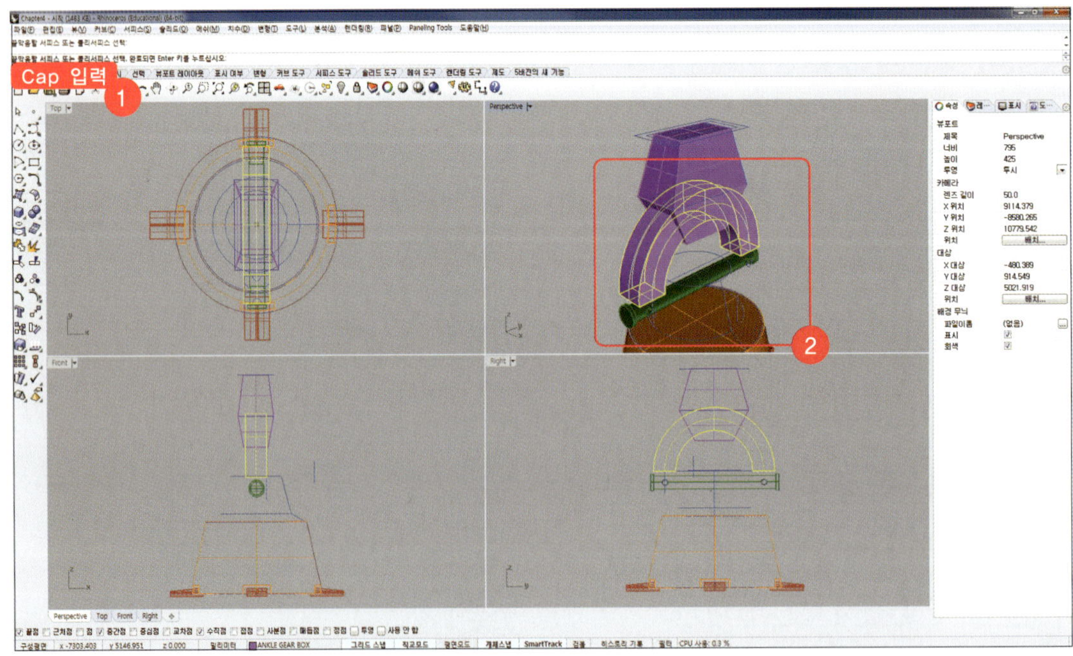

29 명령창에 'BooleanDifference'를 입력하고 '차집합을 계산할 원래 서피스 또는 폴리서피스'에 위쪽 GEAR BOX를 선택하고 (원래개체_삭제(D)=예)를 확인하고 '차집합 계산에 사용할 서피스 또는 폴리서 피스'에 아래 서피스를 선택하고 [Enter]키를 누릅니다.

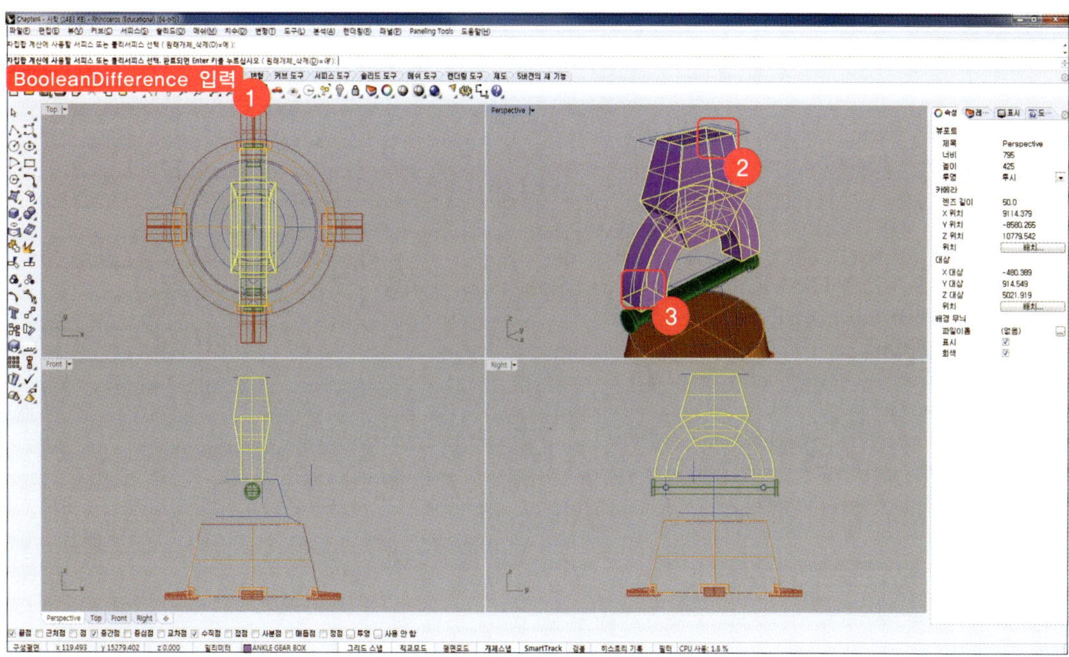

30 [상태창] ➡ [레이어]탭에서 '기본값', '중심선', '모델선' 레이어는 끄고 나머지 레이어는 모두 켜놓습니다.

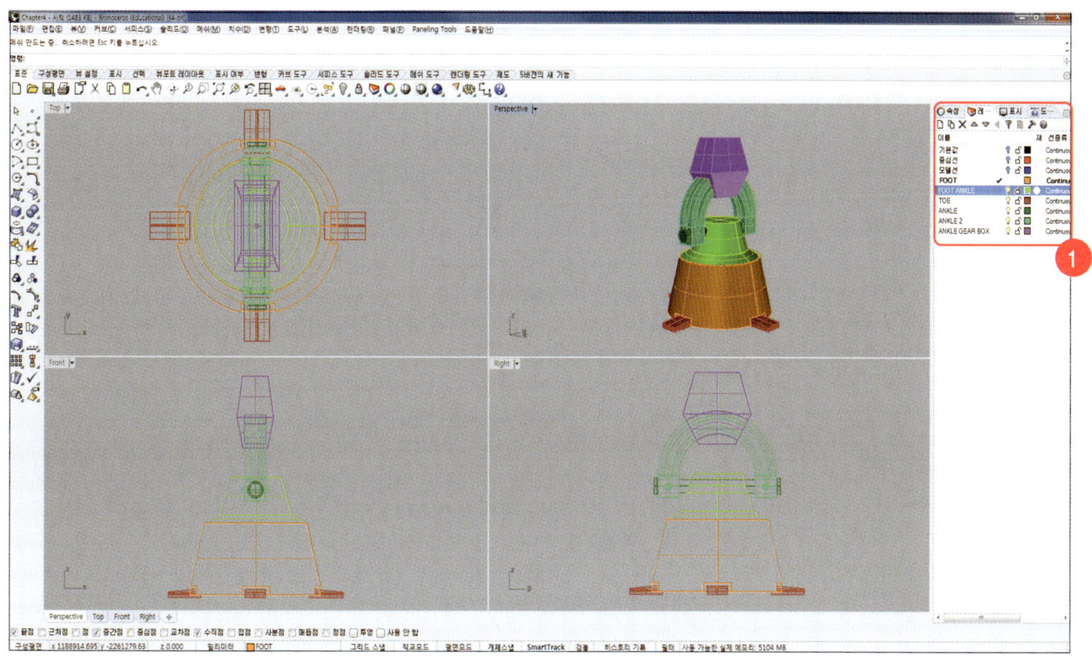

31 ANKLE GEAR BOX까지 완성된 FOOT의 모습입니다.

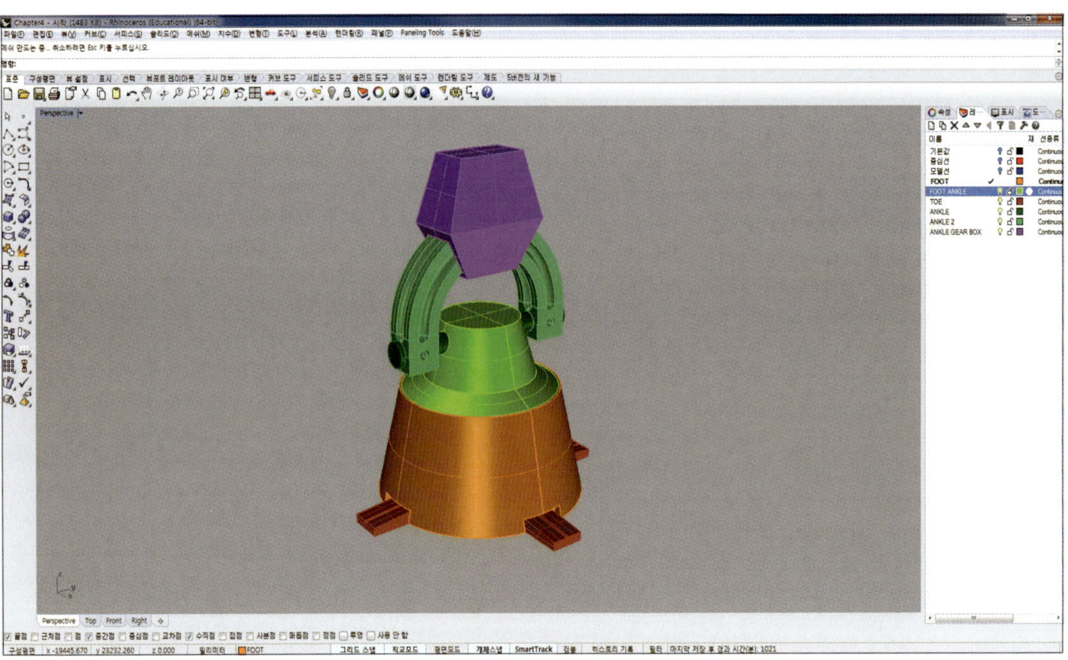

• MUST BIM 온라인커뮤니티

www.inup.co.kr / http://rpaec.com/pace

제 2 편

LEG

01_ LOWER LEG 모델링

02_ UPPER LEG 모델링

03_ LEG 배치하기

04_ 하부 JOINT 작성하기

05_ 상부 JOINT 작성하기

Chapter 01

LOWER LEG 모델링

■ LOWER LEG 모델링 : 설계/제작/생산/조립

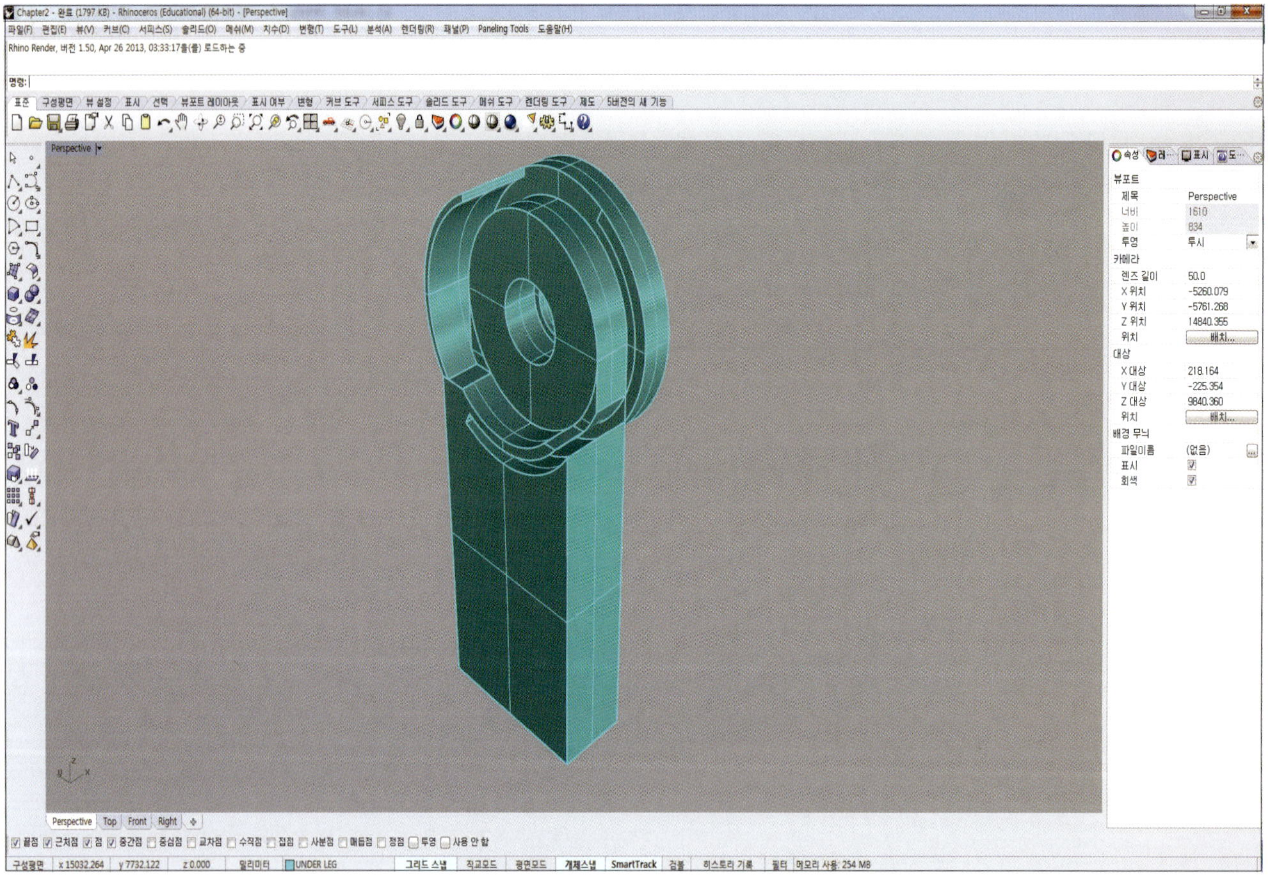

POINT!

- LOWER LEG Digital Model 생성
- Digital Model간 조립

01 Rhino 3D 5를 실행합니다. 예제파일 ‘PART2’ 폴더에서 ‘Chapter1 – 시작’ 파일을 로드하고, [모델선]레이어가 활성화되어 있는지 확인합니다. [상태창] ➡ [레이어]탭에서 ‘UNDER LEG’ 라는 이름의 레이어를 생성하고 색상을 임의로 지정한 뒤, ‘ANKLE GEAR BOX’ 레이어와 ‘UNDER LEG’, ‘모델선’ 레이어를 제외하고 다른 레이어는 모두 끕니다.

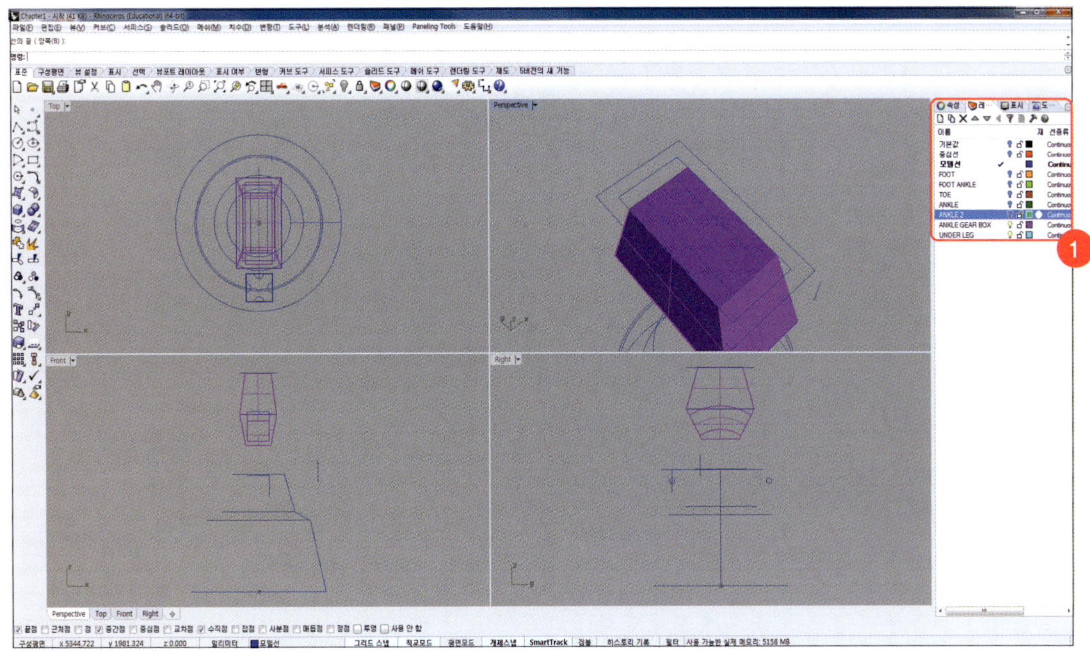

02 아래 그림과 같이 불필요한 모델선은 삭제합니다.

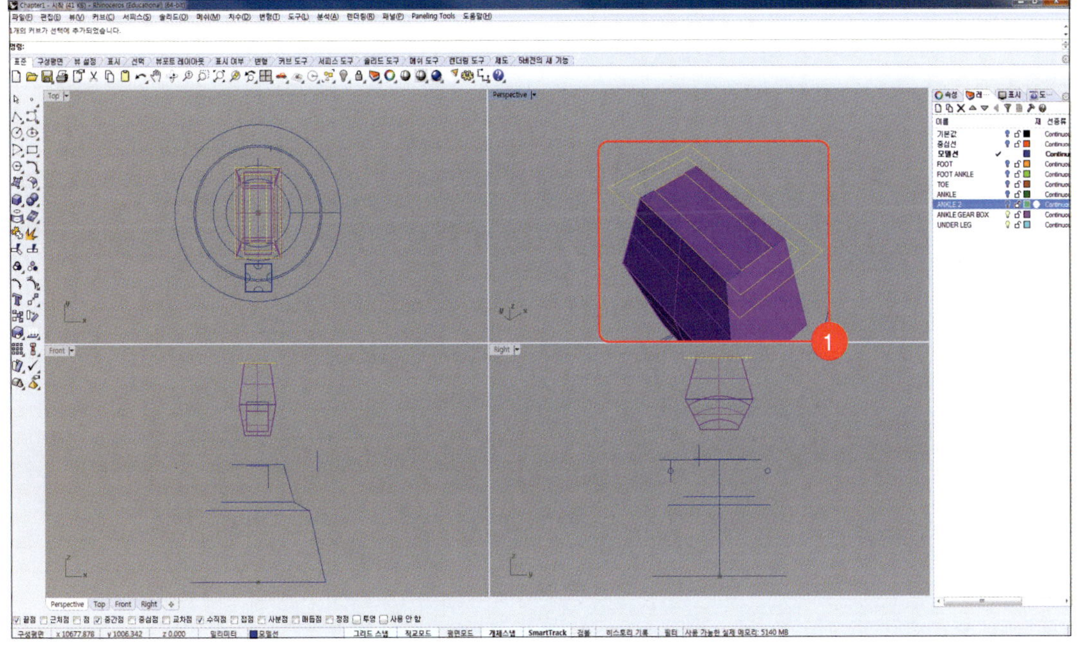

03 명령창에 'Line'을 입력하고 ANKLE GEAR BOX 상단면 사각형의 마주보는 모서리의 중점을 선의 시작점과 끝점으로 선택하고 line을 작성합니다.

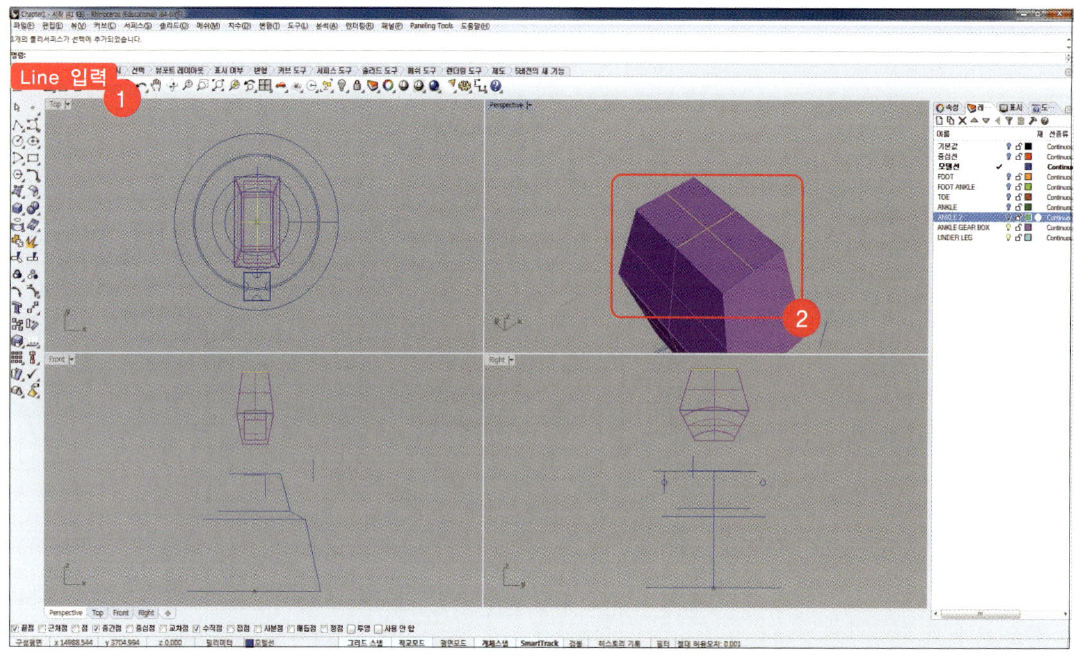

04 Step 03에서 작성한 중심선을 기준으로 leg의 밑 바탕을 offset을 이용하여 작성합니다.
명령창에 'Offset'을 입력하고 [Perspective]뷰에서 '간격띄우기 실행할 커브'에 아래 그림과 같이 가로 중심선을 선택하고 '간격띄우기할 쪽'에 '720'을 입력한 뒤, 위쪽을 클릭합니다. 명령반복을 통해 아래쪽에도 720간격 만큼 간격띄우기 선을 작성합니다.

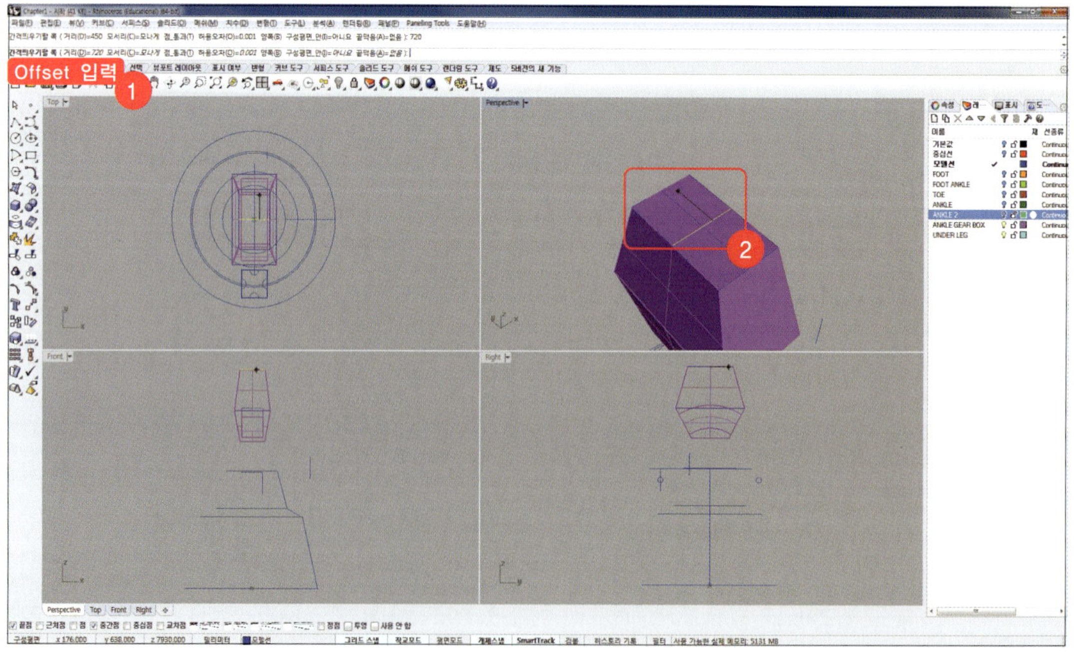

05 Step 04를 활용하여 세로 중심선 양쪽으로 '307.5' 간격만큼 offset을 이용하여 간격띄우기 선을 작성합니다.

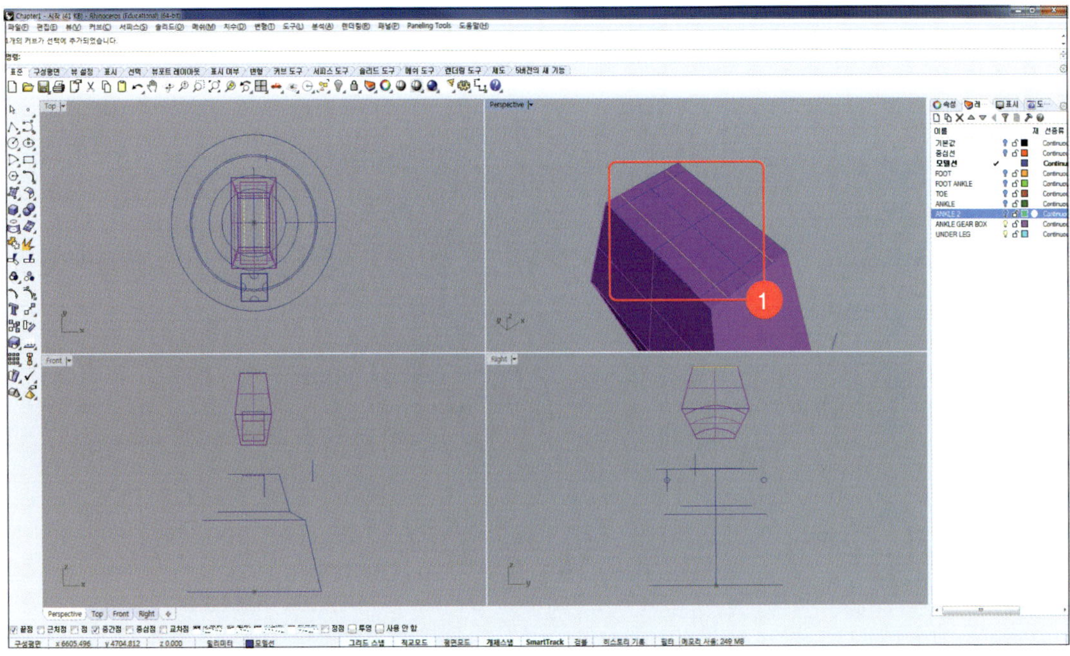

06 명령창에 'Rectangle'을 입력하고 아래 그림과 같이 Step 04~05에서 작성한 참조선을 기준으로 모서리를 선택합니다. (아래쪽 개체 스냅에서 '교차점'을 체크한 후 점을 선택합니다.)

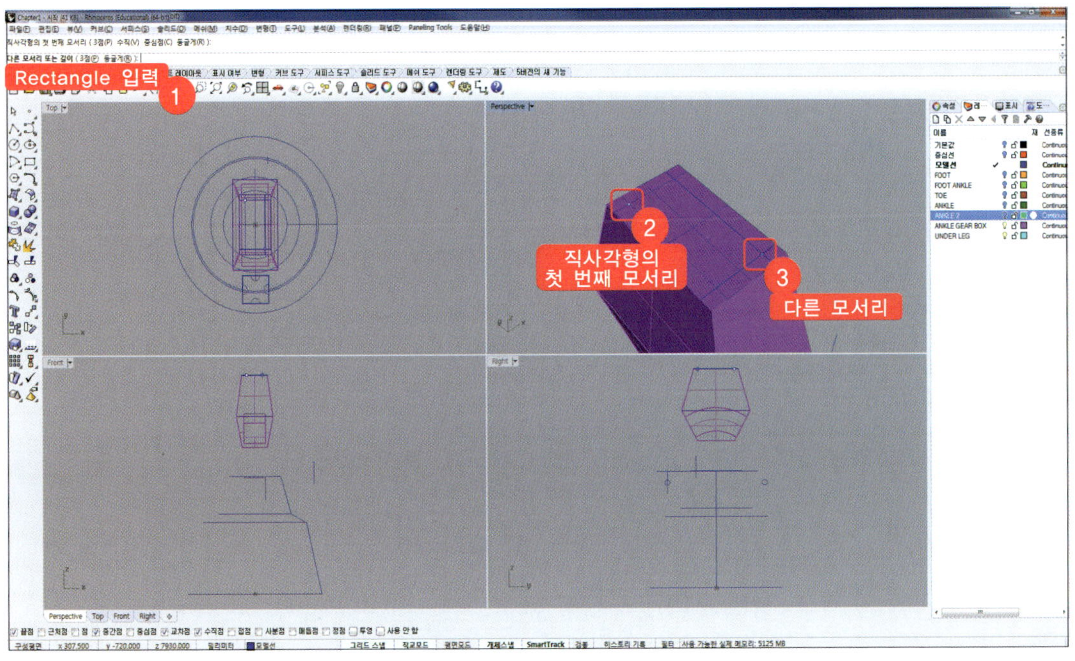

07 명령창에 'ExtrudeCrv'를 입력하고 '돌출시킬 커브'에 Step 06에서 작성한 rectangle 커브를 선택하고 '돌출 거리'에 '2500'을 입력하고 [Enter]키를 누릅니다.

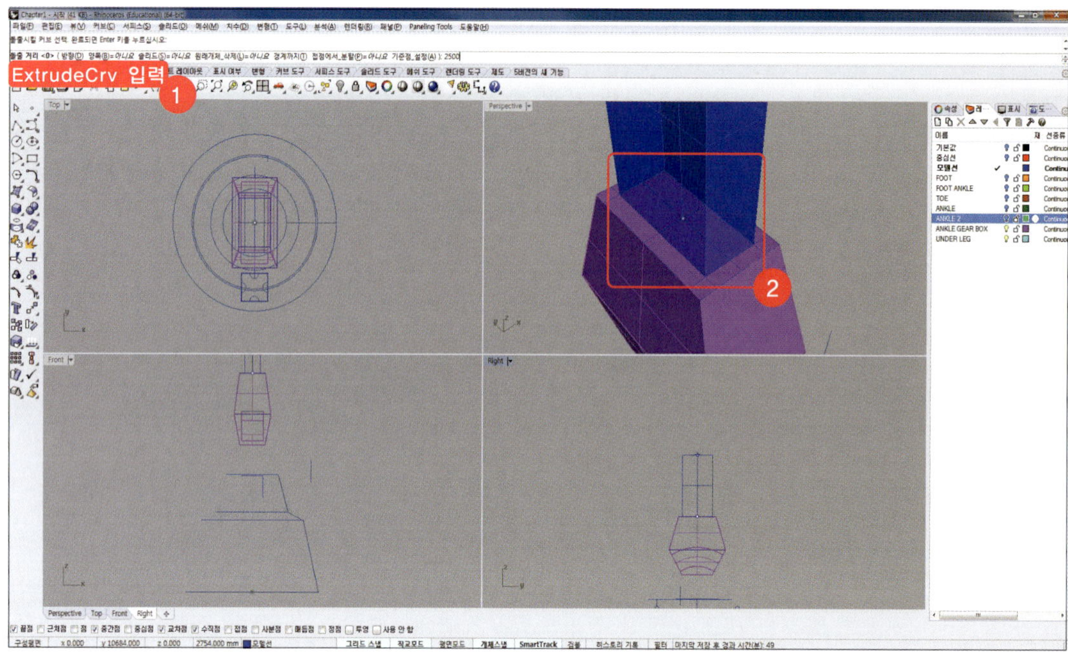

08 명령창에 'Cap'을 입력하고 '끝막음할 서피스 또는 폴리서피스 선택'에 Step 07에서 작성한 surface를 선택합니다.

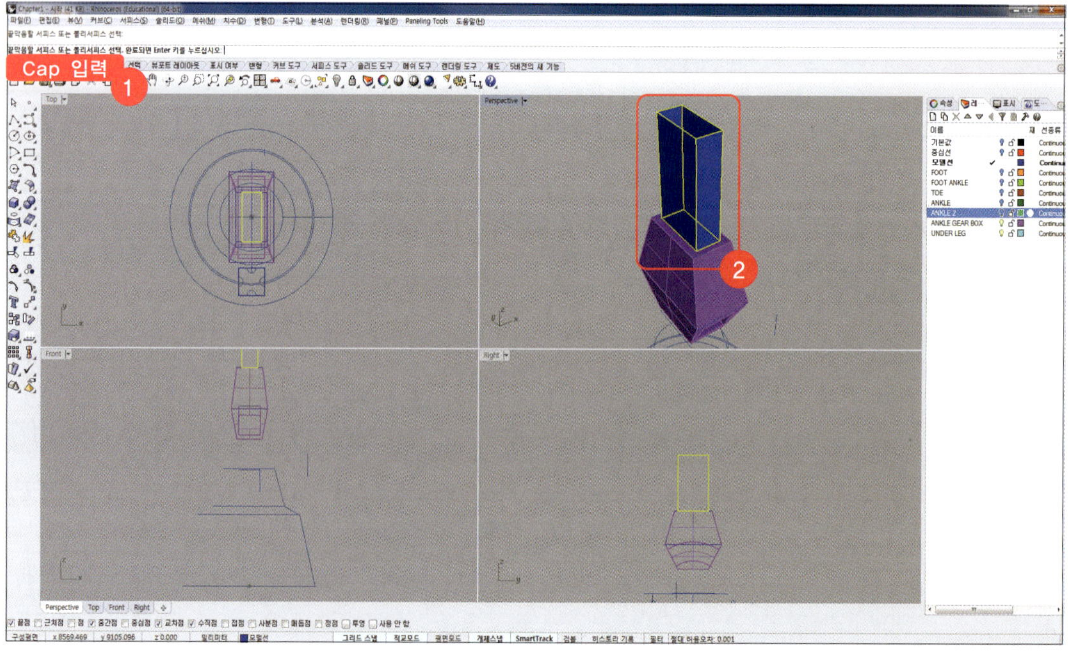

09 끝막음한 서피스를 선택하고 [상태창] ➡ [레이어]탭에서 레이어를 'UNDER LEG' 레이어로 변경합니다.

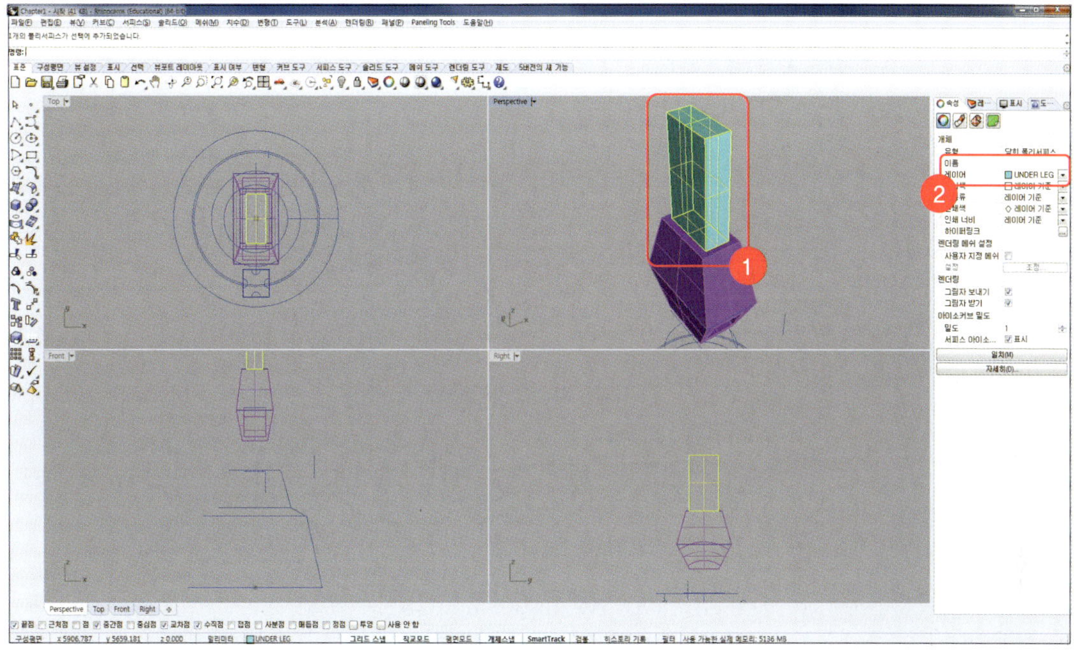

10 AT-AT WALKER의 무릎을 만듭니다. 명령창에 'Cylinder'를 입력하고 '원통의 밑면'에 아래 그림과 같이 [Right]뷰에서 leg의 윗변 중심점을 선택하고 '반지름'에 '900'을 입력합니다. '원통의 끝'에 '250'을 입력하고 [Enter]키를 누릅니다.

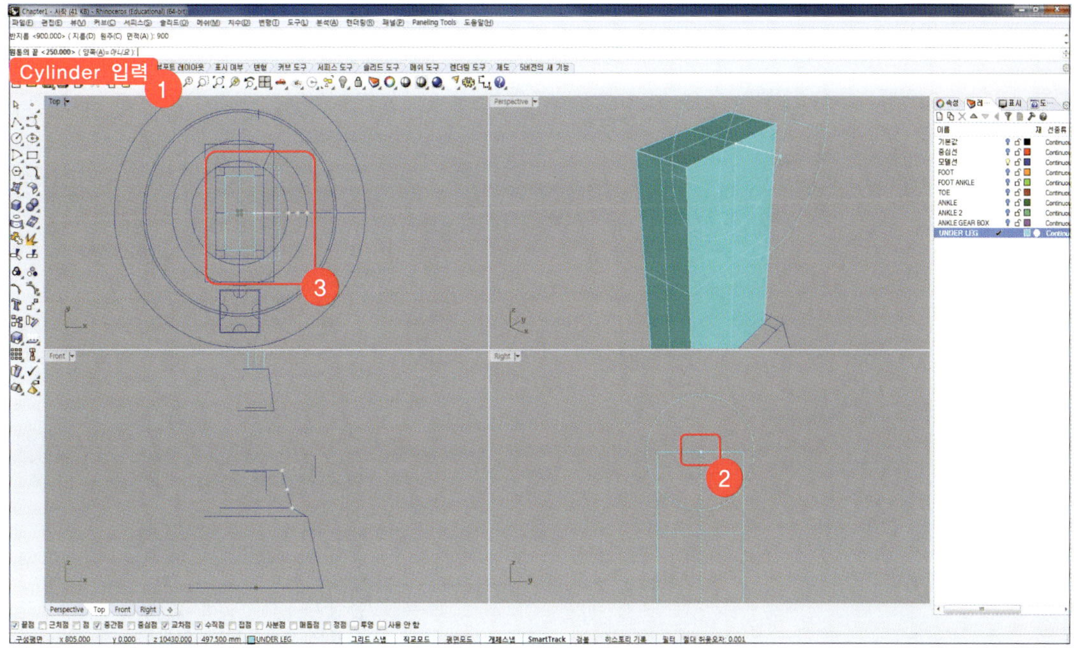

11 명령창에 'OffsetCrvOnSrf'를 입력하고 아래 그림과 같이 Step 10에서 생성한 cylinder위 윗면 테두리를 선택합니다. 방향은 원 안쪽으로 잡히도록 합니다. '간격띄우기 거리'에는 '100'을 입력합니다. 간격띄우기 거리를 입력할 때 '반전'을 클릭하면 간격띄우기 방향을 설정할 수 있습니다.

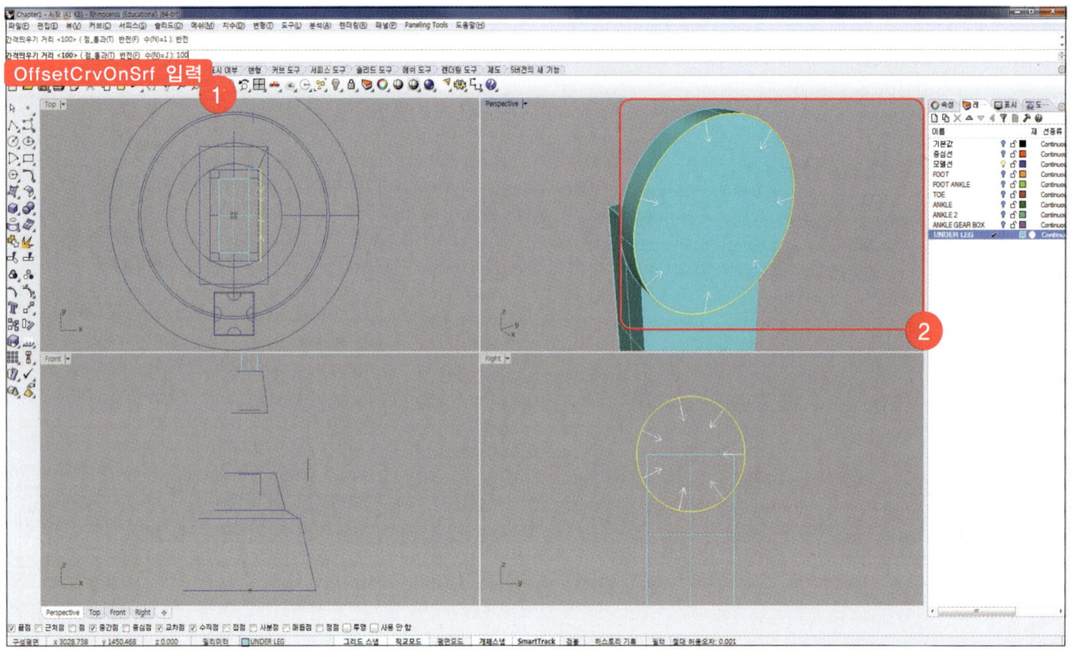

12 명령창에 'MakeHole'을 입력하고 '닫힌 커브 선택'에 Step 11에서 작성한 간격띄우기 커브를 선택하고 '서피스 또는 폴리서피스 선택'에 cylinder를 선택합니다. '깊이 점'에 '150'을 입력하고 hole을 만들 방향을 설정하기 위해 [Top]뷰에서 왼쪽을 선택합니다.

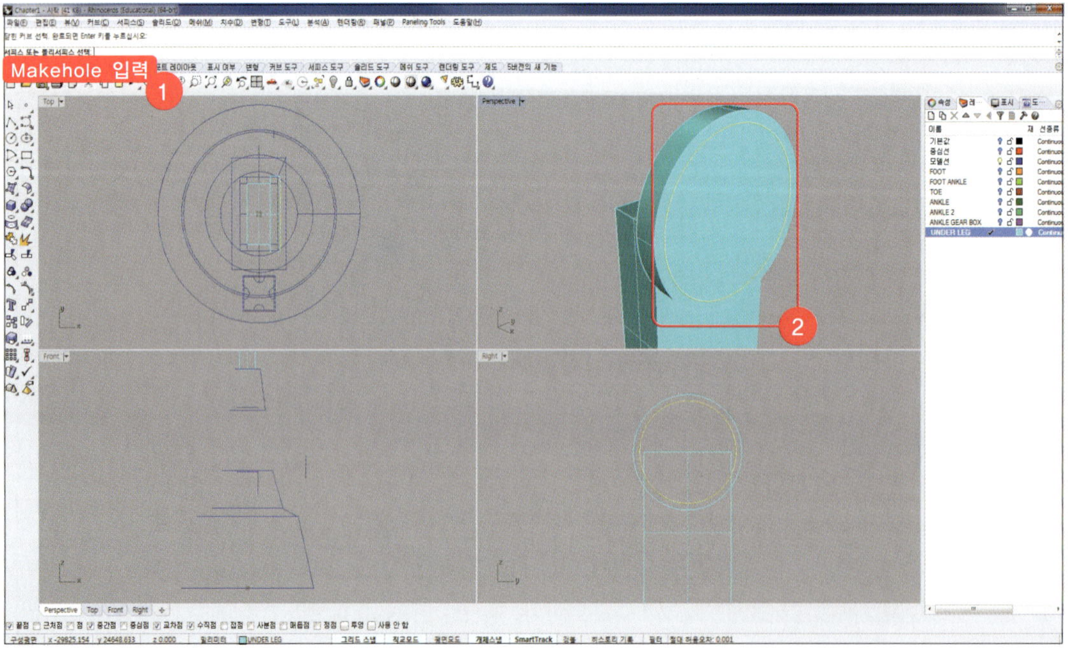

13 명령창에 'OffsetCrvOnSrf'를 입력하고 '간격띄우기 실행할 커브'에 아래 그림과 같이 hole 안쪽의 원 경계선을 선택합니다. '간격띄우기 거리'에 '580'을 입력하고 간격띄우기 방향이 원 안쪽으로 향하도록 한 뒤, [Enter]키를 누릅니다.

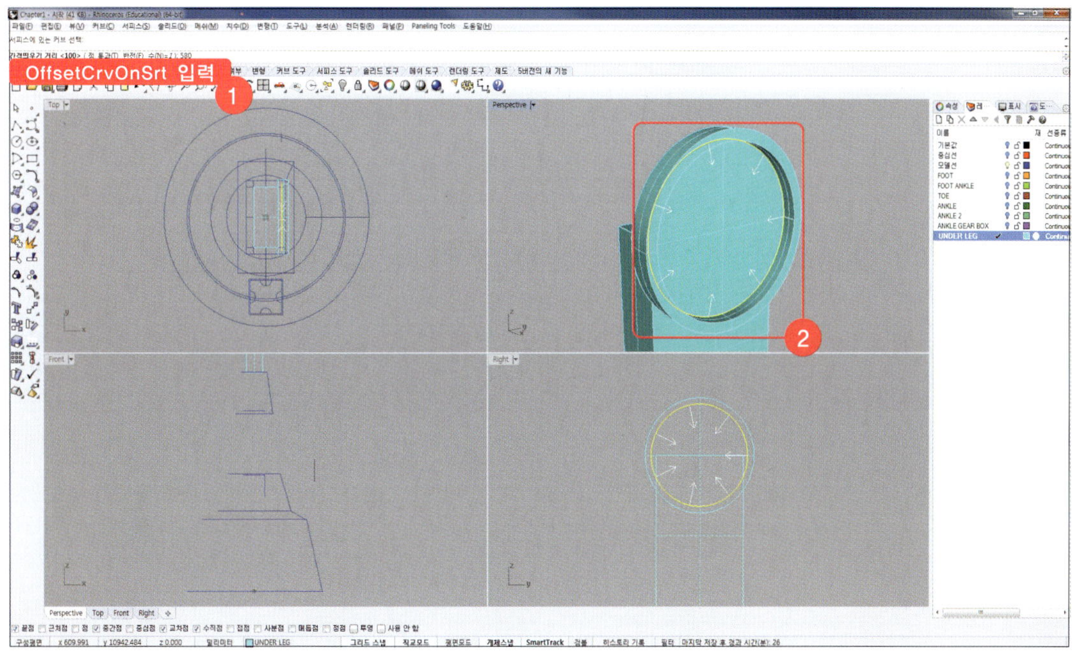

14 명령창에 'MakeHole'을 입력하고 '닫힌 커브 선택'에 Step 13에서 간격띄우기 한 커브를 선택합니다. '서피스 또는 폴리서피스 선택'에 Step 12와 마찬가지로 cylinder를 선택하고 cylinder 끝까지 구멍을 뚫을 수 있도록 방향과 깊이점을 설정합니다.

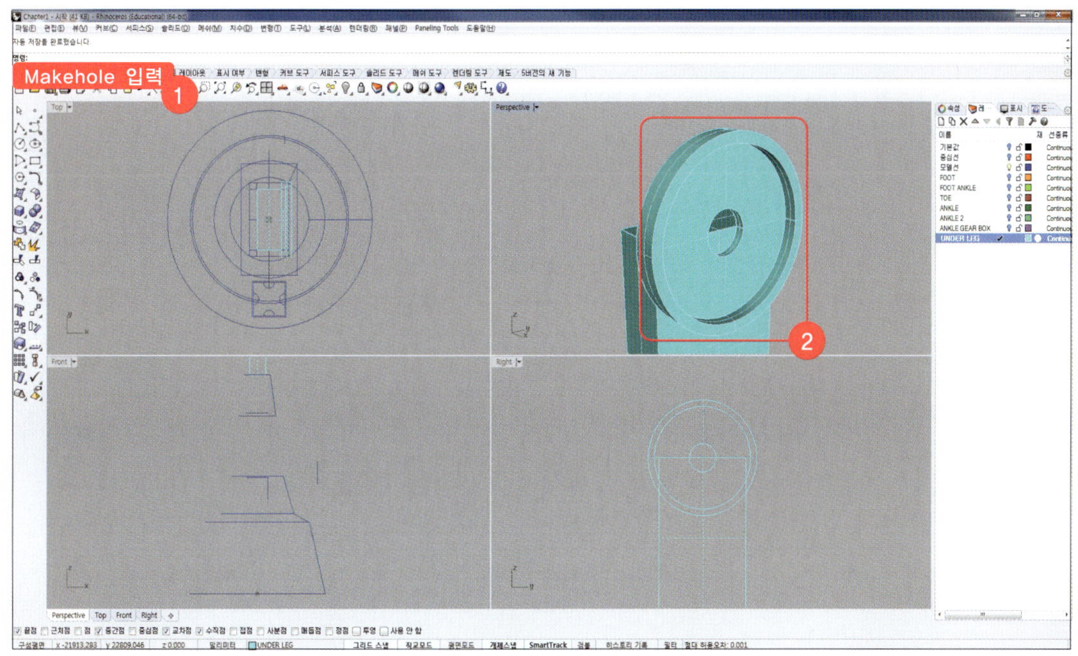

15 아래 그림과 같이 'OffsetCrvOnSrf' 로 작성한 circle 커브 2개를 선택하고
하단 레이어 창에서 '모델선' 레이어로 변경합니다.

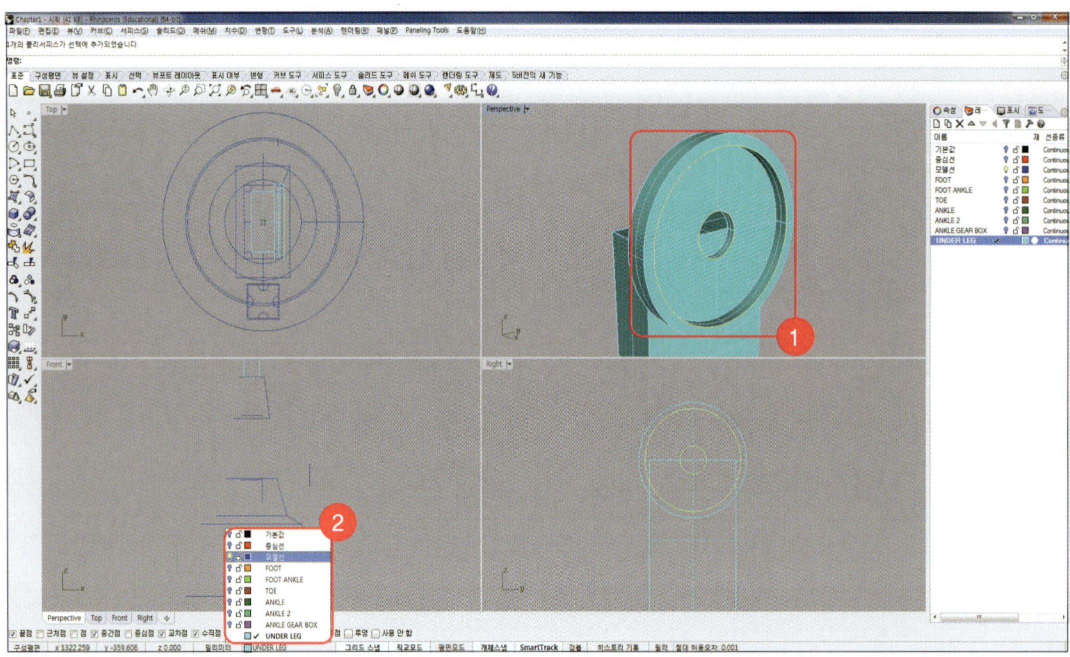

16 명령창에 'ExtrudeSrf' 를 입력하고 '돌출시킬 서피스'에 아래 그림과 같이 cylinder의 밑면을 선택하고
'돌출거리' 는 [Front]뷰에서 leg 박스를 충분히 포함되도록 클릭합니다.
(돌출 거리는 중요하지 않고 방향이 중요합니다.)

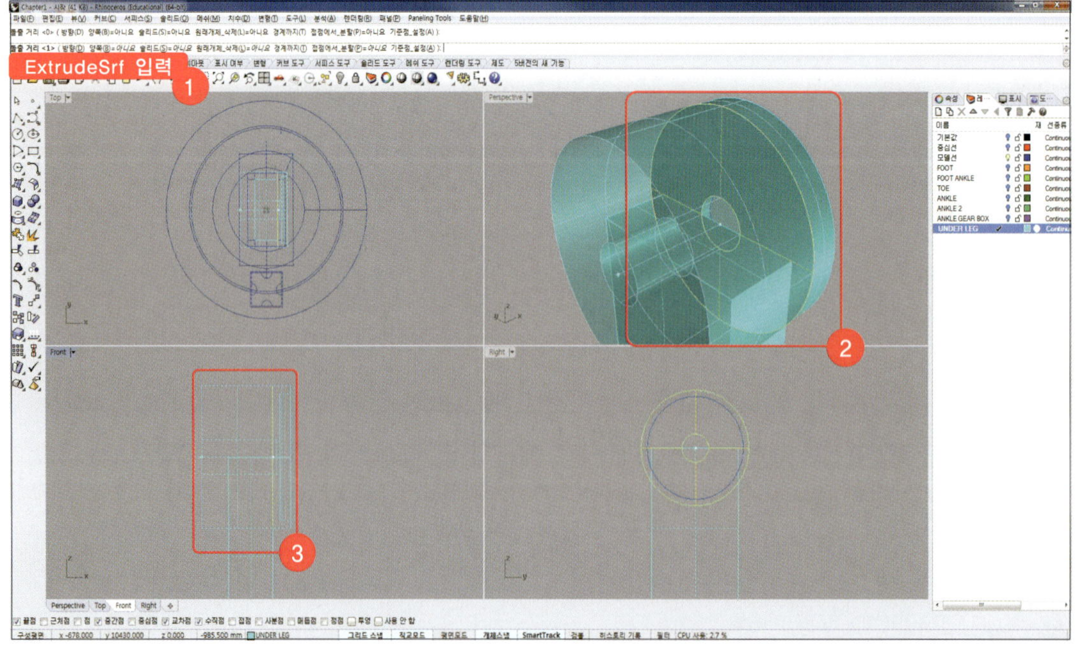

17 안쪽 원통모양의 surface를 선택하고 [Delete]키를 눌러 삭제합니다.

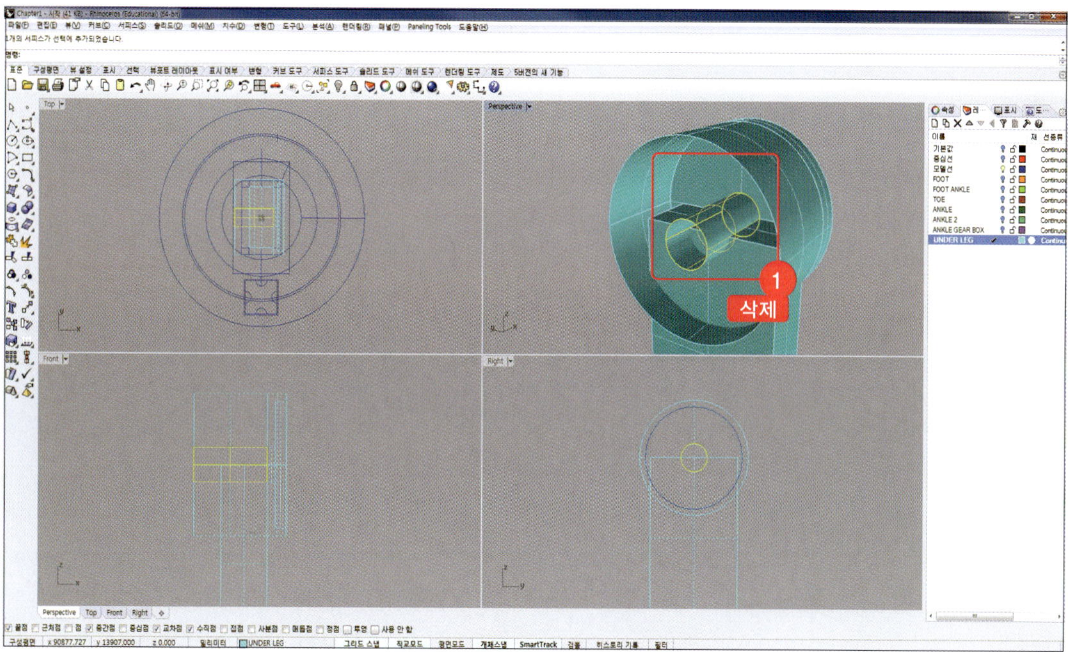

18 명령창에 'Cap'을 입력하고 extrude시킨 surface를 선택하고 [Enter]키를 눌러 끝막음합니다.

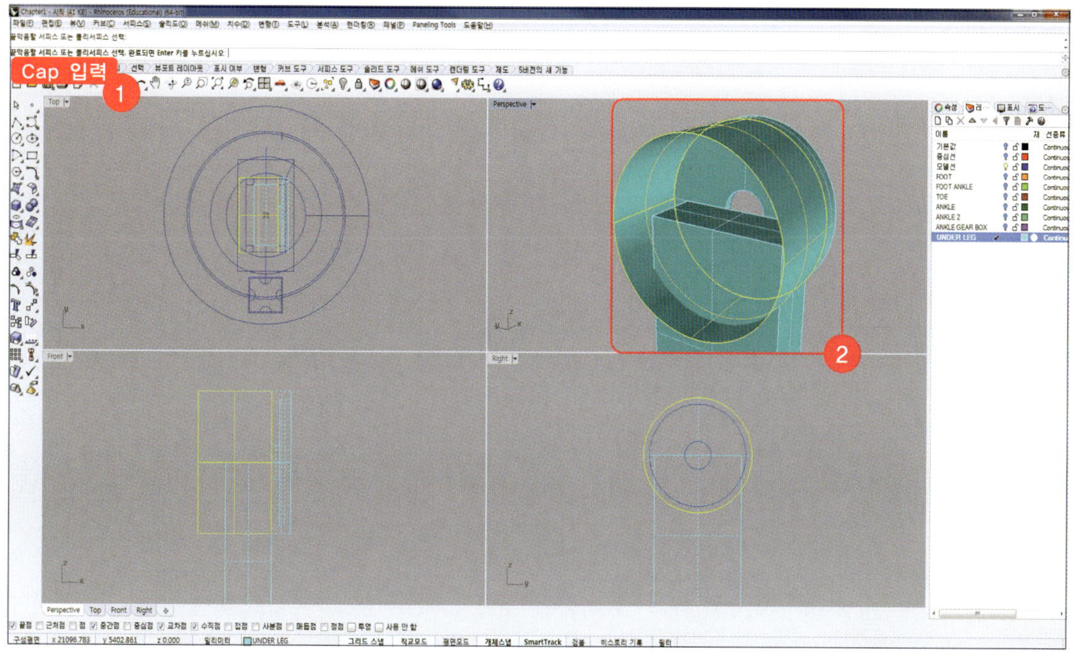

19 명령창에 'Move'를 입력하고 아래 그림과 같이 cylinder 개체 2개를 선택하고
z축 수직으로 '540' 만큼 이동시킵니다.

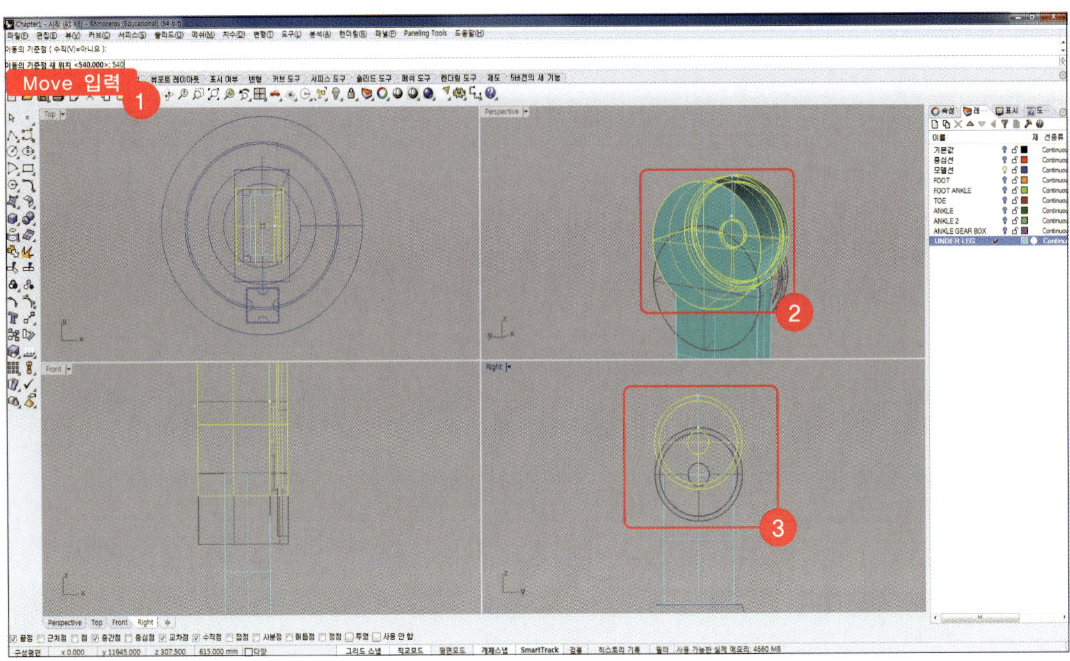

20 명령창에 'OffsetCrvOnSrf'를 입력하고 [Perspective]뷰에서 아래 그림과 같이 cylinder의 가장자리
커브를 선택하고 간격띄우기 방향이 안쪽으로 향하도록 설정한 후, '간격띄우기 거리'에 '100'을 입력한
뒤 [Enter]키를 누릅니다.

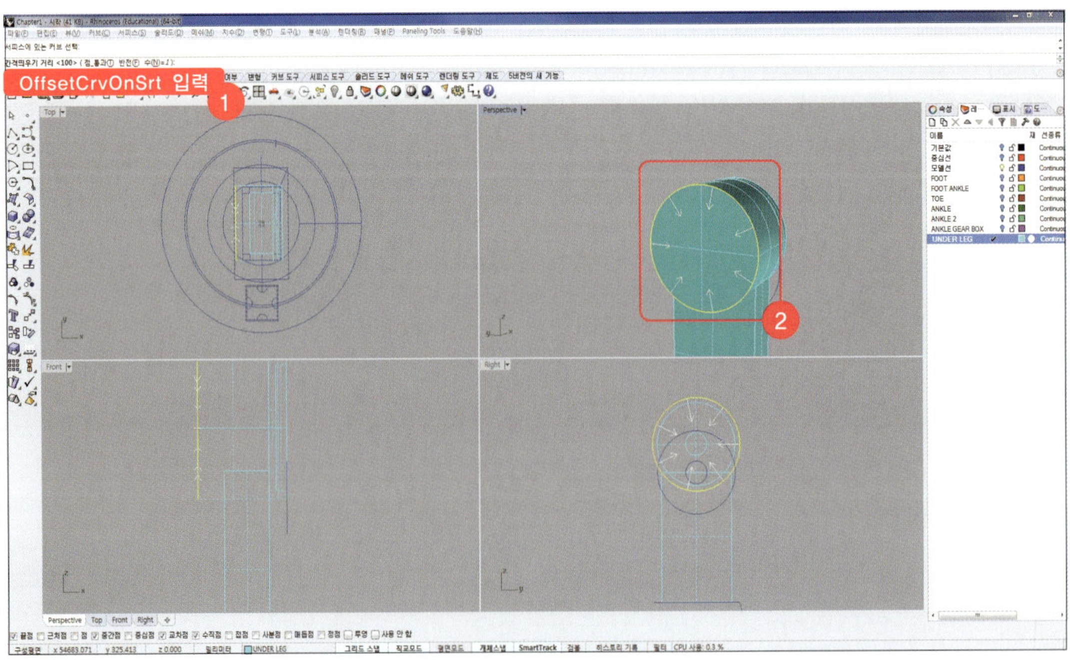

21 명령창에 'OffsetCrvOnSrf'을 입력하고 Step 20과 같이 surface 가장자리를 선택하고 간격띄우기 방향이 안쪽으로 향하도록 설정한 후, '간격띄우기 거리'에 '180' 만큼 간격띄우기 선을 작성합니다.

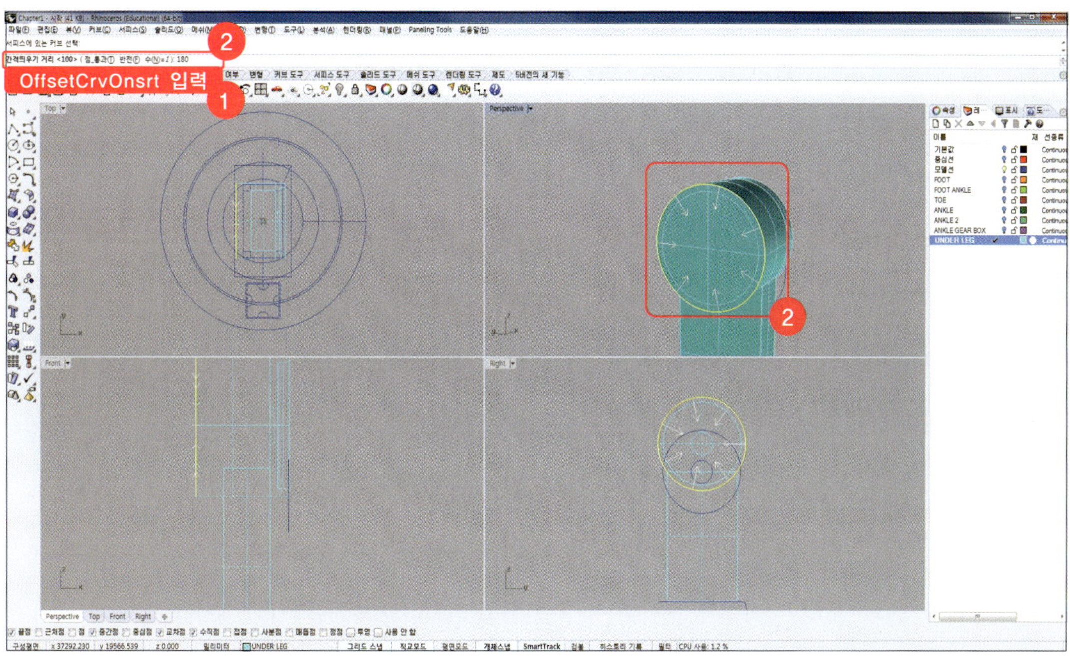

22 Step 20~21에서 생성한 간격띄우기 커브 2개를 shift를 이용하여 모두 선택하고, '모델선' 레이어로 변경한 후, 현재 레이어 역시 '모델선' 레이어로 설정합니다.

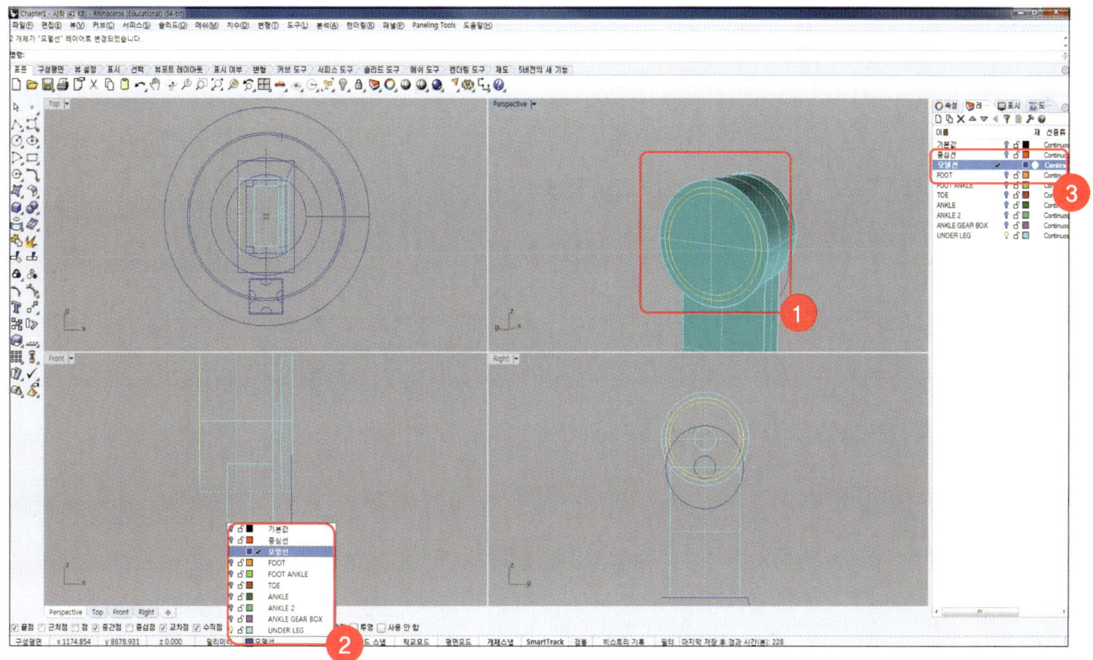

23 명령창에 'MakeHole'을 입력하고 '닫힌 커브 선택'에 아래 그림과 같이 cylinder surface 가장자리에서 100만큼 간격띄우기 한 커브를 선택하고 '서피스 또는 폴리서피스 선택'에 cylinder를 선택합니다. 구멍은 cylinder서피스 전체를 뚫어줍니다.

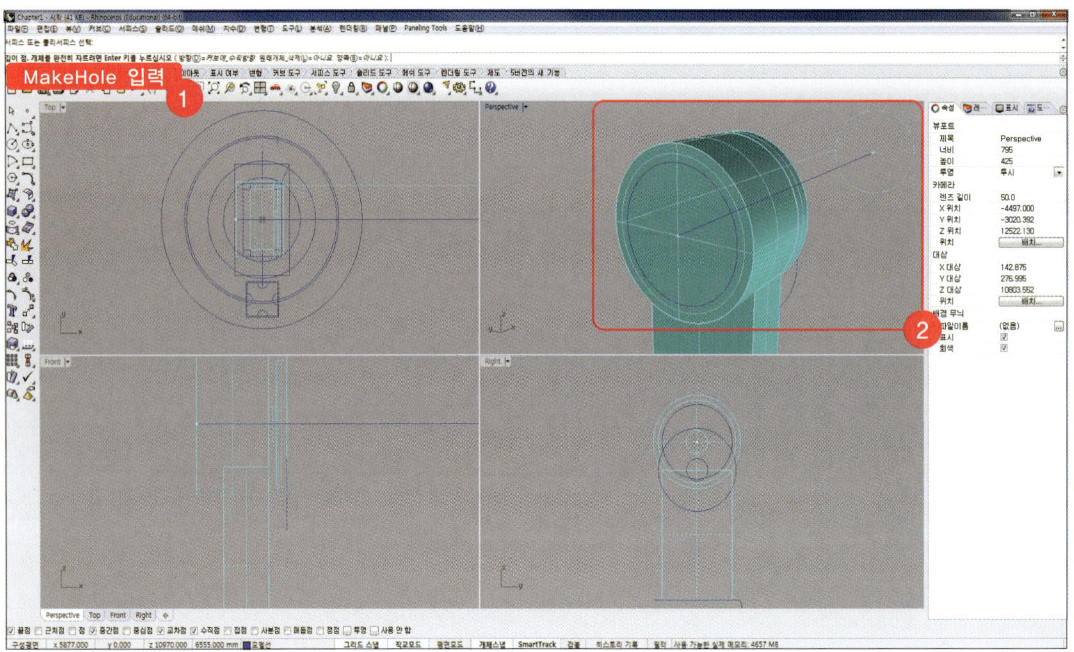

24 명령창에 'Line'을 입력하고 선의 시작과 끝점을 y축과 평행하게 circle의 중심을 지나는 끝점과 끝점을 선택해 line을 작성합니다.

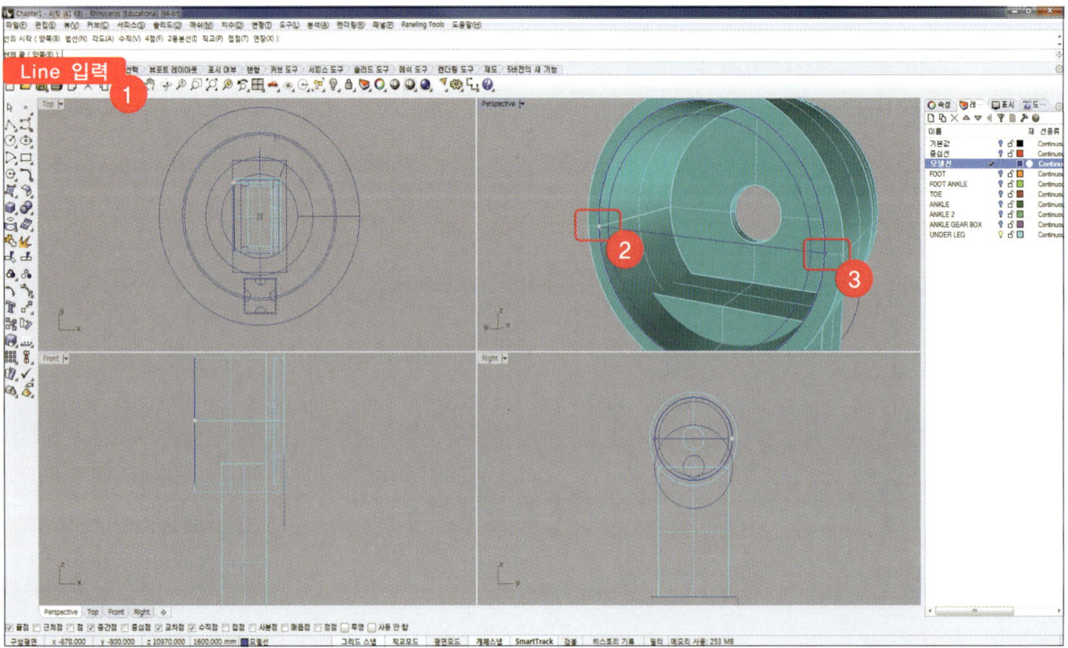

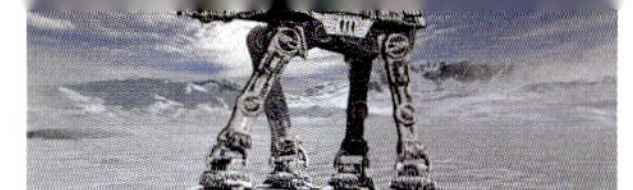

25 다시 명령창에 'Line'을 입력하고 선의 시작점으로 Step 24에서 작성한 line의 중간점을 선택하고 선의
끝점으로 [Right]뷰에서 수직방향의 아래쪽을 클릭합니다. 이 때 길이는 아래 그림과 같이 임의로 지정
합니다.

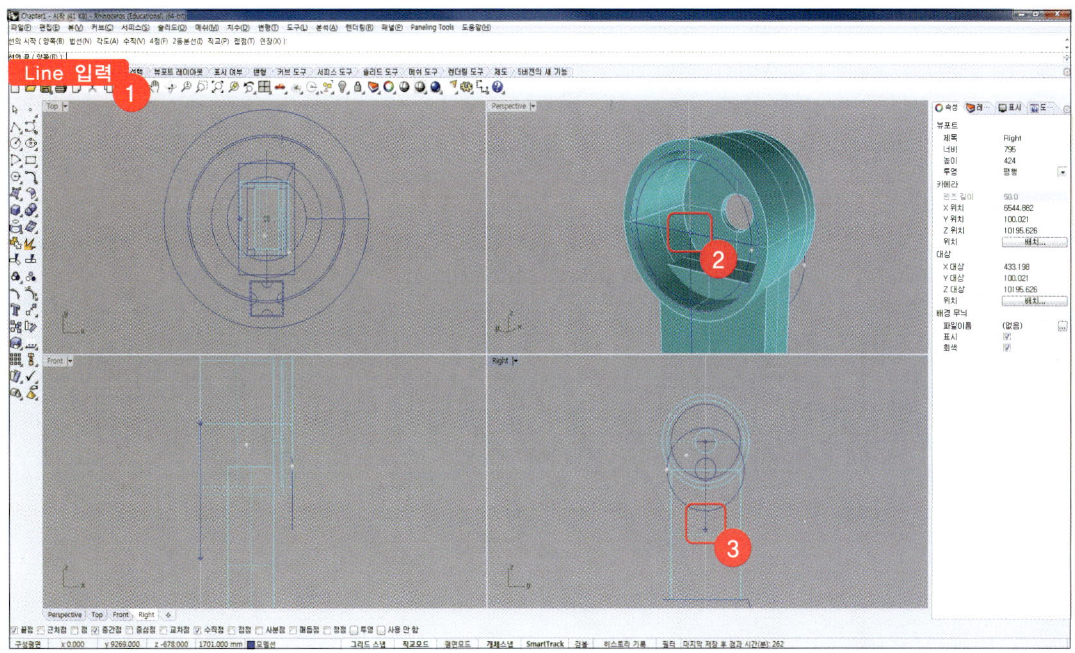

26 명령창에 'Rotate'를 입력하고 '회전시킬 개체'에 Step 25에서 작성한 line을 선택하고 아래 그림과 같이
'회전 중심'에 Step 25에서 작성한 line의 시작점을 선택하고 '첫 번째 참조점'에 Step 25에서 작성한
line의 끝점을 선택한 뒤, '두 번째 참조점'에 '30'을 입력하고 [Enter]키를 누릅니다.

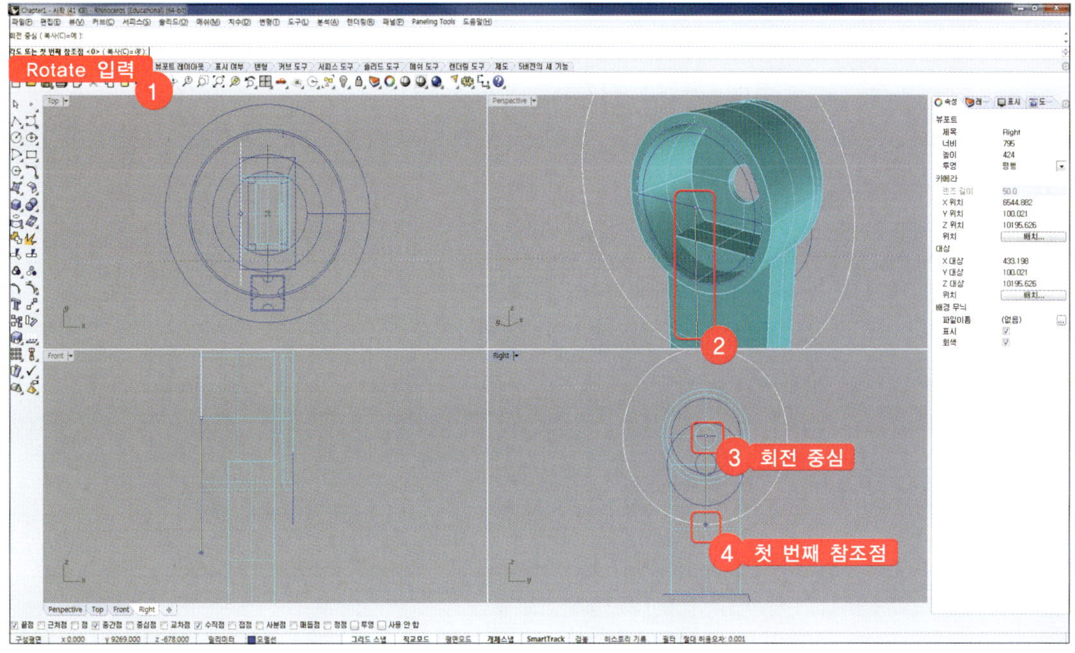

27 명령창에 'ExtrudeCrv'를 입력하고 돌출방향을 설정하기 위해 명령창에 'D'를 입력하고 [Enter]키를 누릅니다. '방향의 기준점'에 아래 그림과 같이 Step 26에서 사용했던 회전 중심 점을 선택하고 [Top]뷰에서 x축과 평행하게 오른쪽에 방향의 두 번째 점을 선택합니다.

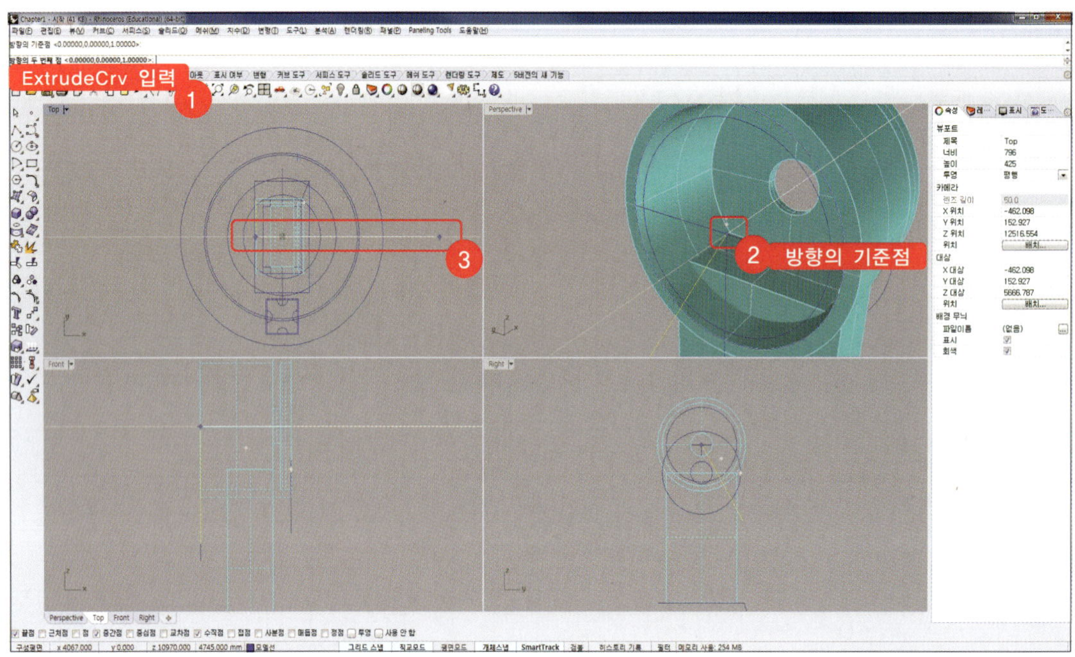

28 '돌출 거리'는 아래 그림과 같이 원통을 관통할 만큼의 길이를 임의로 선택합니다.

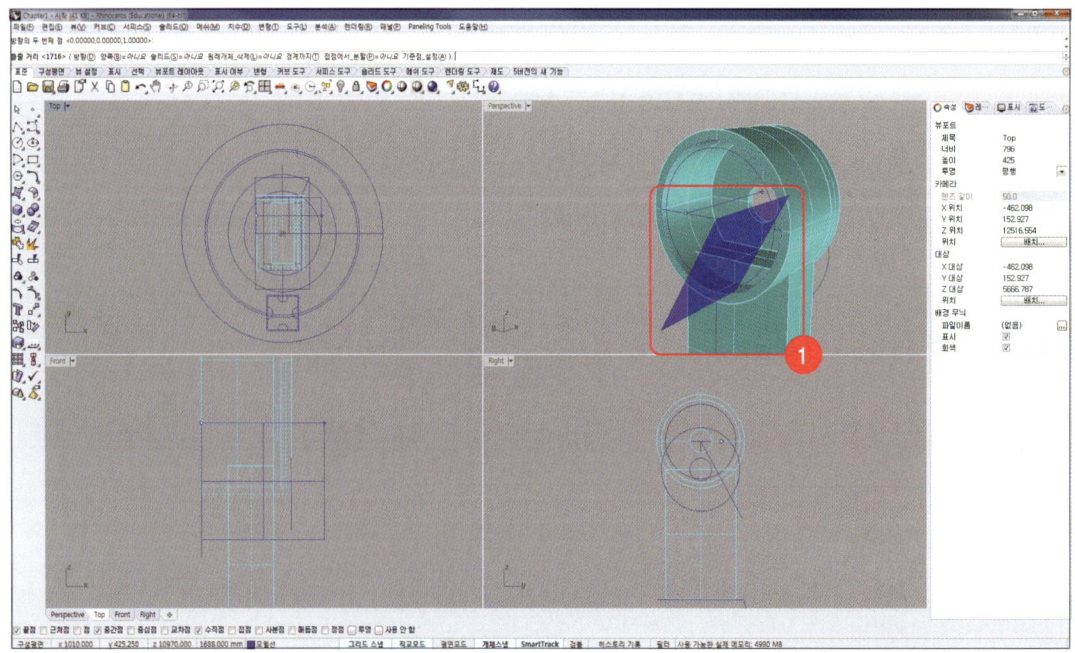

29 명령창에 'ExtendSrf'를 입력하고 '연장할 서피스의 가장자리 선택'에 아래 그림과 같이 Step 27~28에서 생성한 surface의 위쪽 모서리를 선택하고 '연장 배율'이 '2'인 것을 확인합니다.

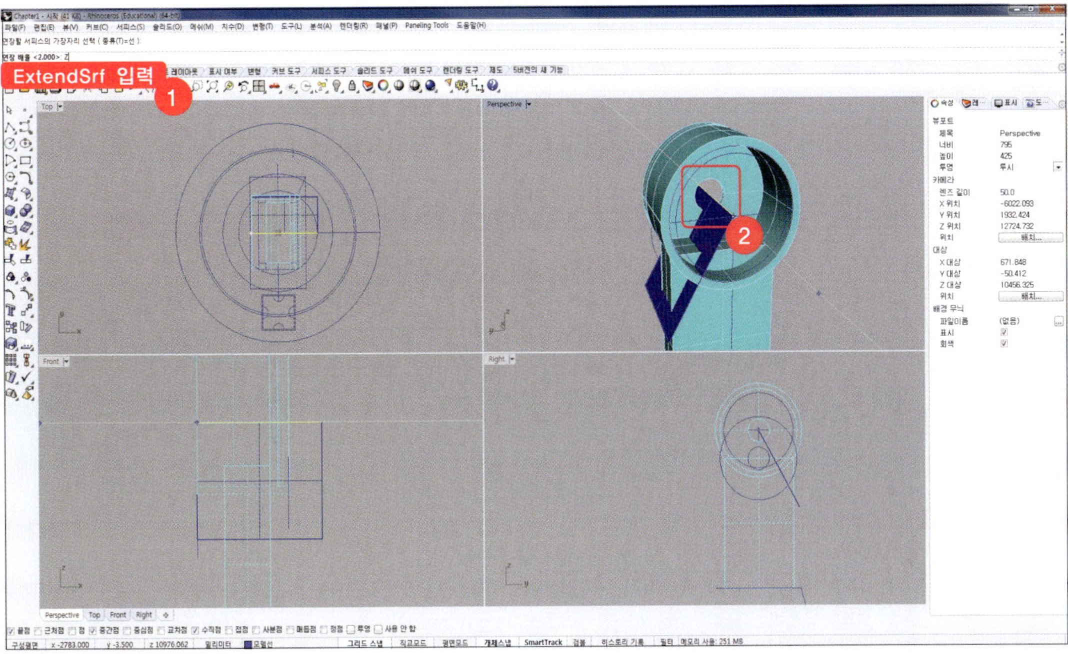

30 '연장 배율'의 첫 번째 점과 두 번째 점을 아래 그림과 같이 Step 27~28에서 생성한 surface의 세로변 모서리 꼭지점을 차례대로 선택합니다.

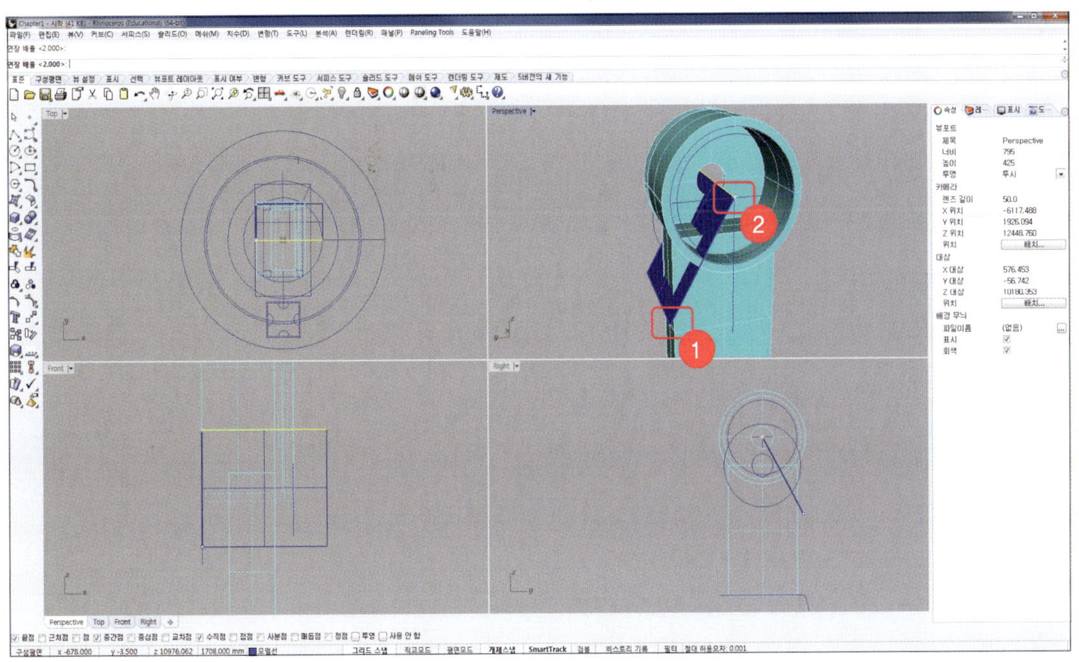

31 명령창에 'Trim'을 입력하고 '절단 개체 선택'에 Step 29~30에서 extend한 surface를 선택하고 '트림할 개체 선택'에 아래 그림과 같이 cylinder 위쪽을 선택합니다.

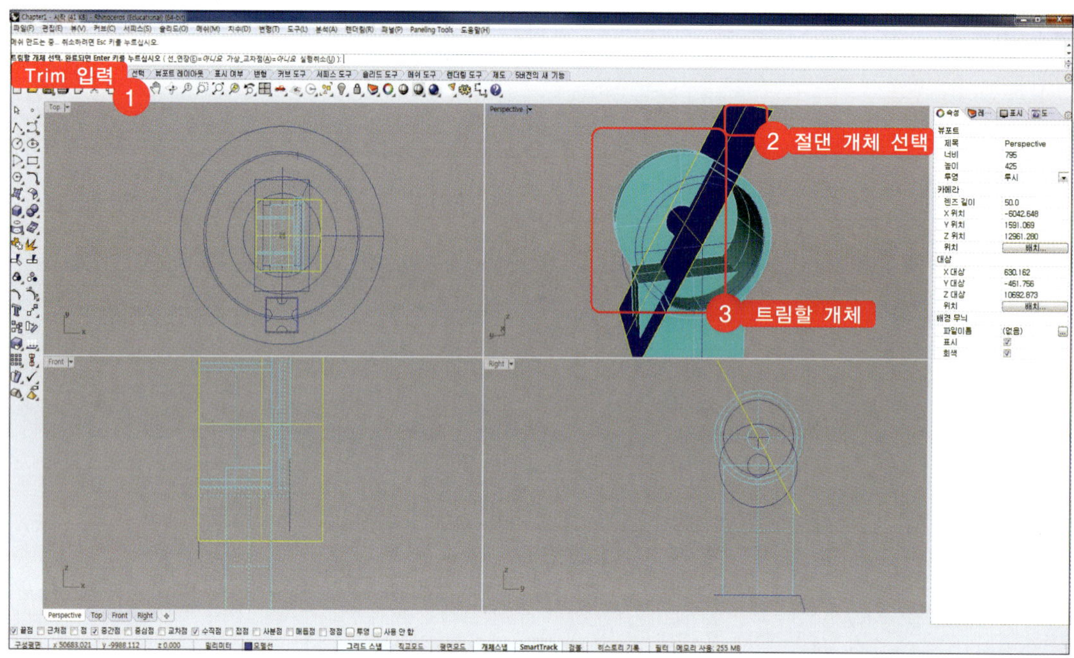

32 Step 27~28에서 extend한 surface를 선택하고 명령창에 'Hide'를 입력하고 [Enter]키를 누릅니다.

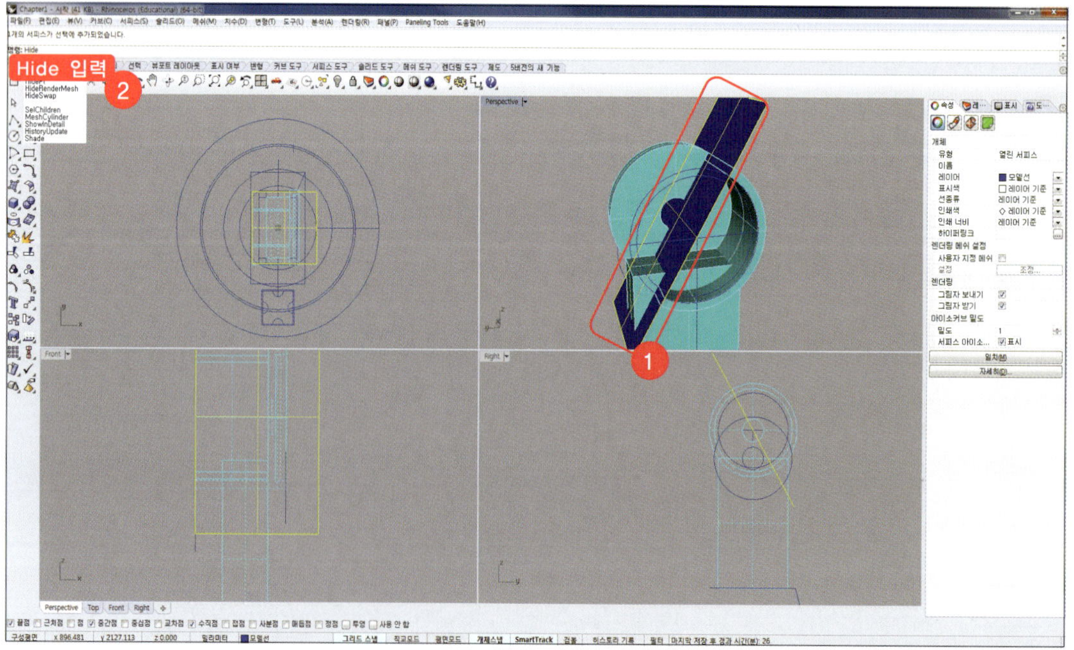

33 명령창에 'Cap'을 입력하고 '끝막음할 서피스'에 trim되고 남은 cylinder 서피스를 선택하고 [Enter]키를
누릅니다.

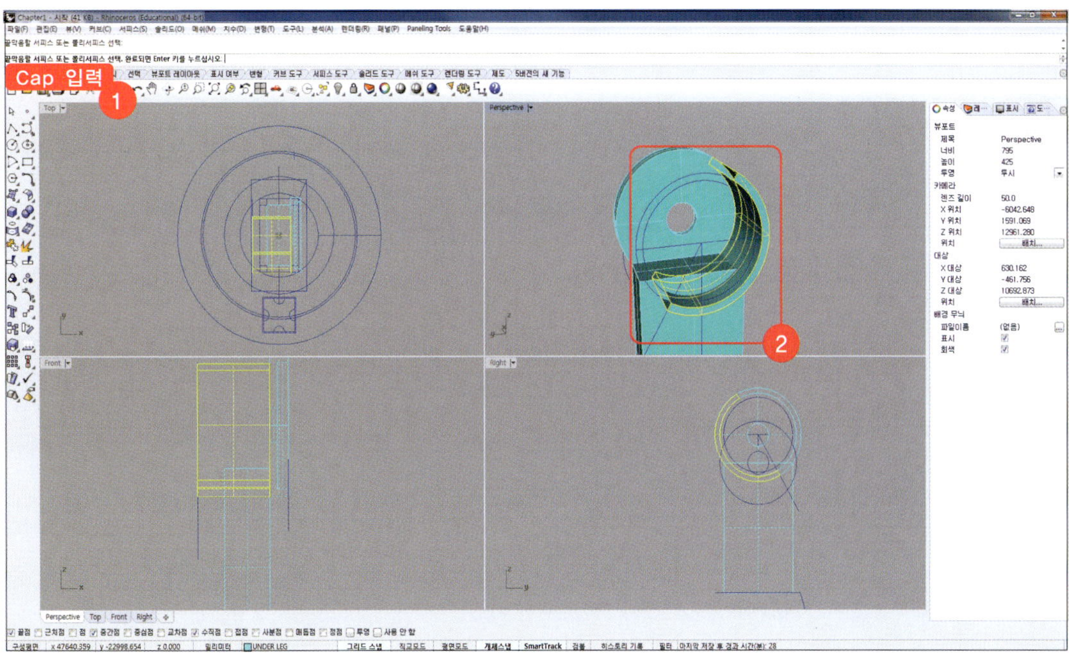

34 명령창에 'BooleanDifference'를 입력하고 '차집합을 계산할 원래 서피스'에 아래쪽 box를 선택하고
'차집합 계산에 사용할 서피스'에 box위 반원 cylinder를 선택하고 [Enter]키를 누릅니다. ((원래개체_
삭제(D)=아니오)를 확인합니다.) 반원 cylinder를 선택 후, 명령창에 'Hide'를 입력해 숨겨줍니다.

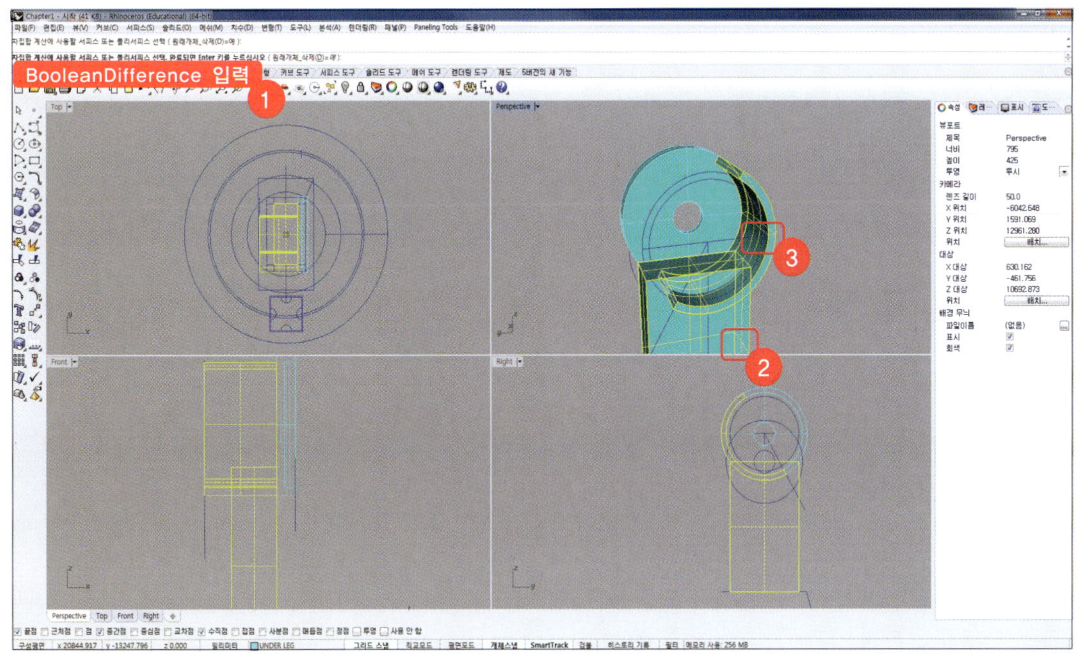

35 명령창에 'ExtrudeCrv'를 입력하고 '돌출시킬 커브'에 아래 그림과 같이 안쪽 원을 선택하고 '돌출 거리'에 아래 그림과 같이 [Top]뷰와 [Perspective]뷰에서 보이는 것과 같이 뒤쪽 surface까지만 돌출시킵니다.

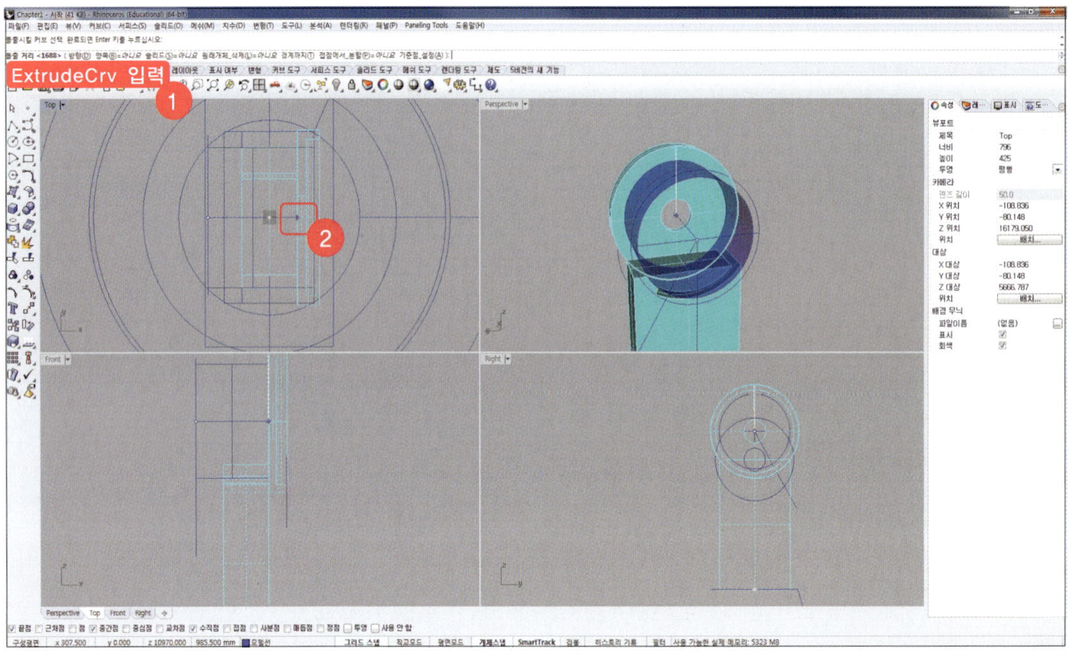

36 명령창에 'Cap'을 입력하고 '끝막음할 서피스'에 Step 35에서 생성한 surface를 선택하고 [Enter]키를 누릅니다.

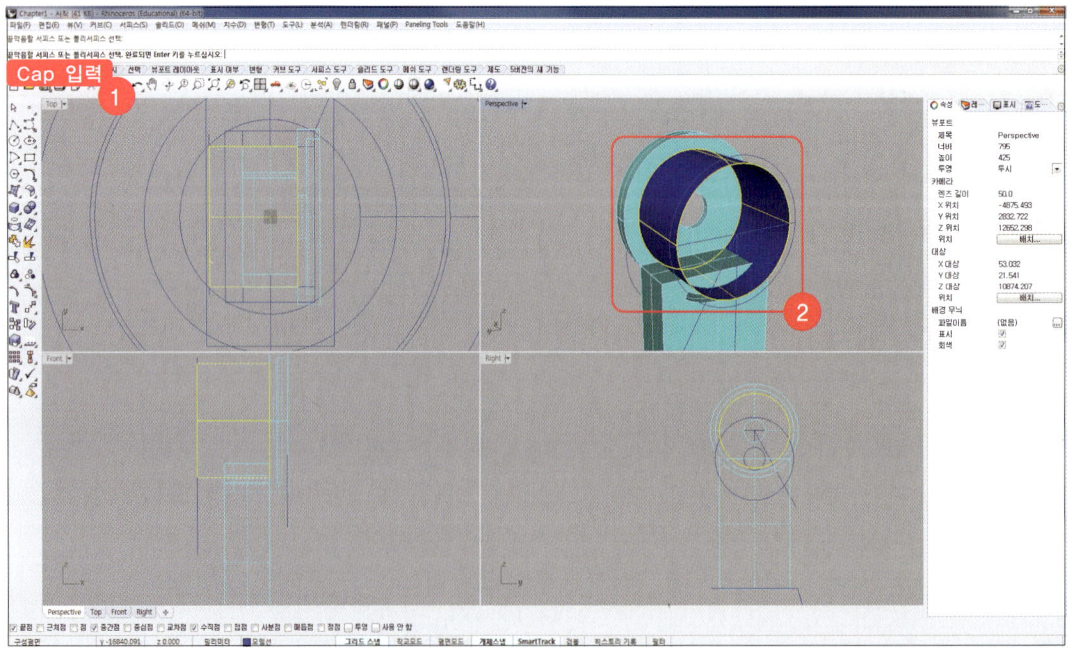

37 명령창에 'BooleanDifference'를 입력하고 '차집합을 계산할 원래 서피스'에 아래쪽 box를 선택하고 '차집합 계산에 사용할 서피스'에 원통 surface를 선택하고 [Enter]키를 누릅니다.((원래개체_삭제(D)= 예)를 확인합니다.)

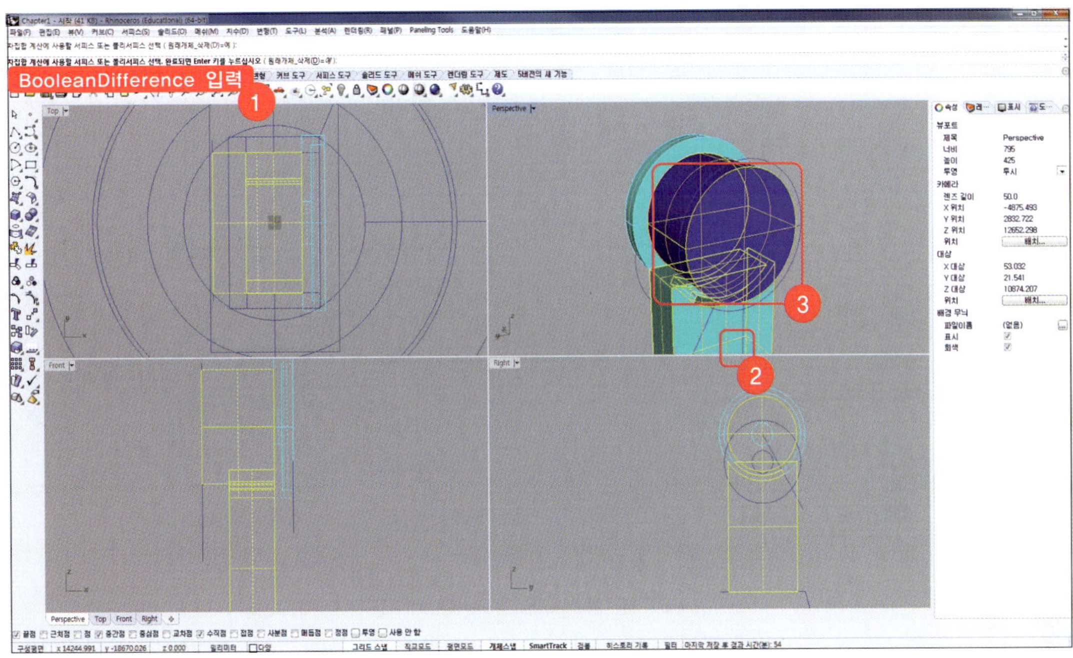

38 명령창에 'ExtrudeSrf'를 입력하고 '돌출시킬 서피스'에 아래 그림과 같은 surface를 선택하고 '돌출 거리'에 [Top]뷰에서 아래 그림과 같이 하단 box 경계를 선택합니다. 돌출방향이 x축 음의 방향 으로 되어 있다면 '615'를 입력하고, x축 양의 방향이면 '−615'를 입력하면 됩니다.

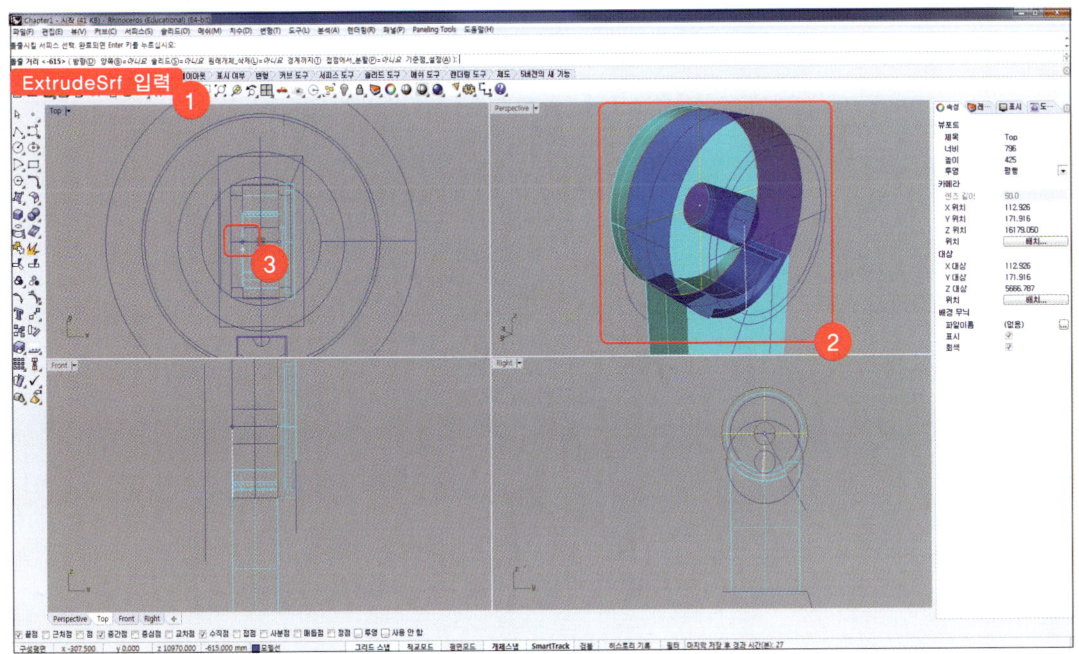

39 안쪽 surface는 지우고 명령창에 'Cap'을 입력하고 '끝막음할 서피스'에 Step 38에서 생성한 surface를 선택하고 [Enter]키를 누릅니다.

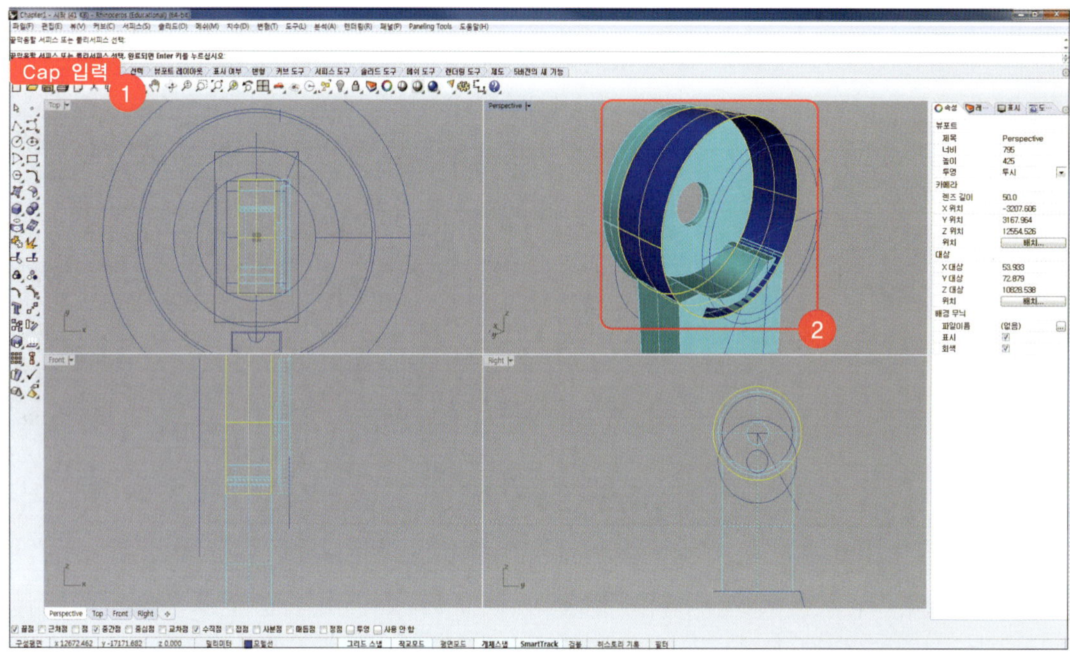

40 Step 39에서 끝막음 한 surface를 'UNDER LEG' 레이어로 변경한 후, 현재 레이어창으로 '모델선'을 유지합니다. 명령창에 'OffsetCrvOnSrf'를 입력하고 '서피스가 있는 커브'에 아래 그림과 같이 Step 39에서 생성한 surface의 가장자리를 선택하고 방향은 surface 안쪽으로 잡습니다.
'간격띄우기 거리'에 '50'을 입력하고 [Enter]키를 누릅니다.

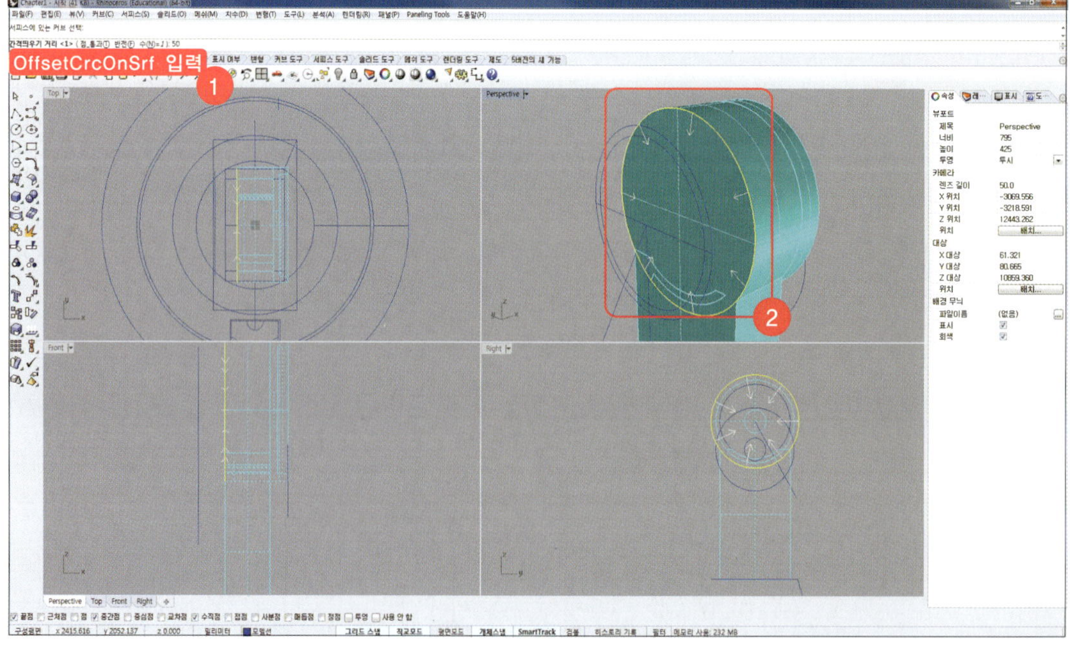

41 생성한 커브를 '모델선' 레이어로 변경한 후, 명령창에 'MakeHole'을 입력하고 '닫힌 커브 선택'에 Step 40에서 생성한 커브를 선택하고 '서피스 또는 폴리서피스 선택'에 Step 39에서 생성한 원통 surface를 선택합니다. '깊이 점'에 원통 surface를 모두 뚫을 만큼 지정합니다.

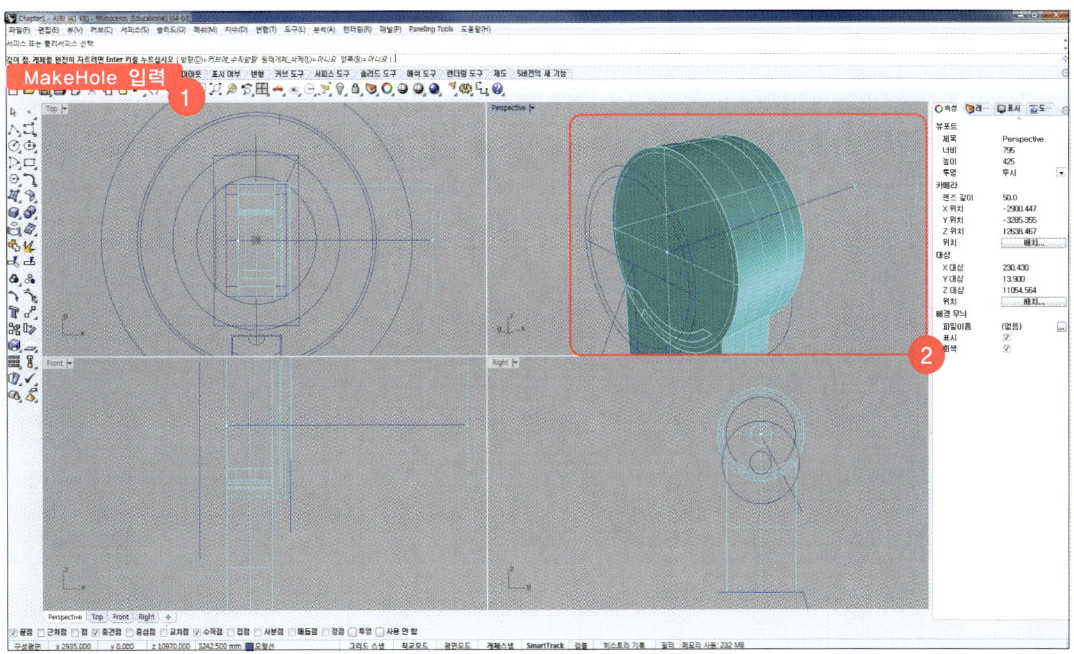

42 명령창에 'Plane'을 입력하고 [Front]뷰에서 아래 그림과 같이 '평면의 첫 번째 모서리', '다른 모서리 또는 길이'를 지정합니다. (이 때 스냅이 아무것도 잡히지 않은 상태에서 작성합니다.)

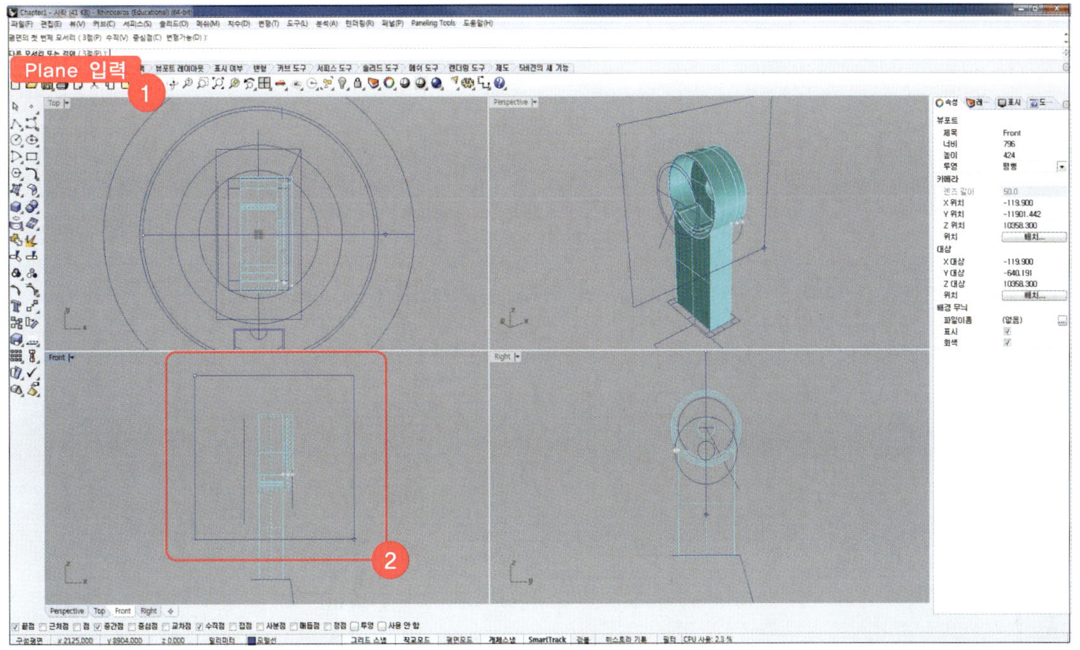

43 Step 42에서 작성한 평면을 'Move' 명령어를 이용하여 [Right]뷰에서 오른쪽으로 '370' 만큼 이동합니다.

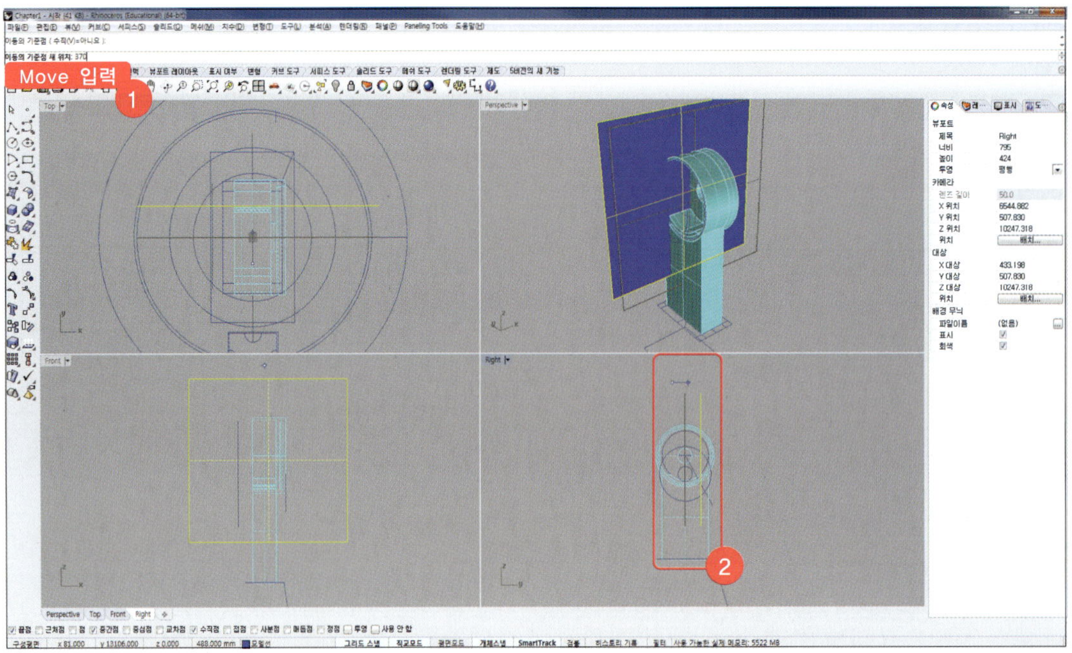

44 명령창에 'Trim'을 입력하고 '절단 개체 선택'에 Step 42에서 생성한 plane을 선택하고 '트림할 개체 선택'에 아래 그림과 같이 원통 surface의 [Right]뷰에서 plane의 왼쪽 부분을 클릭하여 절단합니다.

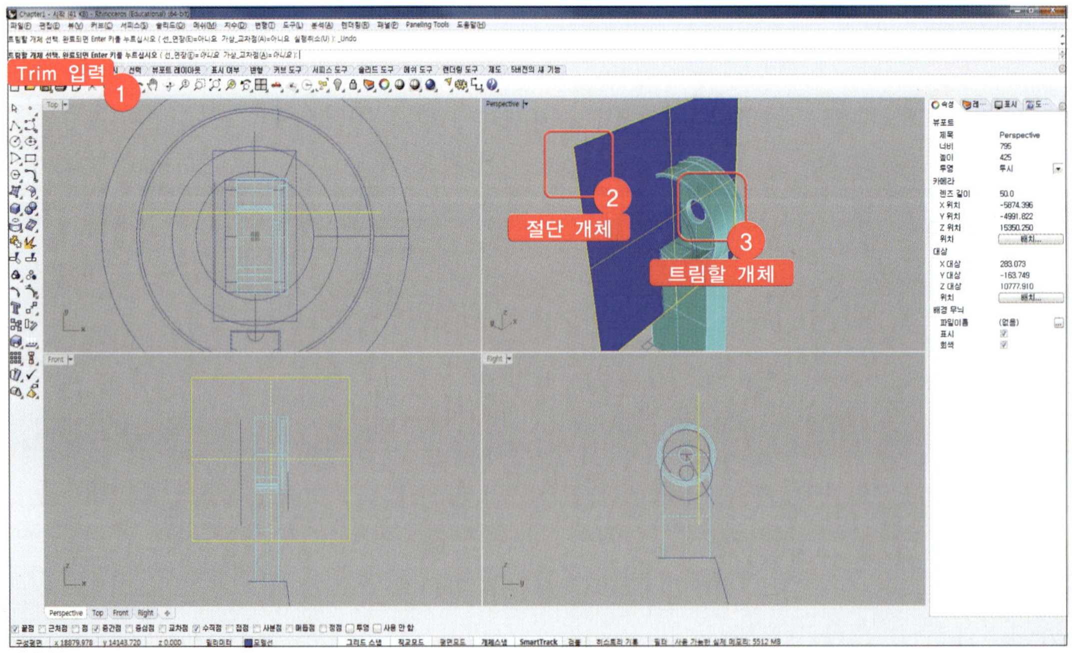

45 Step 42에서 생성한 plane을 선택하고 명령창에 'Hide'를 입력하고 [Enter]키를 누릅니다.
명령창에 다시 'DupEdge'를 입력하고 '복제할 가장자리 선택'에 아래 그림에 표시된 surface 가장자리를
선택합니다.

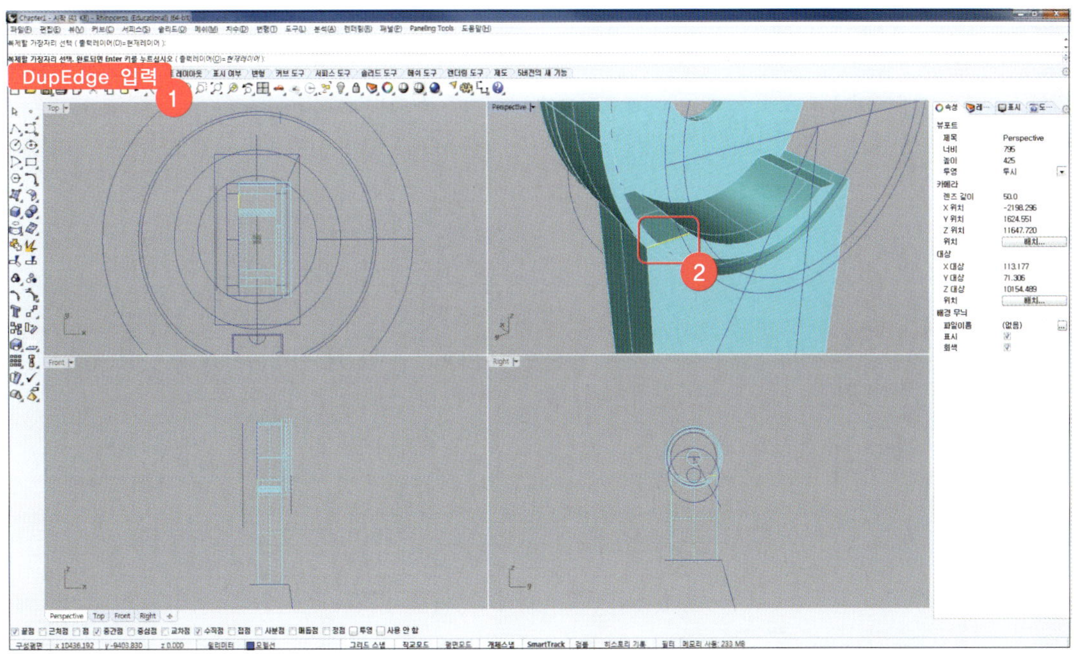

46 명령창에 'Extend'를 입력한 뒤, [Enter]키를 한 번 더 누르고 '연장할 커브 선택'이 나오면 아래 그림과
같이 Step 45에서 작성한 커브를 선택하고 적당한 길이로 연장합니다. (커브 선택 시 더 가까운 쪽을 연
장하게 됩니다.)

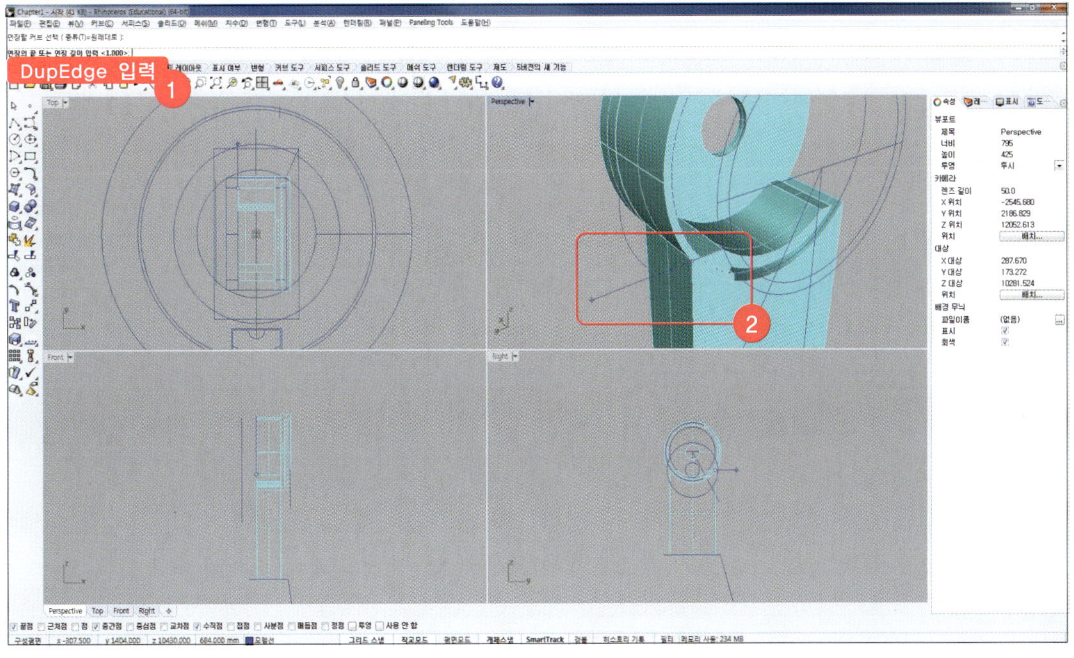

47 명령창에 'ExtrudeCrv'를 입력하고 '돌출시킬 커브 선택'에 Step 46에서 작성한 커브를 선택하고
돌출 방향을 z축에서 x축으로 변경한 뒤, 아래 그림과 같이 원통을 충분히 가로지를 만큼 돌출시킵니다.
돌출 방향 설정은 '돌출 거리' 선택 시, 명령창에 'd'를 입력하거나 (방향(D))를 클릭하여 설정합니다.

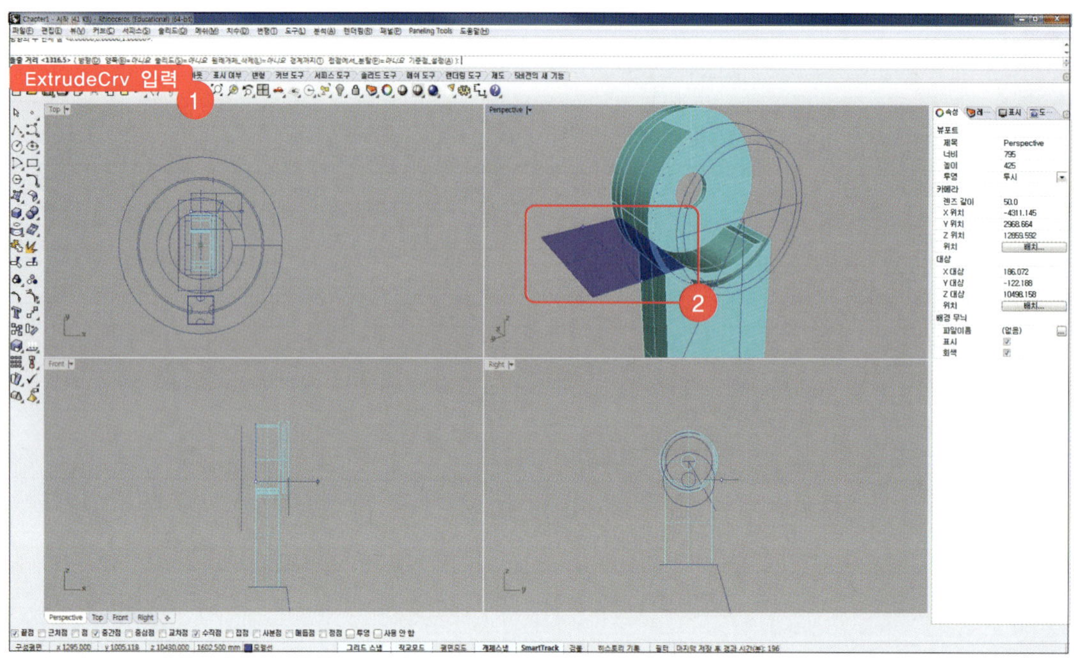

48 명령창에 'Trim'을 입력하고 '절단 개체 선택'에 Step 47에서 extrude한 커브를 선택하고
'트림할 개체'에 아래 그림과 같이 하단 box와 겹치는 원통 cylinder부분을 선택하여 절단합니다.

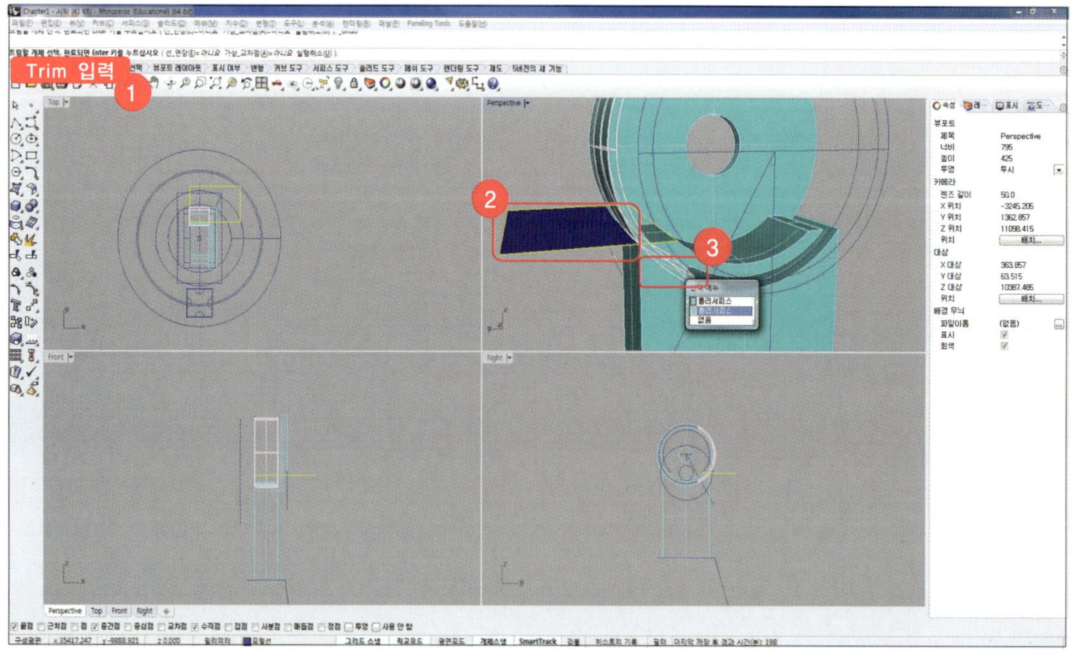

49 명령창에 'Cap'을 입력하고 '끝막음할 서피스'에 아래 그림과 같이 이전 Step에서 잘려진 서피스를 선택하고 아래 extrude한 서피스는 'Hide'를 이용해 숨겨줍니다.

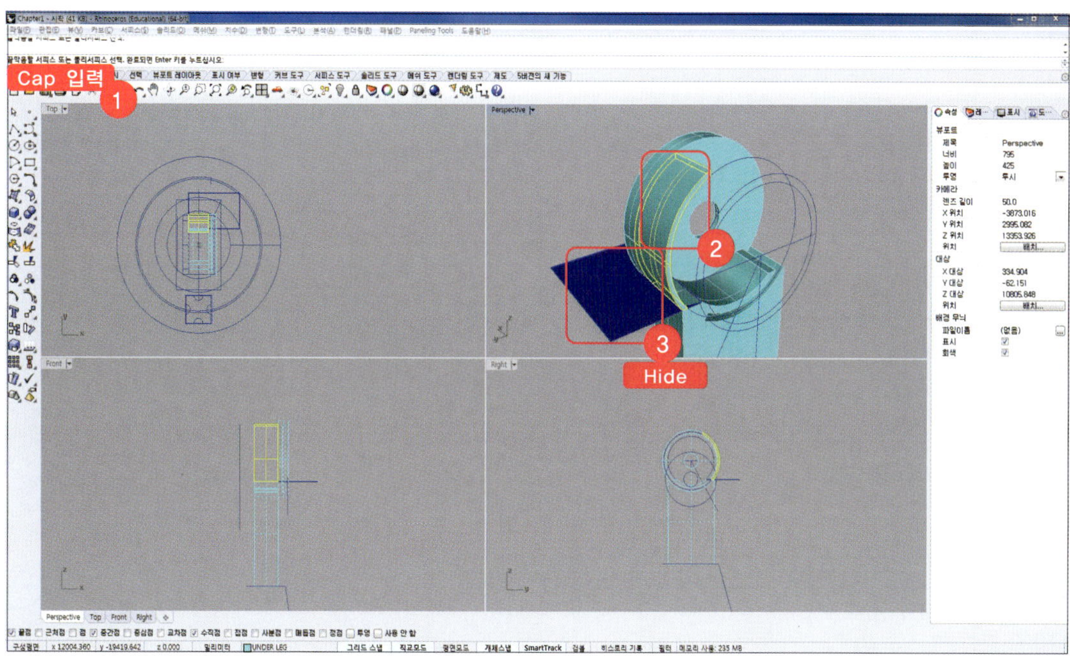

50 명령창에 'OffsetCrvOnSrf'를 입력하고 '서피스에 있는 커브 선택'에 아래 그림과 같이 cylinder의 가장자리 커브를 선택하고 방향은 안쪽으로 설정합니다. '간격띄우기 거리'에 '180'을 입력하고 [Enter]키를 누릅니다. 생성된 커브는 '모델선' 레이어로 변경합니다.

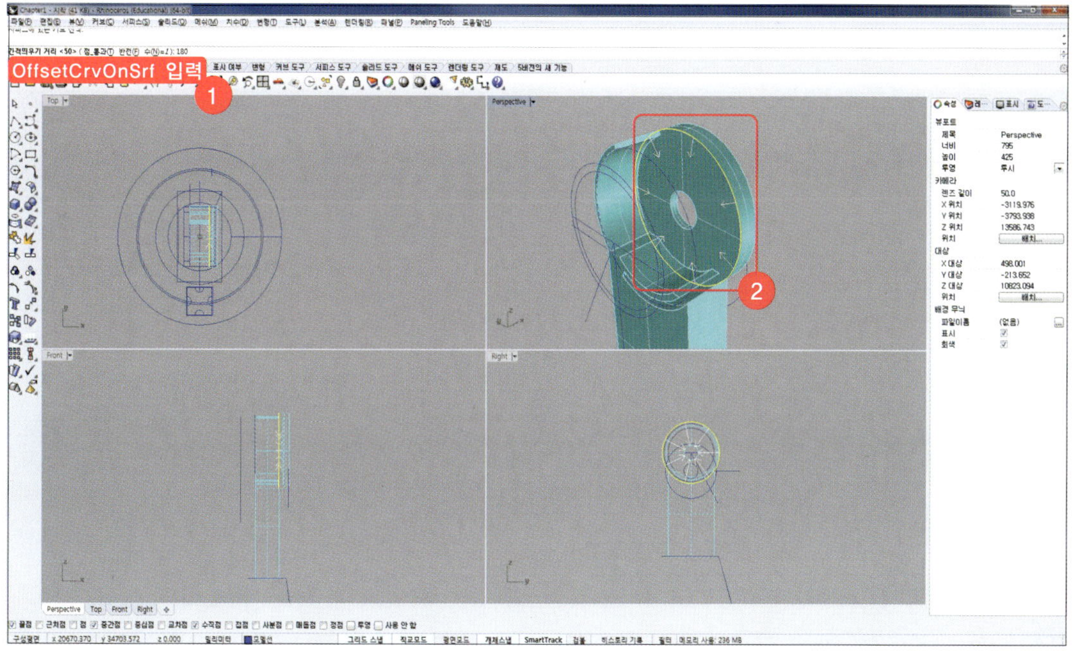

51 명령창에 'ExtrudeCrv'를 입력하고 '돌출시킬 커브'에 Step 50에서 작성한 커브를 선택하고 '돌출 거리'에 '-310'을 입력합니다.

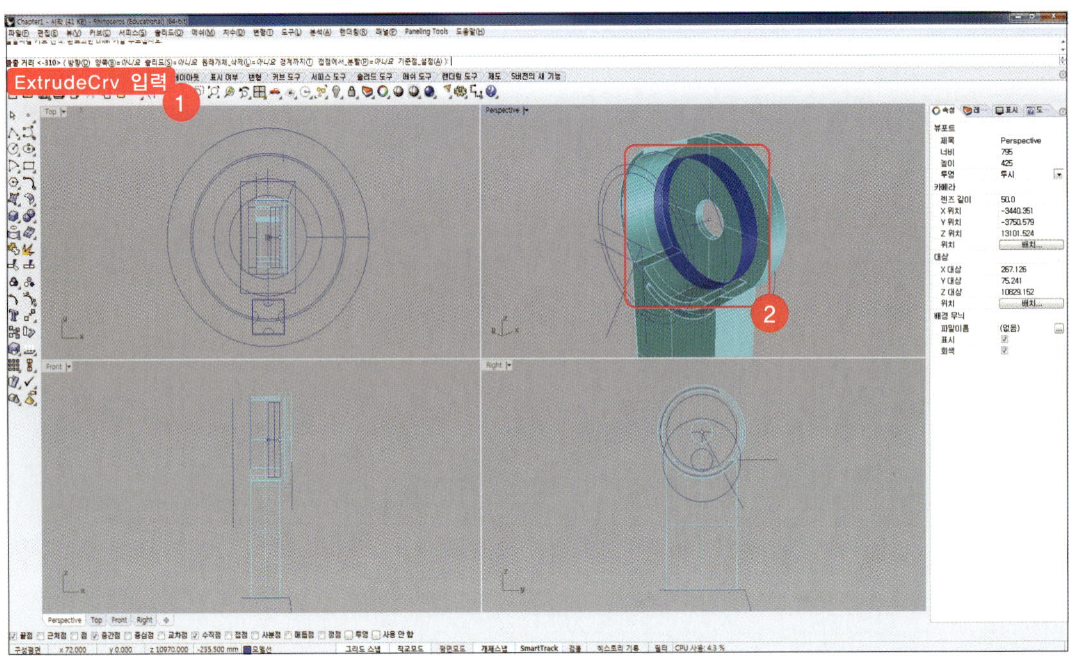

52 명령창에 'Cap'을 입력하고 '끝막음할 서피스'에 Step 51에서 생성한 surface를 선택한 뒤, [Enter]키를 누릅니다. 생성된 surface의 레이어를 'UNDER LEG'로 변경합니다.

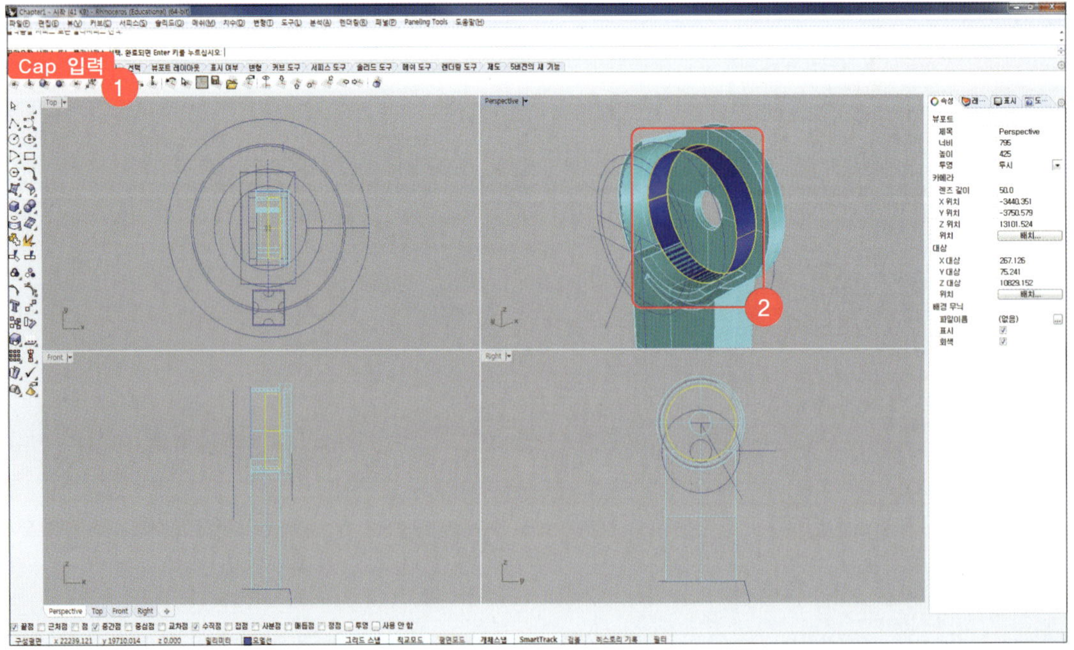

53 Hole을 만들기 위해 명령창에 'Circle'을 입력하고 '원의 중심'에 아래 그림과 같이 선택하고
[Right]뷰에서 '반지름'에 '280'을 입력합니다.

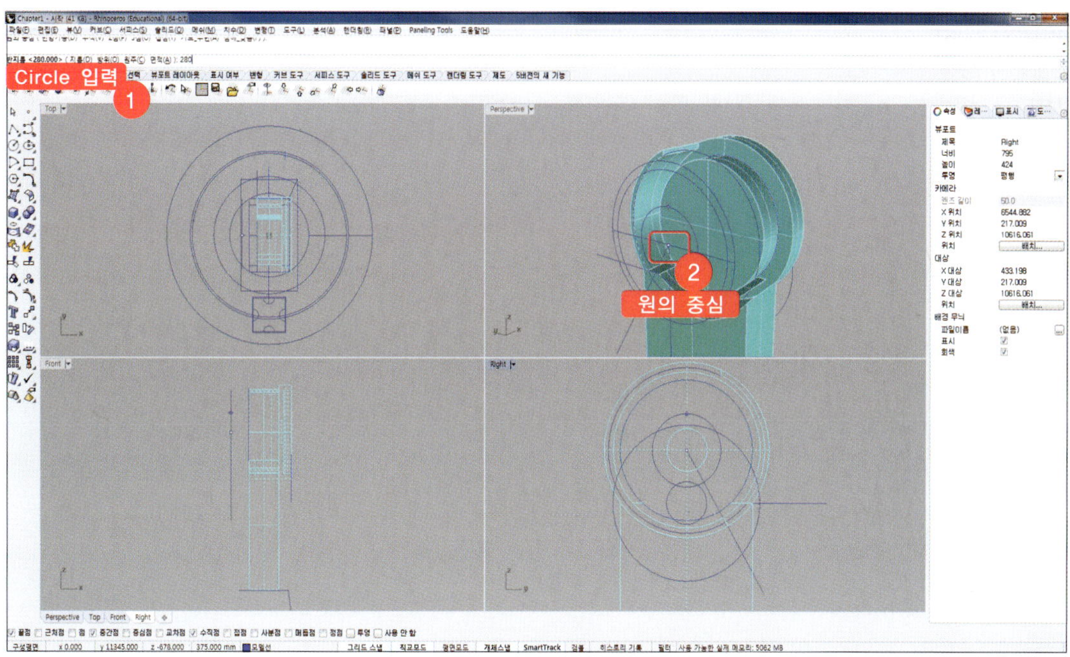

54 명령창에 'MakeHole'을 입력하고 '닫힌 커브 선택'에 Step 53에서 생성한 circle 커브를 선택하고
'서피스 또는 폴리서피스 선택'에 Step 52에서 작성한 surface를 선택한 뒤, surface가 모두 뚫리게
'깊이 점'을 지정합니다.

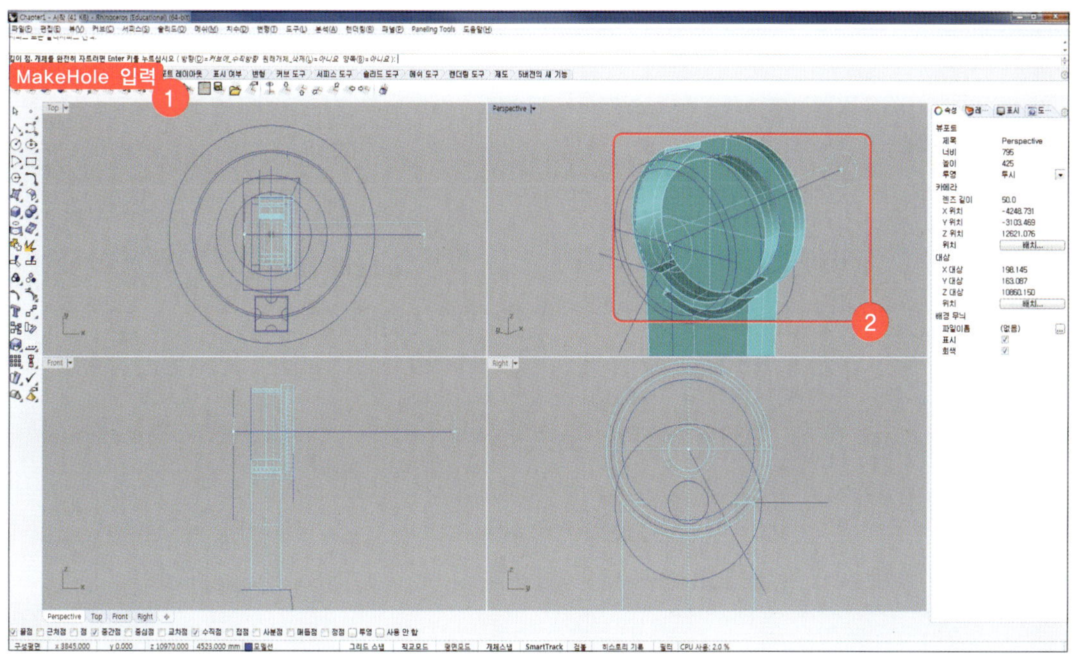

55 아래 그림에 표시된 surface를 선택하고 명령창에 'Hide'를 입력합니다.

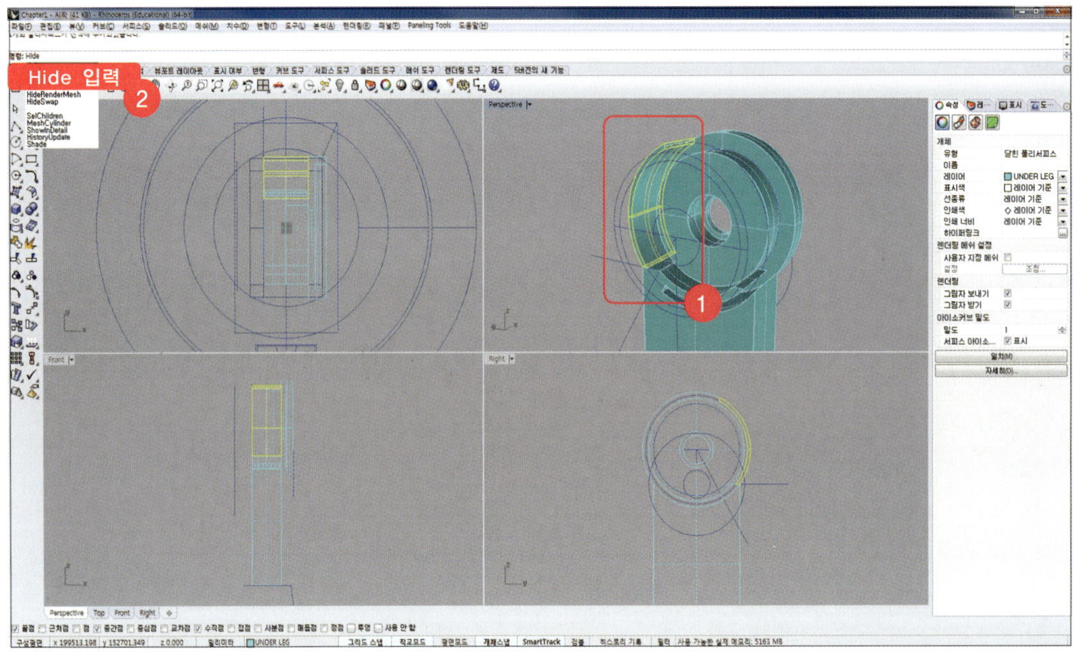

56 명령창에 'Box'를 입력하고 아래 그림에 표시(노란색 사각형)된 것과 같이 [Top]뷰에서 '기준의 첫 번째 모서리', '기준의 대각선 방향 모서리'를 선택하고 '높이'에 '-900'을 입력하고 [Enter]키를 누릅니다. '기준의 대각선 방향 모서리'를 선택할 때 [Perspective]뷰에서 보이는 도넛 모양의 서피스 중간의 끝 점이 선택되어야 합니다.

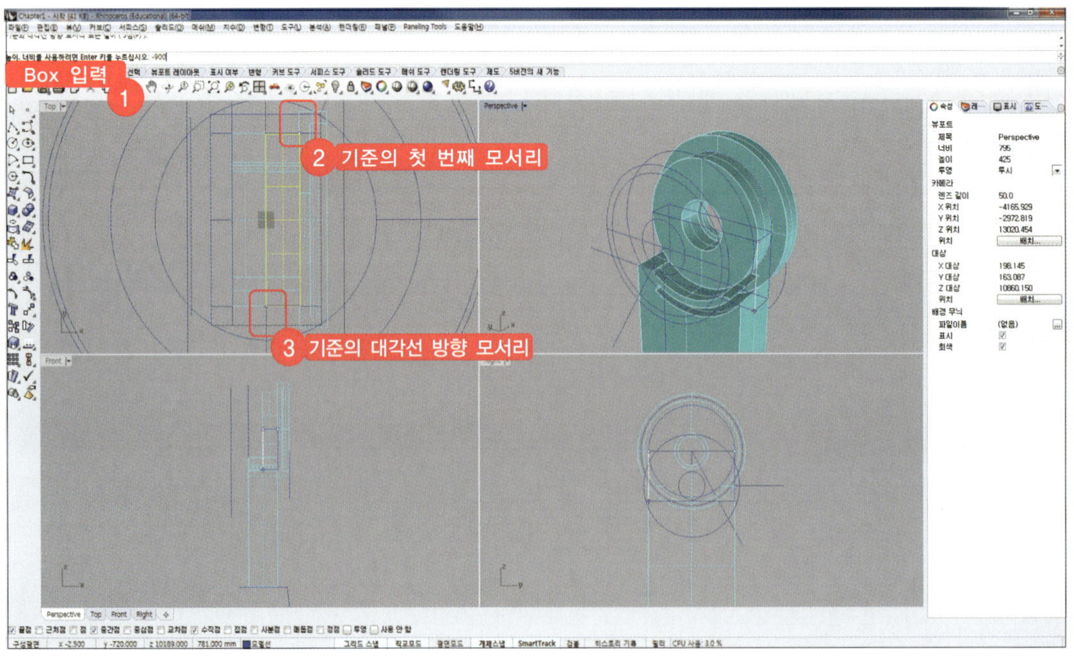

57 생성된 box 서피스의 레이어를 'UNDER LEG'로 변경합니다. [명령창에 'BooleanDifference'를 입력]
➡ ['차집합을 계산할 원래 서피스'에 Step 56에서 생성한 box를 선택] ➡ [(원래개체_삭제(D)=아니오)로
변경] ➡ ['차집합 계산에 사용할 서피스'에 도넛 모양의 surface를 선택]하고 [Enter]키를 누릅니다.

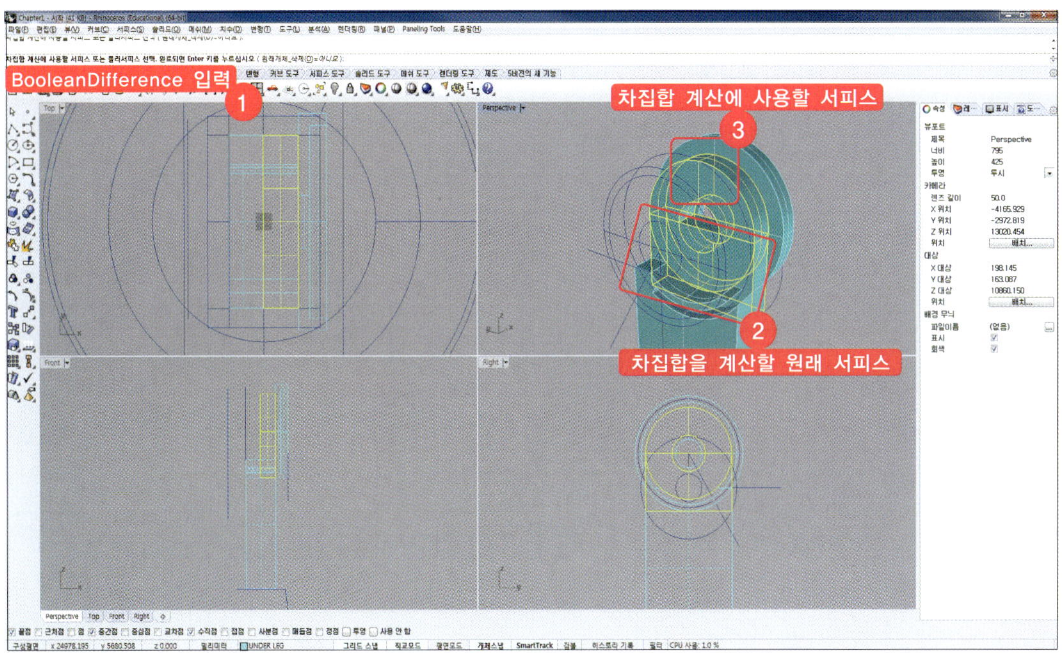

58 가운데 Hole에 있는 서피스는 선택 후, 삭제합니다.

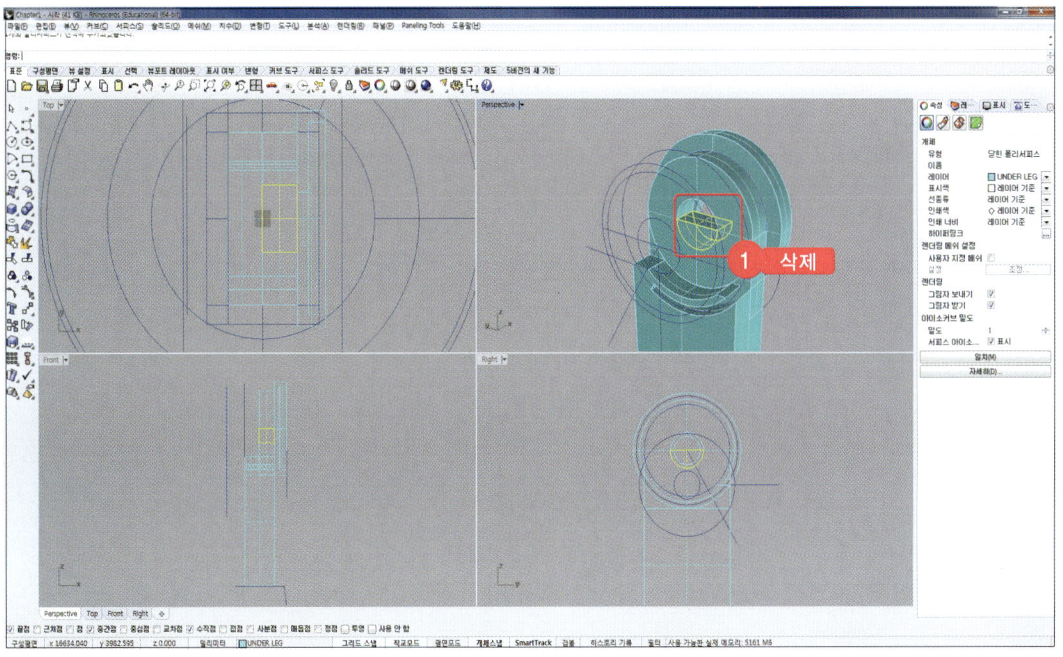

59 명령창에 'BooleanDifference'를 입력하고 '차집합을 계산할 원래 서피스'에 Step 57에서 만든 surface를 선택합니다. '차집합 계산에 사용할 서피스에 (원래개체_삭제(D)=아니오)를 확인 후, 아래 겹치는 box를 선택하고 [Enter]키를 누릅니다.

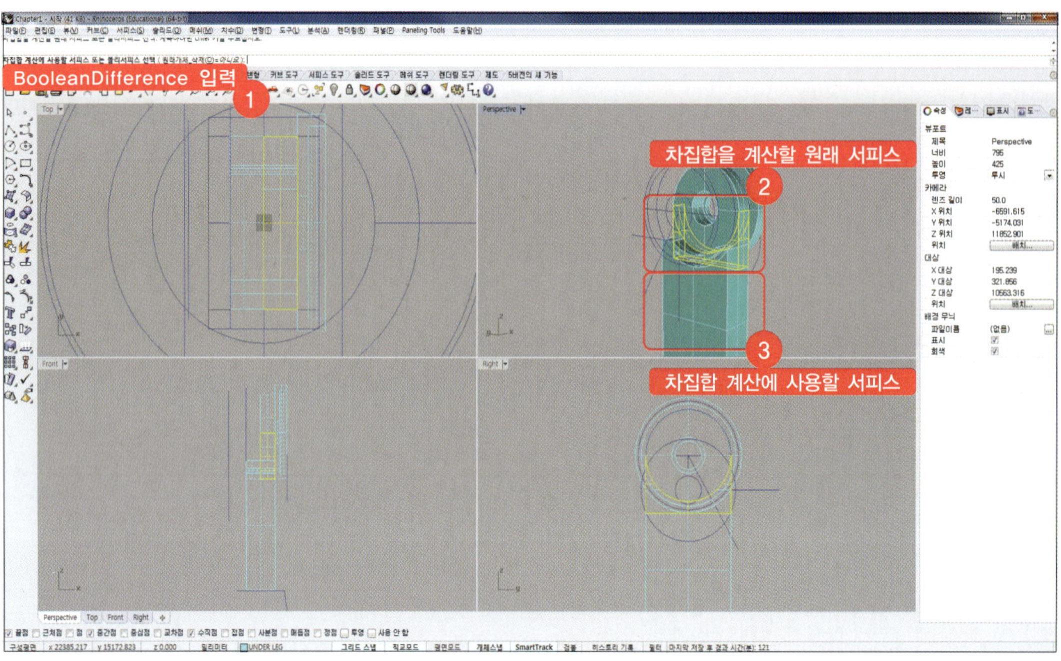

60 명령창에 'Showselected'를 입력하고 [Perspective]뷰에서 아래 그림에 표시된 surface 2개를 shift키를 이용해 선택하고 [Enter]키를 누릅니다.

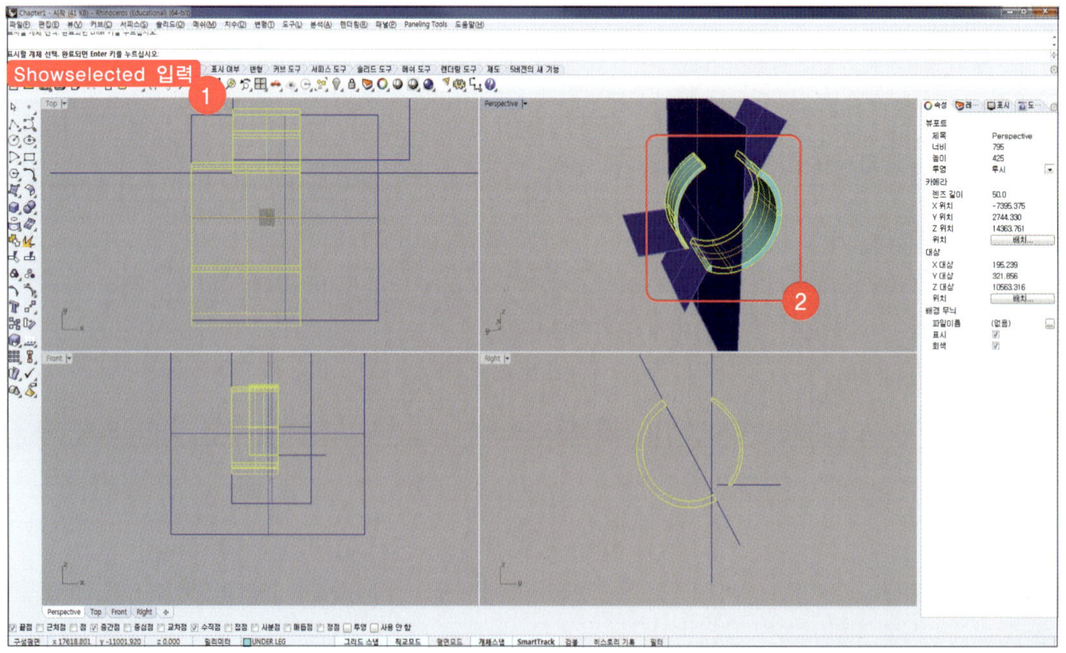

61 아래 그림에 표시된 surface를 선택 후 '모델선' 레이어로 변경합니다. [상태창] ➡ [레이어]탭에서 'UNDER LEG' 레이어를 마우스 오른쪽 버튼을 클릭 후 [개체 선택]을 클릭합니다. surface들이 선택되면 명령창에 'Booleanunion'을 입력합니다.

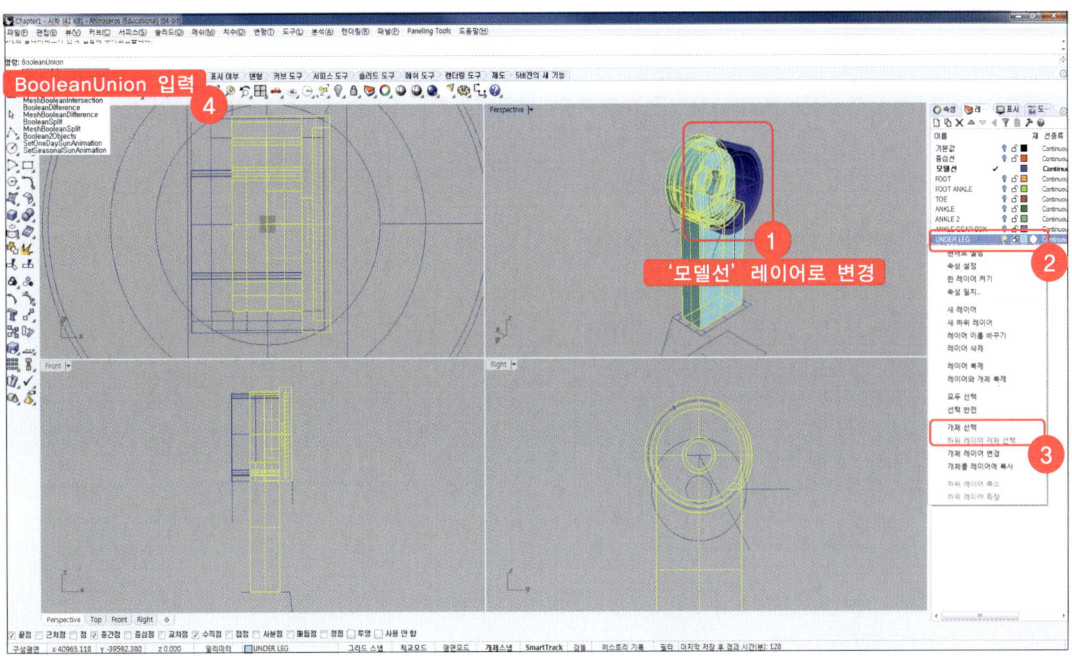

62 명령창에 'BooleanDifference'를 입력하고 '차집합을 계산할 원래 서피스'에 UNDER LEG 서피스를 선택합니다. '차집합 계산에 사용할 서피스에 (원래개체_삭제(D)=아니오)를 확인 후, '모델선' 레이어 surface 개체를 선택하고 [Enter]키를 누릅니다.

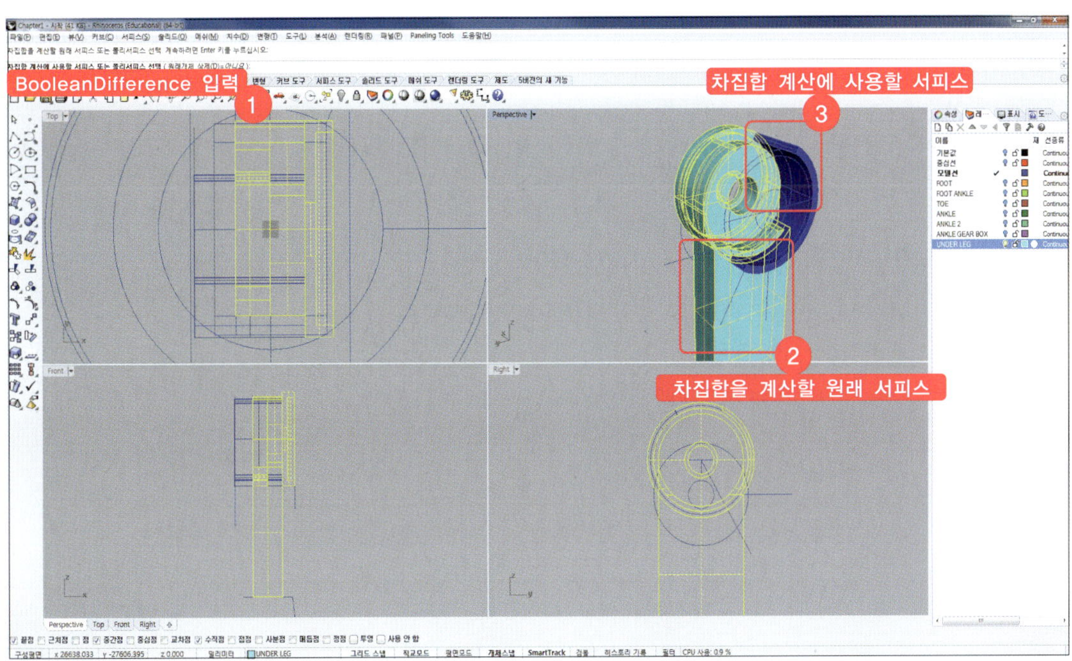

63 '모델선' 레이어 개체를 선택 후, 명령창에 'Hide'를 입력하여 다시 숨겨줍니다.

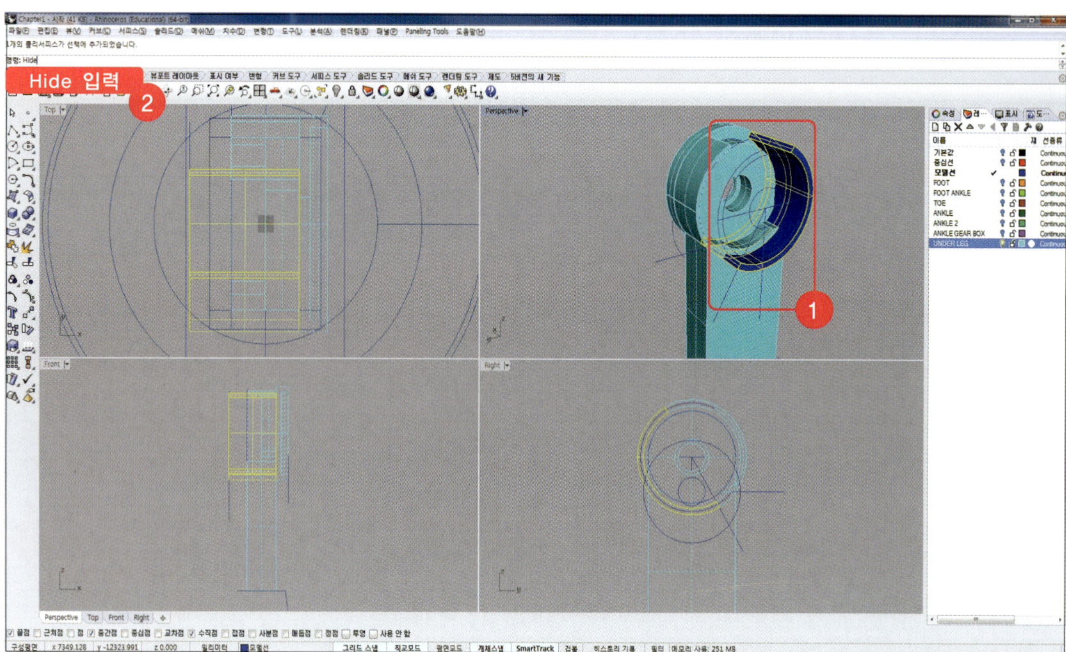

64 UNDER LEG가 완성되었습니다.

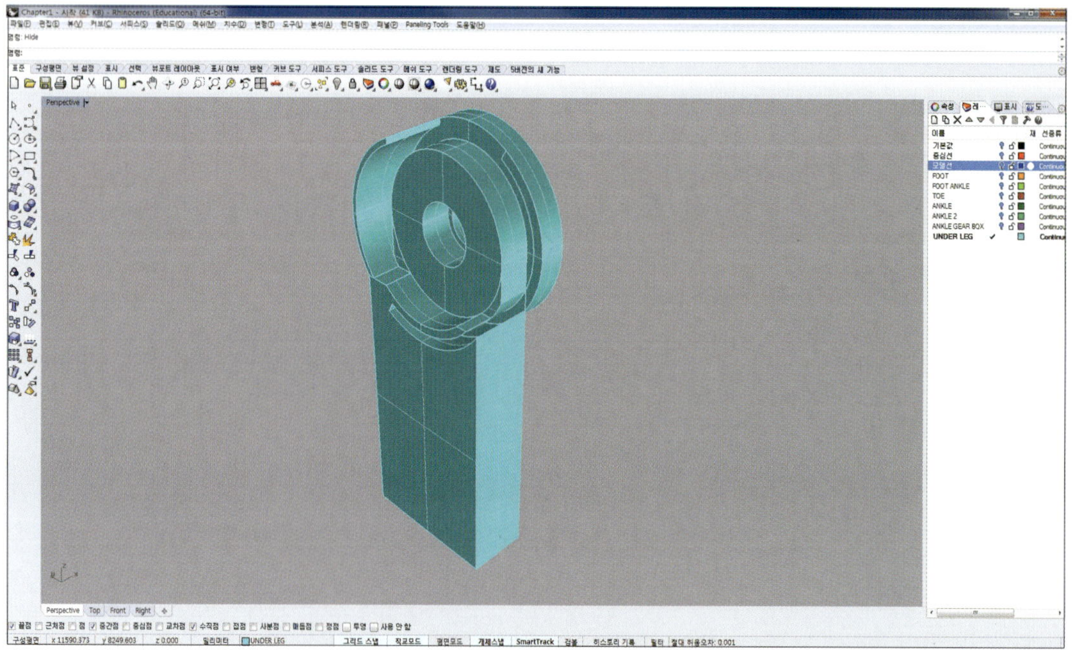

Chapter 02

UPPER LEG 모델링

■ UPPER LEG 모델링 : 설계/제작/생산/조립

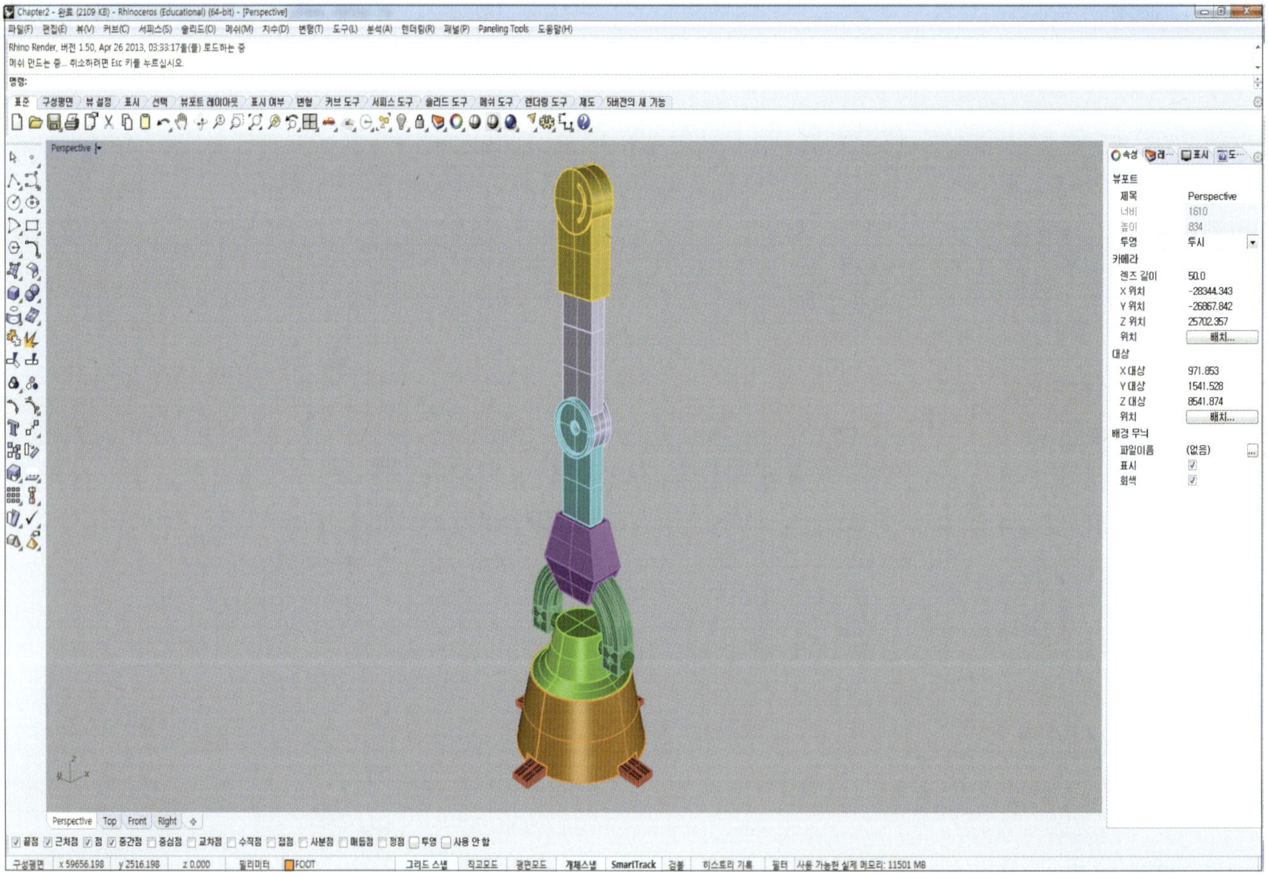

POINT!

- UPPER LEG Digital Model 생성
- Digital Model간 조립

01 Rhino 3D 5를 실행합니다. 예제파일 'PART2' 폴더에서 'Chapter2 – 시작' 파일을 로드합니다. [상태창] ➡ [레이어]탭에서 'UP LEG' 라는 이름의 레이어를 생성하고 색상을 임의로 지정한 뒤, 현재 레이어로 지정하고 'UP LEG' 레이어와 'UNDER LEG', '모델선', '중심선' 레이어를 제외한 다른 레이어는 모두 끕니다.

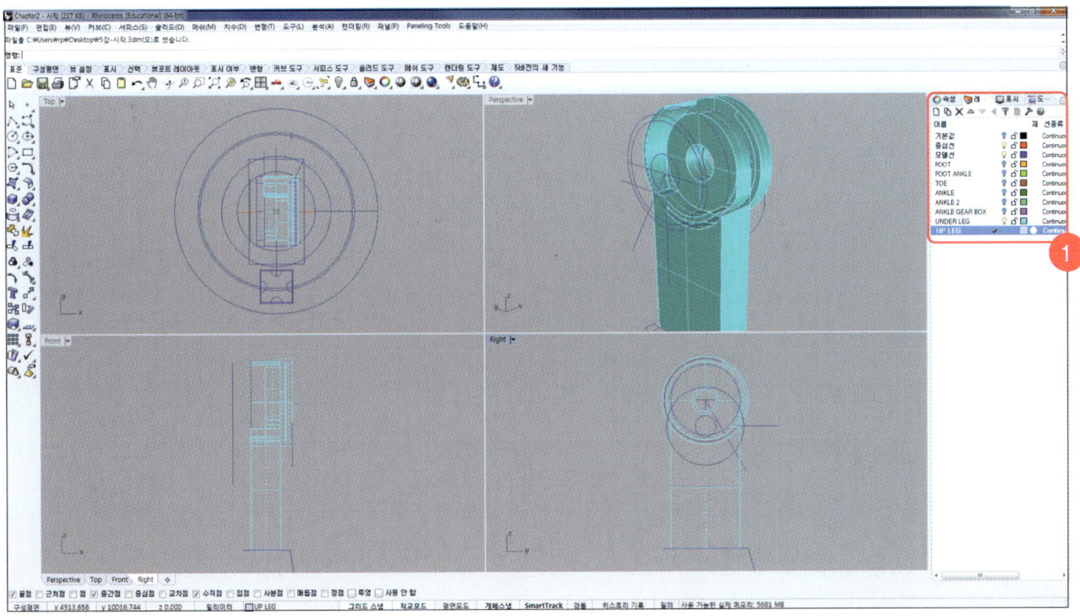

02 UNDER LEG를 복사하여 UP LEG를 만듭니다. 명령창에 'Mirror'를 입력하고 '미러 실행할 개체'에 UNDER LEG를 선택합니다. '미러 평면의 시작'에 [Front]뷰에서 원점을 선택하고 명령창에 (복사(C)= 예)로 변경한 뒤, 다시 [Front]뷰에서 원점에서 수직으로 임의의 점을 선택합니다.

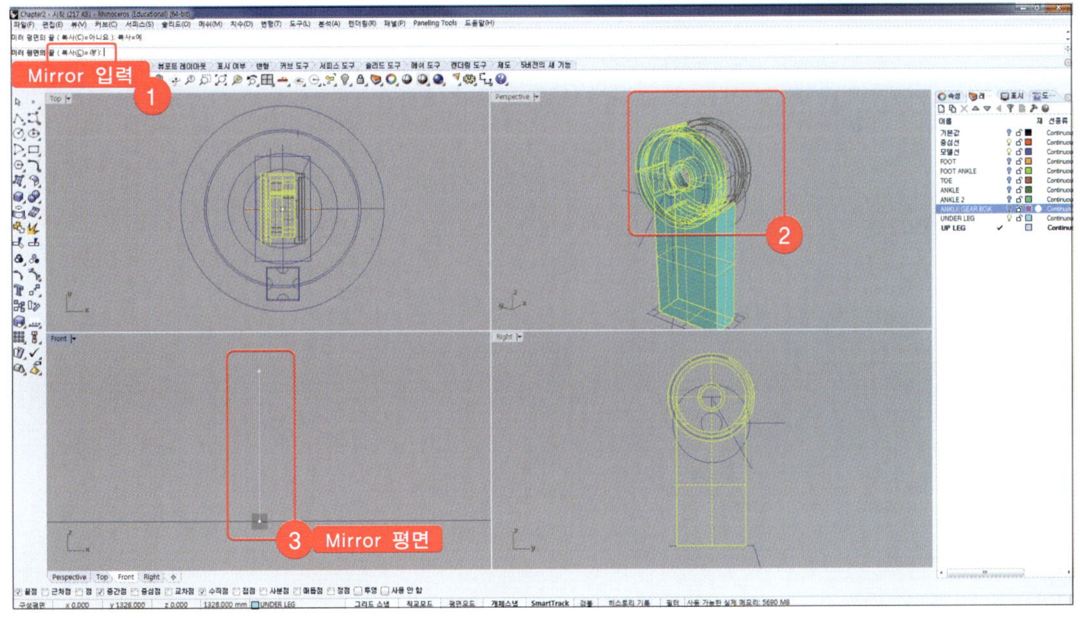

03 Mirror 복사한 개체를 선택하고 'UP LEG' 레이어로 변경한 뒤, 다시 명령창에 'Mirror'를 입력합니다. '미러 실행할 개체'에 UP LEG를 선택하고 (복사(C)=아니오)로 변경한 뒤, 아래 그림과 같이 [Right]뷰에서 hole의 중심점을 지나 수평으로 이은 Mirror평면을 지정합니다.

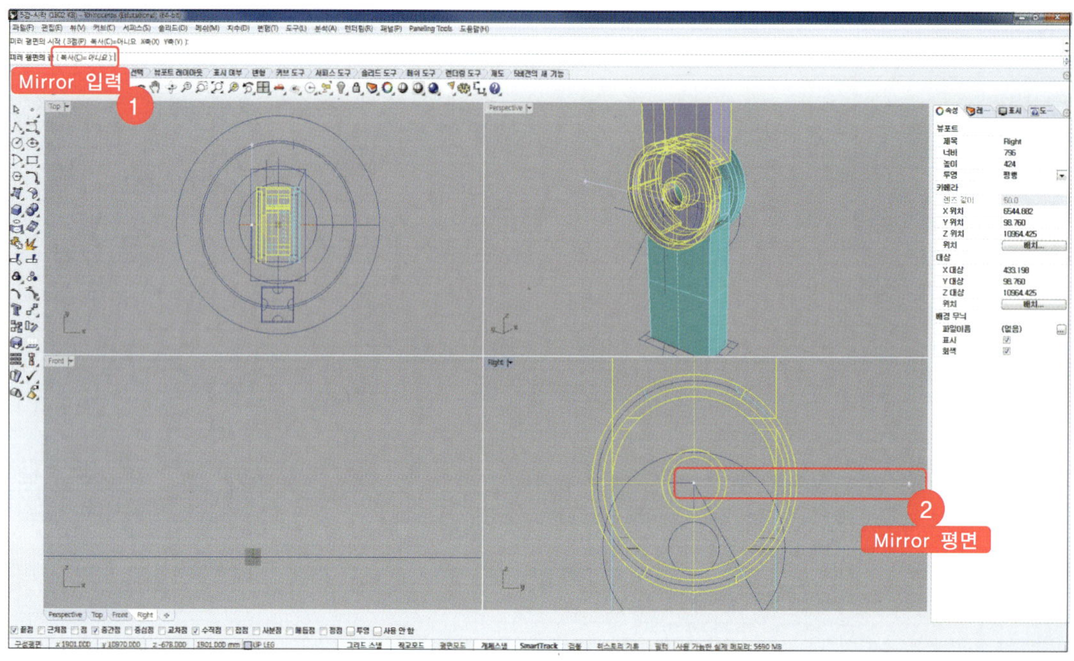

04 다시 명령창에 Mirror를 입력하고 '미러 실행할 개체'에 UP LEG 개체를 선택하고 'Mirror 평면'에 아래 그림과 같이 [Top]뷰에서 x축 위의 두 점을 선택해 mirror시킵니다.

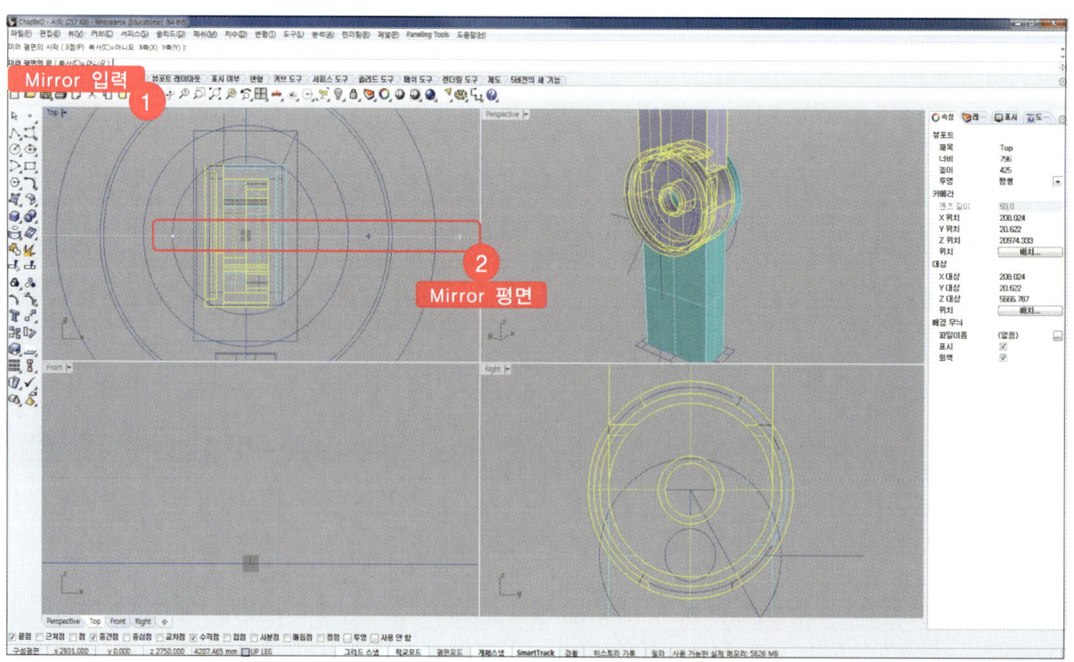

05 상부의 LEG가 더 길기 때문에 UP LEG를 extrude시킵니다. 명령창에 'ExtrudeSrf'를 입력하고 UP LEG의 최상단 면을 선택합니다. '돌출 거리'에 '2450'을 입력하고 [Enter]키를 누릅니다.

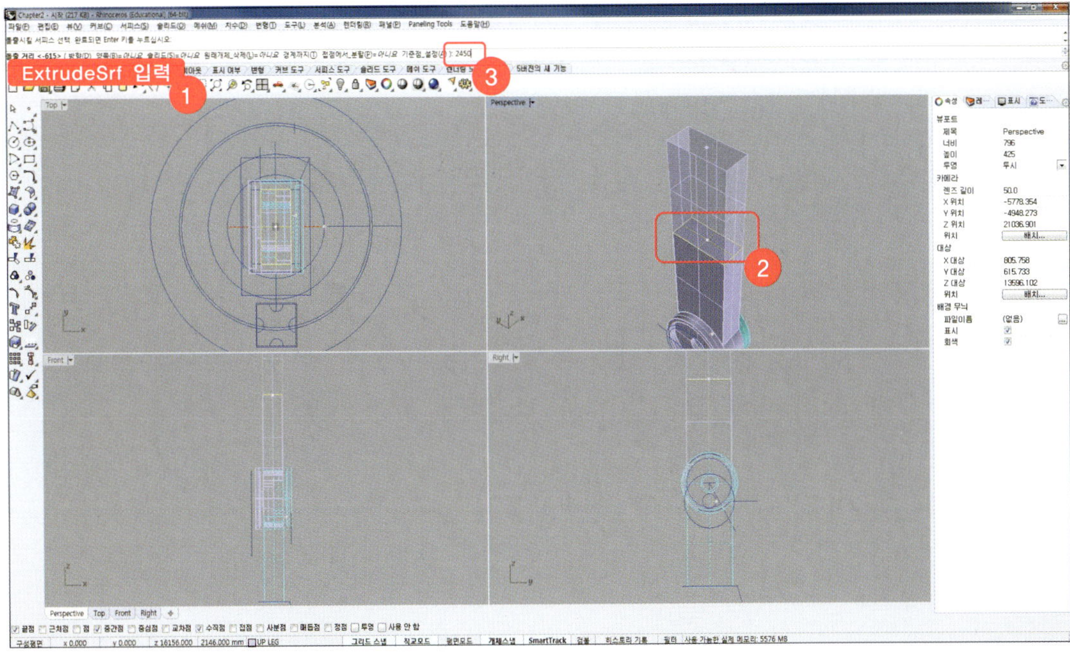

06 명령창에 'Cap'을 입력하고 '끝막음할 서피스'에 Step 05에서 작성한 surface를 선택하고 [Enter]키를 누릅니다.

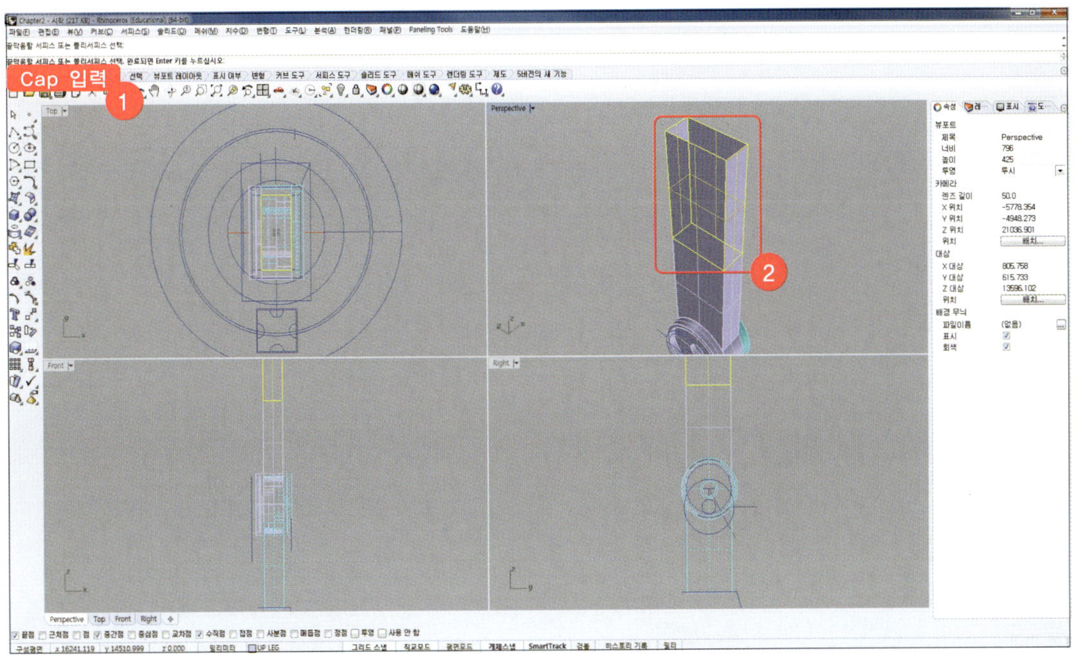

07 명령창에 'BooleanUnion'을 입력하고 '합집합을 적용할 서피스'에 UP LEG 2개의 개체를 선택해 결합합니다.

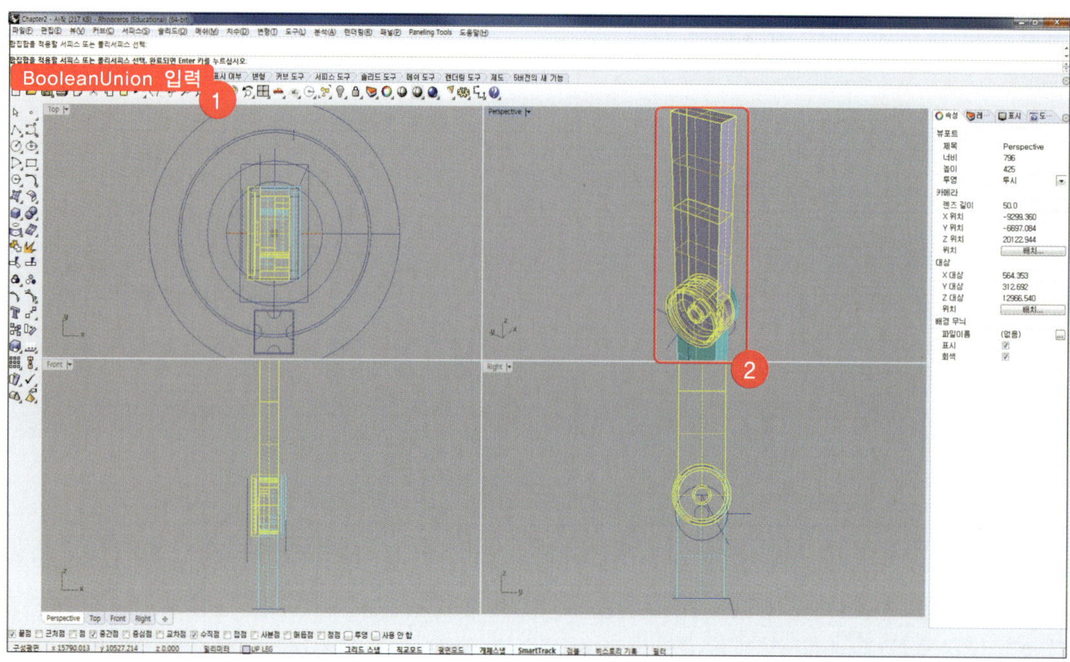

08 [상태창] ➡ [레이어]탭에서 'UP LEG CAP' 레이어를 새로 생성하고 임의의 색을 지정합니다. 현재 레이어는 '모델선'으로 지정합니다.

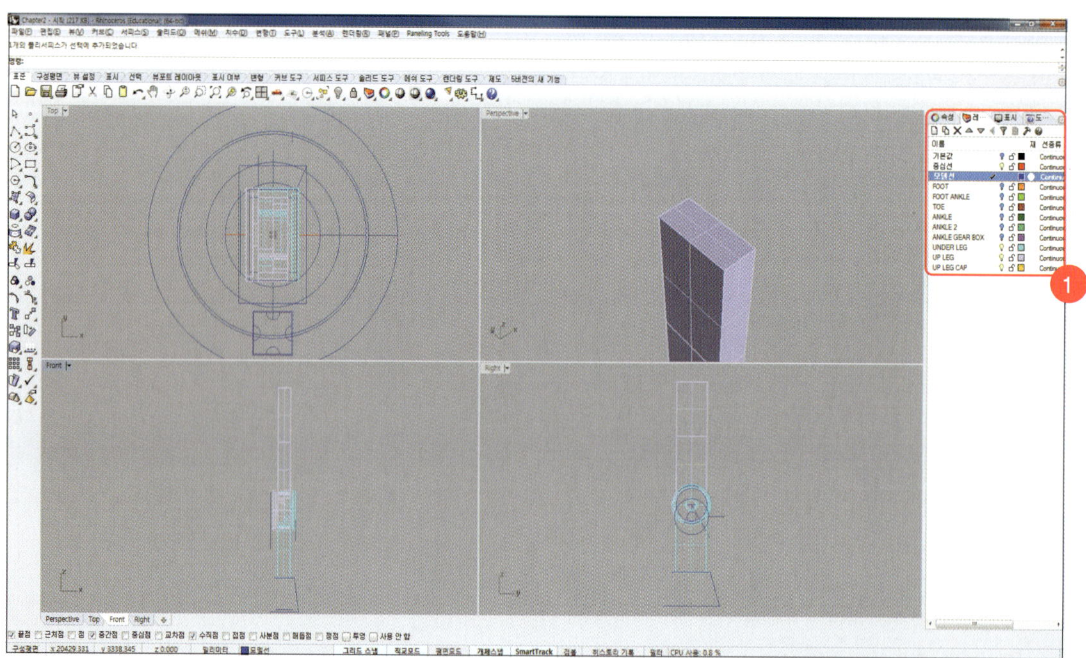

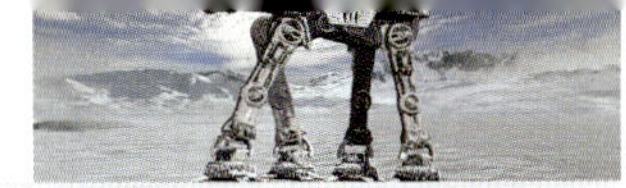

09 명령창에 'DupFaceBorder'를 입력하고 아래 그림과 같이 '테두리를 복제할 서피스'에 UP LEG 상단 사각형 테두리를 선택합니다.

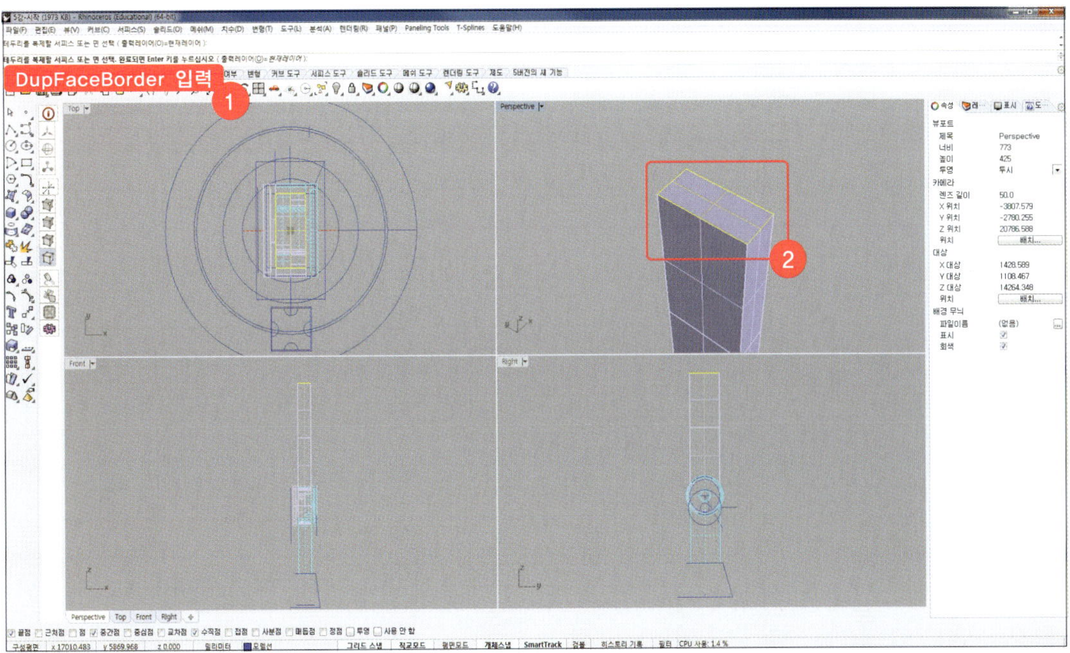

10 명령창에 'Offset'을 입력하고 '간격띄우기 실행할 커브'에 Step 09에서 작성한 사각형 커브를 선택합니다. '간격띄우기 할 쪽'에 '100'을 입력하고 바깥쪽으로 간격띄우기 커브를 작성합니다.

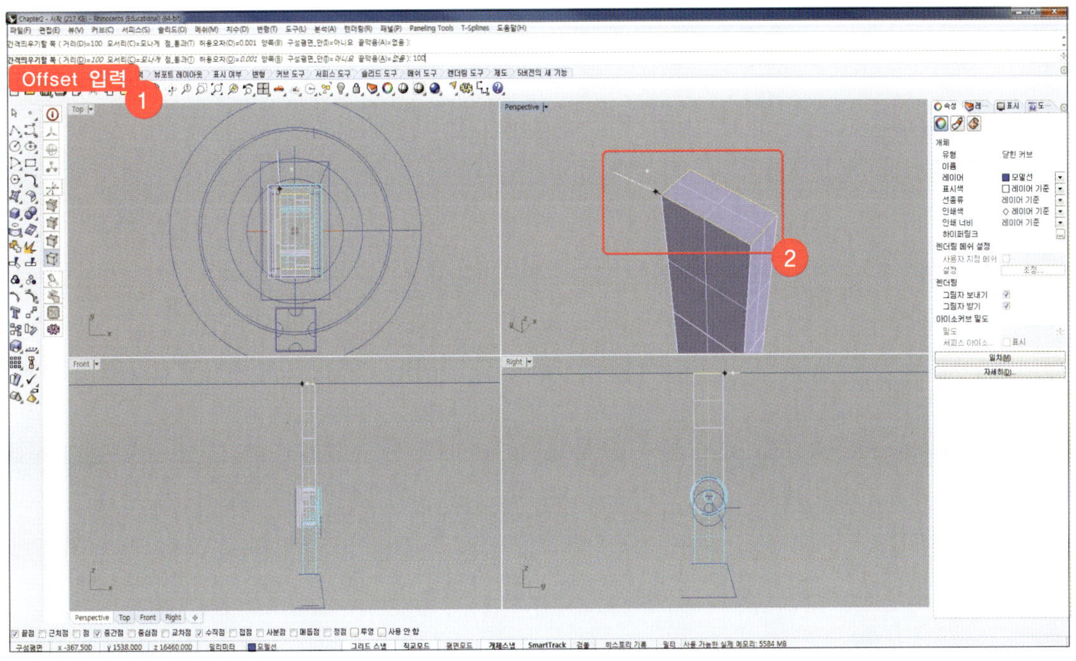

11 다시 명령창에 'Offset'을 입력하고 '간격띄우기 실행할 커브'에 Step 10에서 작성한 사각형 커브를 선택하고 '50'만큼 커브 바깥쪽으로 간격띄우기를 실행합니다.

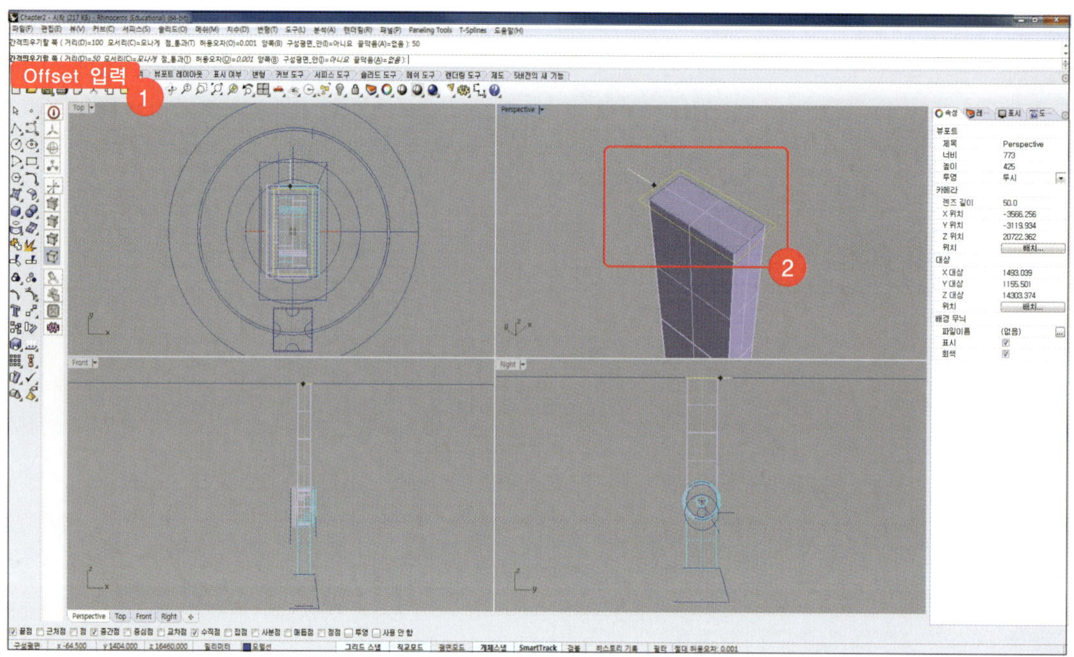

12 아래 개체스냅에서 '교차점'을 체크하고 명령창에 'Rectangle'을 입력합니다. '직사각형의 첫 번째 모서리', '다른 모서리 또는 길이' 모두 아래 그림에 표시된 바와 같이 안쪽 사각형 가로부분 연장선이 바깥쪽 사각형 선분과 만나는 교차점을 선택합니다.

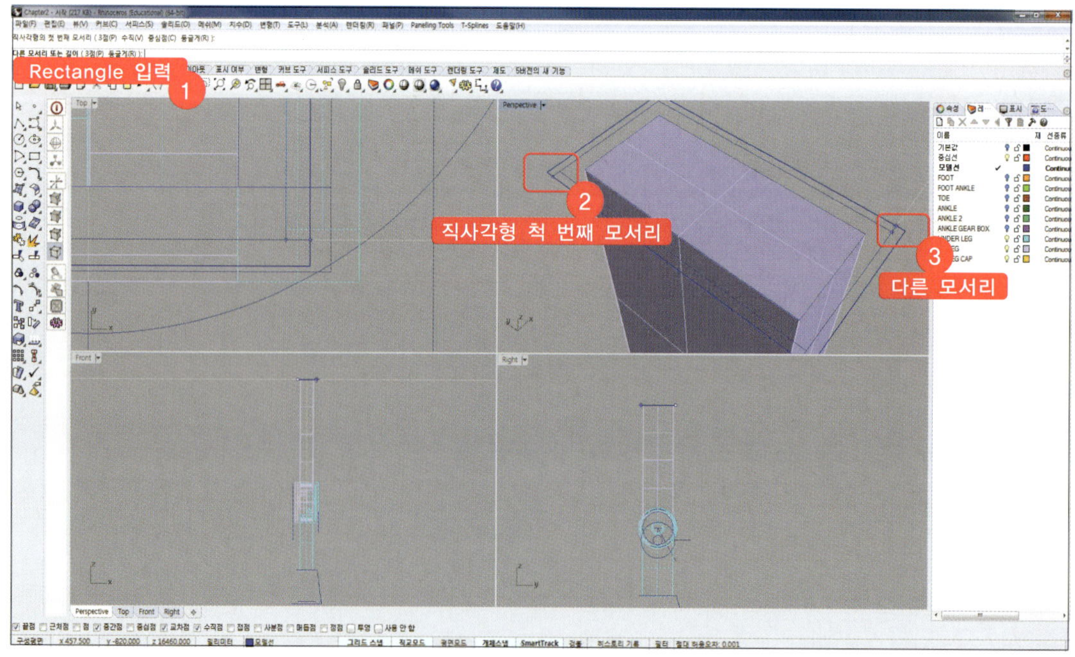

13 명령창에 'ExtrudeCrv'를 입력하고 '돌출시킬 커브'에 Step 12에서 생성한 rectangle커브를 선택, '돌출 거리'에 '2700'을 입력한 뒤, [Enter]키를 누릅니다.

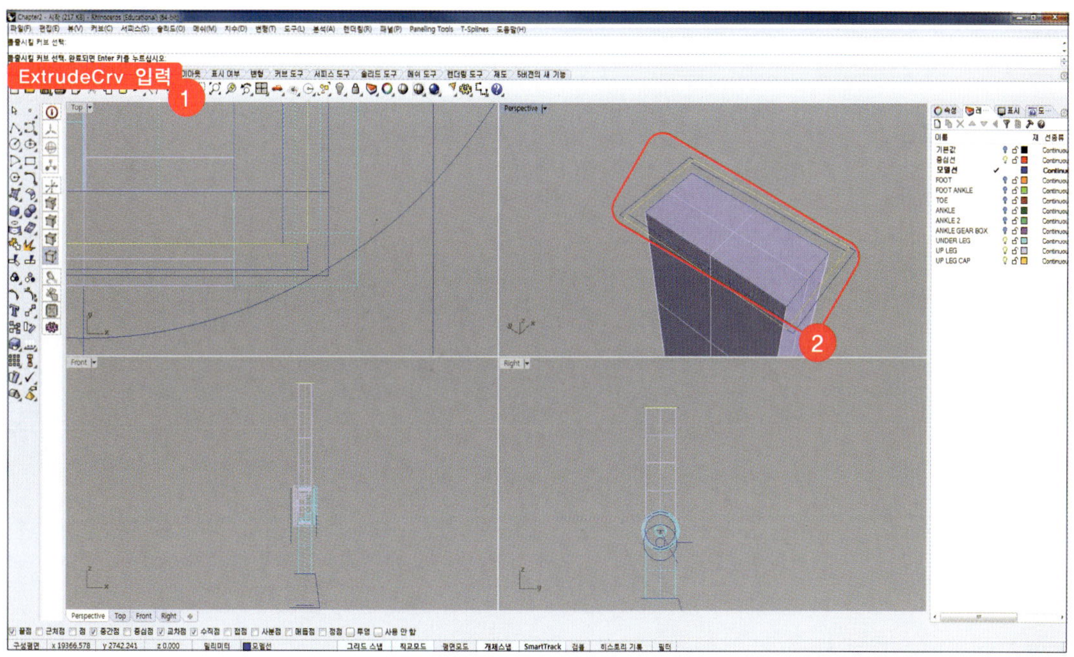

14 Step 13에서 작성한 surface를 'UP LEG CAP' 레이어로 변경한 뒤, 명령창에 'Cap'을 입력합니다. '끝막음할 서피스'로 Step 13에서 작성한 surface를 선택하고 [Enter]키를 누릅니다.

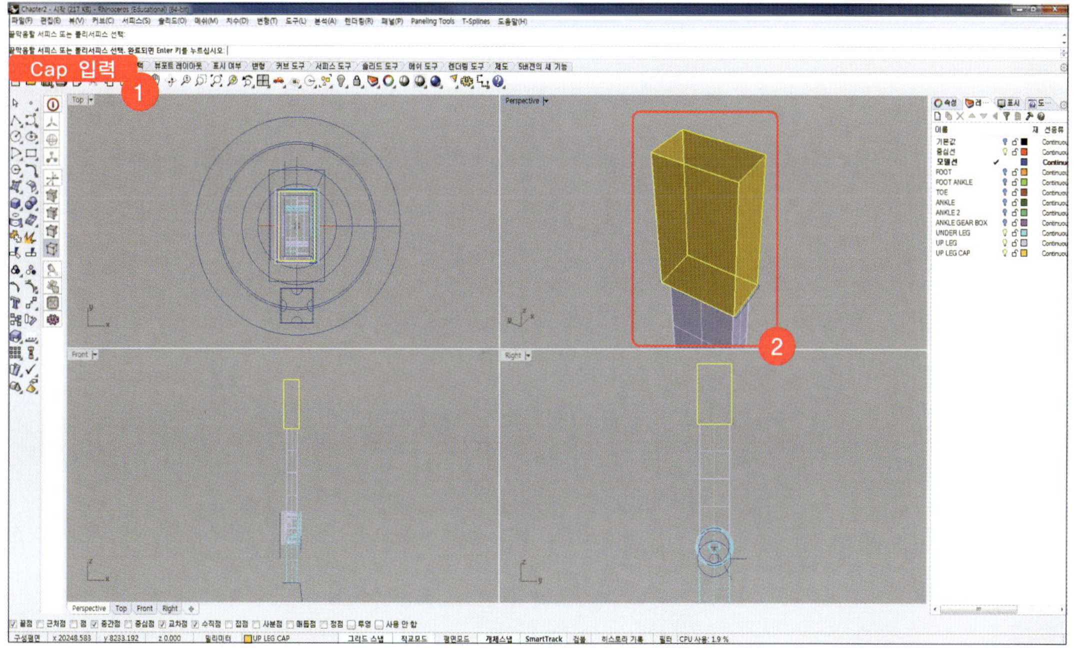

15 명령창에 'Move'를 입력하고 Step 14에서 끝막음 한 surface를 [Front]뷰에서 아래쪽으로 '1460' 만큼 이동시킵니다.

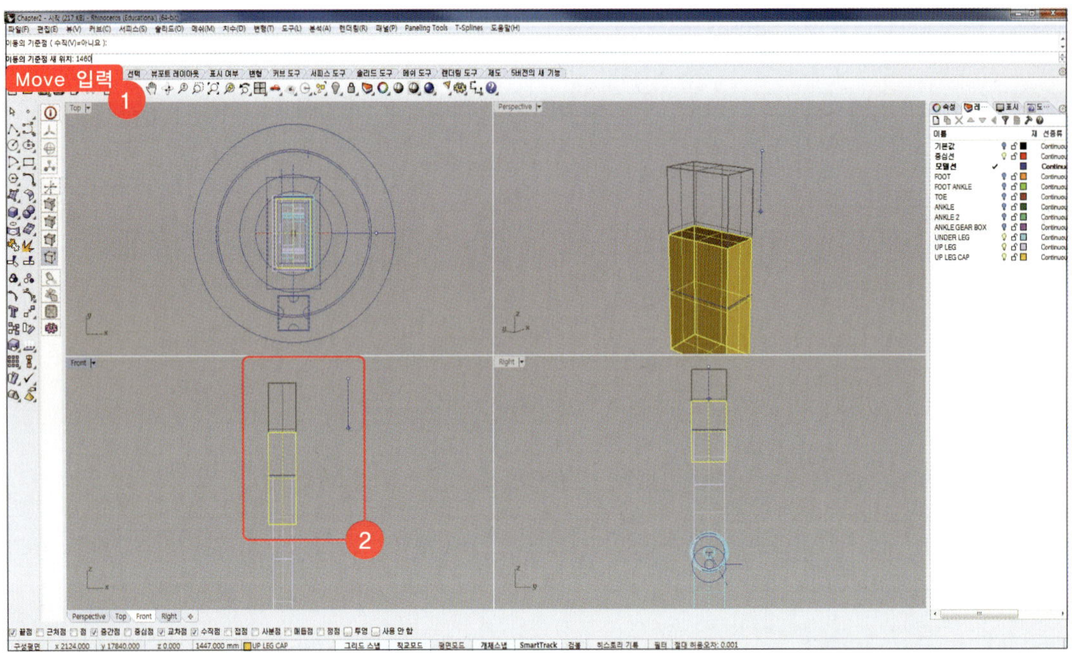

16 겹치는 부분을 삭제합니다. 명령창에 'BooleanDifference'를 입력하고 '차집합을 계산할 원래 서피스'에 위쪽 UP LEG CAP surface를 선택하고 '차집합 계산에 사용할 서피스'에 아래 UP LEG surface를 선택한 뒤, [Enter]키를 누릅니다.

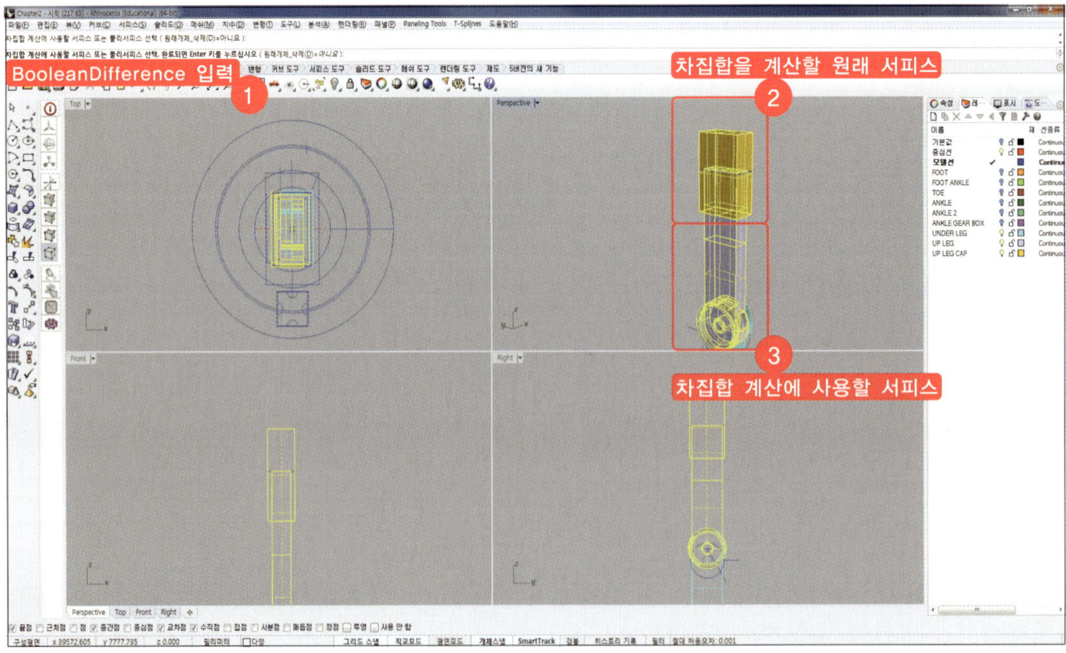

17 명령창에 'OffsetCrvOnSrf'를 입력하고 '서피스에 있는 커브'에 아래 그림에 표시된 커브와 같은 방향의 커브를 선택합니다. '간격띄우기 거리'에 '560'을 입력하고 [Enter]키를 누릅니다.

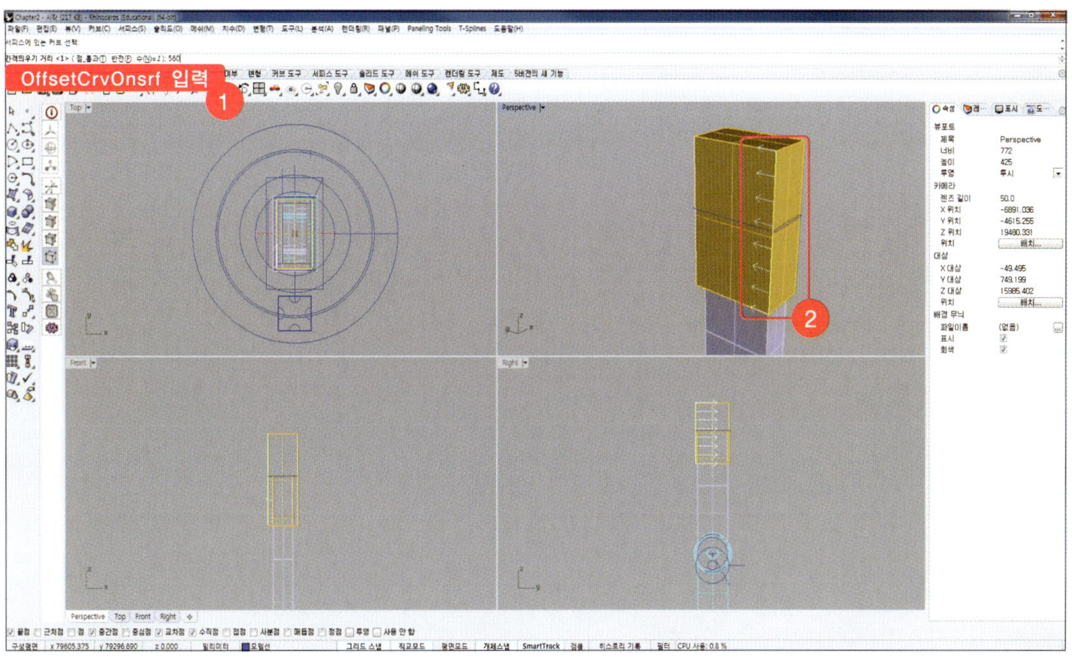

18 Step 17에서 생성한 커브의 레이어를 '모델선'으로 변경하고 'Mirror'를 입력합니다. '미러 실행할 개체'에 Step 17에서 생성한 커브를 선택하고, '미러 평면'이 Rhino상 XZ평면이 되도록 [Top]뷰에서 x축 위의 두 점을 선택합니다.

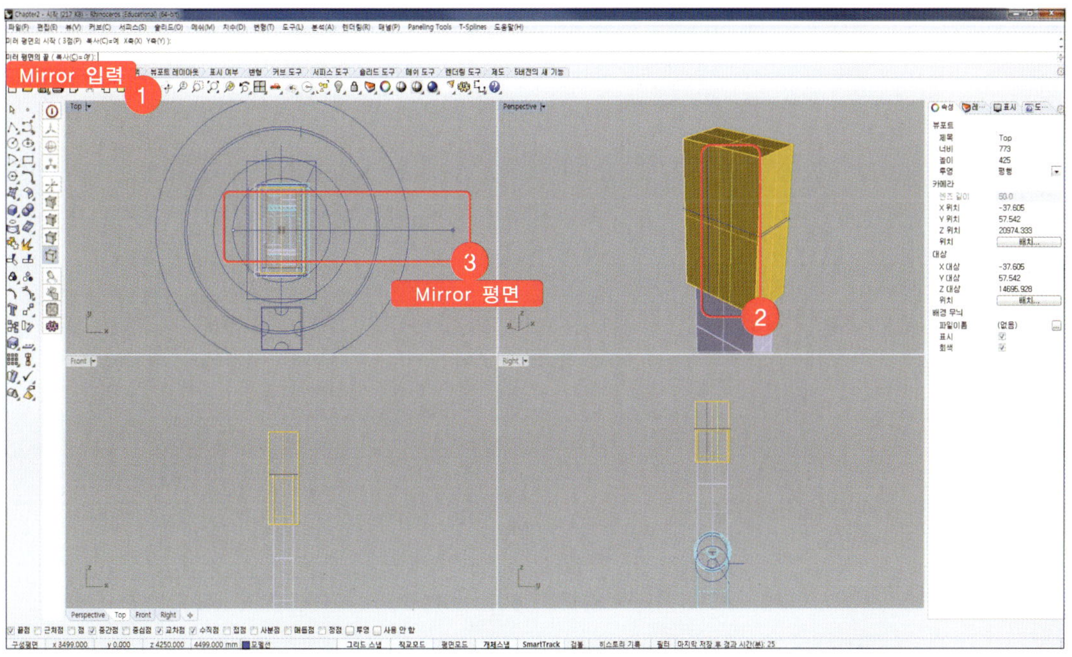

19 명령창에 'Cylinder'를 입력하고 '원통의 밑면'에 아래 그림과 같이 [Right]뷰에서 CAP 박스의 중간점을 선택합니다. 반지름에 '900' '원통의 끝'에 '-1050'을 입력하고 [Enter]키를 누릅니다.

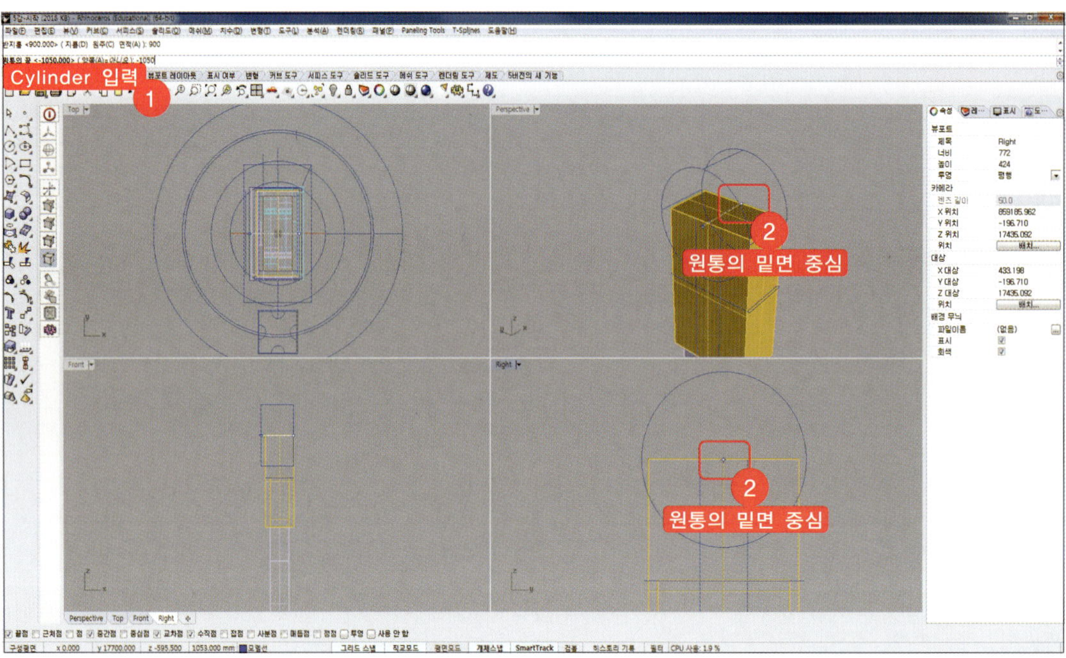

20 'Move'를 입력하고 '이동시킬 개체'에 Step 19에서 작성한 cylinder를 선택합니다.
[Front]뷰에서 오른쪽으로 '67.5'만큼 이동시킵니다.

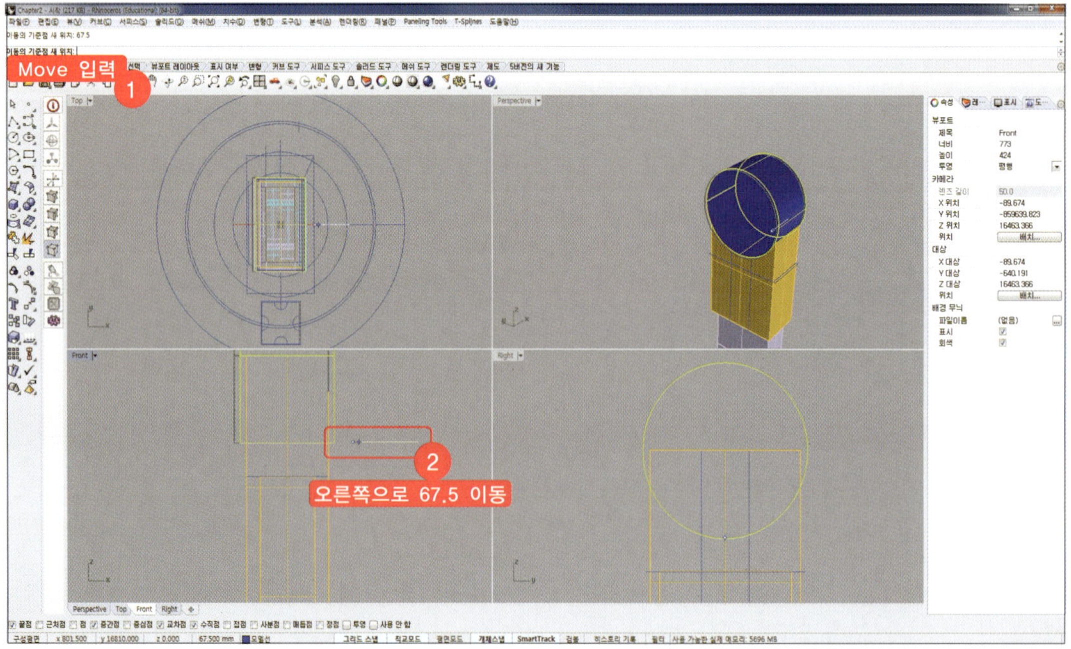

21 cylinder 서피스 레이어를 'UP LEG CAP' 으로 변경하고 명령창에 'BooleanUnion' 을 입력합니다. '합집합을 적용할 서피스' 에 UP LEG CAP 레이어의 cylinder와 아래 box 두 surface를 선택하고 [Enter]키를 누릅니다.

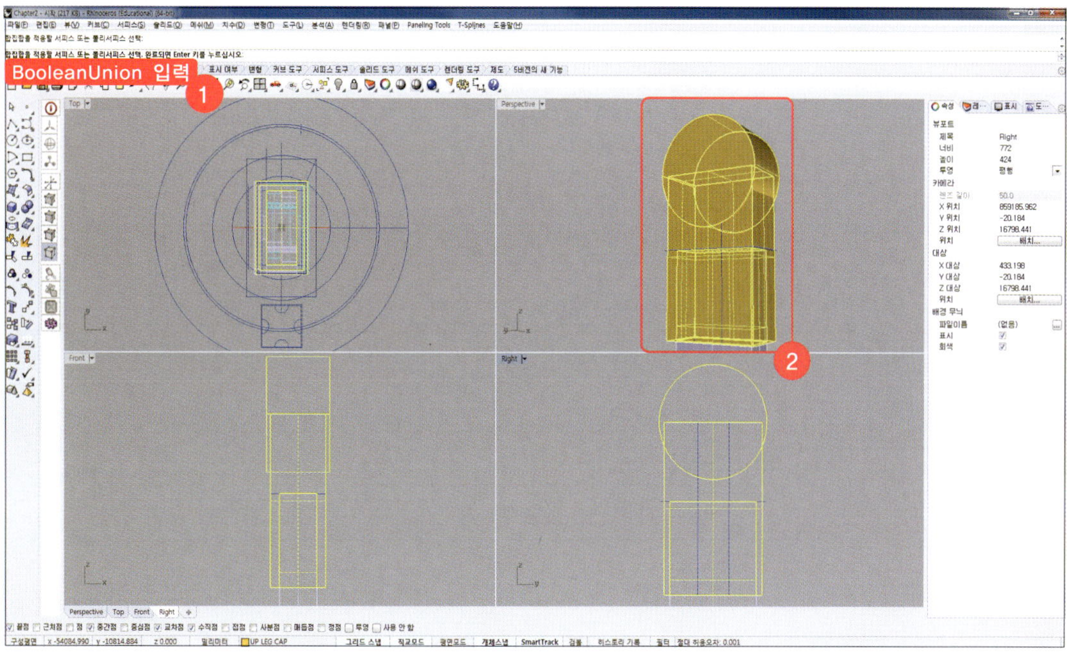

22 'DupEdge' 를 입력하고 '복제할 가장자리' 에 아래 그림 [Perspective]뷰에 표시된 바와 같이 cylinder 밑 경계선을 선택합니다.

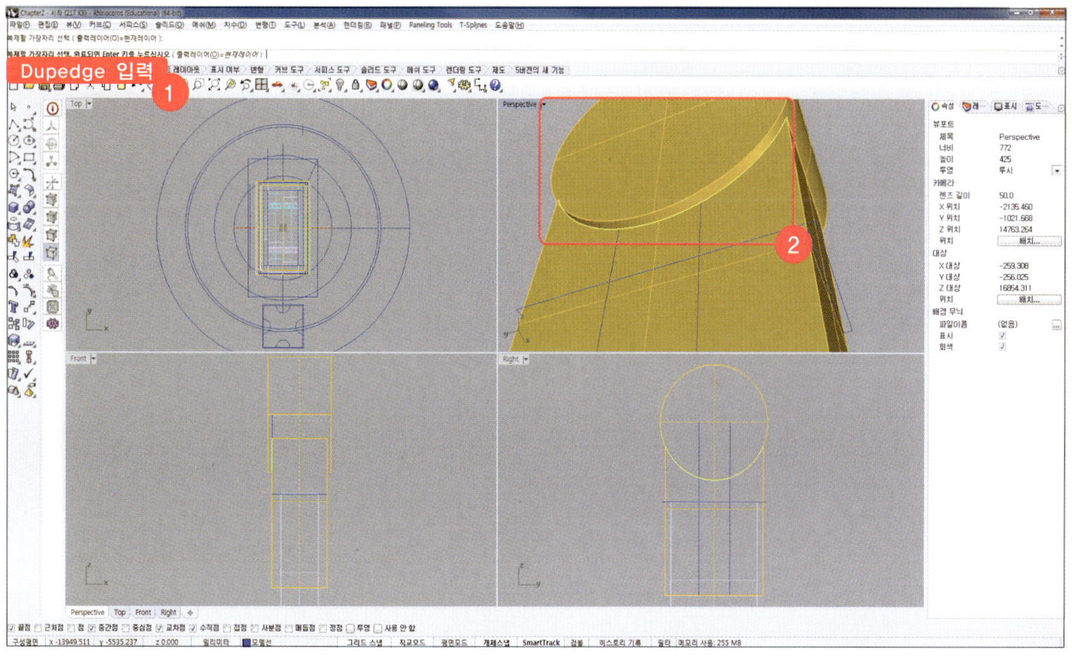

23 'Fillet'을 입력하고 '필릿할 첫 번째 커브'에 Step 22에서 작성한 커브를 선택(Step 18에서 작성한 직선 커브 사이를 선택)하고 명령창 Fillet설정에 (반지름(R)=0, 결합(J)=예)로 변경한 후, Step 18에서 Mirror복사한 커브를 선택합니다. 반대편도 마찬가지로 'Fillet'을 이용하여 경계 윤곽선을 만듭니다.

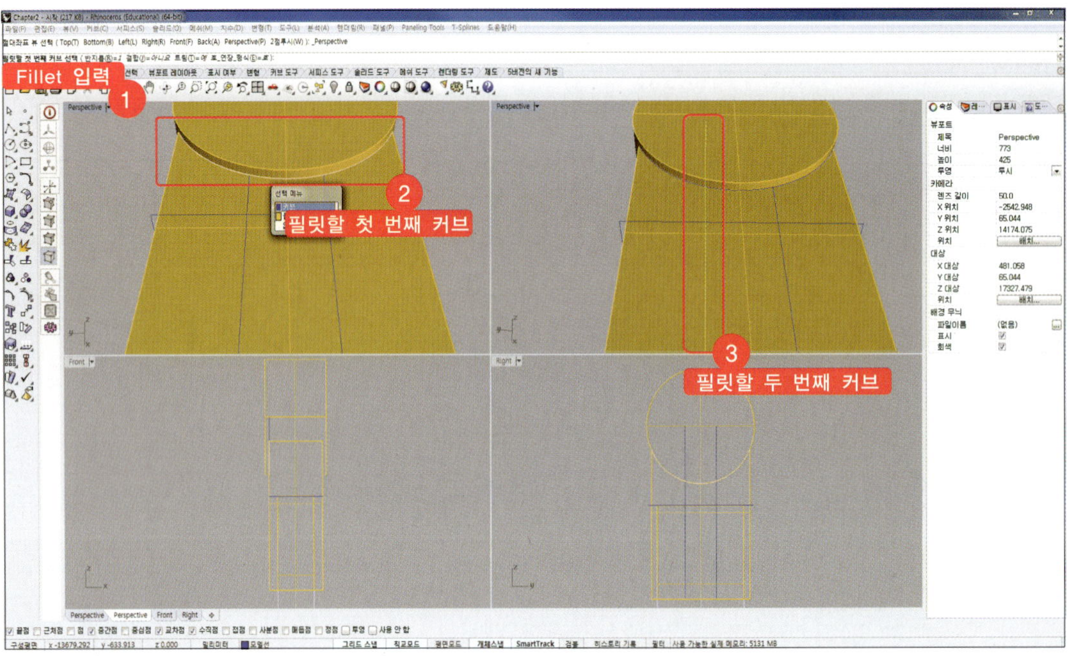

24 'ClosedCrv'를 입력하고 Step 23에서 fillet후 결합 한 커브를 선택하고 [Enter]키를 누릅니다.

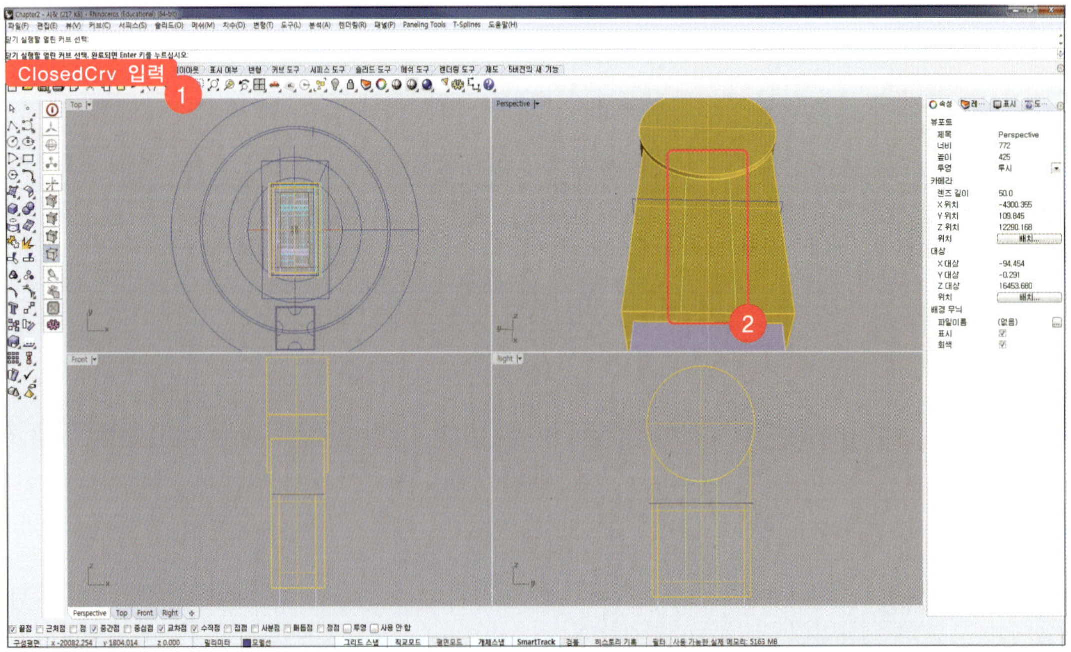

25 ‘ExtrudeCrv’를 입력하고 ‘돌출시킬 커브’에 Step 24에서 작성한 커브를 선택하고 ‘돌출 거리’에 ‘-50’을 입력하고 [Enter]키를 누릅니다.

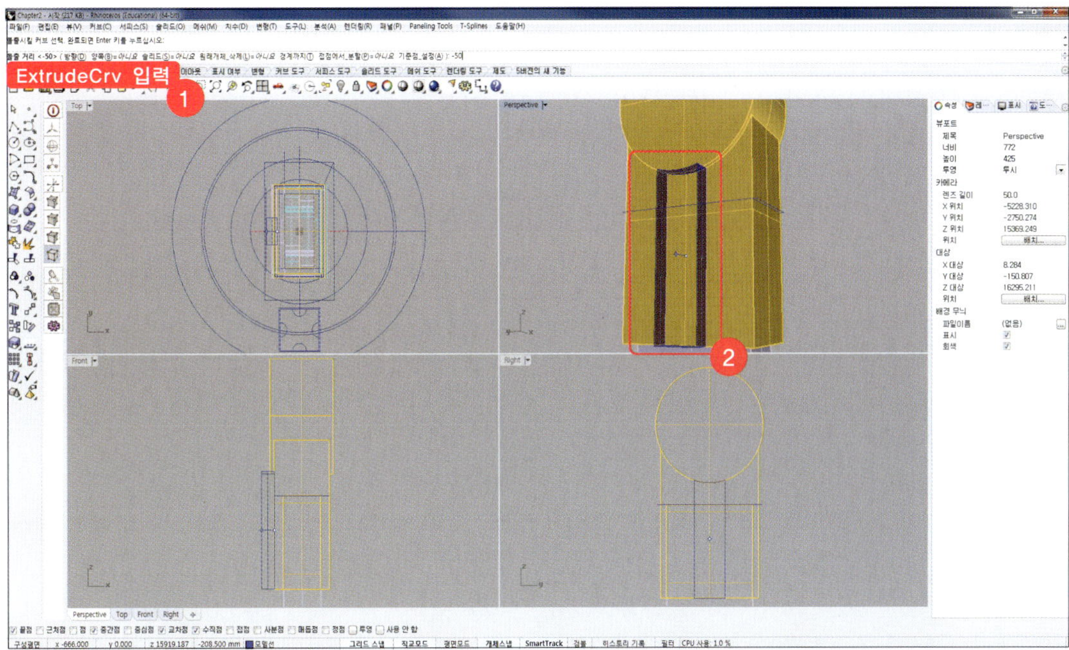

26 ‘Cap’을 입력하고 ‘끝막음할 서피스’에 Step 25에서 작성한 surfcae를 선택하고 [Enter]키를 누릅니다.

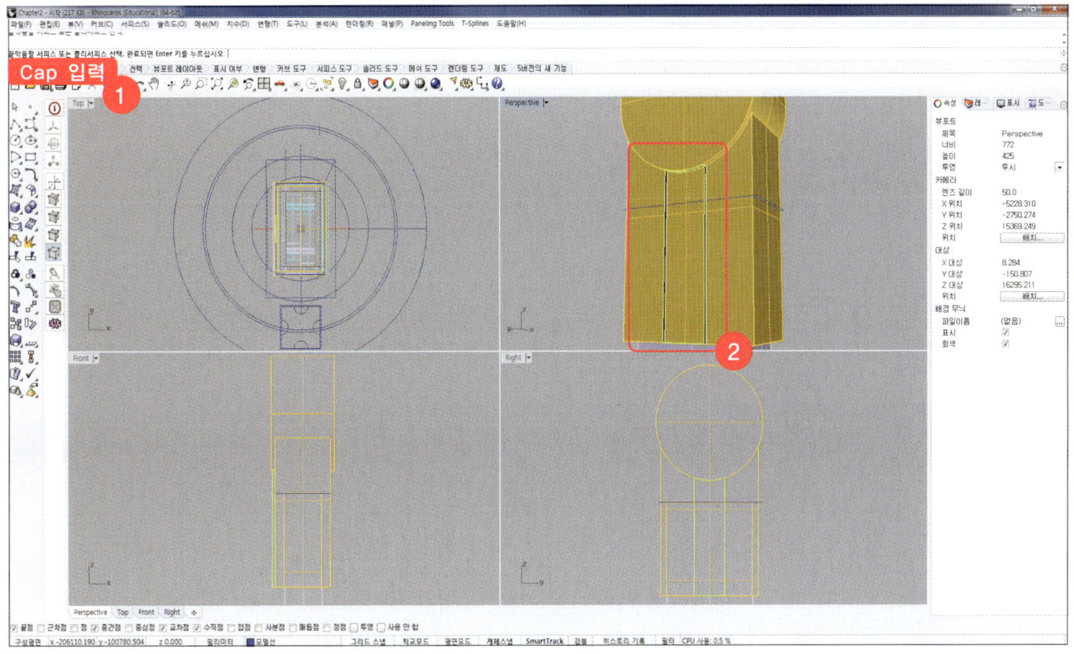

27 Step 26에서 생성한 surface의 레이어를 'UP LEG CAP' 레이어로 변경하고 명령창에 'OffsetCrvOnSrf'를 입력합니다. '서피스에 있는 커브'에 아래 그림과 같이 cylinder테두리 커브를 선택하고 방향은 원 안쪽으로 지정합니다.(커브 선택 후 명령창에 (반전(F))를 클릭하면 방향 조절이 가능합니다.) '간격띄우기 거리'에 '200'을 입력하고 [Enter]키를 누릅니다.

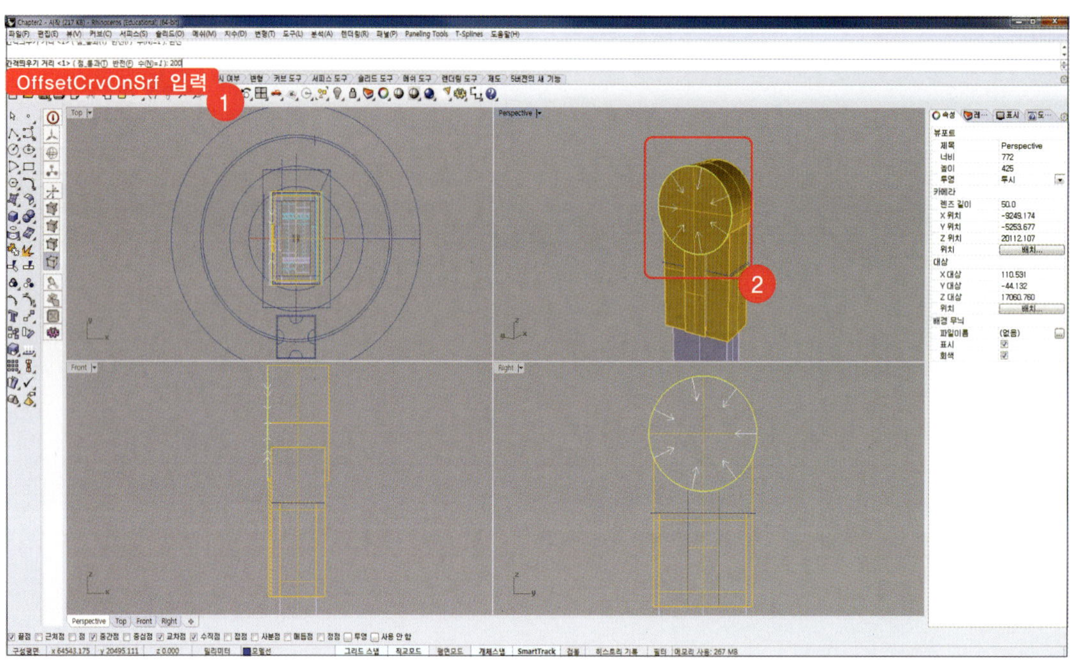

28 Step 27에서 Offset한 커브의 레이어를 '모델선' 레이어로 변경한 뒤, 명령창에 'MakeHole'을 입력합니다. '닫힌 커브 선택'에 Step 27에서 작성한 커브를 선택하고 '서피스 또는 폴리서피스 선택'에 cylinder를 클릭합니다. '깊이 점'에 '250'을 입력하고 [Enter]키를 누릅니다.

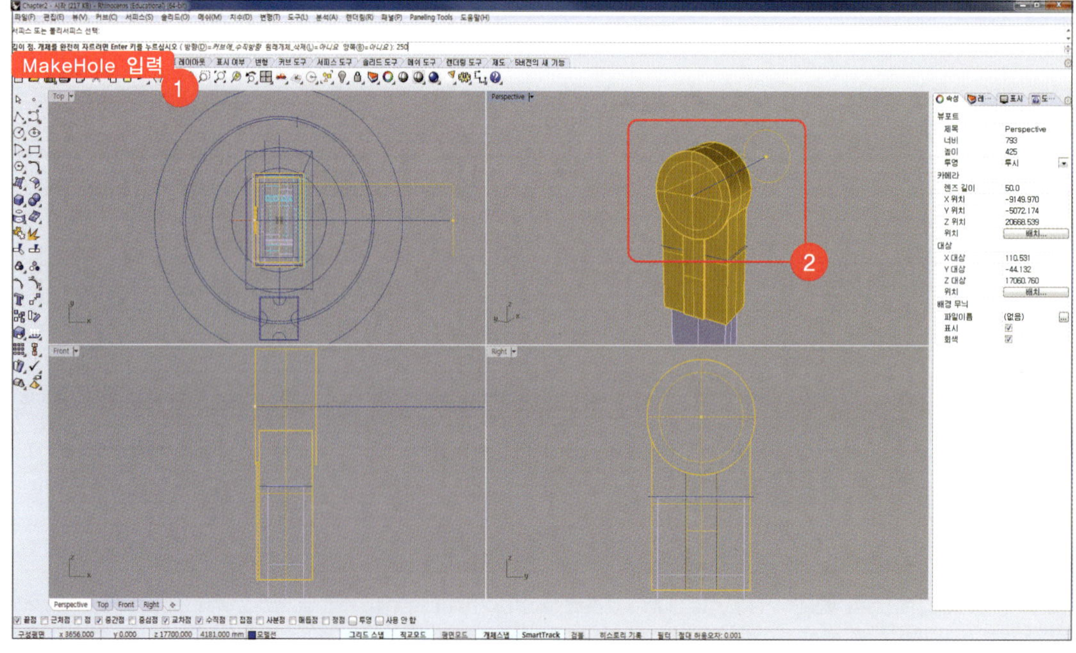

29 아래 개체 스냅에 '중심점' 만 체크하고 나머지는 모두 체크해제 합니다. 명령창에 'Circle' 을 입력하고 아래 그림과 같이 '원의 중심' 에 [Right]뷰, [Perspective]뷰, [Front]뷰에 표시된 점을 선택합니다. ([Front]뷰에서 점의 선택이 용이합니다.) '반지름' 은 '50' 을 입력하고 [Right]뷰에서 원이 작성되도록 합니다.

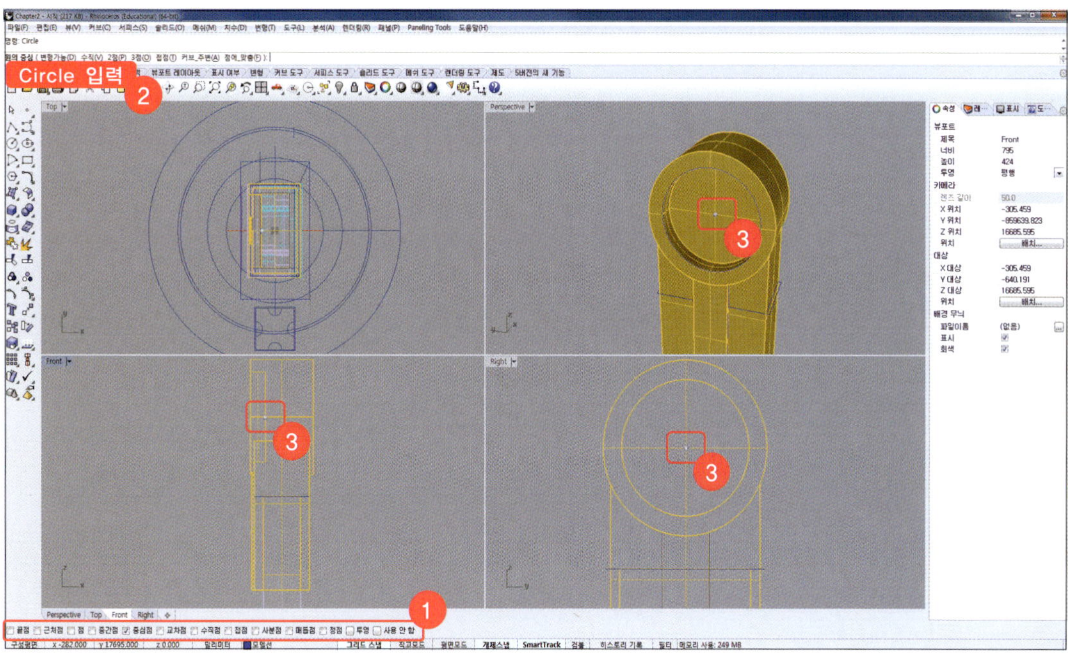

30 Step 29와 같이 같은 원의 중심을 가지는 반지름 '500', '600', 원 2개를 'Circle' 명령어를 이용해 작성합니다.

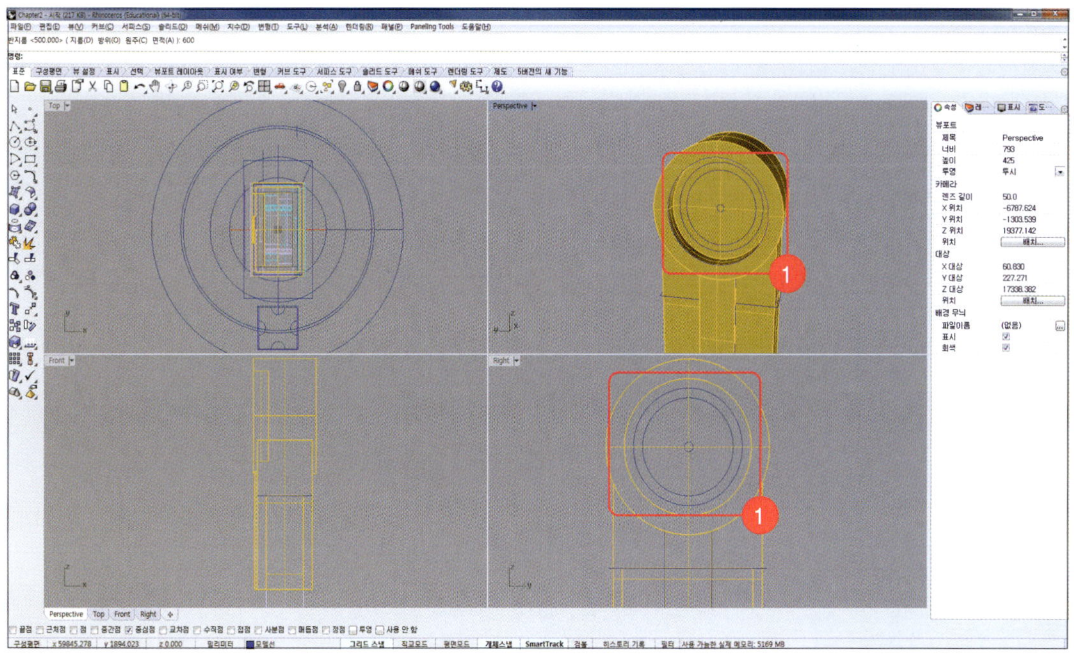

31 'Line'을 입력하고 '선의 시작'에 Step 29~30에서 그린 원의 중심을 선택하고 [Right]뷰에서 오른쪽으로
평행하게 '선의 끝'을 지정합니다.

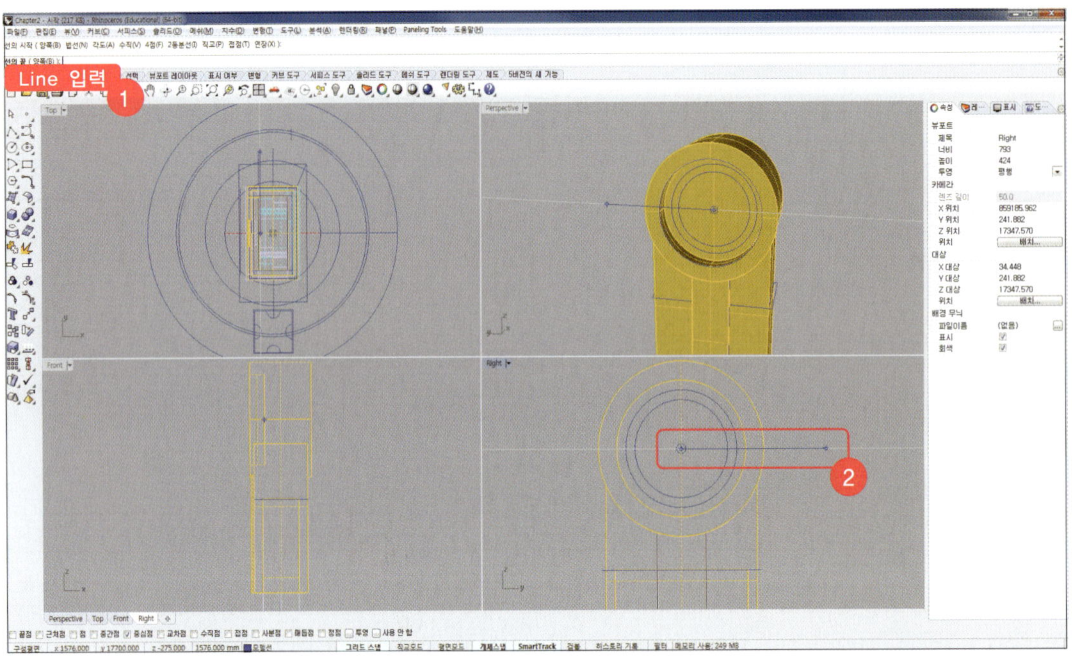

32 'Rotate'를 입력하고 '회전시킬 개체'에 Step 31에서 작성한 line을 선택하고 '회전 중심'에 선택한
line의 시작점을 선택합니다.(개체 스냅에 '끝점'을 체크하고 '직교모드'도 선택합니다.) '첫 번째 참조
점'에 선택한 line의 끝점을 선택하고 '두 번째 참조점'에 '65'를 입력하고 [Enter]키를 누릅니다.

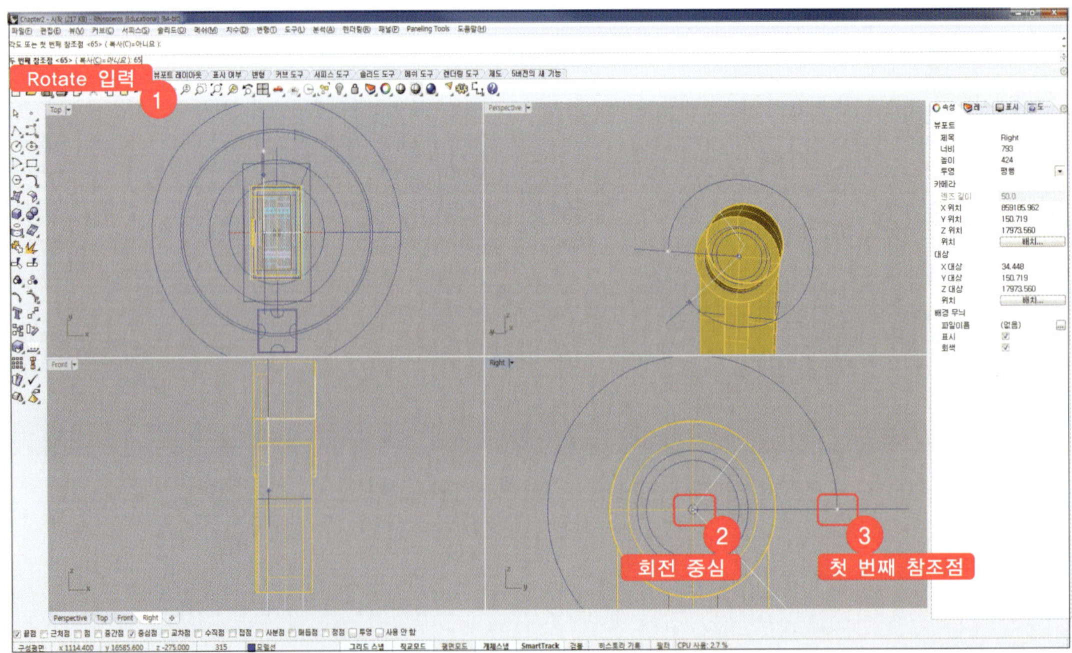

33 'Mirror'를 입력하고 '미러 실행할 개체'에 rotate한 line을 선택합니다. '미러 평면'에 아래 그림과 같이 [Right]뷰에서 선택한 line의 시작점을 지나는 가로로 평행한 미러 평면을 지정합니다.

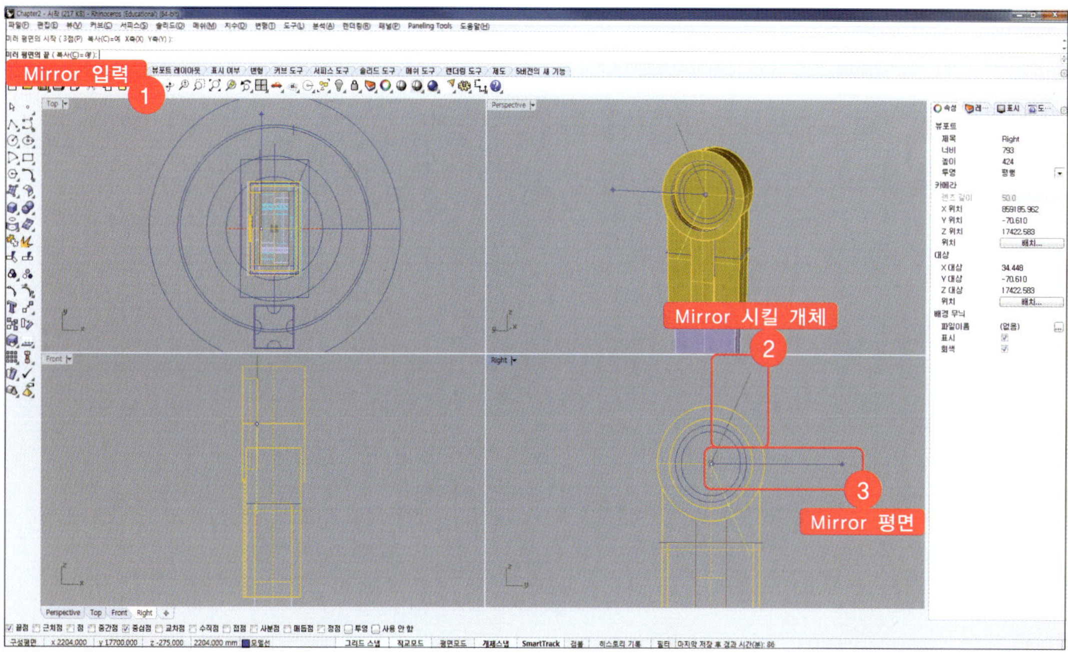

34 'Trim'을 입력하고 '절단 개체 선택'에 아래 그림과 같이 반지름 500, 600인 원 2개와 Step 33에서 mirror한 line, 원본 line 2개를 선택합니다. '트림할 개체 선택' 아래 그림과 같은 모양이 나오도록 나머지 선들을 정리합니다.

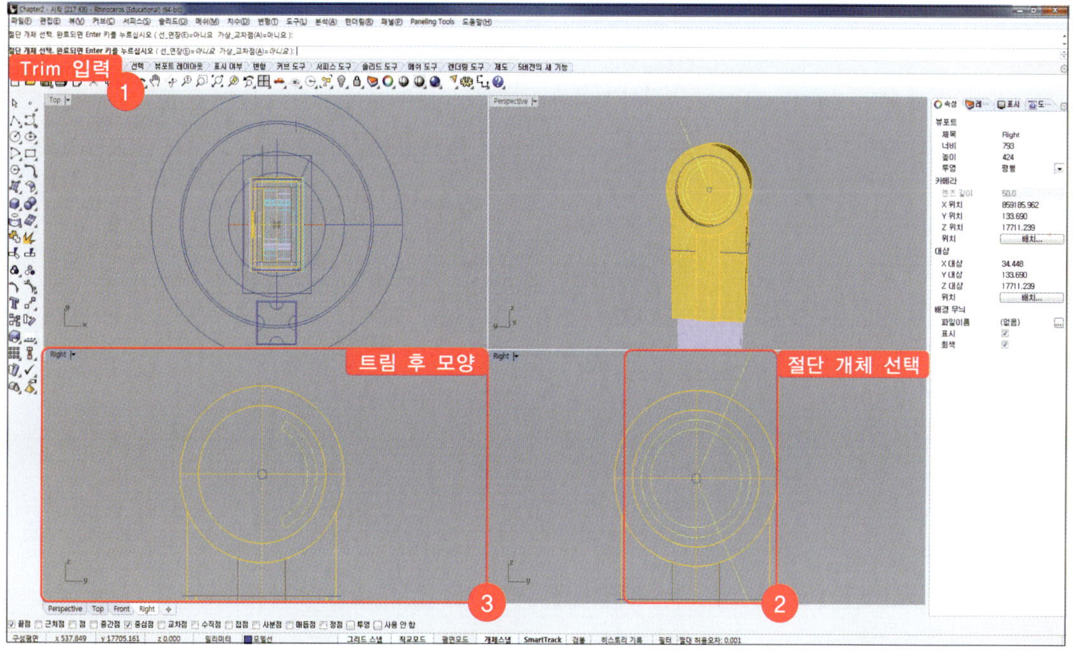

35 'Mirror'를 입력하고 '미러 시킬 개체'에 Step 34에서 작성한 4개의 커브를 선택합니다. '미러 평면'에 [Right]뷰에서 원의 중심점을 지나고 세로로 평행한 평면을 지정합니다. 미러 평면 선택 시, (복사(C)=아니오)로 변경합니다.

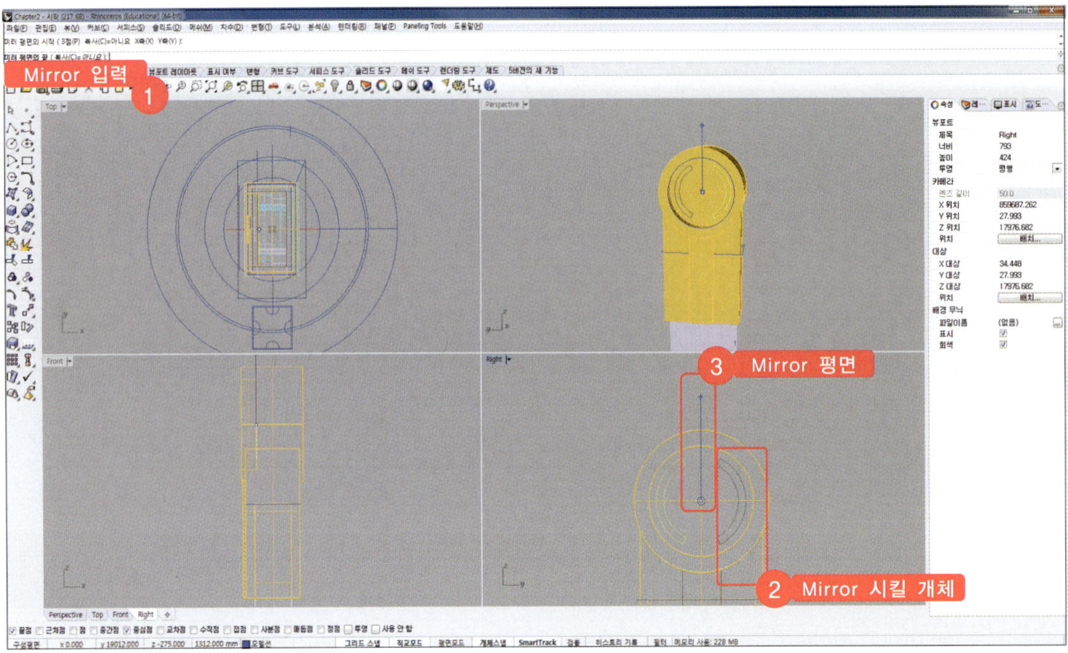

36 Step 35에서 mirror시킨 커브 4개를 선택하고 명령창에 'Join'을 입력한 뒤, [Enter]키를 누릅니다.

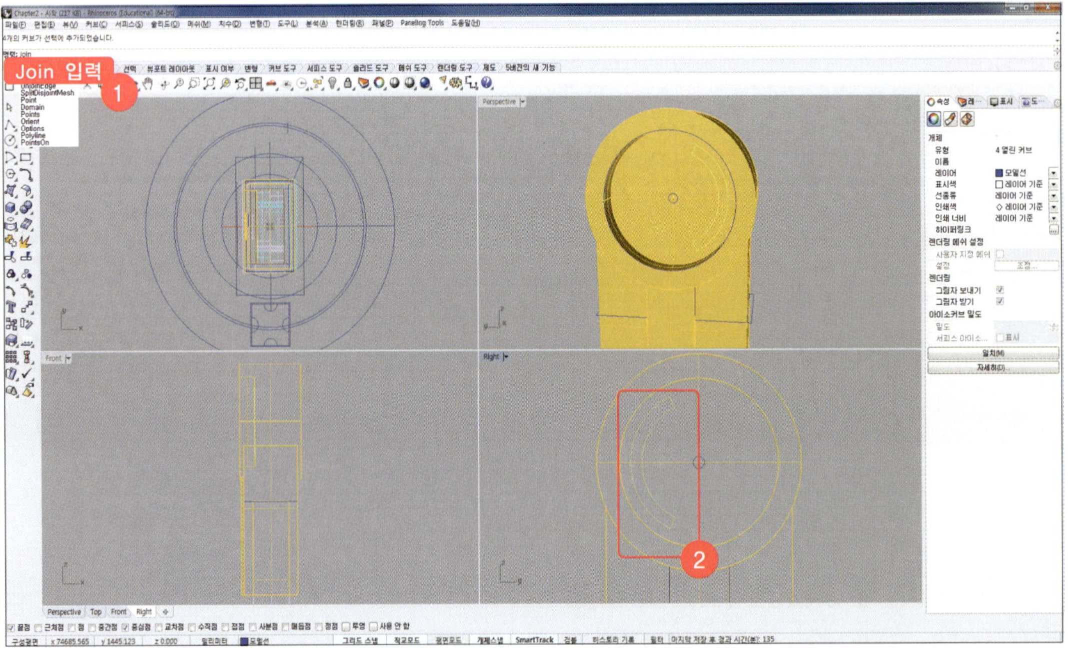

37 'MakeHole'을 입력하고 '닫힌 커브 선택'에 아래 그림과 같이 Step 36에서 join한 커브와 가운데 반지름 50인 원 2개의 커브를 선택합니다. '서피스 또는 폴리 서피스' 선택에 UP LEG CAP 서피스를 선택(모두 결합 되어 있음)하고 완전히 구멍이 날 수 있도록 충분히 '깊이 점'을 지정합니다.

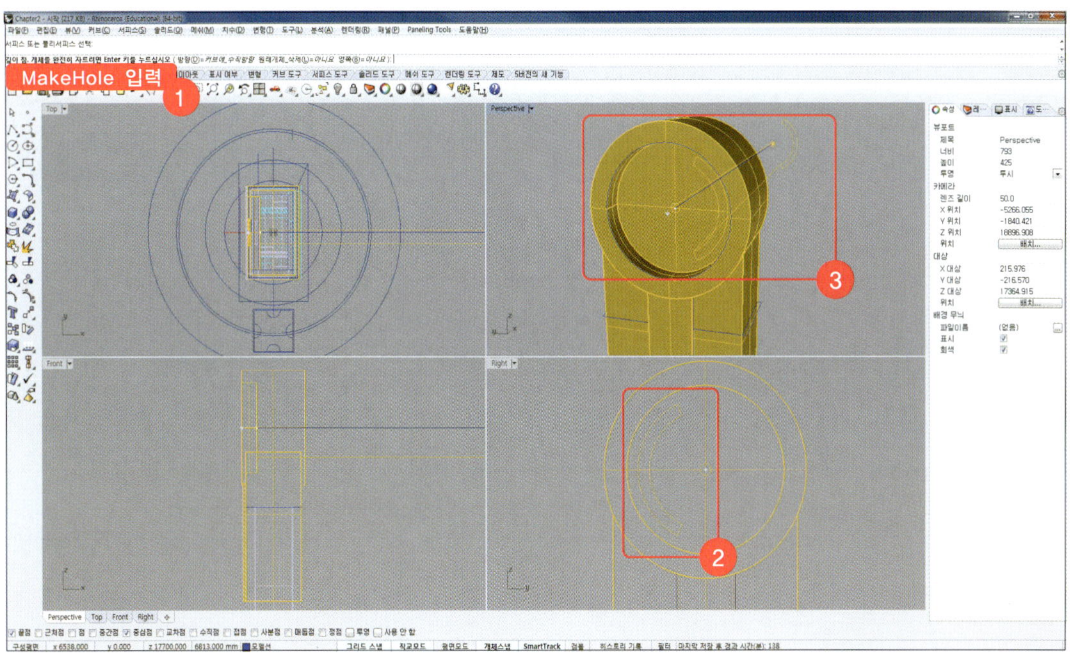

38 다리 부분이 완성되었습니다. '기본값', '중심선', '모델선' 레이어를 제외하고 모든 레이어를 전구 버튼을 클릭해 보이도록 합니다.

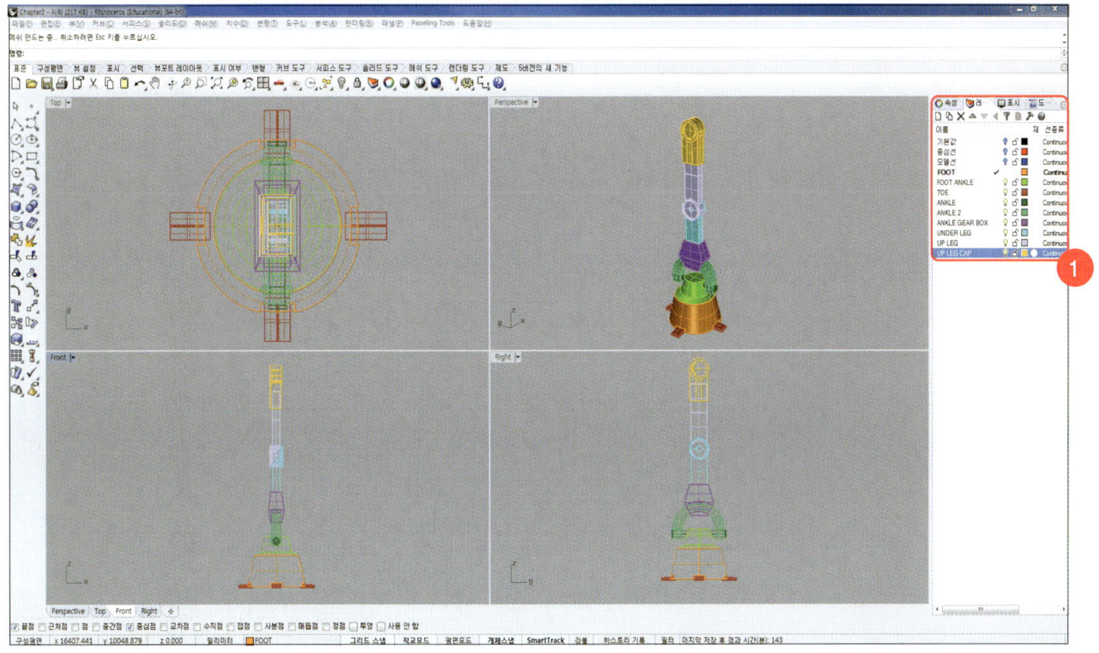

39 화면에 표시된 다리 부분의 모든 개체들을 선택하고 명령창에 'Group'을 입력한 뒤, [Enter]키를 누릅니다.

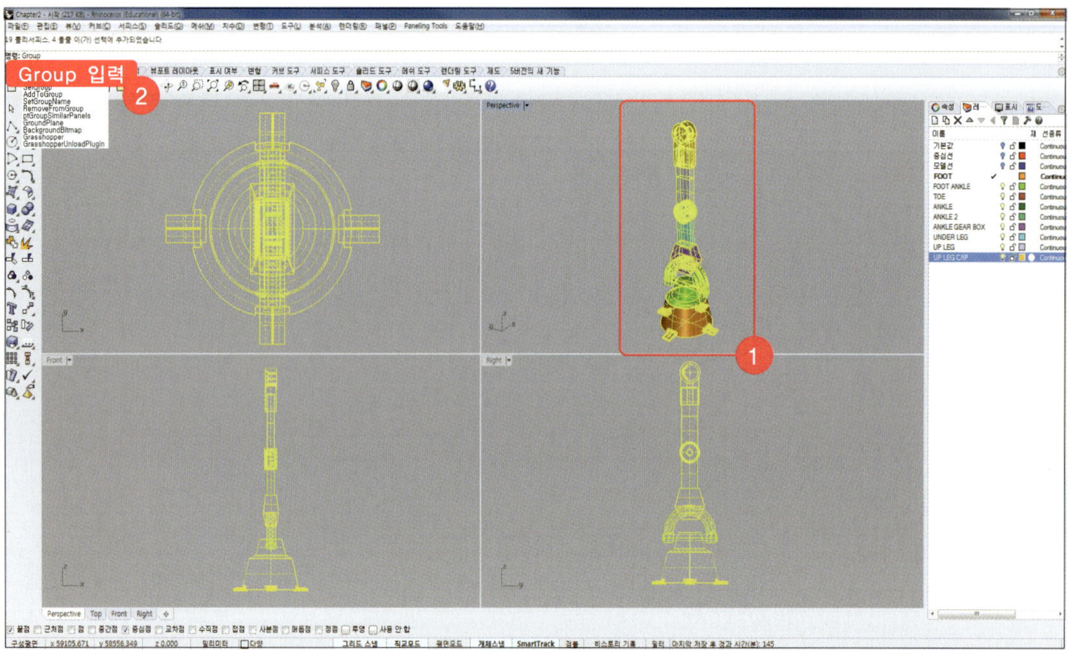

40 다리의 모든 부분이 완성되었습니다.

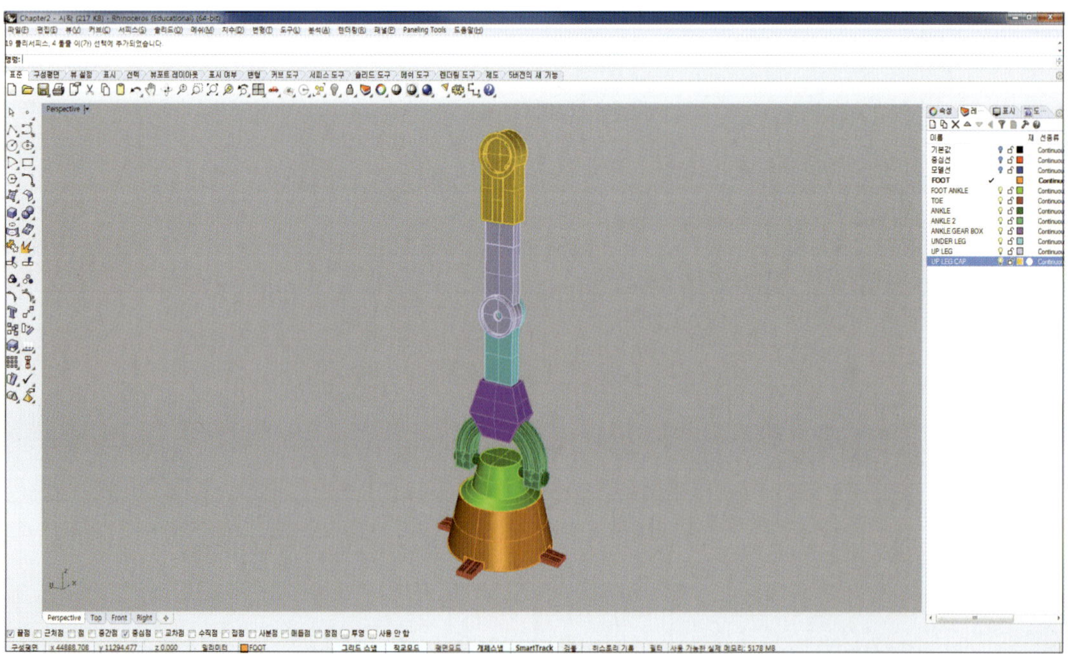

Chapter 03

LEG 배치하기

■ LEG 배치

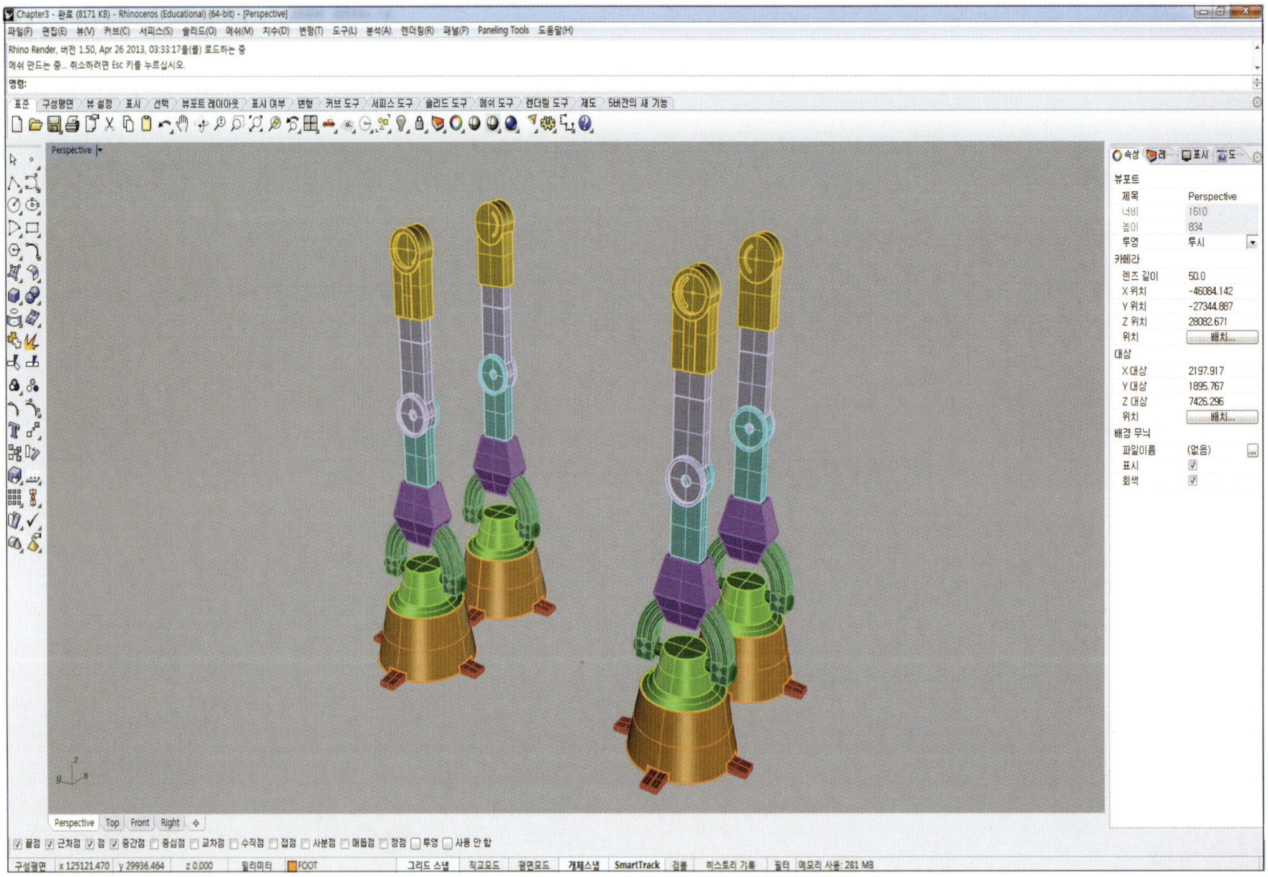

POINT!

● 조립된 Digital Model 알맞은 위치에 배치

01 Chapter 02에 이어 완성된 다리를 배치하겠습니다. 예제파일 'PART2' 폴더에서 'Chapter3 - 시작' 파일을 로드합니다. 명령창에 'Move'를 입력하고 그룹 지어진 다리를 선택합니다.
[Top]뷰에서 위 쪽으로 '7500' 만큼 이동합니다.

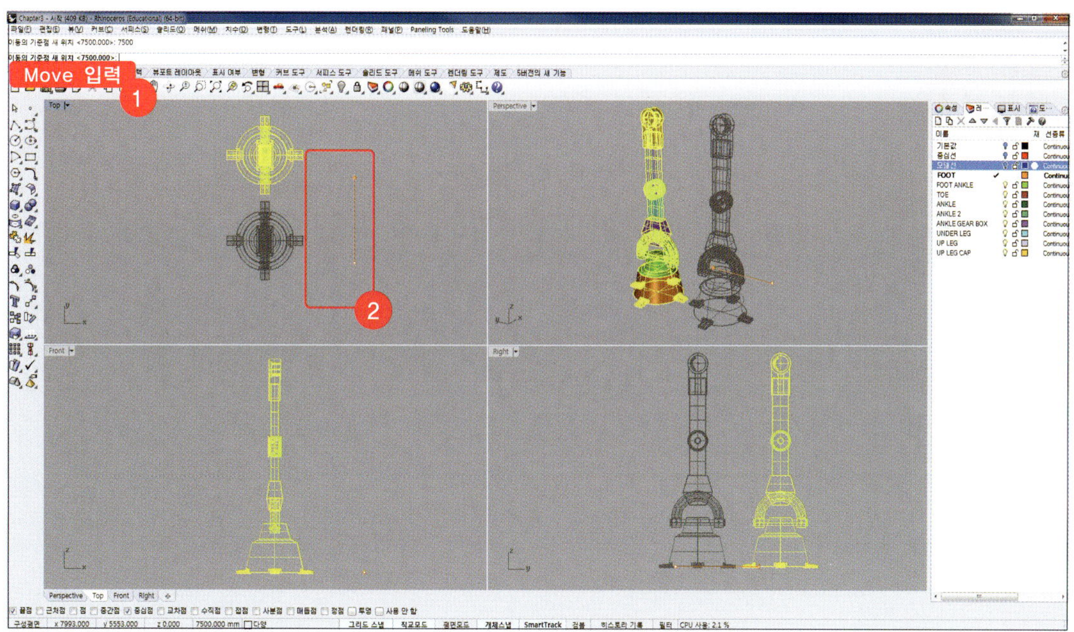

02 다리가 선택된 상태에서 다시 명령창에 'Move'를 입력합니다.
[Top]뷰에서 왼쪽으로 '3500' 만큼 이동시킵니다.

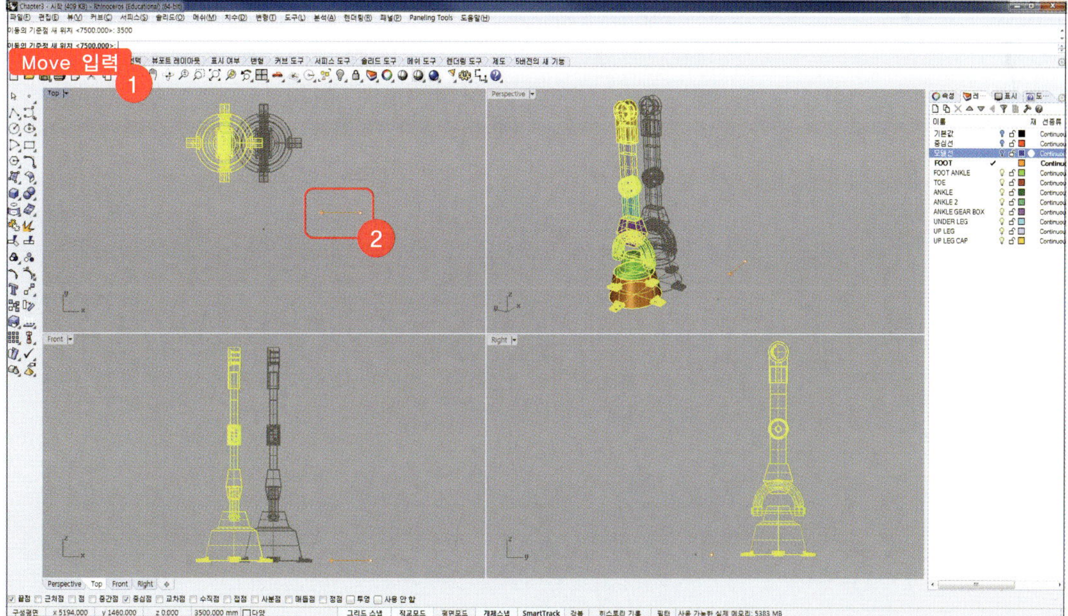

03 [상태창] ➡ [레이어]탭에서 '중심선' 레이어를 켠 뒤, 명령창에 'Mirror'를 입력합니다.
'미러시킬 개체'에 다리를 선택하고 '미러 평면'은 [Top]뷰에서 중심선 레이어 중 세로선(y축)을 따라
미러 평면을 작성합니다.(미러 평면 선택 시, (복사(C)=예)로 변경합니다.)

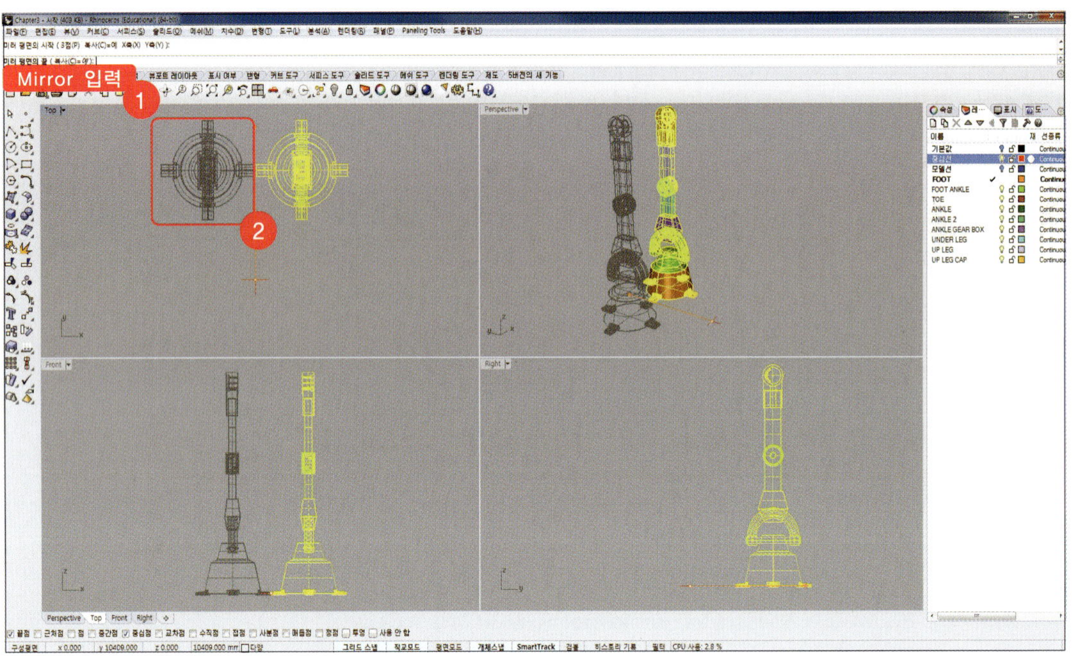

04 다시 명령창에 'Mirror'를 입력하고 '이동시킬 개체'에 다리 2개를 선택합니다. '미러 평면의 시작'
선택 시 명령창에 (X축)을 클릭합니다. Rhino 3D 상의 X축을 미러 평면을 설정하여 복사된 것을 확인할
수 있습니다.

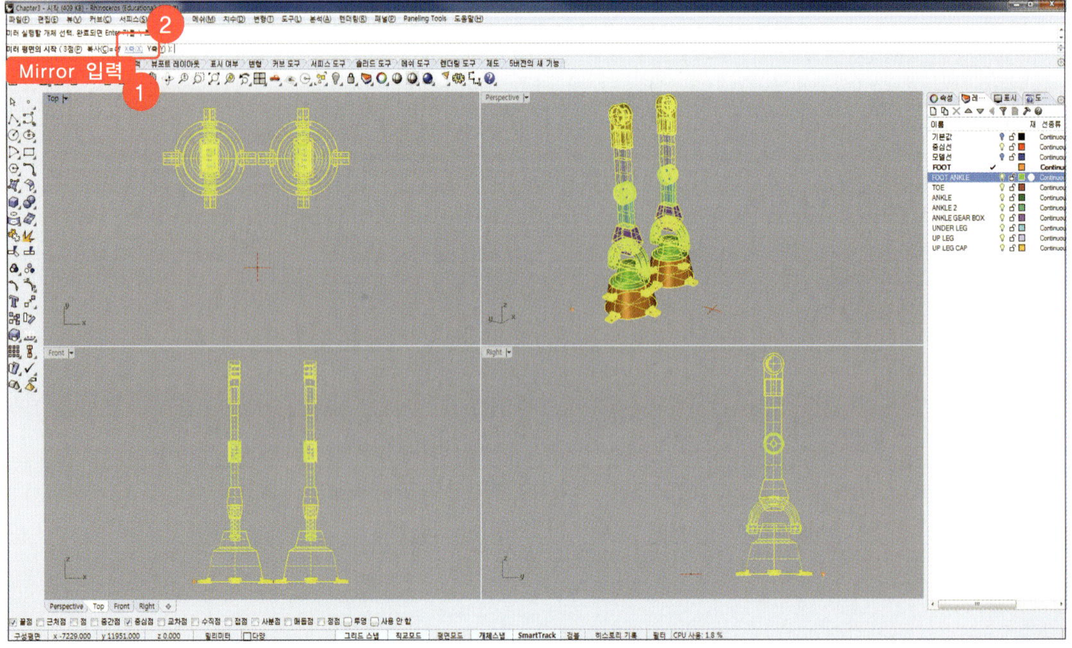

05 다리 부분을 EXPORT 하겠습니다.

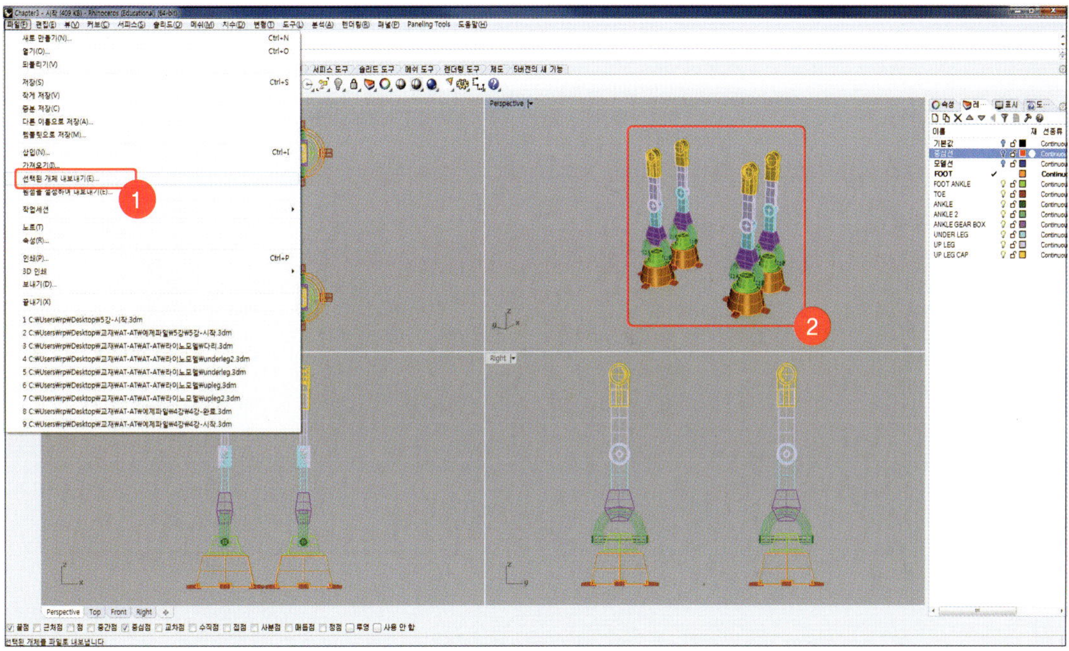

06 [내보내기]창이 활성화되면 '파일 이름'에 '다리'를 입력하고 '파일 형식'에 'Rhino 5 3D 모델 (*.3dm)'을 선택하고 [저장]을 클릭합니다.

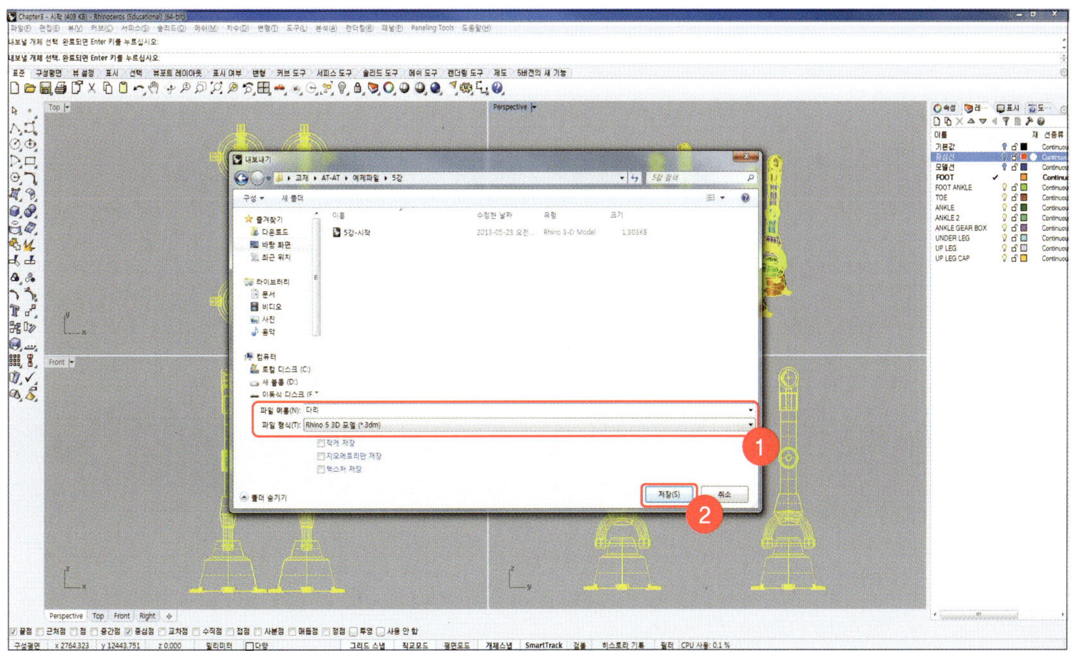

07 다리 배치가 완료되었습니다.

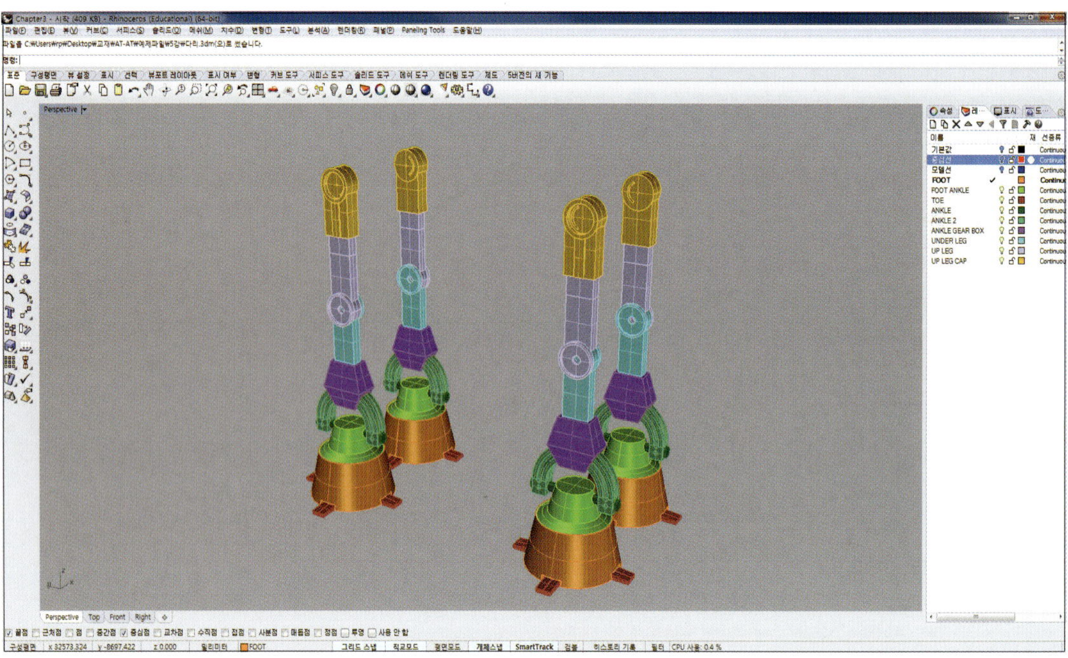

Chapter 04

하부 JOINT 작성하기

■ 하부 JOINT 모델링 : 설계/제작/생산/조립

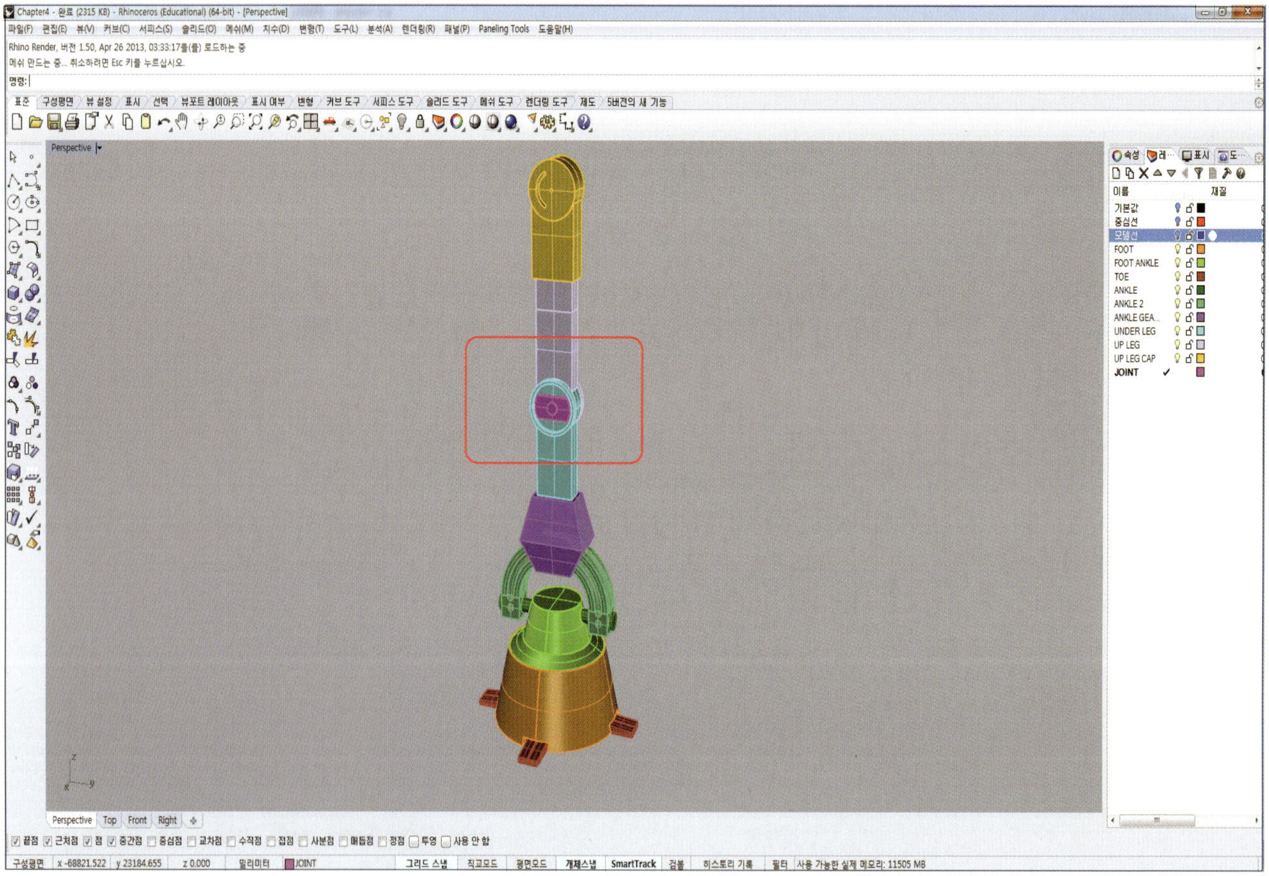

POINT!

- 하부 JOINT Digital Model 생성
- Digital Model간 조립

01 Rhino 3D 5를 실행합니다. 예제파일 'PART2' 폴더에서 'Chapter4 – 시작' 파일을 로드합니다. [상태창] ➡ [레이어]탭에서 'JOINT' 라는 이름의 레이어를 생성하고 색상을 임의로 지정합니다. 현재 레이어로 '모델선'을 지정합니다.

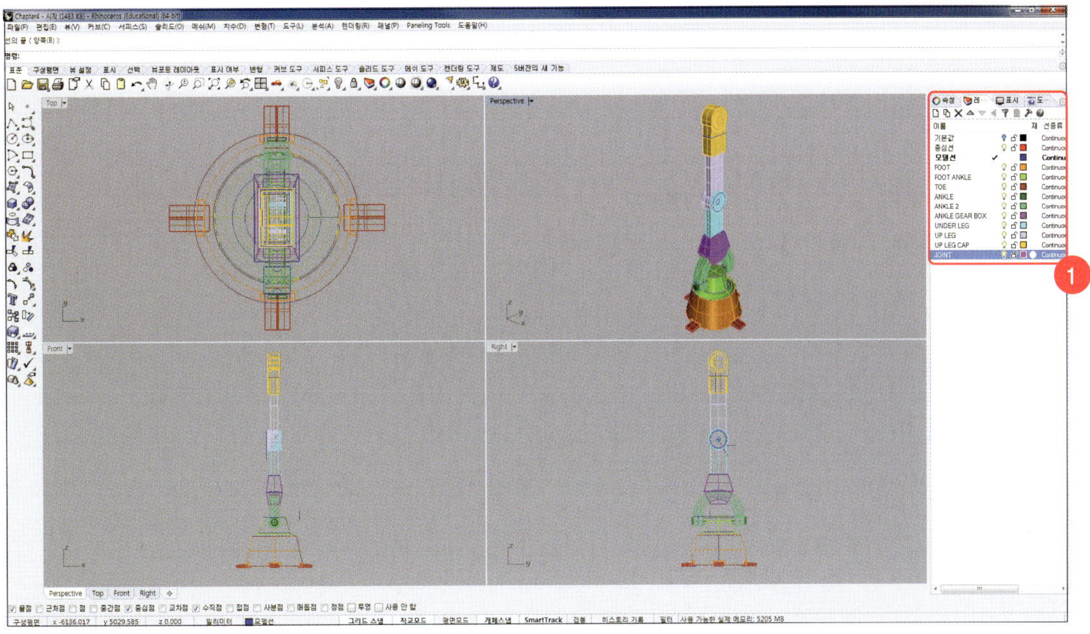

02 'Offset' 을 입력하고 UNDER LEG와 UP LEG가 연결되는 부분의 구멍이 뚫려 있는 작은 원 커브를 선택하고 '간격띄우기할 쪽'에 '20'을 입력한 뒤, 선택된 원 커브 안쪽으로 간격띄우기 커브가 작성되게 클릭합니다.

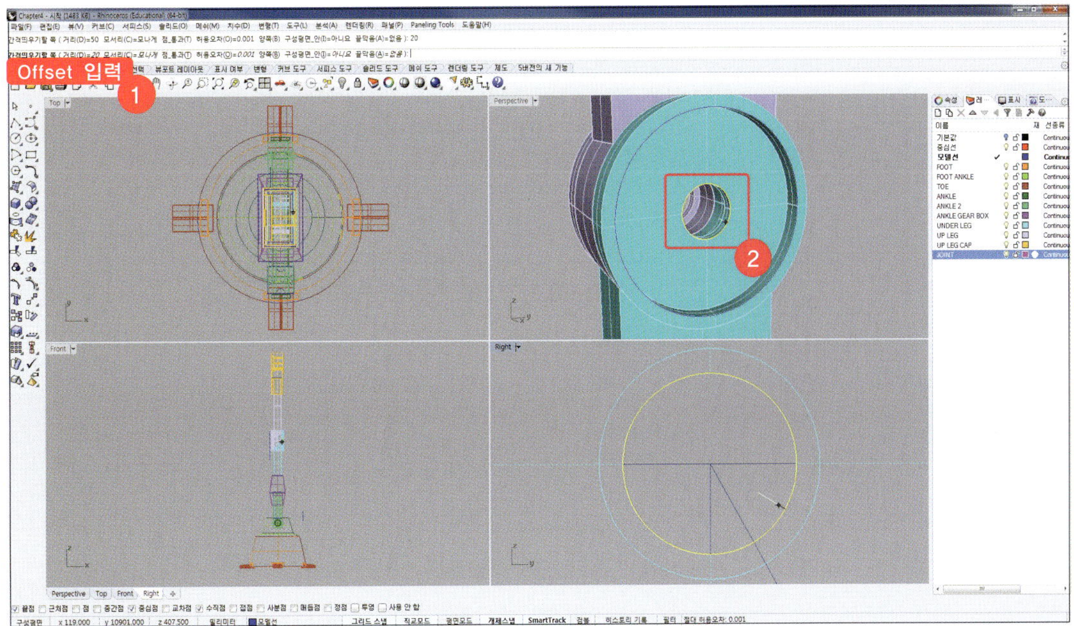

03 다시 ‘Offset’을 입력하고 ‘간격띄우기 실행할 커브’에 Step 02에서 간격띄우기한 커브를 선택하고 커브 바깥쪽으로 ‘500’ 만큼 간격띄우기를 실행합니다.

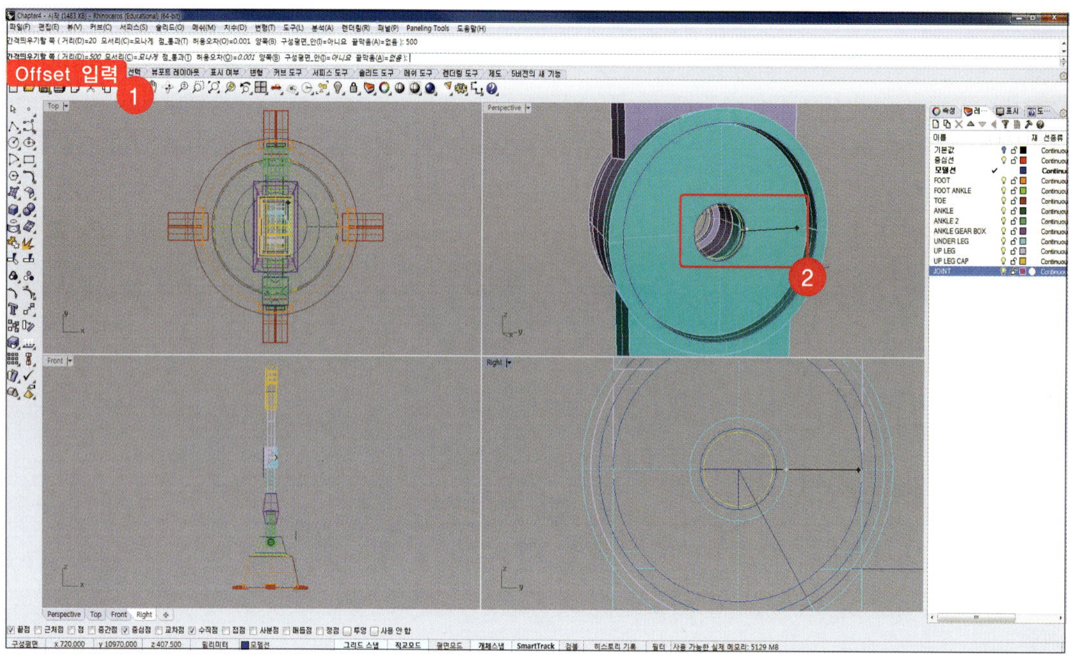

04 JOINT 모양을 만들기 위해 line을 작성합니다. 명령창에 ‘Line’을 입력하고 아래 그림과 같이 Step 03 에서 작성한 원의 중심을 지나는 수평 line을 작성합니다. (아래 개체 스냅에서 ‘중간점’을 체크하고 원 커브의 끝점과 중간점을 연결하면 됩니다.)

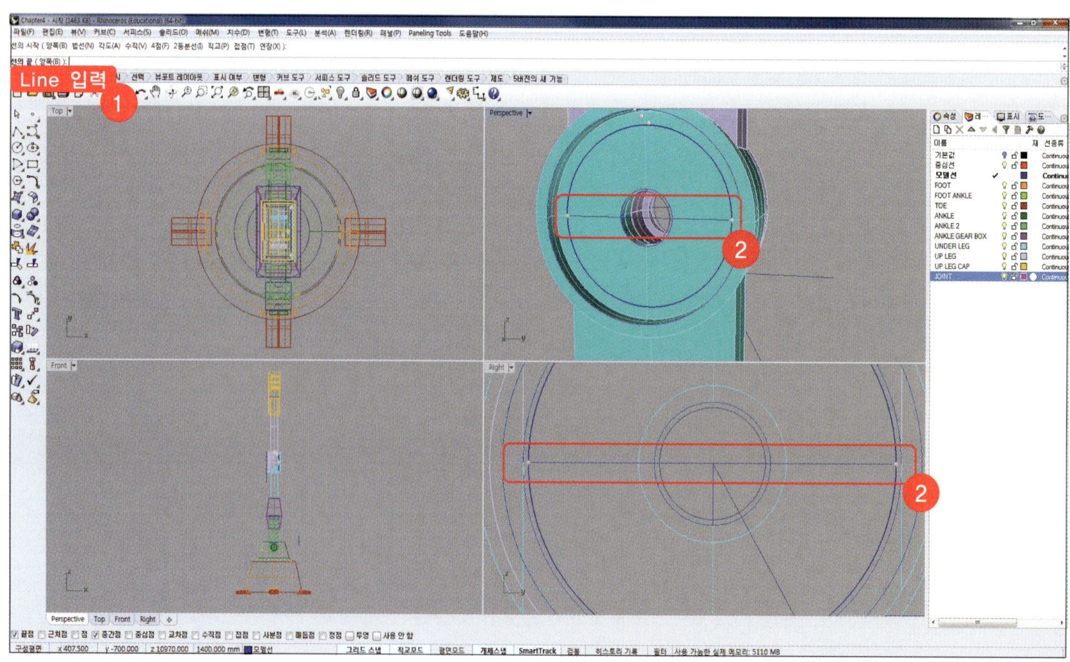

05 'Offset'을 입력하고 Step 04에서 작성한 line을 위아래로 간격 '370'만큼 간격띄우기한 커브를 작성합니다.

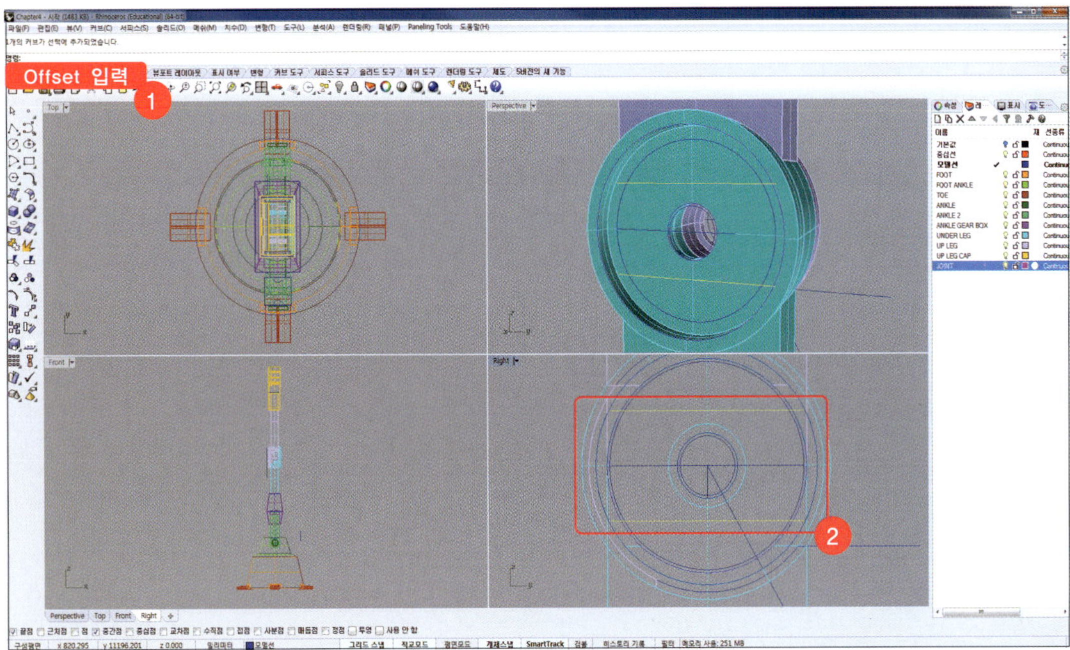

06 'Trim'을 입력하고 '절단 개체 선택'에 Step 03과 05에서 작성한 line과 circle을 선택합니다.
'트림할 개체 선택'에 아래 그림에 표시된 'Trim 후 모양'에 맞춰 선을 잘라 모양을 만듭니다.

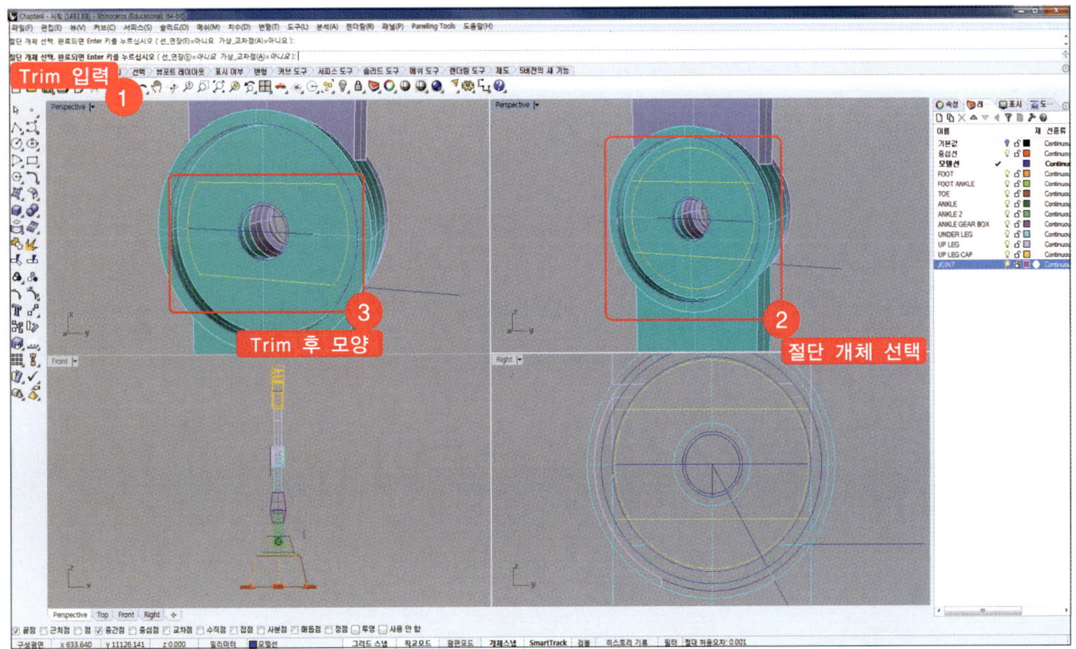

07 완성된 모양의 커브 4개를 선택하고 명령창에 'Join' 을 입력하고 [Enter]키를 누릅니다.

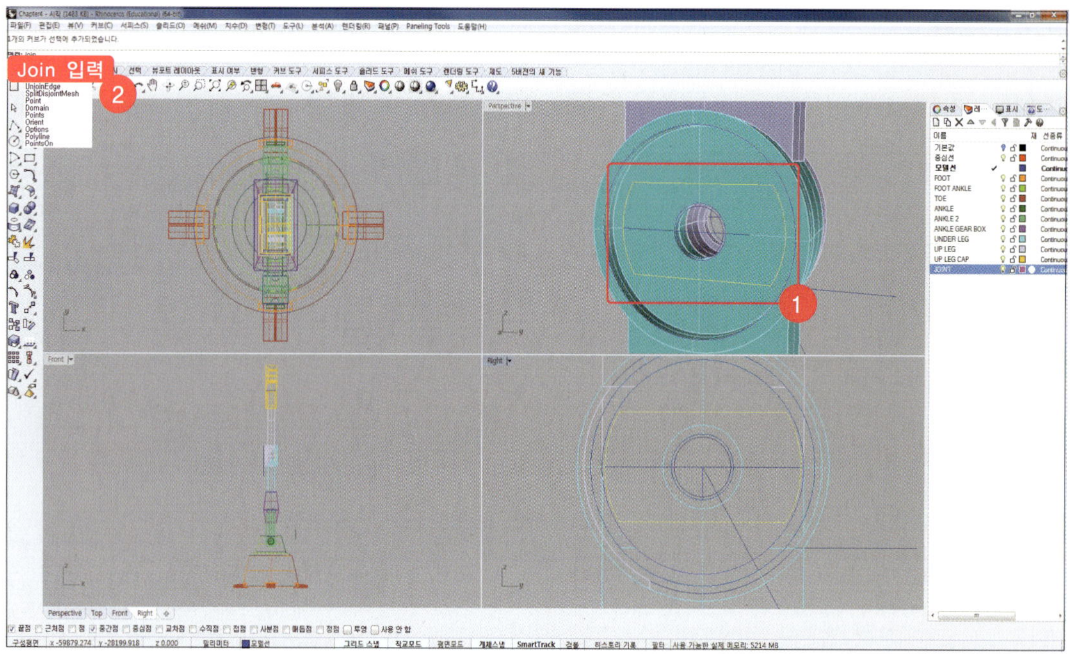

08 'Move' 를 입력하고 '이동시킬 개체' 에 [Right]뷰에서 가장 안쪽의 circle을 선택하고
'이동의 기준점' 을 [Front]뷰에서 임의로 선택 후, 명령창에 '150' 을 입력하고 오른쪽으로 이동시킵니다.

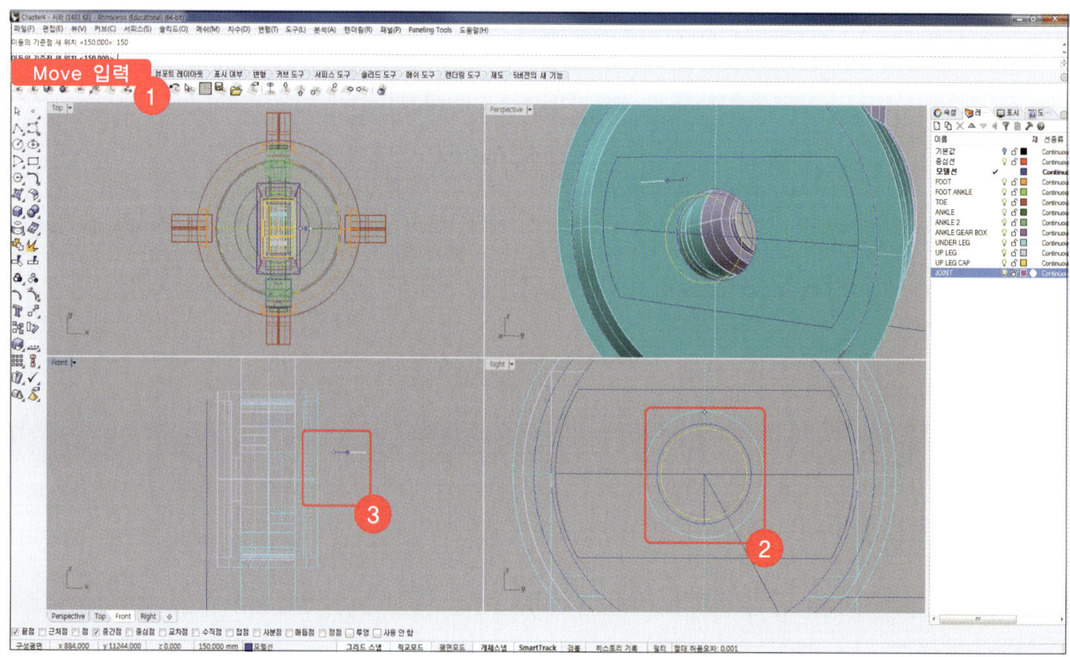

09 ‘ExtrudeCrv’를 입력하고 Step 08에서 이동시킨 circle 커브를 선택하고 [Enter]키를 누릅니다. 명령창에 (솔리드=예)로 변경한 뒤, ‘돌출 거리’에 아래 그림과 같이 [Front]뷰에서 UP LEG 부분의 왼쪽 끝점을 선택합니다.

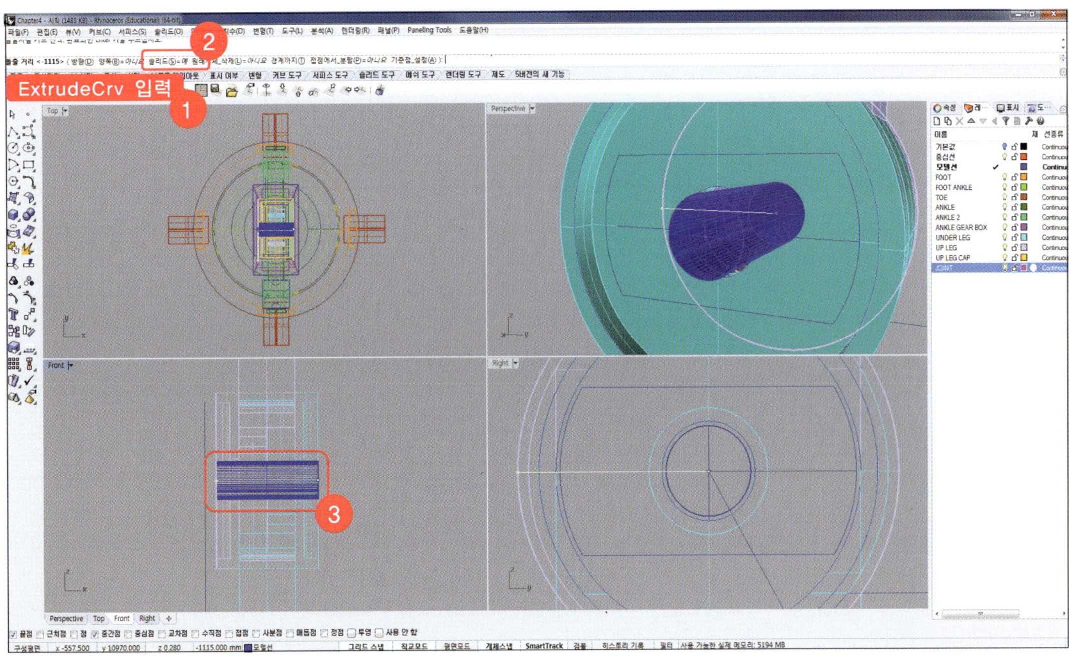

10 Step 09에서 작성한 surface의 레이어를 ‘JOINT’ 레이어로 변경한 뒤, 명령창에 ‘ExtrudeCrv’를 입력합니다. ‘돌출 시킬 커브’에 Step 07에서 join시킨 커브를 선택하고 ‘돌출 거리’에 ‘120’을 입력한 뒤, [Enter]키를 누릅니다.

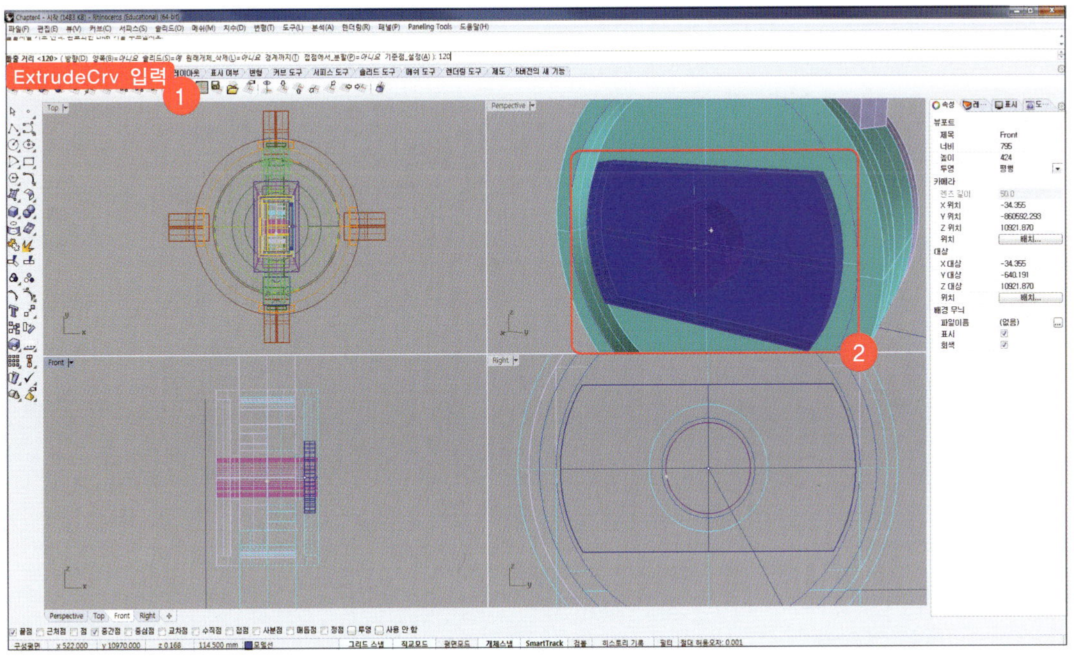

11 'BooleanDifference'를 입력하고 '차집합을 계산할 원래 서피스 또는 폴리서피스'에 Step 10에서 돌출시킨 surface를 선택하고, '차집합 계산에 사용할 서피스 또는 폴리서피스'에 circle을 돌출시킨 surface를 선택한 뒤, [Enter]키를 누릅니다.

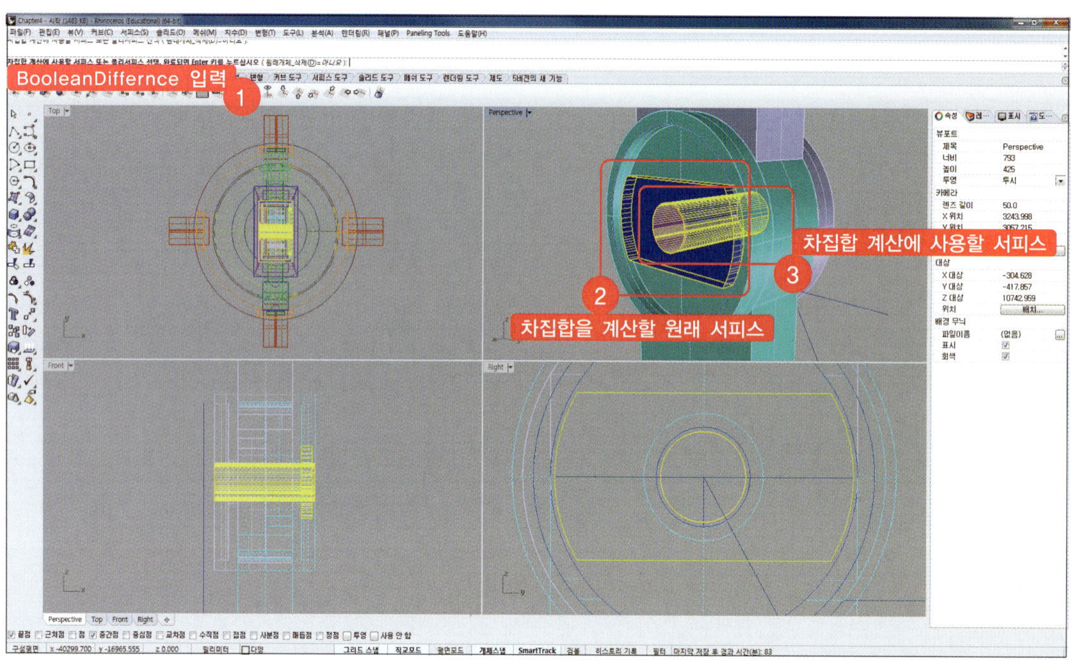

12 차집합 된 surface의 레이어를 'JOINT'로 변경한 뒤, 명령창에 'Mirror'를 입력합니다. '미러 실행할 개체'에 Step 11에서 레이어를 변경한 surface를 선택하고 [Enter]키를 누릅니다. 명령창에 '복사(C)=예'를 확인하고 옆의 'Y축'을 클릭합니다. Rhino 좌표상 y축을 대칭축으로 mirror된 것을 확인할 수 있습니다.

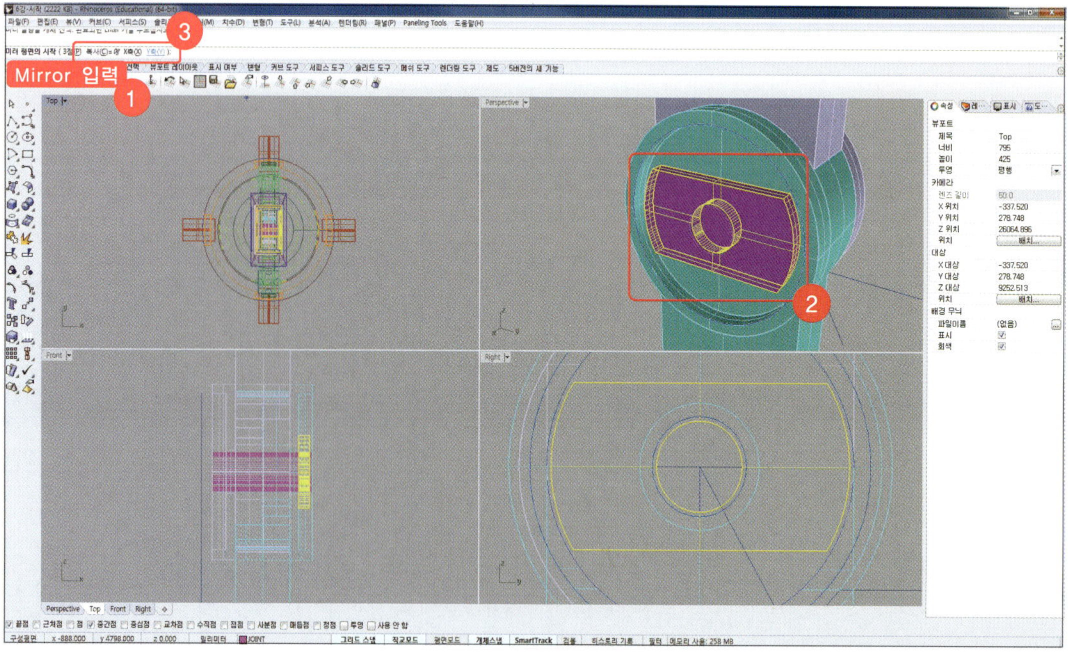

13 'Rotate'를 입력하고 '회전시킬 개체'에 Step 12에서 mirror한 개체를 선택합니다. '회전 중심'에 아래 그림에 표시된 바와 같이 circle의 중심을 선택하고 '첫 번째 참조점'에 [Right]뷰에서 회전 중심에서 왼쪽으로 수평한 임의의 점을 선택합니다. '두 번째 참조점'에 '45'를 입력하고 [Enter]키를 누릅니다.

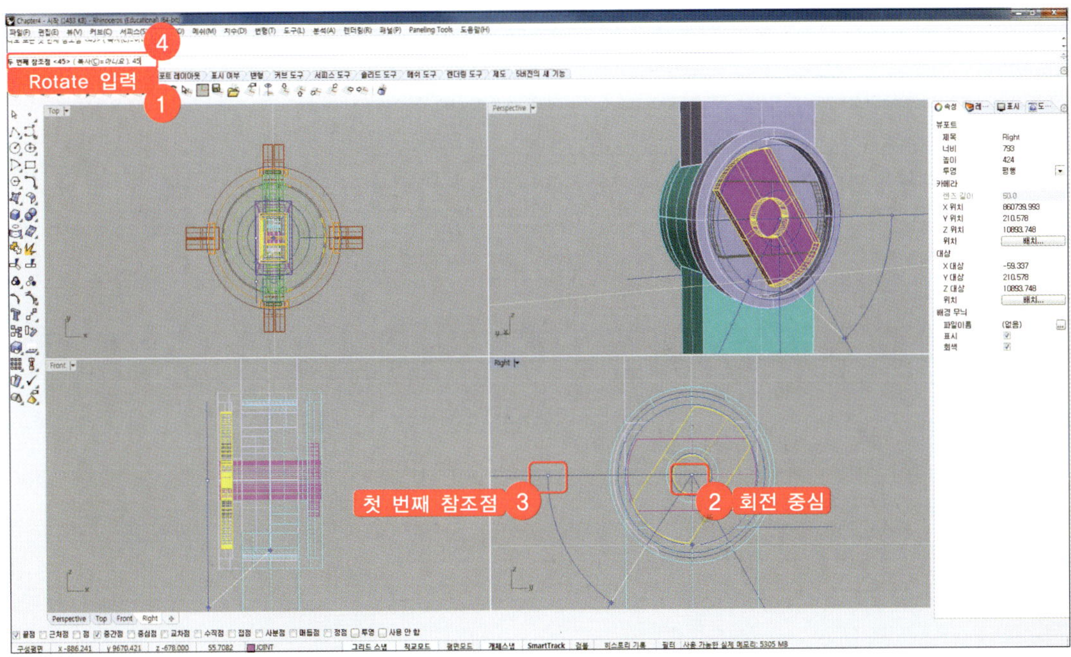

14 하부 JOINT 각 부분이 완성되었습니다.
아래 그림과 같이 3개의 surface를 선택하고 명령창에 'Group'을 입력합니다.

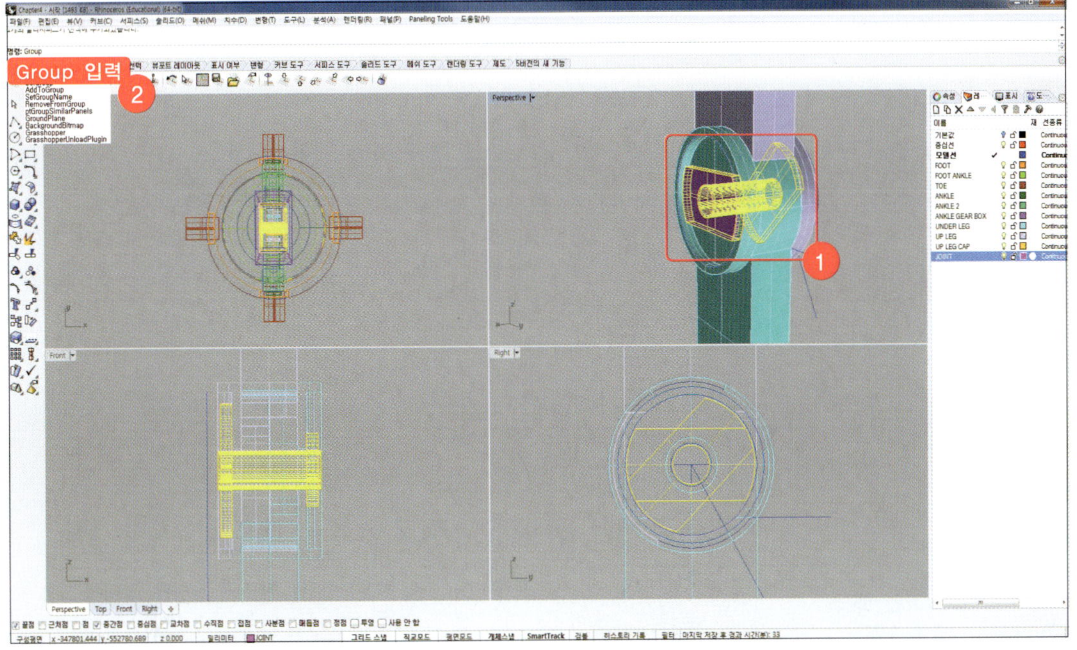

Chapter 05

상부 JOINT 작성하기

■ 상부 JOINT 모델링 : 설계/제작/생산/조립

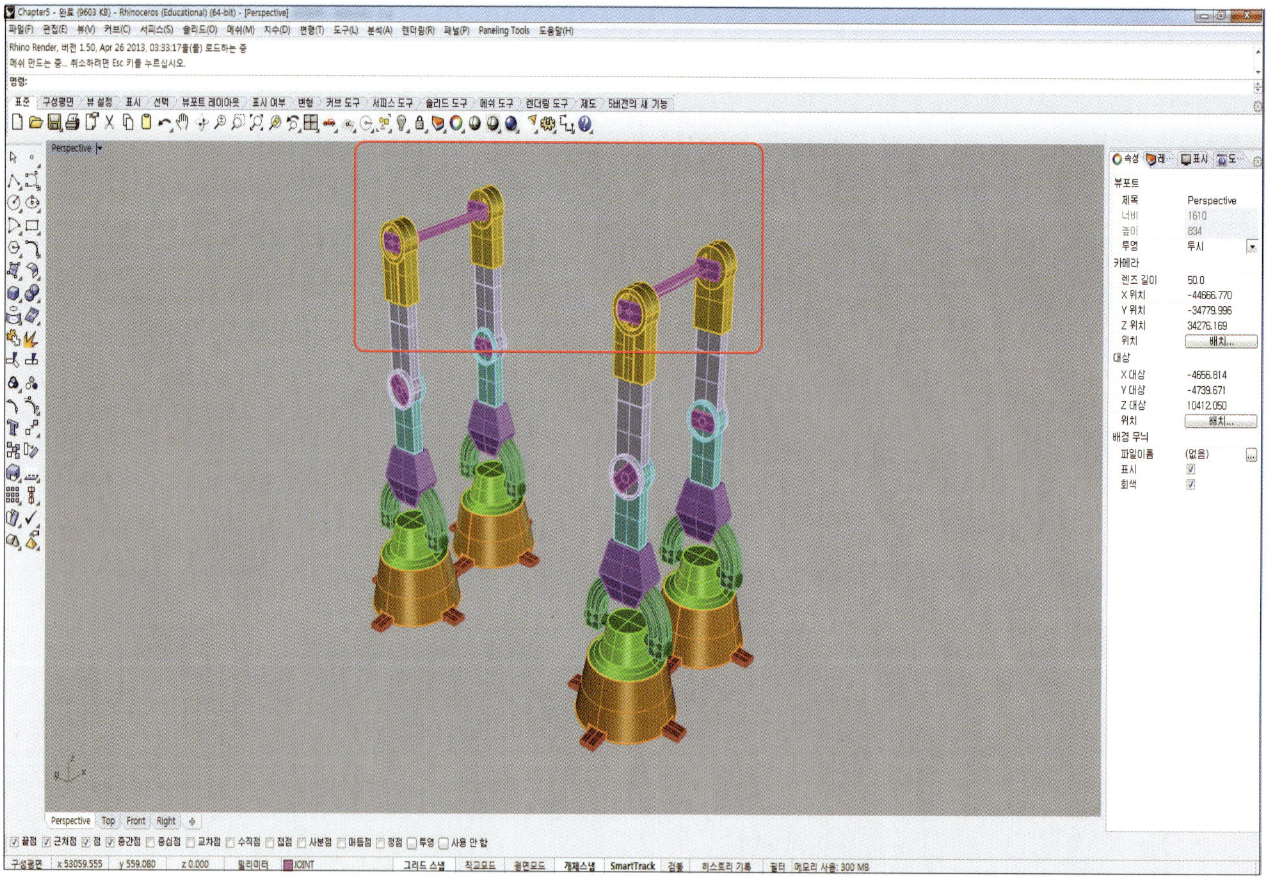

POINT!

- 상부 JOINT Digital Model 생성
- Digital Model간 조립

01 Chapter 04에 이어 상부 JOINT를 작성하겠습니다. 예제파일 'PART2' 폴더에서 'Chapter5 - 시작' 파일을 로드합니다. '모델선', 'UP LEG', 'UP LEG CAP' 레이어를 제외한 모든 레이어를 끄고 '모델선' 레이어를 현재 레이어로 지정합니다.

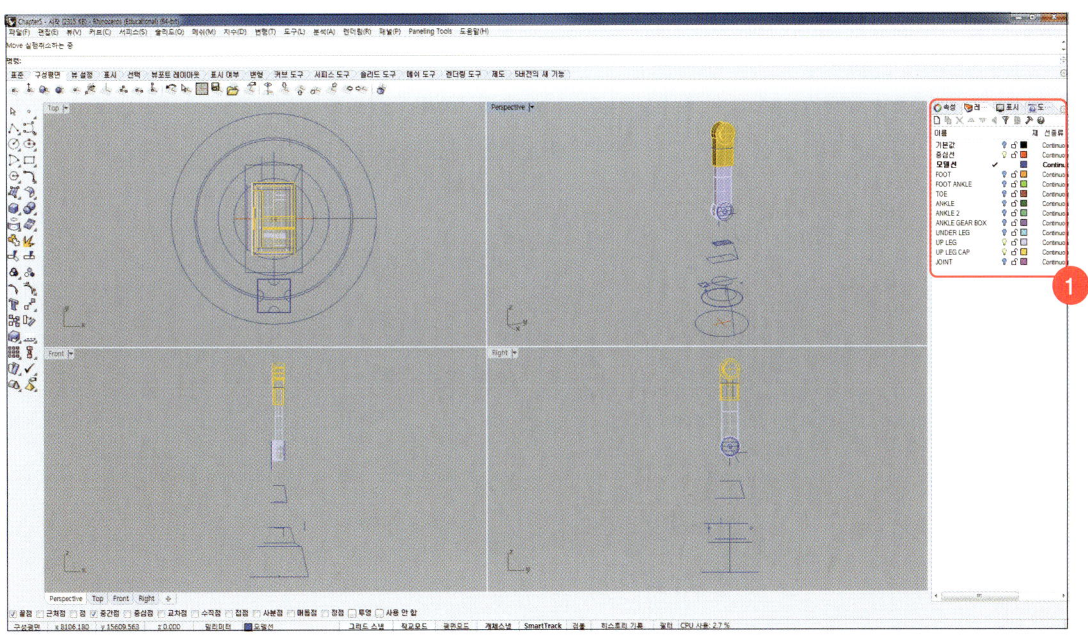

02 'Copy'를 클릭하고 '복사할 개체'에 하부 JOINT를 만들기 위해 작성한 커브를 선택한 뒤, 아래 그림과 같이 '복사의 기준점'에 원 커브의 중간점을 선택합니다. '복사할 위치의 점'으로 위쪽 UP LEG CAP부분 Hole이 파져있는 바깥쪽 원의 중간점을 선택합니다.

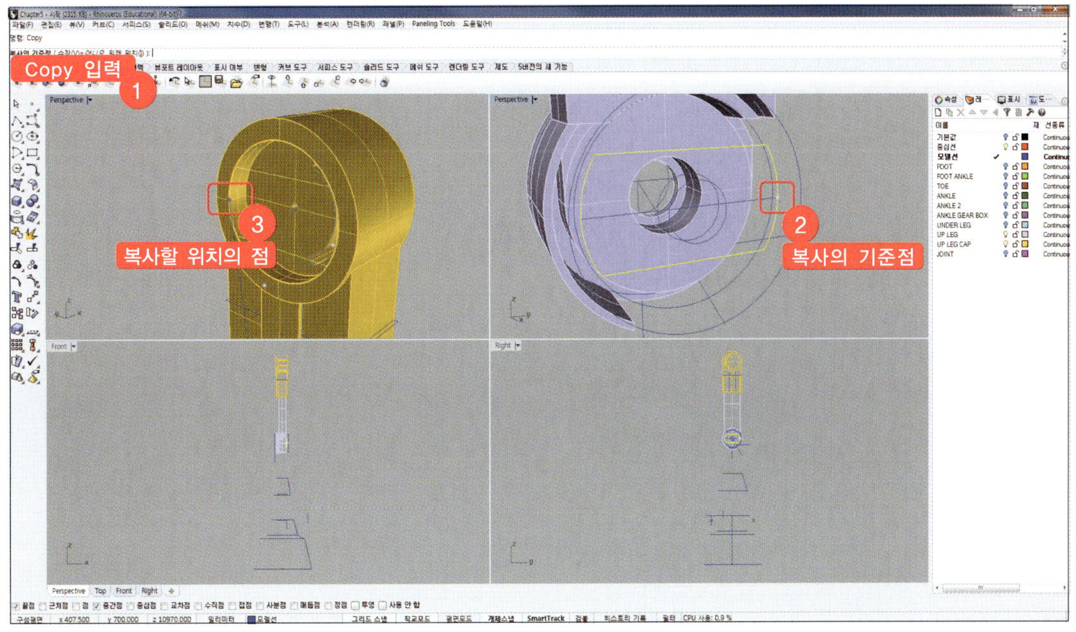

03 'ExtrudeCrv'를 입력하고 '돌출시킬 커브'에 Step 02에서 copy한 커브를 선택합니다.
'솔리드=예'를 확인하고 '돌출 거리'에 '75'를 입력하고 [Enter]키를 누릅니다.

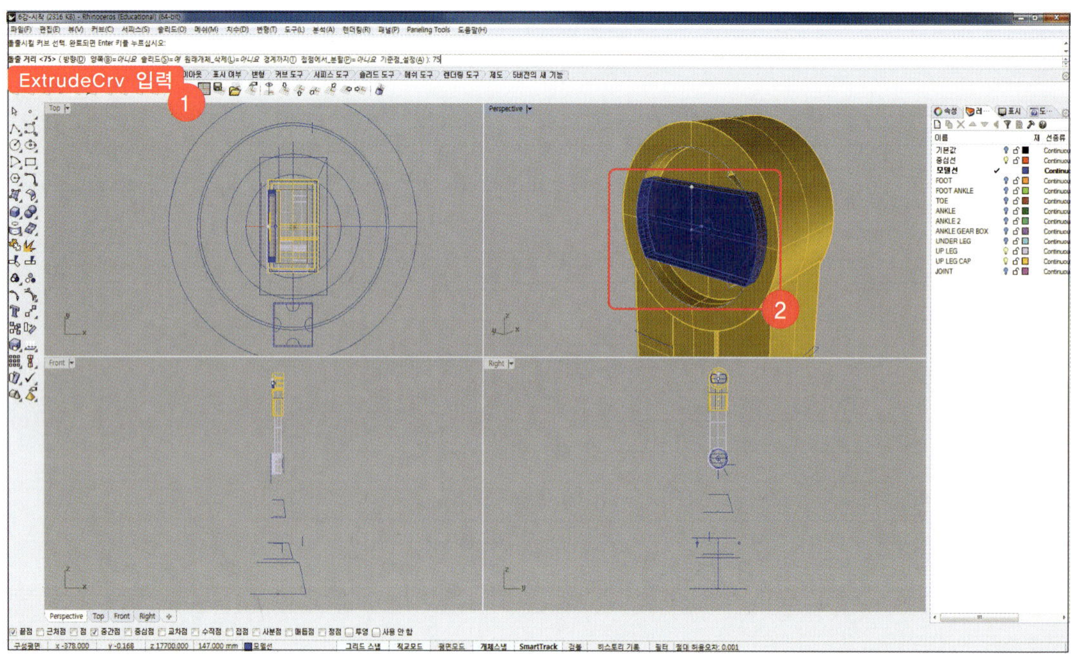

04 'move'를 입력하고 '이동시킬 개체'에 Step 03에서 작성한 surface를 선택합니다. '이동의 기준점'을
[Top]뷰에서 임의의 점을 선택하고 '이동의 기준점 새 위치'에 '25'를 입력하고 오른쪽을 클릭합니다.

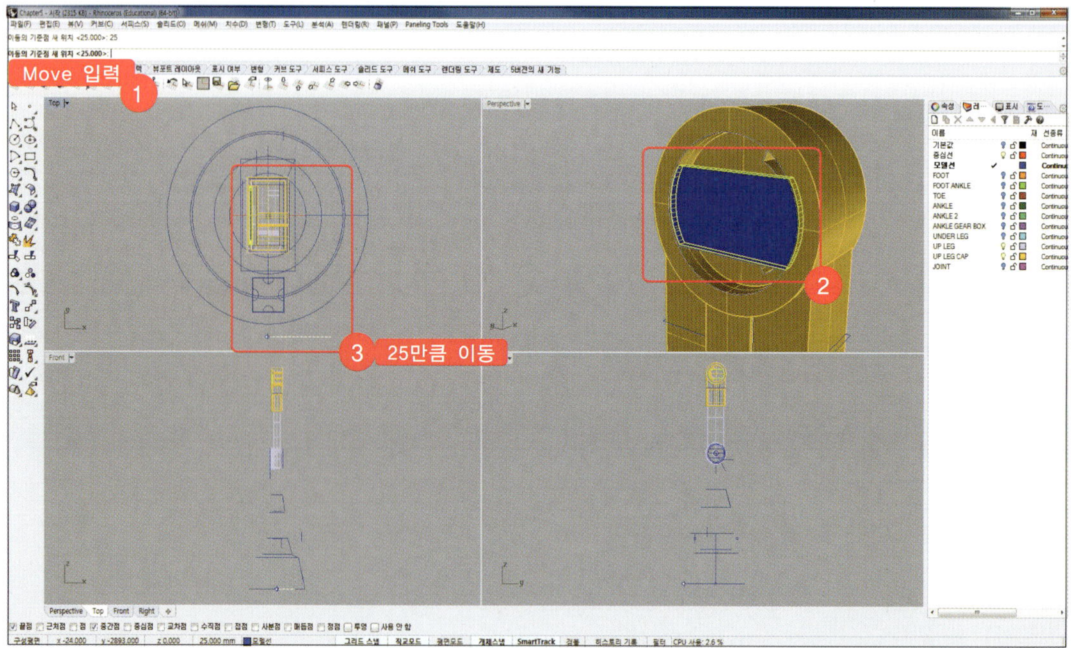

05 ‘Move’를 입력하고 ‘이동시킬 개체’에 Step 02에서 copy한 커브를 선택합니다. [Front]뷰에서 ‘이동의 기준점’을 선택하고 ‘이동의 기준점 새 위치’에 ‘1200’을 입력하고 [Front]뷰에서 오른쪽으로 이동시킵니다.

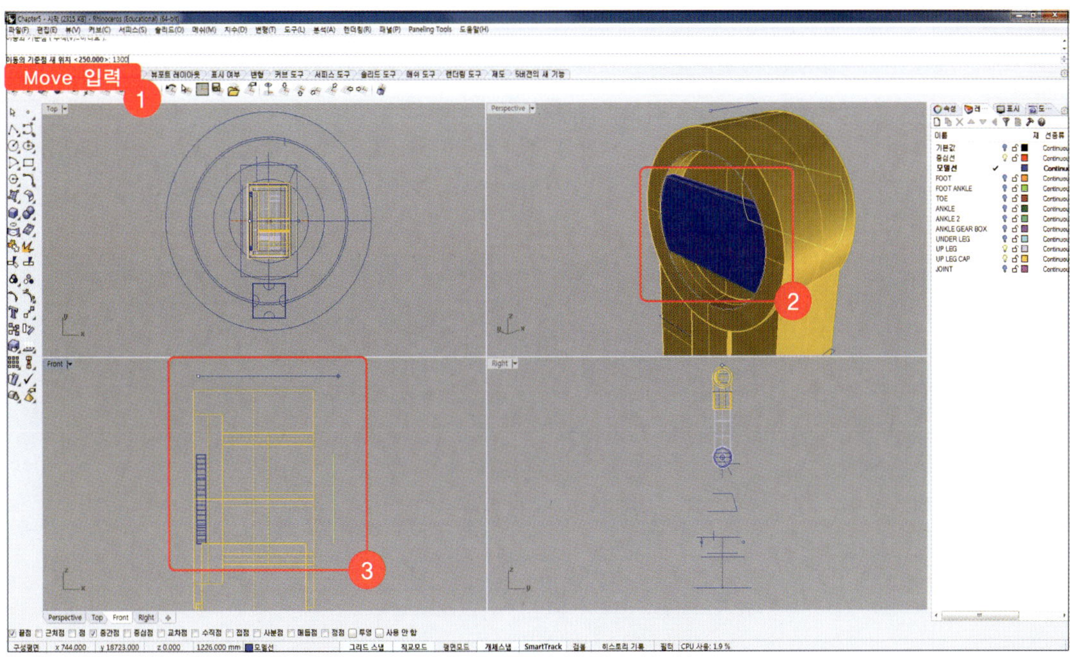

06 ‘ExtrudeCrv’를 입력하고 ‘돌출시킬 커브’에 Step 05에서 이동시킨 커브를 선택합니다. ‘솔리드=예’를 확인하고 ‘돌출 거리’에 ‘150’을 입력하고 [Enter]키를 누릅니다.

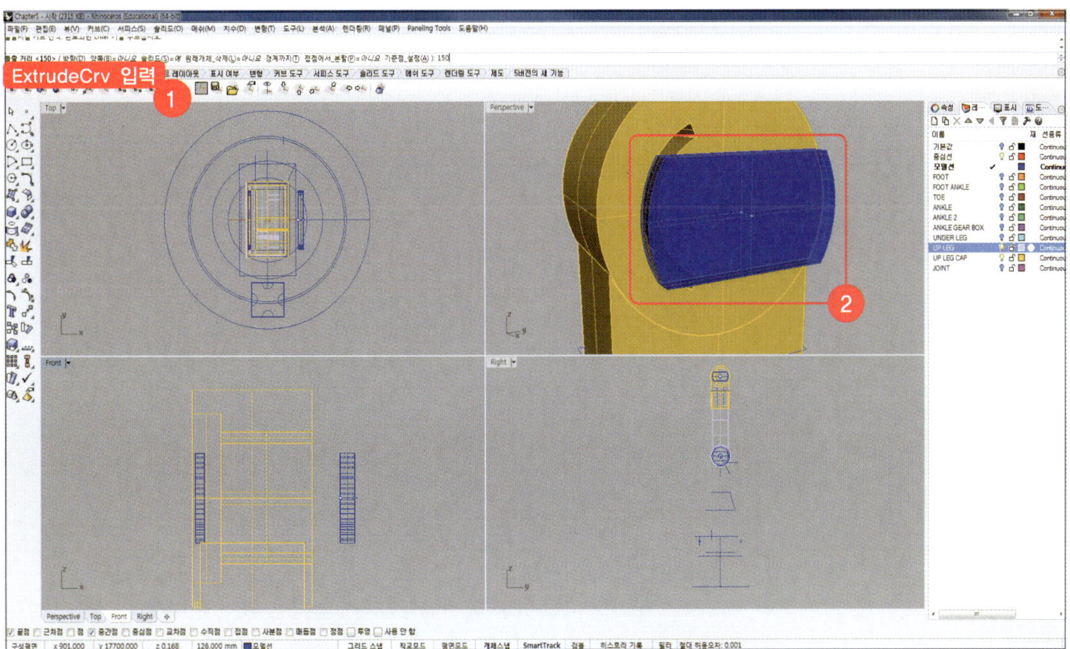

07 'JOINT' 레이어를 켜고 'UP LEG CAP' 레이어를 끕니다. Step 01~06까지 만든 surface 2개의 레이어를 'JOINT' 레이어로 변경합니다. 명령창에 'MakeHole'을 입력하고 '닫힌 커브 선택' 가운데 구멍을 뚫을 작은 circle 커브를 선택합니다. '서피스 또는 폴리서피스' 선택에 JOINT surface중 하나를 선택하고 구멍을 뚫습니다. 다른 하나의 surface에도 같은 작업을 하고 구멍을 뚫습니다.

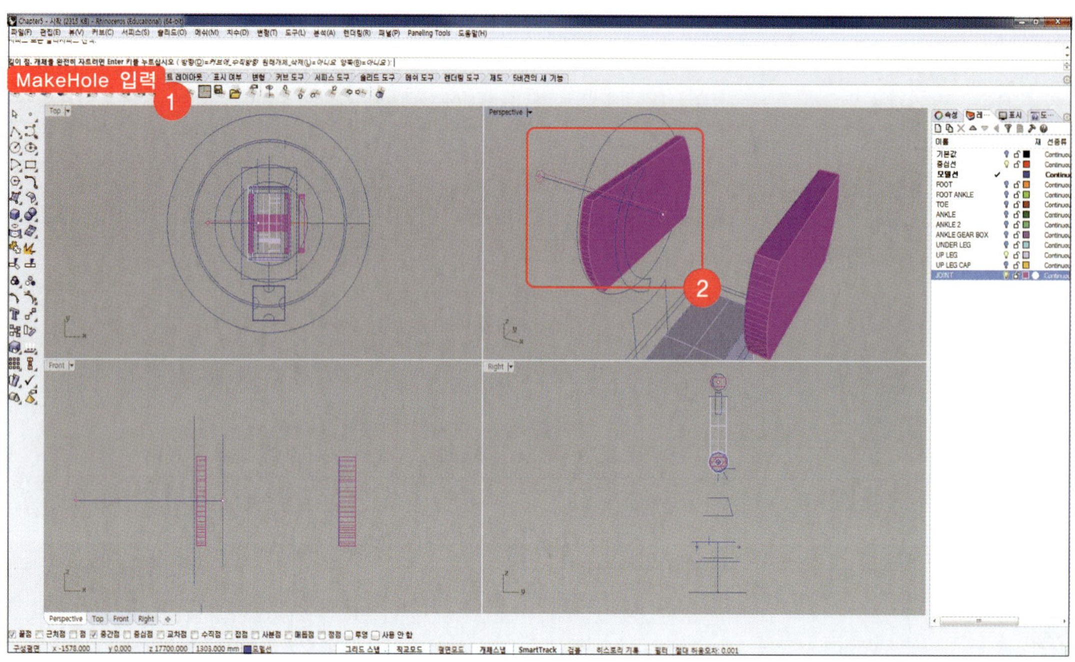

08 'Line'을 입력하고 '선의 시작'을 아래 그림과 같이 Step 07에서 구멍을 뚫은 닫힌 커브의 중심점(개체 스냅에서 '중심점'만 체크하고 선택하면 좀 더 용이합니다.)을 선택하고 [Right]뷰에서 왼쪽으로 평행하게 '선의 끝'을 선택합니다.

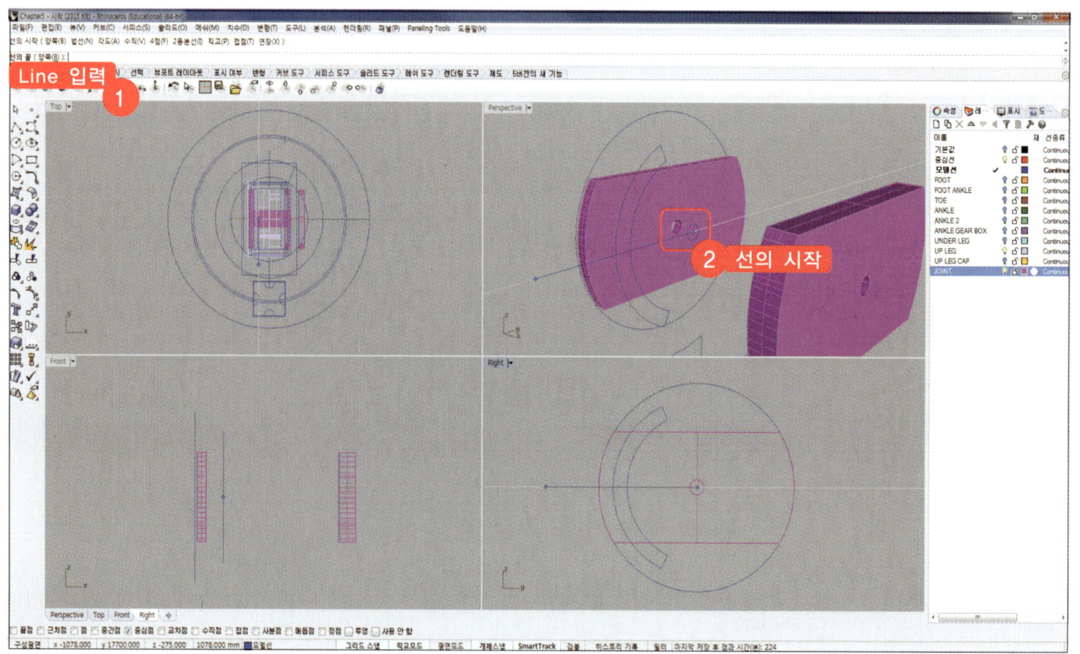

09 'Rotate'를 입력하고 '회전시킬 개체'에 Step 08에서 작성한 line을 선택하고 '회전 중심'에 line의 시작점을 선택하고 '첫 번째 참조점'에 line의 끝점을 선택합니다. 명령창에 (복사=예)로 변경한 뒤, '두 번째 참조점'에 '14.5'를 입력하고 연이어 '−14.5'를 입력해 2개의 line을 생성합니다.

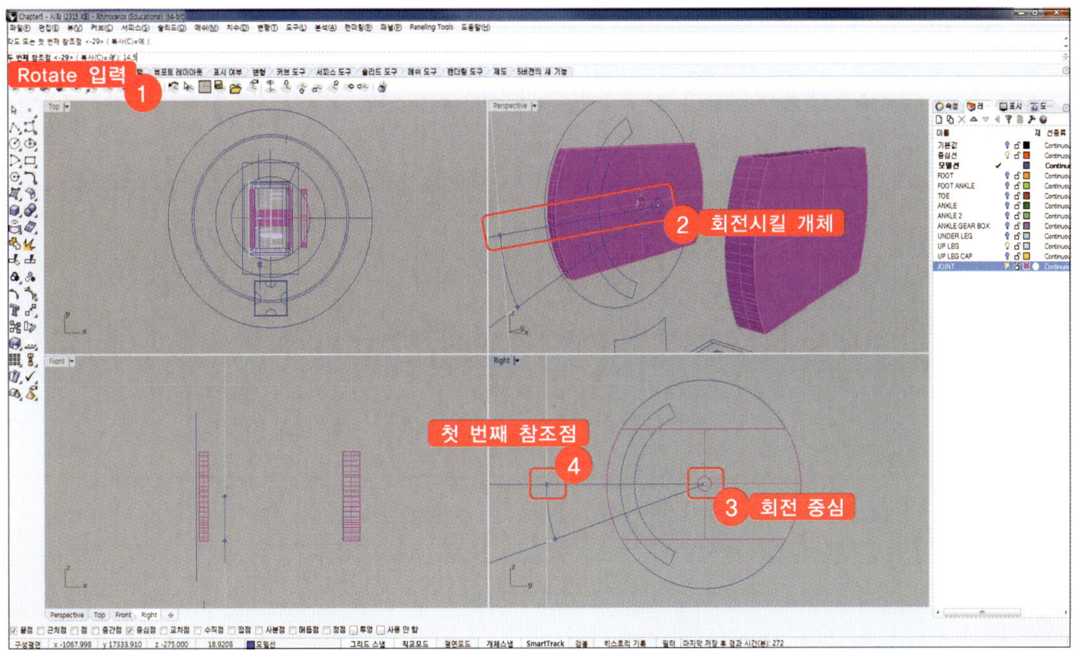

10 'Trim'을 입력하고 '절단 개체 선택'에 Step 09에서 작성한 line 2개와 그림에 표시된 커브를 선택합니다. '트림할 개체 선택'에 아래 그림과 같이 절단 모양에 맞춰 Trim 해줍니다.

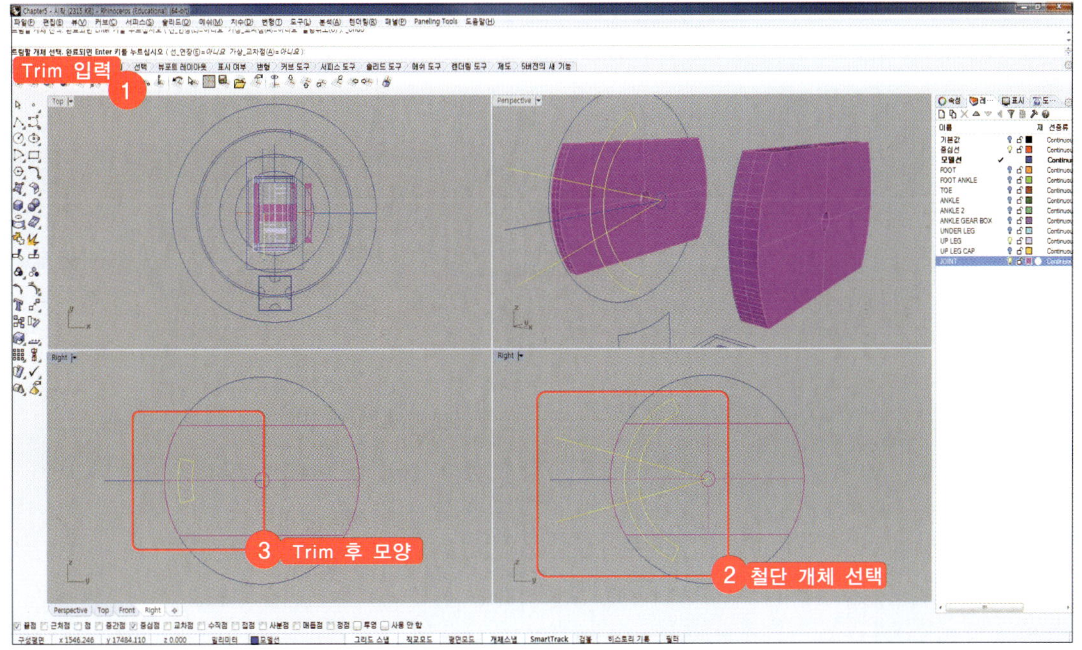

11 Trim 완료된 4개의 커브를 선택하고 명령창에 'Join'을 입력하고 [Enter]키를 누릅니다.

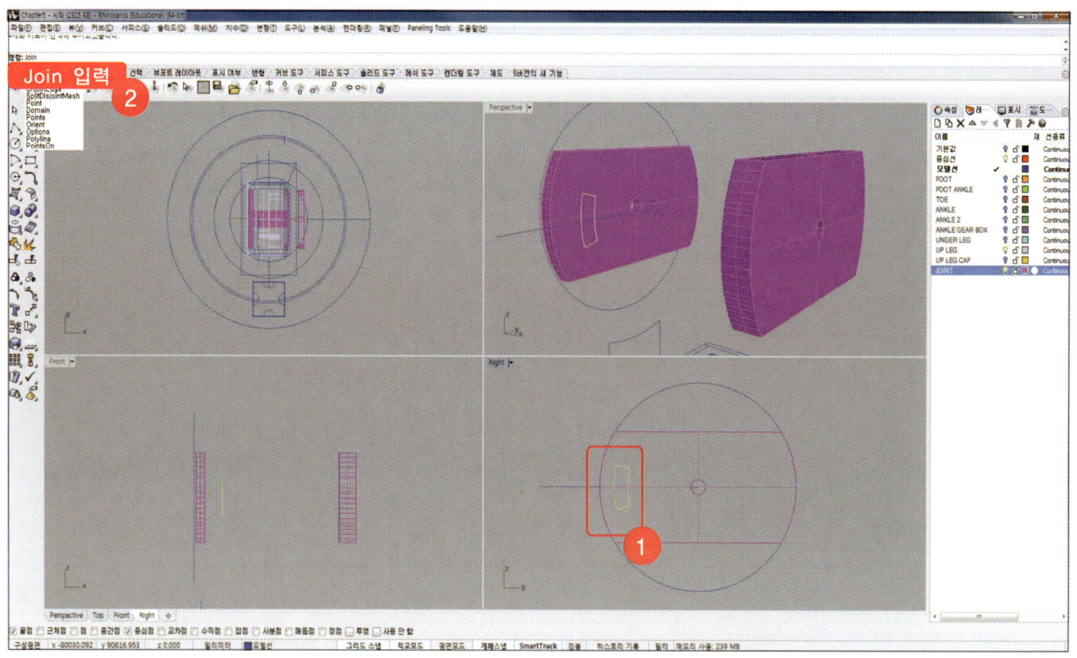

12 'MakeHole'을 입력하고 '닫힌 커브 선택'에 Step 11에서 결합시킨 커브를 선택합니다. '서피스 또는 폴리서피스 선택'에 JOINT surface를 선택하고 닫힌 커브모양의 구멍을 뚫습니다. 나머지 surface에도 같은 작업을 반복합니다.

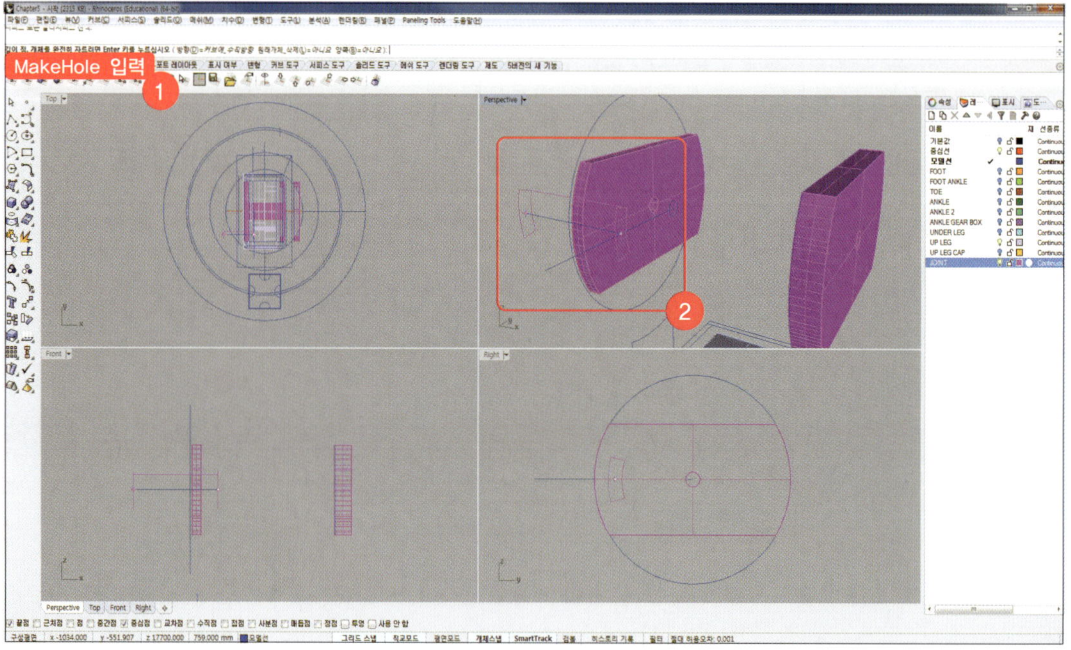

13 'Copy'를 입력하고 '복사할 개체 선택'에 Step 12에서 구멍을 뚫을 때 사용한 커브를 선택하고
'복사의 기준점'은 [Top]뷰에서 임의의 점을 선택합니다. '복사할 위치의 점'에 '245'를 입력하고
왼쪽에 복사합니다.

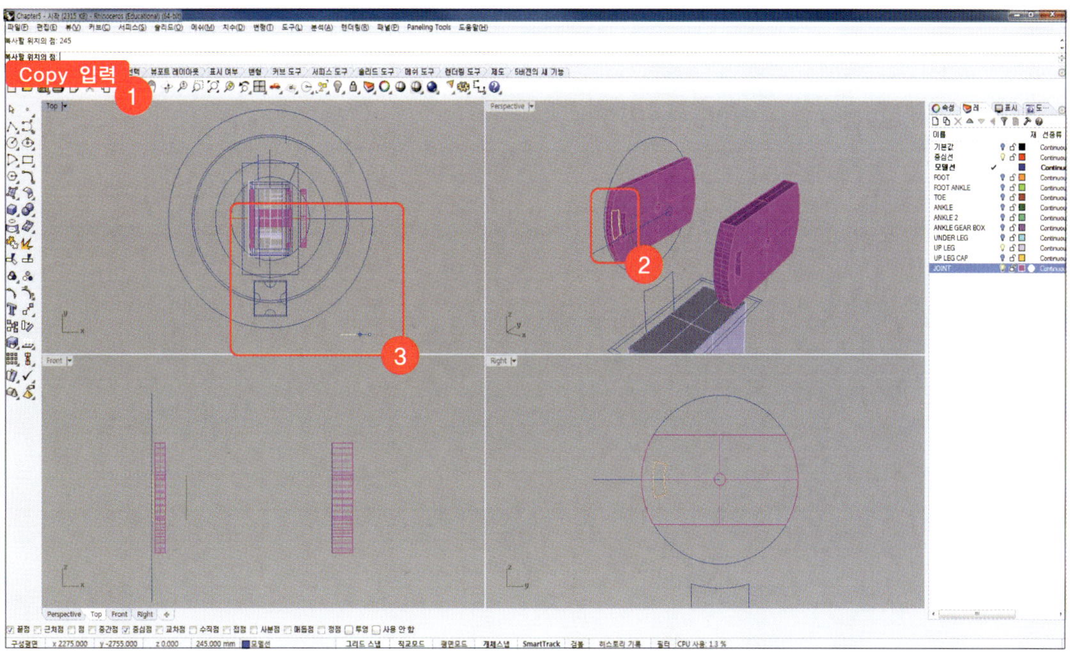

14 'ExtrudeCrv'를 입력하고 '돌출시킬 커브'에 Step 13에서 복사한 커브를 선택합니다.
'돌출 거리'에 '8040'을 입력하고 명령창에 '솔리드(S)=예'를 확인하고 [Enter]키를 누릅니다.

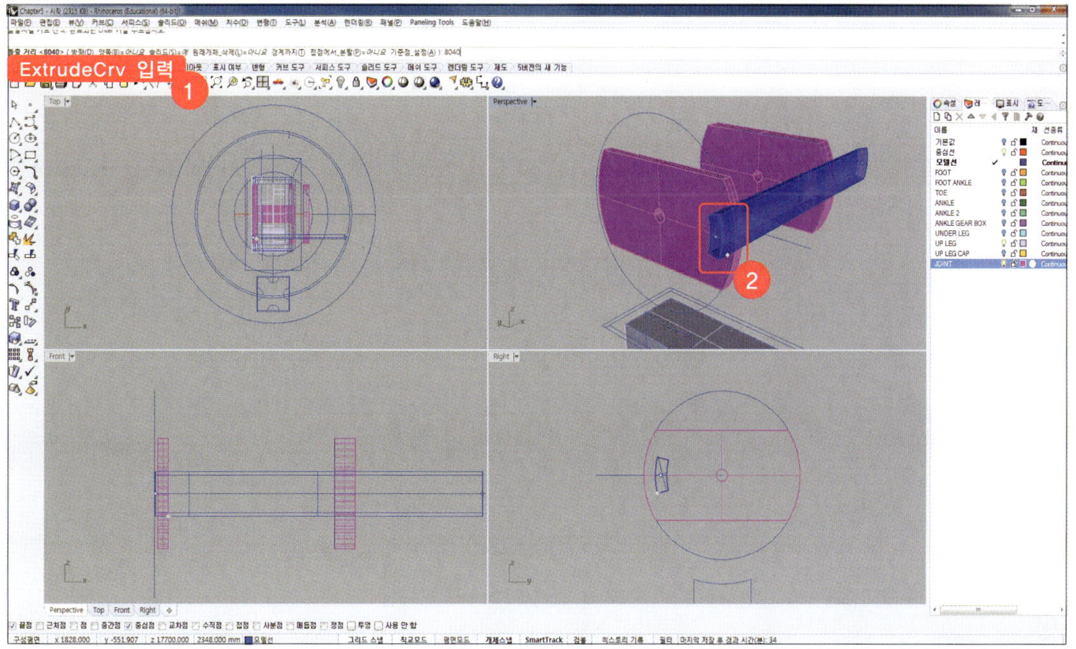

15 'ExtrudeCrv'를 입력하고 '돌출시킬 커브'에 아래 그림과 같이 surface표면의 작은 원을 선택합니다. '돌출 거리'에 '8000'을 입력하고 Step 14와 마찬가지로 '솔리드(S)=예'를 확인하고 [Enter]키를 누릅니다.

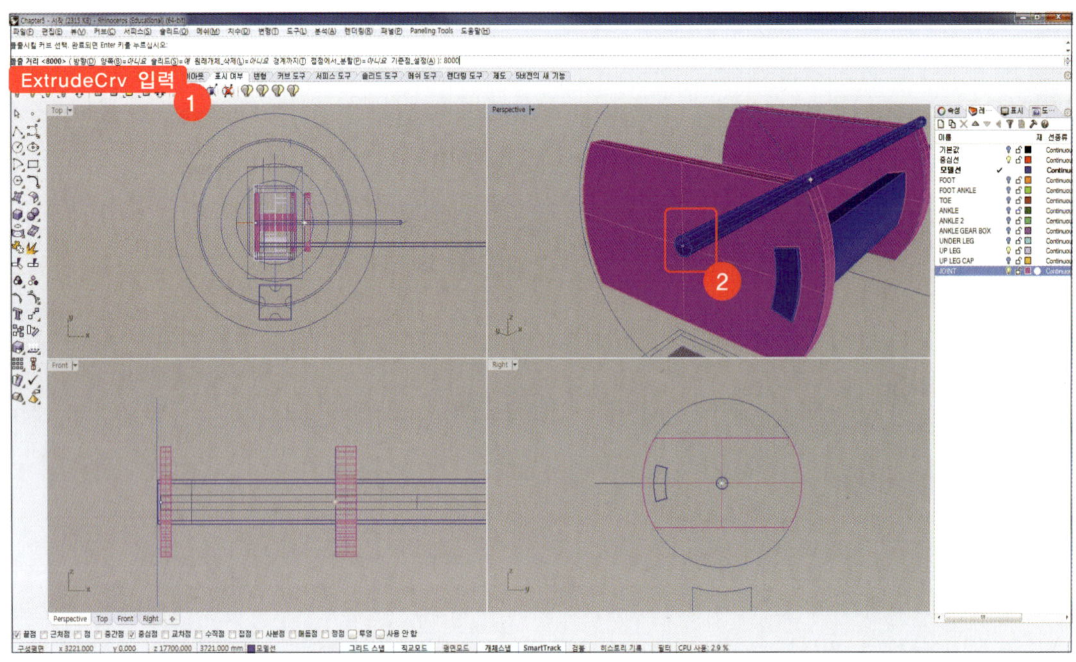

16 Step 14~15에서 돌출시킨 surface의 레이어를 'JOINT'로 변경하고 명령창에 'Circle'을 입력합니다. '원의 중심'에 [Perspective]뷰에서 Step 15에서 작성한 surface 중심점을 선택하고 [Right]뷰에서 '반지름'에 '150'을 입력하고 [Enter]키를 누릅니다. (아래 개체스냅에서 '중심점'만 체크하고 선택하면 좀 더 쉽게 중심점을 찾을 수 있습니다.)

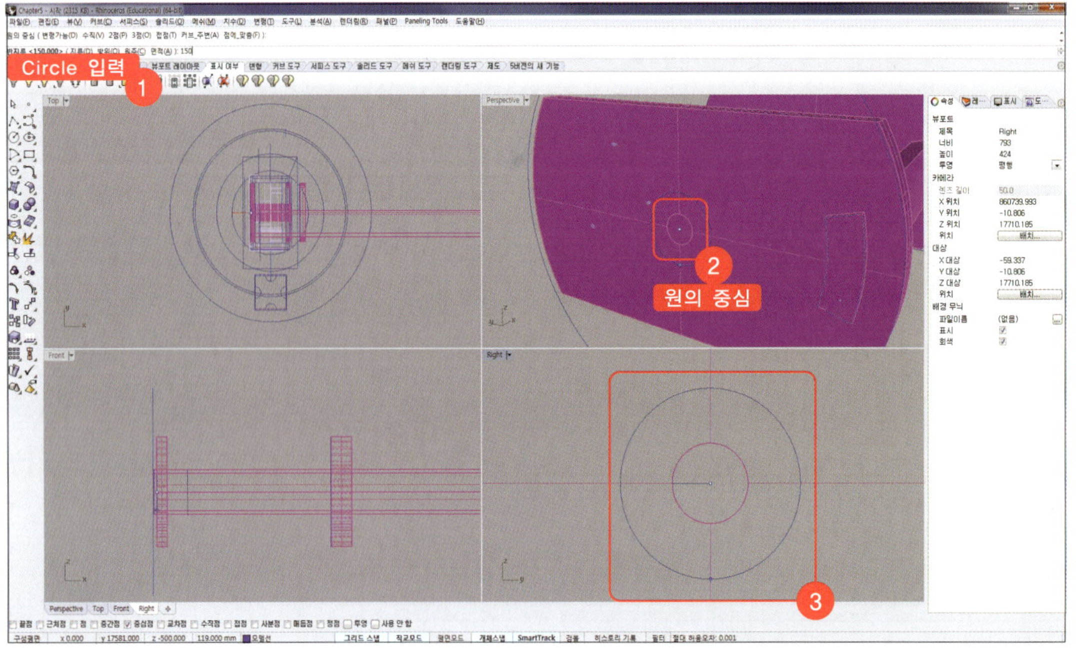

17 'Line'을 입력하고 아래 그림과 같이 '선의 시작'과 '선의 끝'에 Step 16에서 작성한 원의 끝점과 중간점을 선택합니다.

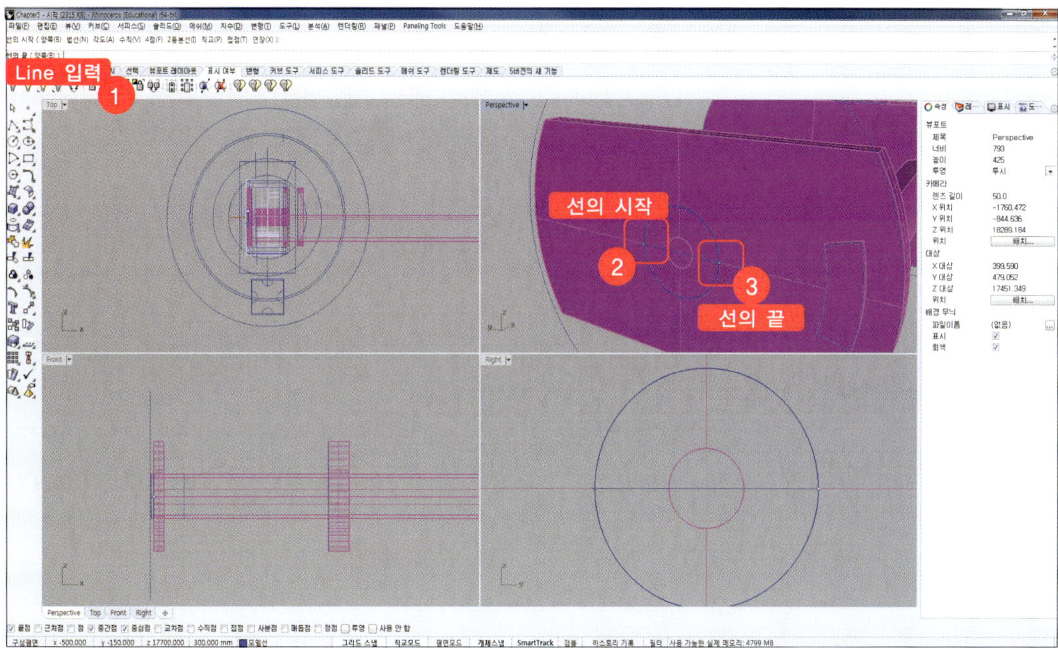

18 Step 17에서 작성한 line을 위 아래로 50간격만큼 Offset 합니다. 명령창에 'Offset'을 입력하고 '간격띄우기 실행할 커브'에 Step 17에서 작성한 line을 선택하고 [Right]뷰에서 위아래로 '50'만큼 간격띄우기 커브를 작성합니다.

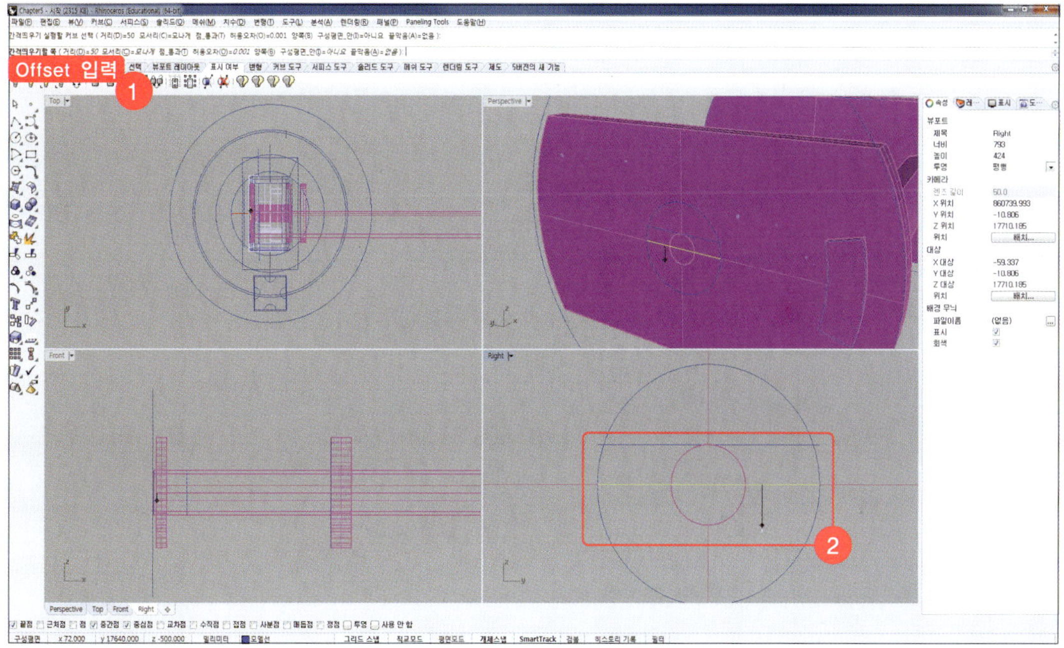

19 '트림할 개체'에 절단 개체로 선택한 line 2개를 선택하여 바깥쪽 circle 커브를 트림합니다.

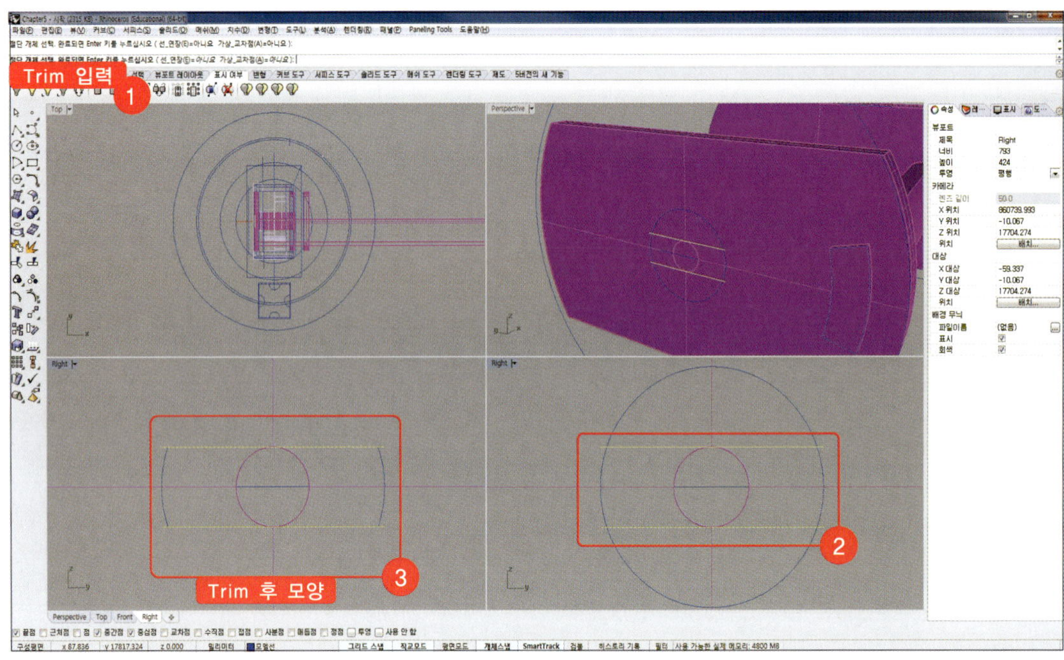

20 'Fillet'을 입력하고 명령창에 '반지름=0, 결합=예'를 확인한 뒤 네 모서리를 모깍기합니다.

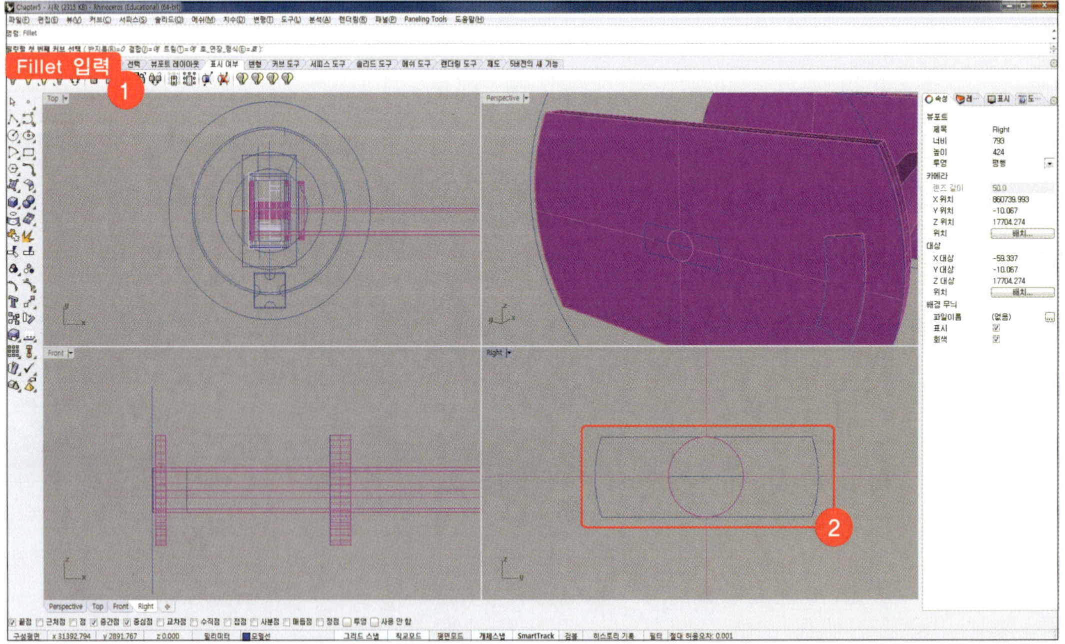

21 'ExtrudeCrv'를 입력하고 '돌출시킬 커브'에 Step 20에서 모깍기한 커브를 선택합니다. '솔리드=예'를 확인하고 '돌출 거리'에 '–75'를 입력하고 [Enter]키를 누릅니다.

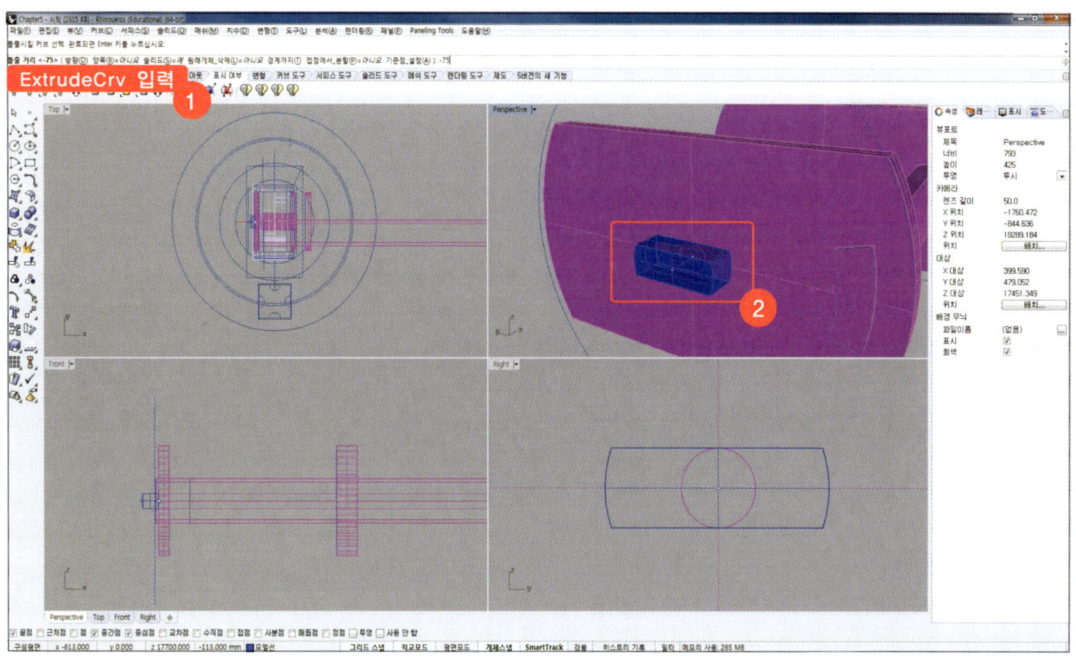

22 Step 21에서 작성한 surface의 레이어를 'JOINT'로 변경합니다. 상부 JOINT 개체들 중 축을 제외하고 아래 그림과 같이 개체를 선택하고 명령창에 'Mirror'를 입력합니다. '미러 평면'에 [Top]뷰에서 축의 중간점을 지나고 y축에 평행한 평면을 지정합니다.

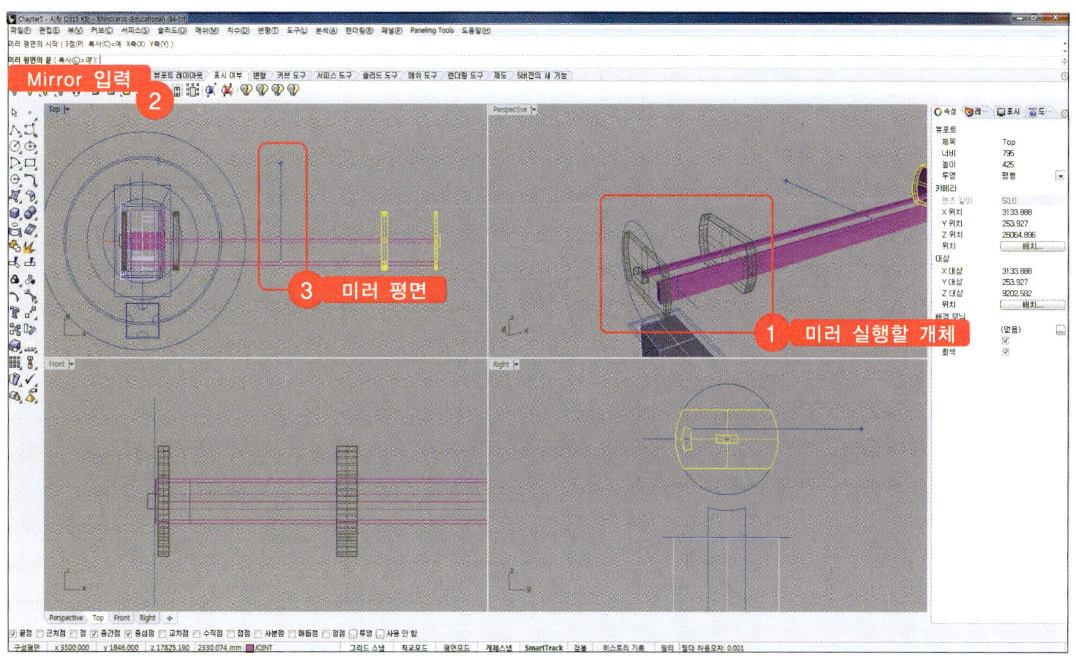

23 [상태]창 ➡ [레이어]탭에서 'JOINT' 레이어를 선택하고 마우스 우클릭 한 뒤, [개체 선택]을 클릭합니다.
[Perspective]뷰에서 아래 하부 JOINT 부분은 [Ctrl]을 누른채 드래그하여 선택에서 제외합니다.
상부 JOINT만 선택되었으면 명령창에 'Group'을 입력하여 그룹화 합니다.

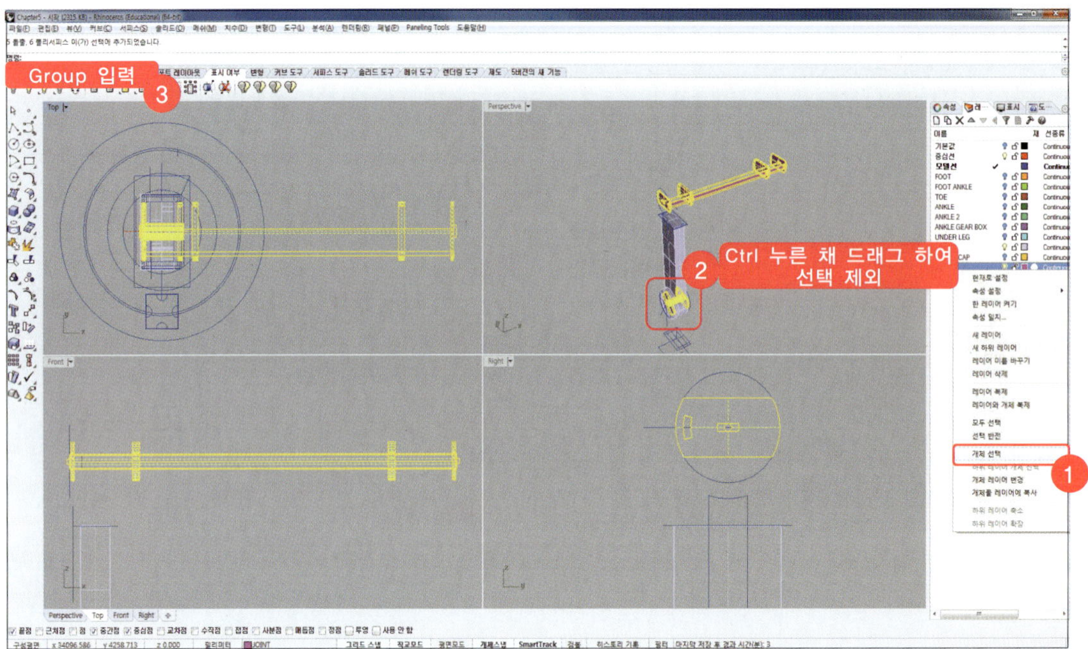

24 'JOINT', '중심선' 레이어를 제외한 모든 레이어를 끕니다. 작성한 JOINT 개체 모두 선택하고
[Top]뷰에서 위쪽으로 '7500', 왼쪽으로 '3500' 만큼 'Move' 명령어를 이용하여 이동합니다.

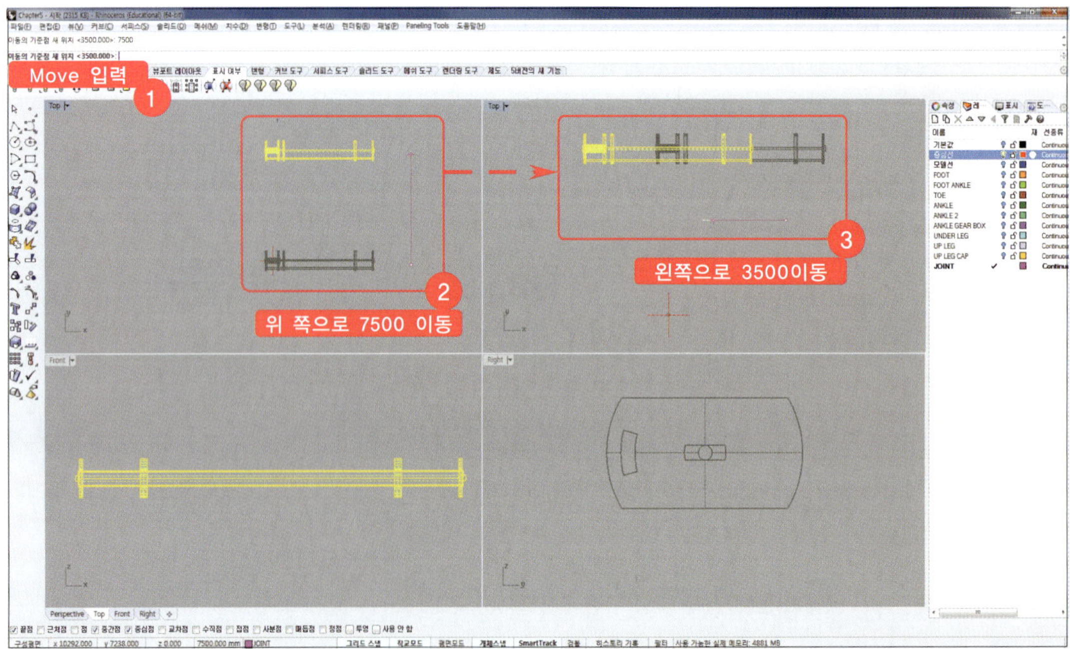

25 하래 하부 JOINT만 선택하고 명령창에 'Mirror'를 입력합니다.
'미러 평면의 시작'에서 'Y축(Y)'를 클릭합니다.

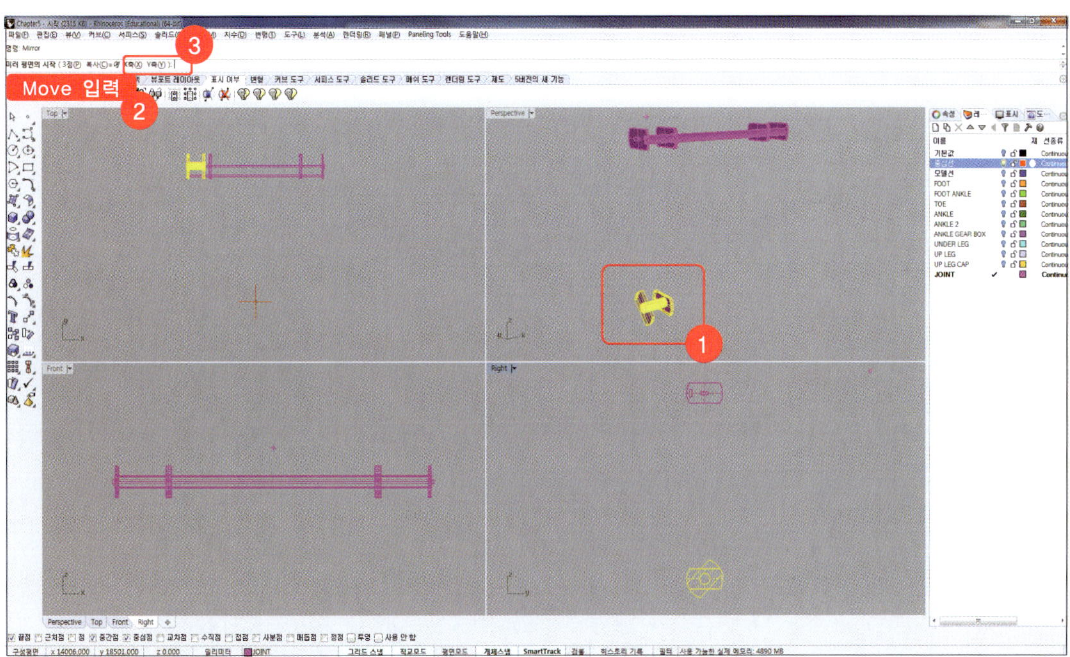

26 'JOINT' 아래 그림과 같이 레이어 개체 모두를 선택합니다.
명령창에 'Mirror'를 입력하고 '미러 평면의 시작'에서 'X축(X)'를 클릭합니다.

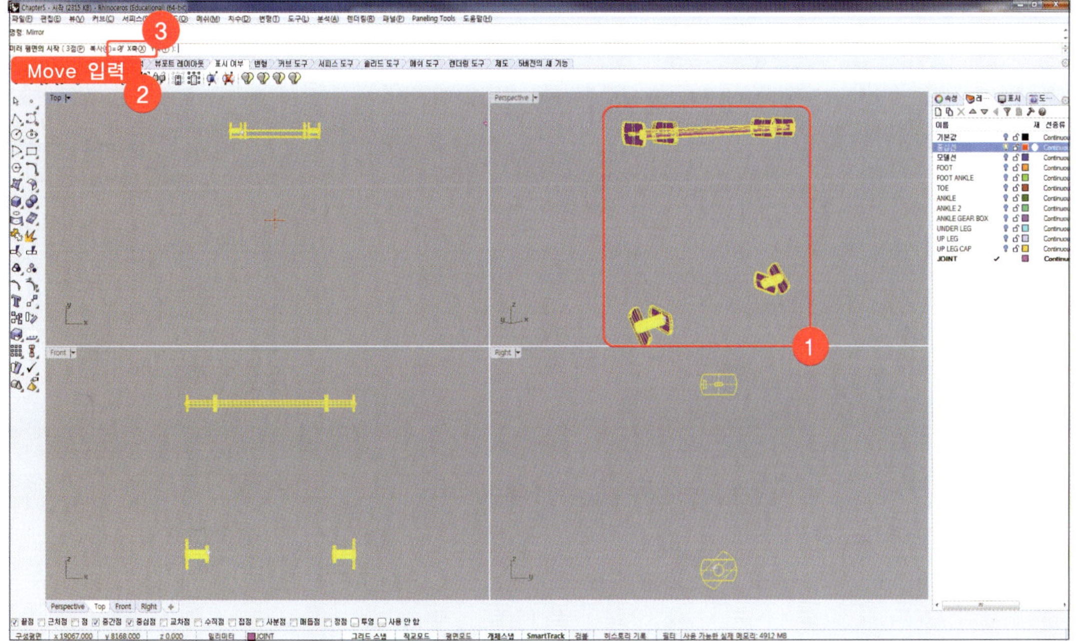

27 [파일] ➡ [선택된 개체 내보내기]를 클릭합니다. JOINT 레이어의 모든 개체를 드래그하여 선택하고 [Enter]키를 누릅니다. '파일 이름'에 'JOINT'라 입력하고 '파일 형식'은 'Rhino 5 3D 모델'을 선택하고 '저장'을 클릭합니다.

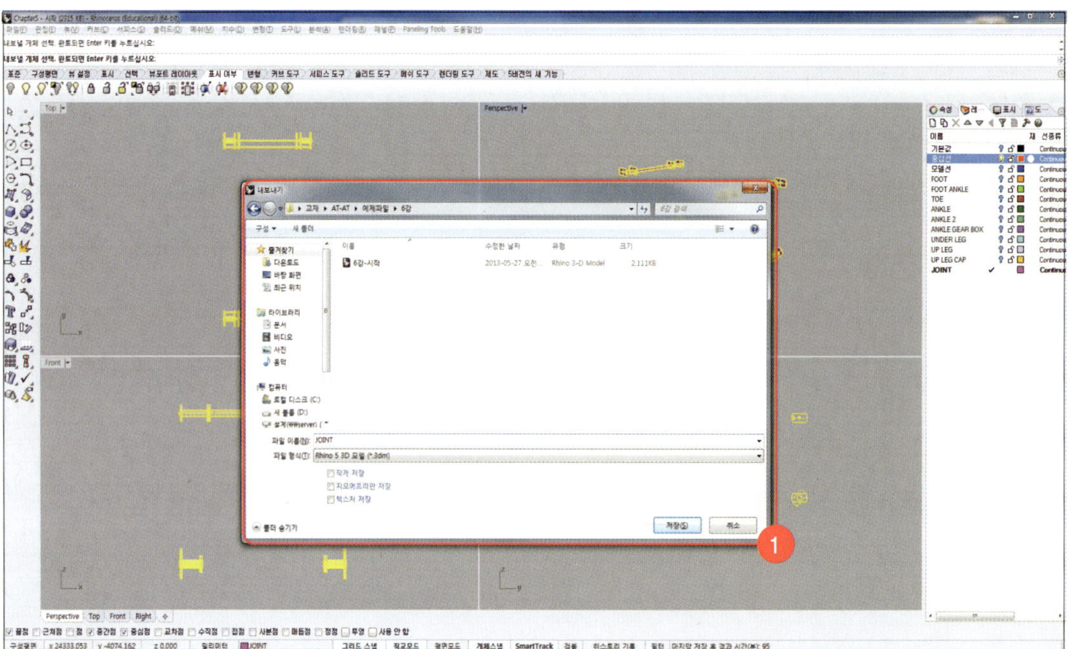

28 생성된 JOINT에 다리 부분을 로드하겠습니다.
[파일] ➡ [가져오기]를 클릭하고 '다리' 파일을 선택하고 [열기]를 클릭합니다.

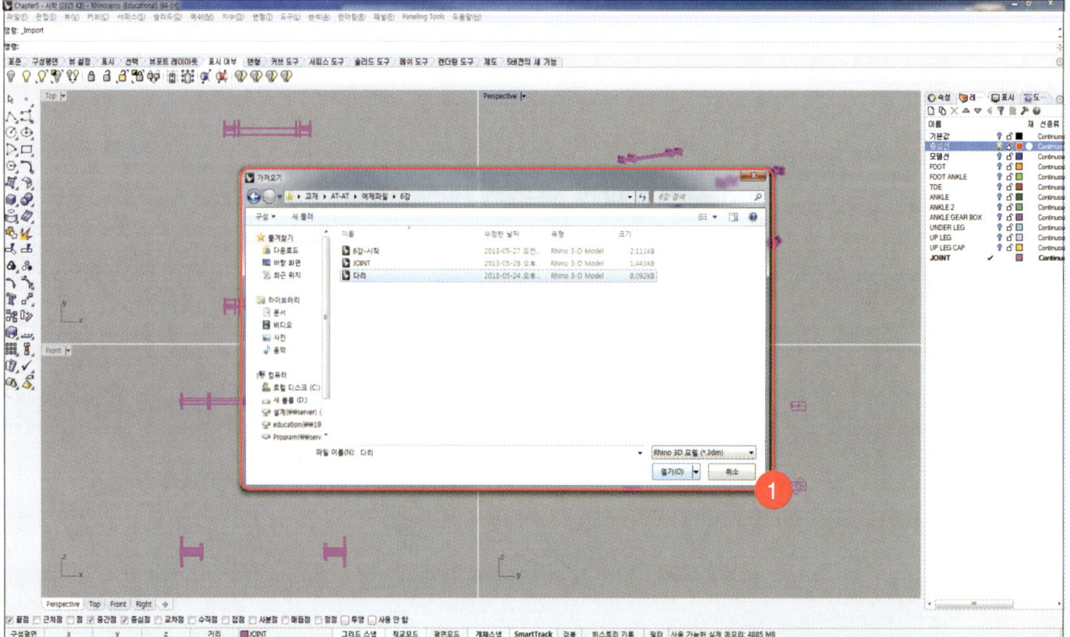

29 가운데 부분 다리를 삭제하고 나면 4개의 다리가 완성된 것을 확인할 수 있습니다.

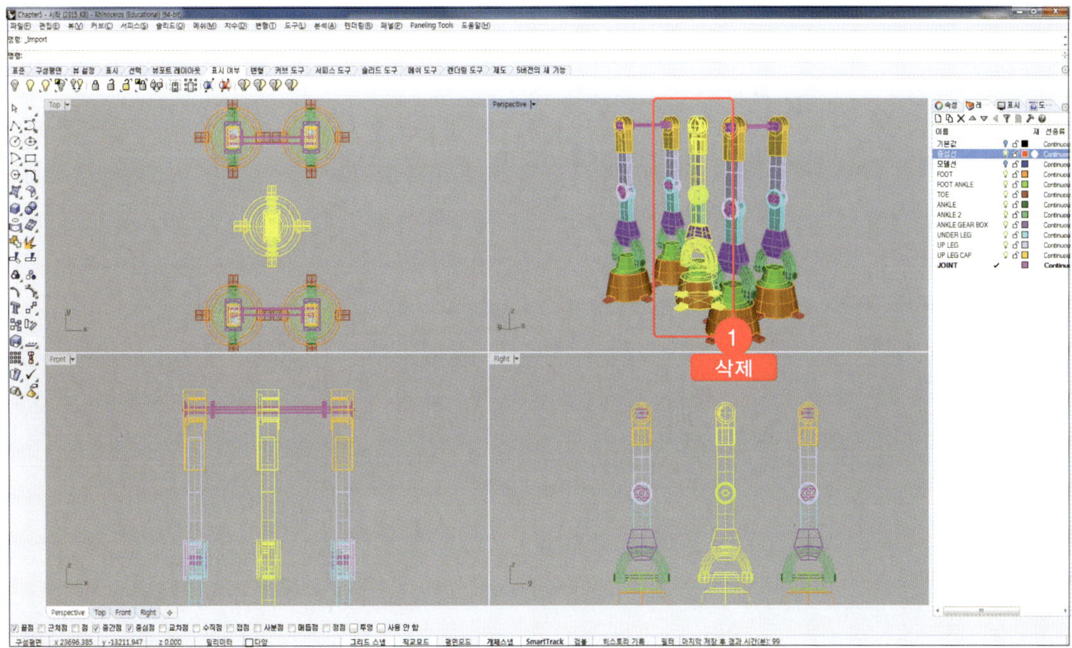

30 다리와 완성된 JOINT입니다.

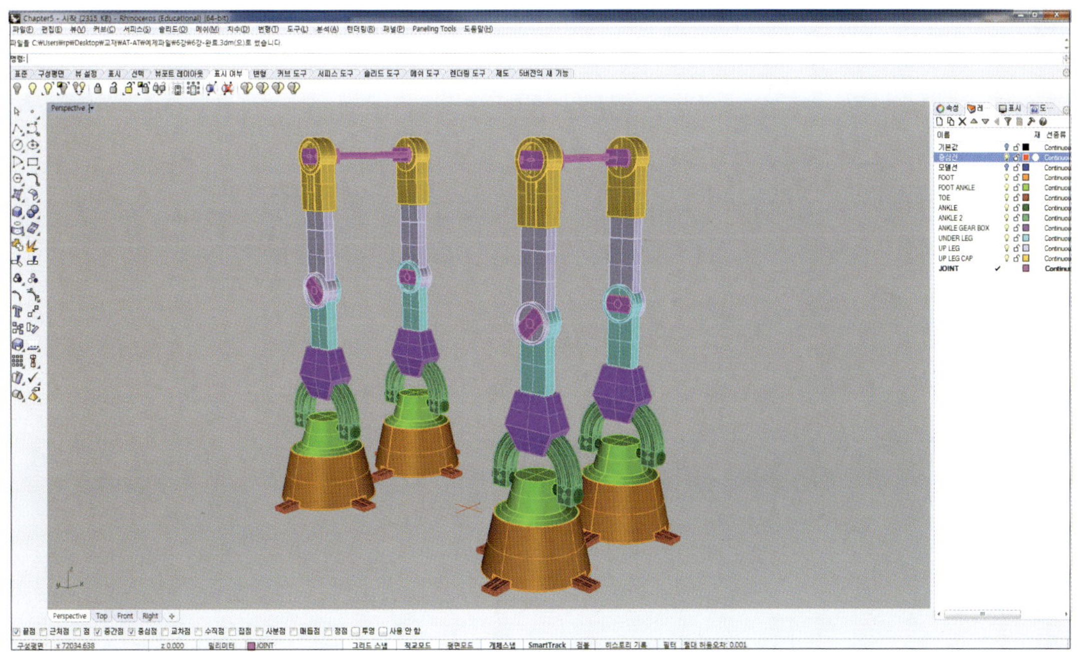

제 3 편

BODY

01_ BODY GEAR 모델링

02_ OIL TANK 모델링

03_ BODY 모델링

04_ BODY 부속 모델링

Chapter 01

BODY GEAR 모델링

■ BODY GEAR 모델링 : 설계/제작/생산/조립

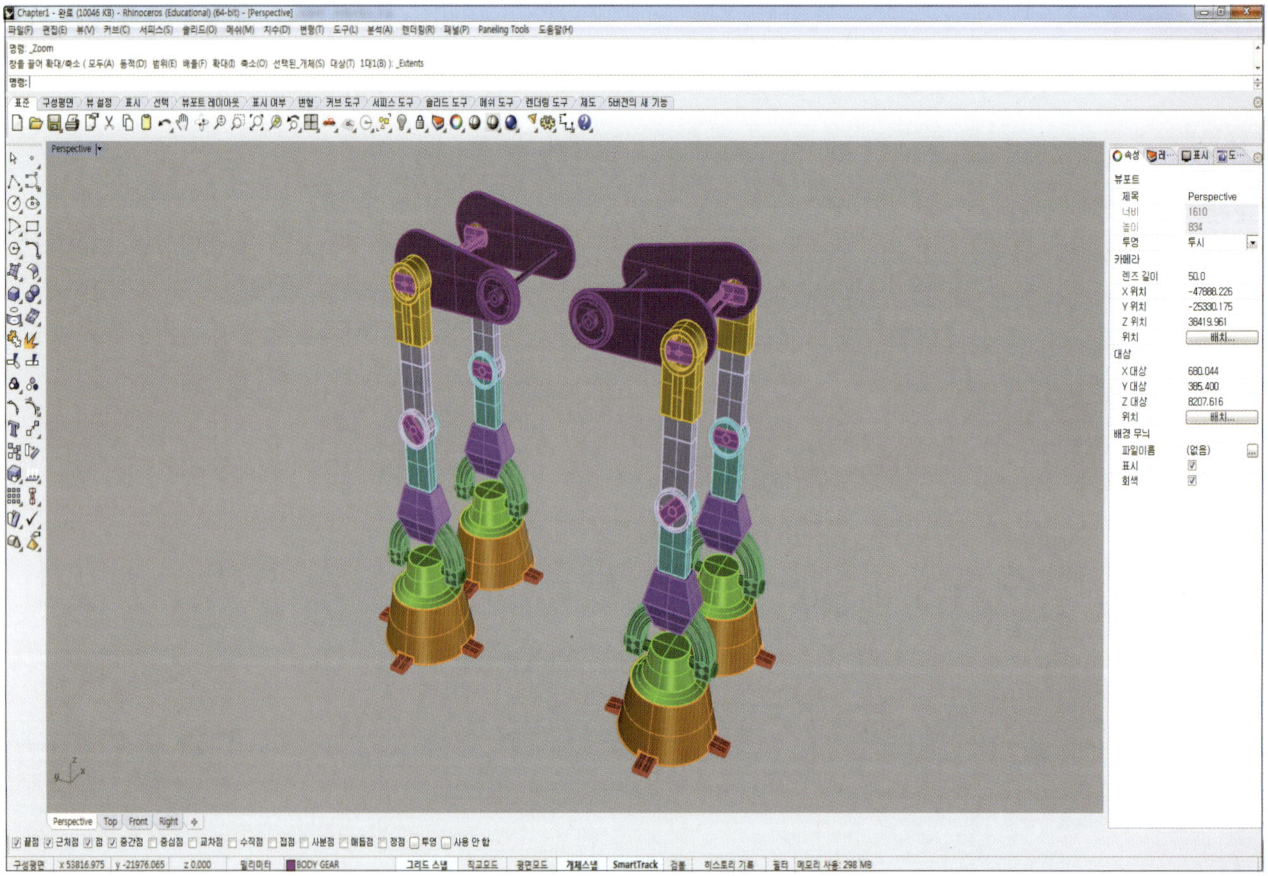

POINT!

- BODY GEAR Digital Model 생성
- Digital Model간 조립

01 Rhino 3D 5를 실행합니다. 예제파일 'PART3' 폴더에서 'Chapter1 – 시작' 파일을 로드합니다.
[상태창] ➡ [레이어]탭에서 'BODY GEAR' 라는 이름의 레이어를 생성하고 색상을 임의로 지정합니다.
현재 레이어로 '모델선' 을 지정합니다.

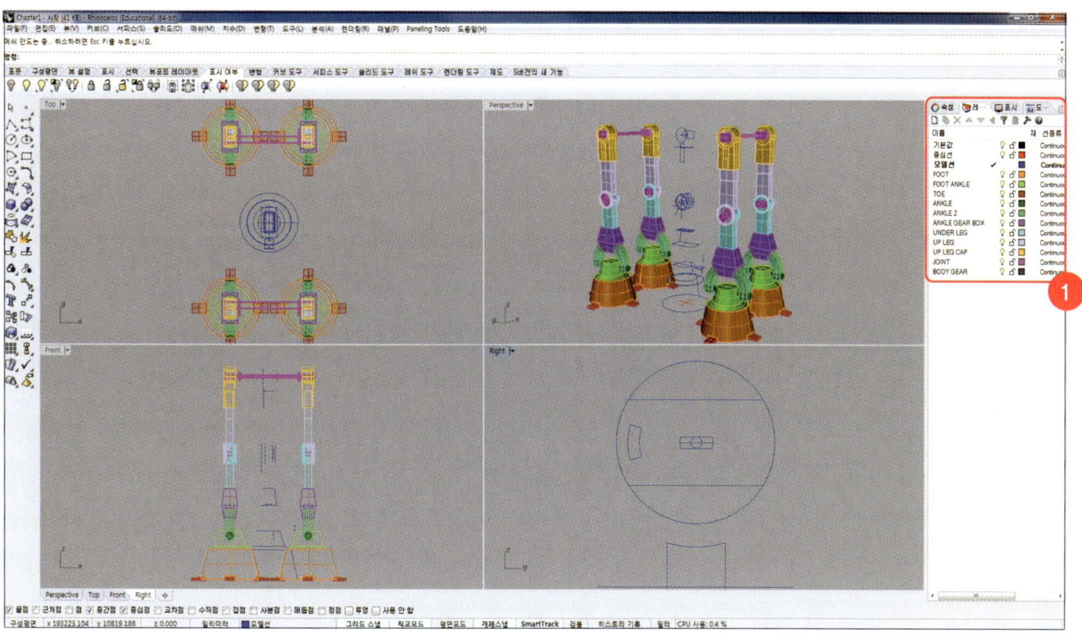

02 'Line' 을 입력하고 '선의 시작' 을 [Right]뷰에서 작은 원의 중심점을 선택하고 오른쪽으로 '4600' 길이의
선을 작성합니다.

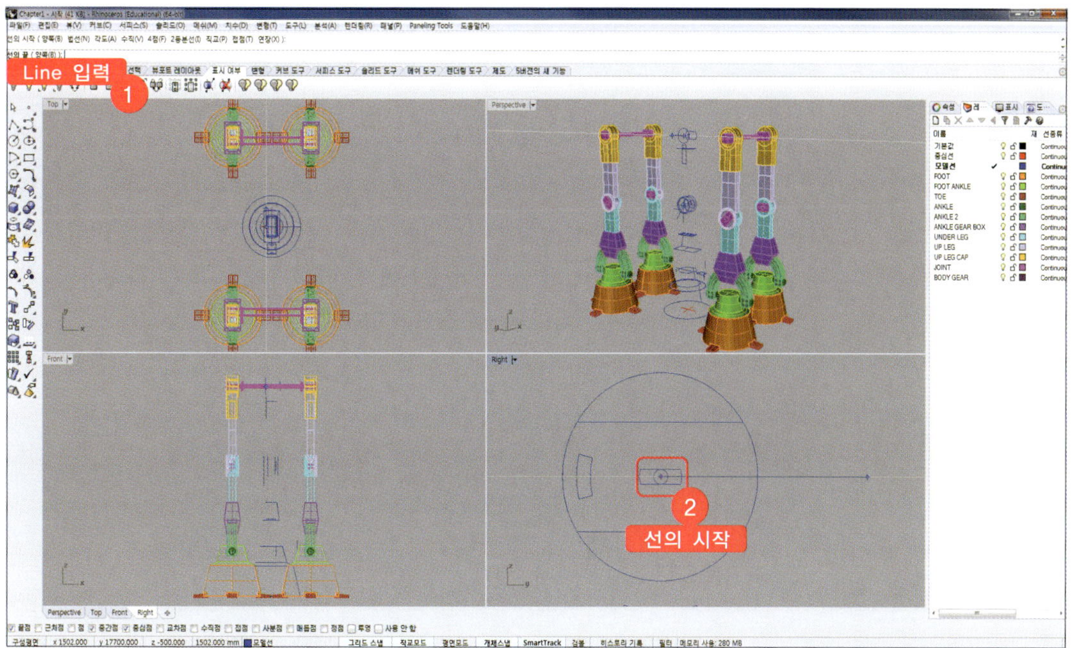

03 'Circle' 명령어를 이용하여 Step 02에서 작성한 line의 시작점을 원의 중심으로 하는 반지름 '1600' 인 원을 그리고 끝점에 반지름 '1200' 의 원을 작성합니다.

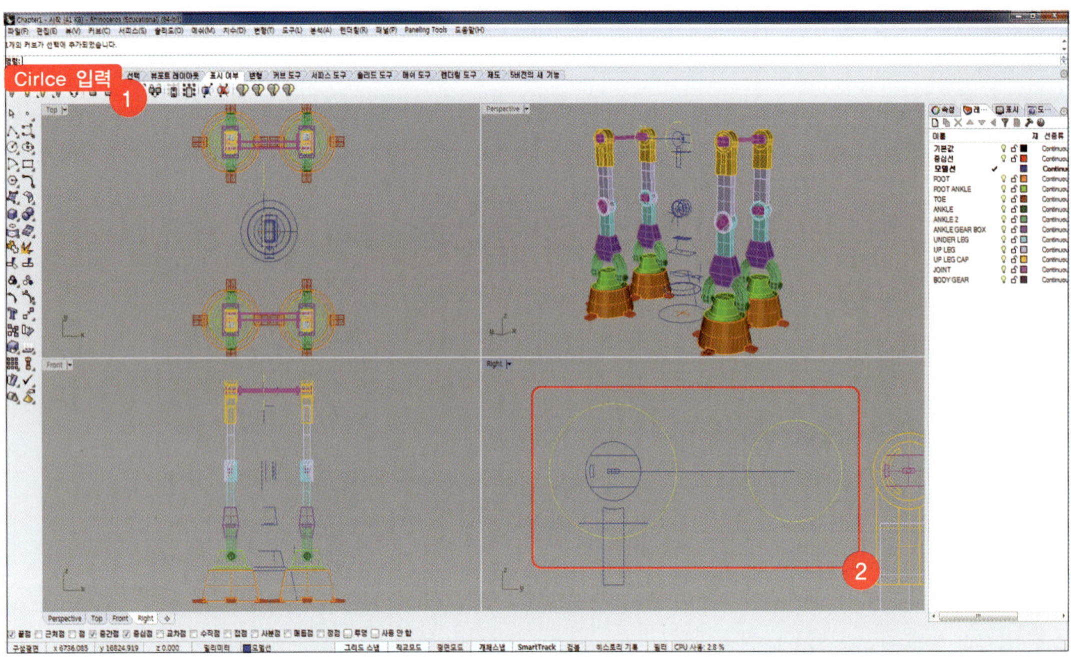

04 'Move' 를 입력하고 아래 개체 스냅에서 '사분점' 을 체크합니다. [Right]뷰에서 Step 03에서 작성한 circle의 각 아래쪽 사분점을 '이동의 기준점' 으로 선택하고 '이동의 기준점 새 위치' 에 이동하기 전 circle의 중심점을 선택합니다. 2개의 원 모두 같은 방식으로 이동합니다.

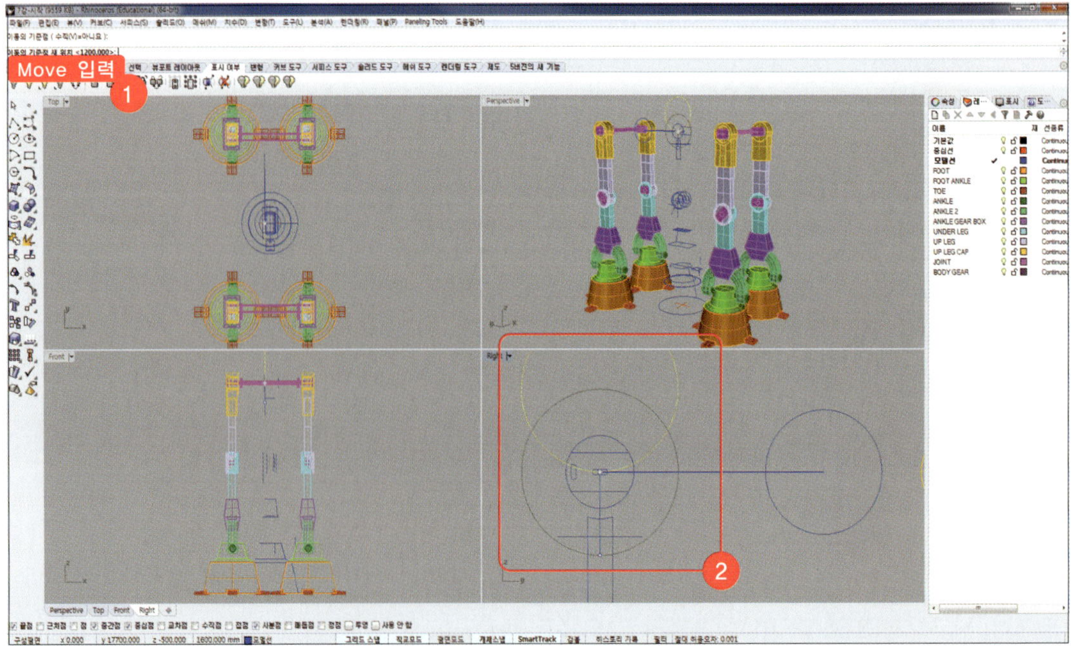

05 'Line' 을 입력하고 [Right]뷰에서 반지름이 1600인 원의 중심으로부터 위쪽으로 임의의 길이인 커브를 작성합니다.

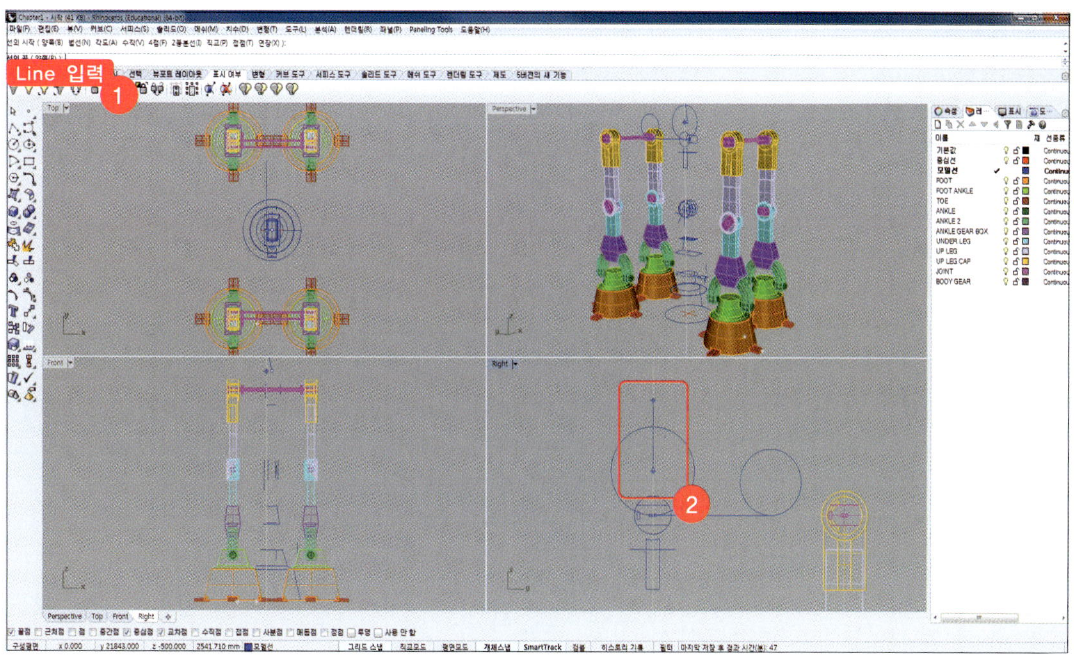

06 'Rotate'를 입력하고 '회전시킬 개체'에 Step 05에서 작성한 line을 선택합니다. '회전중심'에 Step 05 에서 작성한 line의 시작점, '첫 번째 참조점'에 line의 끝점을 선택한 뒤, '두 번째 참조점'에서 '-9.94'를 입력합니다.

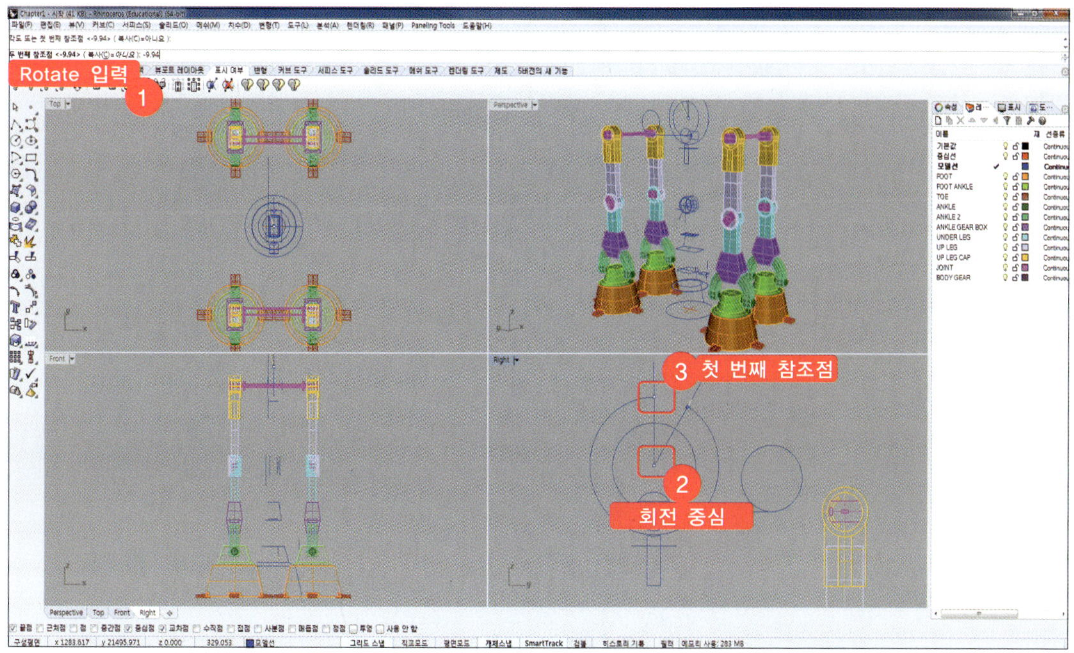

07 'Line'을 입력하고 아래 개체 스냅에서 '접점'을 체크합니다. '선의 시작'에 rotate한 line과 circle 커브의 교차점을 선택하고 '선의 끝'에 반지름 1200인 원과의 접점을 선택합니다.

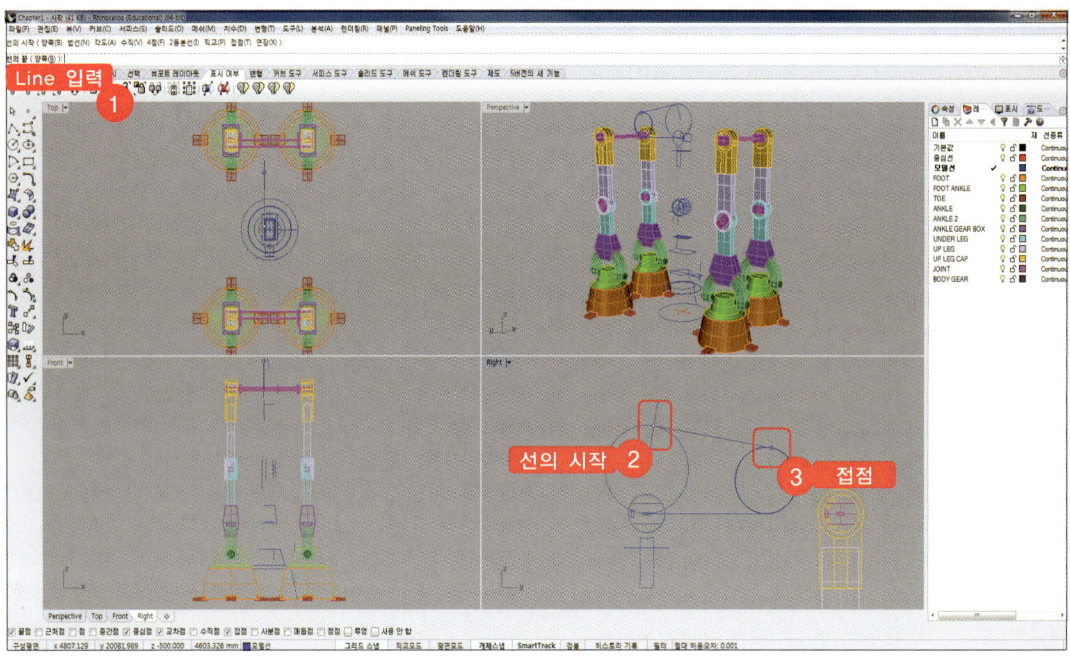

08 'Trim'을 입력하고 '절단 개체 선택'에 두 원의 접선 2개를 선택합니다.
트림 후 모양이 아래 그림과 같이 나오도록 필요 없는 커브를 잘라줍니다.

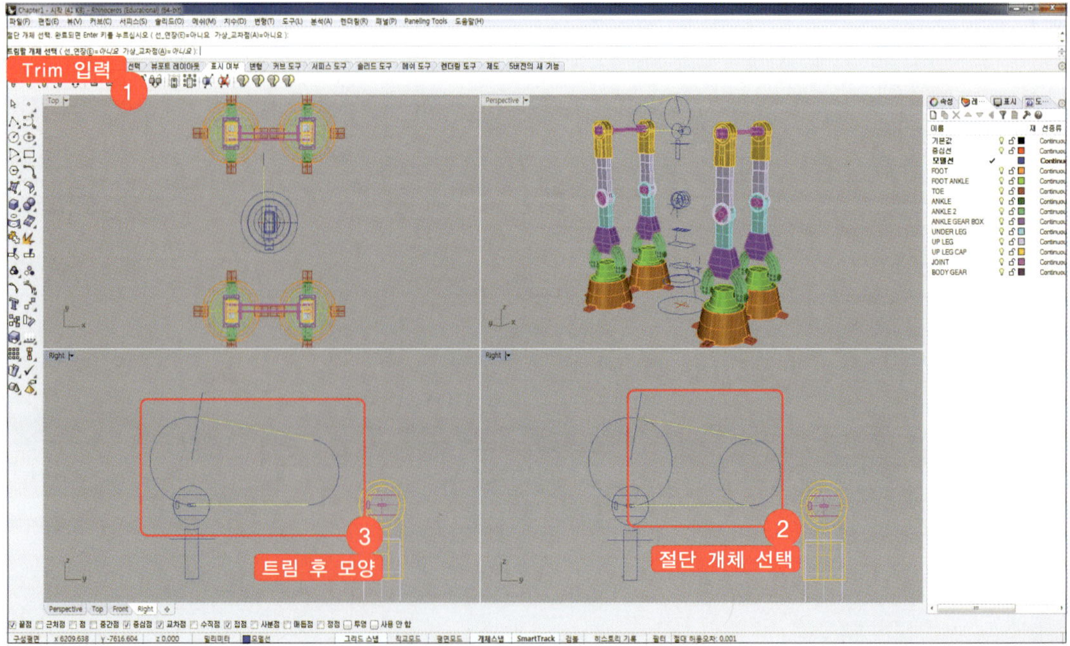

09 ‘Connect’를 입력하고 명령창에 ‘결합=예’로 변경하고 ‘연결할 첫 번째 커브’에 반지름 1600인 원의 호를 선택합니다. ‘연결할 두 번째 커브’에는 위쪽 line을 선택합니다.

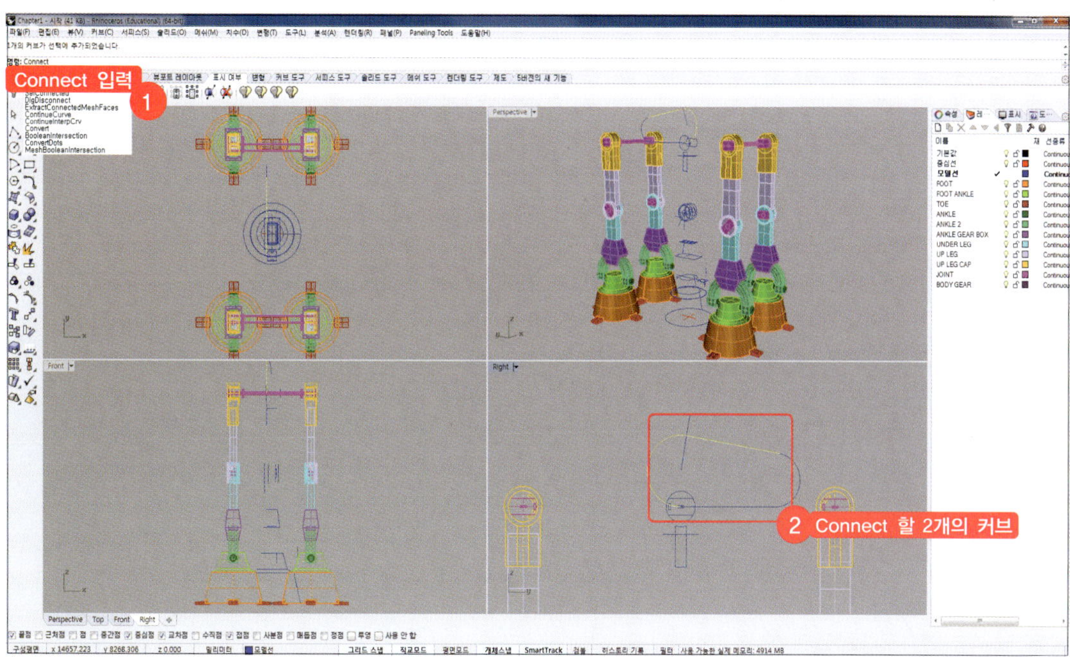

10 ‘Join’을 입력하고 나머지 연결된 커브들을 선택하여 결합합니다.

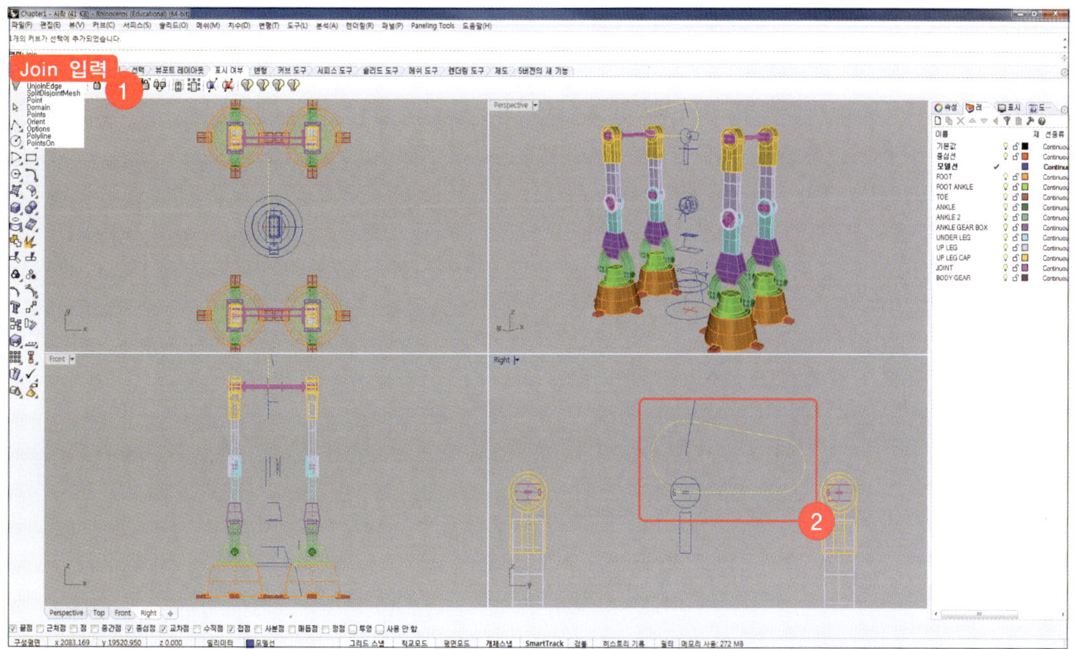

11 'ExtrudeCrv'를 입력하고 '돌출시킬 커브'에 Step 10에서 결합시킨 커브를 선택합니다.
'돌출 거리'에 '-150'을 입력하고 명령창에 '솔리드=예'를 확인한 후, [Enter]키를 누릅니다.

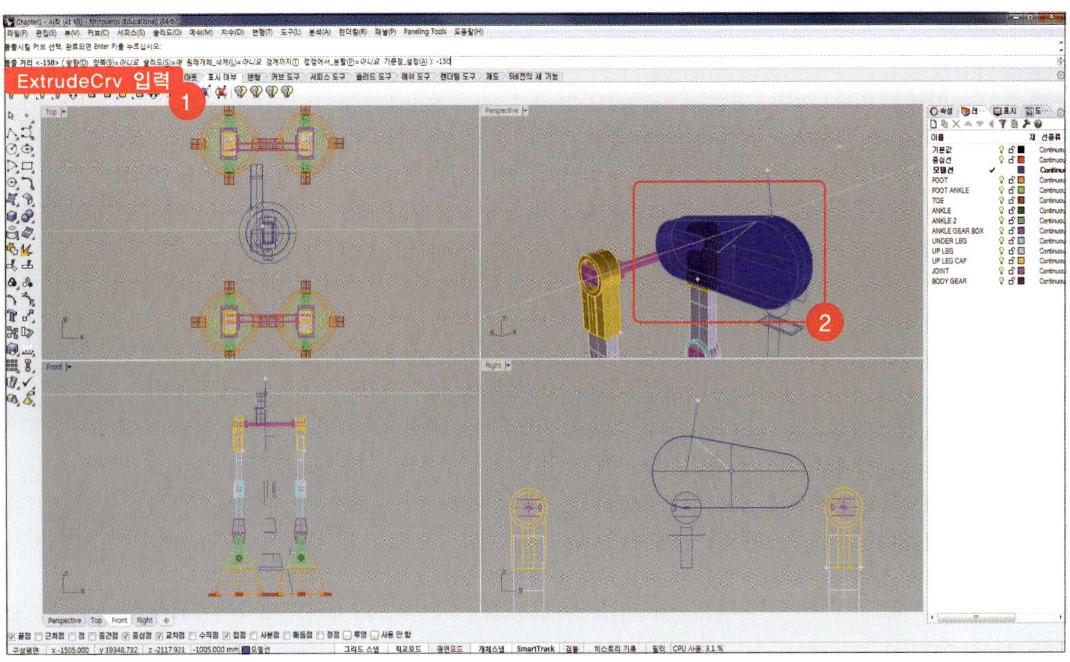

12 아래 개체 스냅에서 '중심점'만 체크하고 명령창에 'Circle'을 입력합니다. [Right]뷰에서 '원의 중심'으로
반지름 1200인 원의 중심점을 찾아 선택하고 '반지름'에 '1120'을 입력하고 [Enter]키를 누릅니다.
(원의 중심 선택 시 반드시 중심점을 선택해야 합니다.)

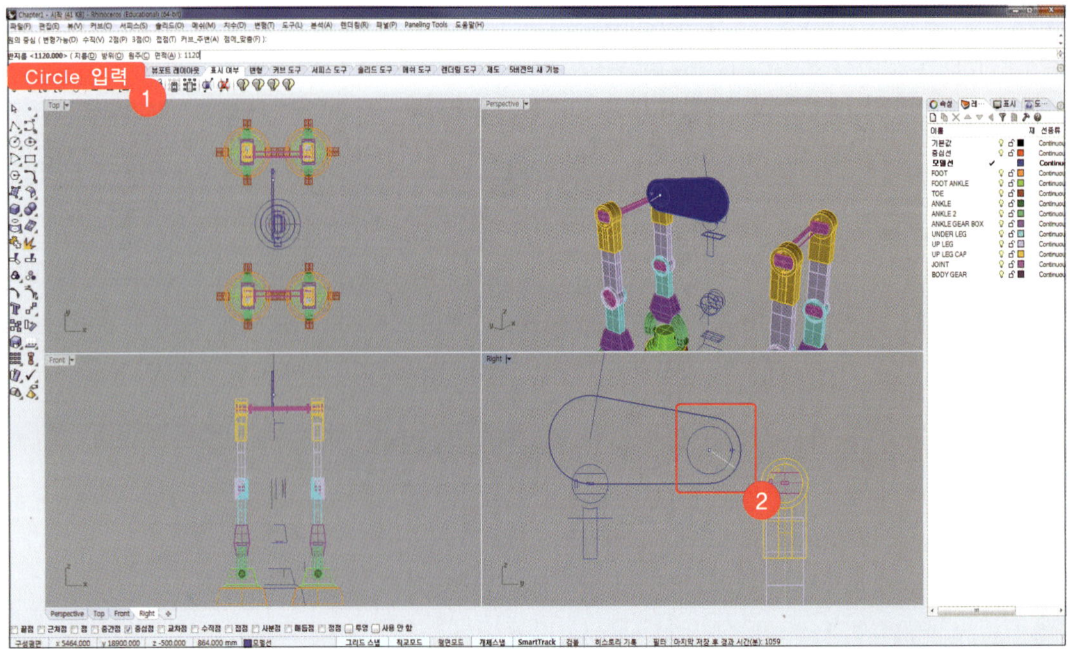

13 'ExtrudeCrv'를 입력하고 '돌출시킬 커브'에 Step 12에서 작성한 circle 커브를 선택합니다. 명령창에 '솔리드=예'를 확인하고 '돌출 거리'에 '120'을 입력합니다.

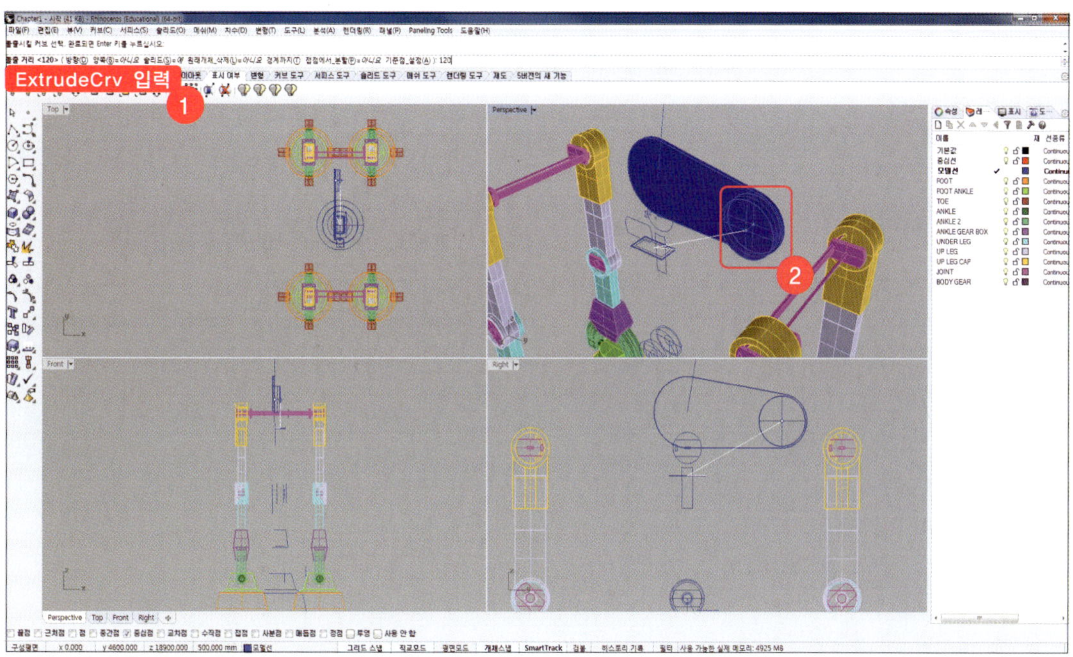

14 'OffsetCrvOnSrf'를 입력하고 '서피스에 있는 커브 선택'에 Step 13에서 작성한 surface의 가장자리를 선택합니다. 간격띄우기 방향은 원 안쪽으로 향하도록 선택합니다. '간격띄우기 거리'에 '260'을 입력하고 [Enter]키를 누릅니다.

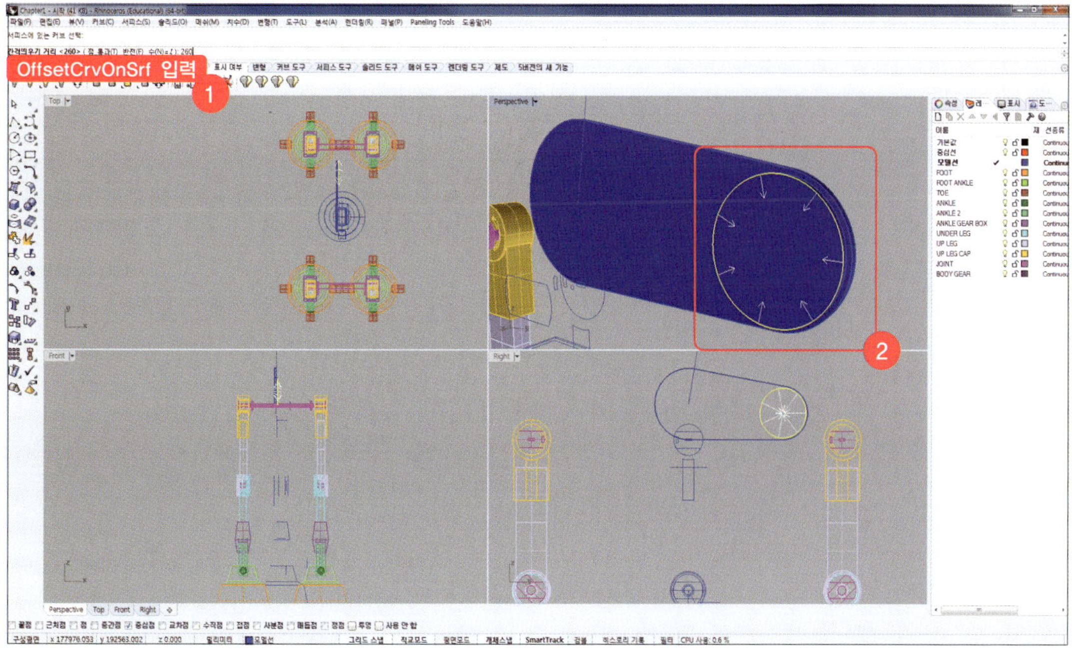

15 Step 11, 13에서 작성한 surface의 레이어를 'BODY GEAR'로 변경하고, 명령창에 'MakeHole'을 입력
합니다. '닫힌 커브 선택'에 Step 14에서 offset한 커브를 선택하고 '서피스 또는 폴리서피스 선택'에
Step 13에서 작성한 surface를 선택한 후, '깊이 점'에 완전히 hole이 만들어 지도록 깊이점을 지정합니다.

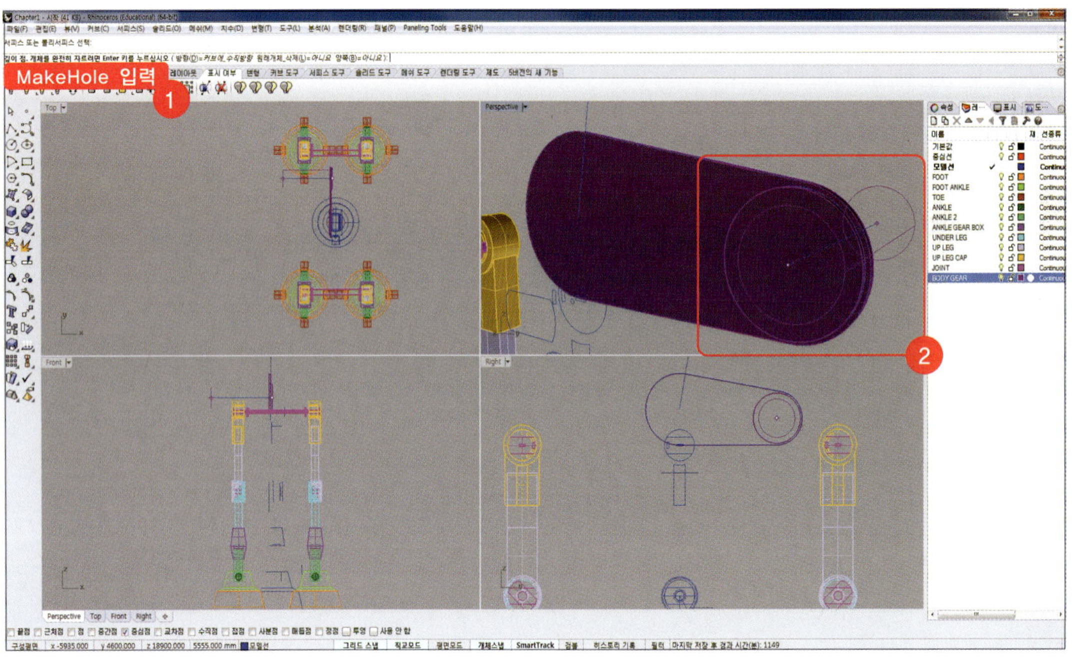

16 'Offset'을 입력하고 '간격띄우기 실행할 커브'에 Step 14에서 offset했던 circle 커브를 선택하고
[Right]뷰에서 circle 바깥쪽으로 '140'만큼 간격띄우기합니다.

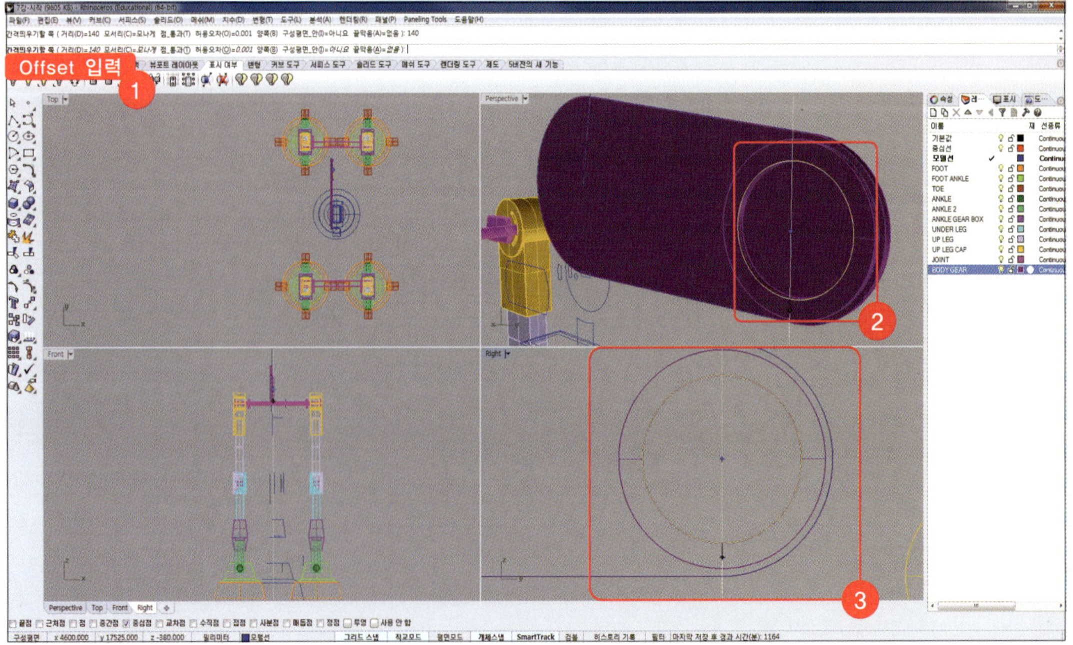

17 'ExtrudeCrv'를 입력하고 '돌출시킬 커브'에 아래 그림과 같이 Step 16에서 간격띄우기한 커브와 원본 커브 모두를 선택합니다. '솔리드=예'를 확인하고 '돌출 거리'에 '200'을 입력합니다.

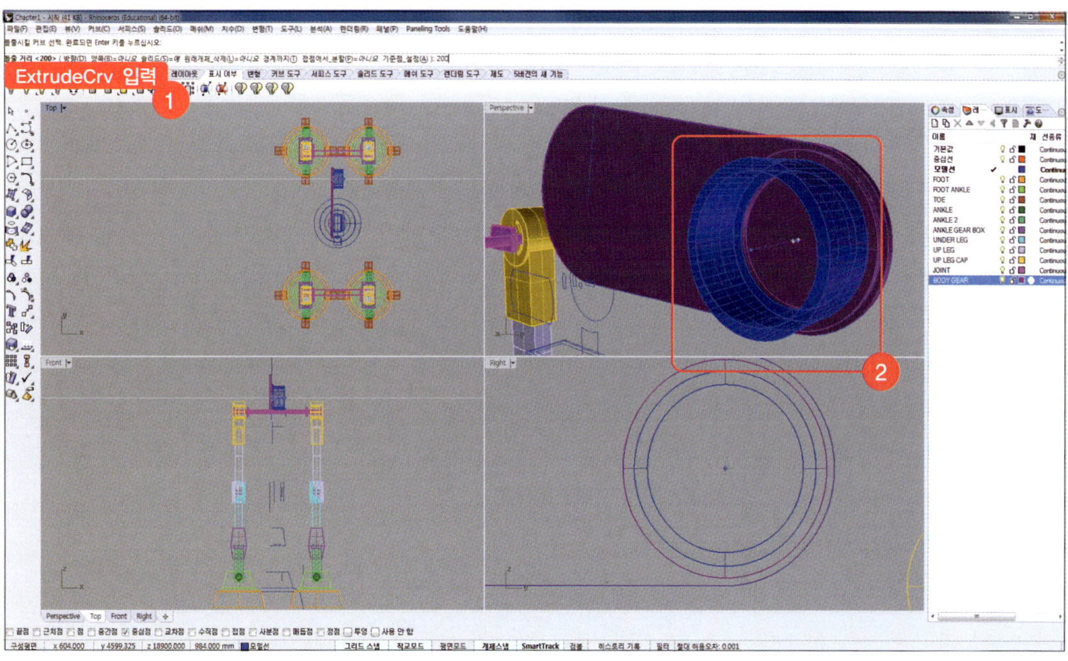

18 Step 17에서 작성한 surface의 레이어를 'BODY GEAR'로 변경하고 명령창에 'Circle'을 입력합니다. '원의 중심'에 [Right]뷰에서 Step 12에서 작성한 원의 중심을 선택합니다. '반지름'에 '320'을 입력합니다. 같은 과정으로 반지름 '150'인 원을 하나 더 작성합니다.

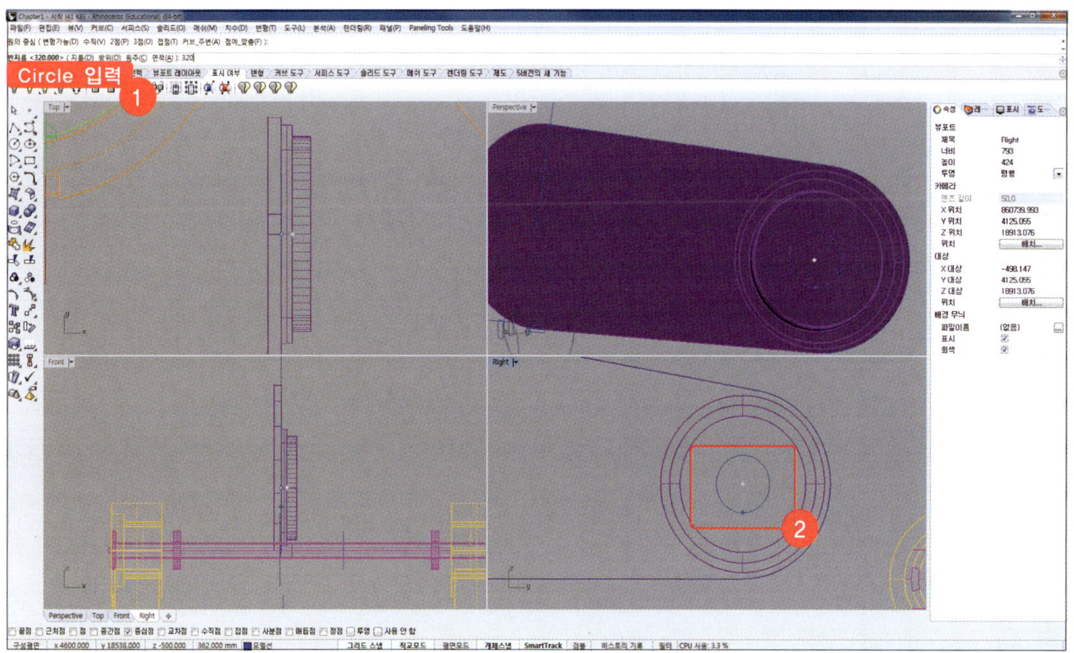

19 'MakeHole'을 입력합니다. '닫힌 커브 선택'에 반지름 150인 원을 선택하고 '서피스 또는 폴리서피스' 선택에 Step 11에서 작성한 서피스를 선택합니다. 선택한 서피스에 완전히 구멍이 뚫리도록 '깊이 점'을 지정합니다.

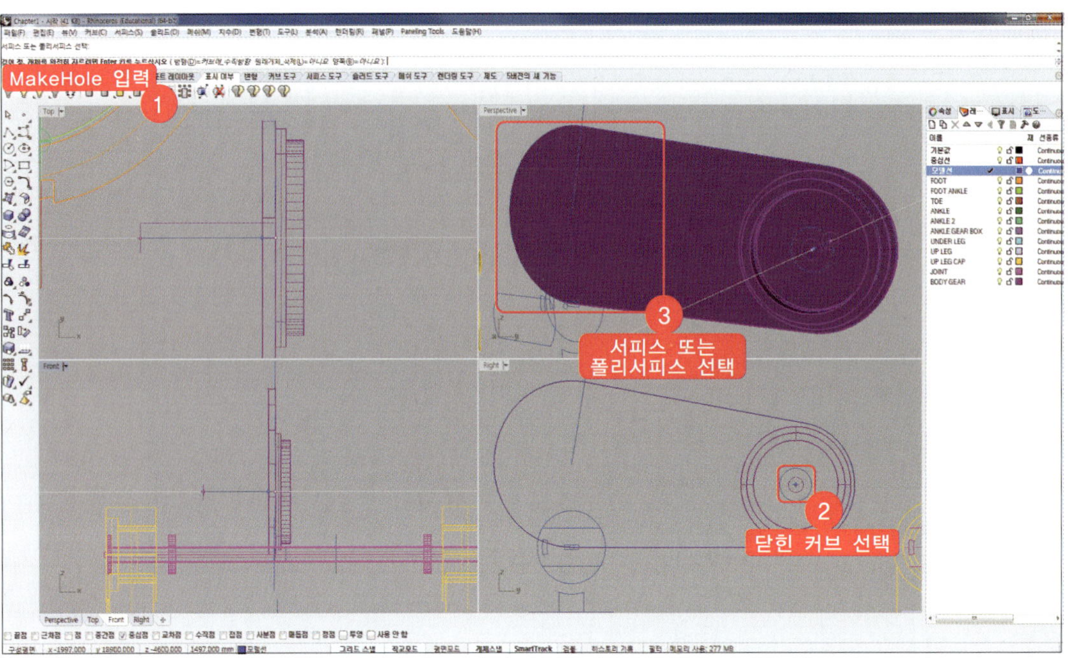

20 'ExtrudeCrv'를 입력하고 '돌출시킬 커브'에 반지름 320인 circle을 선택합니다. '돌출 거리'에 '320'을 입력하고 [Enter]키를 누릅니다.

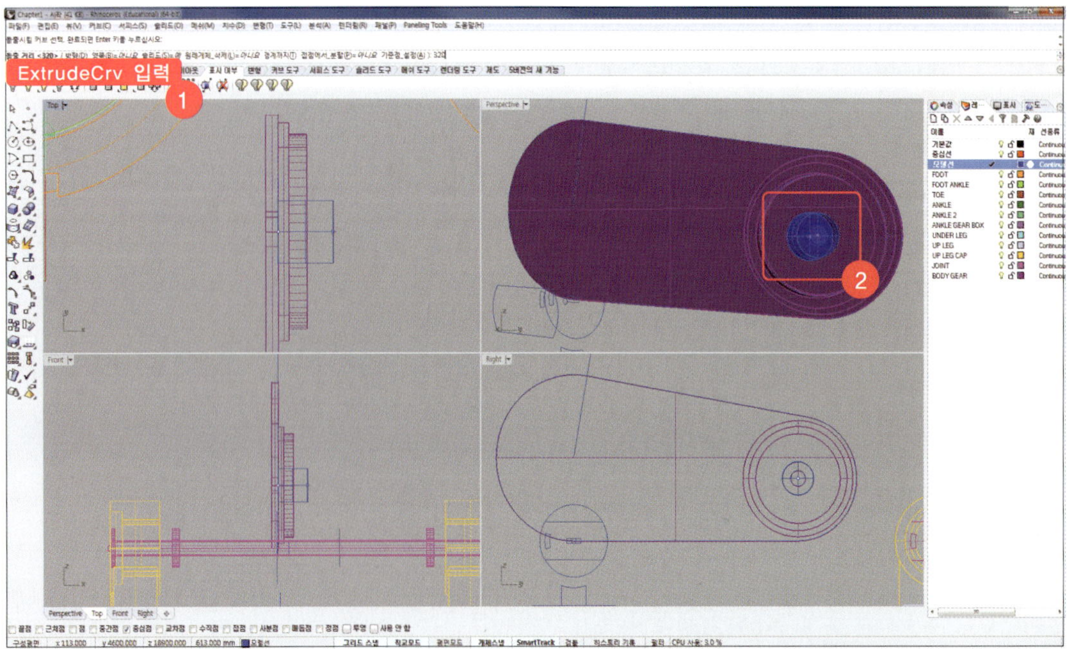

21 Step 20에서 작성한 surface의 레이어를 'BODY GEAR'로 변경하고 명령창에 'MakeHole'을 입력합니다. '닫힌 커브'에 [Right]뷰에서 반지름 150인 circle 커브를 선택하고 '서피스 또는 폴리서피스' 선택에 Step 20에서 작성한 surface를 선택합니다. '깊이 점'으로 서피스를 모두 뚫을 만큼의 점을 지정합니다.

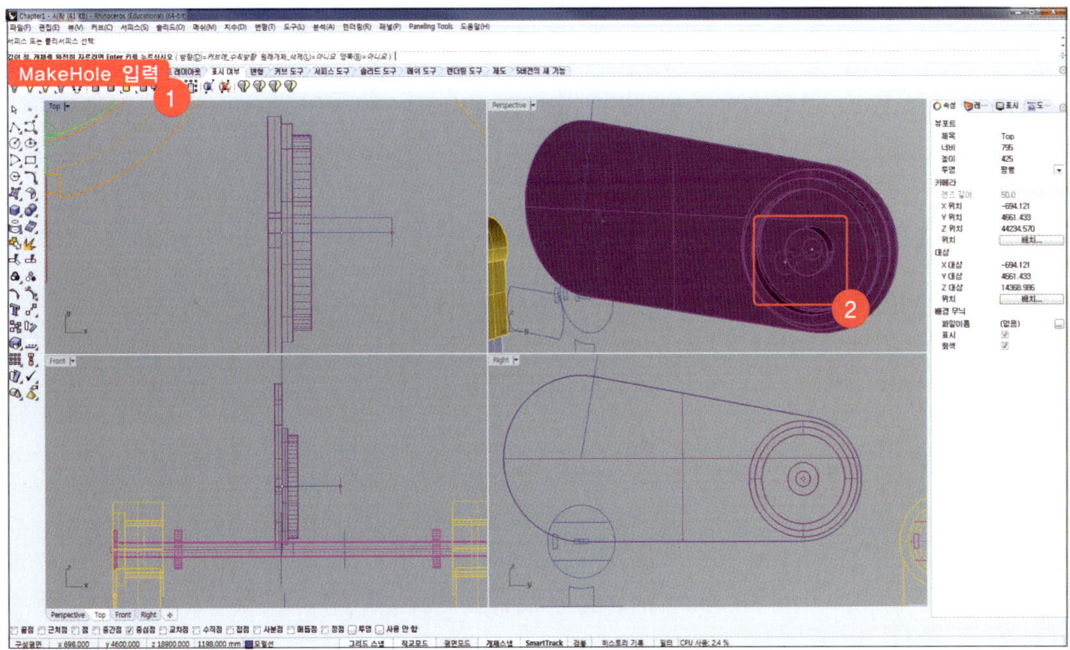

22 'Line'을 입력하고 '선의 시작'으로 반지름 320인 원의 중심점을 선택합니다. '선의 끝'에 '700'을 입력하고 line의 방향이 위쪽을 향하도록 합니다.

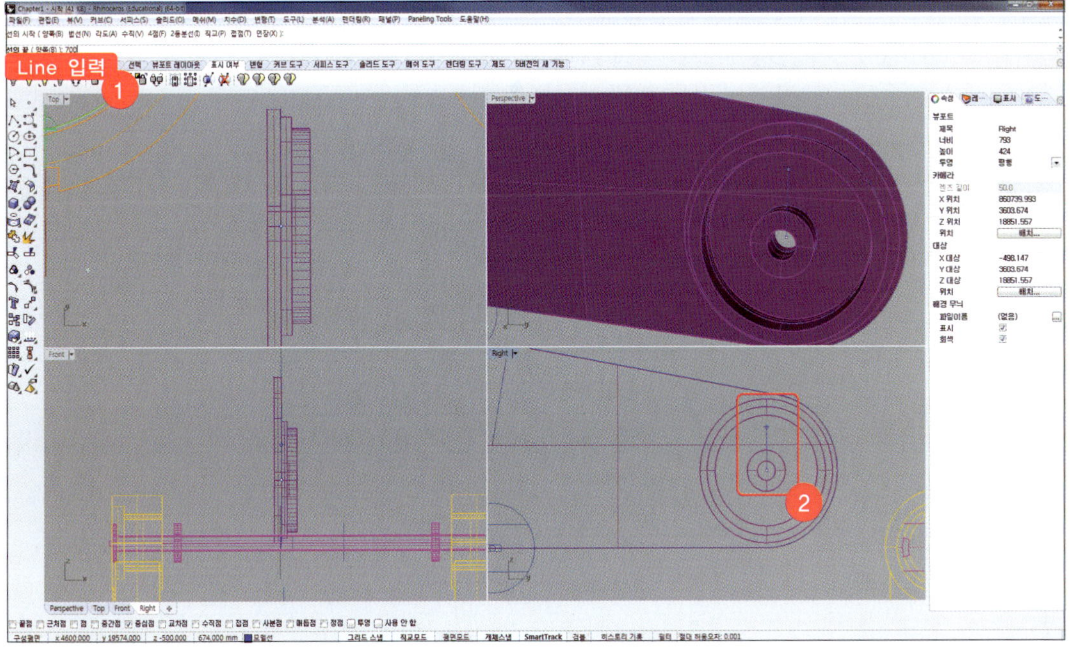

23 'Rotate'를 입력하고 '회전시킬 개체'에 Step 22에서 작성한 line을 선택합니다. '회전 중심', '첫 번째 참조점'을 각각 Step 22에서 작성한 line의 시작점 끝점을 지정합니다. 명령창에서 '복사=예'로 변경하고 '두 번째 참조점'에 '120'을 입력하고 연이어 '-120'을 입력합니다.

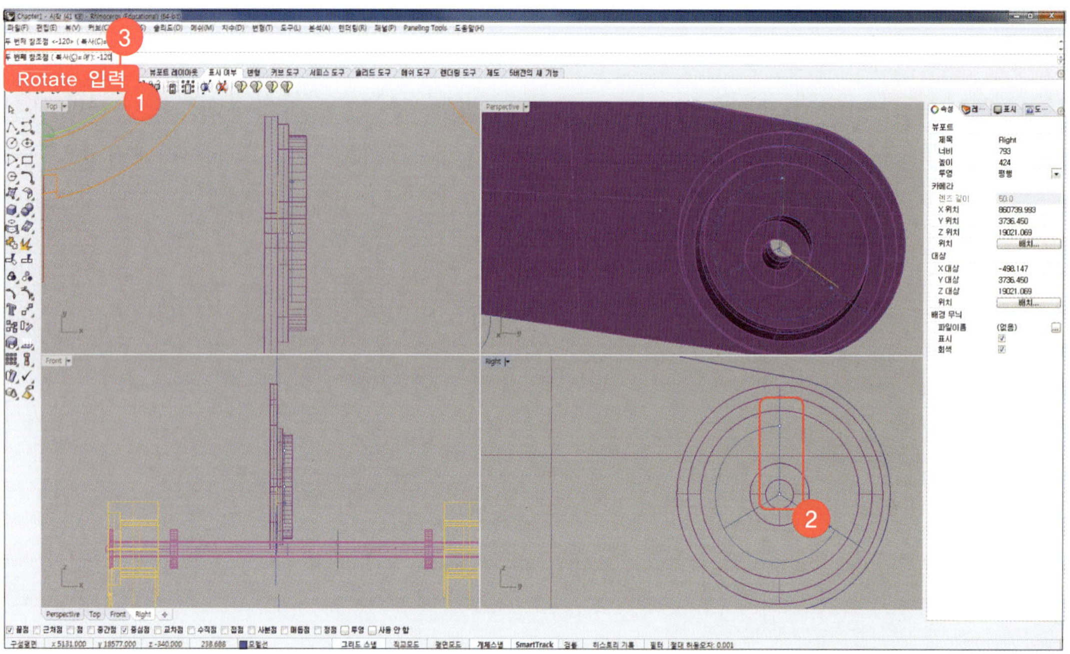

24 'Circle'을 입력하고 [Right]뷰에서 rotate 복사한 커브의 끝을 '원의 중심'으로 지정하고(아래 개체 스냅에서 '끝점' 체크) '반지름'에 '50'을 입력합니다.

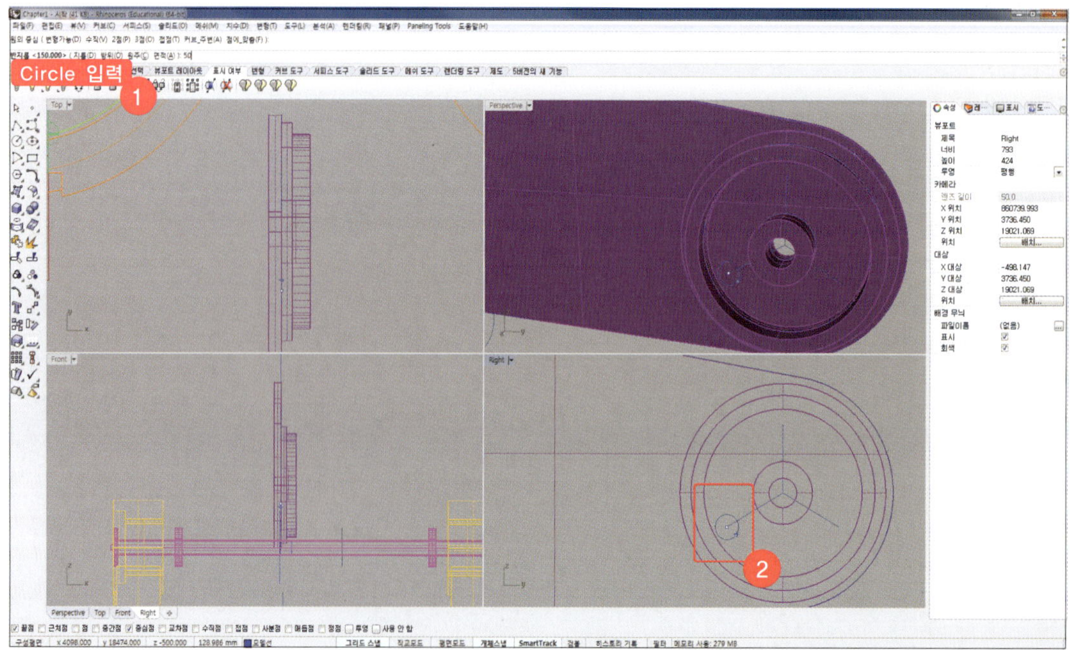

25 현재레이어를 'BODY GEAR' 레이어로 변경한 후, 명령창에 'ExtrudeCrv'를 입력합니다.
'돌출시킬 커브'에 Step 24에서 작성한 circle을 선택하고 명령창에 '솔리드=예'를 확인하고 '돌출 길이'에
'50'을 입력합니다.

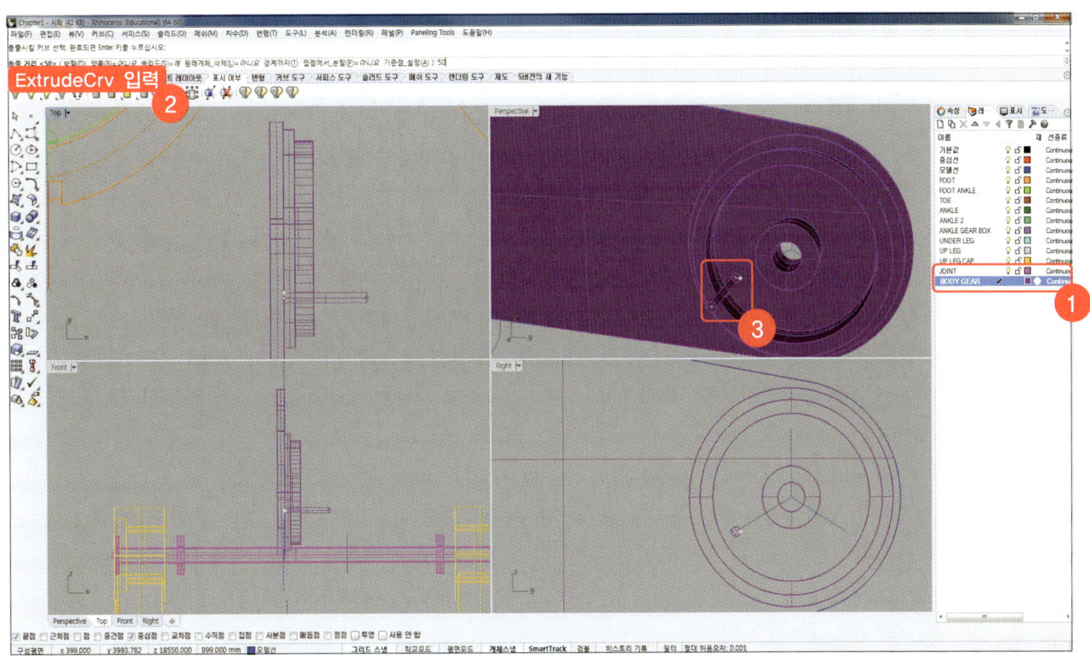

26 'Copy'를 입력하고 '복사할 개체'에 Step 25에서 돌출시킨 surface를 선택합니다. [Right]뷰에서 '복사의
기준점'에 line의 끝점을 선택하고 '복사할 위치의 점'에 각 line의 끝점을 선택하여 아래 그림과 같이
작성합니다.

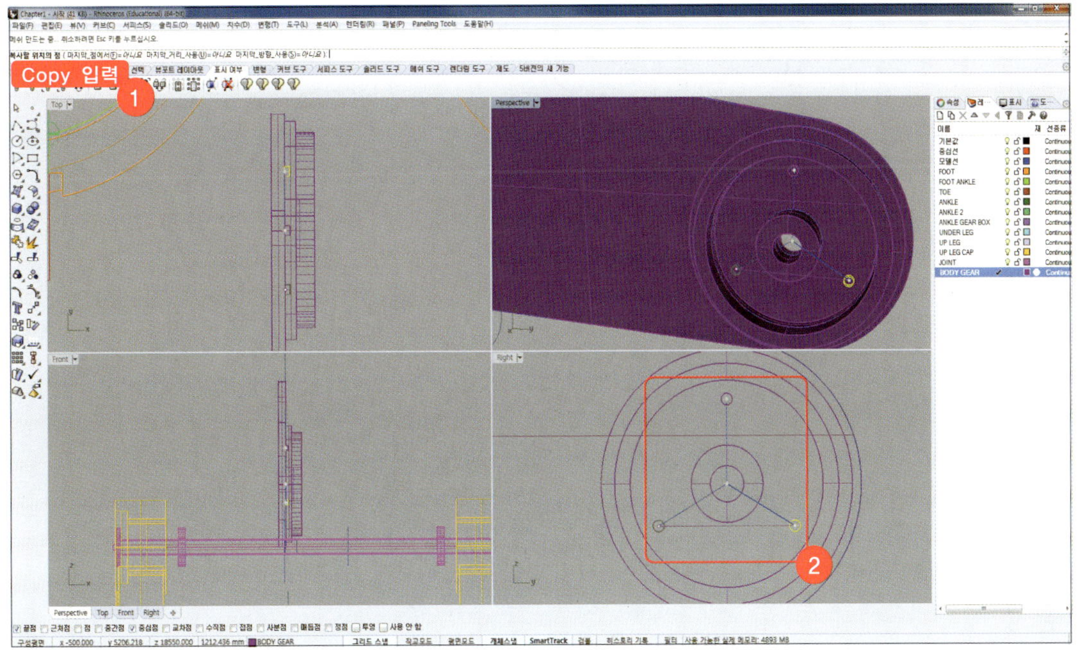

27 현재 레이어를 '모델선'으로 변경합니다. 'Line'을 입력하고 '선의 시작'에 [Right]뷰에서 circle의 중심점(or line의 끝점)을 선택합니다. '선의 끝'에 '4895'를 입력하고 [Right]뷰에서 왼쪽으로 line을 작성합니다.

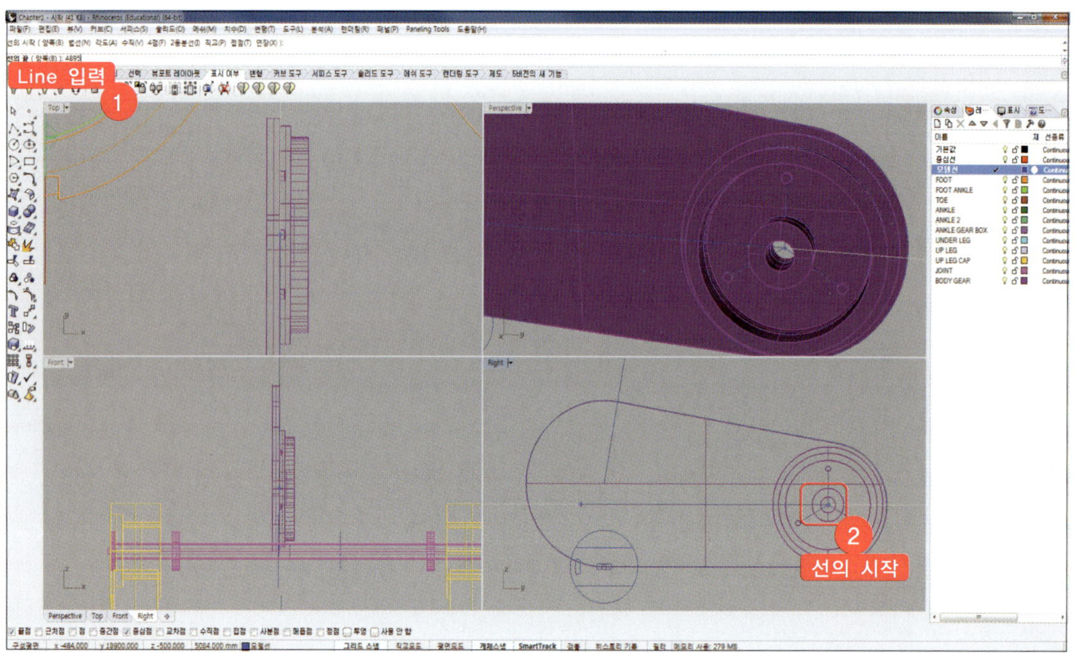

28 'Circle'을 입력하고 '원의 중심'에 [Right]뷰에서 Step 27에서 작성한 선의 끝점을 선택하고 '반지름'에 '600'을 입력하고 [Enter]키를 누릅니다.

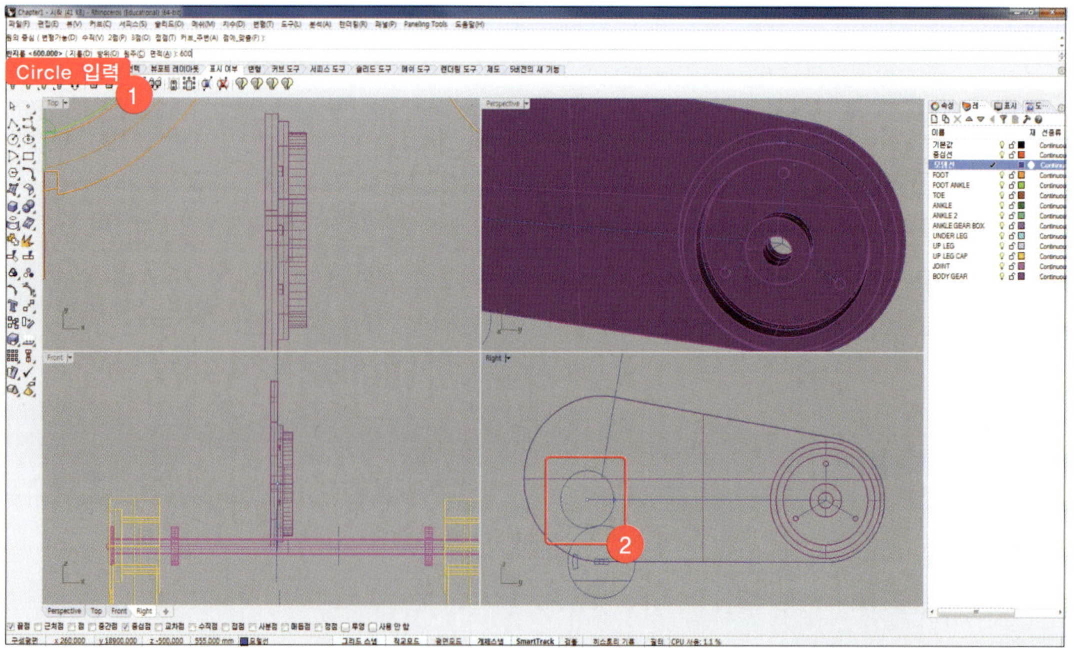

29 'MakeHole'을 입력하고 '닫힌 커브 선택'에 Step 28에서 작성한 circle을 선택하고 '서피스 또는 폴리
서피스 선택'에 Step 11에서 작성한 surface를 선택하여 완전히 구멍이 생기도록 surface를 뚫어줍니다.

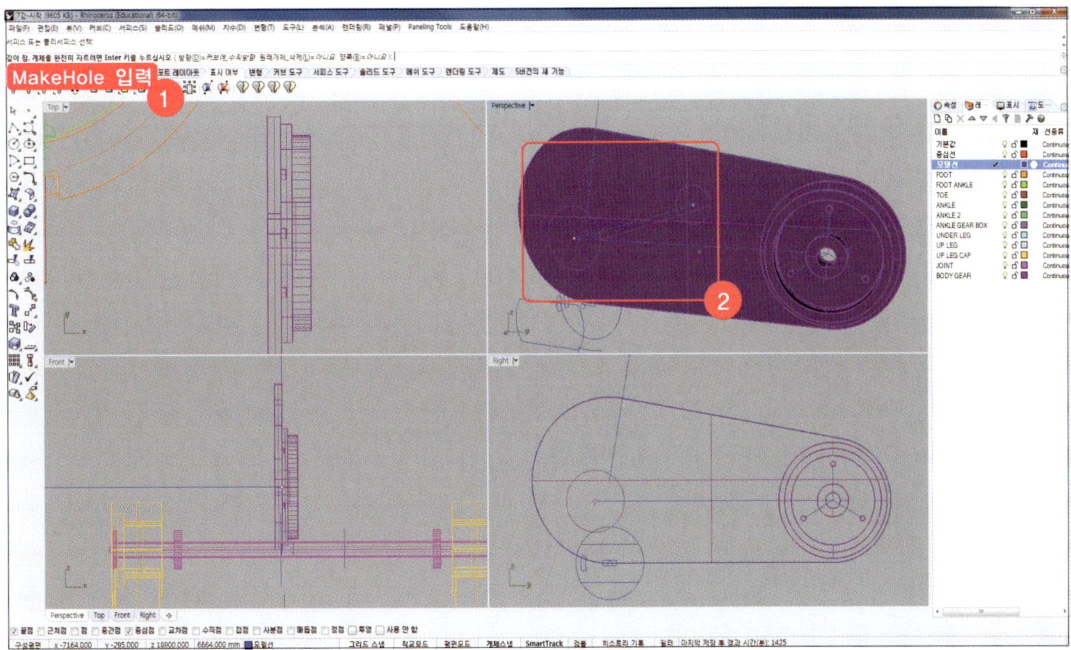

30 'BODY GEAR' 레이어를 제외한 모든 레이어를 *끄고* 'BODY GEAR' 레이어 개체 모두를 선택한 뒤,
명령창에 'Group'을 입력합니다.

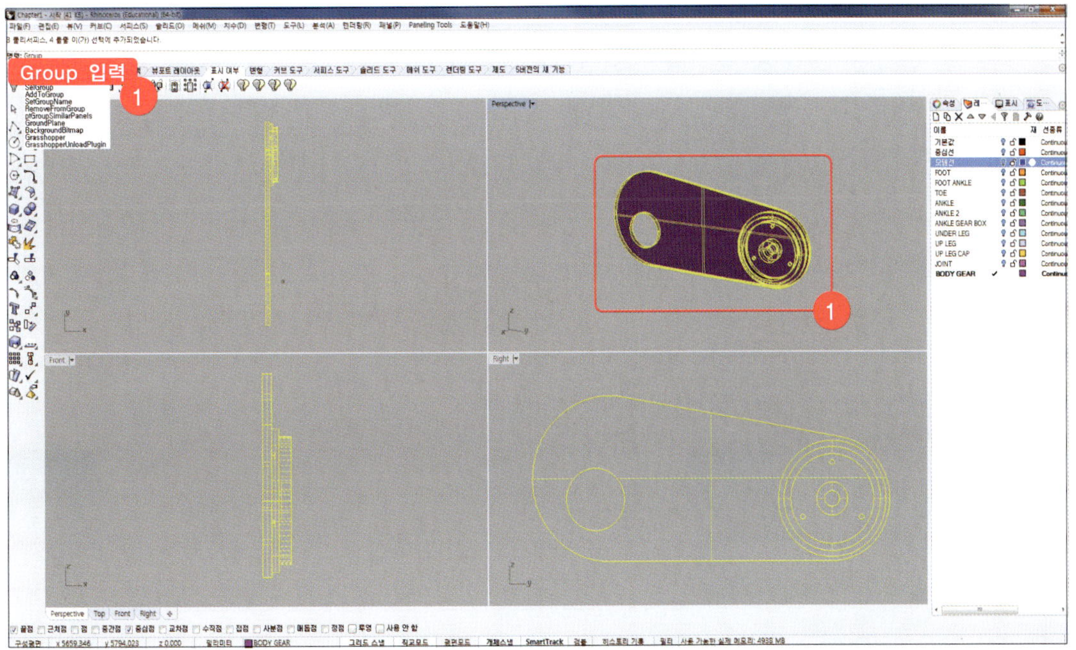

31 'ExtrudeCrv'를 입력하고 '돌출시킬 커브'에 아래 그림과 같이 surface의 구멍이 뚫려있는 부분의 가장자리를 선택한 뒤, '돌출 거리'에 '−6630'을 입력합니다.

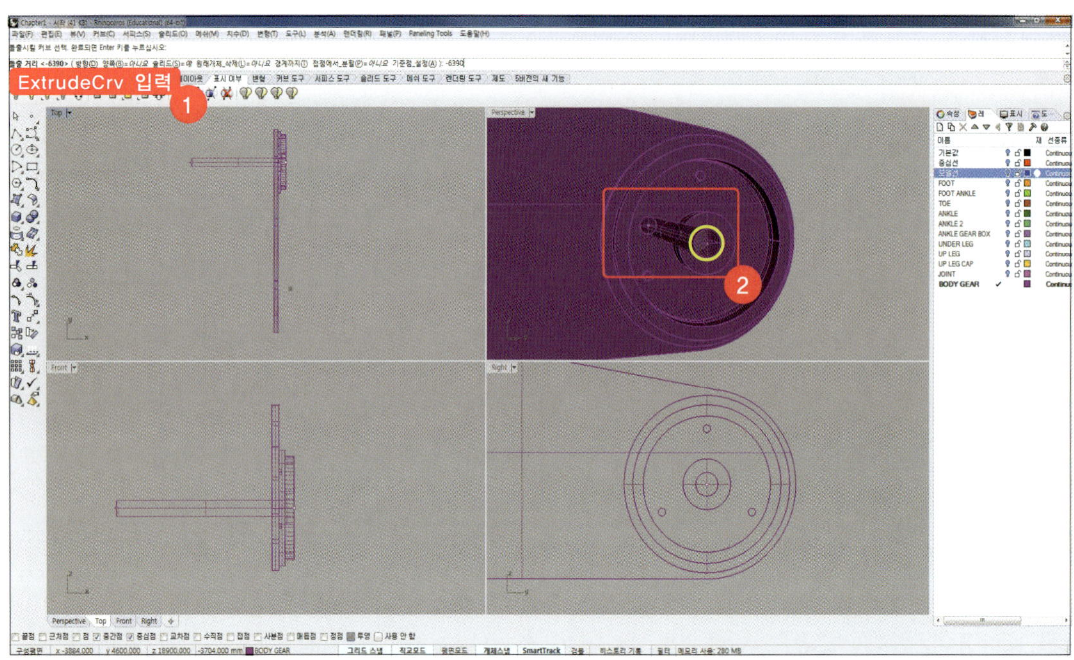

32 'Move' 명령어를 사용하여 Step 30에서 Group화 한 surface를 선택하고 [Top]뷰에서 왼쪽으로 '20' 만큼 이동시킵니다.

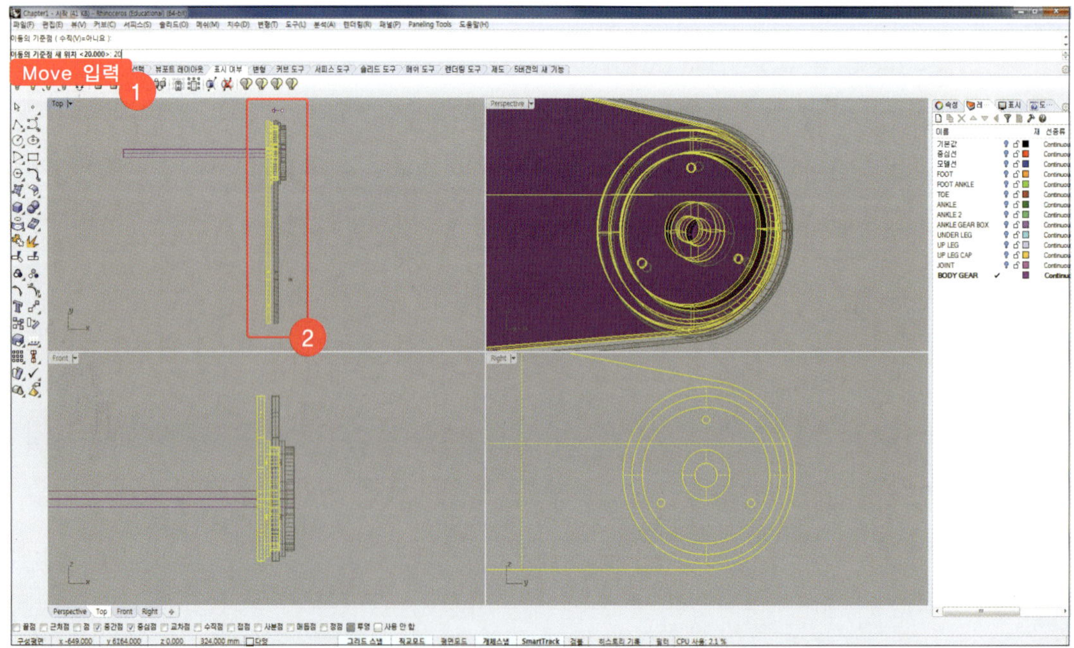

33 'Mirror'를 입력하고 '미러 시킬 개체'에 group화 된 개체를 선택합니다. '미러 평면의 시작'을 [Top] 뷰에서 Step 31에서 작성한 surface의 중간점을 선택하고 x축에 수직인 미러 평면을 지정합니다.

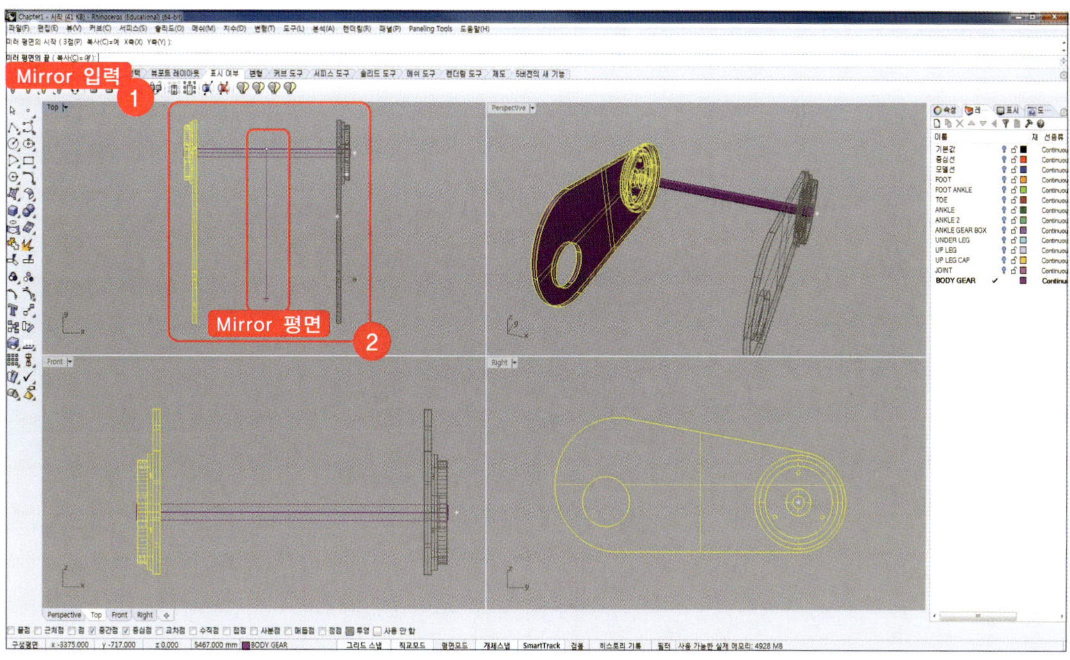

34 '중심선' 레이어를 켜고, 'BODY GEAR' 개체를 모두 선택하고 'Group'을 입력합니다. 선택되어 있는 상태에서 명령창에 'Move'를 입력합니다. '이동의 기준점'에 cylinder 모양의 서피스 중간점을 선택하고 '이동의 기준점 새 위치'에 원점을 선택합니다.

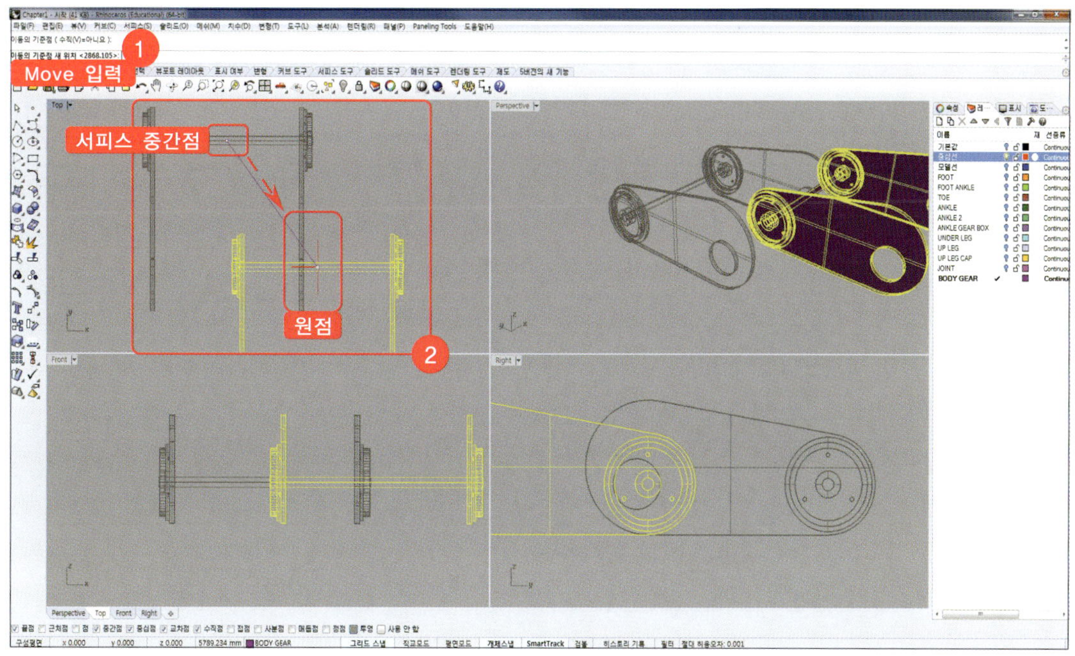

35 ‘JOINT’ 레이어를 켜고 명령창에 ‘Move’를 입력합니다. 아래 개체스냅에서 ‘투영’을 선택하고 ‘이동시킬 개체’에 BODY GEAR 그룹을 선택합니다. [Right]뷰에서 ‘이동의 기준점’에 아래 그림과 같이 BODY GEAR의 Hole 부분의 중심점을 선택하고(투영을 선택하였기 때문에 hole의 중심이자 BODY GEAR의 전체적 중심이 선택됩니다.) ‘이동의 기준점 새 위치’에 JOINT의 작은 축의 중심점을 선택합니다.

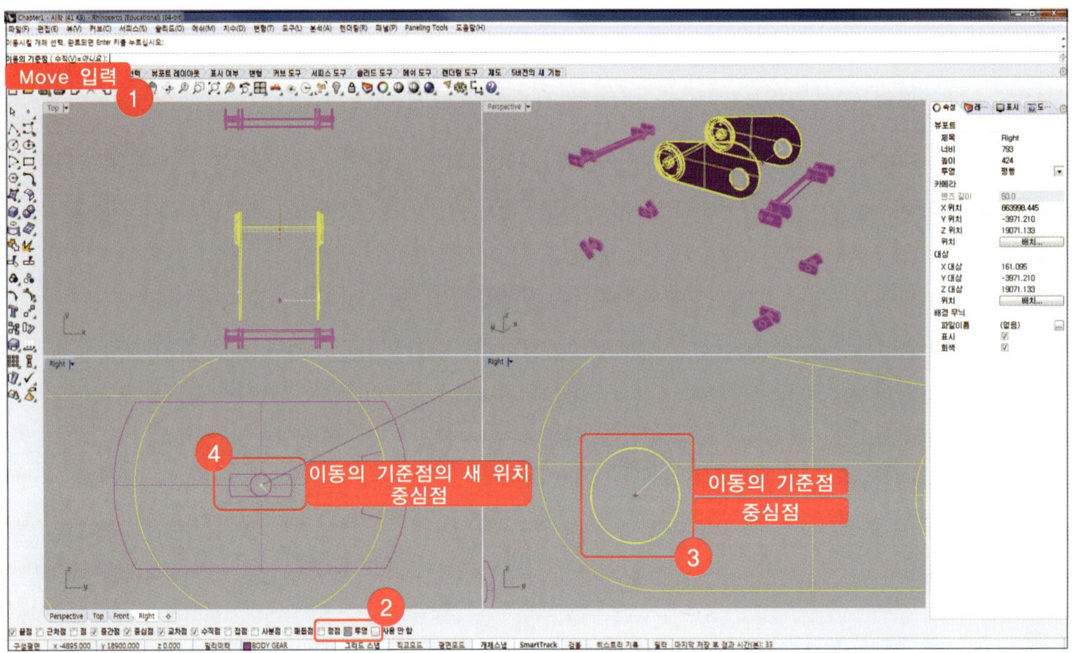

36 ‘Mirror’를 입력하고 ‘미러 실행할 개체’에 BODY GEAR 그룹을 선택합니다.
‘미러 평면의 시작’에 명령창에서 ‘X축’을 선택합니다.

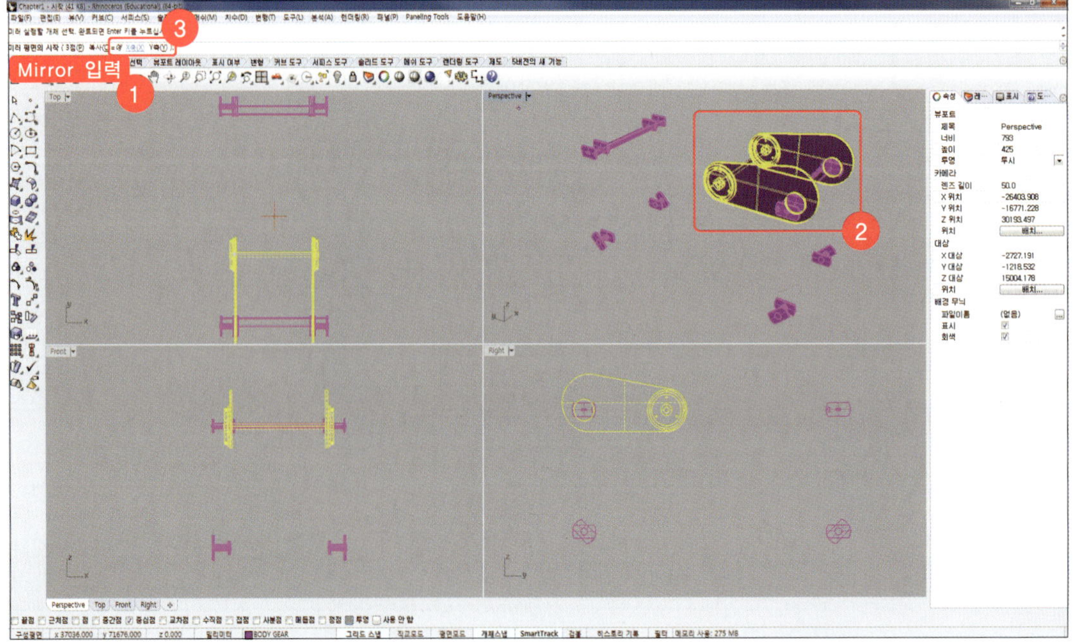

37 'JOINT' 레이어를 끄고 'BODY GEAR' 레이어만 활성화 합니다. [파일] ➡ [선택된 개체 내보내기]를 클릭합니다. BODY GEAR 그룹 2개체를 모두 선택하고 [내보내기]창이 활성화 되면 '파일 이름'에 'BODY GEAR'를 입력하고 '파일 형식'에 'Rhino 5 3D 모델'을 선택하고 [저장]을 클릭합니다.

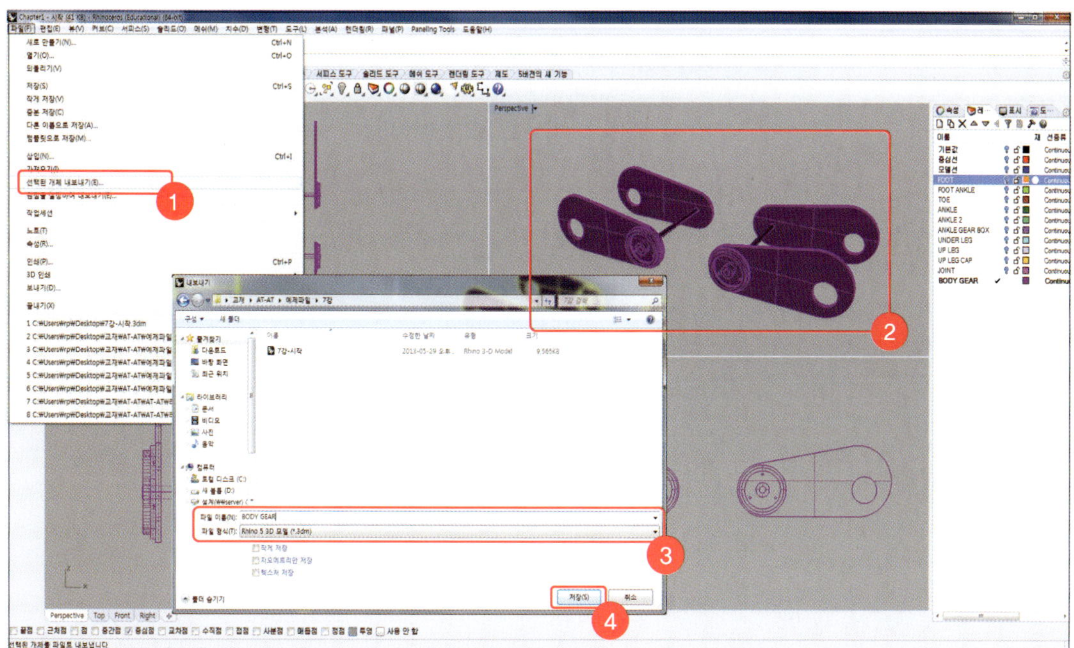

38 BODY GEAR부분이 모두 완성되었습니다.

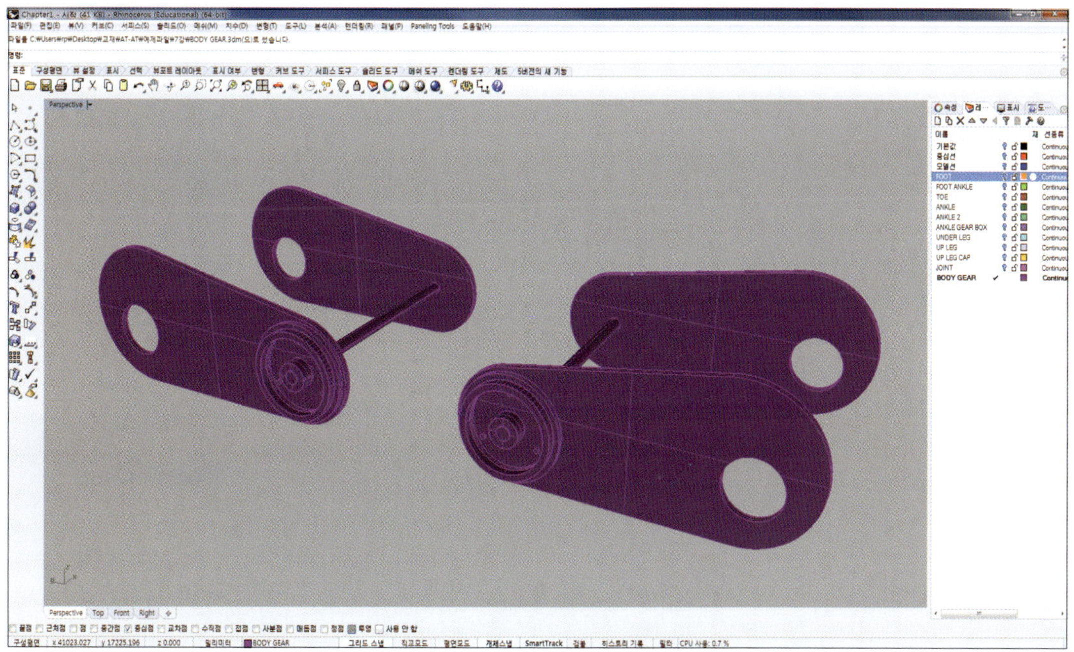

39 완성된 LEG와 BODY GEAR입니다.

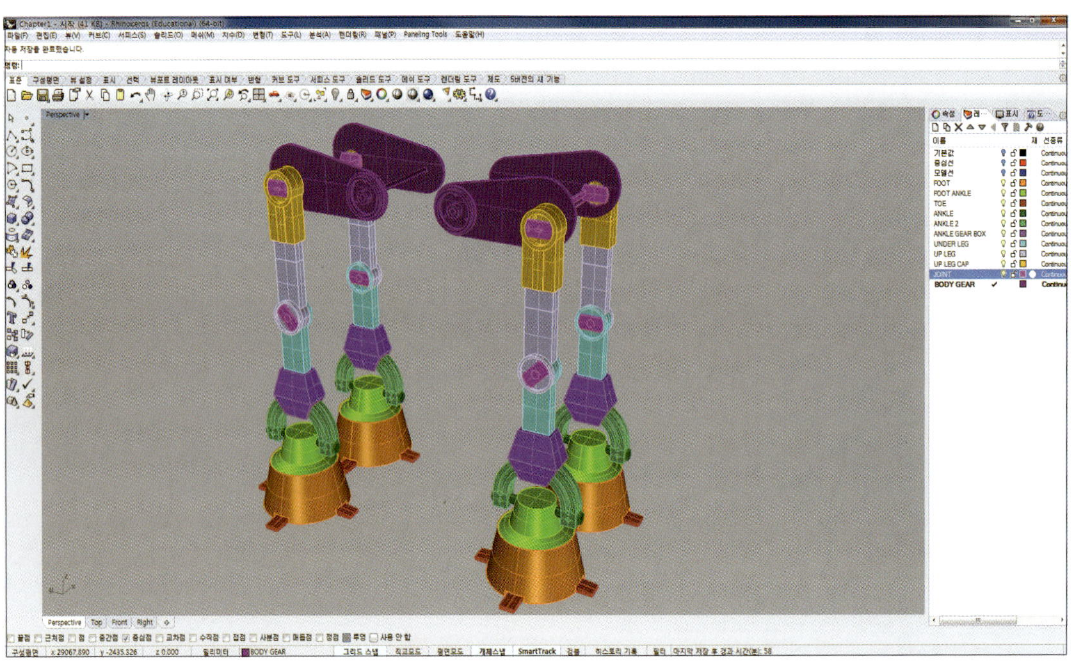

Chapter 02

OIL TANK 모델링

OIL TANK 모델링 : 설계/제작/생산/조립

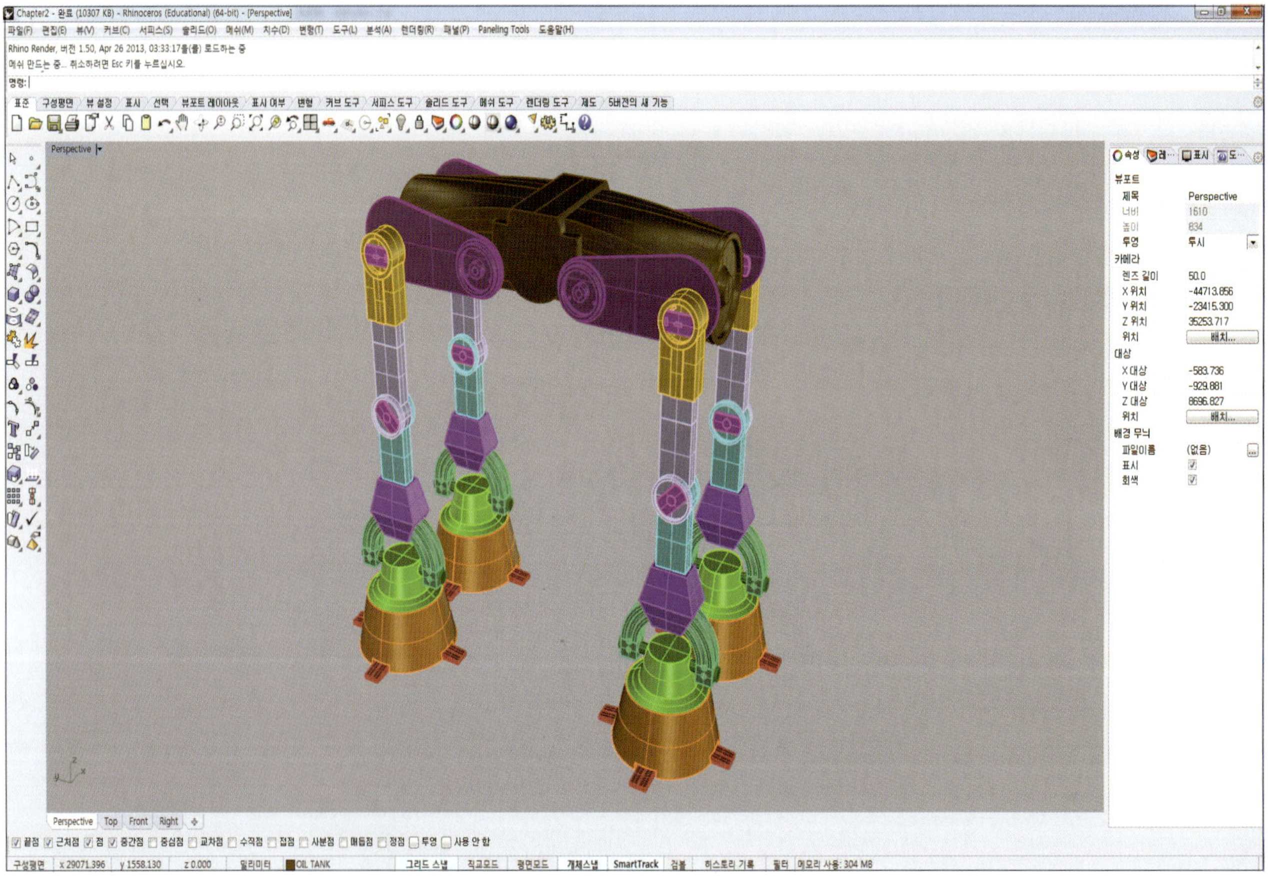

POINT!

- OIL TANK Digital Model 생성
- Digital Model간 조립

01 Rhino 3D 5를 실행합니다. 예제파일 'PART3' 폴더에서 'Chapter2 - 시작' 파일을 로드합니다.
[상태창] ➡ [레이어]탭에서 'OIL TANK' 라는 이름의 레이어를 생성하고 색상을 임의로 지정합니다.
현재 레이어로 '모델선' 을 지정합니다.

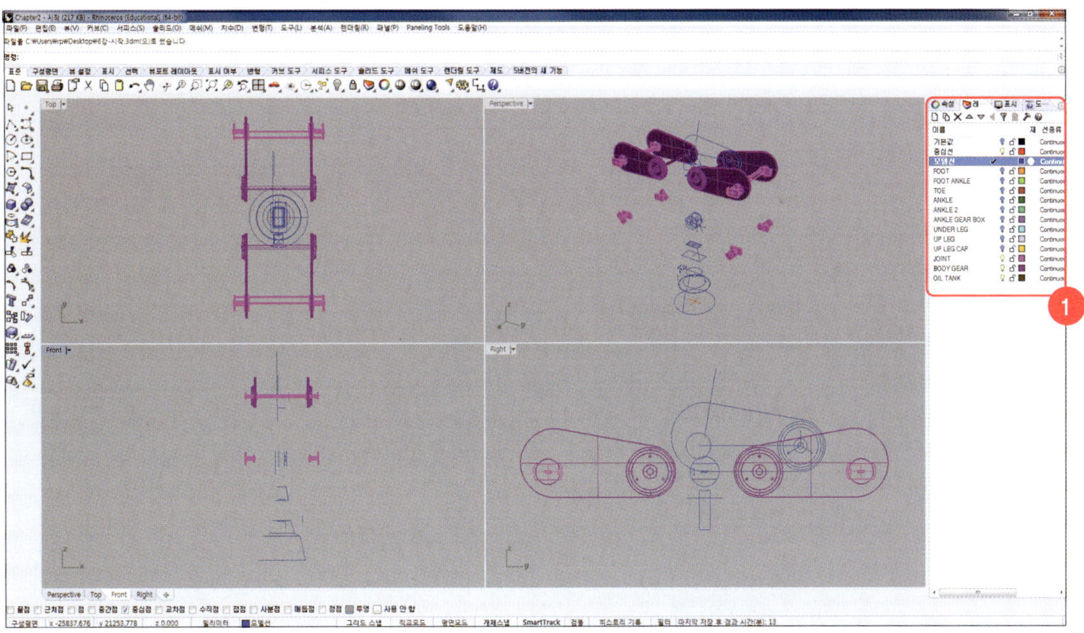

02 'Circle' 을 입력하고 [Front]뷰에서 원점을 원의 중심점으로 하는 반지름 '2000' 인 circle을 작성합니다.

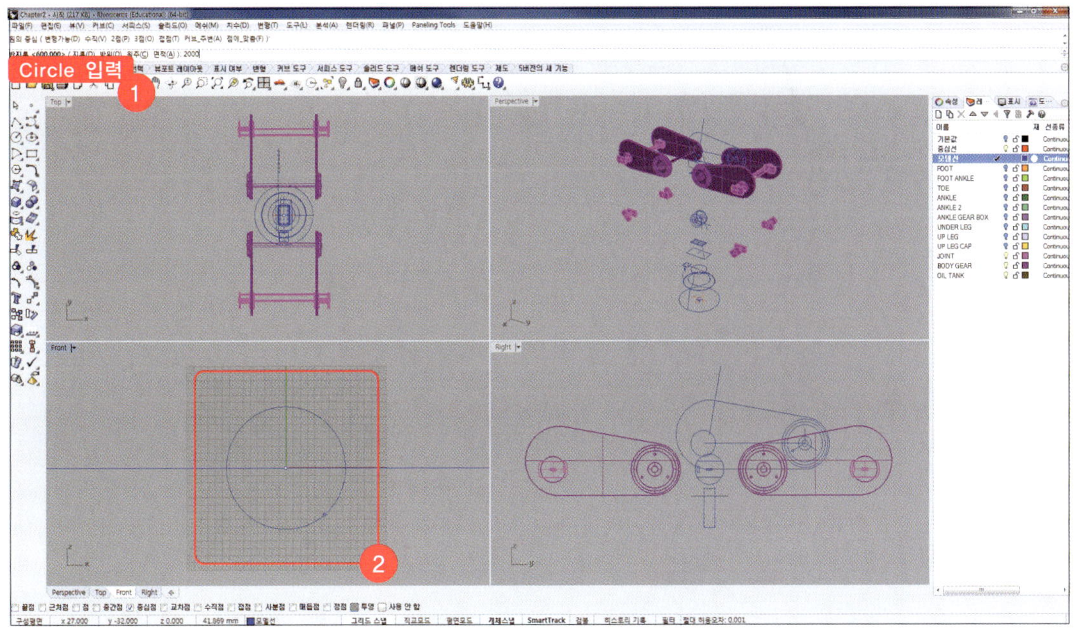

03 ‘Move’를 입력하고 ‘이동시킬 개체’에 Step 02에서 작성한 circle을 선택하고 [Top]뷰에서 위쪽으로 ‘7680’ 만큼 수직으로 이동시킵니다.

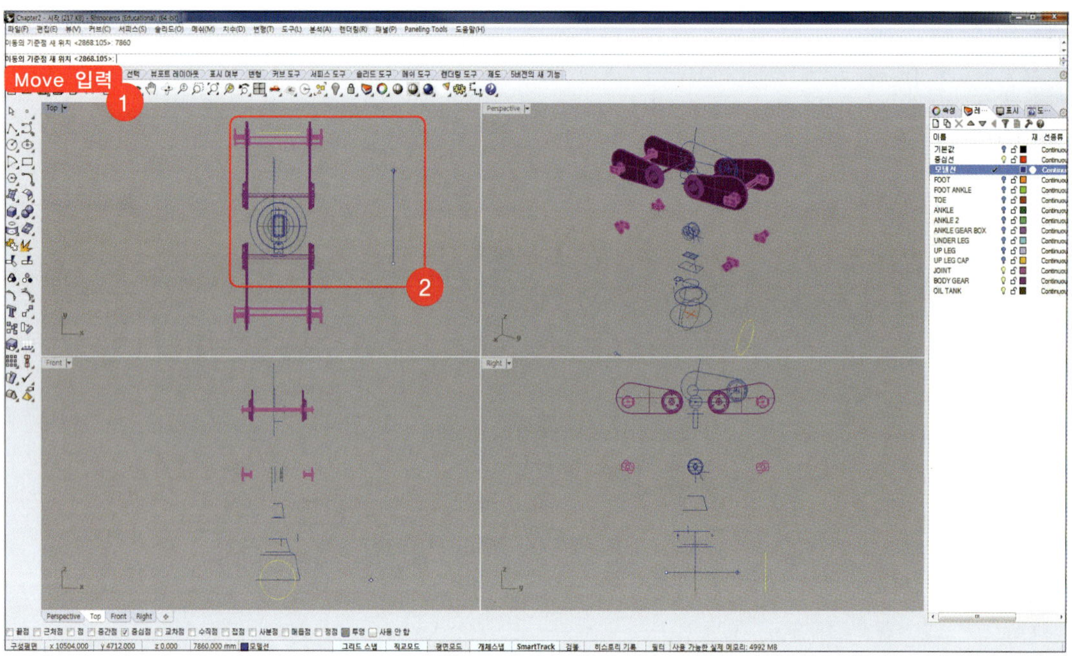

04 다시 ‘Move’를 입력하고 반지름 2000인 circle을 이동시킵니다. ‘이동시킬 개체’에 반지름 2000인 원을 선택하고 [Front]뷰에서 위쪽으로 ‘17700’ 만큼 이동시킵니다. 이는 JOINT와 BODY GEAR 프레임의 중심점이기도 합니다.

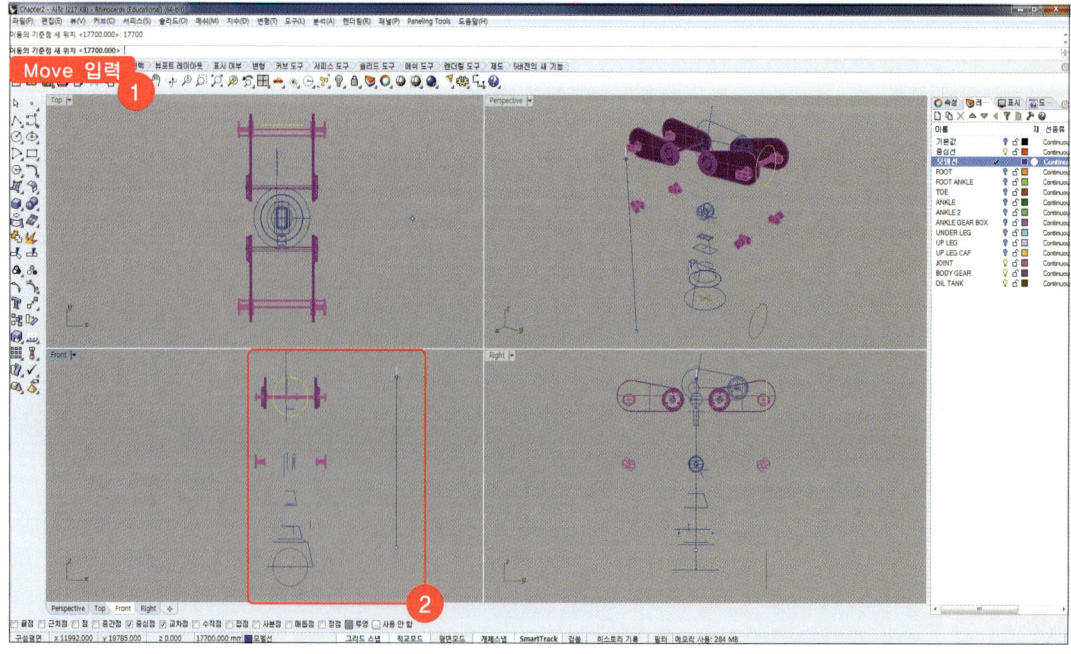

05 ‘중심선’, ‘모델선’, ‘OIL TANK’ 레이어를 제외한 모든 레이어를 끕니다. ‘Mirror’를 입력하고 ‘미러 실행할 개체’에 Step 3~4에서 이동시킨 circle을 선택합니다. 명령창에 ‘Y축’을 선택하여 대칭 복사 합니다.

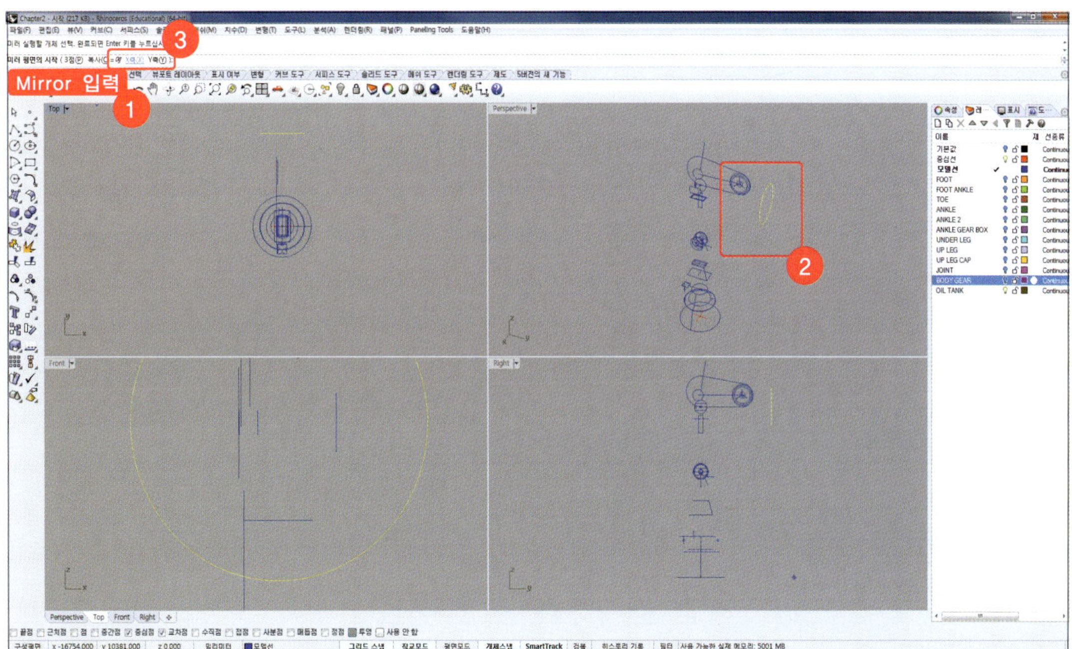

06 아래 개체 스냅에서 ‘투영’을 체크해제하고, ‘Line’을 입력합니다.
Step 05에서 mirror한 두 원의 중심점을 이은 line을 작성합니다.

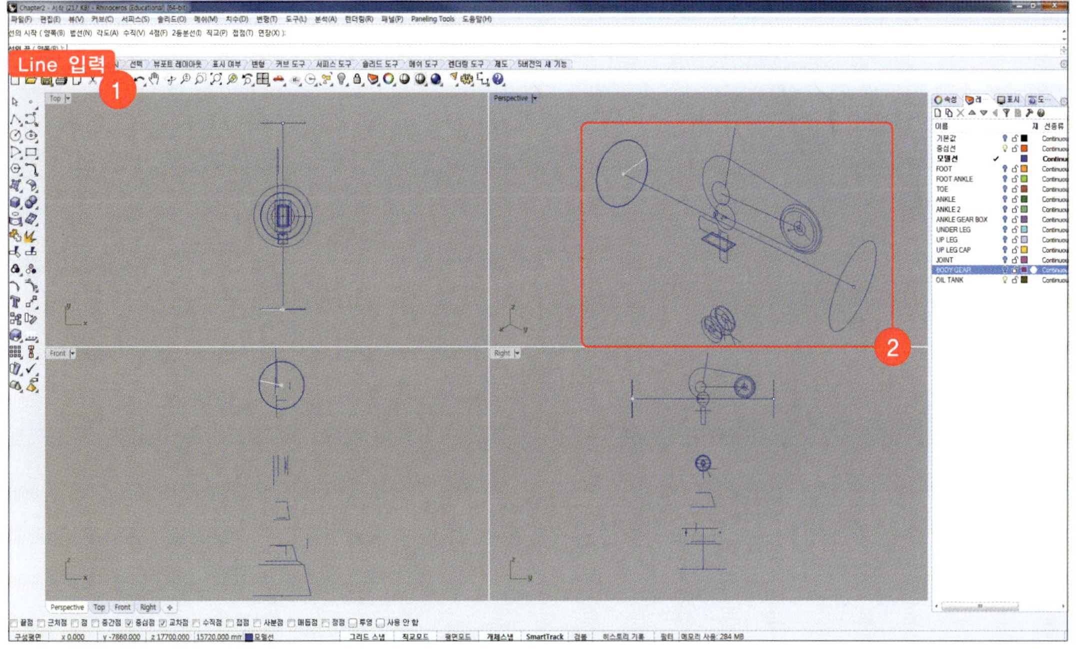

07 'Copy'를 입력하고 '복사할 개체'에 Step 06에서 작성한 line을 선택하고 '복사의 기준점'에 원의
중심을 '복사할 위치의 점'에 해당 원의 중심에서 수평 방향([Top]뷰 기준 오른쪽)의 사분점을 선택합니다.

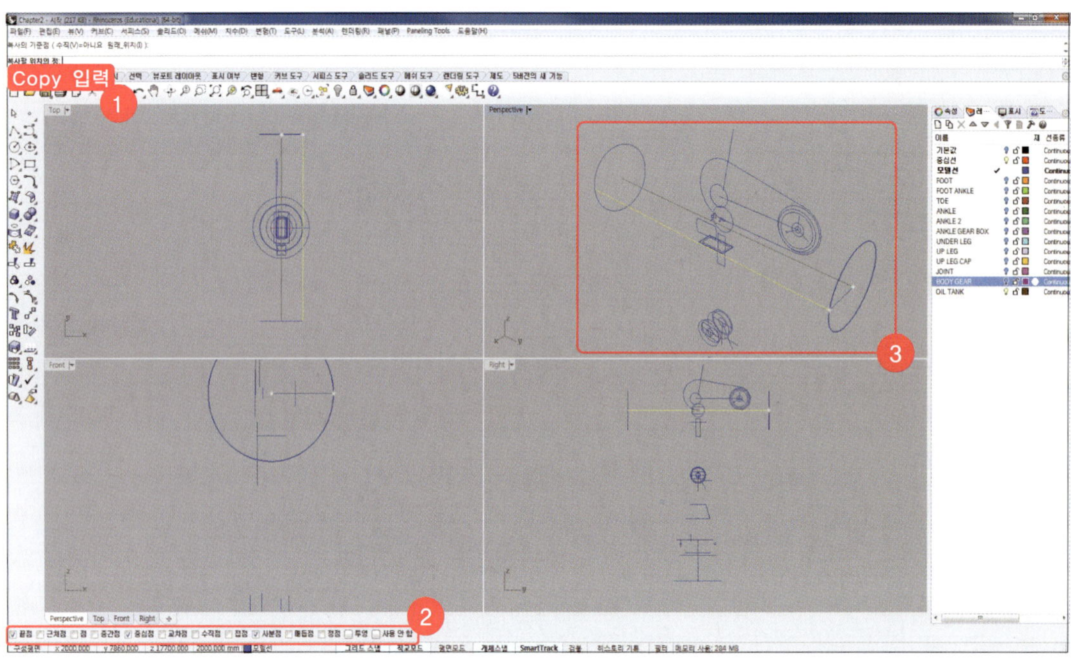

08 다시 'Copy'를 입력하고 '복사할 개체'에 Step 07에서 사분점에 복사한 line을 선택합니다.
[Right]뷰에서 수직 위로 '2200'인 위치와 수직 아래로 '960'인 지점에 각각 line을 복사합니다.

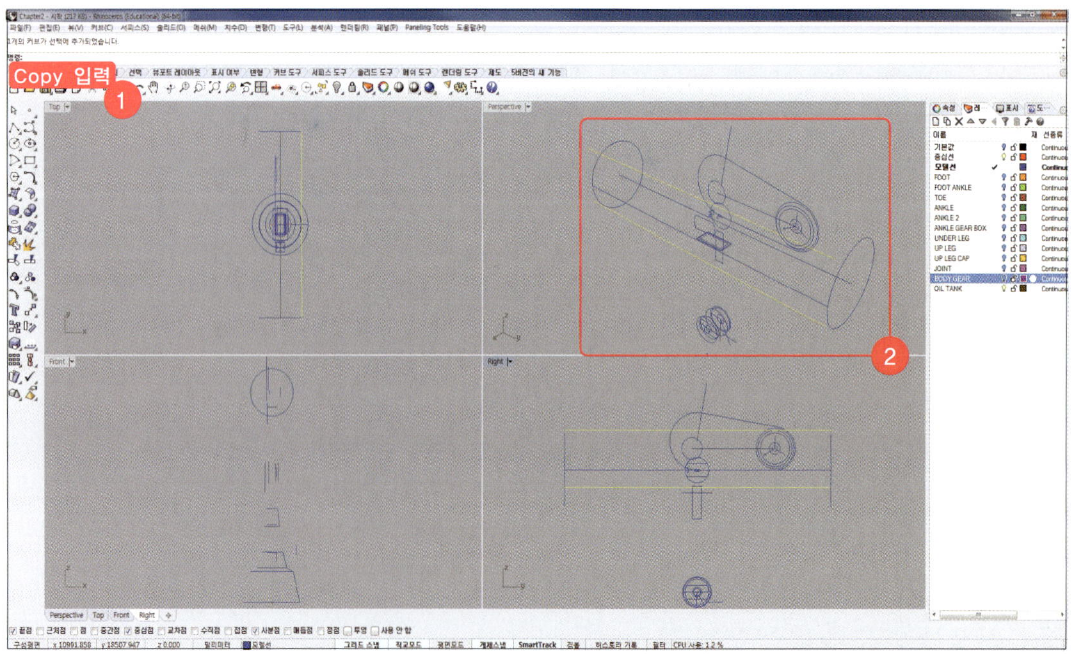

09 'Arc'를 입력하고 명령창에 's'를 연이어 입력합니다. '호의 시작'과 '호의 끝'에 반지름 2000인 원의
사분점을 각각 선택하고 '호의 점'에 위쪽으로 2200만큼의 위치에 복사한 line의 중간점을 선택합니다.
아래쪽으로 960만큼 복사한 line에 대해서도 같은 과정으로 호를 그려줍니다.

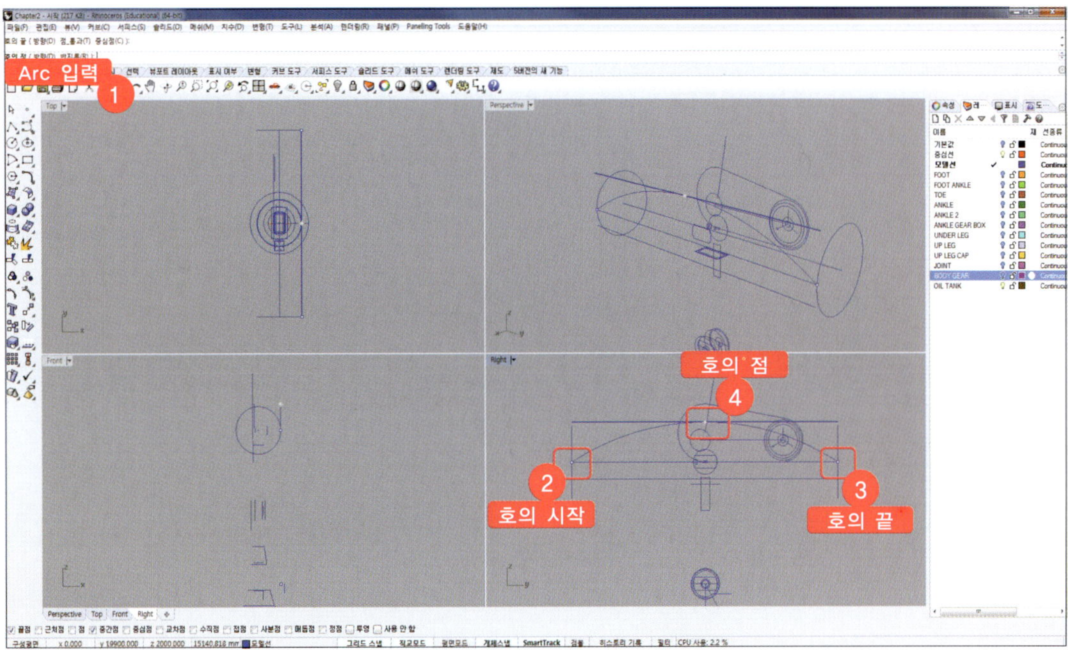

10 점선택을 좀더 용이하게 하기 위해 필요 없는 모델선을 선택하고 명령창에 'Hide'를 입력해 숨깁니다.

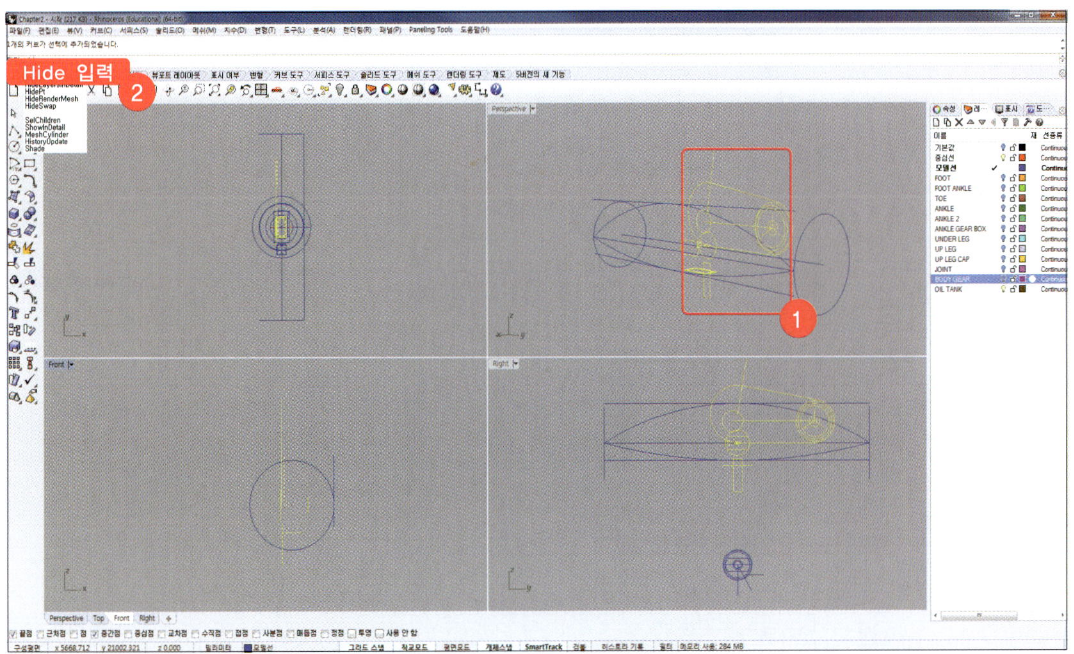

11 Step 09에서 작성한 arc 2개를 선택하고 명령창에 'Mirror'를 입력합니다.
명령창에 'Y축'을 선택하여 대칭 복사합니다.

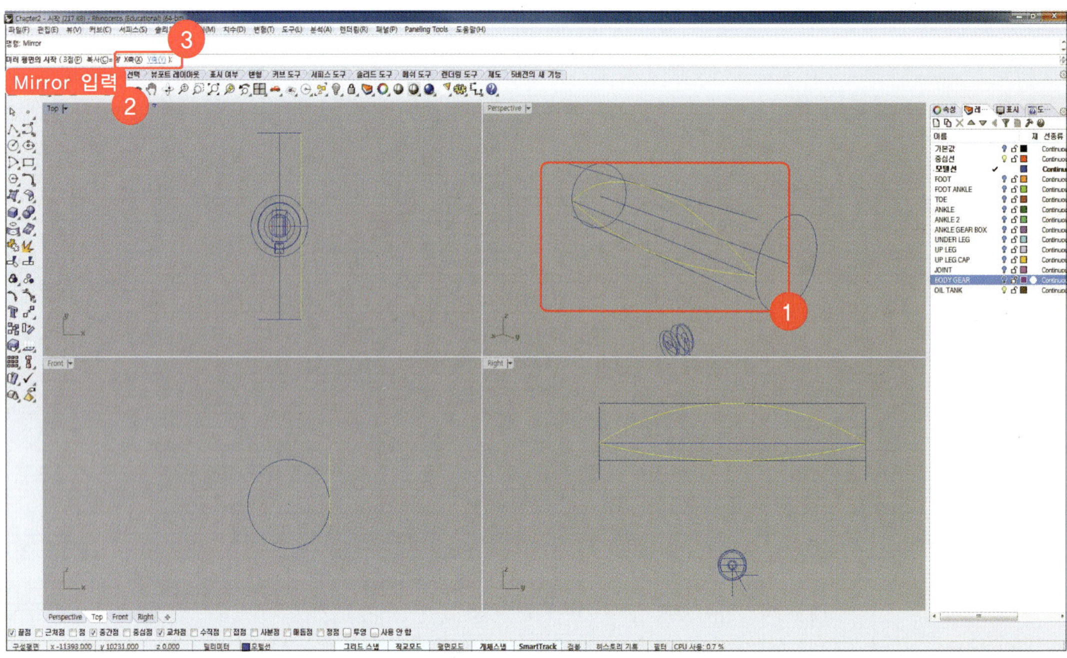

12 'Rectangle'을 입력하고 '직사각형 첫 번째 모서리'에 직선과 호의 교차점 혹은 중간점을 선택하고
'다른 모서리'에 아래 그림과 같이 [Front]뷰에서 Step 11에서 mirror한 아래쪽 호의 중간점을 선택합니다.

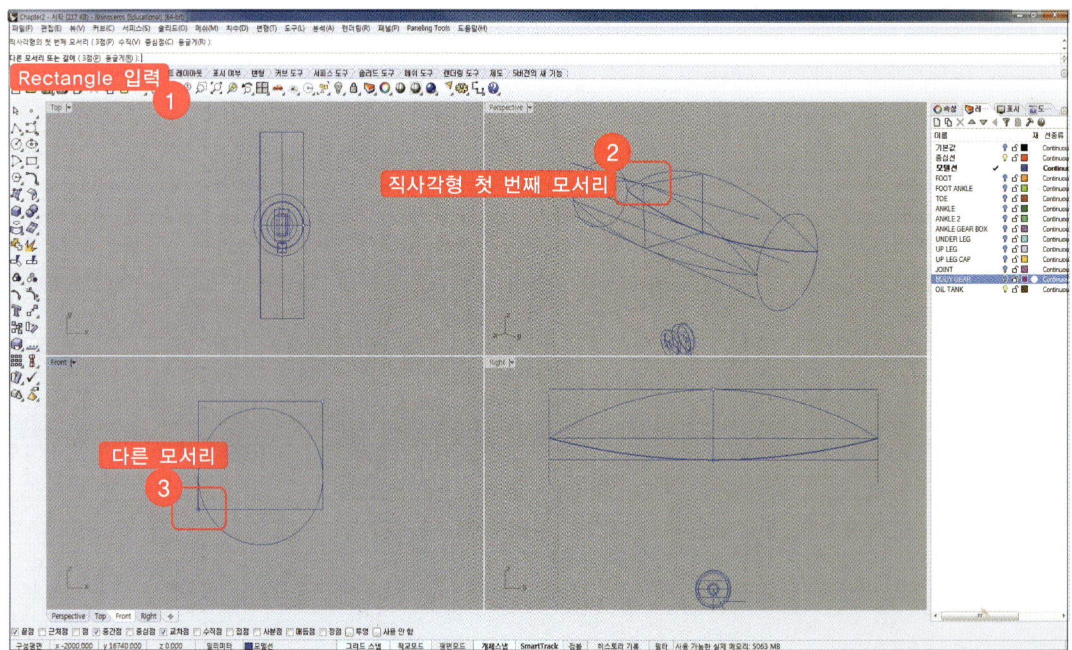

13 'Loft'를 입력하여 OIL TANK 본체를 만듭니다. '로프트할 커브 선택'에 아래 그림과 같이 Step 12에서 작성한 rectangle 커브와 반지름 2000인 circle 2개를 선택합니다. '조정할 심 점을 선택'에서 [Enter] 키를 누르고 [로프트 옵션]창에서 [스타일]을 '균일'로 변경하고 [확인]을 클릭합니다.

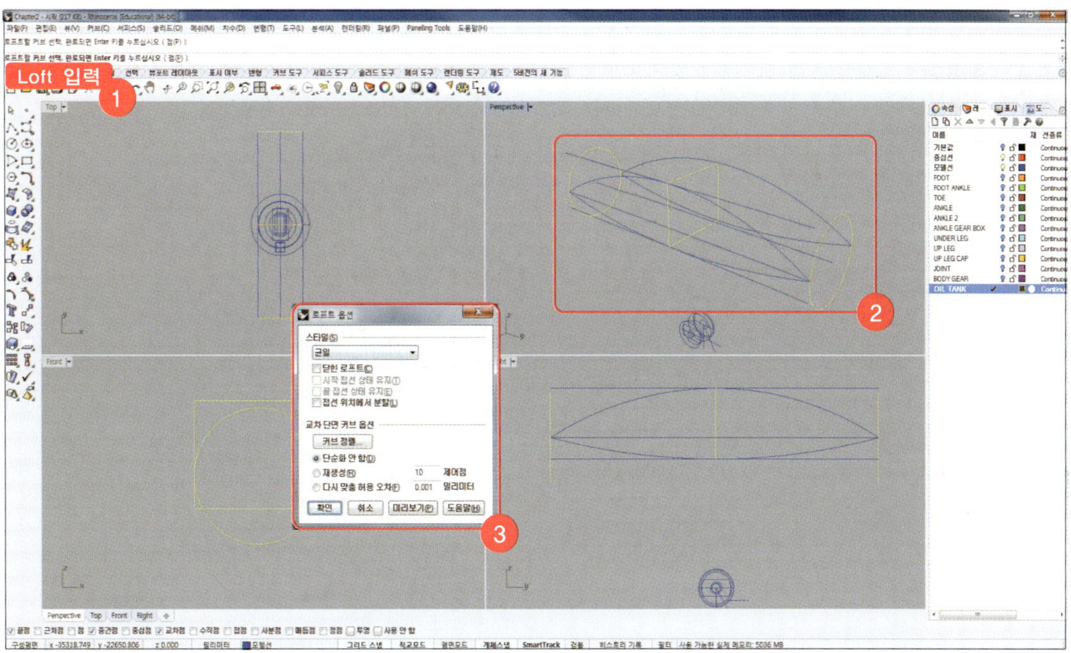

14 'Cap'을 입력하고 '끝막음할 서피스'에 Step 13에서 loft한 서피스를 선택하고 [Enter]키를 누릅니다. 작성된 surface의 레이어를 'OIL TANK'로 변경합니다.

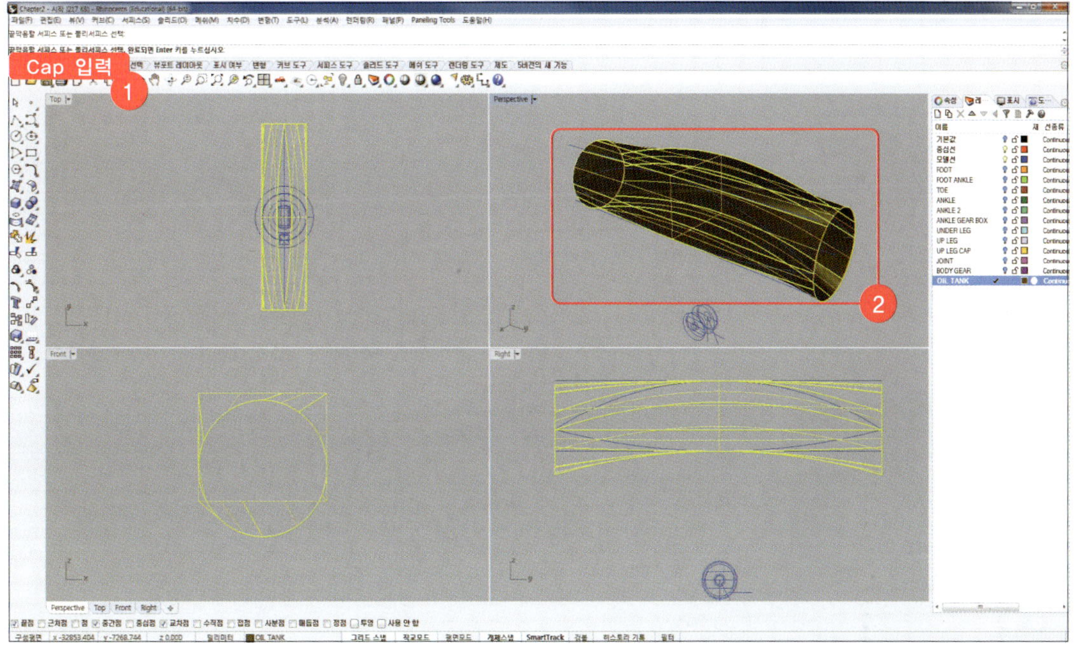

15 Loft한 서피스를 선택하고 명령창에 'Hide'를 입력합니다.
[Right]뷰를 더블클릭하여 [Right]뷰가 전체화면이 되도록 합니다.

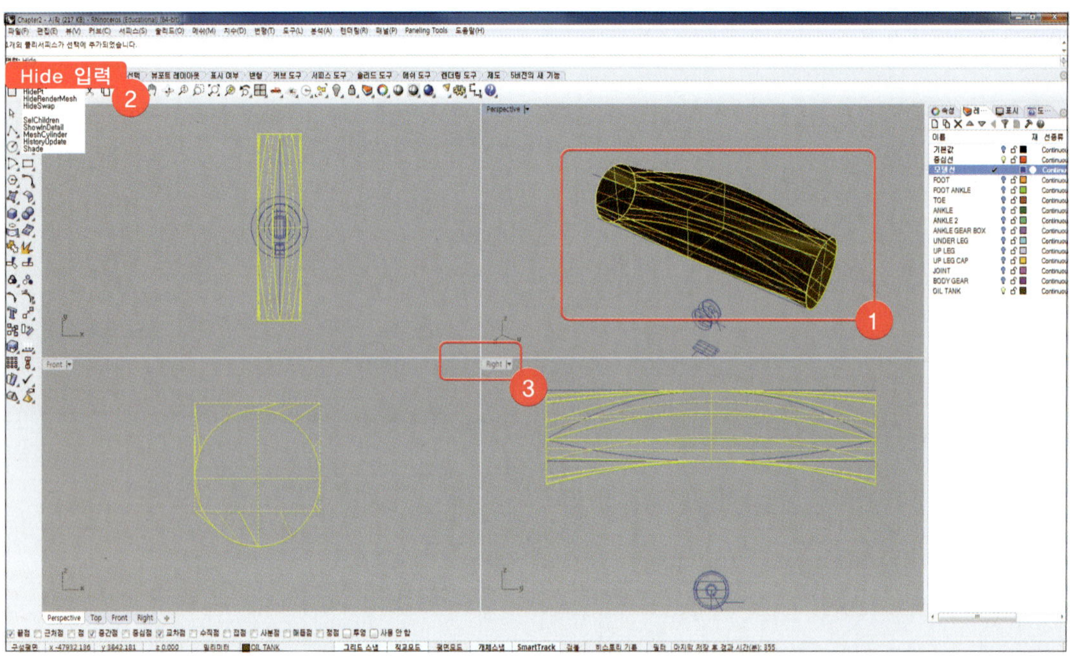

16 [Right]뷰의 빈공간에 길이 '3400' 만큼의 수직선을 작성합니다.
명령창에 'Line'을 입력하고 [Right]뷰의 빈 공간에 line을 작성합니다.

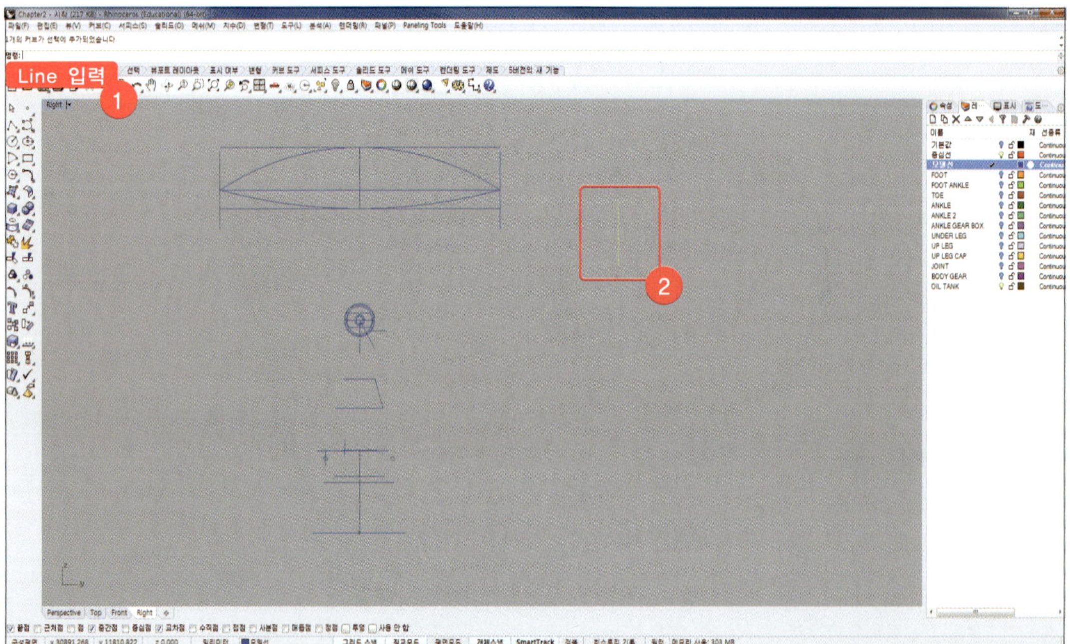

17 ‘Offset’을 입력하고 ‘간격띄우기 실행할 커브’에 Step 16에서 작성한 line을 선택하고
화면에서 오른쪽으로 ‘1300’ 만큼 떨어진 곳에 간격띄우기 커브를 작성합니다.

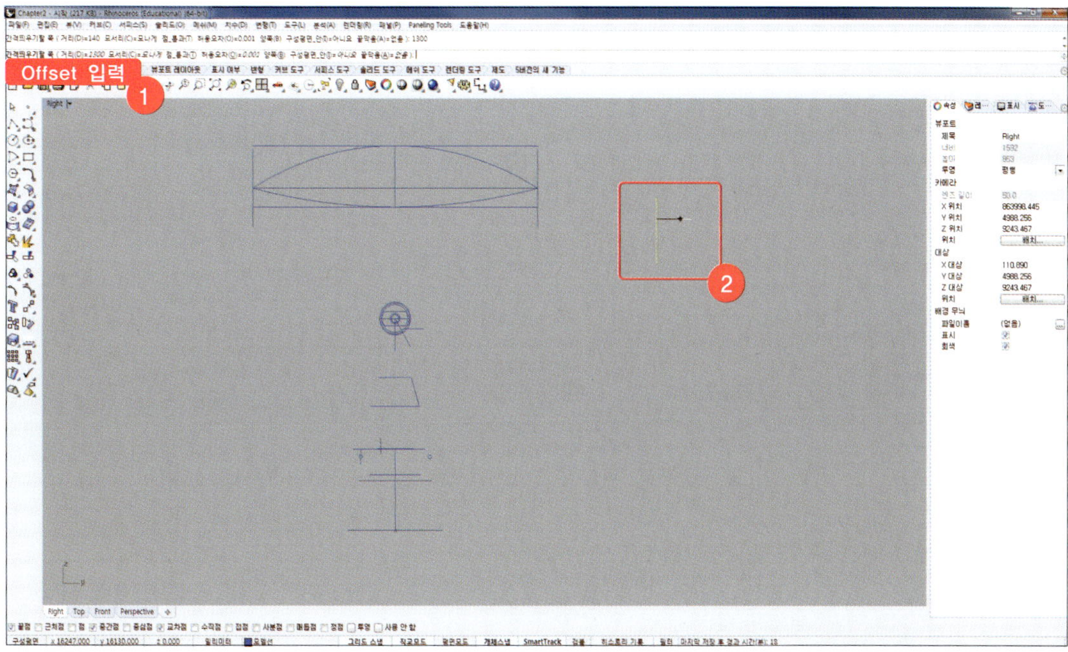

18 Step 17과정과 마찬가지로 Step 17에서 간격띄우기한 커브에서 다시 오른쪽으로 ‘810’ 만큼 떨어진 곳에
간격띄우기 커브를 작성합니다.

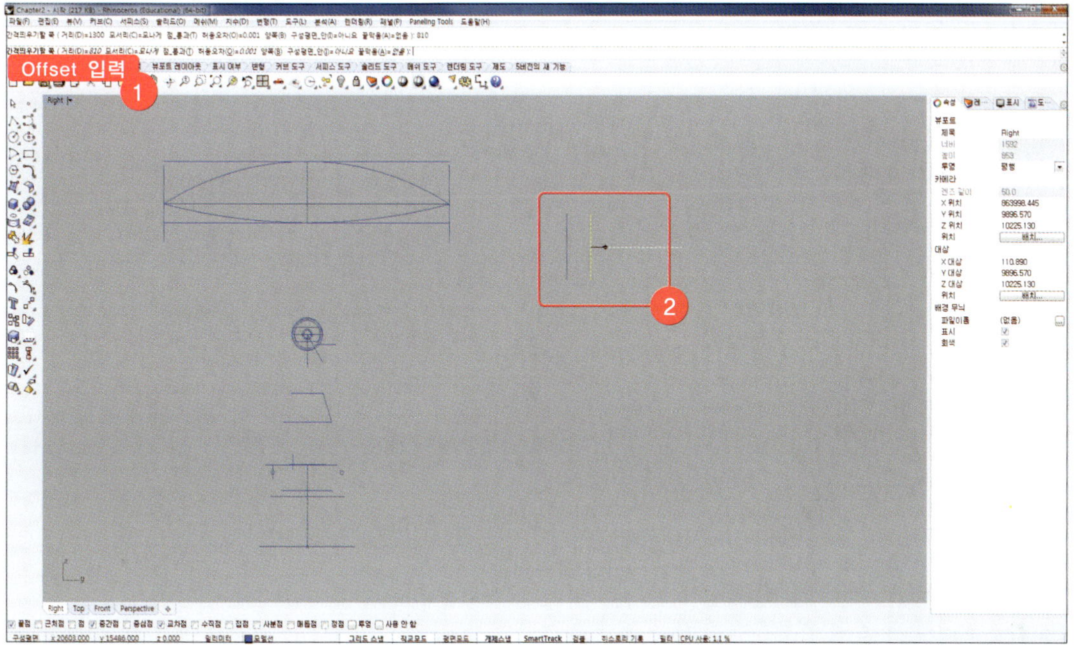

19 'Circle'을 입력하고 '원의 중심'에 가장 왼쪽에 있는 line의 중간점을 선택하고
'반지름'에 '1700'을 입력한 뒤, [Enter]키를 누릅니다.

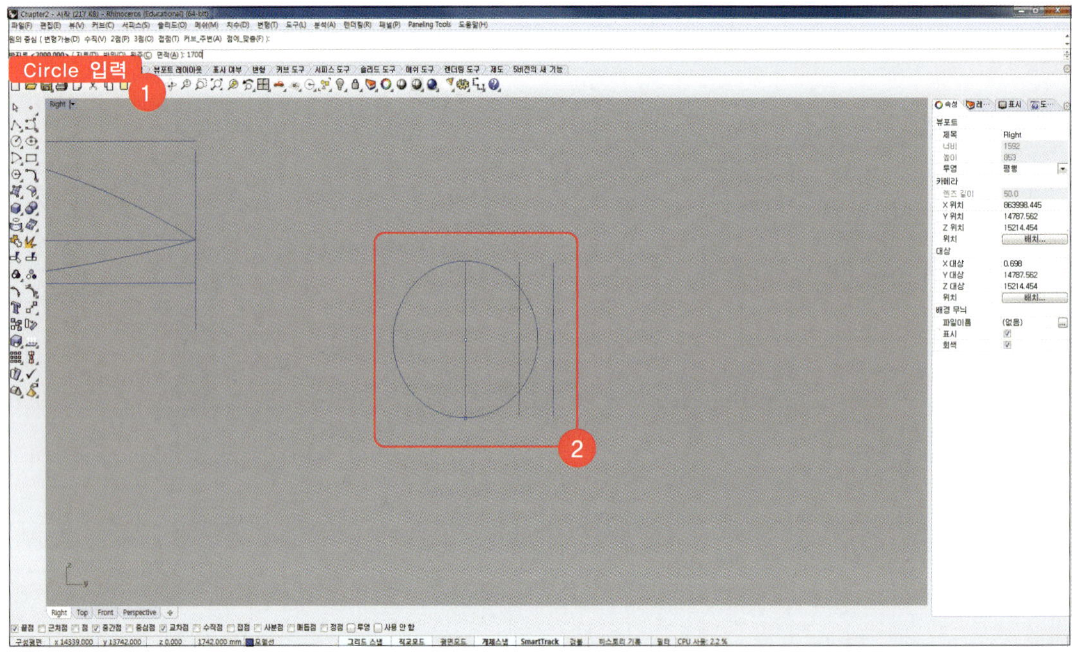

20 'Line'을 입력하고 아래 개체 스냅에서 '교차점'과 '수직점'에 체크합니다. '선의 시작'에 circle과
가운데 line의 아래쪽 교차점을 선택하고 '선의 끝'에 오른쪽 line과의 수직점을 선택합니다.

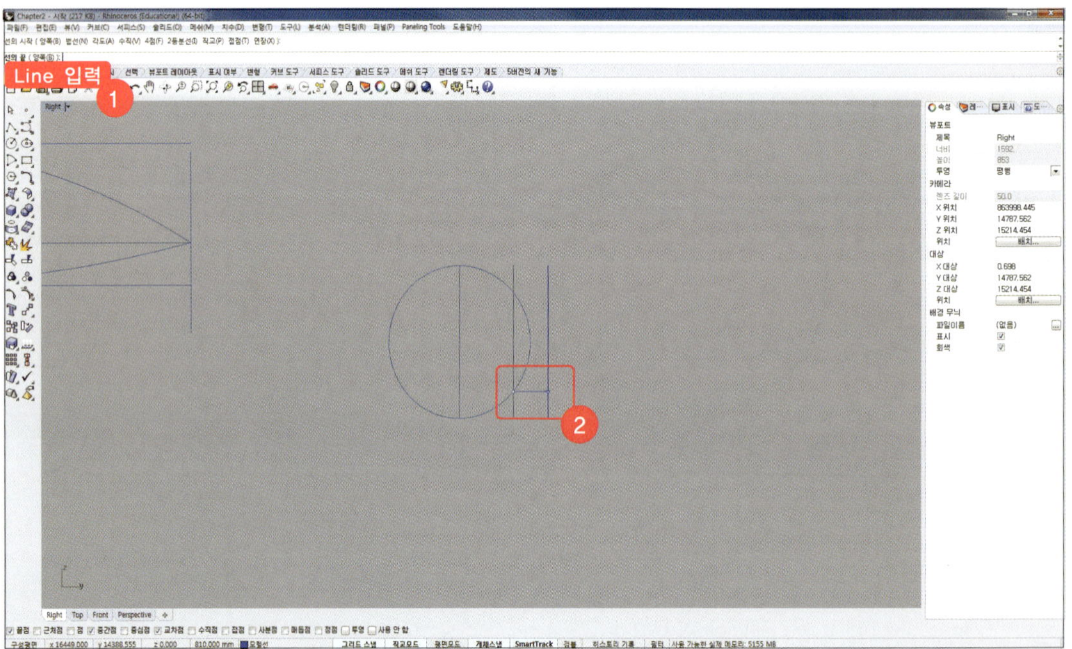

21 ‘Trim’을 입력하고 ‘절단 개체 선택’에 Step 20에서 작성한 line과 왼쪽의 수직 line을 선택합니다.
‘트림할 개체 선택’에 아래 그림과 같이 아래쪽 arc(호) 커브만 남기고 trim 합니다.

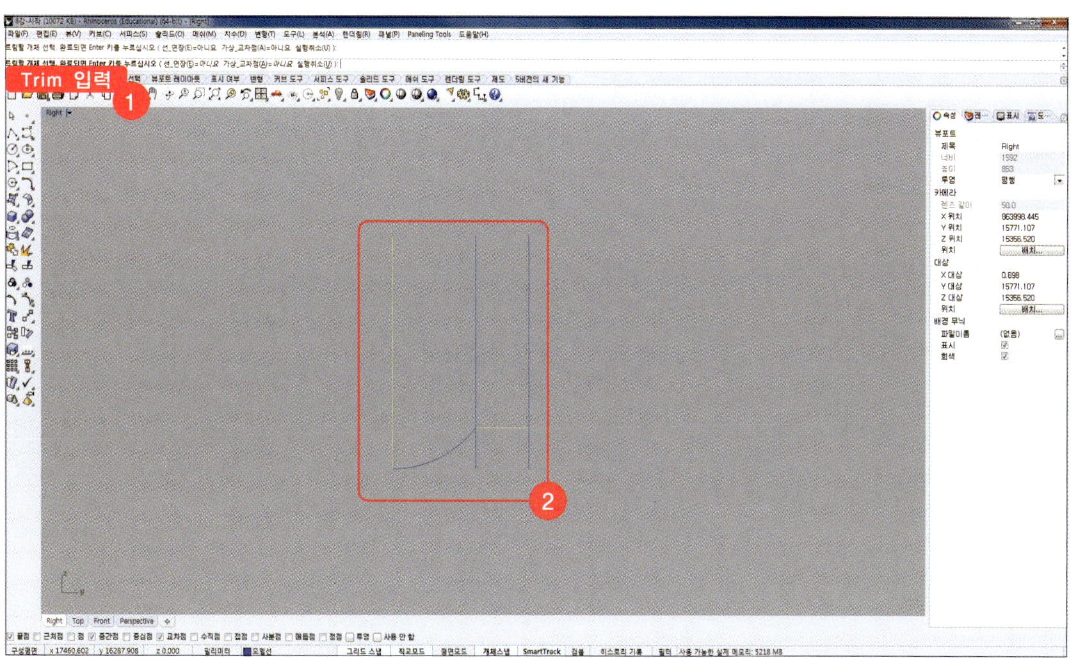

22 ‘Line’을 입력한 뒤, arc(호)와 왼쪽 line의 교차점을 시작점으로 하고 오른쪽으로 임의의 점을 끝점으로
하는 line을 생성합니다.

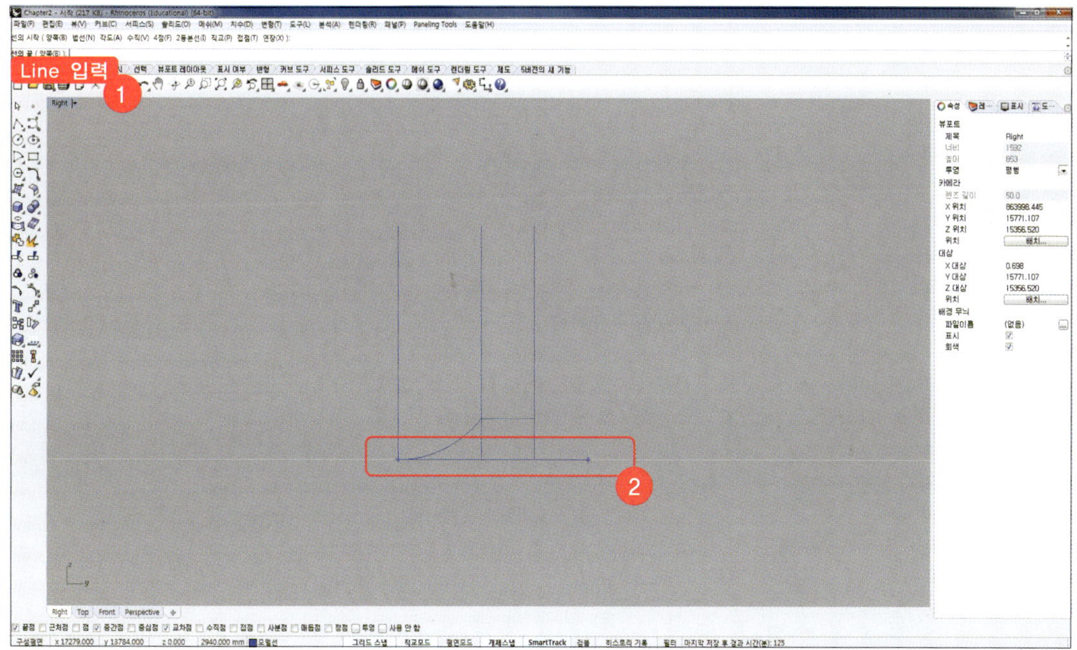

23 'Offset' 을 입력하고 '간격띄우기 실행할 개체'에 Step 22에서 작성한 line을 선택한 뒤,
위쪽으로 '2760' 만큼 간격띄우기 line을 작성합니다.

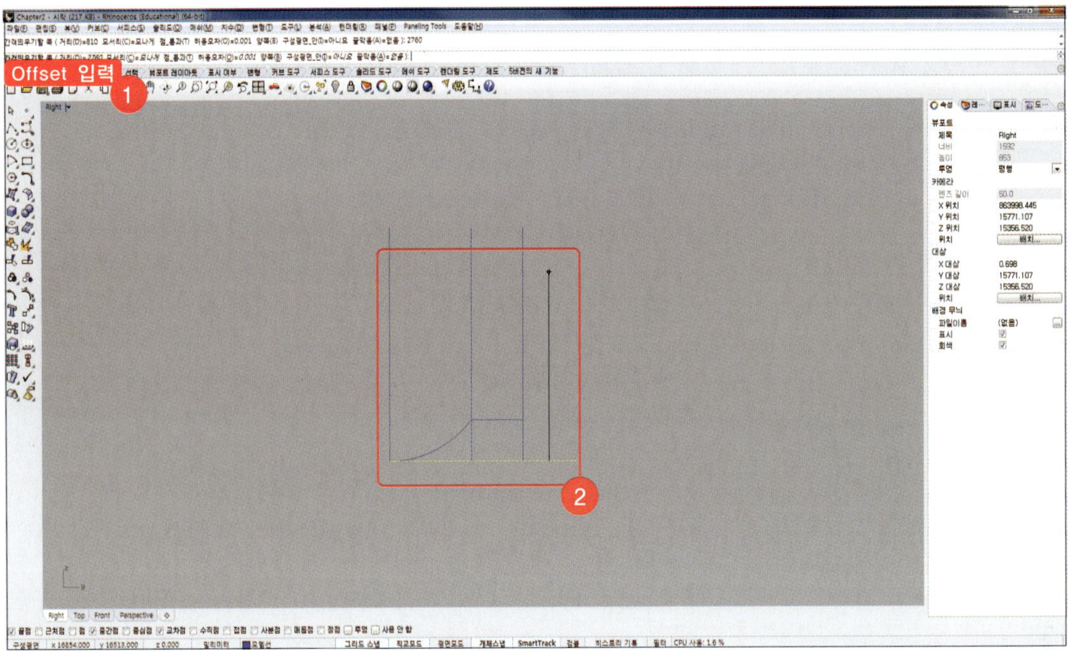

24 'Circle' 을 입력하고 Step 23에서 offset한 line과 왼쪽 라인의 교차점을 '원의 중심'으로 선택하고
'반지름' 에 '1300' 을 입력하거나 가운데 line과의 교차점을 선택합니다.

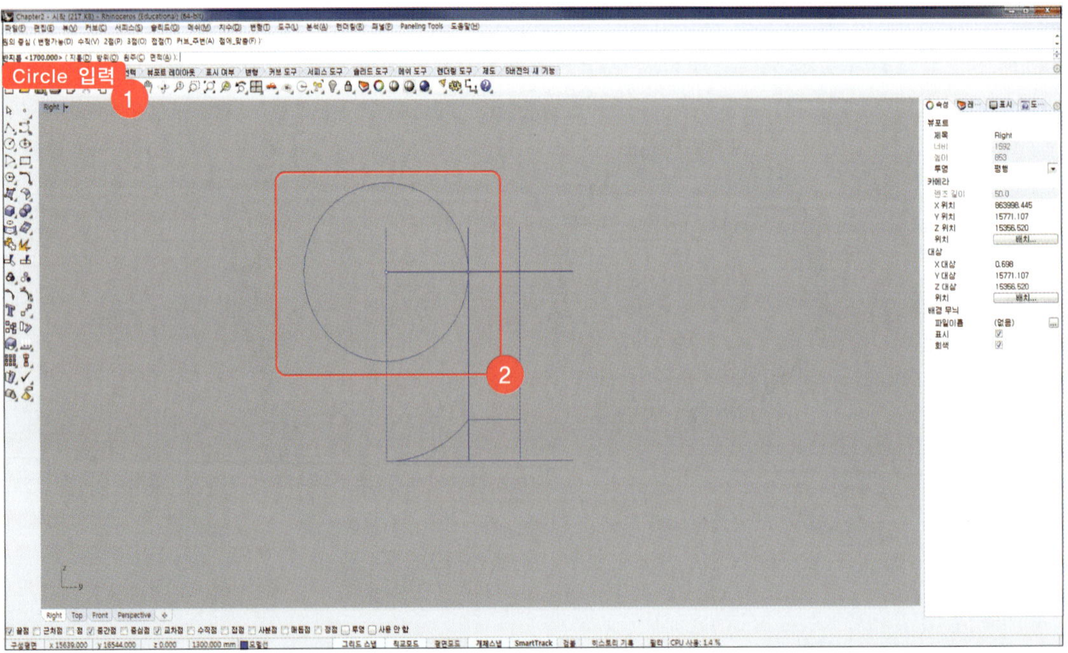

25 왼쪽 line을 선택하고 왼쪽 그리기도구 팔레트에서 '편집점 켜기' 혹은 명령창에서 'EditPtOn'을 입력합니다.
위쪽 Point를 선택하고 수직으로 circle과의 교차점까지 선을 연장합니다.
point편집이 완료되었으면 [Esc]를 눌러 편집점을 해제합니다.

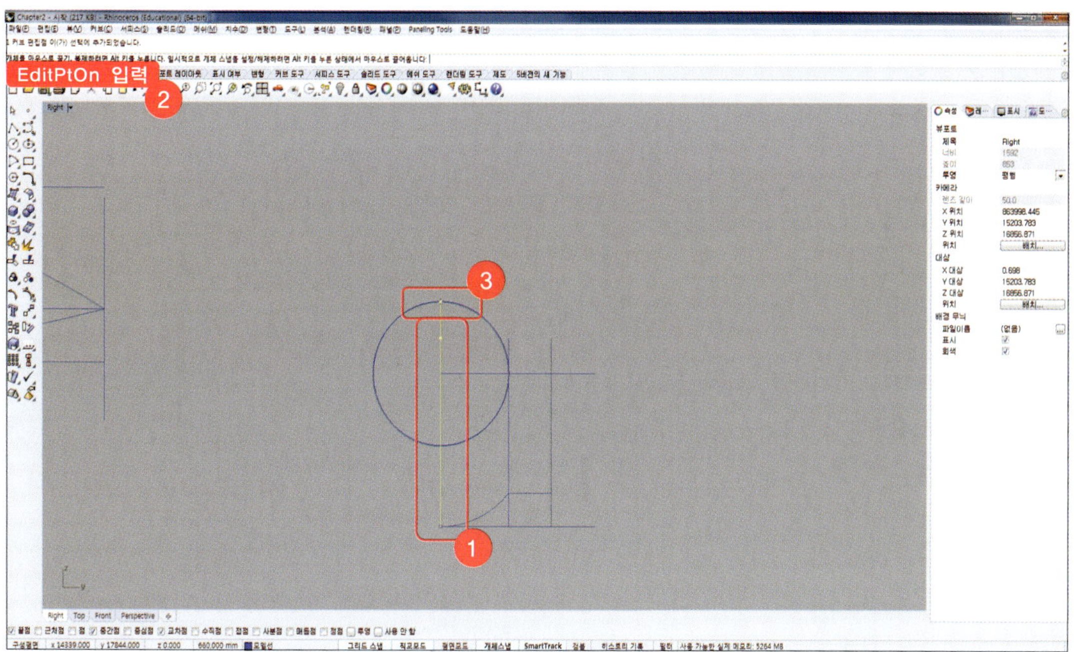

26 'Offset'을 입력하고 '간격띄우기 실행할 개체'에 아래 그림에 선택된 line을 선택한 뒤,
위쪽으로 '640' 만큼 거리에 간격띄우기 line을 생성합니다.

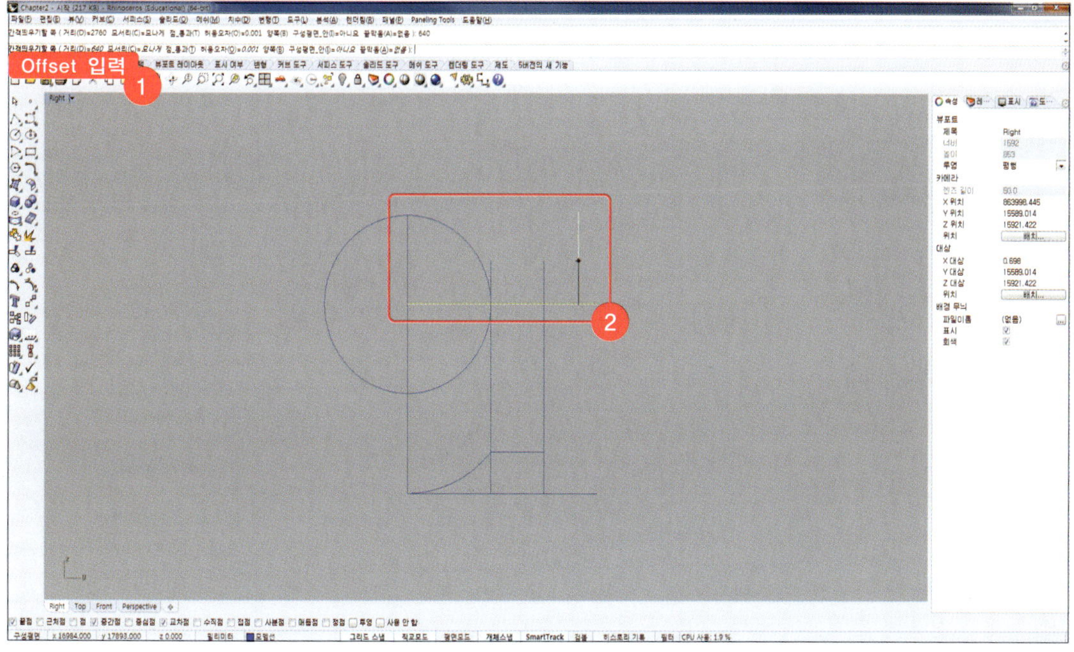

27 'Trim'을 입력하고 '절단 개체 선택'에 Step 26에서 offset한 line과 원본 line을 선택하고
사이에 있는 circle 부분을 제외하고 아래 그림과 같은 모양이 나오도록 나머지 부분을 trim 합니다.

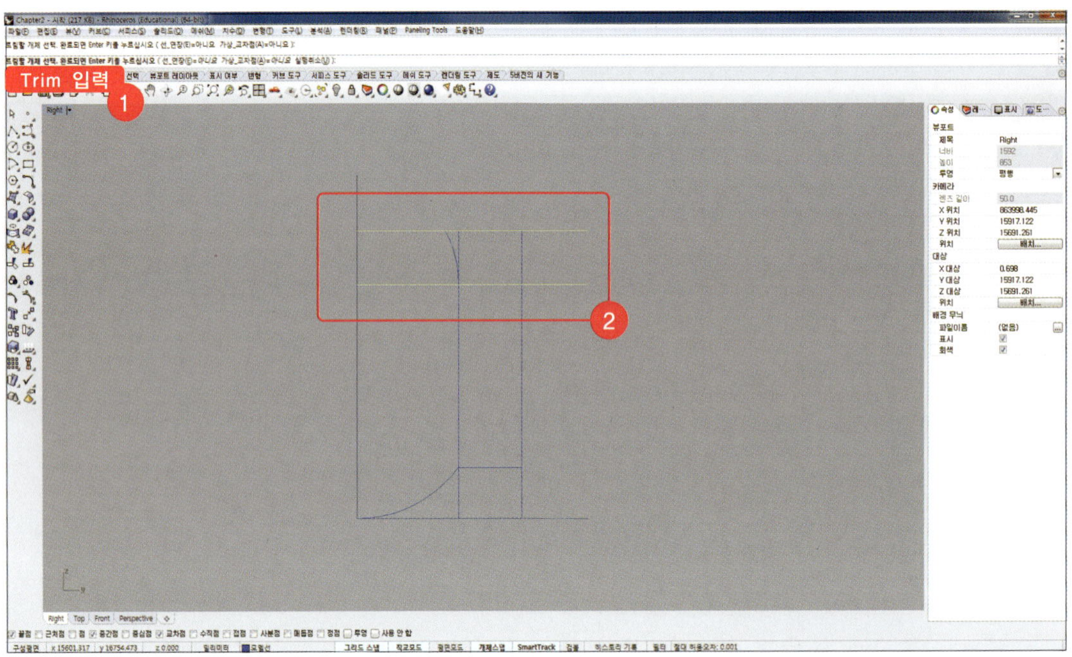

28 'Fillet'을 입력하고 명령창에서 '반지름=0, 결합=예, 트림=예'로 설정한 뒤, 아래 그림과 같이 각 커브들을
순서대로 fillet 후 결합합니다.

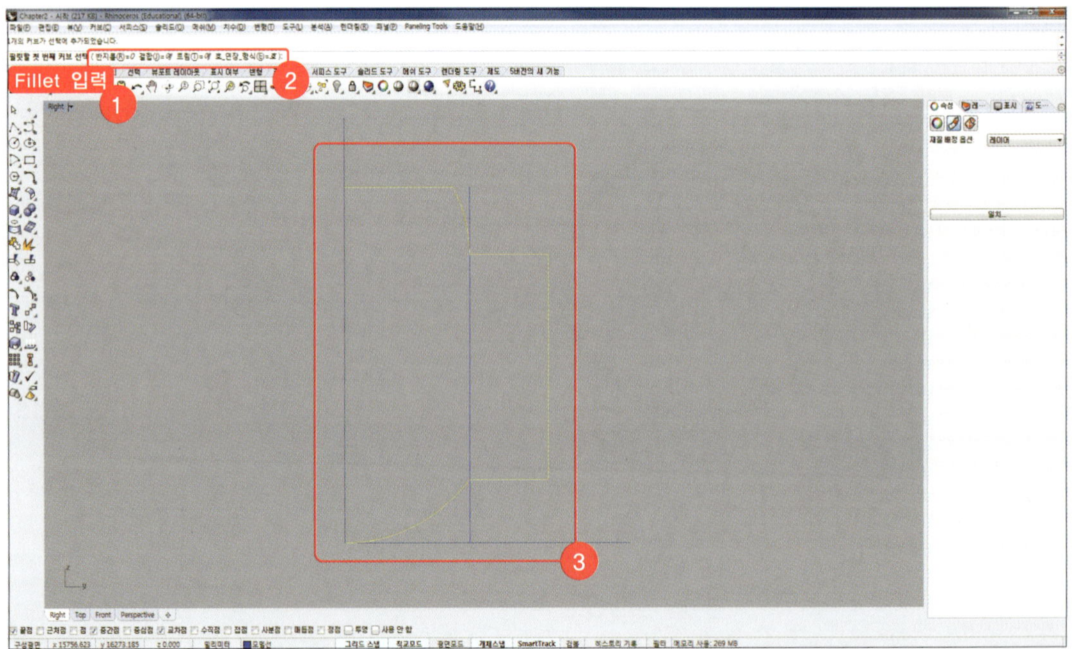

29 'Mirror'를 입력하고 '미러 실행할 개체'에 Step 28에서 fillet 후 결합한 커브를 선택합니다.
'미러 평면'에 아래 그림과 같이 왼쪽 line의 끝점들을 클릭해 mirror 복사 합니다.

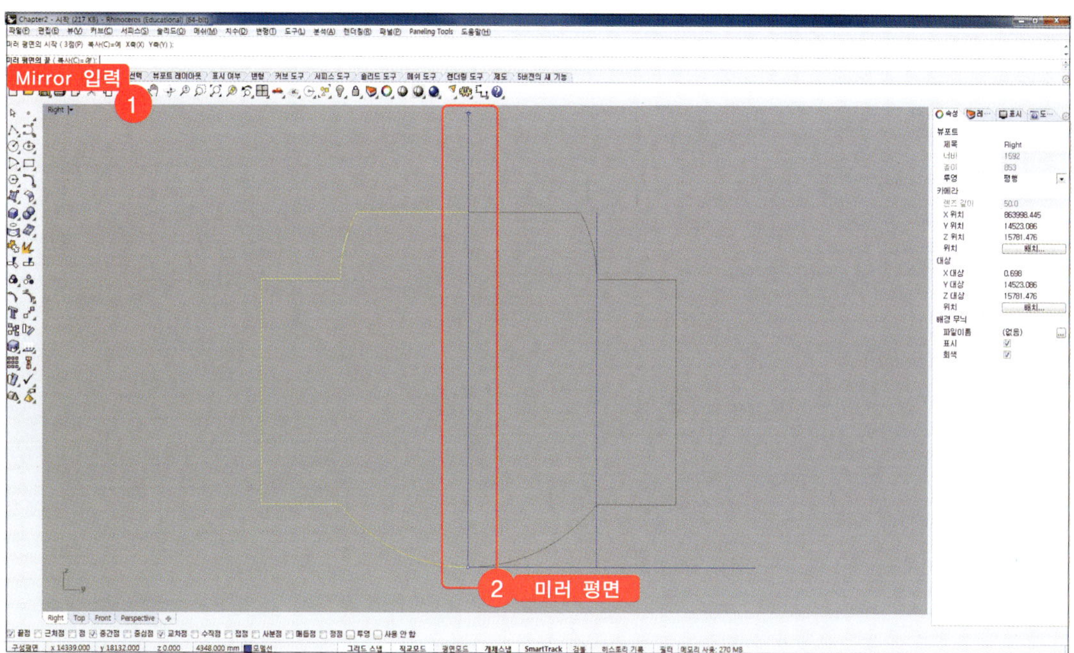

30 Step 29에서 mirror한 커브와 원본 커브를 선택하고 명령창에 'Join'을 입력하고 [Enter]키를 누릅니다.

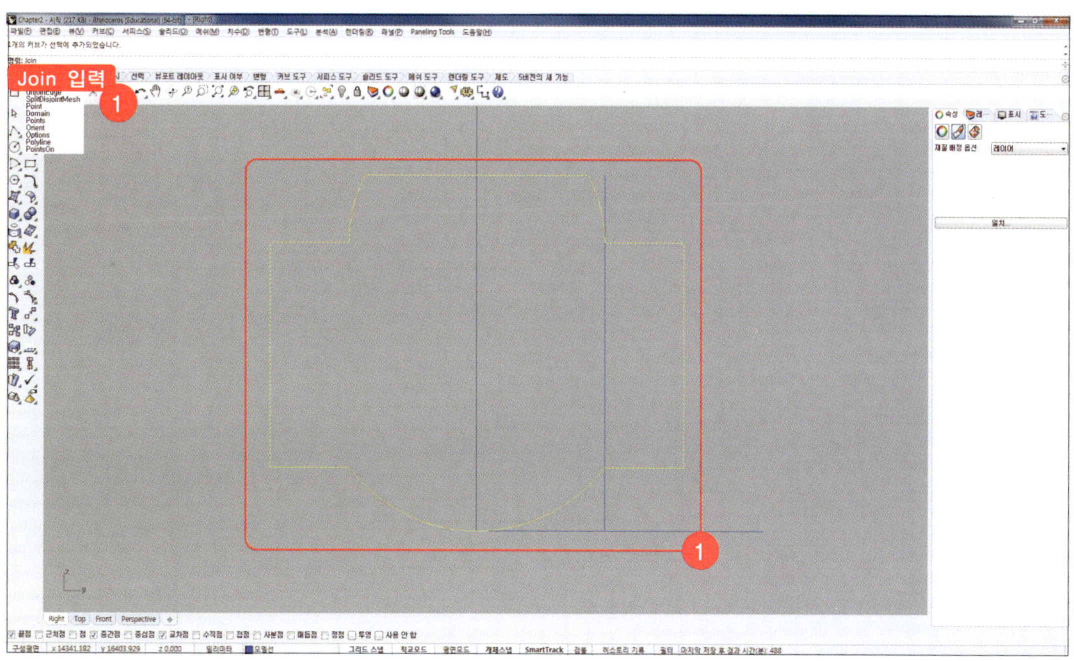

31 'Line'을 입력하고 양쪽 사이드 부분의 커브의 중간점들을 선택해 line을 작성합니다.

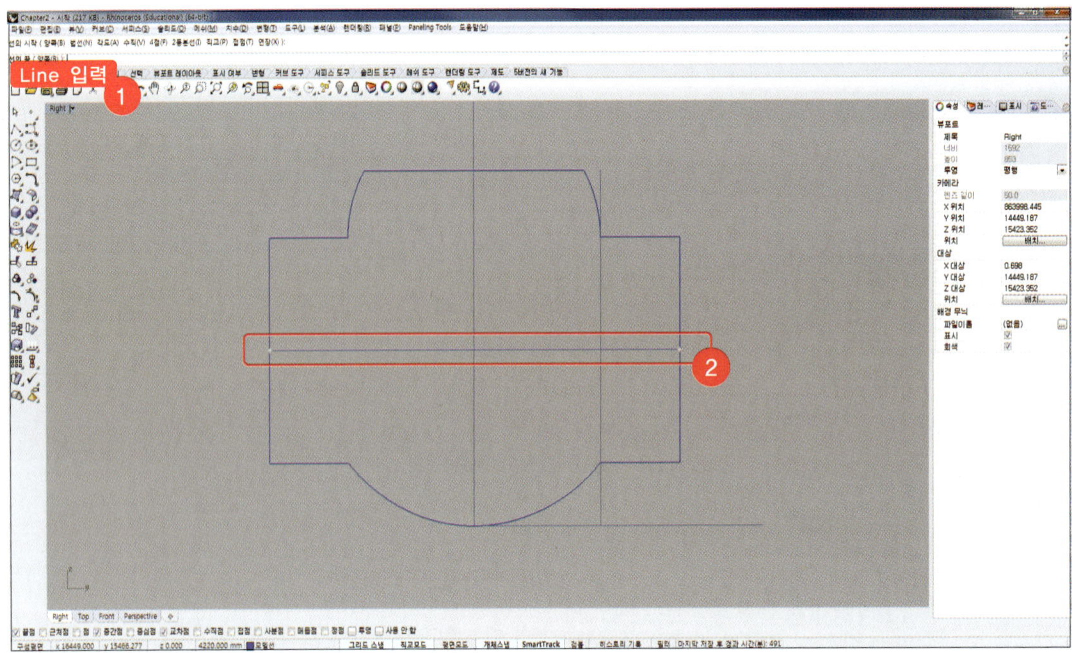

32 4포트뷰로 전환하고 아래 개체스냅에서 '투영'을 선택합니다. 'Move'를 입력하고 '이동시킬 개체'에 Step 30에서 결합한 커브를 선택한 뒤, 아래 그림과 같이 '이동의 기준점'에 이동시킬 커브 안의 line 교차점을 선택하고 '이동의 기준점 새 위치'에 OIL TANK 본체를 그리기 위해 Loft 했던 가운데 사각형 커브의 중심점을 선택합니다.(중간점이 아닌 사각형의 중심점을 선택해야 합니다.)

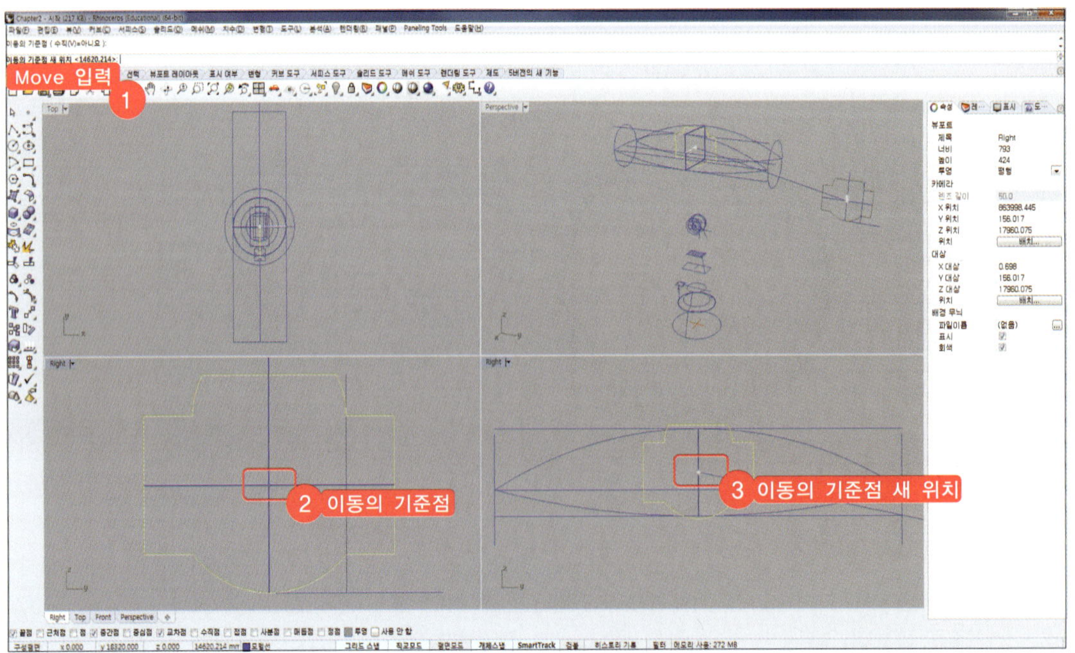

33 활성 레이어를 'OIL TANK'로 변경하고 명령창에 'ExtrudeCrv'를 입력합니다. '돌출시킬 커브'에 Step 32에서
이동시킨 커브를 선택하고 [Enter]키를 누릅니다. 명령창에 '방향 양쪽=예, 솔리드=예'를 확인하고
'돌출 거리'에 '2500'을 입력한 뒤 [Enter]키를 누릅니다.

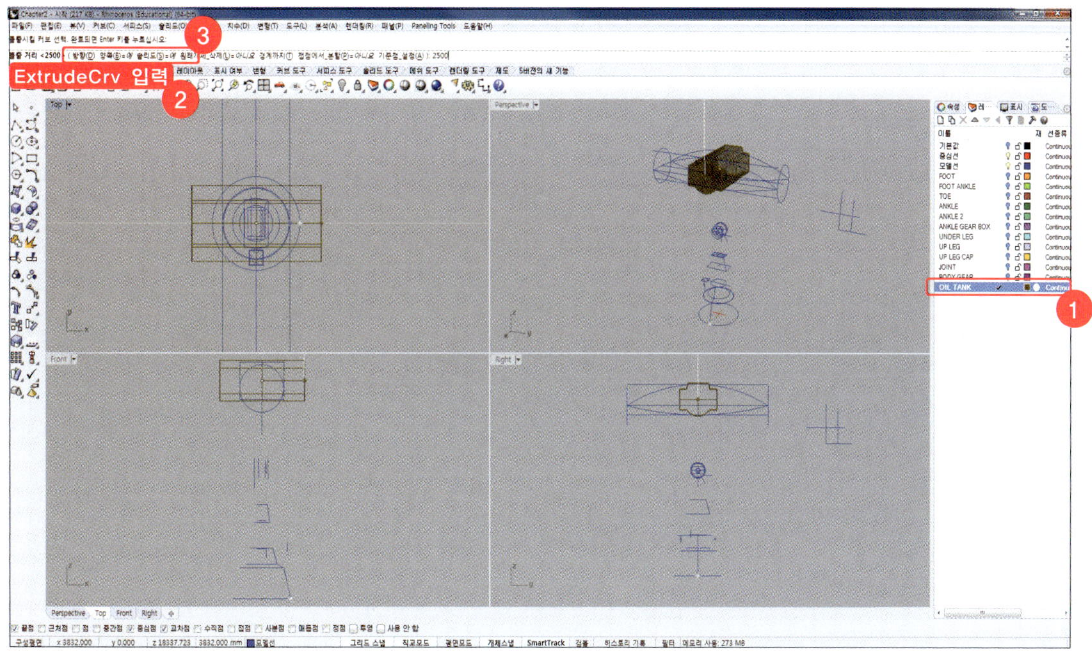

34 'ShowSelected'를 입력하고 숨겨 놓았던 OIL TANK 본체를 클릭하고 [Enter]키를 누릅니다.

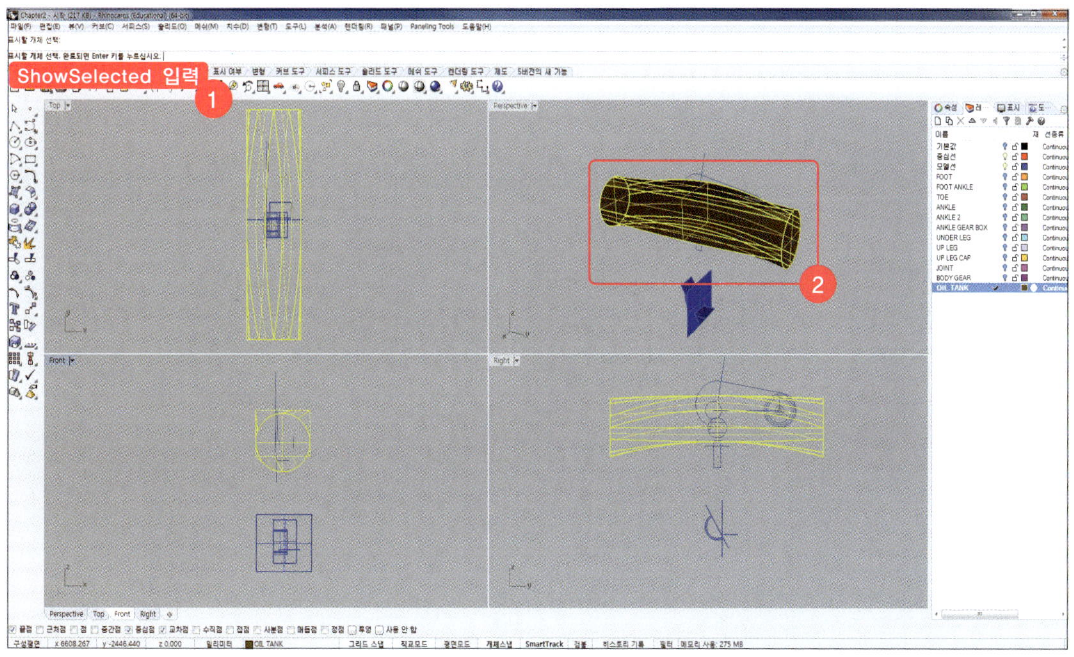

35 'JOINT', 'BODY GEAR' 레이어를 켜고 명령창에 'BooleanDifference'를 입력합니다. '차집합을 계산할 원래 서피스'에 OIL TANK 본체를 선택하고 명령창에 '원래 개체_삭제=아니요'로 변경합니다. '차집합 계산에 사용할 서피스'에 OIL TANK와 겹치는 JOINT, BODY GEAR 레이어의 4개 개체를 선택한 뒤, [Enter]키를 누릅니다.

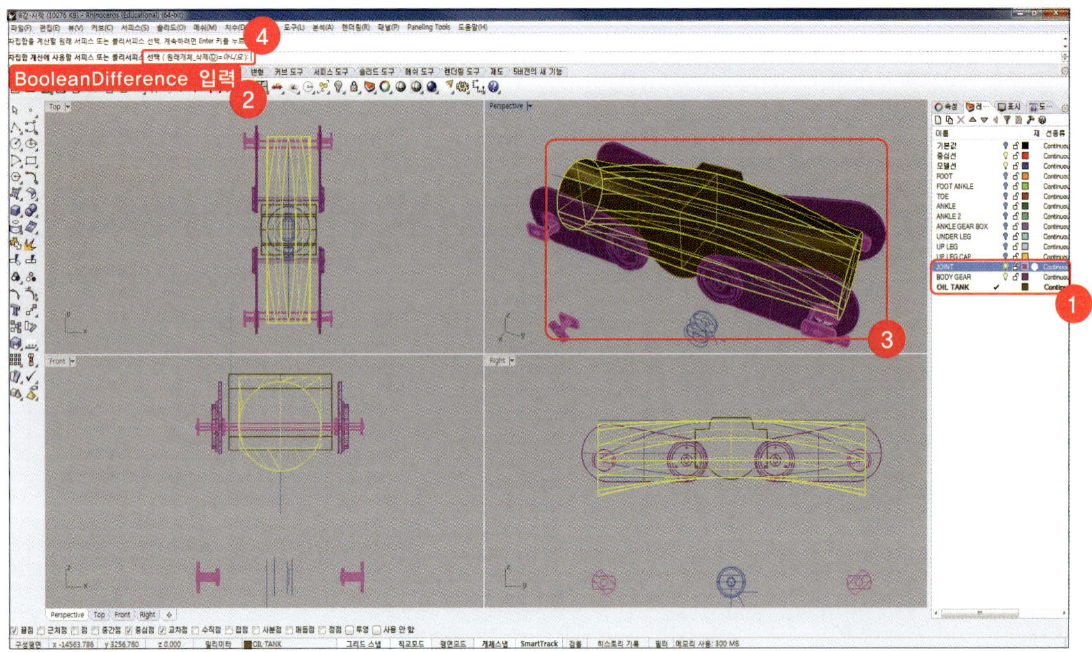

36 아래 그림과 같이 JOINT, BODY GEAR 부분의 프레임이 지나가는 부분에 구멍이 뚫려 있는 것을 확인할 수 있습니다. ➡ 'JOINT', 'BODY', 'GEAR' 레이어를 끄고 투영을 체크합니다. 아래 그림과 같이 JOINT, BODY, GEAR 부분의 프레임이 지나가는 부분에 구멍이 뚫려 있는 것을 확인할 수 있습니다.

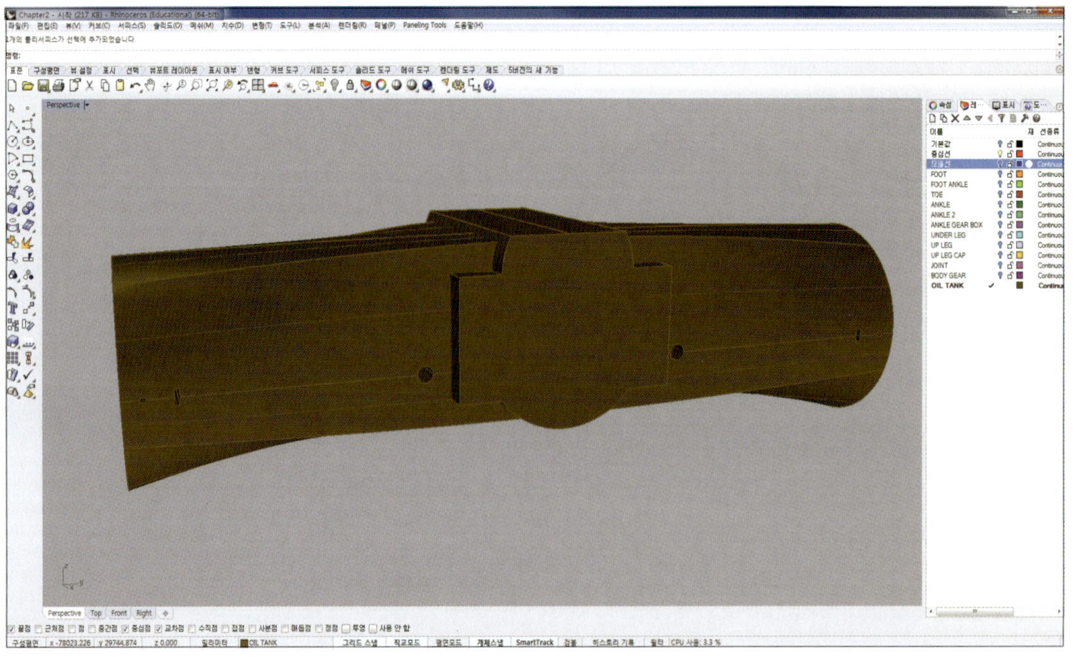

37 현재 레이어를 '모델선'으로 변경합니다. 'Circle'을 입력하고 '원의 중심'으로 아래 그림과 같이 OIL TANK 뒷 부분 원과 같은 중심을 선택합니다. '반지름'에 '800'을 입력하고 [Enter]키를 누릅니다. 같은 과정과 원의 중심으로 반지름 '1800'인 circle도 작성합니다.

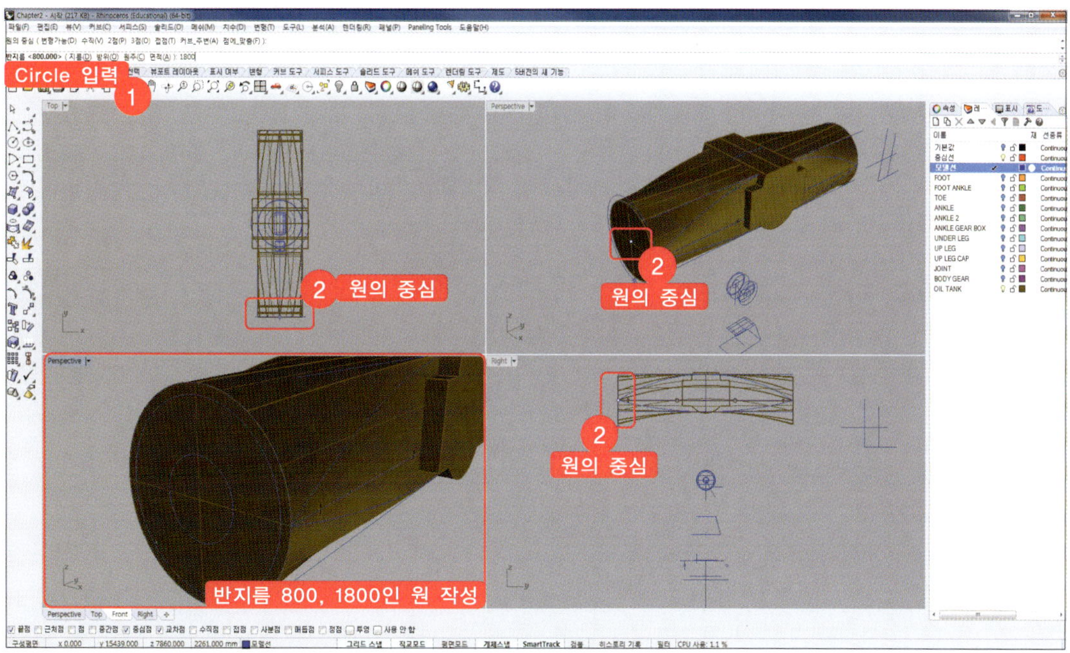

38 'ExtrudeCrv'를 입력하고 '돌출시킬 커브'에 아래 그림과 같이 OIL TANK 본체를 만들 때 Loft에 사용했던 circle과 Step 37에서 작성한 반지름 1800인 circle 2개를 선택합니다. '방향 양쪽=아니요, 솔리드=예'로 변경한 뒤, '돌출 거리'에 '−260'을 입력하고 [Enter]키를 누릅니다.

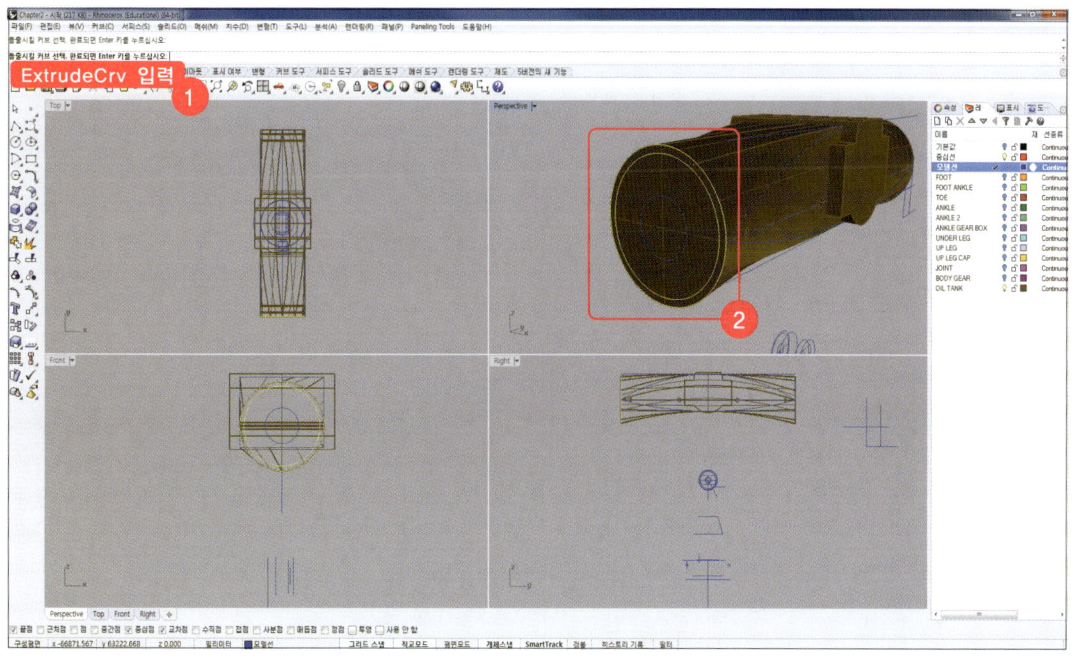

39 Step 38에서 작성한 surface의 레이어를 'OIL TANK'로 변경합니다. 명령창에 'Offset'을 입력하고 '간격띄우기 실행할 커브'에 반지름 800인 circle을 선택합니다. [Front]뷰에서 '간격띄우기 할 쪽'에 '300'을 입력하고 반지름 800인 원 안쪽으로 간격띄우기 원을 작성합니다.

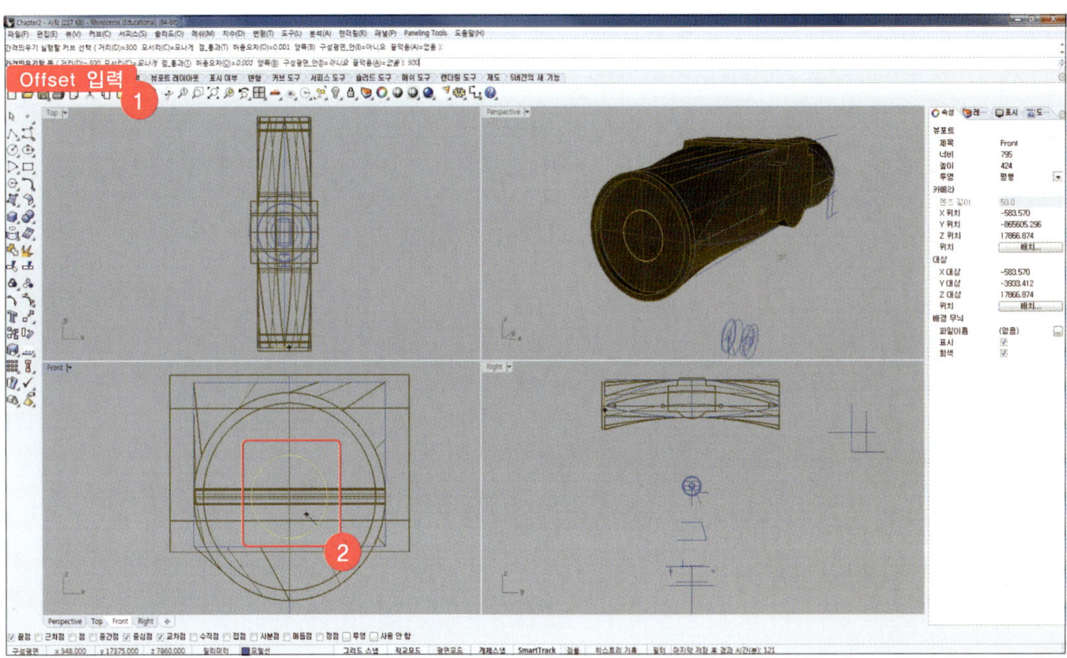

40 'Move'를 입력하고 '이동시킬 개체'에 Step 39에서 간격띄우기한 circle을 선택합니다. [Right]뷰에서 왼쪽으로 '340'만큼 이동시킵니다.

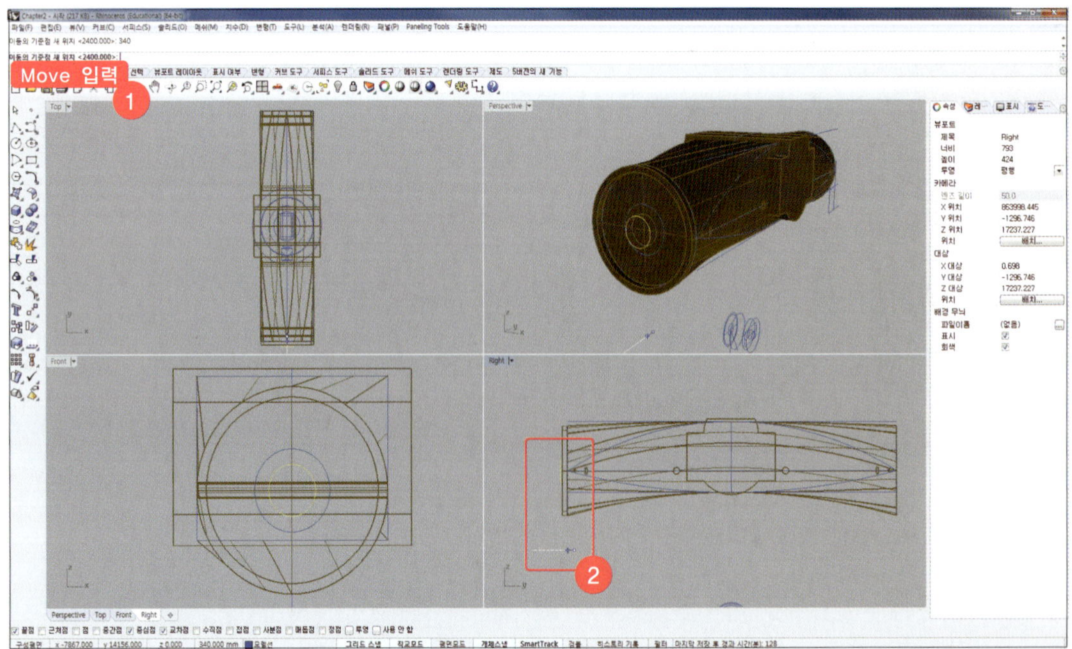

41 'Loft'를 입력하고 '로프트할 커브'에 안쪽 반지름 500, 800인 circle 두 개체를 선택합니다.
'조정할 심 점'에서 [Enter], [로프트 옵션]창이 활성화 되면, [스타일]을 '보통'으로 변경하고 [확인]을 클릭합니다.

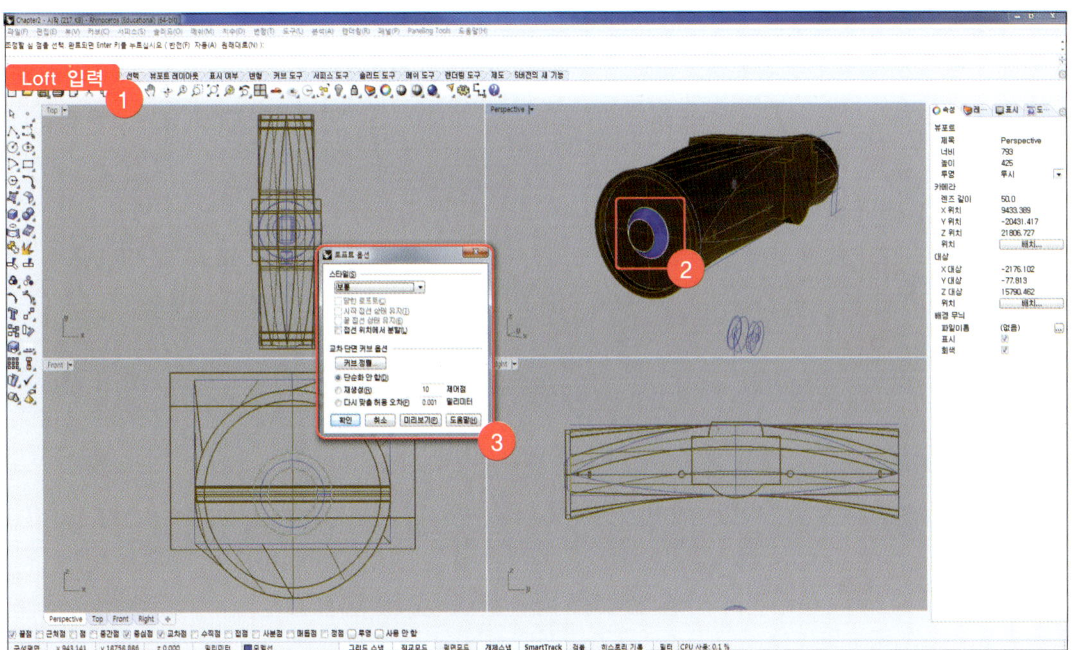

42 Step 41에서 Loft한 surface의 레이어를 'OIL TANK'로 변경하고 명령창에 'Cap'을 입력합니다.
'끝막음할 서피스'에 Step 41에서 작성한 surface를 선택하고 [Enter]키를 누릅니다.

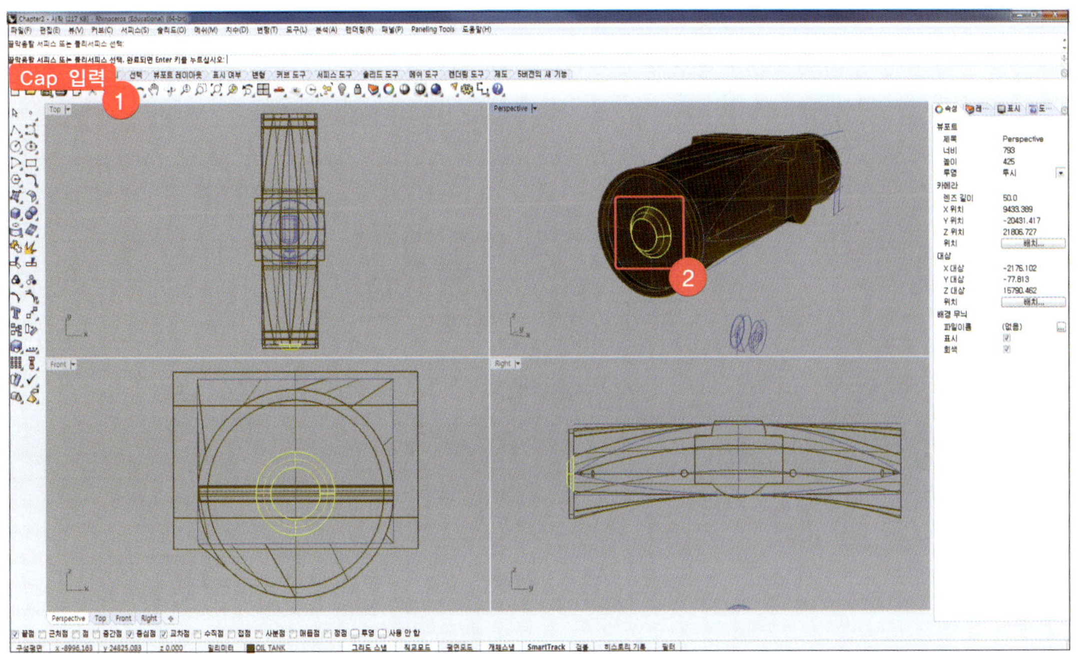

43 ‘OIL TANK’ 레이어를 제외한 나머지 레이어를 모두 끄고 모든 개체를 선택합니다.
명령창에 ‘Group’을 입력하고 [Enter]키를 누릅니다.

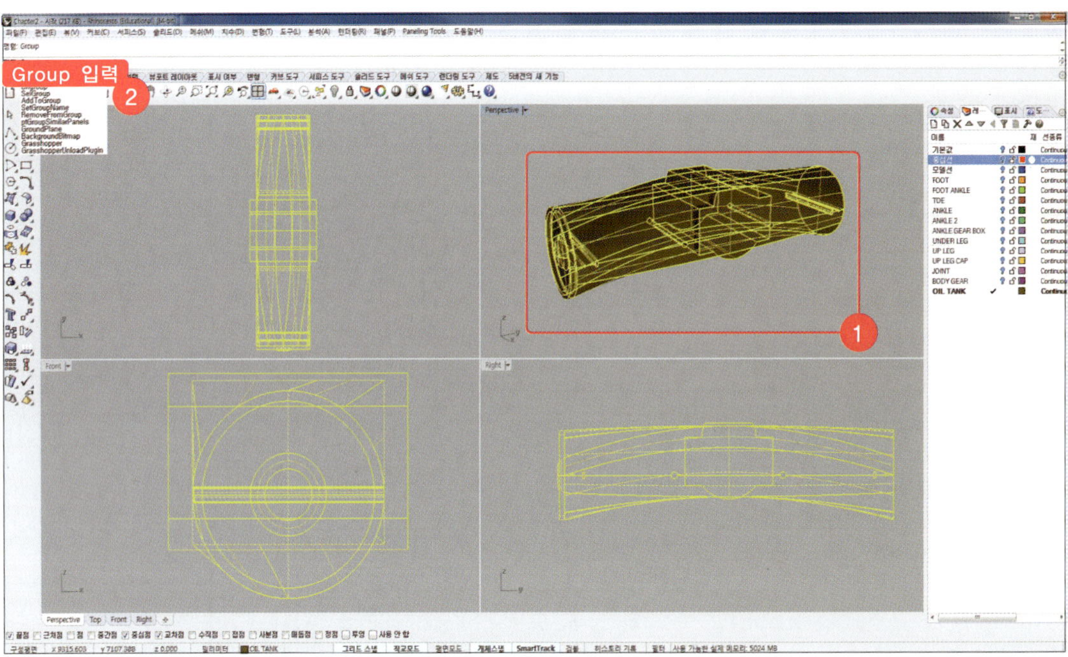

44 OIL TANK가 완료되었습니다.

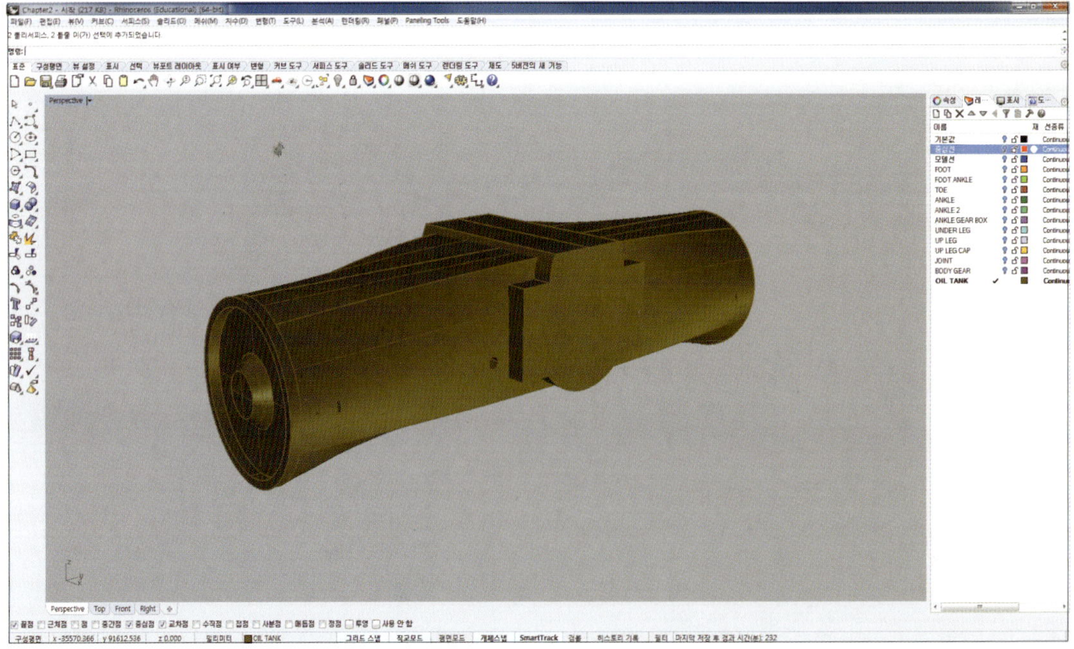

45 'Export'를 입력하고 '내보낼 개체'에 Step 44에서 Group화 한 OIL TANK를 선택합니다.

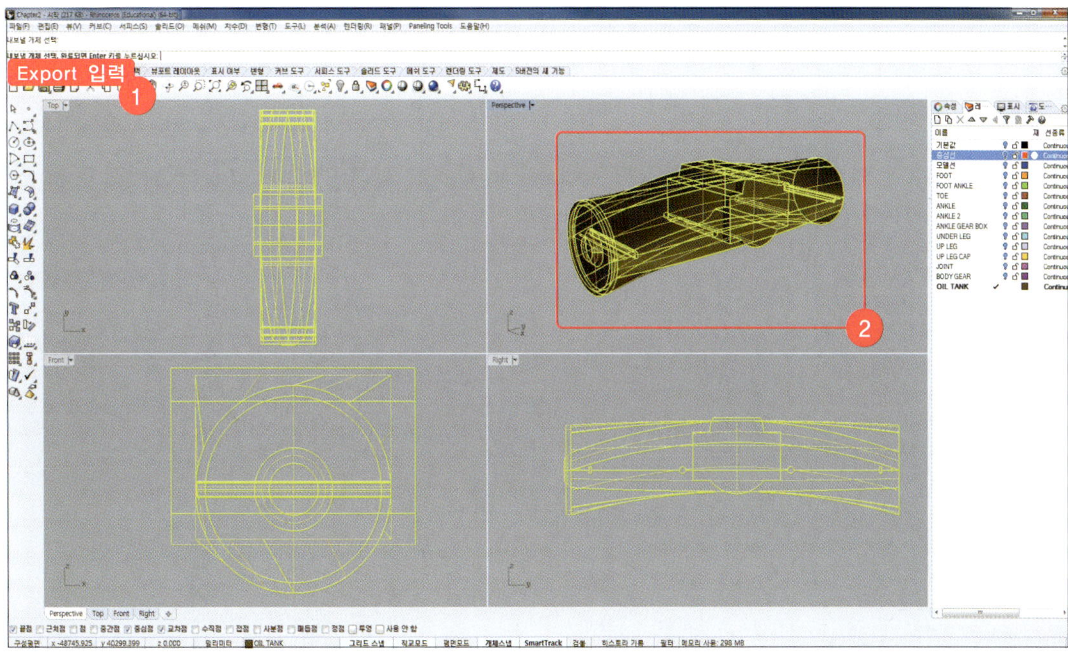

46 [내보내기]창의 활성화 되면, 파일 이름에 'OIL TANK'를 입력하고 파일형식에 'Rhino 5 3D 모델'을 선택하고 [저장]을 클릭합니다.

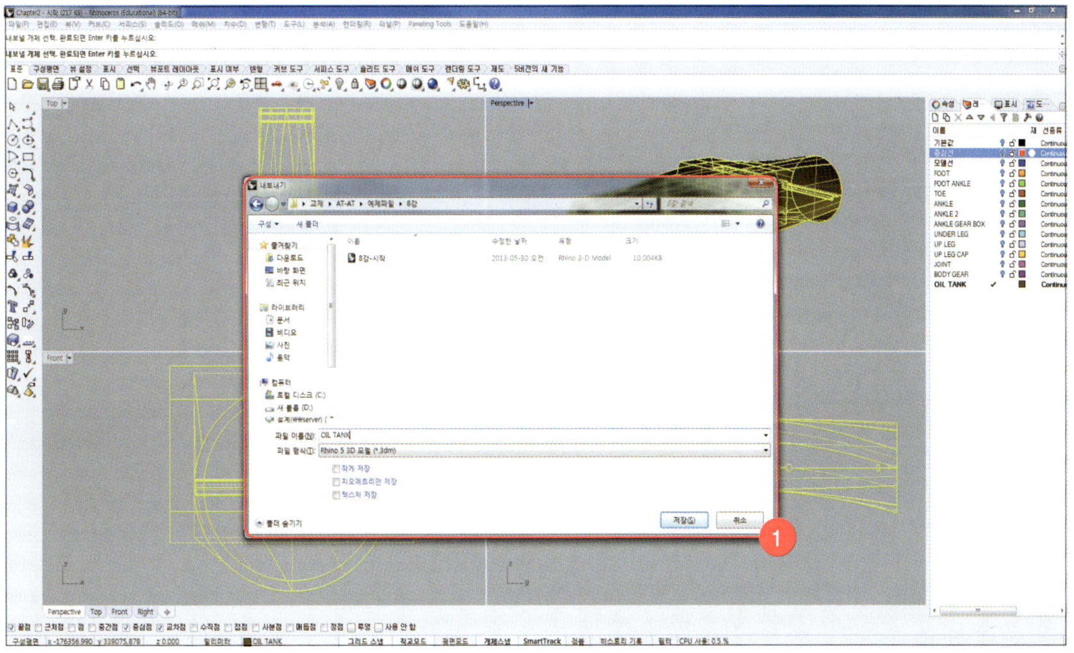

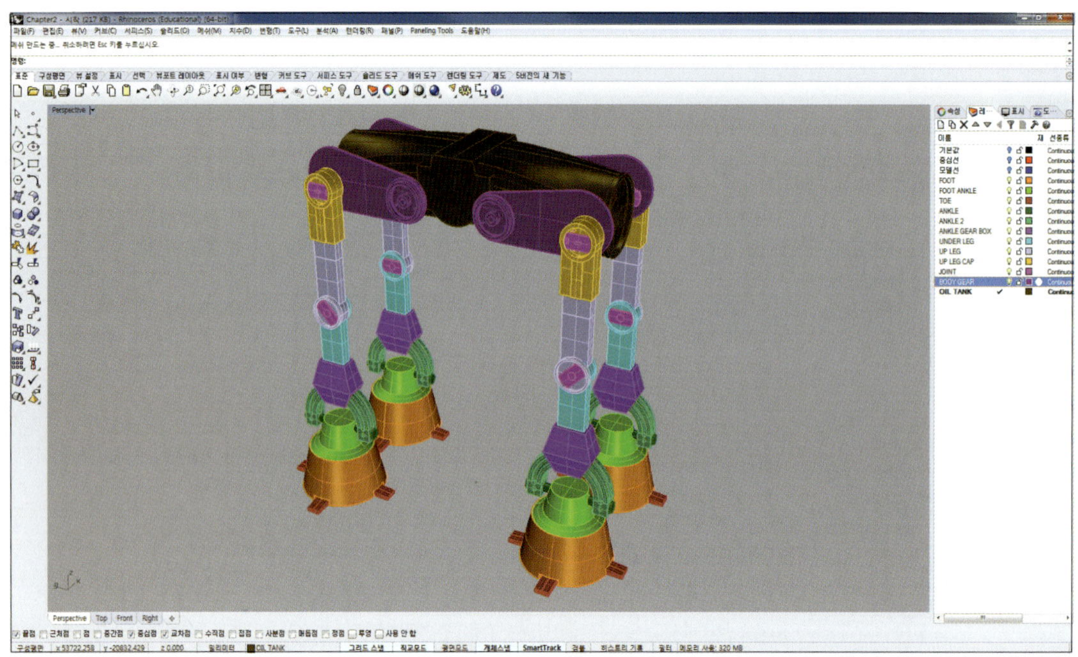

- MUST BIM 온라인커뮤니티

www.inup.co.kr / http://rpaec.com/pace

Chapter 03

BODY 모델링

■ BODY 모델링 : 설계/제작/생산/조립

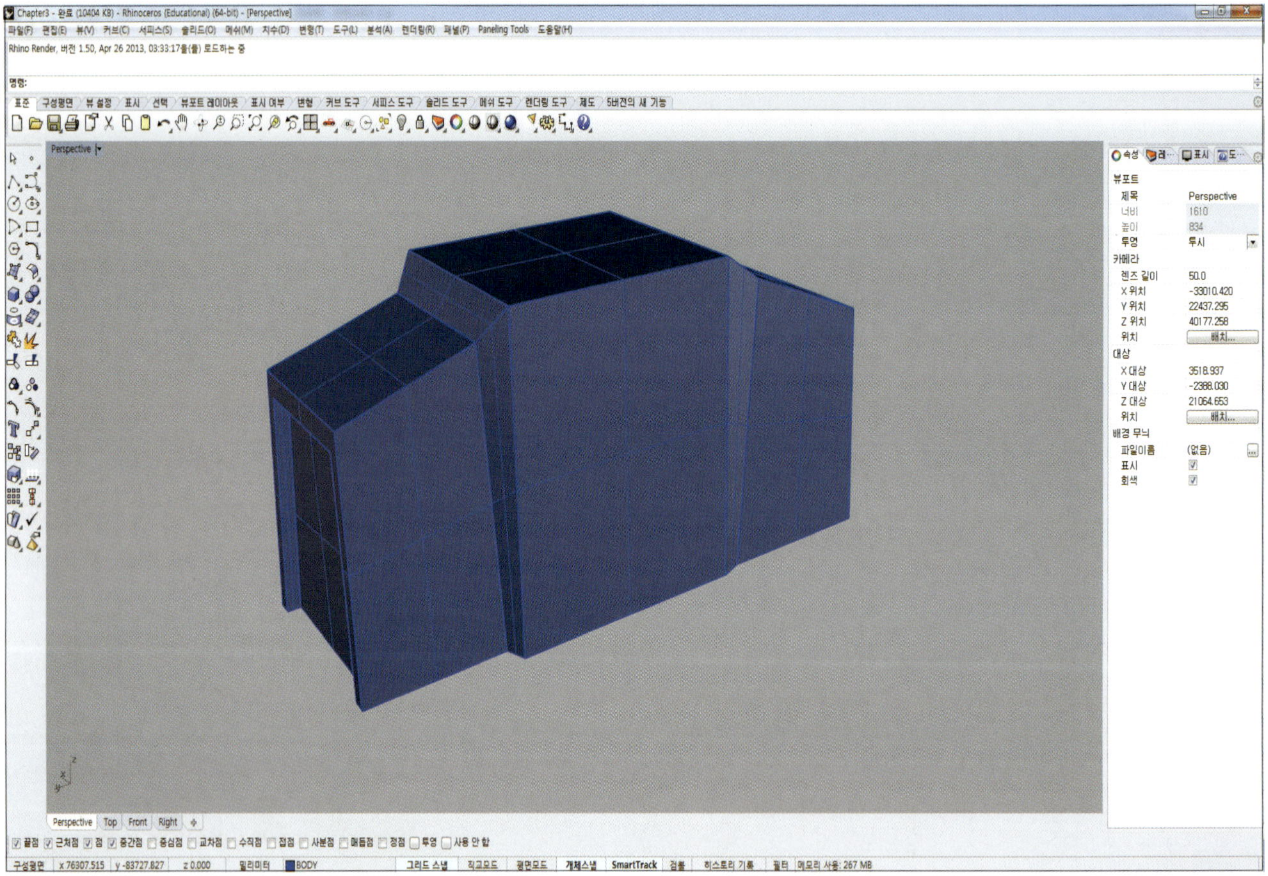

POINT!

- BODY Digital Model 생성
- Digital Model간 조립

01 Rhino 3D 5를 실행합니다. 예제파일 'PART3' 폴더에서 'Chapter3 – 시작' 파일을 로드합니다.
[상태창] ➡ [레이어]탭에서 'BODY' 라는 이름의 레이어를 생성하고 색상을 임의로 지정합니다.
현재 레이어로 '모델선' 을 지정합니다.

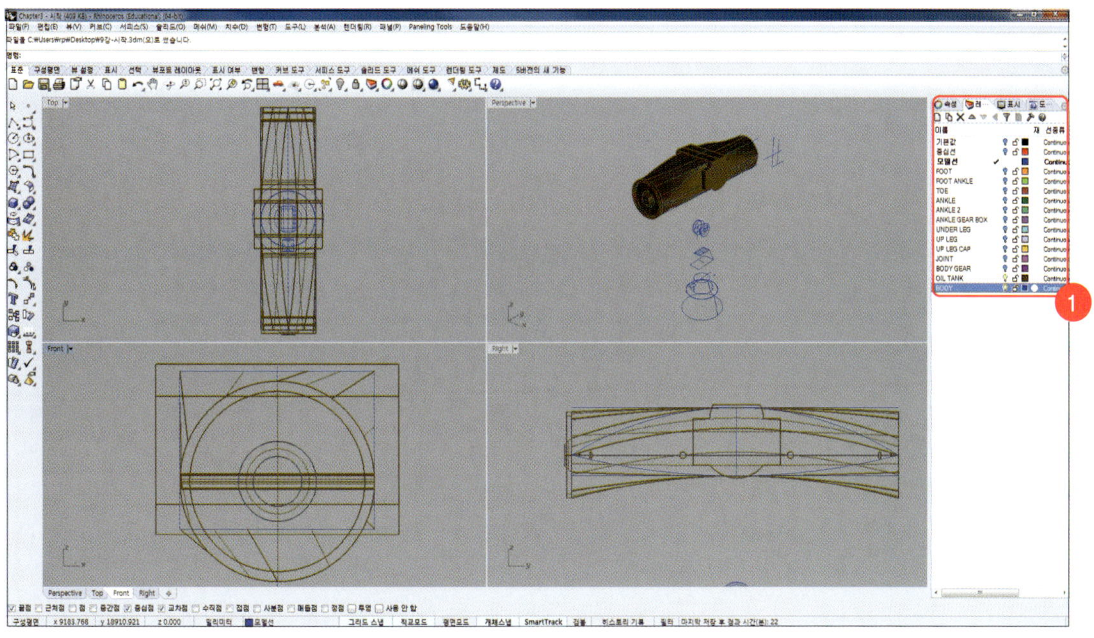

02 'Offset' 을 입력하고 '간격띄우기 실행할 커브' 에 아래 그림과 같이 OIL TANK 옆부분 모서리를 선택합니다.
'간격띄우기할 쪽' 에 '1700' 을 입력하고 [Top]뷰에서 OIL TANK 바깥쪽으로 간격띄우기를 실행합니다.
같은 과정으로 반대쪽에도 '1700' 만큼 간격띄우기한 커브를 작성합니다.

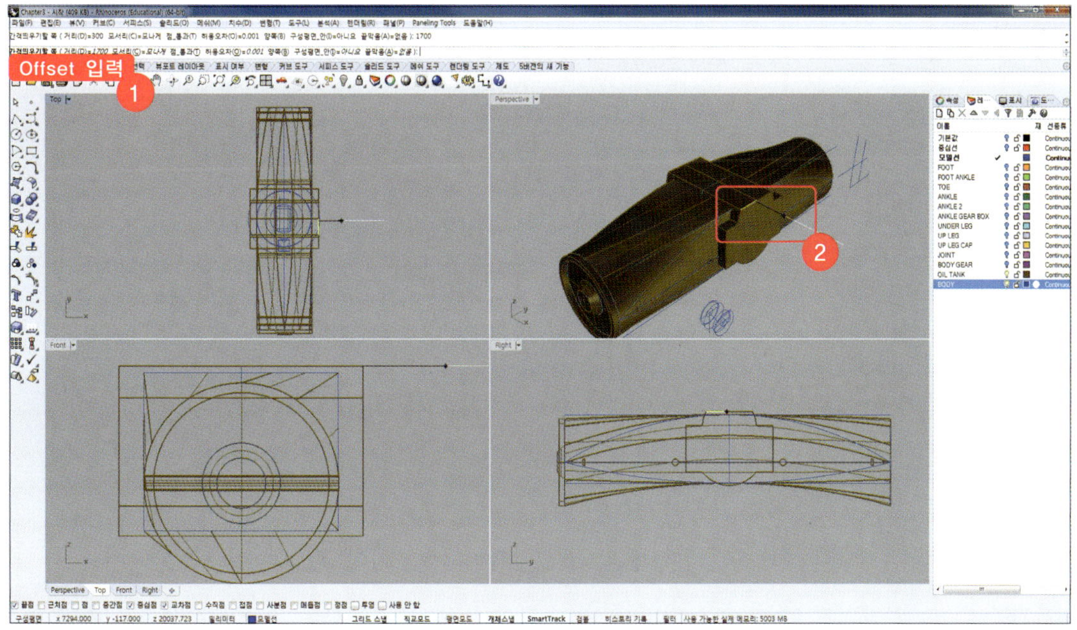

03 'Line'을 입력하고 '선의 시작'과 '선의 끝'을 Step 02에서 Offset한 line 위쪽 두 끝점을 선택하여 line을 작성합니다.

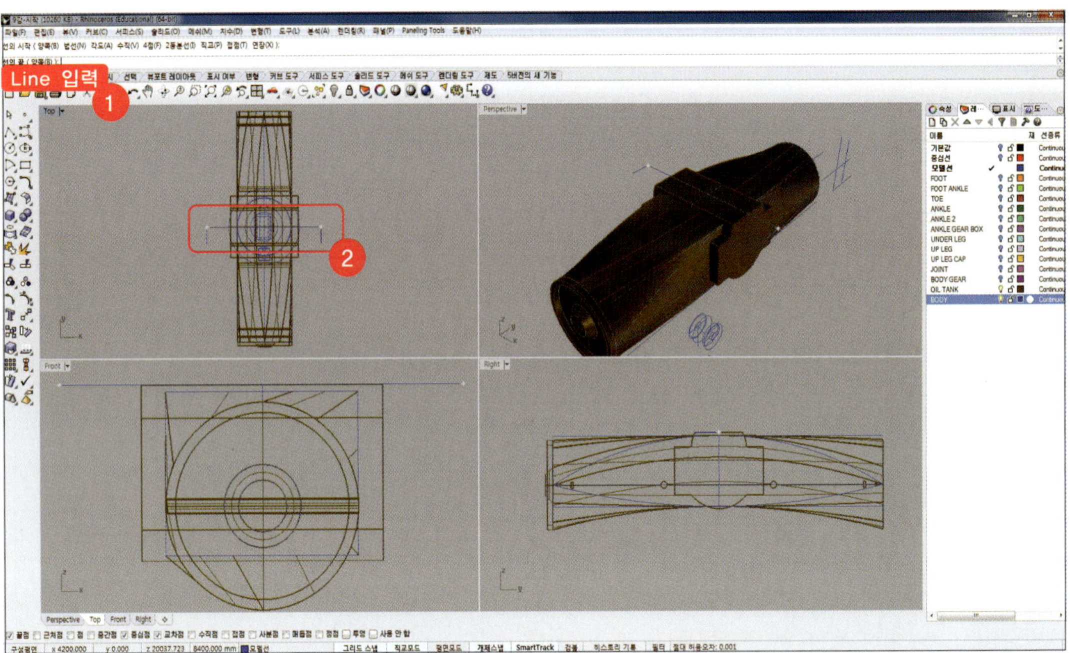

04 'Offset'을 입력하고 '간격띄우기 실행할 커브'에 Step 03에서 작성한 line을 선택합니다. [Top]뷰에서 위쪽으로는 '4750', 아래쪽으로는 '4250'만큼 간격띄우기한 line을 작성합니다.

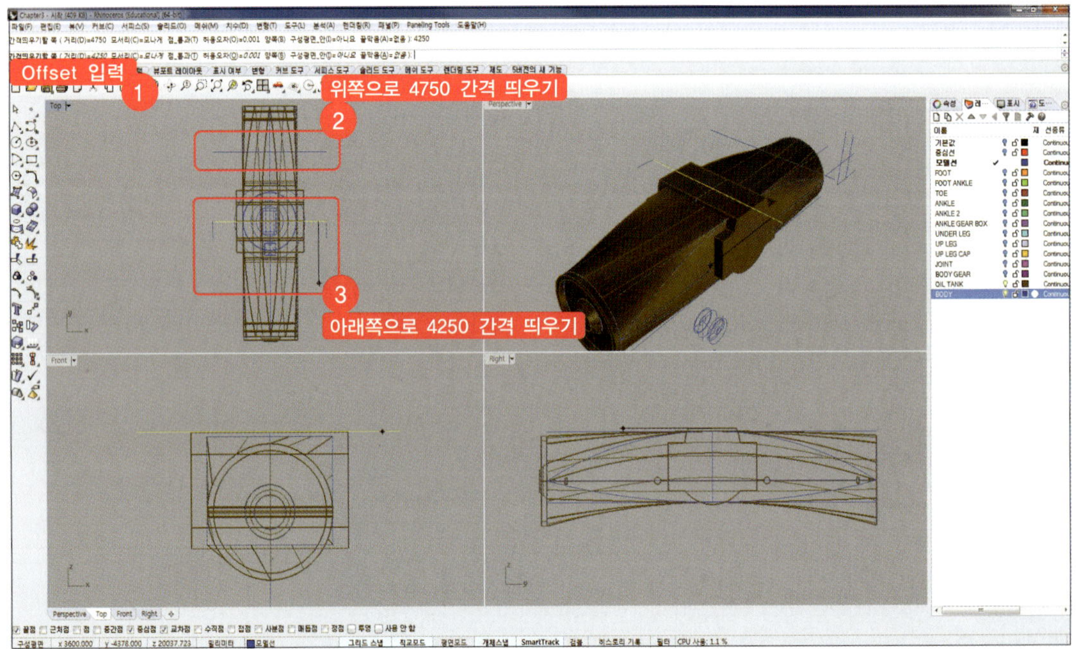

05 'Rectangle'을 입력하고 [Top]뷰에서 '직사각형의 첫 번째 모서리'에 위쪽 라인의 왼쪽 끝점,
'다른 모서리'에 아래쪽 line 오른쪽 끝점을 선택합니다.

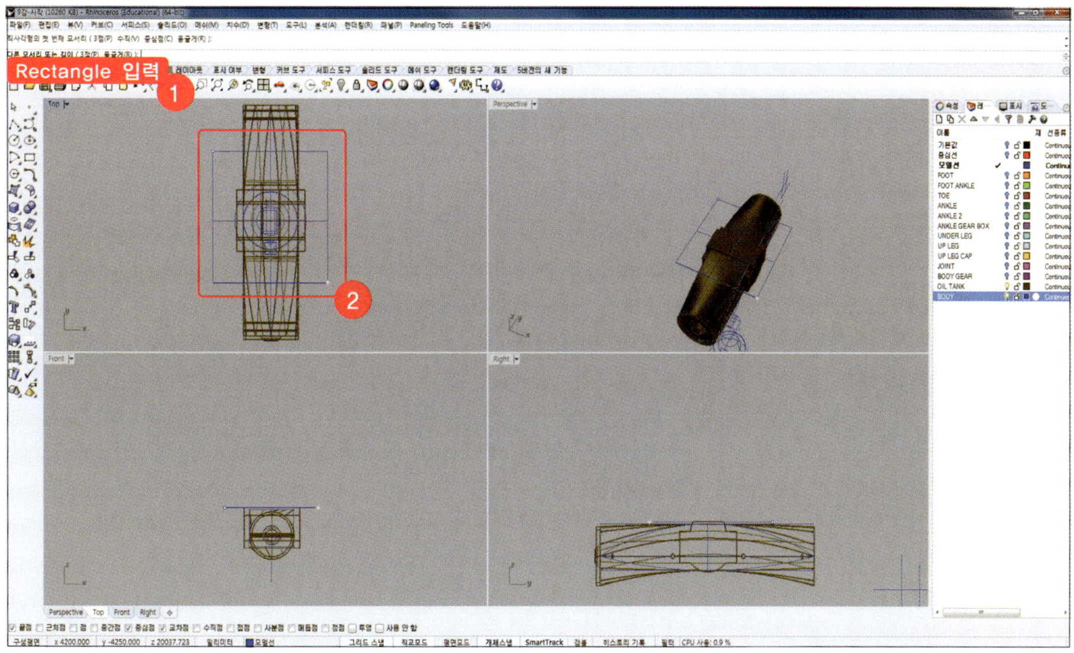

06 'Copy'를 입력하고 '복사할 개체'에 Step 05에서 작성한 rectangle커브를 선택합니다. [Front]뷰에서
'복사의 기준점'을 선택하고 '복사할 위치의 점'에 '10000'을 입력한 뒤, 수직 위쪽방향을 클릭합니다.

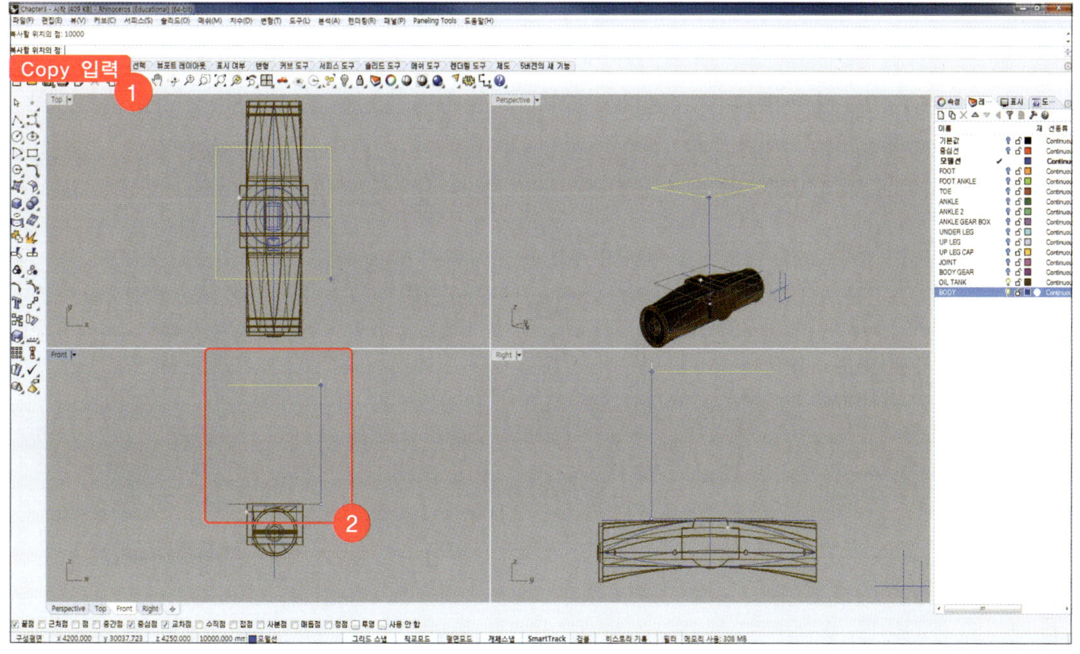

07 'Explode'를 입력하고 '분해할 개체 선택'에 Step 06에서 복사한 사각형 커브를 선택하고 [Enter]키를 누릅니다.

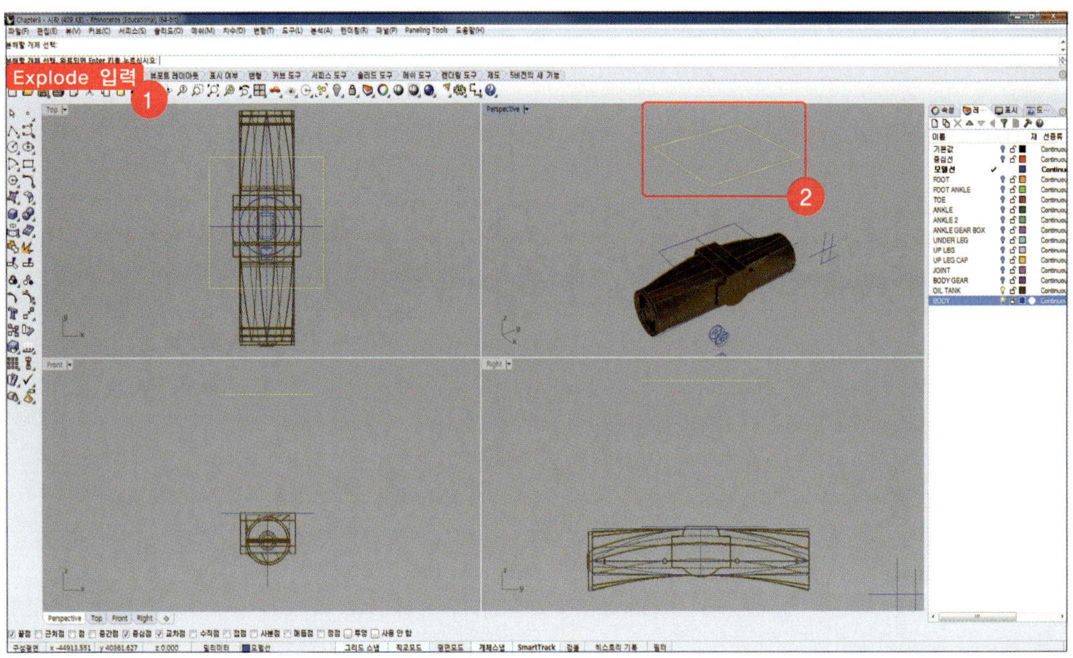

08 'Offset'을 입력하고 '간격띄우기 실행할 커브'에 아래 그림과 같이 Step 07에서 Explode한 커브들 중 OIL TANK 양쪽 Line 중 하나를 선택하고 '간격띄우기 할 쪽'에 '700'을 입력하고 [Top]뷰에서 중심쪽으로 간격띄우기가 되도록 위치를 지정합니다. 나머지 반대쪽도 같은 과정으로 offset합니다.

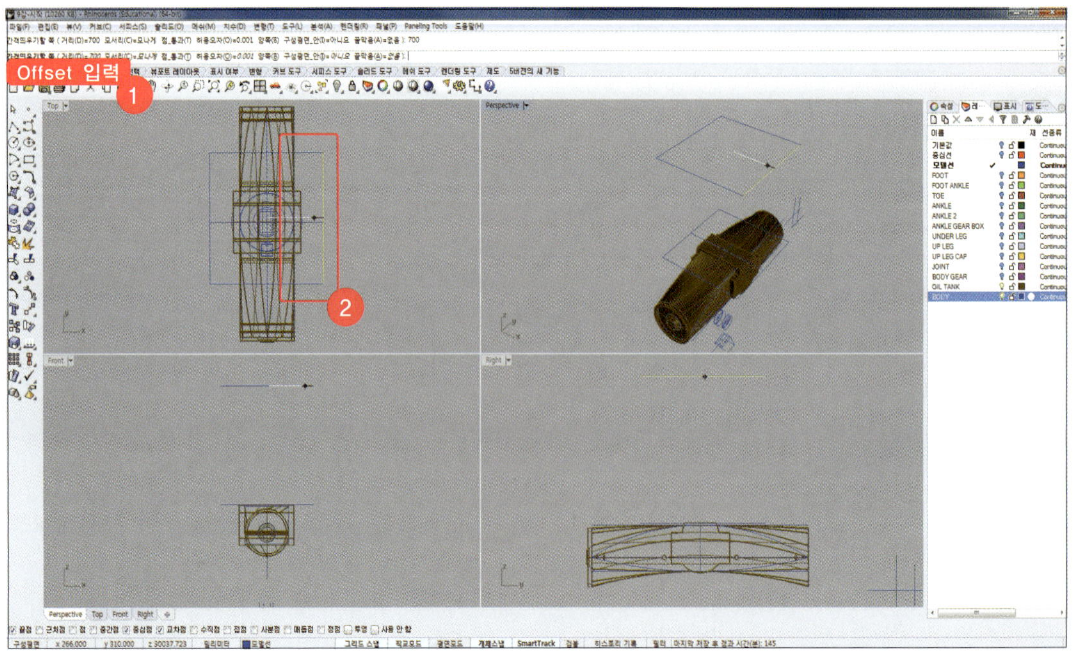

09 'Fillet'을 입력하고 명령창에서 '반지름=0, 결합=예'를 확인하고 아래 그림과 같이 모서리를 정리합니다. Step 08에서 offset한 line을 양변으로 하는 결합된 사각형 커브를 만듭니다.

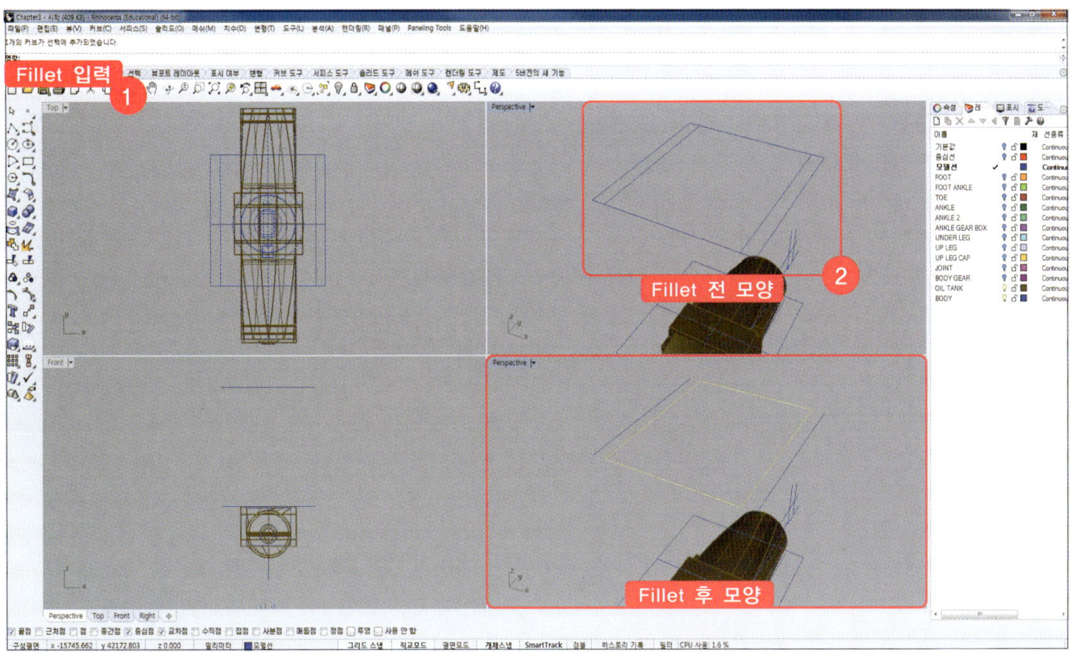

10 'Line'을 입력하고 '선의 시작'과 '선의 끝'을 아래 그림과 같이 아래쪽, 위쪽 사각형 모서리를 각각 선택합니다.

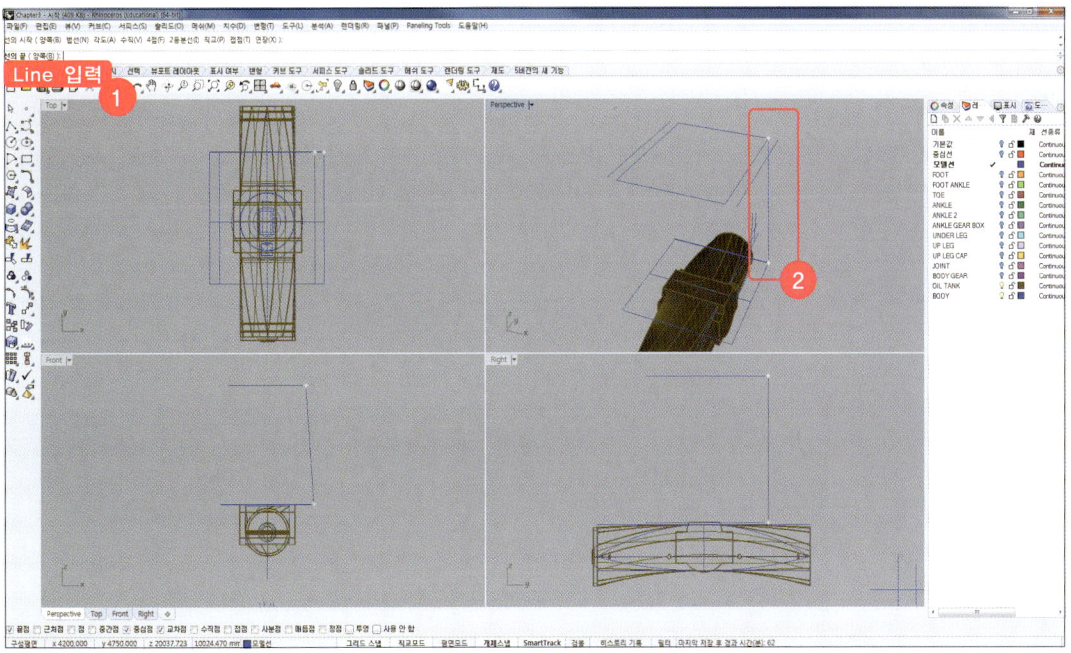

11 'Sweep2'를 입력하고 아래 그림과 같이 '첫 번째 레일커브'에 위쪽 사각형, '두 번째 레일커브'에 아래쪽 사각형, '단면커브'에 Step 10에서 작성한 line을 선택하고 [2개의 레일 스윕옵션]창이 활성화 되면 [확인]을 클릭합니다.

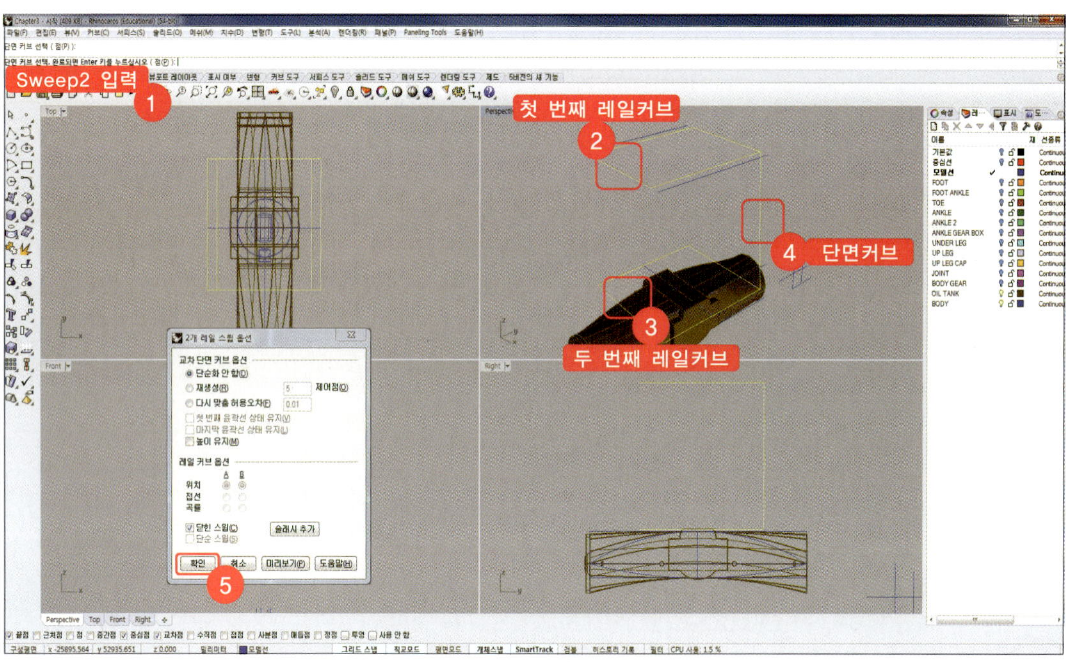

12 'Cap'을 입력하고 '끝막음할 개체'에 Step 11에서 작성한 surface를 선택하고 [Enter]키를 누릅니다.

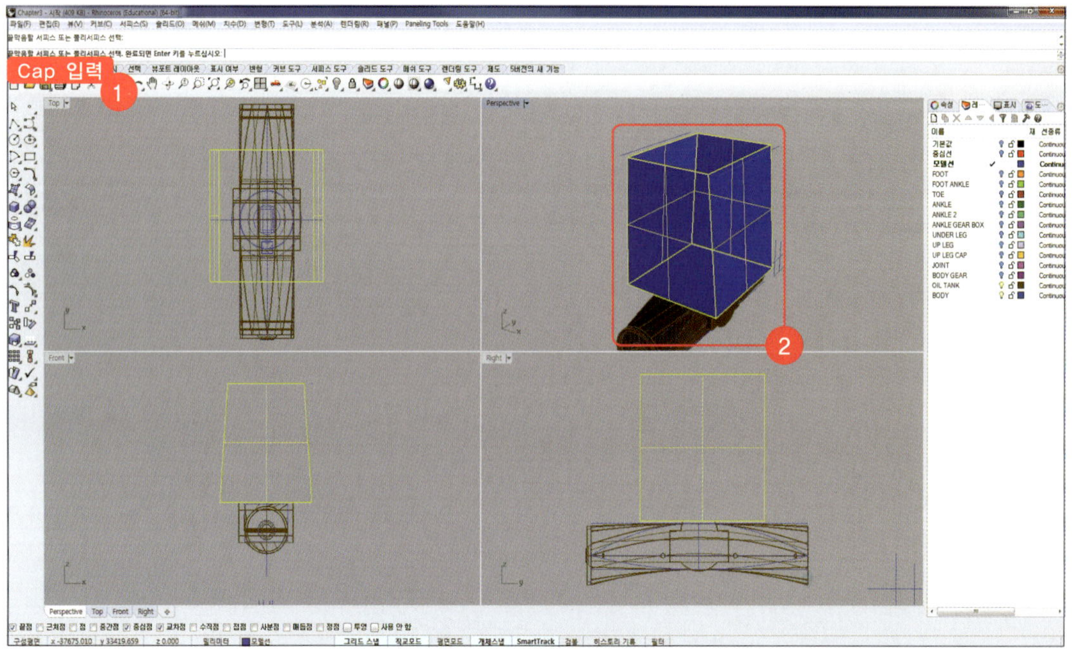

13 Step 12에서 끝막음한 surface의 레이어를 'BODY' 로 변경하고 'OIL TANK' 레이어를 끄고 '모델선', 'BODY' 레이어만 켜놓습니다. 아래 모델선을 모두 선택하고 명령창에 'Hide' 를 입력하고 [Enter]키를 누릅니다.

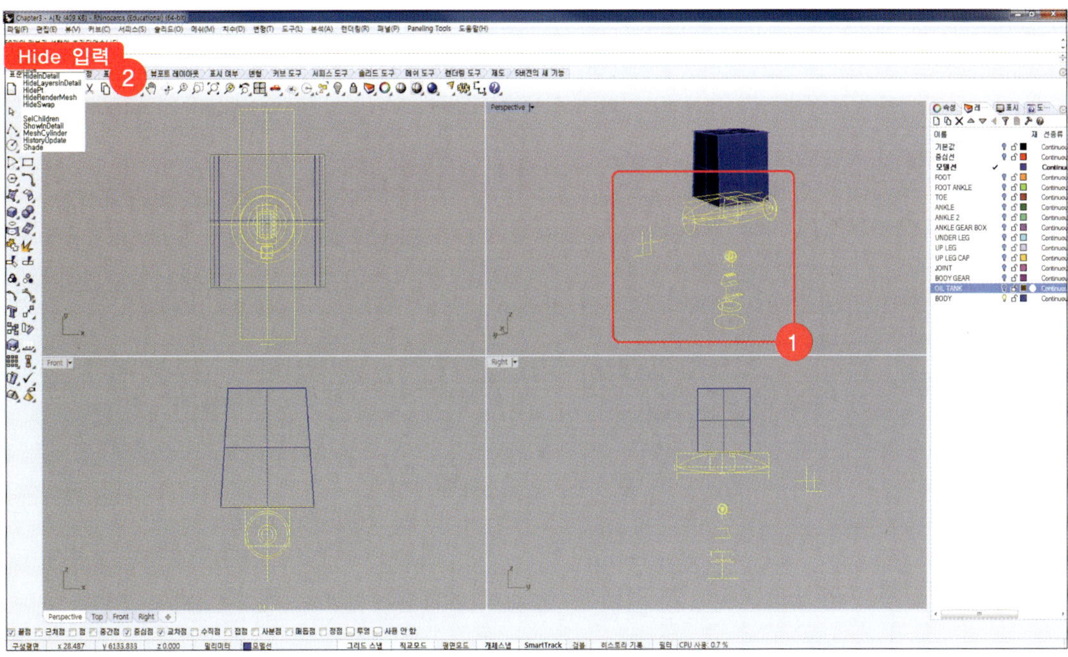

14 'Offset' 을 입력하고 '간격띄우기 실행할 커브' 에 아래 그림과 같이 BODY 앞쪽 밑의 부분 surface의 가장자리를 선택합니다. '간격띄우기 할 쪽' 에 '300' 을 입력하고 [Top]뷰에서 위쪽 방향을 선택해 간격 띄우기 커브를 작성합니다.

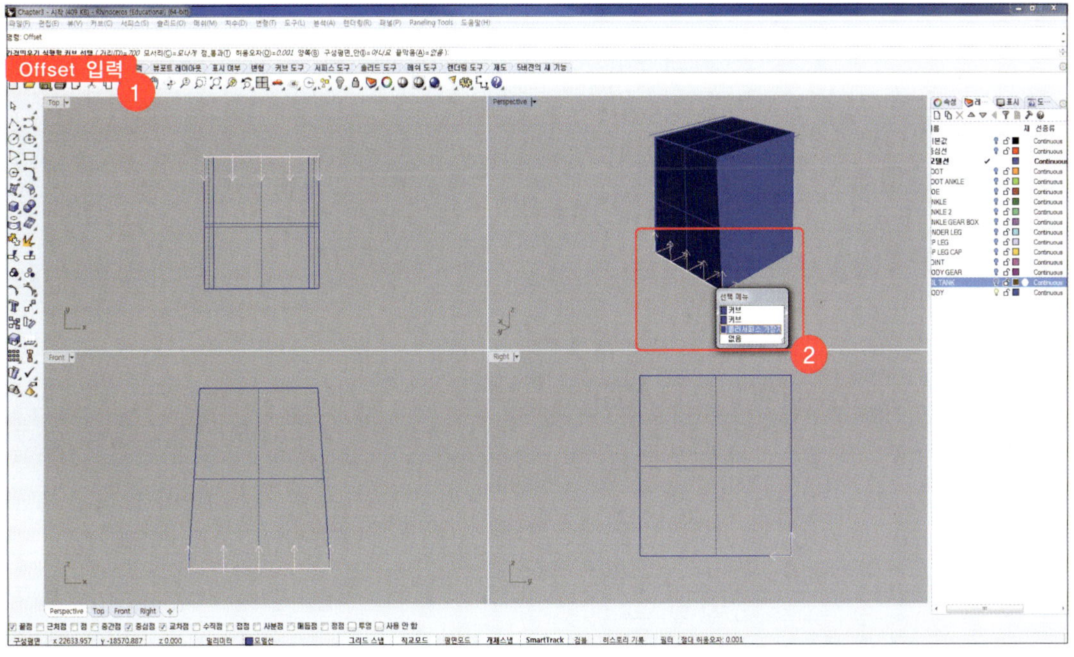

15 'Offset'을 입력하고 '간격띄우기 실행할 커브'에 아래 그림과 같이 BODY의 앞쪽 윗 부분 surface의
가장자리를 선택합니다. '간격띄우기 할 쪽'에 '850'을 입력하고 [Top]뷰에서 위쪽 방향을 선택해 간격
띄우기 커브를 작성합니다.

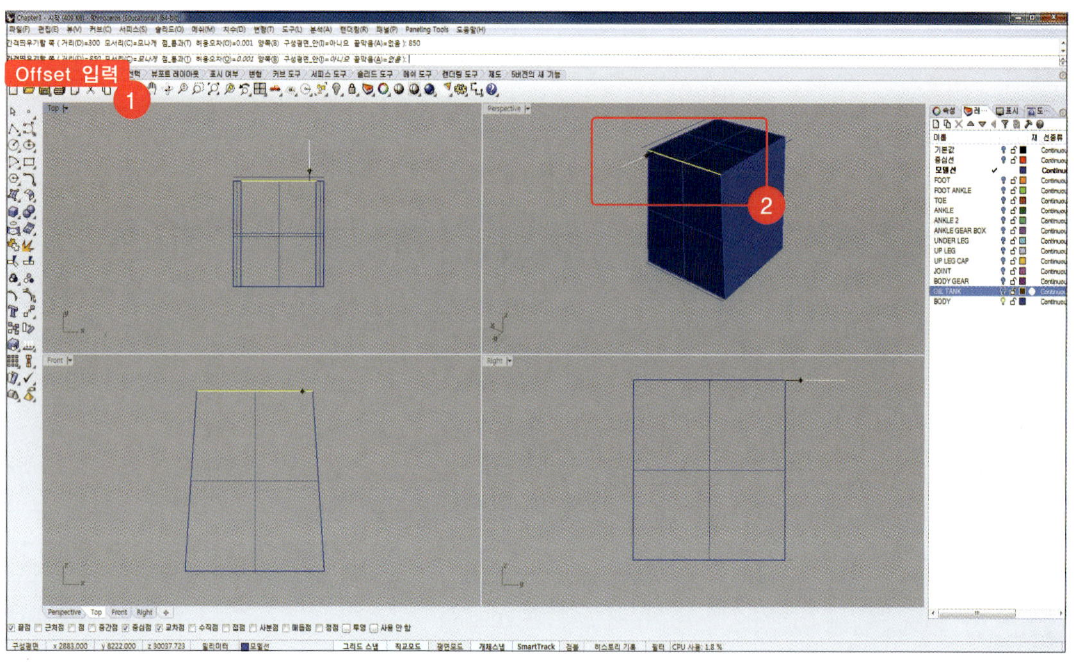

16 'Move'를 입력하고 '이동시킬 개체'에 Step 15에서 offset한 line을 선택합니다. '이동의 기준점'을
[Front]뷰에서 임의의 점을 선택하고 '이동의 기준점 새 위치'에 '1000'을 입력한 뒤, 수직 아래로 방향을
선택해 line을 이동시킵니다.

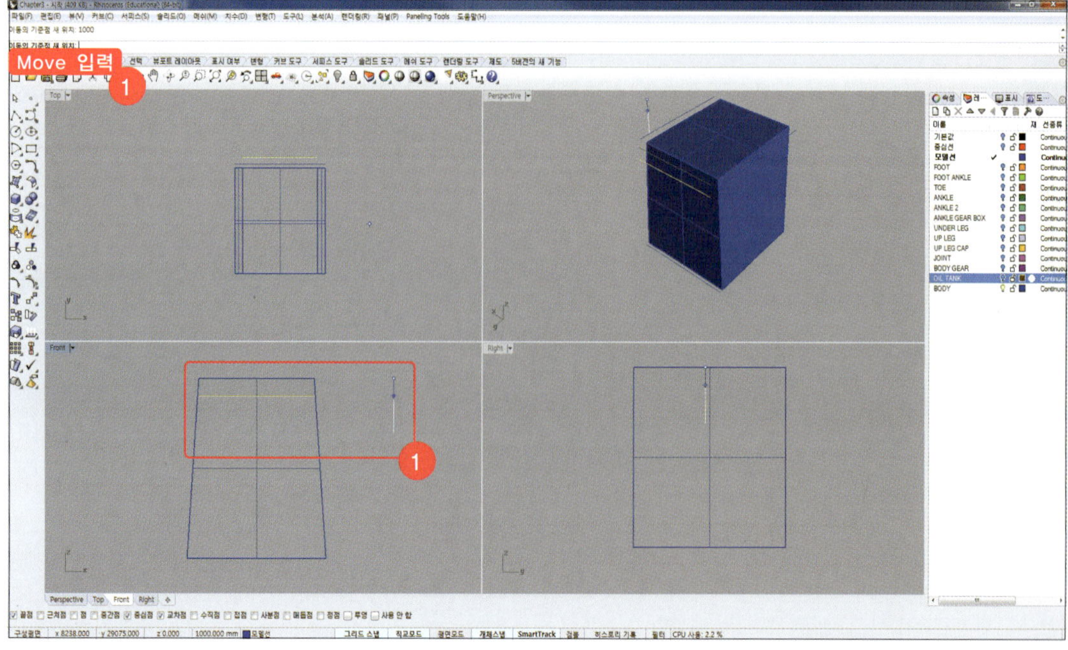

17 'Line'을 입력하고 아래 개체 스냅에서 '중간점'을 체크한 뒤, '선의 시작'과 '선의 끝'을 아래 그림과 같이 Step 14~16에서 작성한 line들의 중간점을 각각 선택해 선을 작성합니다.

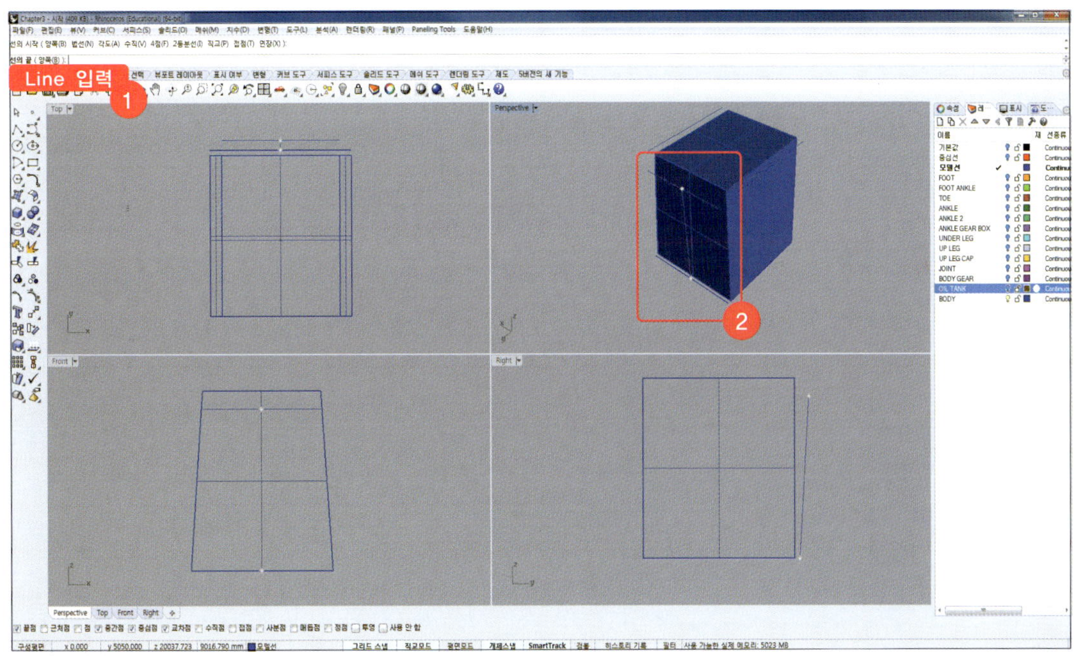

18 'Offset'을 입력하고 '간격띄우기 실행할 개체'에 Step 17에서 작성한 line을 선택하고 [Top]뷰에서 왼쪽으로 '2800', 오른쪽으로 '3500'만큼 각각 간격띄우기 한 line 2개를 작성합니다.

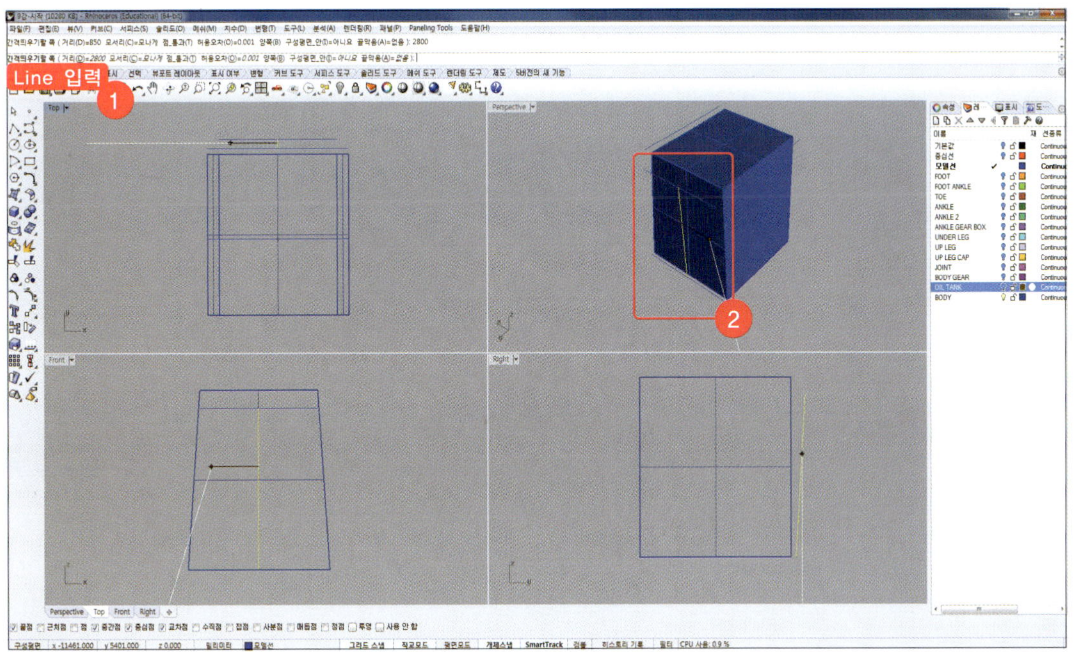

19 'Line'을 입력하고 Step 18에서 2800 offset한 line의 위쪽 끝점과 BODY의 위쪽 모서리를 연결하고
3500 offset한 line의 아래쪽 끝점과 BODY 아래쪽 모서리를 서로 연결합니다.

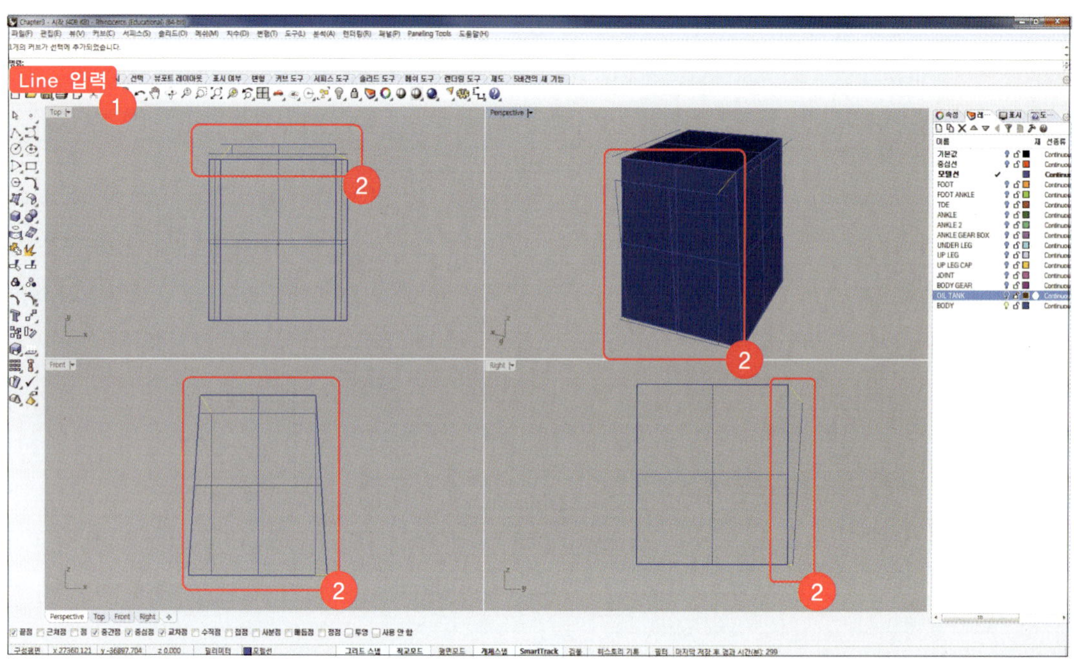

20 'Mirror'를 입력하고 '미러 실행할 개체'에 Step 19에서 작성한 line 2개를 선택합니다.
'미러 평면의 시작'에 명령창의 'Y축'을 클릭합니다.

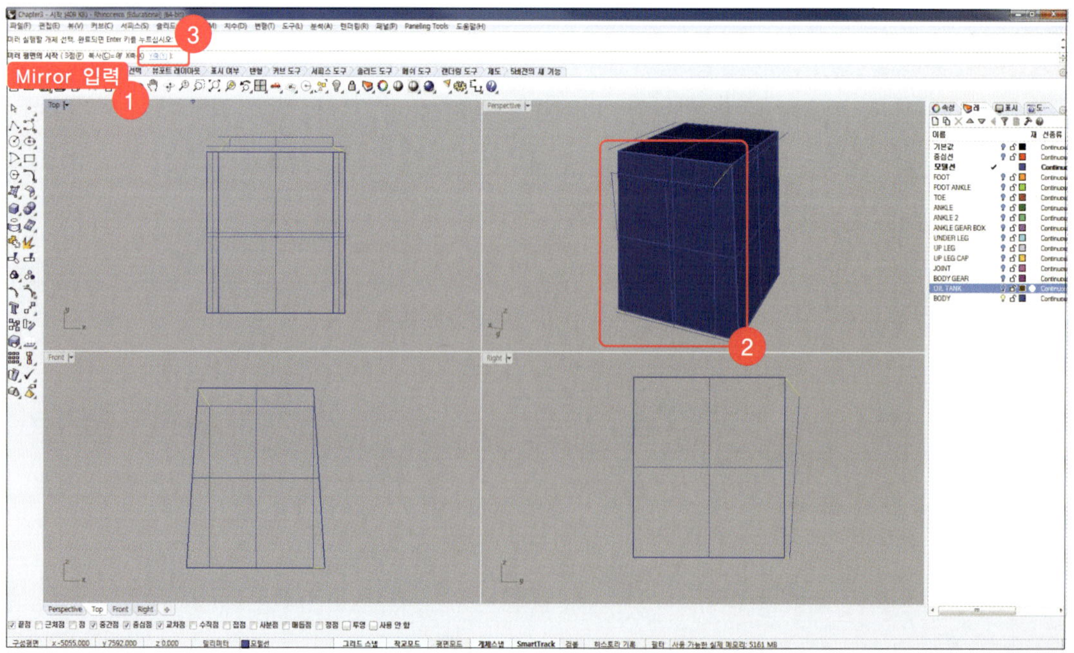

21 'Polyline'을 입력하고 Step 19~20에서 작성한 line의 끝점들 중 BODY 앞으로 나와 있는 점들을 연결시켜 Polyline을 작성합니다.

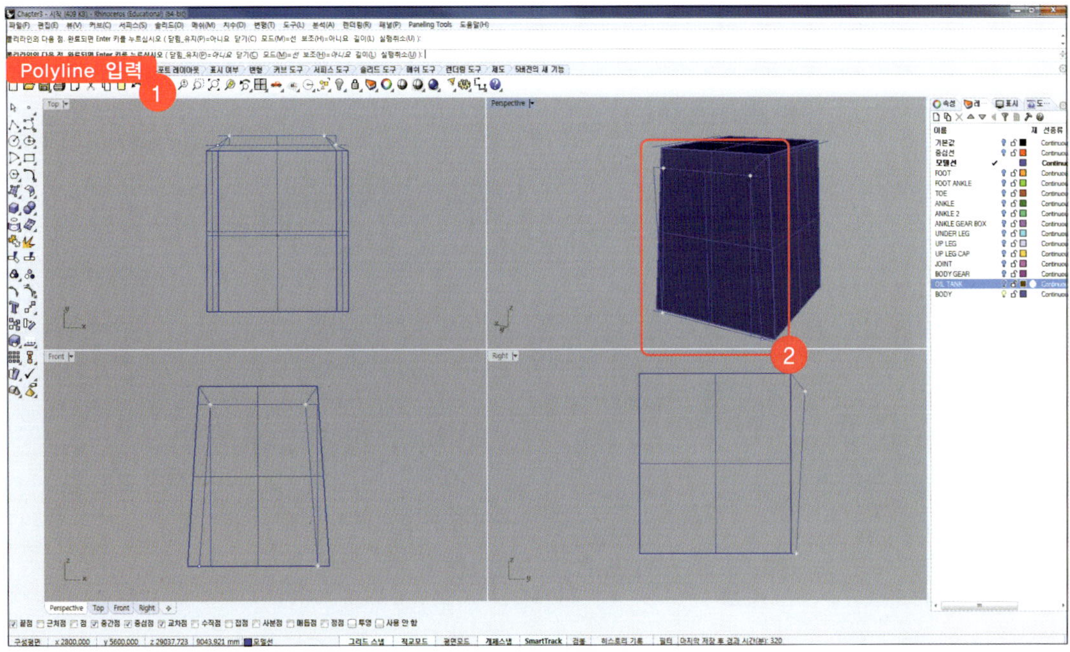

22 'DupFaceBorder'를 입력하고 '테두리를 복제할 서피스'에 BODY의 앞 면을 선택하고 [Enter]키를 누릅니다.

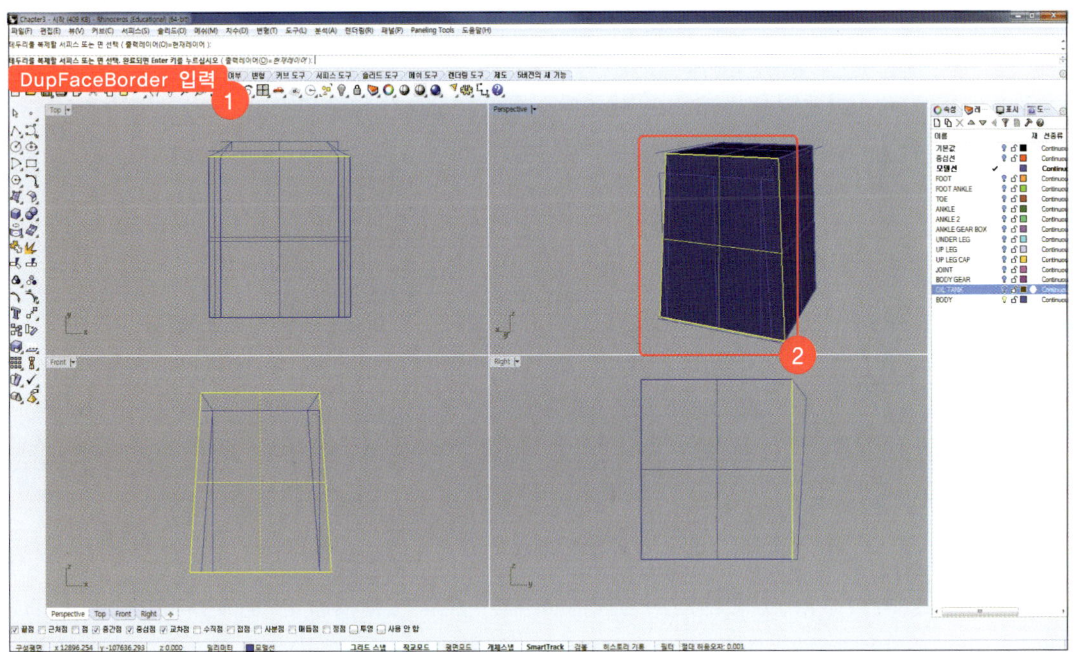

23 'Loft'를 입력하고 '로프트할 커브'에 Step 21에서 작성한 Polyline과 Step 22에서 작성한 테두리 커브를 선택합니다. '조정할 심 점을 선택'에서 [Enter]키를 누르고 [로프트 옵션]창이 활성화 되면 [스타일]에 '직선 단면'을 선택하고 [확인]을 클릭합니다.

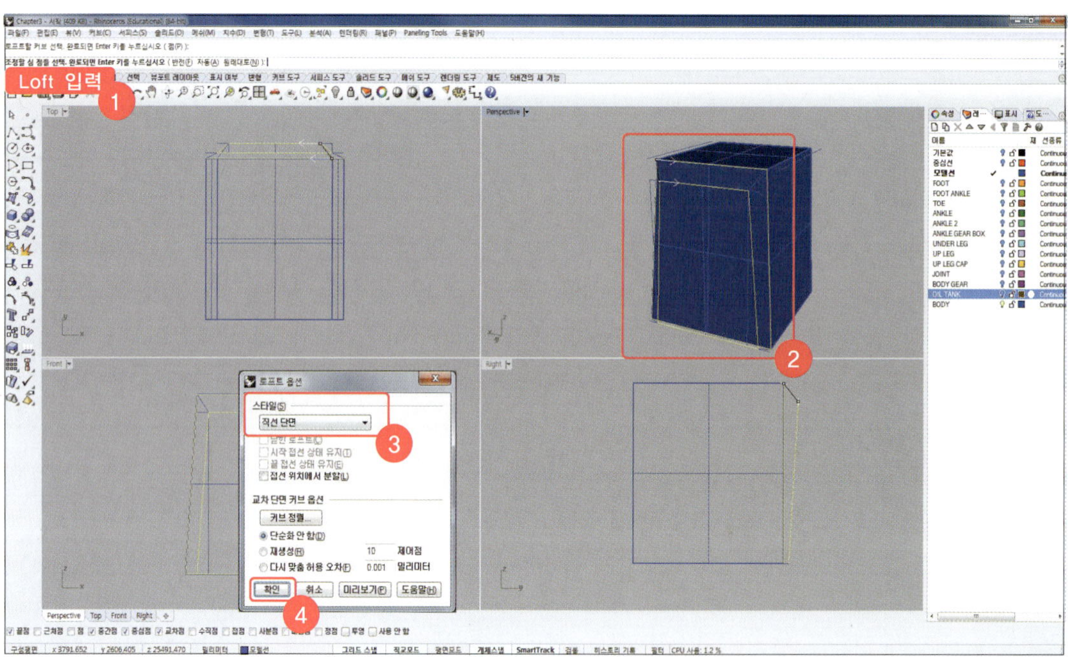

24 'Cap'을 입력하고 '끝막음할 개체'에 Step 23에서 작성한 loft 서피스를 선택하고 [Enter]키를 누릅니다. Cap이 작성되면 surface의 레이어를 'BODY' 레이어로 변경합니다.

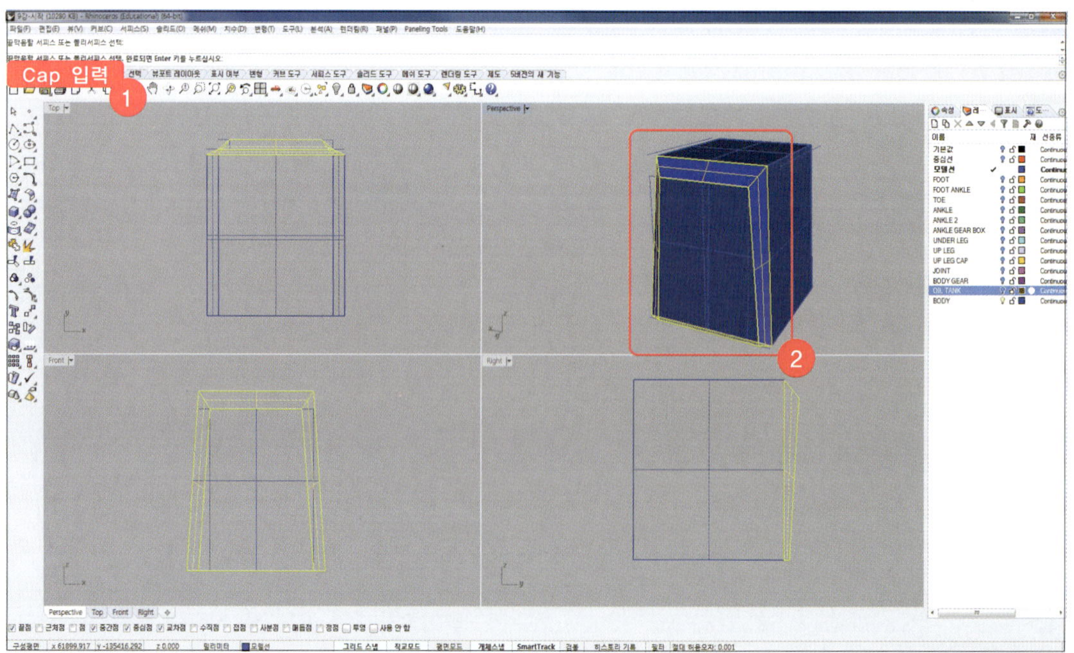

25 ‘Offset’을 입력하고 ‘간격띄우기 실행할 개체’에 Step 24에서 작성했던 surface의 밑 ‘모델선’ 레이어의 커브를 선택합니다. ‘간격띄우기 할 쪽’에 ‘5500’을 입력하고 [Top]뷰에서 위쪽방향으로 작성되도록 클릭합니다.

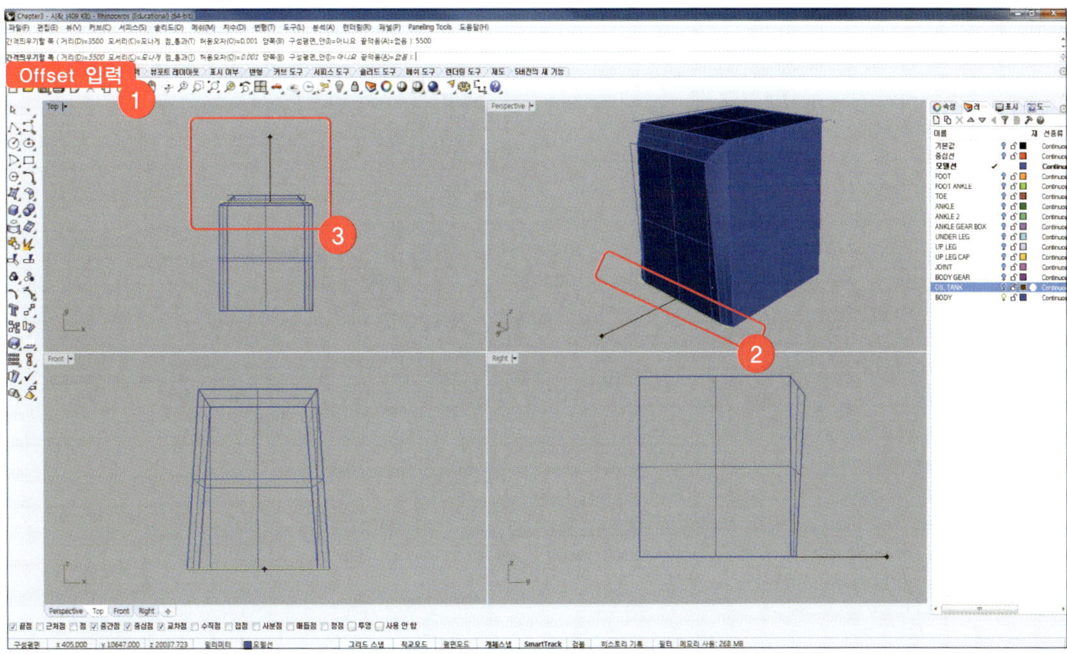

26 ‘Copy’를 입력하고 복사할 개체’에 Step 25에서 offset한 line을 선택하고 [Front]뷰에서 ‘복사의 기준점’을 임의로 선택하고 ‘복사할 위치의 점’에 ‘7630’을 입력하고 수직 위로 복사합니다.

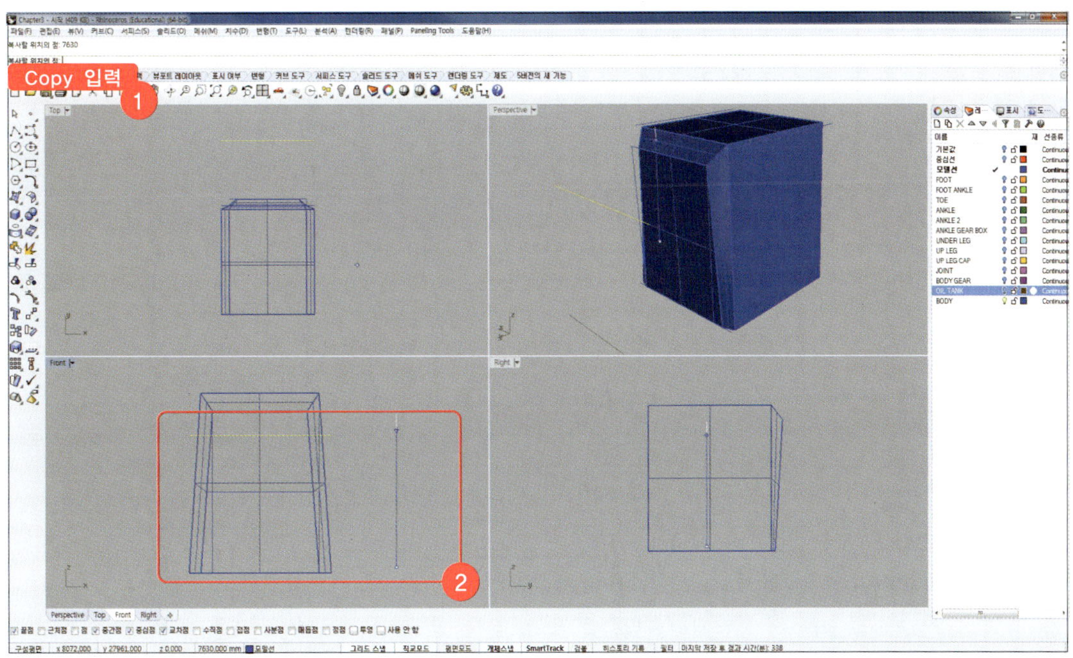

27 'Line'을 입력하고 아래 개체 스냅에서 '수직점'을 체크합니다. '선의 시작'에 아래 그림과 같이 BODY 서피스의 위쪽 모서리를 선택하고, '선의 끝'에 Step 26에서 작성한 line과의 수직점을 선택합니다.

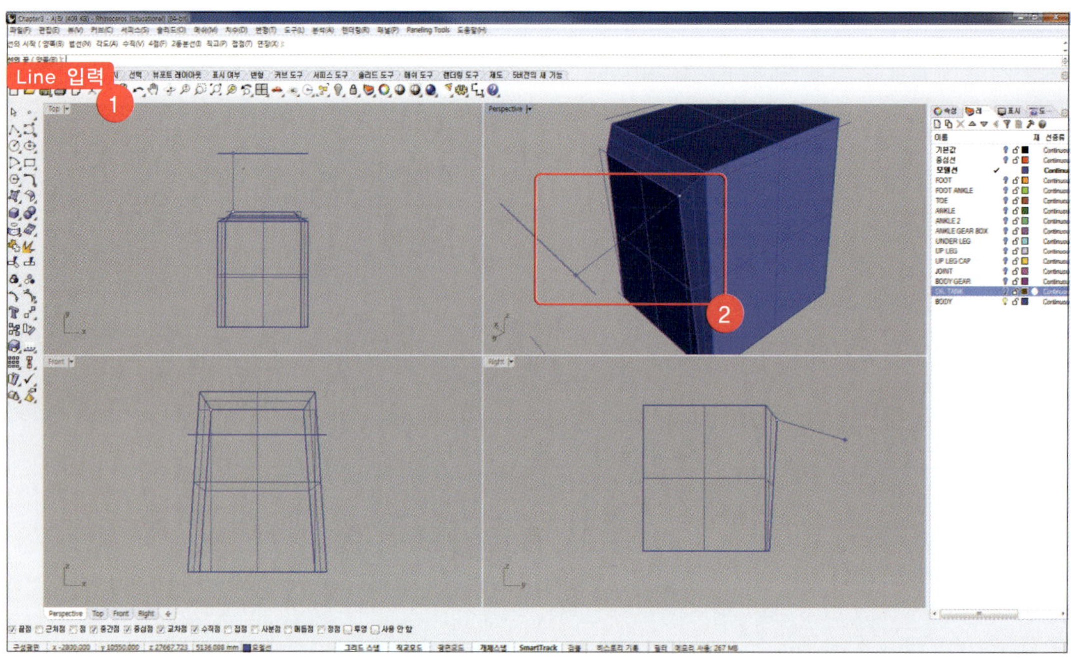

28 'Line'을 입력하고 '선의 시작'에 아래 그림과 같이 BODY 서피스의 아래쪽 모서리를 선택하고, '선의 끝'에 Step 25에서 작성한 line과의 수직점을 선택합니다.

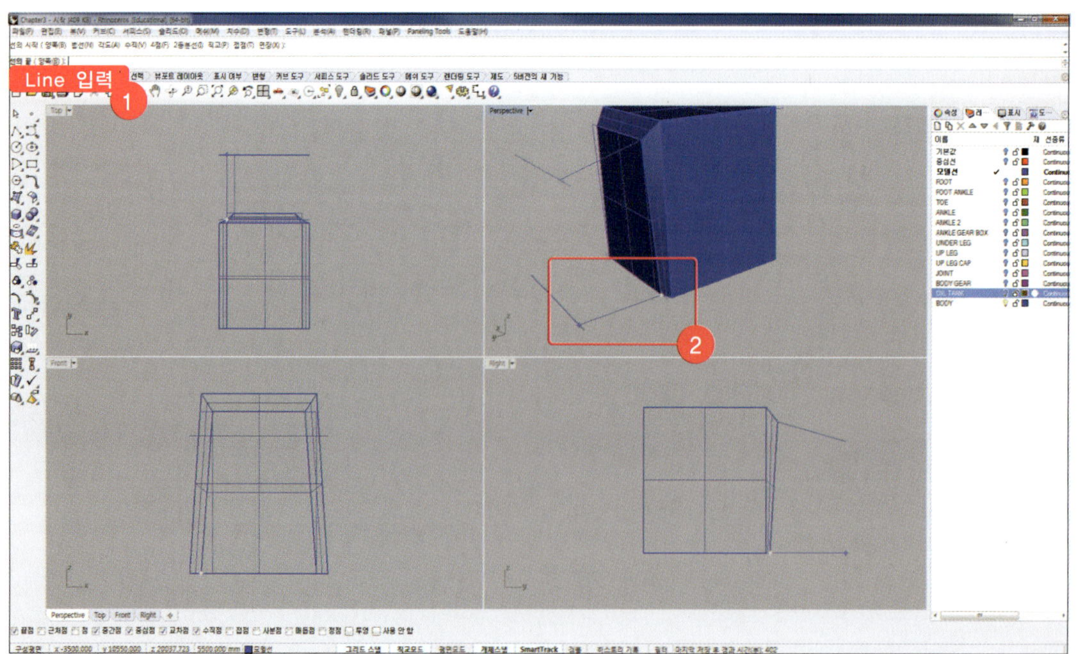

29 'Mirror'를 입력하고 '미러 실행할 개체'에 Step 27~28에서 작성한 line 2개를 선택합니다. '미러 평면의 시작'에서 명령창의 'Y축'을 클릭합니다.

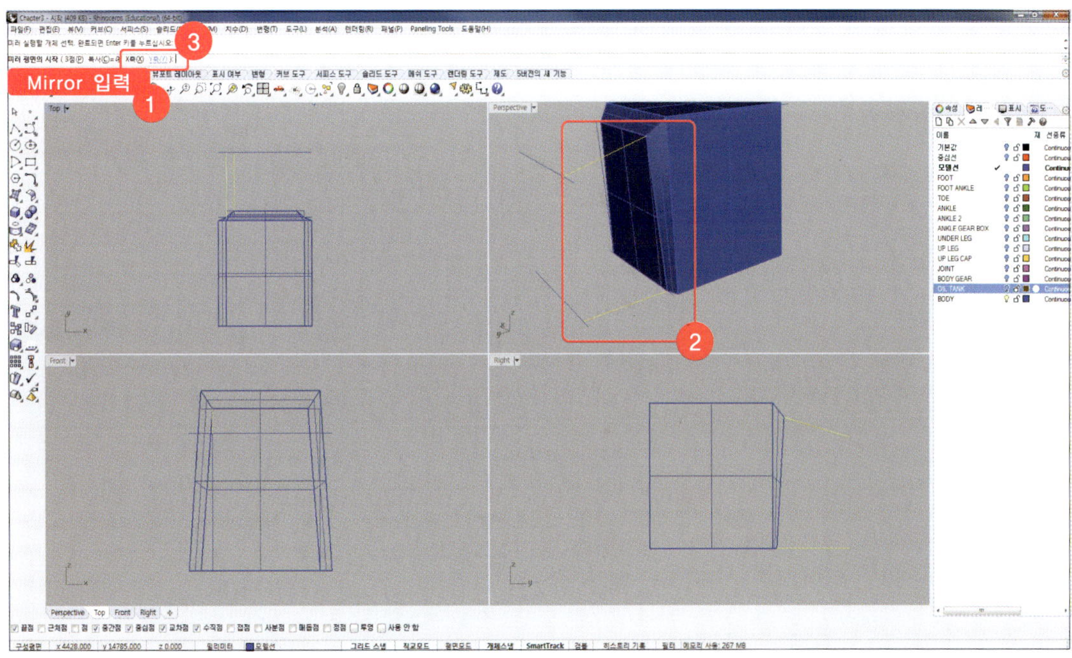

30 'Polyline'을 입력하고 아래 그림과 같이 각 line의 교차점 및 수직점을 이어 polyline을 작성합니다.

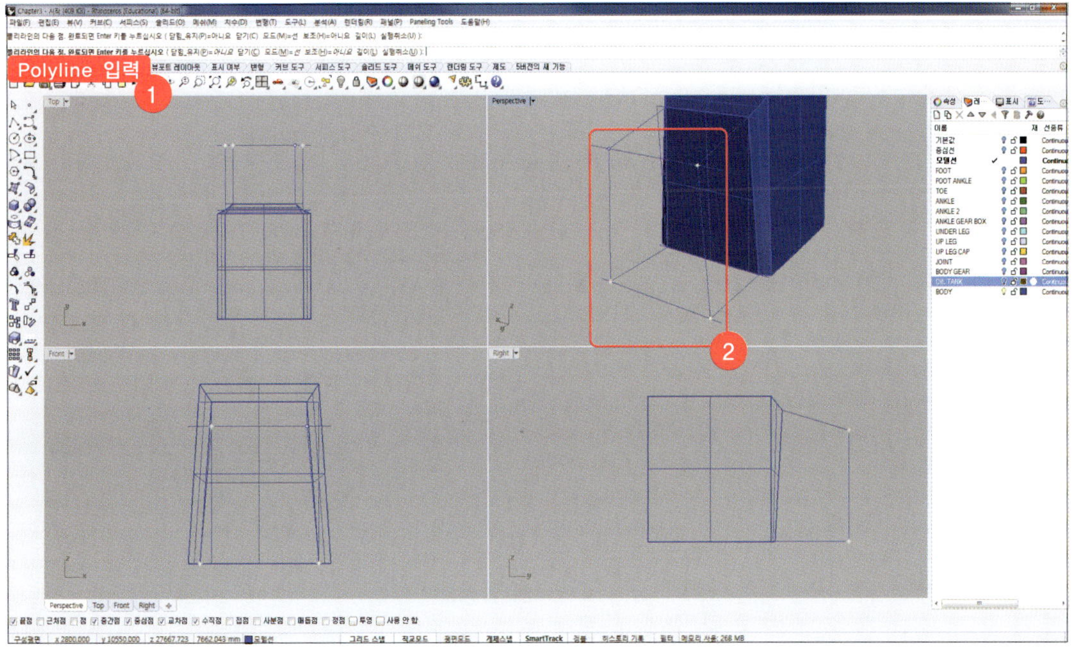

31 'Loft'를 입력하고 '로프트할 커브'에 Step 30에서 작성한 polyline과 Step 21에서 작성한 polyline을 선택합니다. '조정할 심 점을 선택'에서 [Enter]키를 누르고 [로프트 옵션]창이 활성화 되면 [스타일]에 '직선 단면'을 선택하고 [확인]을 클릭합니다.

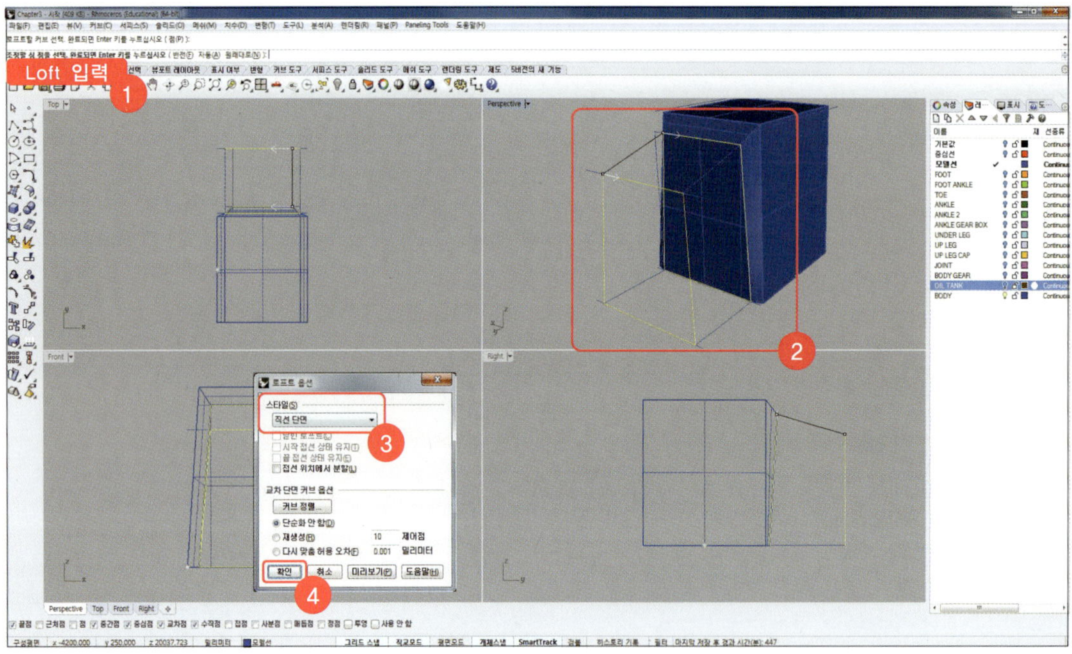

32 'Cap'을 입력하고 '끝막음할 개체'에 Step 31에서 작성한 loft 서피스를 선택하고 [Enter]키를 누릅니다. Cap이 작성되면 surface의 레이어를 'BODY' 레이어로 변경합니다.

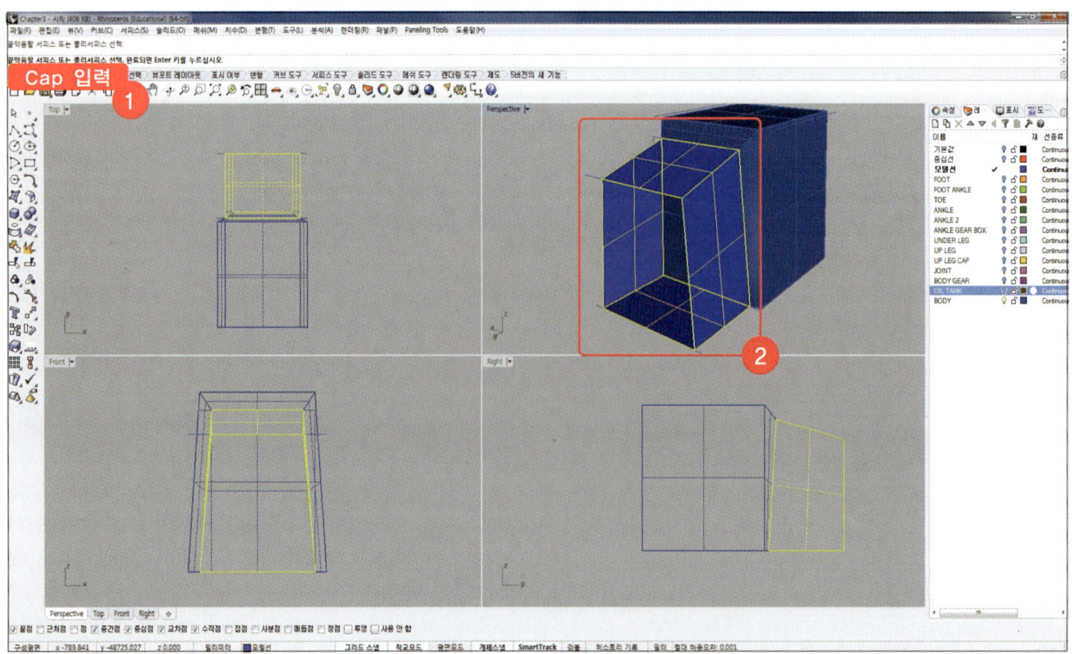

33 'Offset'을 입력하고 surface 가장자리 polyline을 선택합니다. '간격띄우기 할 쪽'에 '500'을 입력하고 [Front]뷰에서 선택한 polyline 안쪽으로 간격띄우기를 실행합니다.

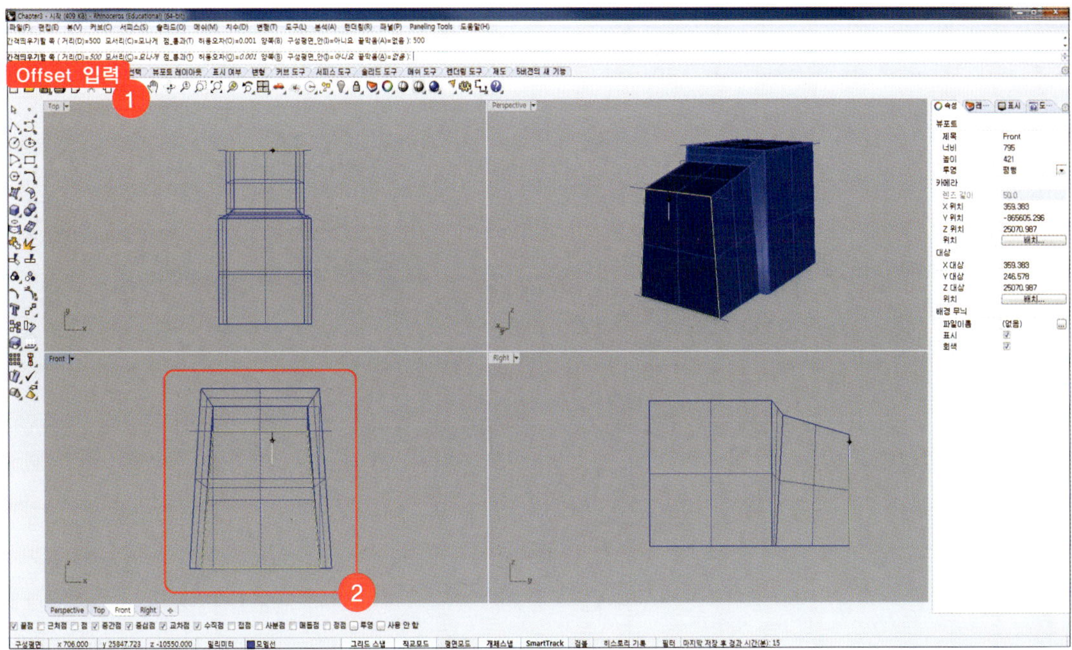

34 'Offset'을 입력하고 '간격띄우기 실행할 커브'에 아래 그림과 같이 위쪽 loine을 선택합니다. '간격띄우기 할 쪽'에 '700'을 입력한 뒤 [Front]뷰에서 아래쪽으로 간격띄우기합니다.

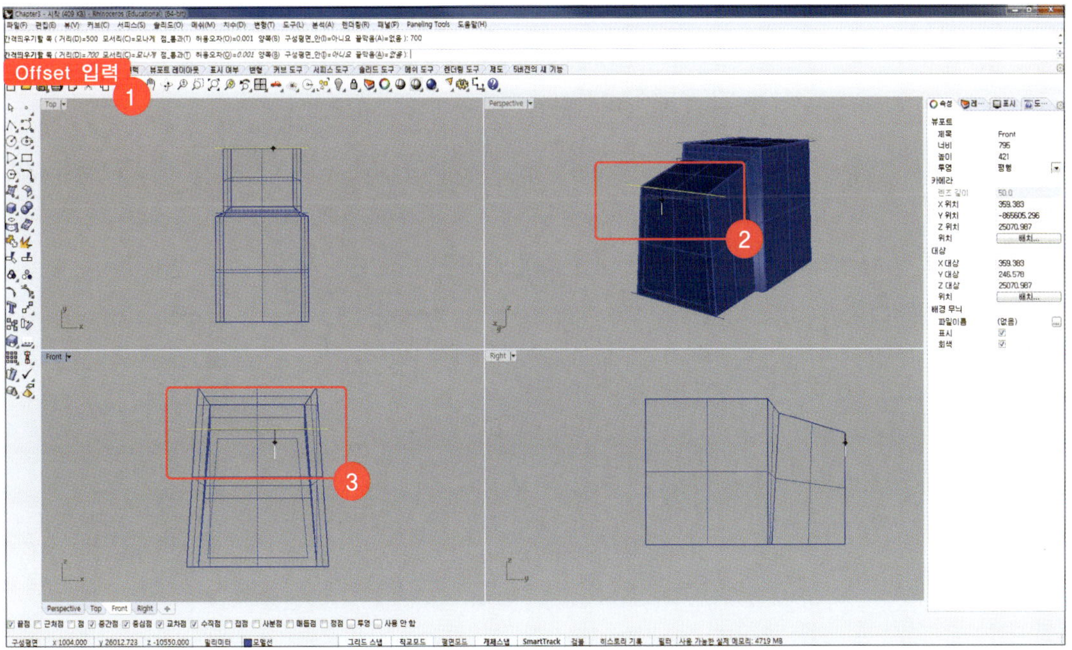

35 'Trim'을 입력하고 '절단 개체 선택'에 Step 34에서 간격띄우기 한 line을 선택하고 아래 그림과 같이 선택한 line 위쪽 polyline을 선택하여 개체를 trim합니다.

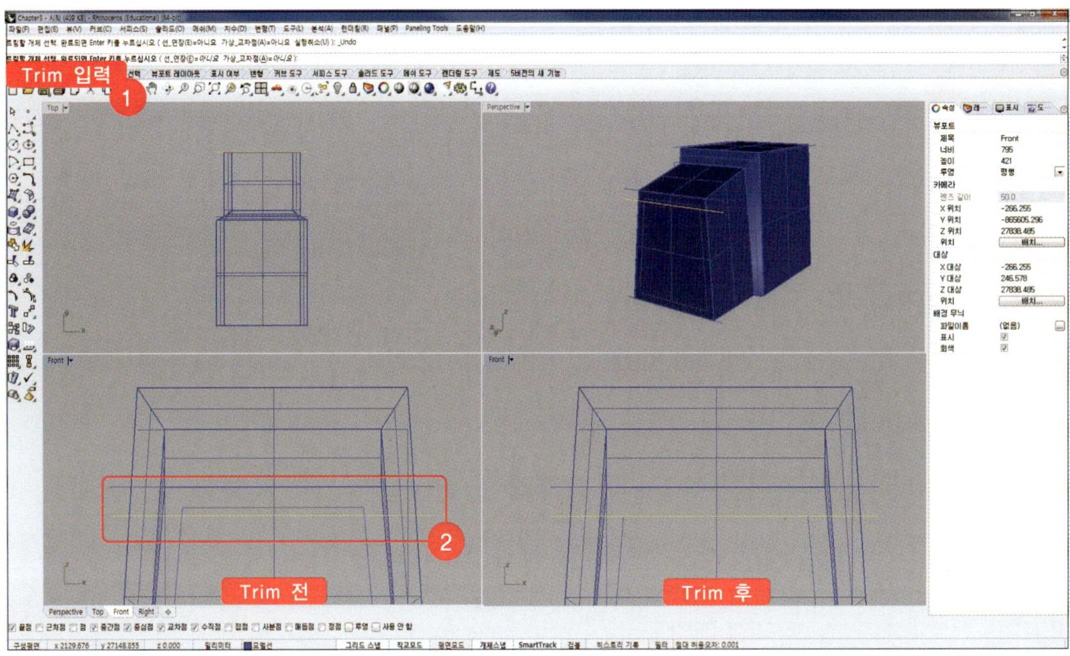

36 'Explode'를 입력하고 아래 그림과 같이 polyline을 선택하고 [Enter]키를 누릅니다.

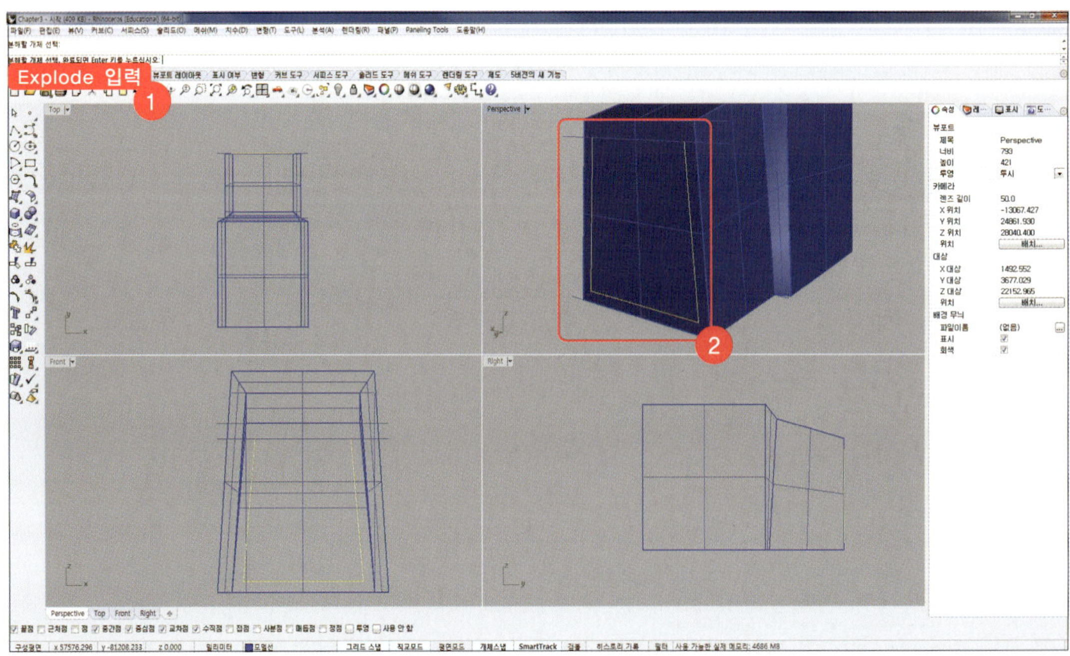

37 'Fillet'을 입력하고 명령창에 '반지름=0, 결합=예, 트림=예'를 확인한 뒤 아래 그림과 같이 닫힌 커브를
만듭니다.

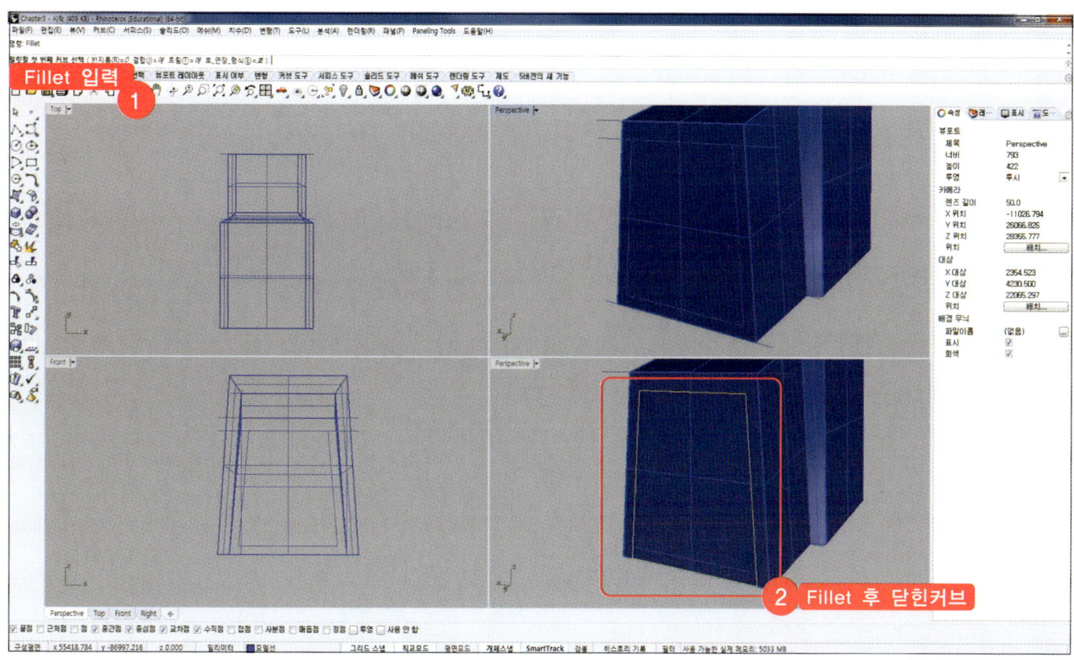

38 'MakeHole'을 입력하고 '닫힌 커브 선택'에 Step 37에서 작성한 닫힌 커브를 선택합니다. '서피스 또는
폴리서피스' 선택에 닫힌 커브 뒤쪽 서피스를 선택하고 '깊이점'에 '500'을 입력한 뒤, 방향을 [Top]뷰
에서 아래쪽으로 클릭합니다.

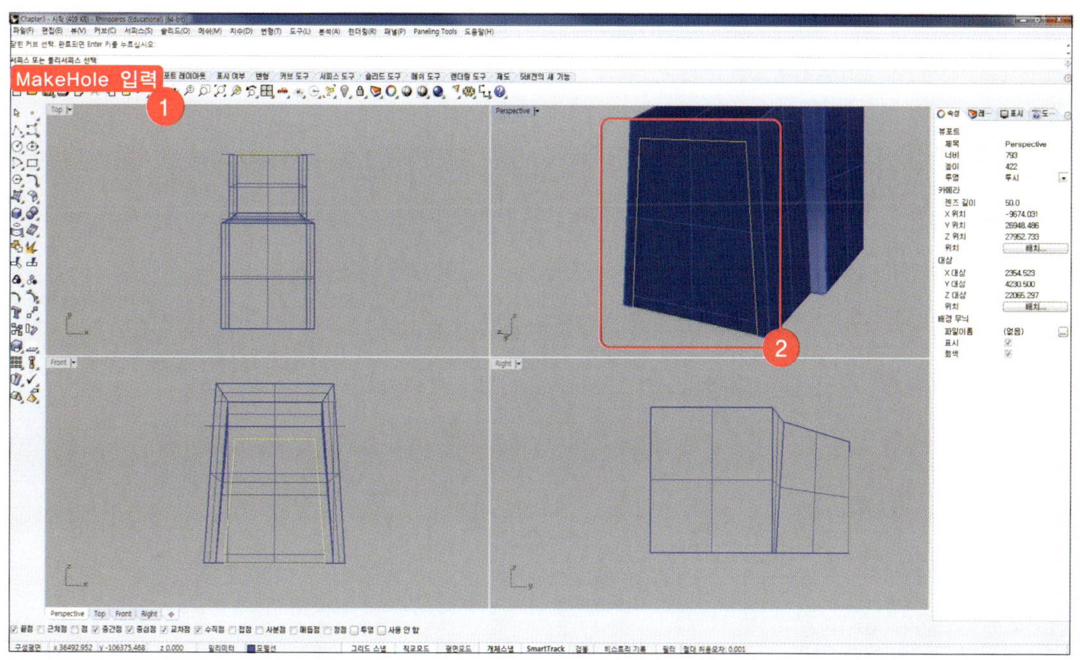

39 아래 그림과 같이 BODY의 앞 부분을 드래그하여 모두 선택한 뒤, 명령창에 'Hide'를 입력하고 [Enter]키를 누릅니다.

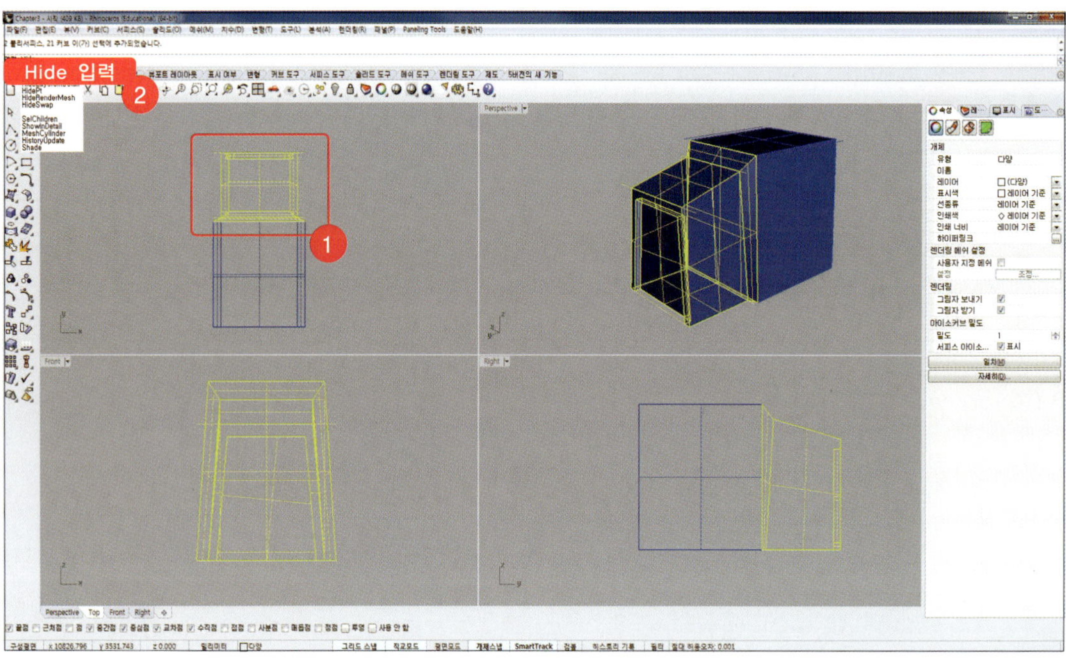

40 'Offset'을 입력하고 '간격띄우기 실행할 커브'에 아래 그림과 같이 BODY의 뒷부분이 작성될 곳의 아래쪽 커브(사각형 커브가 아닌 단선커브)를 선택합니다. '간격띄우기 할 쪽'에 '850'을 입력하고 간격띄우기 방향으로 [Top]뷰에서 아래쪽을 선택합니다.

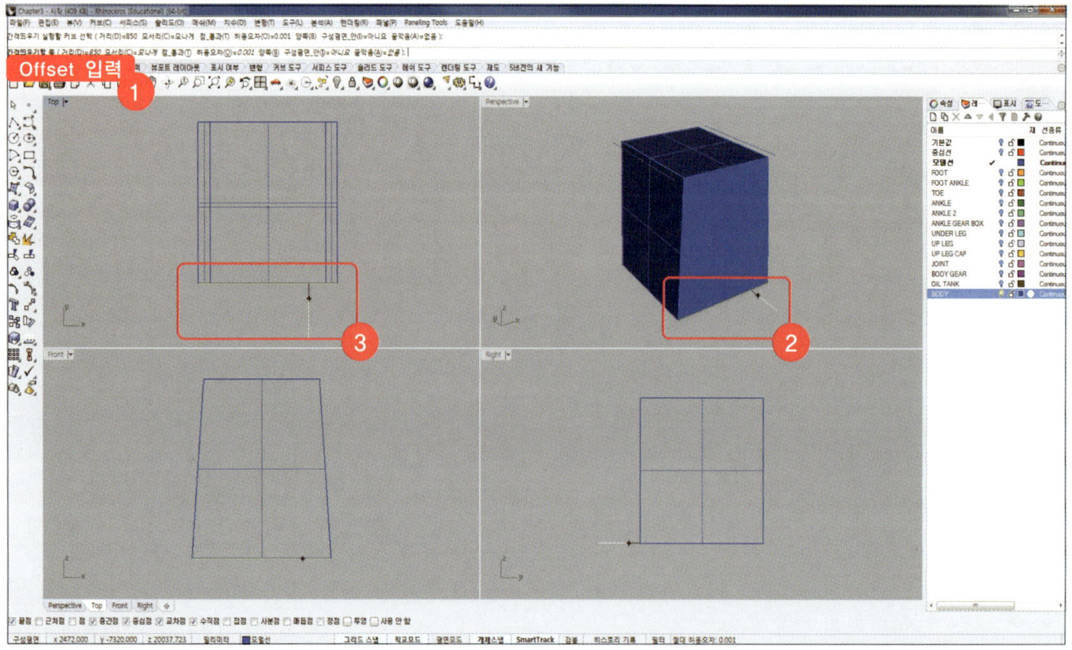

41 'Offset'을 입력하고 '간격띄우기 실행할 커브'에 아래 그림과 같이 서피스 위쪽 가장자리를 선택합니다. '간격띄우기 할 쪽'에 '1800'을 입력하고 간격띄우기 방향으로 [Top]뷰에서 아래쪽을 선택합니다.

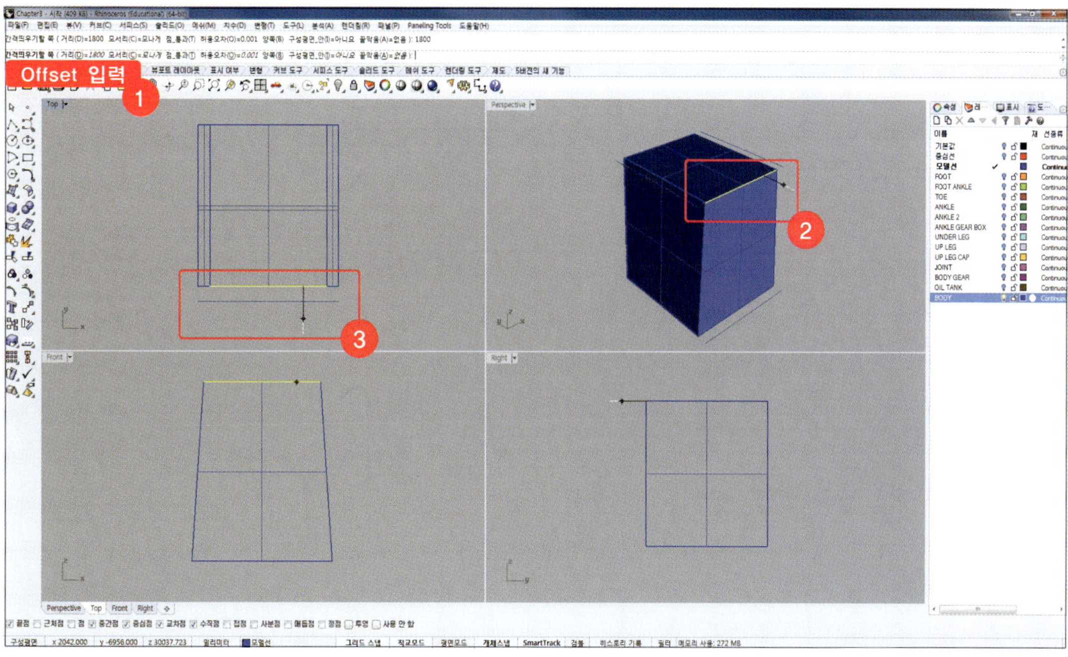

42 'Line'을 입력하고 아래 그림과 같이 surface의 모서리와 Step 40~41에서 offset한 라인의 끝점을 이어 줍니다.

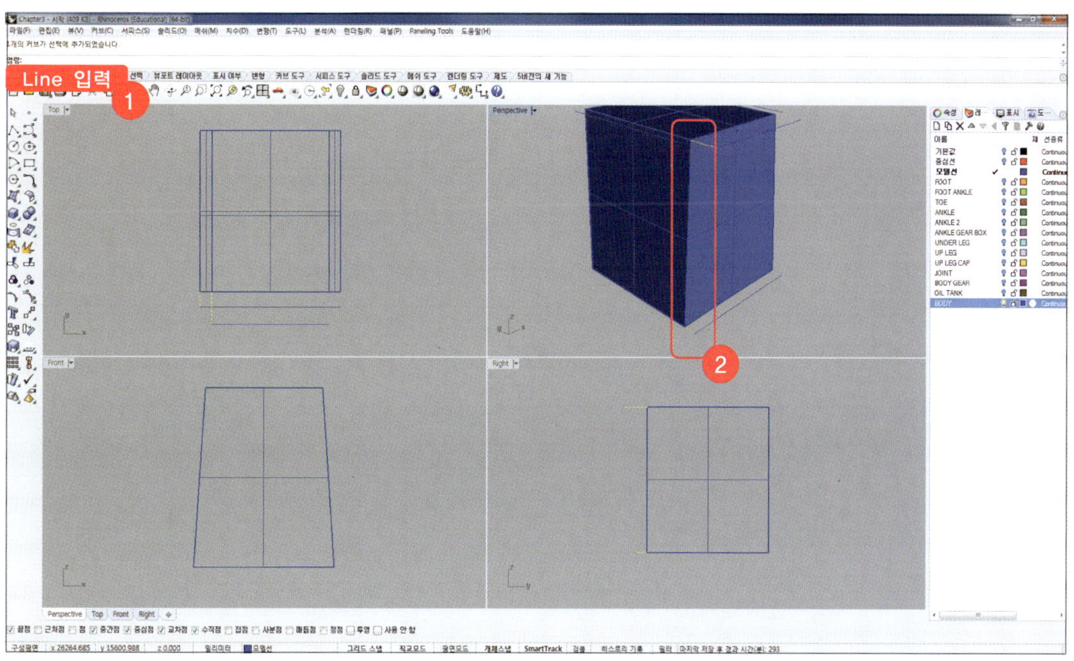

43 'Move'를 입력하고 '이동시킬 개체'에 Step 42에서 작성한 line을 선택하고 '이동의 기준점'에 [Top]뷰에서 임의의 점을 선택하고 '이동의 기준점 새위치'에 '300'을 입력한 뒤 뷰의 오른쪽을 클릭합니다.

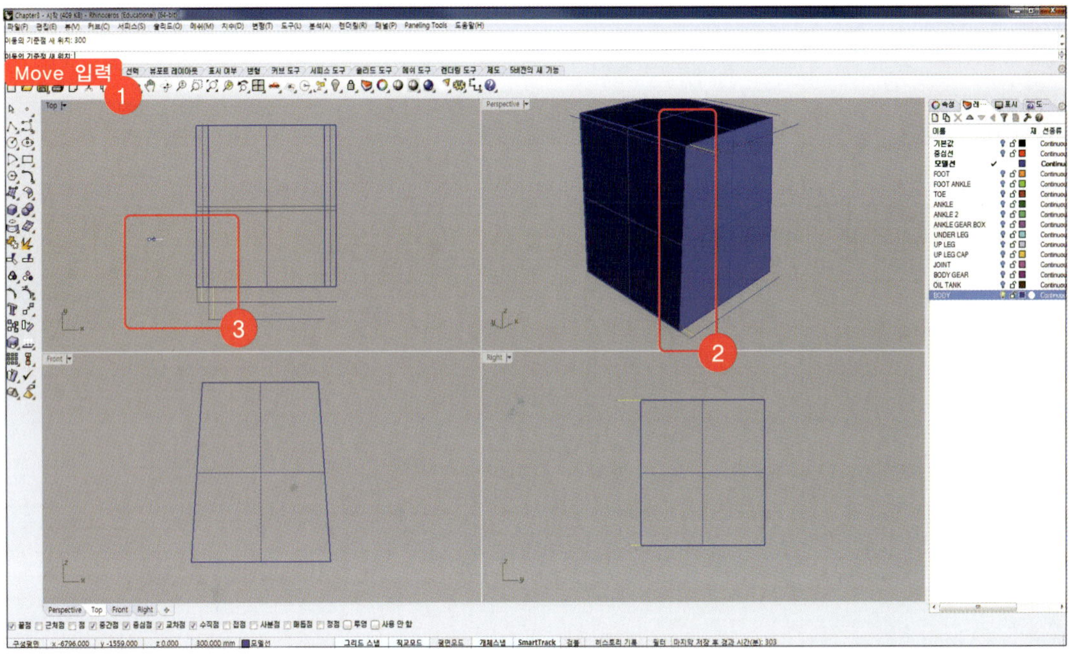

44 'Mirror'를 입력하고 Step 43에서 이동시킨 line을 선택한 뒤, 명령창에서 'Y축'을 클릭합니다.

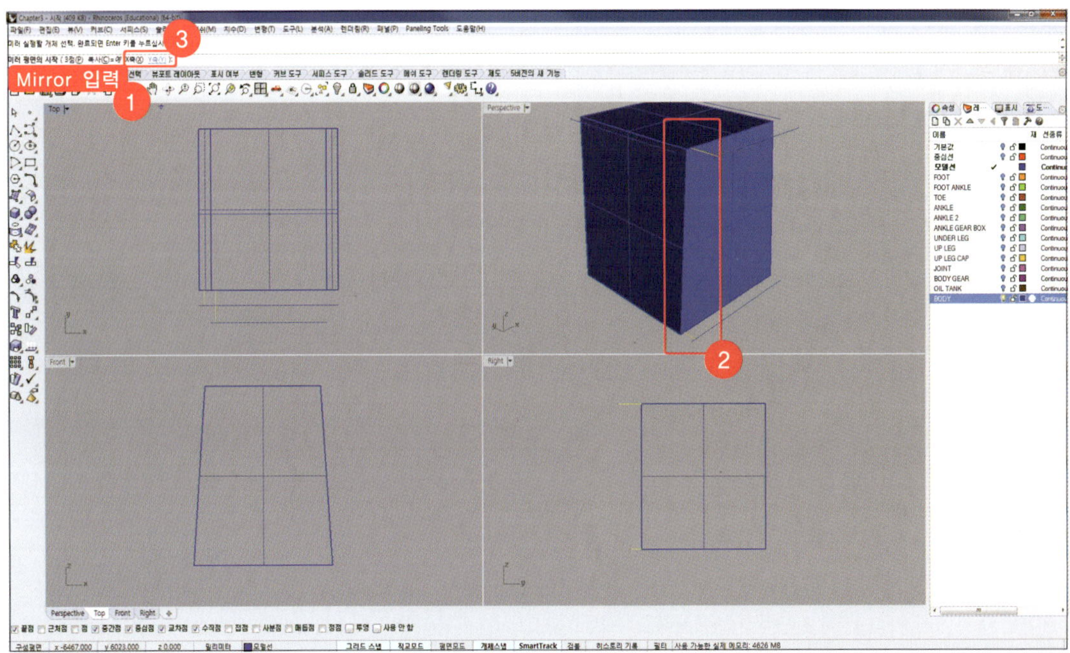

45 'Move'를 입력하고 '이동시킬 개체'에 아래 그림과 같이 BODY 중앙 서피스 위쪽에 있는 line 3개를 선택합니다. [Front]뷰에서 '이동의 기준점'을 임의로 선택하고 '이동의 기준점 새 위치'에 '1000'을 입력한 뒤, 아래쪽으로 이동시킵니다.

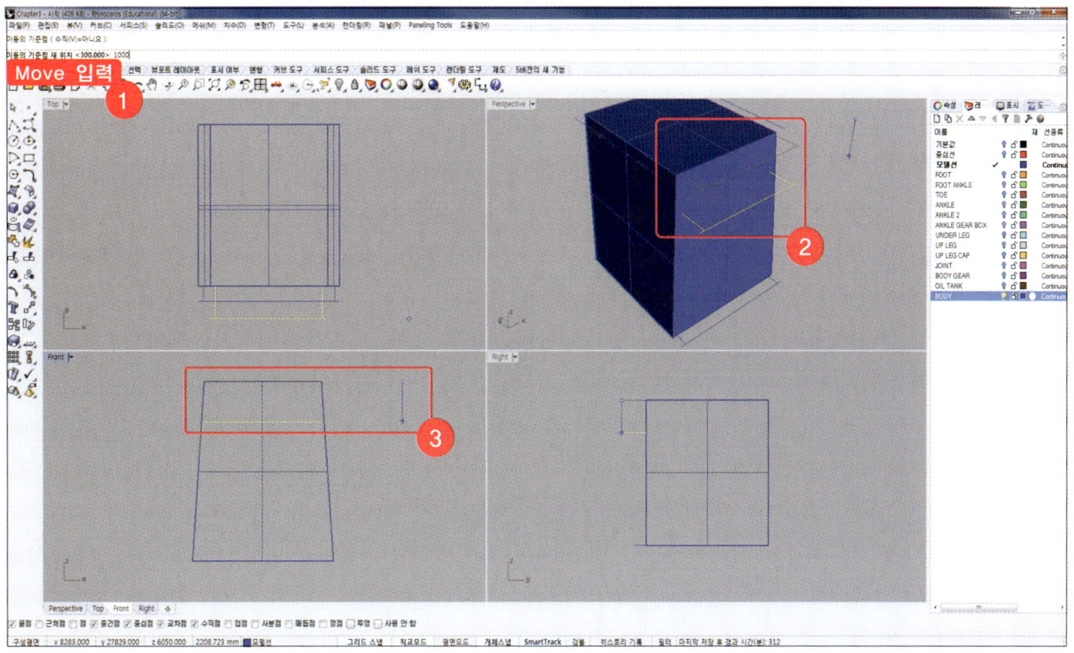

46 'Polyline'을 입력하고 명령창에 '닫힘_유지=예'로 변경하고 아래 그림과 같이 line의 교차점과 surface의 모서리점을 선택해 아래위 사다리꼴 모양의 polyline을 작성합니다.

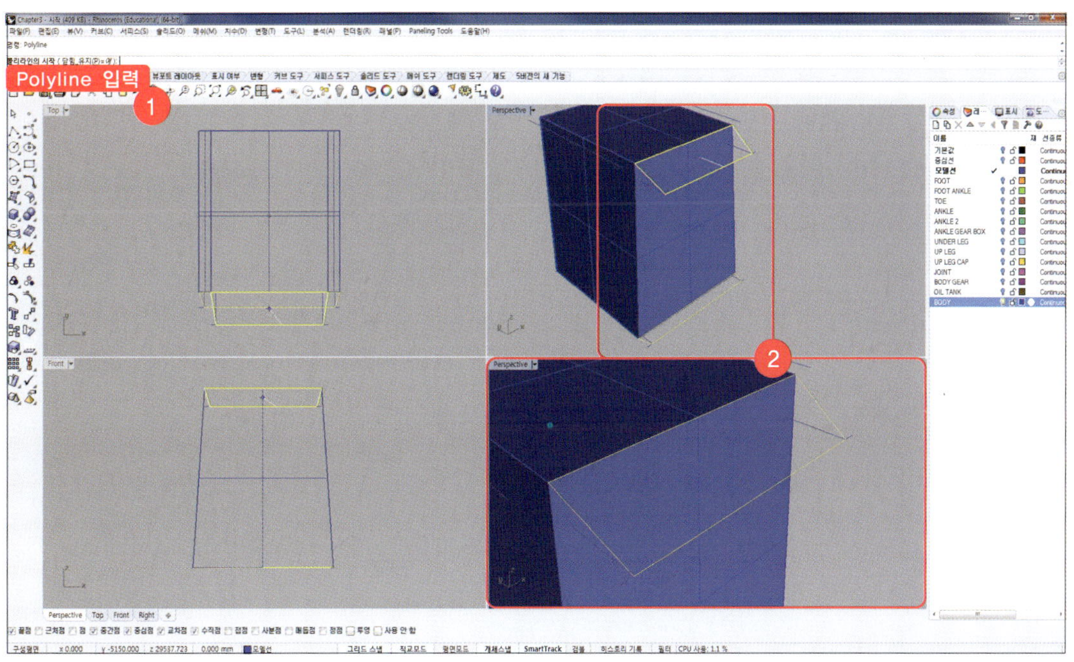

47 ‘Loft’를 입력하고 ‘로프트할 커브’에 Step 46에서 작성한 polyline 2개를 선택합니다. ‘조정할 심 점을 선택’에서 [Enter]키를 누르고 [로프트 옵션]창에서 ‘스타일’을 ‘직선 단면’을 선택하고 [확인]을 클릭합니다.

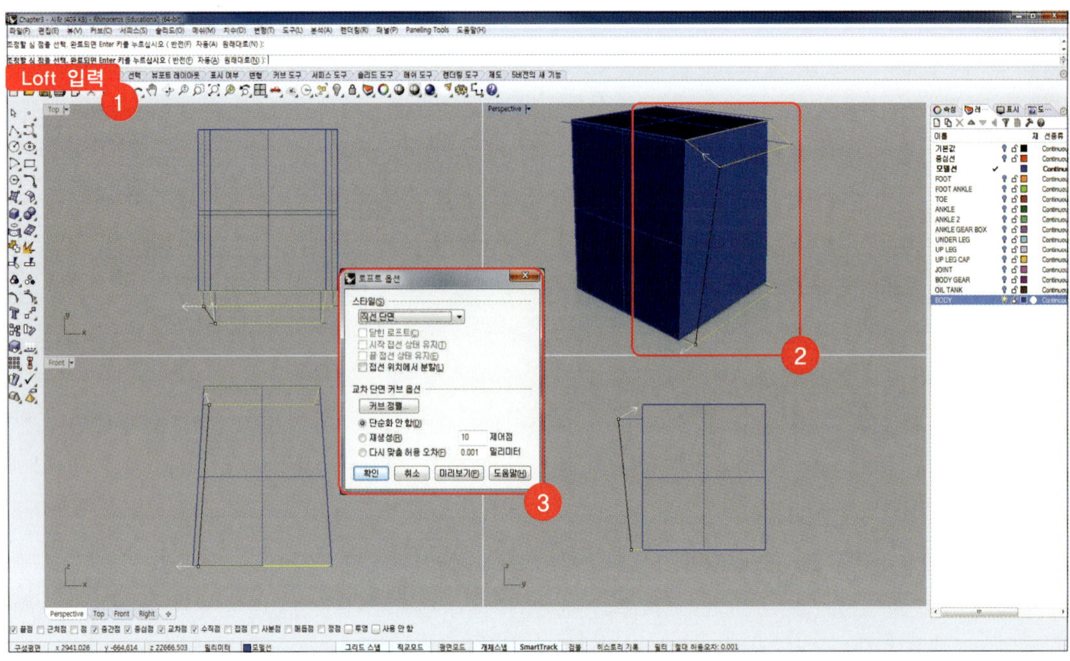

48 ‘Cap’을 입력하고 ‘끝막음할 서피스’에 Step 47에서 작성한 surface를 선택하고 [Enter]키를 누릅니다.

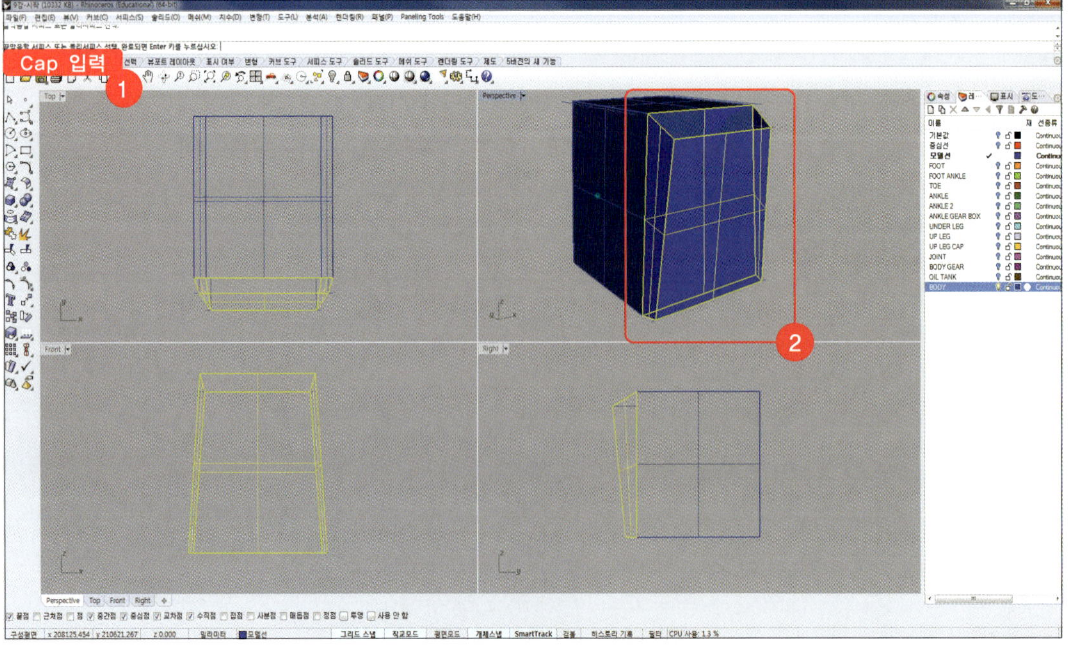

49 Step 48에서 작성한 surface의 레이어를 'BODY'로 변경한 뒤, 명령창에 'Offset'을 입력하고 '간격띄우기 실행할 커브'에 BODY 뒷부분 밑바닥 가장자리에 위치한 line을 선택합니다. '간격띄우기 할 쪽'에 '6150'을 입력하고 [Top]뷰에서 아래쪽을 클릭합니다.

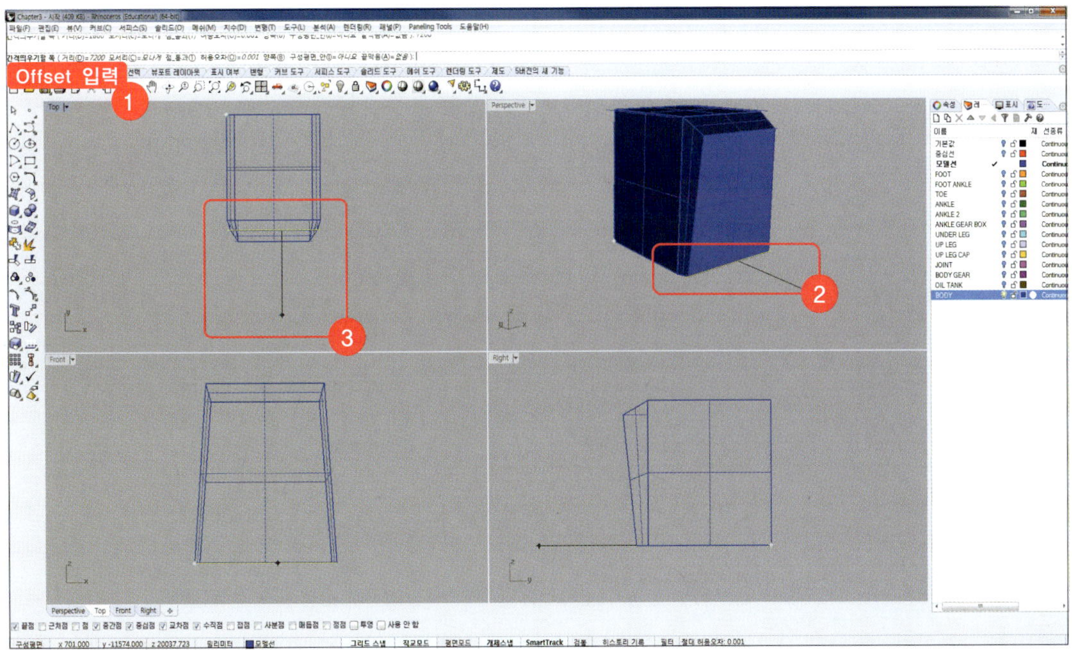

50 'Line'을 입력하고 '선의 시작'과 '선의 끝'을 Step 49에서 작성한 line과 간격띄우기 원본 line의 중간점을 각각 선택해 line을 작성합니다.

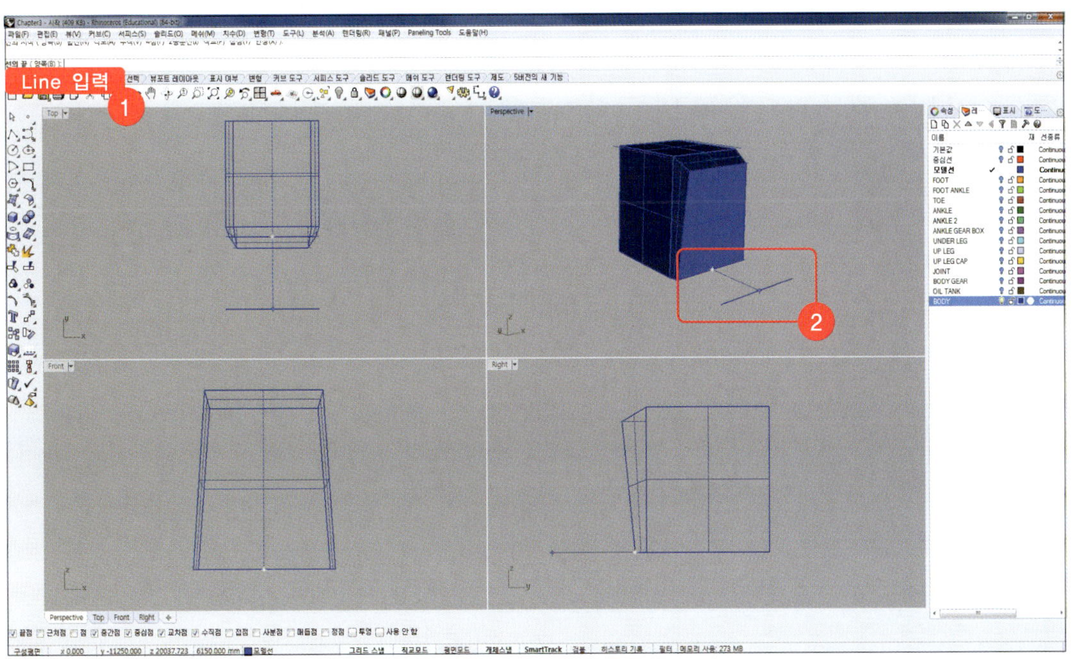

51 'Offset'을 입력하고 '간격띄우기 실행할 커브'에 Step 50에서 작성한 line을 선택한 뒤, '간격띄우기 실행할 쪽'에 '3900'을 입력합니다. 명령창에 '양쪽'을 클릭하고 아래 그림과 같이 표시되면 클릭하여 간격띄우기를 실행합니다.

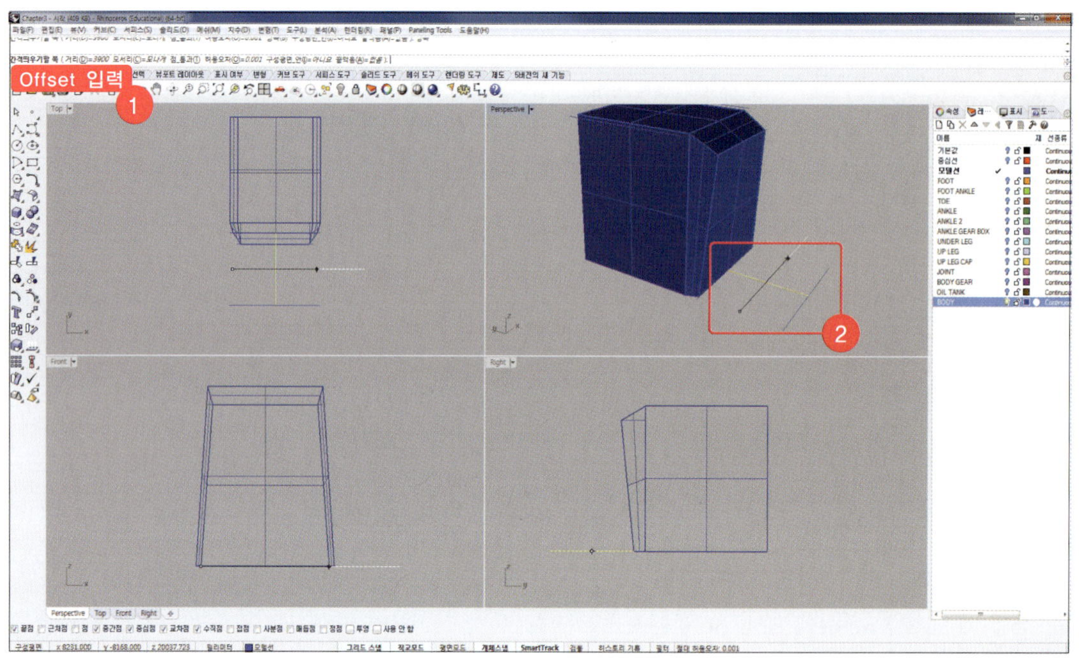

52 'Copy'를 입력하고 '복사할 개체'에 Step 49~50에서 작성한 line 2개를 선택합니다.
[Front]뷰에서 임의의 점을 선택하고 '복사할 위치의 점'에 '7200'을 입력하고 수직 위쪽으로 복사합니다.

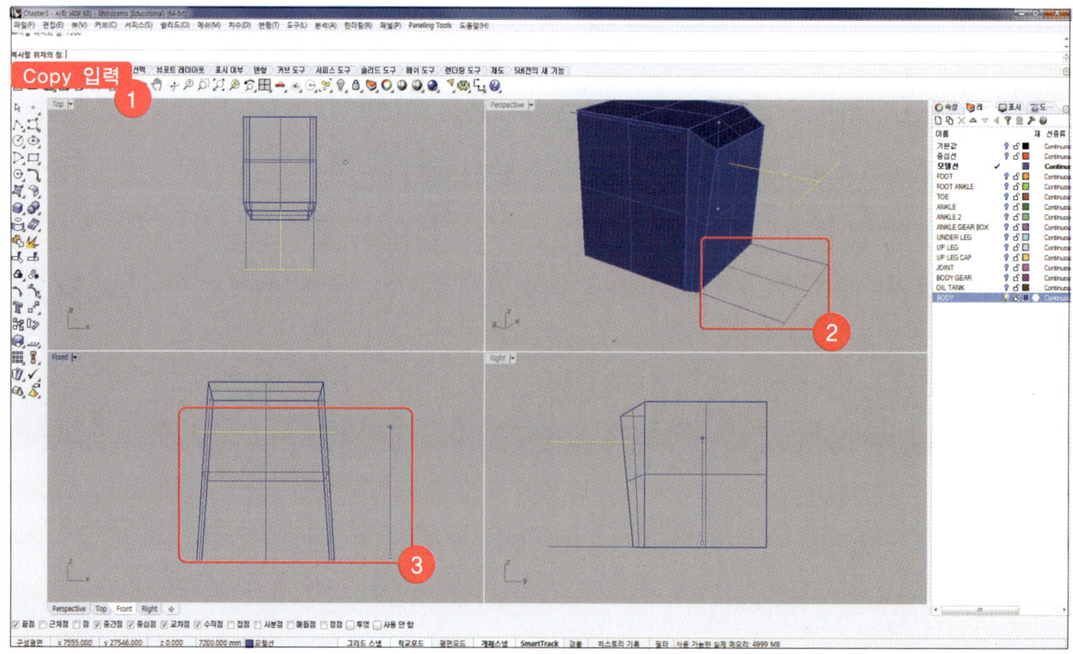

53 Step 51과 마찬가지로 Step 52에서 복사한 line 양쪽으로 '3200'만큼 간격띄우기를 실행합니다. 'Offset'을 입력하고 아래 그림과 같이 수직선을 선택합니다. '간격띄우기 할 쪽'에 '3200'을 입력하고 명령창에서 '양쪽'을 클릭한 뒤, 간격띄우기 커브를 작성합니다.

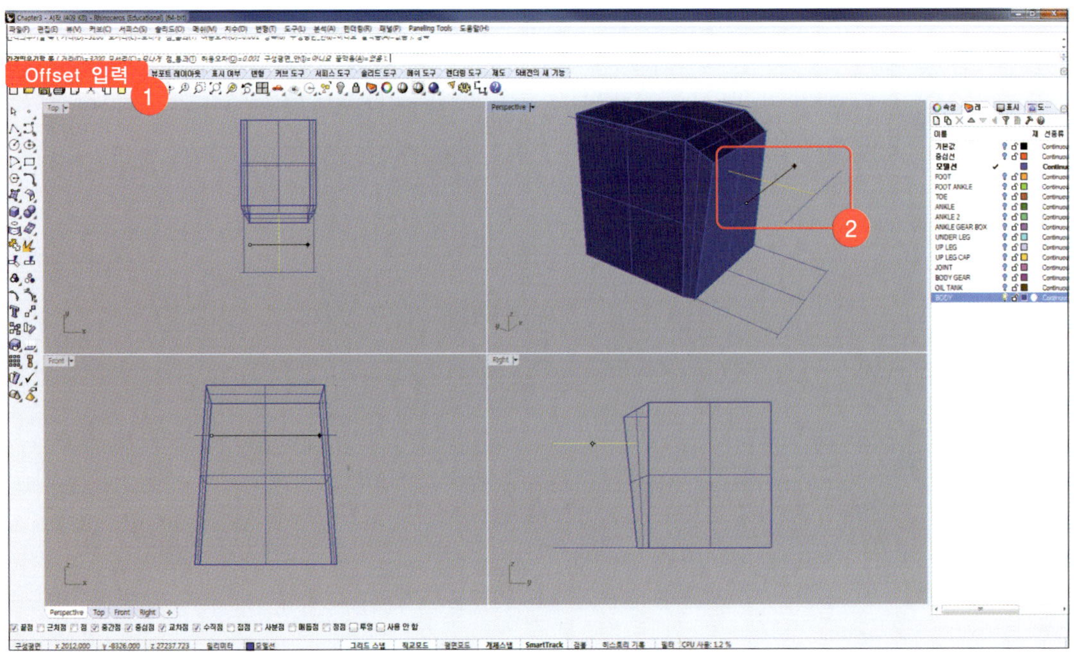

54 'Polyline'을 입력하고 명령창의 '닫힌 커브=예'를 확인하고 아래 그림과 같이 line의 교차점 4개를 각각 클릭하여 닫힌 커브를 작성합니다.

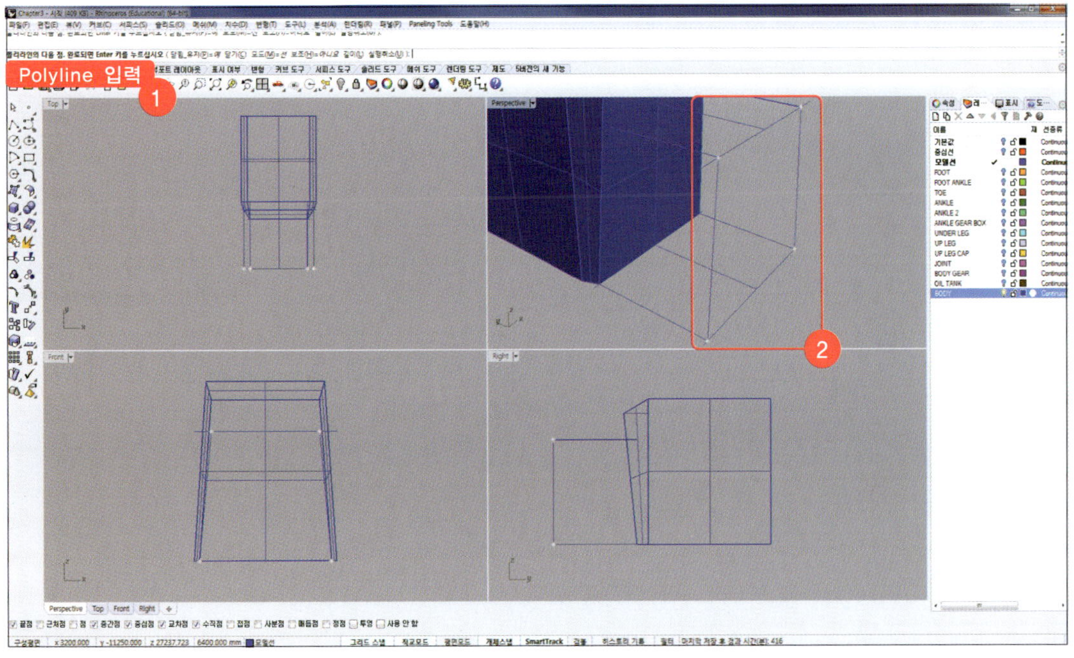

55 'DupFaceBorder'를 입력하고 '테두리를 복제할 서피스'에 아래 그림과 같이 surface를 선택하고 [Enter]키를 누릅니다.

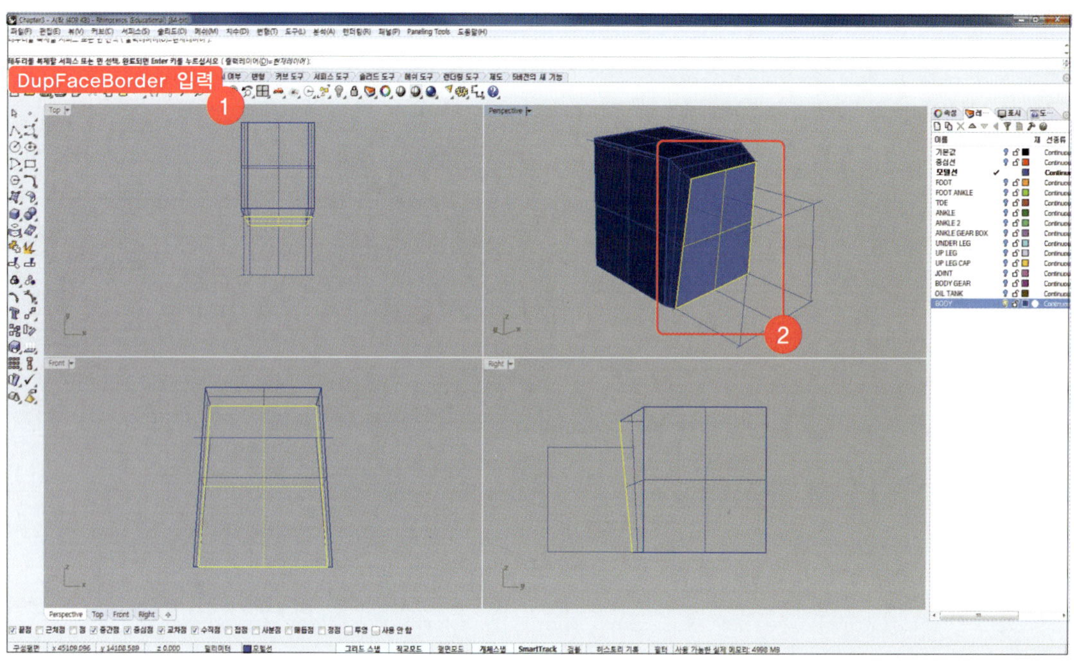

56 'Loft'를 클릭하고 '로프트할 커브'에 Step 54~55에서 작성한 닫힌 커브 2개를 선택합니다. '조정할 심 점을 선택'에서 [Enter]키를 누른 뒤, [로프트 옵션]창의 '스타일'을 '직선 단면'을 선택하고 [확인]을 클릭합니다.

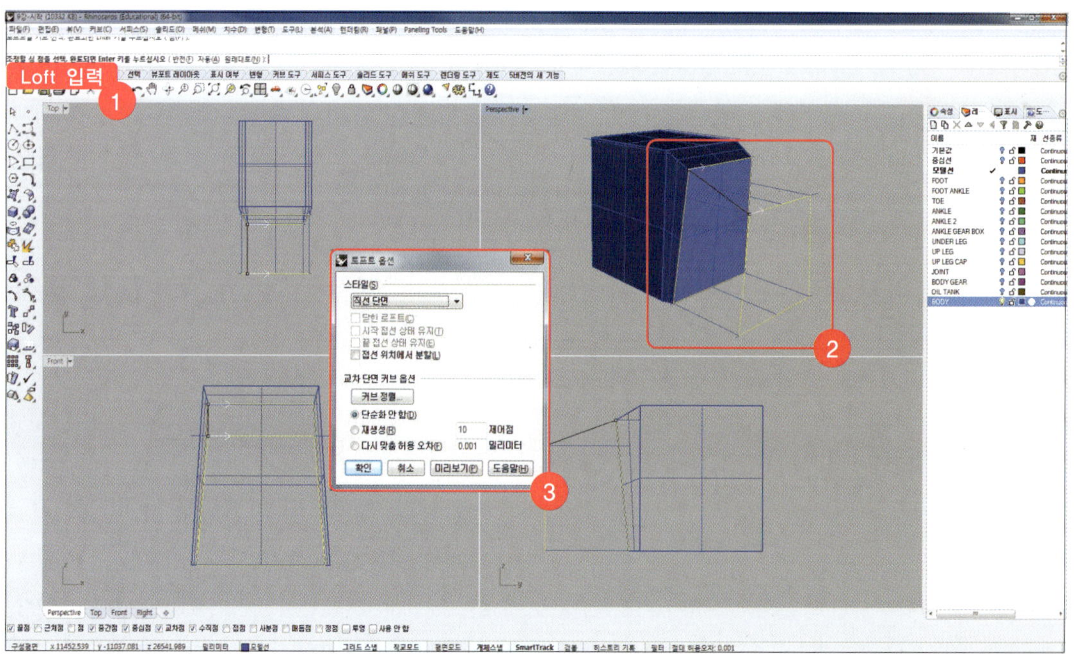

57 'Cap'을 입력하고 '끝막음할 서피스'에 Step 56에서 작성한 loft 서피스를 선택한 뒤, [Enter]키를 누릅니다.

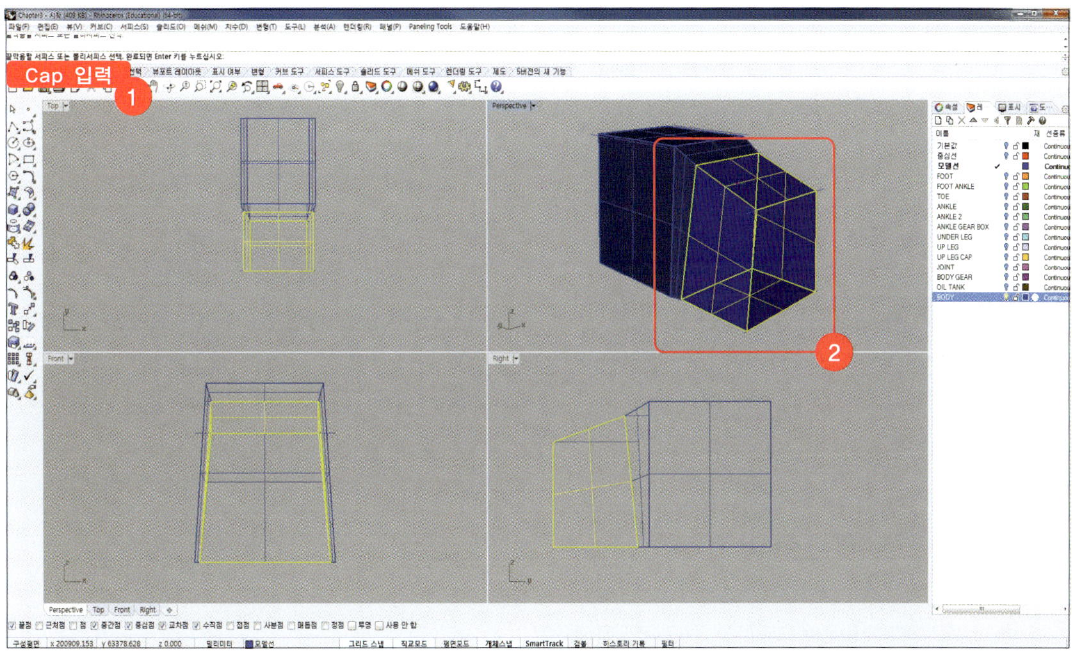

58 BODY 뒷부분 서피스의 레이어를 'BODY'로 변경하고 명령창에 'Show'를 입력합니다.

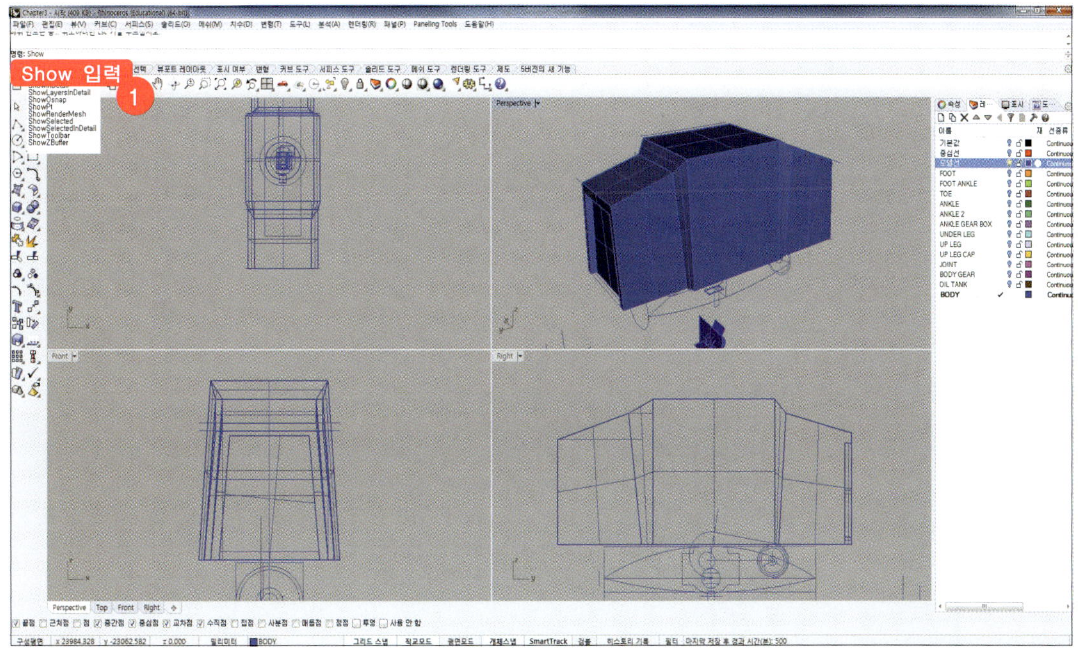

59 'BODY' 레이어를 제외한 모든 레이어를 끈 뒤, [파일] ➡ [선택한 개체 내보내기]를 선택하고 아래 그림과 같이 BODY부분 surface를 모두 선택합니다. '파일 이름'에 'BODY'를 입력하고 [저장]을 클릭합니다.

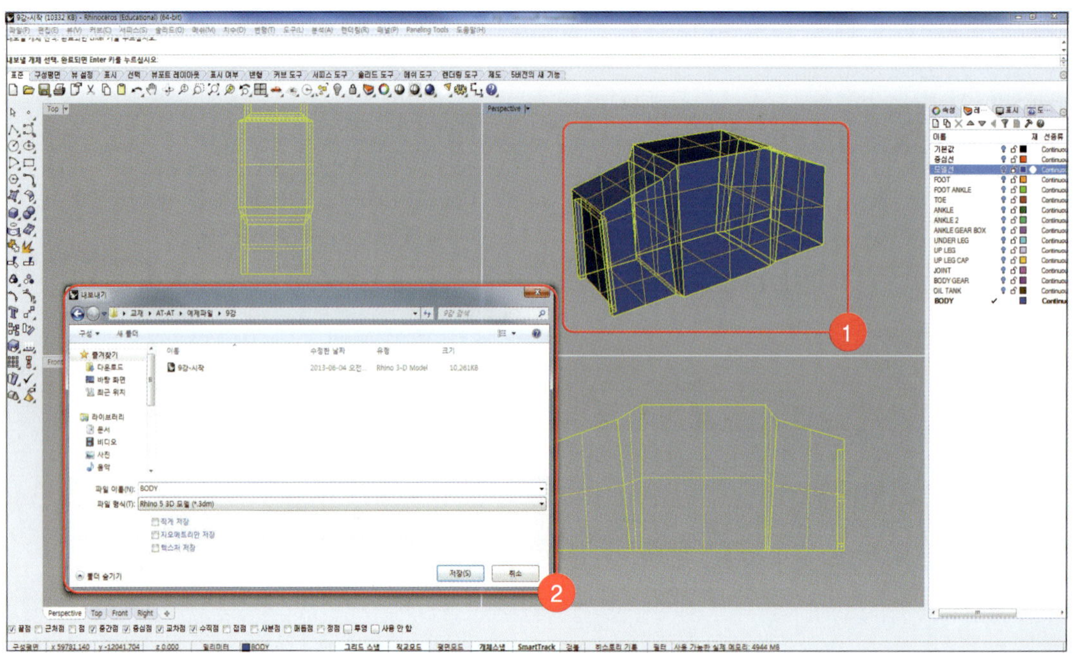

60 완성된 BODY 모습입니다.

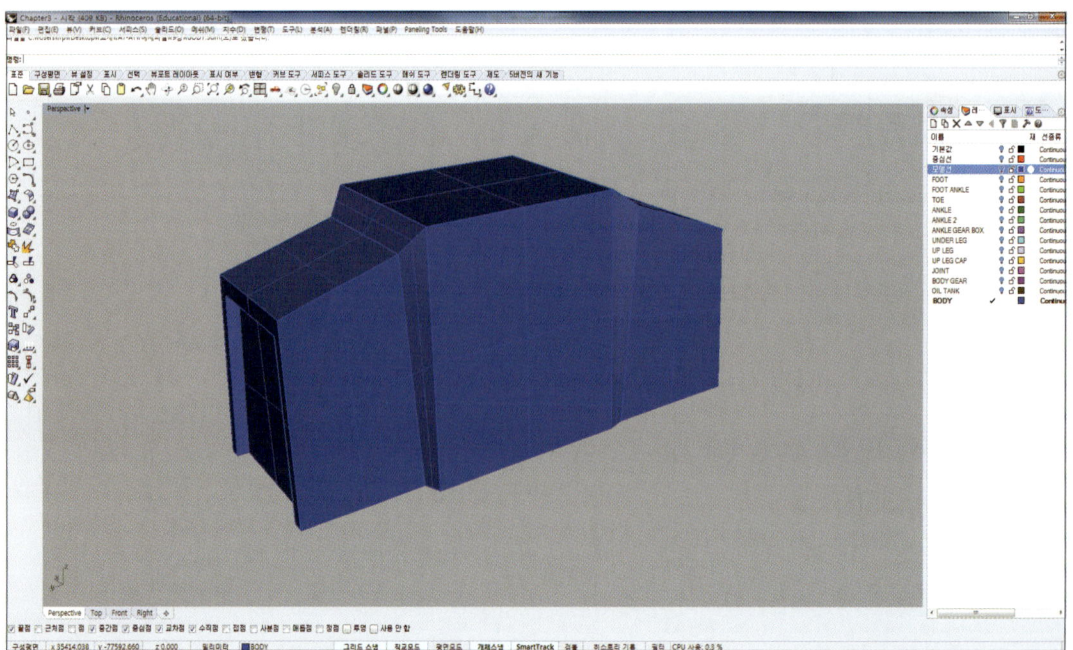

Chapter 04

BODY 부속 모델링

■ BODY 부속 모델링 : 설계/제작/생산/조립

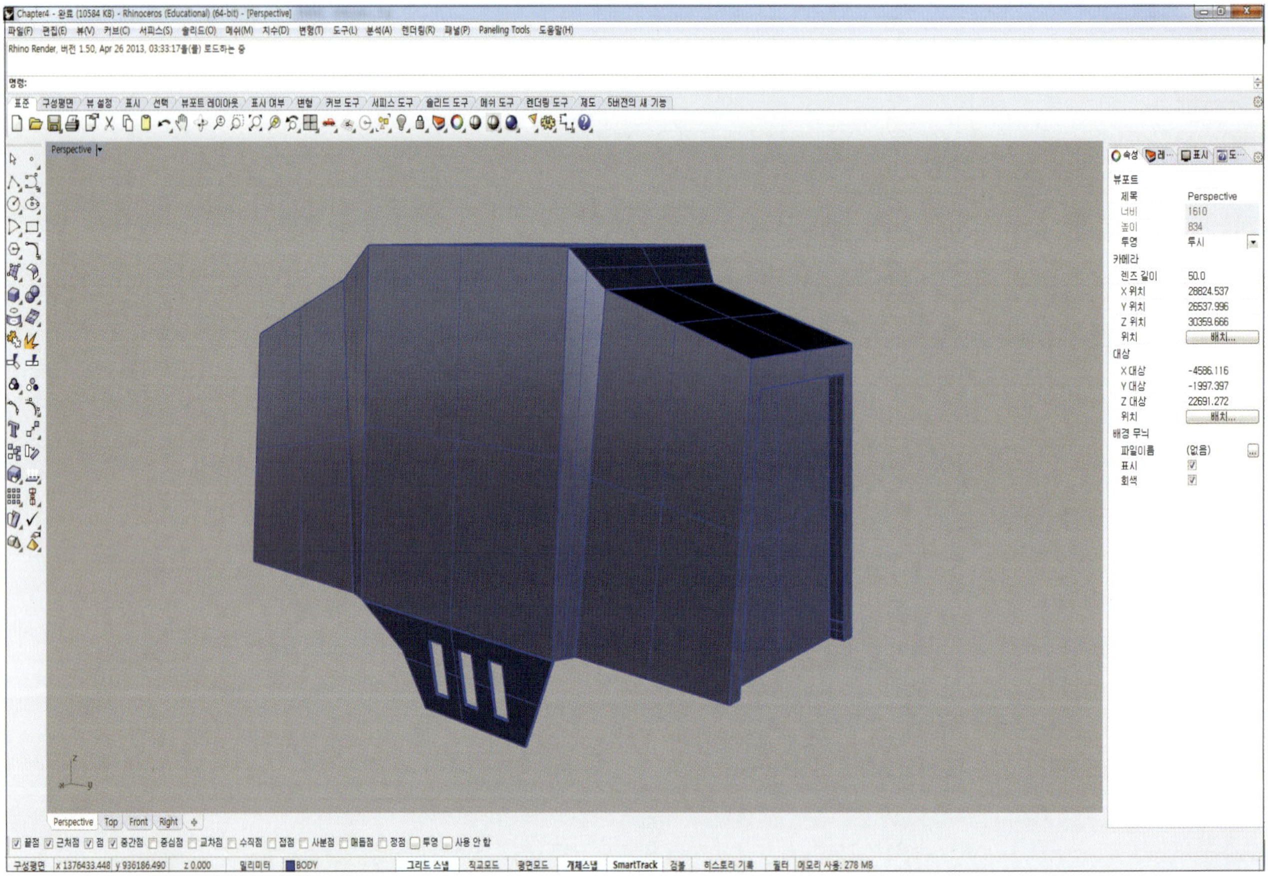

POINT!

- BODY 부속 Digital Model 생성
- Digital Model간 조립

01 Rhino 3D 5를 실행합니다. 예제파일 'PART3' 폴더에서 'Chapter4 – 시작' 파일을 로드합니다.

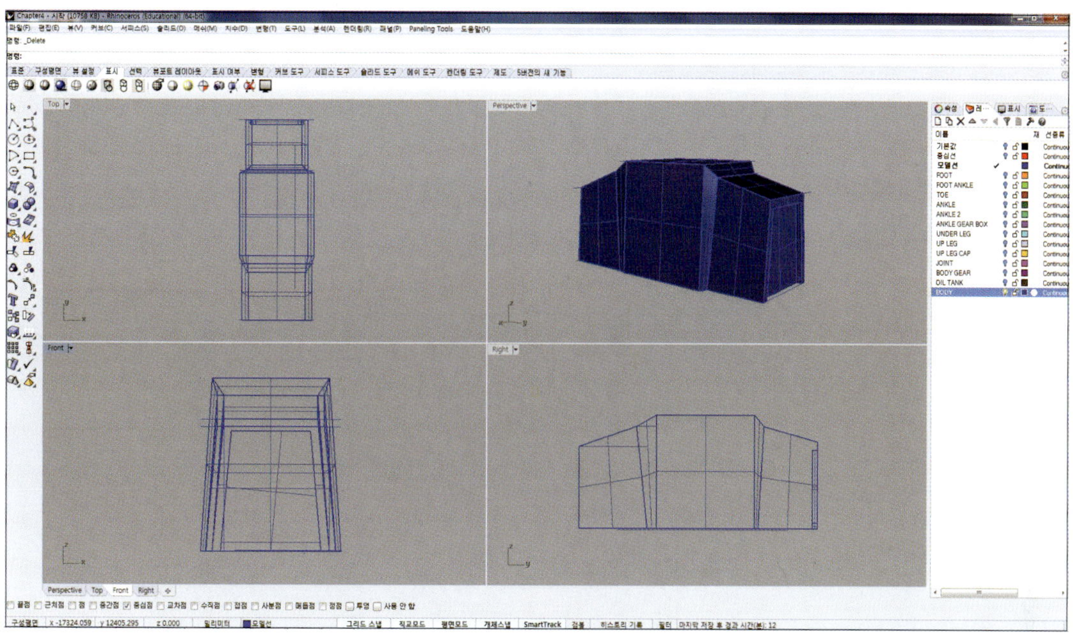

02 'Rectangle'을 입력하고 BODY 중앙 부분 밑면에 '70*9000' 길이의 사각형을 작성합니다. '직사각형의 첫 번째 모서리'에 아래 그림과 같이 BODY 중앙부 하단 모서리를 선택하고 '다른 모서리 또는 길이'에 '-70', '너비'에 '-9000'을 입력합니다. 치수 값은 모서리 위치에 따라 차이 날 수 있습니다. (-70,70,-9000,9000)네 가지 치수 중 BODY 안쪽으로 사각형이 작성되도록 선택하여 입력합니다. (BODY의 색깔은 가시성을 위해 변경한 것입니다.)

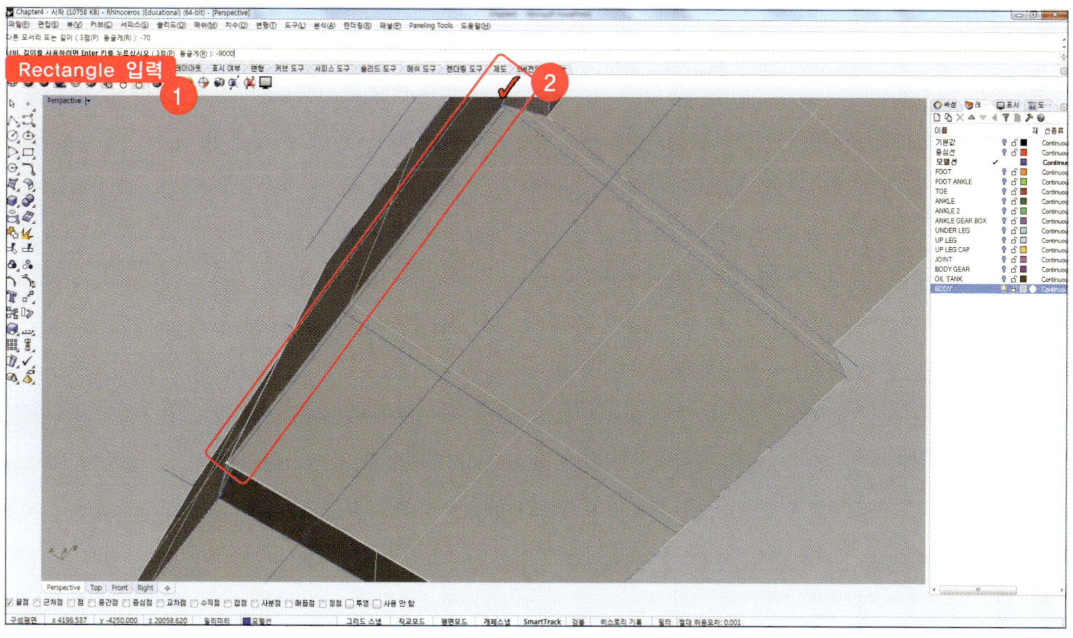

03 'ExtrudeCrv'를 입력하고 '돌출시킬 커브'에 Step 02에서 작성한 사각형 커브를 선택합니다.
'돌출 거리'에 명령창에서 '솔리드=예'를 확인한 뒤, '-2800'을 입력합니다.

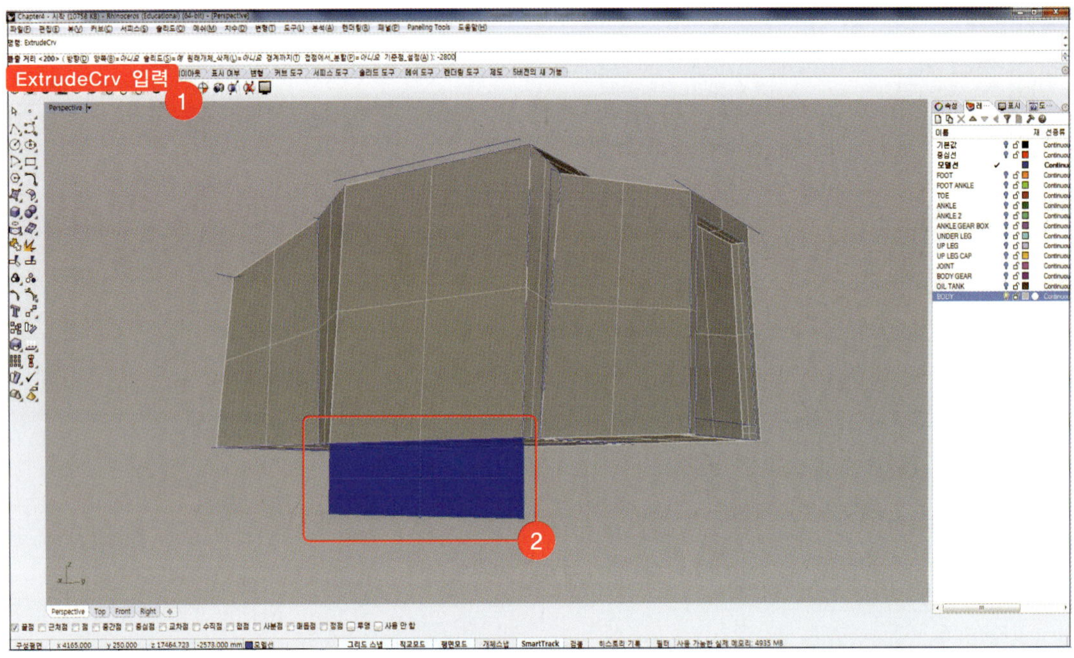

04 '모델선' 레이어를 제외한 모든 레이어를 끄고 Step 03에서 작성한 서피스를 제외한 다른 모델선 레이어
요소들을 모두 선택하고 명령창에 'Hide'를 입력해 숨깁니다.

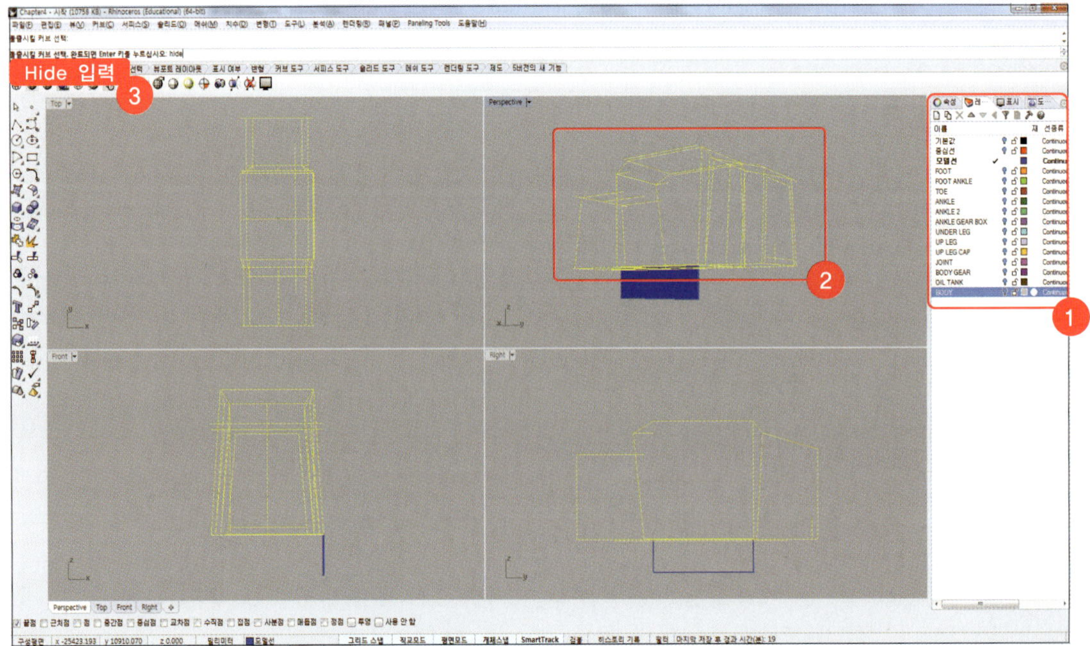

05 색깔 구분을 위해 '모델선2' 레이어를 새로 생성하고 기존의 '모델선' 레이어와 반대계통의 색을 선택합니다. 현재 레이어를 '모델선2'로 변경합니다.

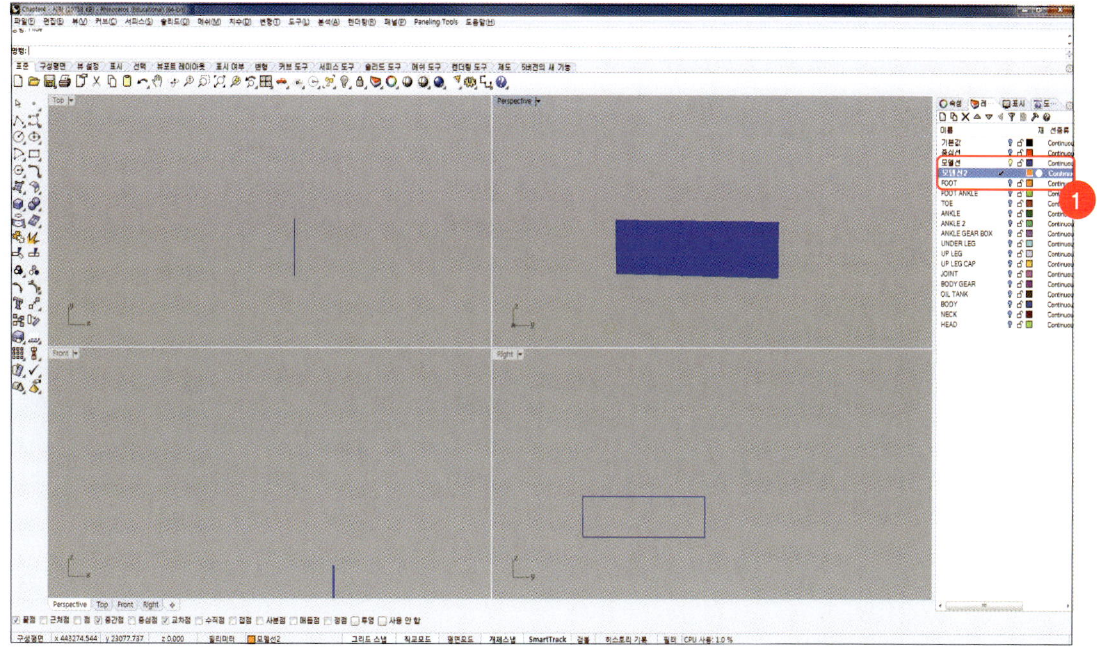

06 'Offset'을 입력하고 '간격띄우기 실행할 커브'에 아래 그림과 같이 사각형 서피스의 [Right]뷰 기준 왼쪽 바깥모서리를 선택합니다. '간격띄우기할 쪽'에 '1900'을 입력하고 [Right]뷰에서 오른쪽으로 간격띄우기 합니다.

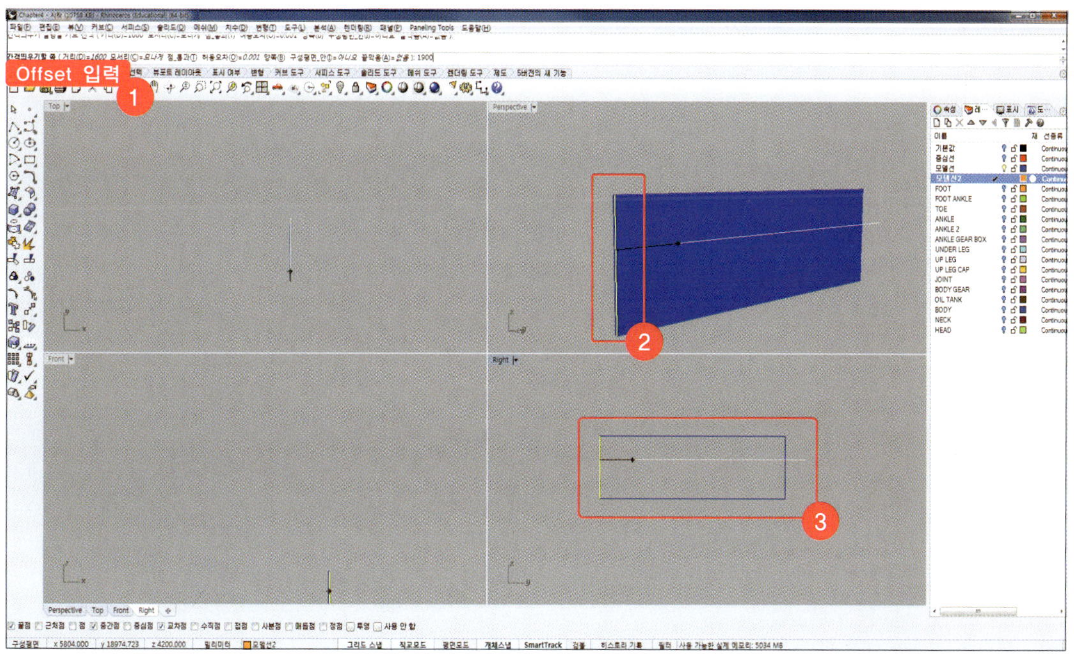

 다시 'Offset'을 입력하고 '간격띄우기 실행할 커브'에 Step 06에서 작성한 커브를 선택합니다.
'간격띄우기할 쪽'에 '800'을 입력하고 [Right]뷰에서 오른쪽으로 간격띄우기 합니다.

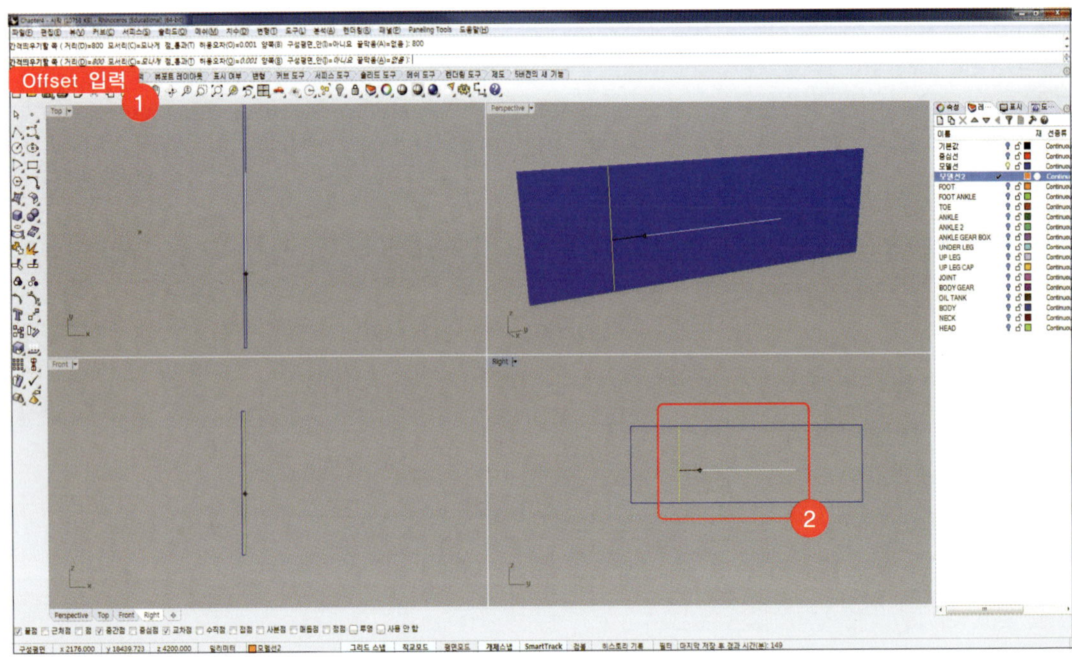

08 'Offset'을 입력하고 '간격띄우기 실행할 커브'에 사각형 서피스의 오른쪽 바깥 모서리를 선택합니다.
'간격띄우기 할 쪽'에 '1600'을 입력하고 왼쪽으로 간격띄우기합니다.

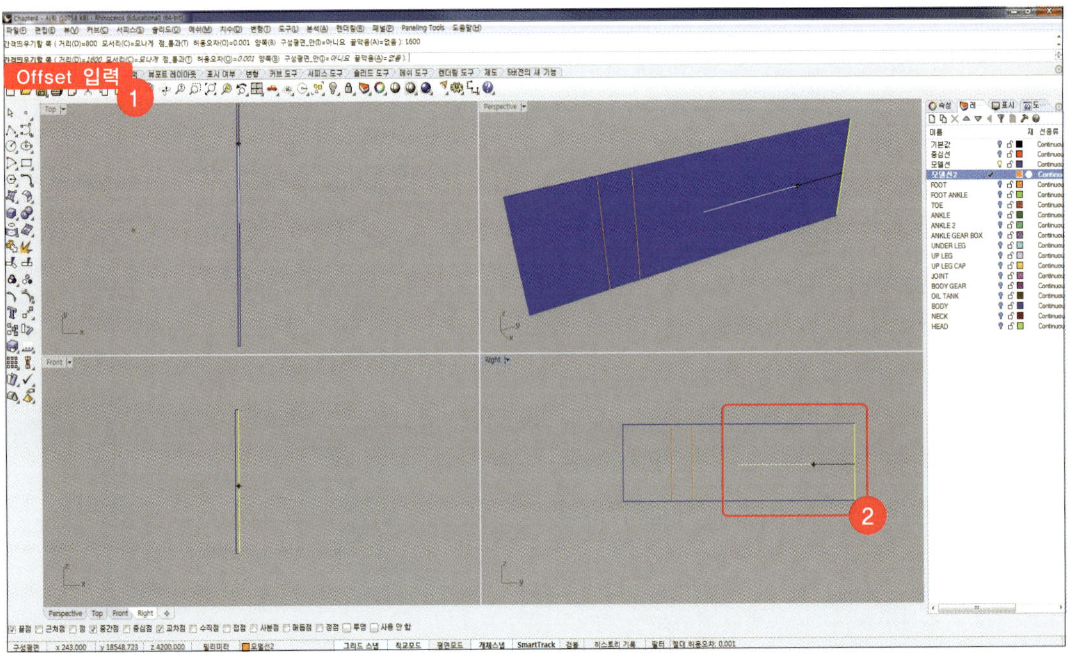

09 'Offset'을 입력하고 '간격띄우기 실행할 커브'에 사각형 서피스의 아래 모서리를 선택합니다.
'간격띄우기 할 쪽'에 '1600'을 입력하고 [Right]뷰에서 위쪽으로 간격띄우기 합니다.

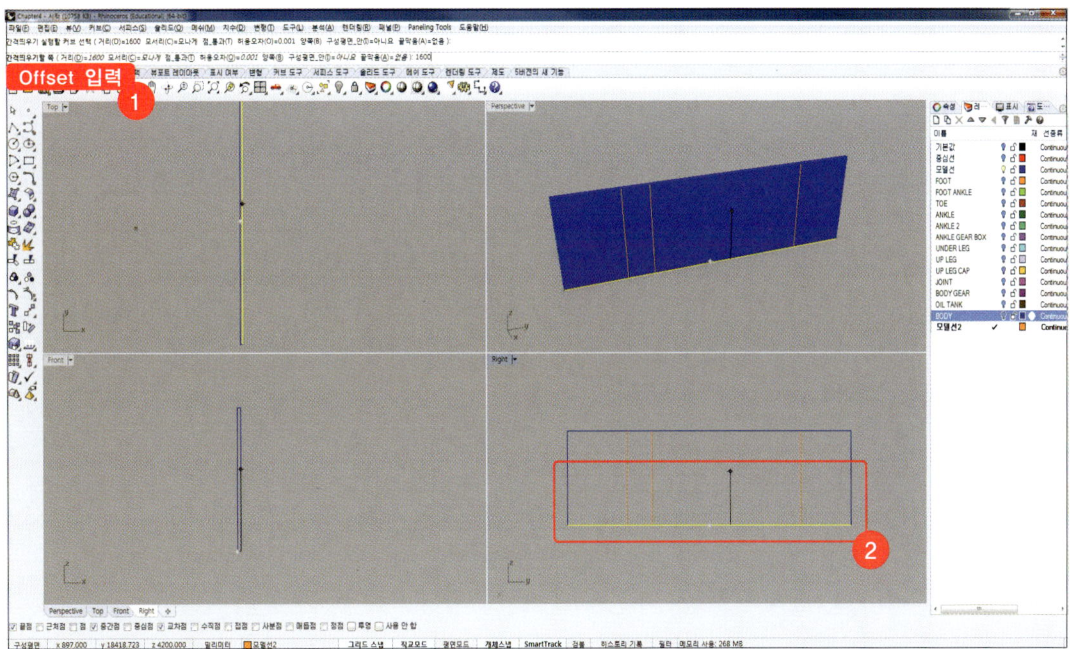

10 'Polyline'을 입력하고 아래 그림에 표시된 바와 같이 4개의 점을 선택하여 사각형 polyline을 만듭니다.

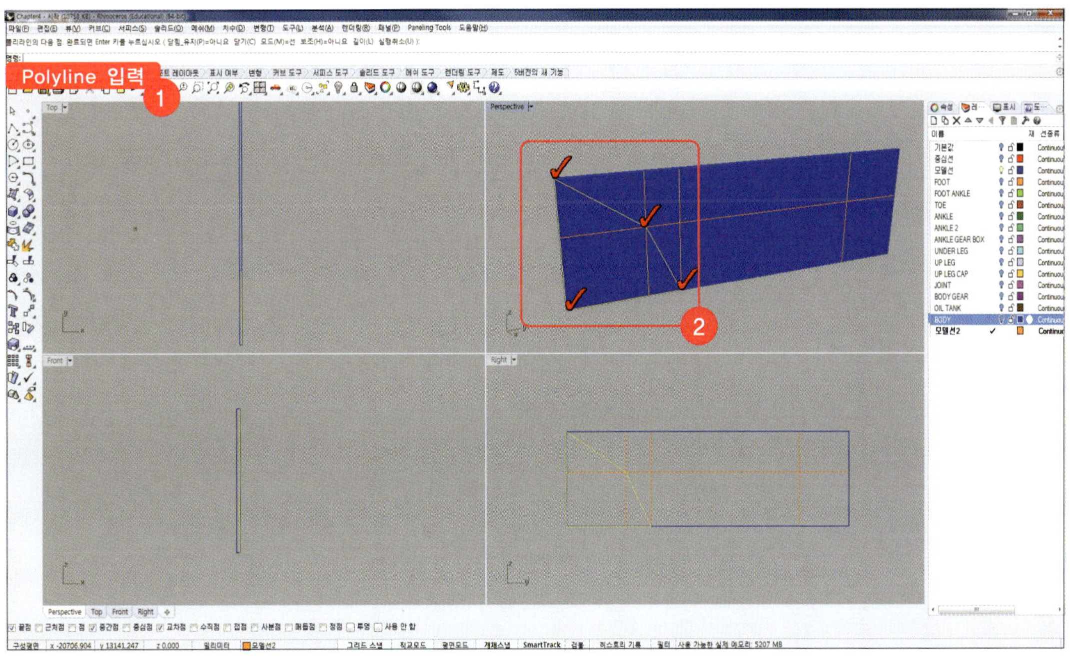

11 다시 'Polyline'을 입력하고 아래 그림에 표시된 바와 같이 3개의 점을 선택하여 삼각형 polyline을 만듭니다.

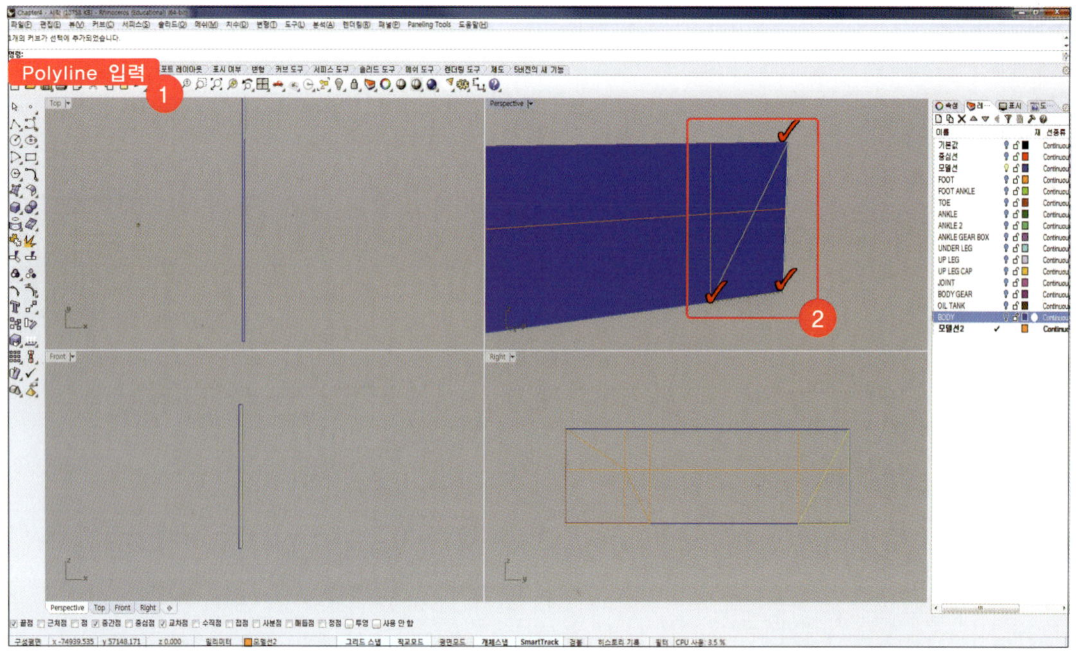

12 'MakeHole'을 입력하고 '닫힌 커브 선택'에 Step 10~11에서 작성한 polyline 2개를 선택합니다. '서피스 또는 폴리서피스 선택'에 사각형 서피스를 선택하고 '깊이 점'에 사각형 모두를 뚫을 만큼 마우스 커서를 뒤로 가져가 클릭합니다.

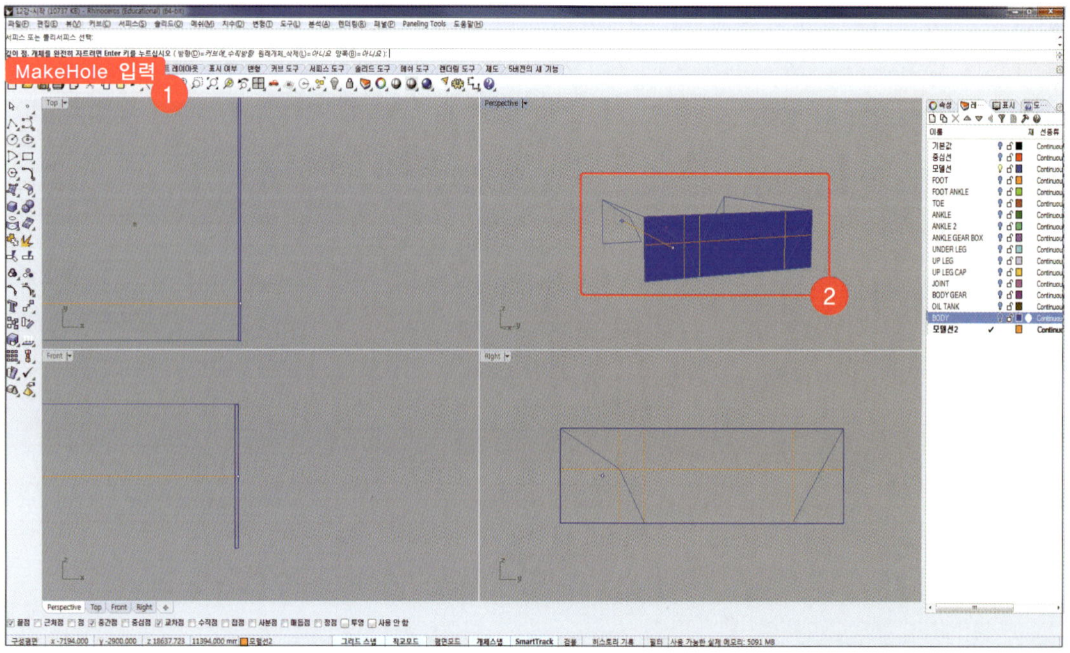

13 'Rectangle'을 입력하고 '직사각형 첫 번째 모서리'에 아래 그림과 같이 아래쪽 표시된 모서리를 선택합니다. '다른 모서리 또는 길이'에 '600', '너비'에 '1600'을 입력합니다.

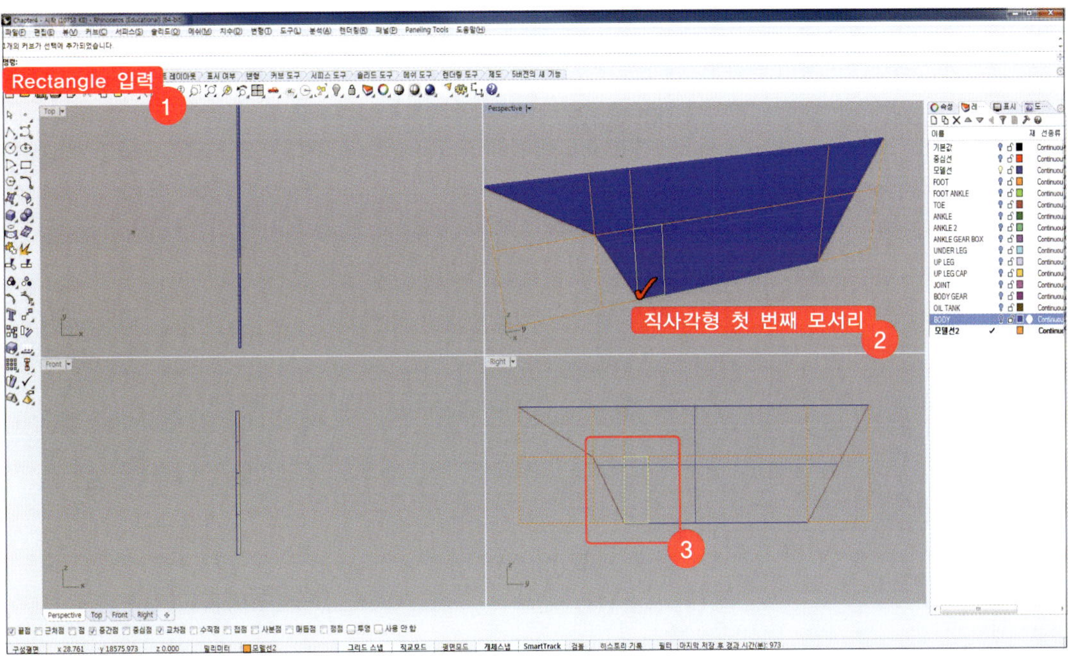

14 Step 13에서 작성한 사각형 커브를 [Right]뷰 기준으로 오른쪽으로 '650', 위쪽으로 '600' 만큼 'Move' 명령어를 이용하여 이동시킵니다.

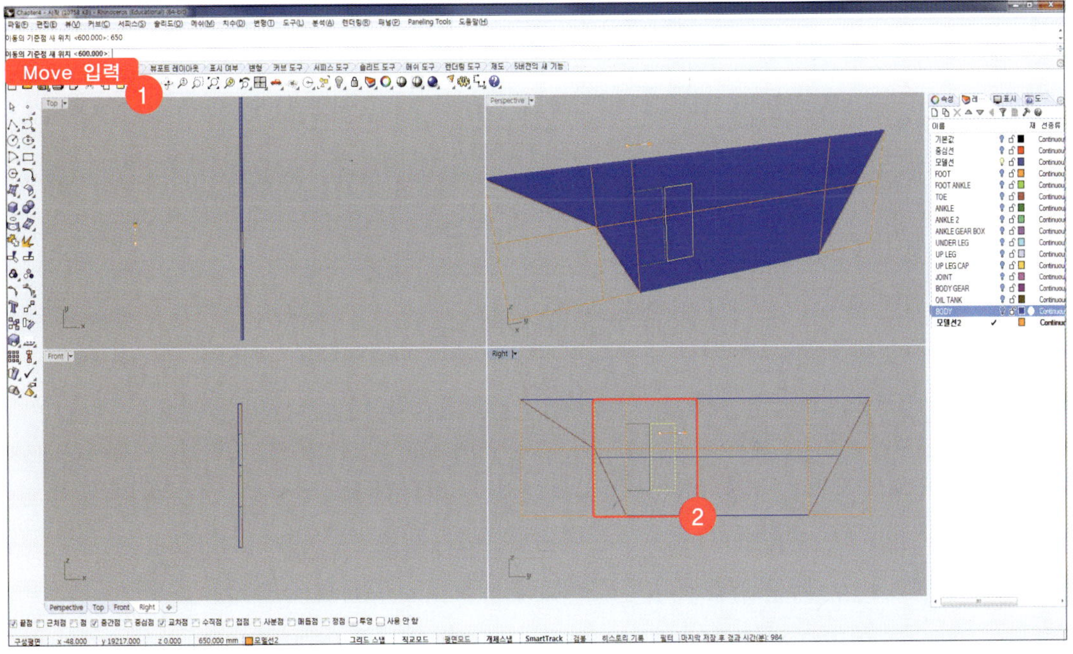

15 'Copy'를 입력하고 '복사할 개체 선택'에 Step 14에서 이동시킨 사각형 커브를 선택합니다.
[Right]뷰에서 '복사의 기준점'을 임의로 선택하고, '복사할 위치의 점'에 '1400'을 입력하고 오른쪽
수평 방향에서 클릭, 다시 '복사할 위치의 점'에 '2800'을 입력하고 오른쪽 수평 방향에서 클릭합니다.

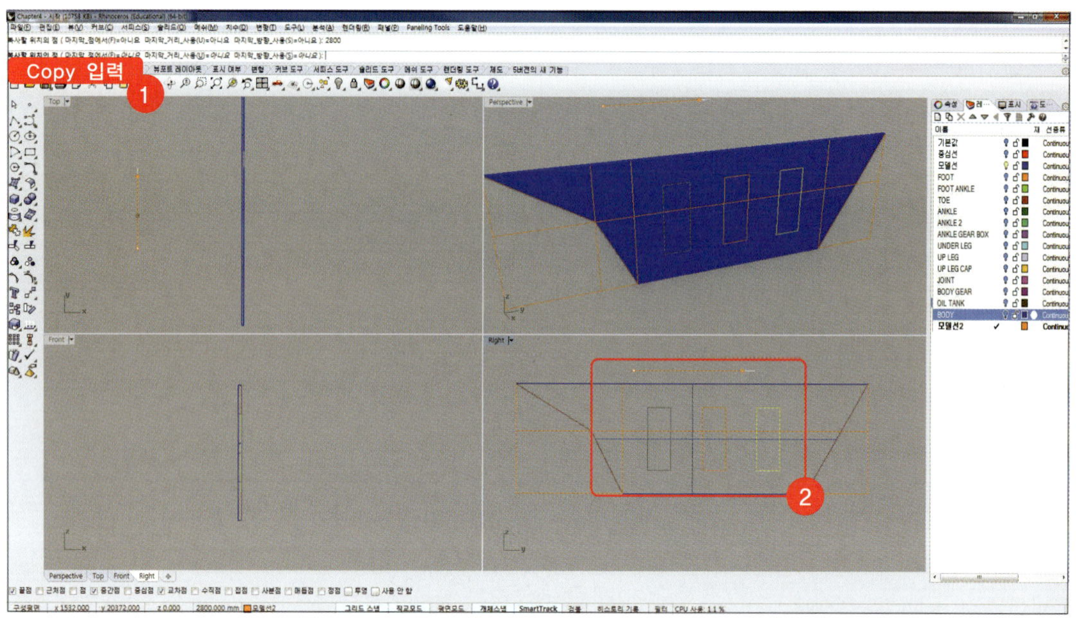

16 'MakeHole'을 입력하고 '닫힌 커브 선택'에 Step 15에서 작성한 3개의 사각형 커브를 선택합니다.
'서피스 또는 폴리서피스 선택'에 기존서피스를 선택하고 '깊이 점'에 서피스를 모두 뚫을 만큼 마우스
커서를 가져가 클릭합니다.

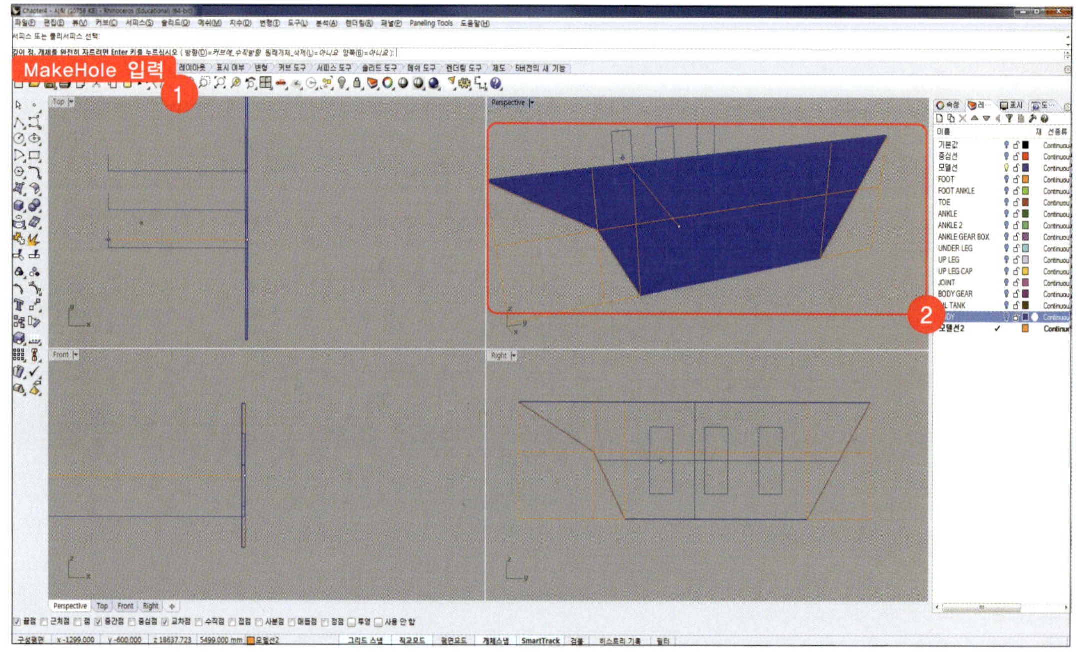

17 'Rotate'를 입력하고 '회전시킬 개체'에 서피스를 선택합니다. '회전 중심'에 [Front]뷰에서 서피스의
오른쪽 위 끝점을 선택하고 '첫 번째 참조점'에 수직 아래에 위치한 서피스의 끝점을 선택합니다.
'두 번째 참조점'에 '-10'을 입력하고 [Enter]키를 누릅니다.

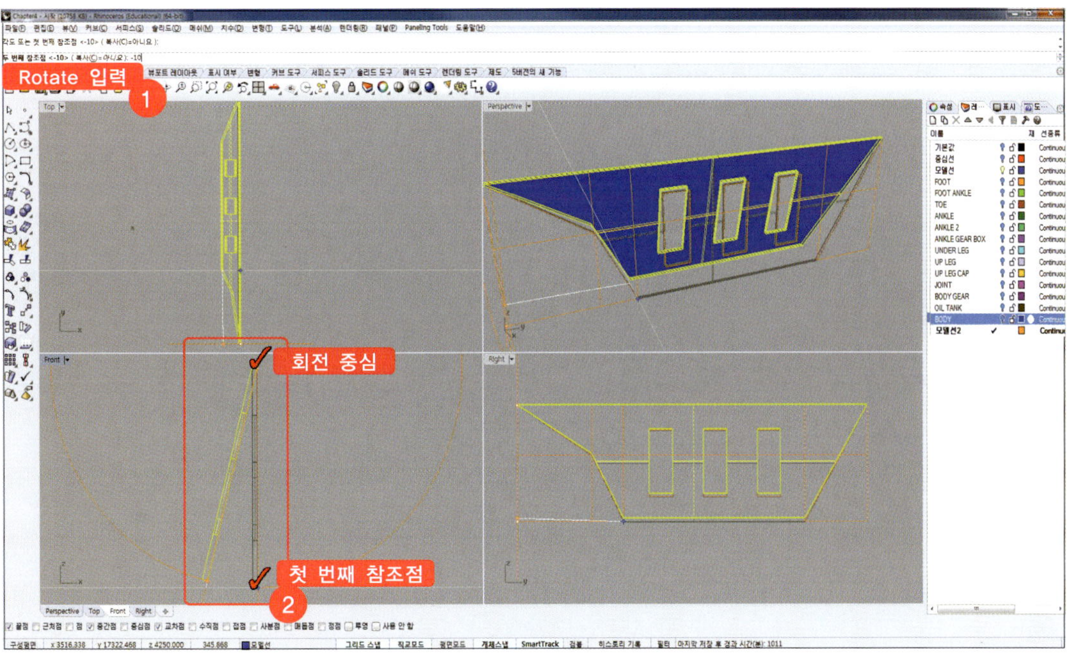

18 'Plane'을 입력하고 '평면의 첫 번째 모서리'에 아래 그림과 같이 [Front]뷰에서 서피스 아래 오른쪽
모서리를 선택하고 '다른 모서리'에 서피스를 충분히 덮을만큼 마우스 커서를 위치시켜 클릭합니다.

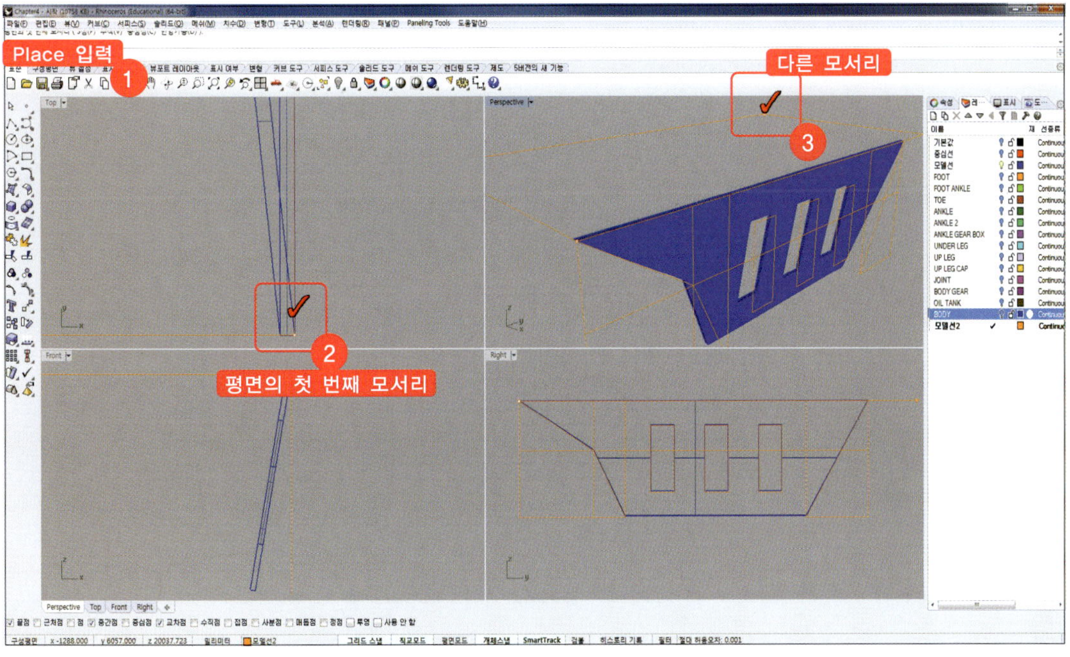

19 'Trim'을 입력하고 '절단 개체 선택'에 Step 18에서 작성한 plane을 선택합니다.
'트림할 개체 선택'에 plane 위로 돌출되어 있는 서피스를 클릭해 자릅니다.

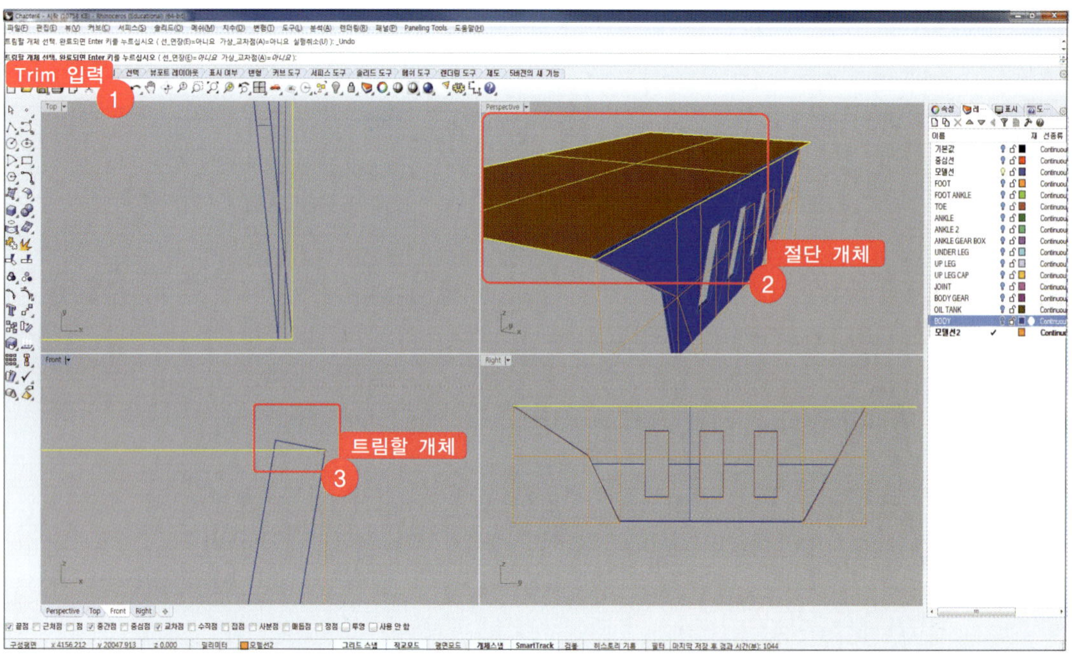

20 Step 18에서 작성한 plane을 삭제하고 'BODY' 레이어를 켭니다.
아래 그림과 BODY 아래 서피스를 선택하고 'BODY' 레이어로 변경합니다.

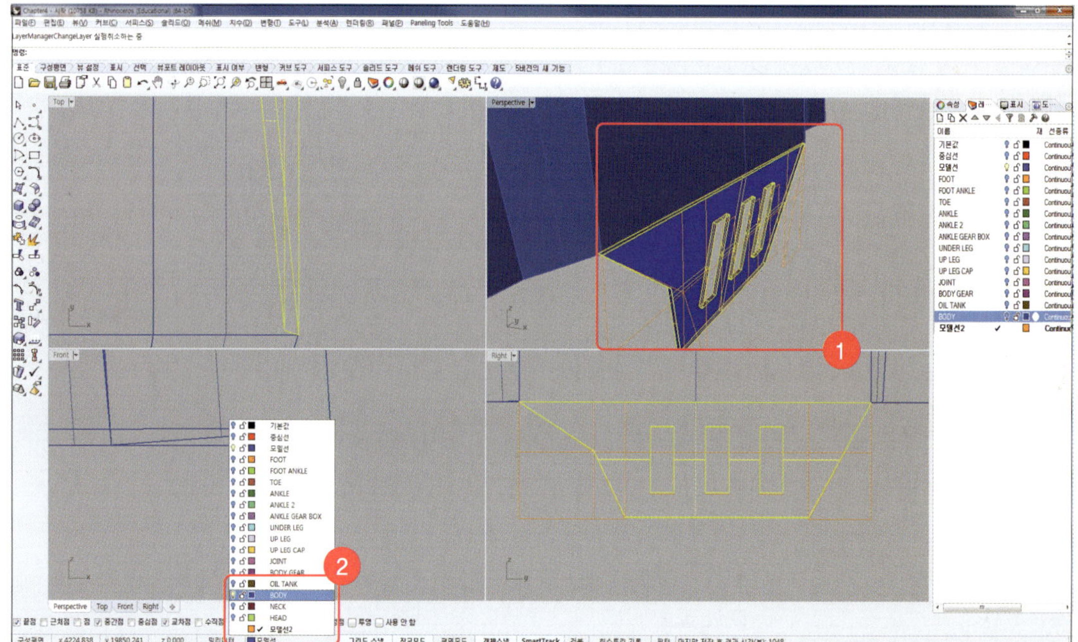

21 'Mirror'를 입력하고 '미러 실행할 개체'에 Step 20에서 레이어를 변경한 서피스를 선택합니다. '미러 평면의 시작'에서 명령창의 'Y축'을 클릭합니다.

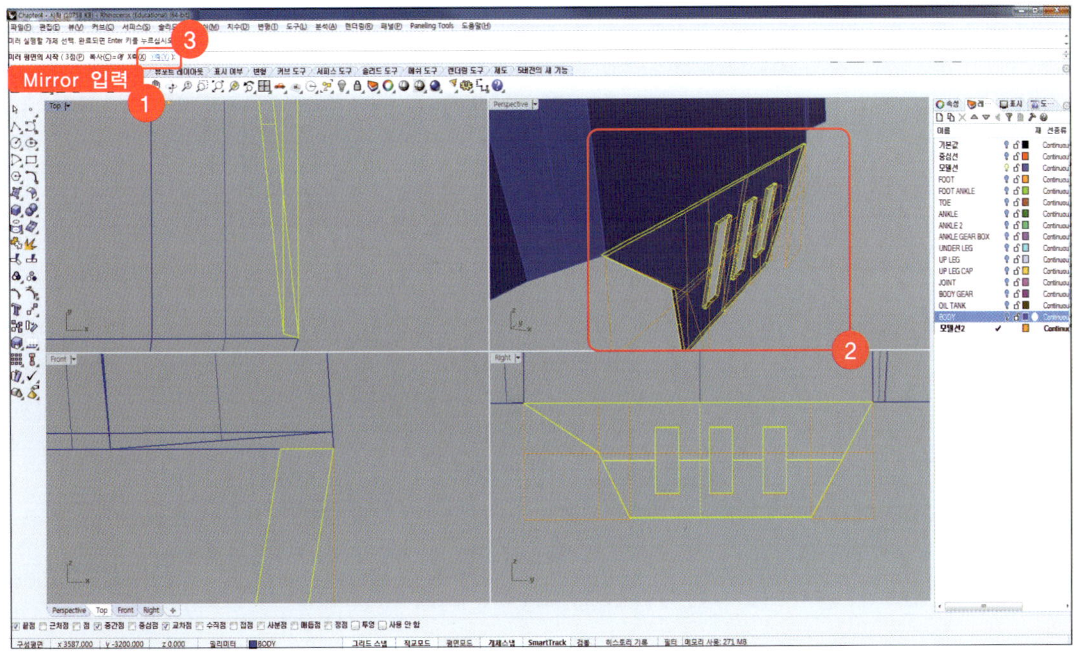

22 [파일] ➡ [선택한 개체 내보내기]를 클릭하고 본 강에서 작성한 서피스 2개를 선택합니다. [내보내기]창에서 '파일 이름'에 'BODY-부속'을 입력하고 '파일 형식'에 'Rhino 5 3D모델'을 선택한 뒤, [저장]을 클릭합니다.

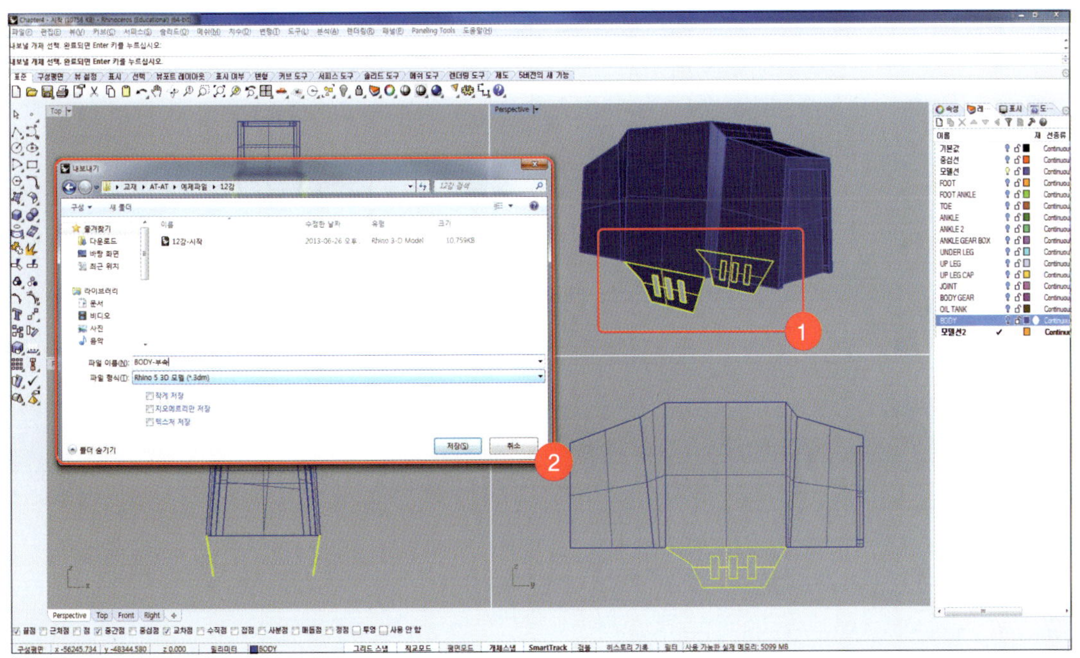

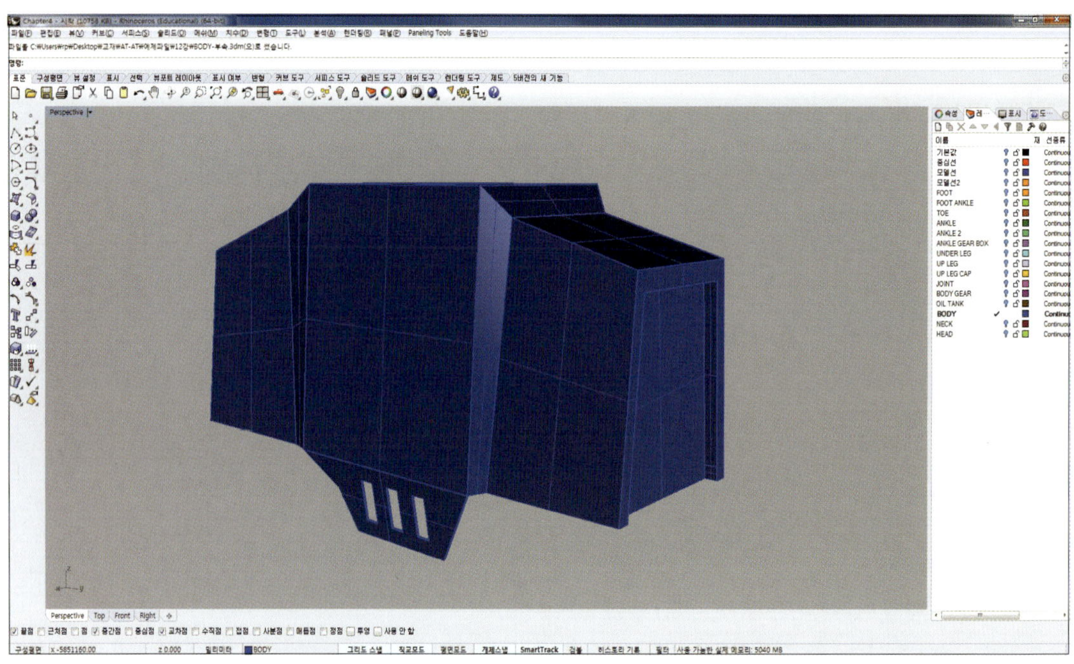

• MUST BIM 온라인커뮤니티

www.inup.co.kr / http://rpaec.com/pace

제 4 편

HEAD

01_ HEAD 모델링

02_ HEAD 모델링-Detail

03_ GUN 모델링

04_ UNDER GUN 모델링

Chapter 01

HEAD 모델링

■ HEAD 모델링 : 설계/제작/생산/조립

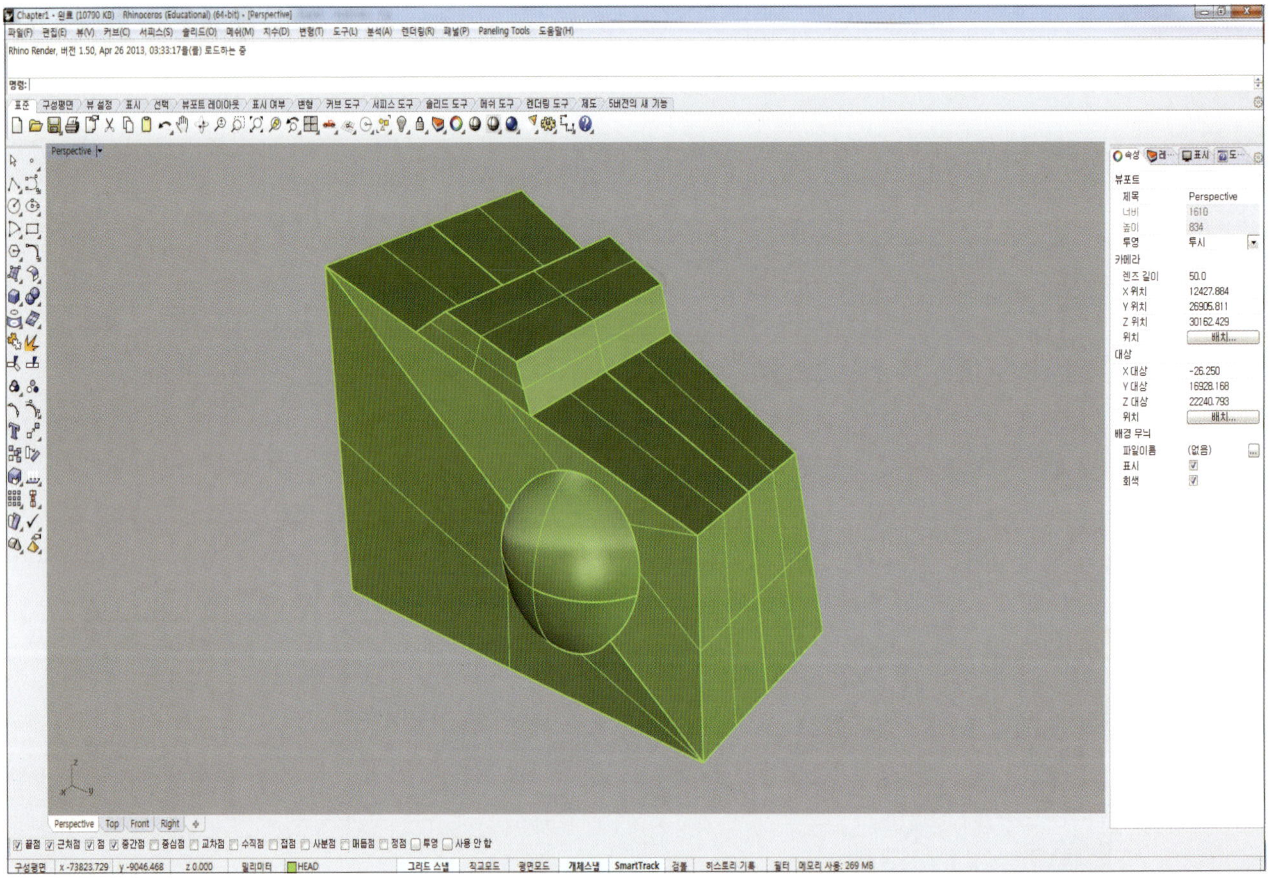

POINT!

- HEAD Digital Model 생성
- Digital Model간 조립

01 Rhino 3D 5를 실행합니다. 예제파일 ‘PART4’ 폴더에서 ‘Chapter1 – 시작’ 파일을 로드합니다.
[상태창] ➡ [레이어]탭에서 ‘NECK’ 이라는 이름의 레이어를 생성하고 색상을 임의로 지정합니다.
현재 레이어로 ‘모델선’ 을 지정합니다.

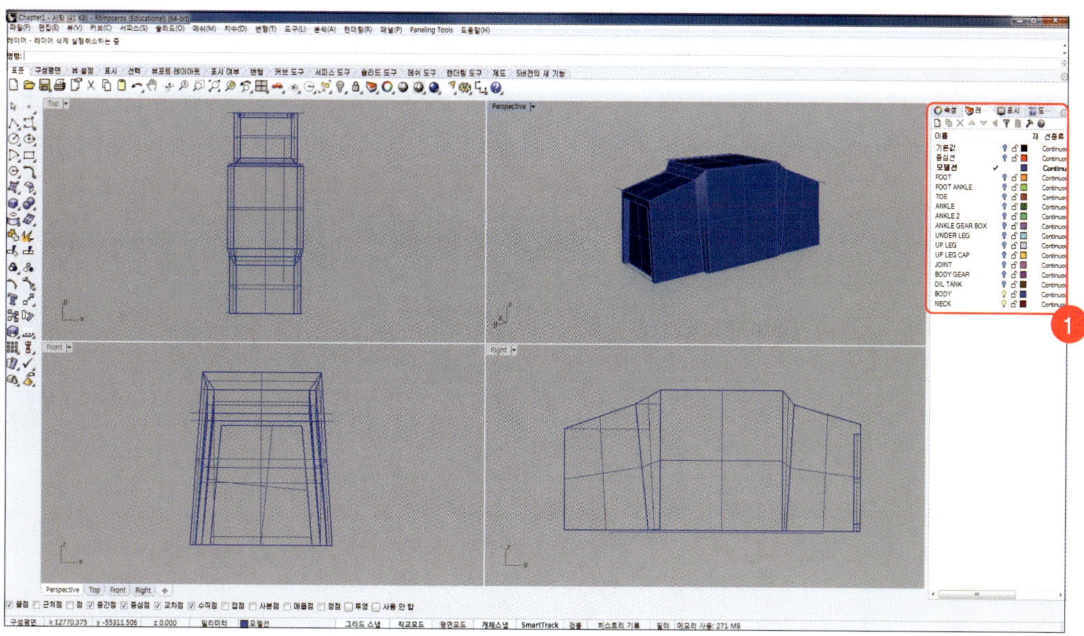

02 ‘Line’ 을 입력하고 ‘선의 시작’ 에 몸통 앞부분 아래 중간점을 선택합니다.
‘선의 끝’ 에 ‘1800’ 을 입력하고 [Front]뷰에서 수직 위 방향을 지정합니다.

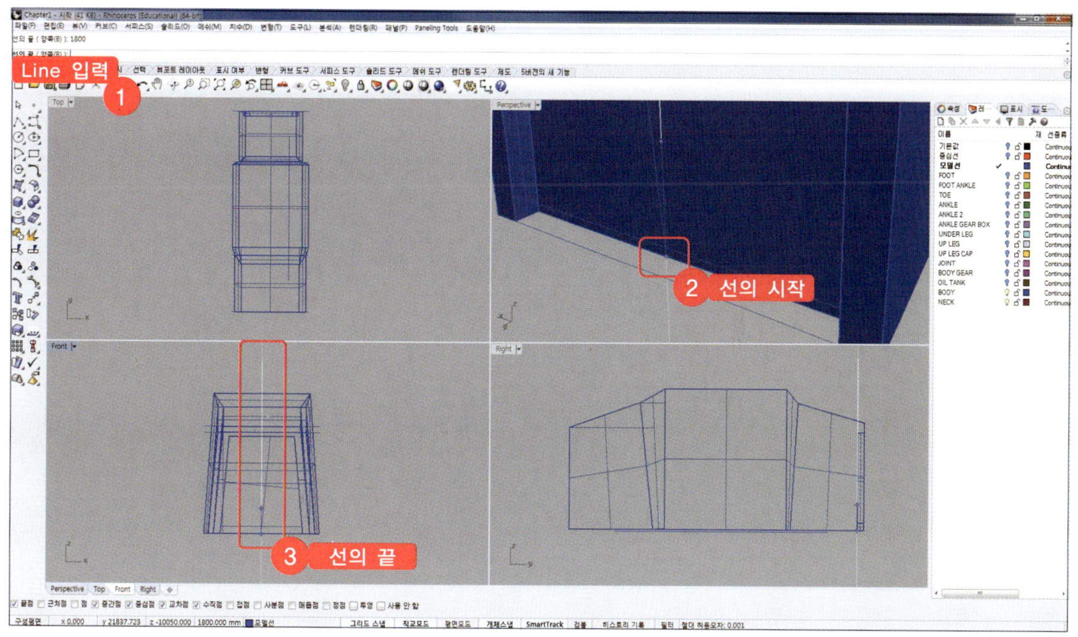

03 'Cylinder'를 입력하고 명령창에 '솔리드=예'를 확인한 뒤, '원통의 밑면'에 Step 02에서 작성한 line의 끝점을 선택합니다. [Front]뷰에서 '반지름'에 '1200', '원통의 끝'에 '-4000'을 입력합니다.

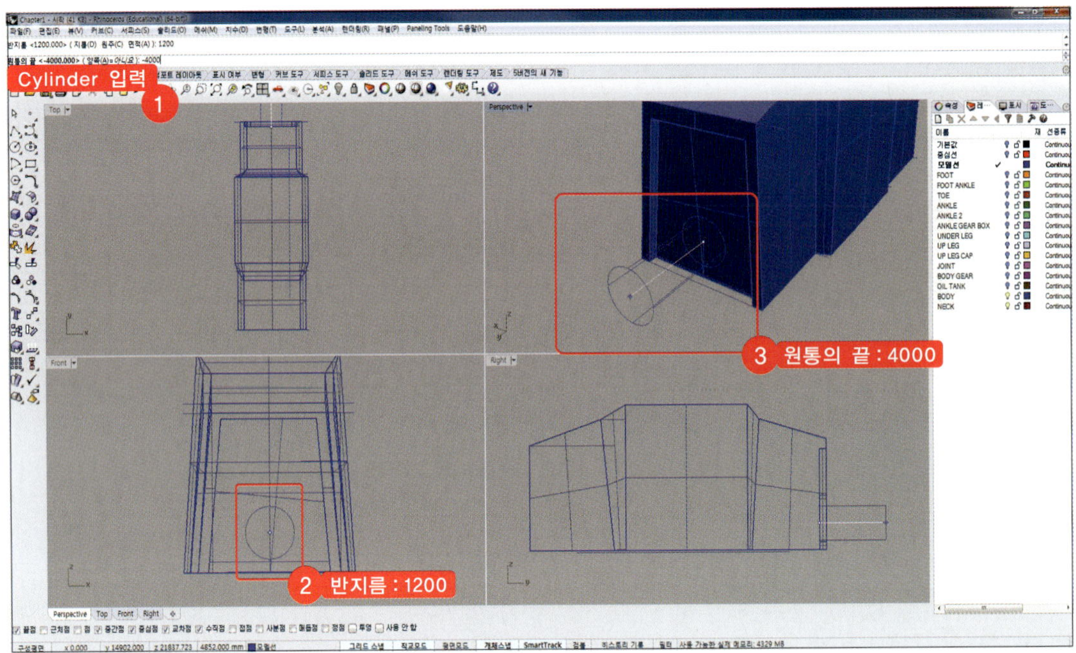

04 Step 03에서 생성한 cylinder의 레이어를 'NECK'으로 바꾼 뒤, 'Line'을 입력합니다. '선의 시작'을 원통의 중심점을 선택하고(스탭에서 '중심점'만 선택하면 중심점 선택이 용이합니다.) '선의 끝'에 '1300'을 입력한 뒤, [Front]뷰에서 수직 아래쪽을 클릭하여 line을 작성합니다.

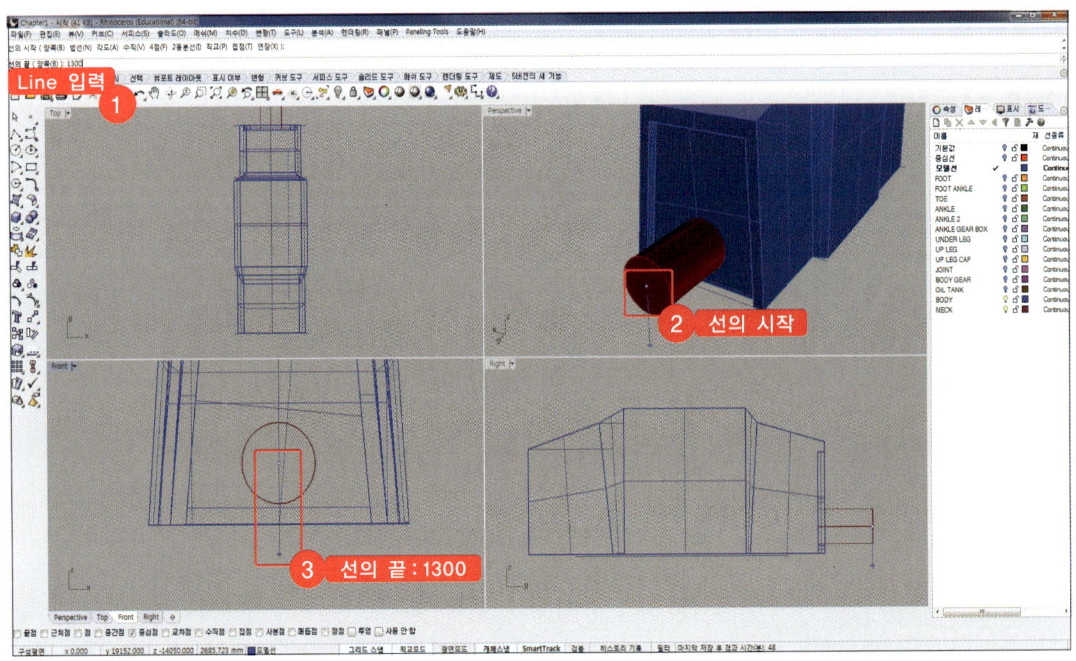

05 'Line'을 입력하고 '선의 시작'에 Step 04에서 작성한 line의 아래쪽 끝점을 선택합니다.
'선의 끝'에 '2200'을 입력하고 [Front]뷰에서 왼쪽 방향으로 작성합니다.

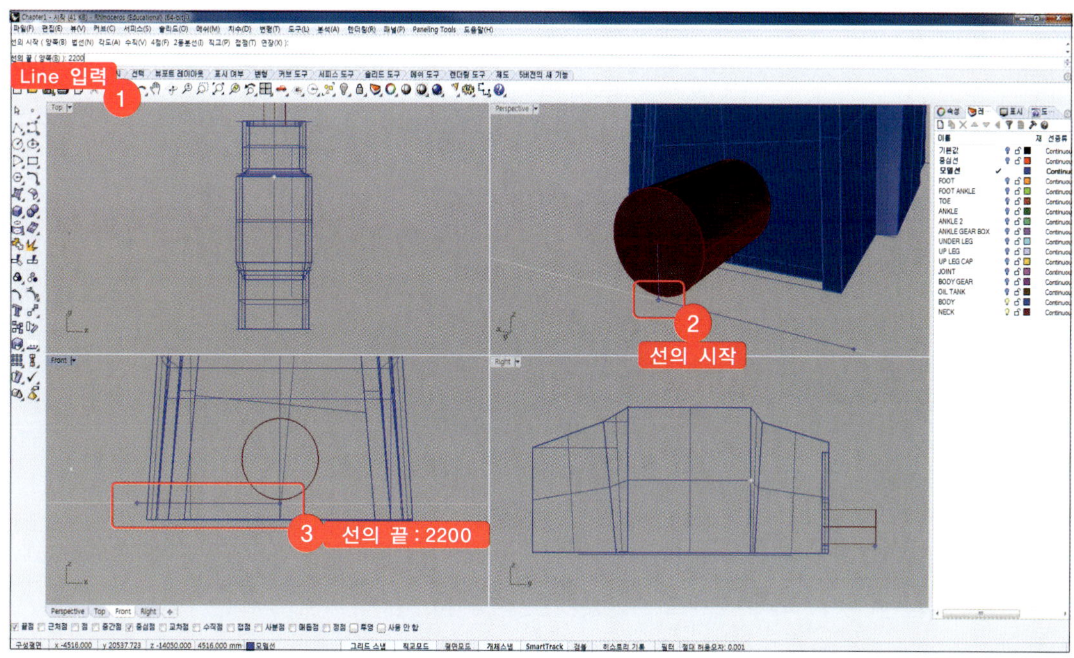

06 'Copy'를 입력하고 '복사할 개체 선택'에 Step 05에서 작성한 line을 선택한 뒤, [Front]뷰에서
'복사의 기준점'으로 임의의 점을 선택합니다. '복사할 위치의 점'에 '4500'을 입력하고 수직 위 방향
으로 복사합니다.

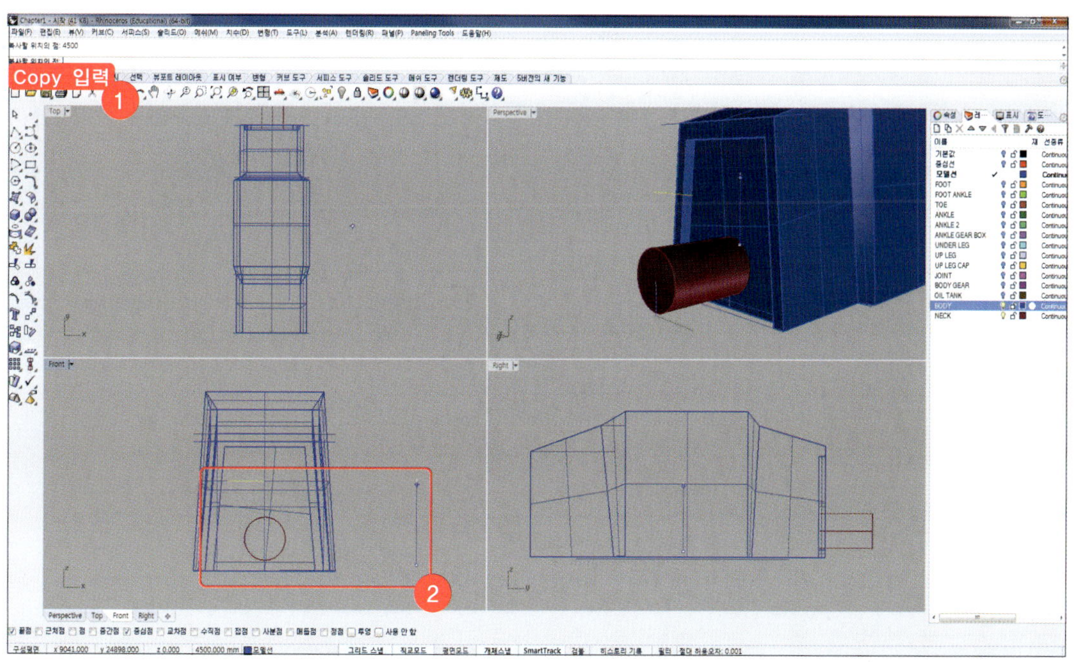

07 'Copy'를 입력하고 '복사할 개체 선택'에 Step 05에서 작성한 line을 선택한 뒤, [Top]뷰에서 '복사의 기준점'으로 임의의 점을 선택합니다. '복사할 위치의 점'에 '6500'을 입력하고 위쪽 방향으로 복사합니다.

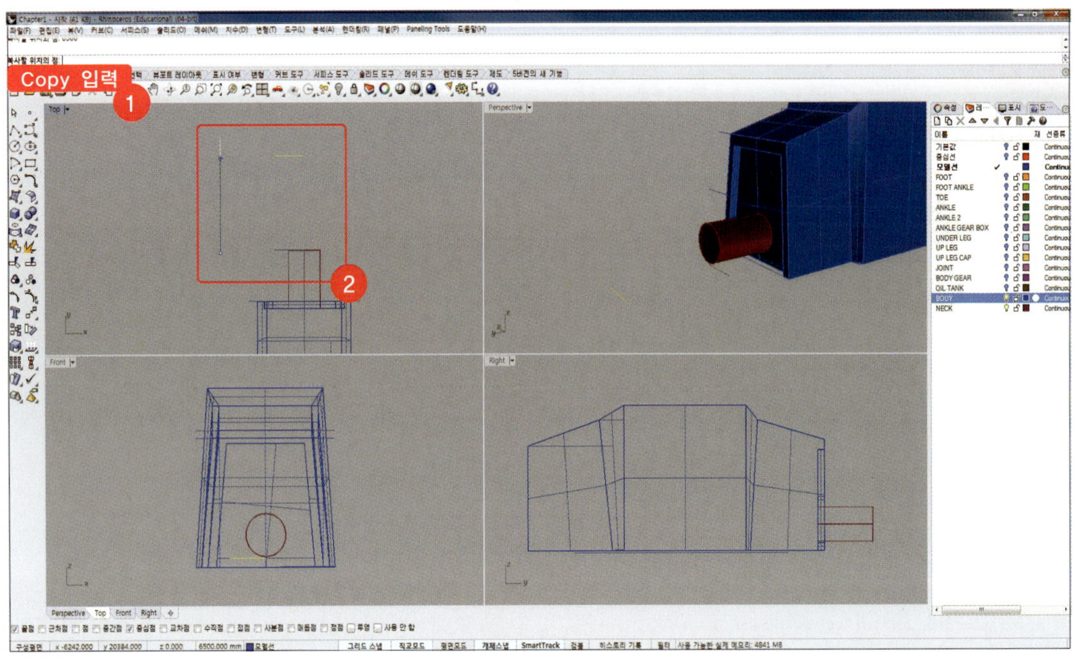

08 'Copy'를 입력하고 '복사할 개체 선택'에 Step 06에서 작성한 line을 선택한 뒤, [Top]뷰에서 '복사의 기준점'으로 임의의 점을 선택합니다. '복사할 위치의 점'에 '6000'을 입력하고 위쪽 방향으로 복사합니다.

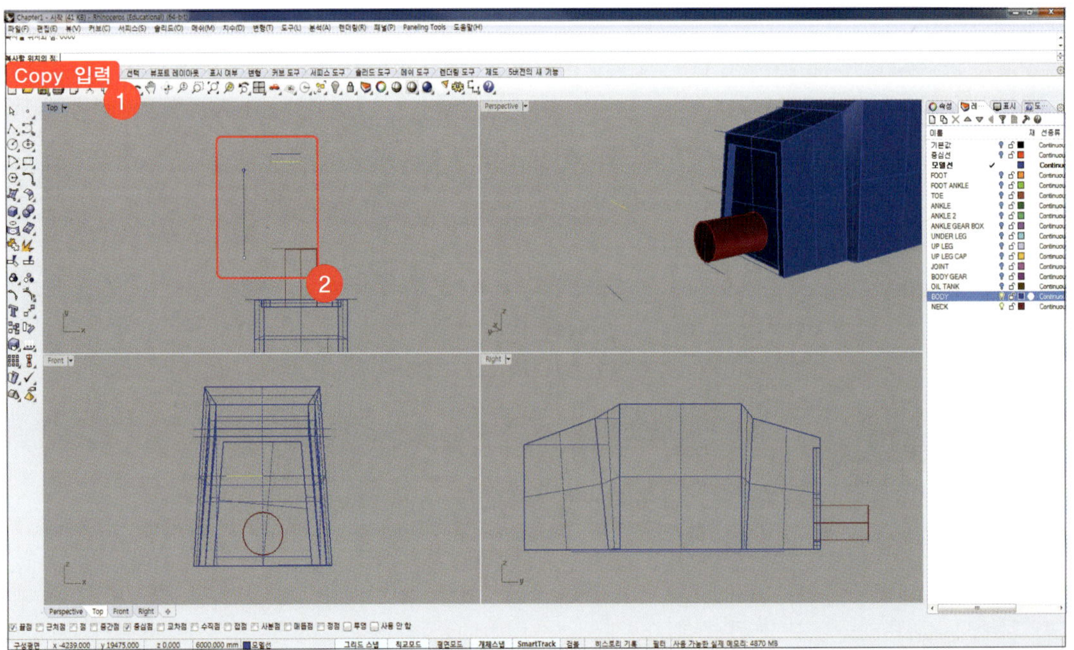

09 'Move'를 입력하고 '이동시킬 개체'에 Step 08에서 복사한 line을 선택합니다. '이동의 기준점' 을 [Front]뷰에서 임의의 점을 선택하고 '이동의 기준점 새 위치'에 '2000' 을 입력한 뒤, 수직 아래쪽으로 이동시킵니다.

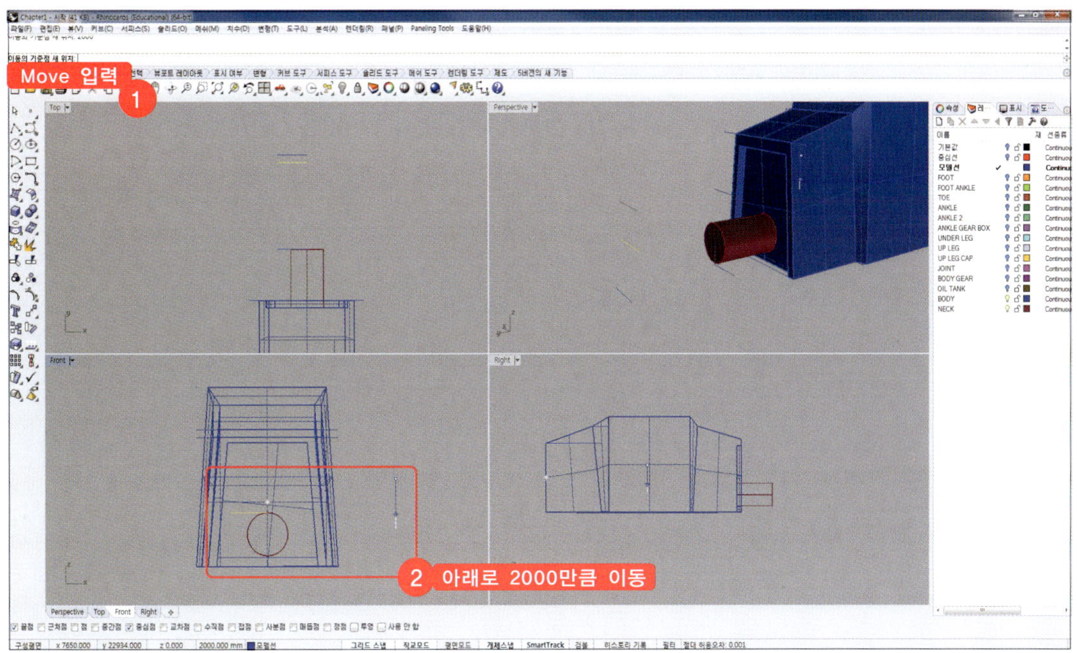

10 'Line' 을 입력하고 '선의 시작'과 '선의 끝'을 아래 그림과 같이 Step 05, 07에서 작성한 line의 NECK 부분 중심 쪽의 끝점을 선택해 연결합니다.

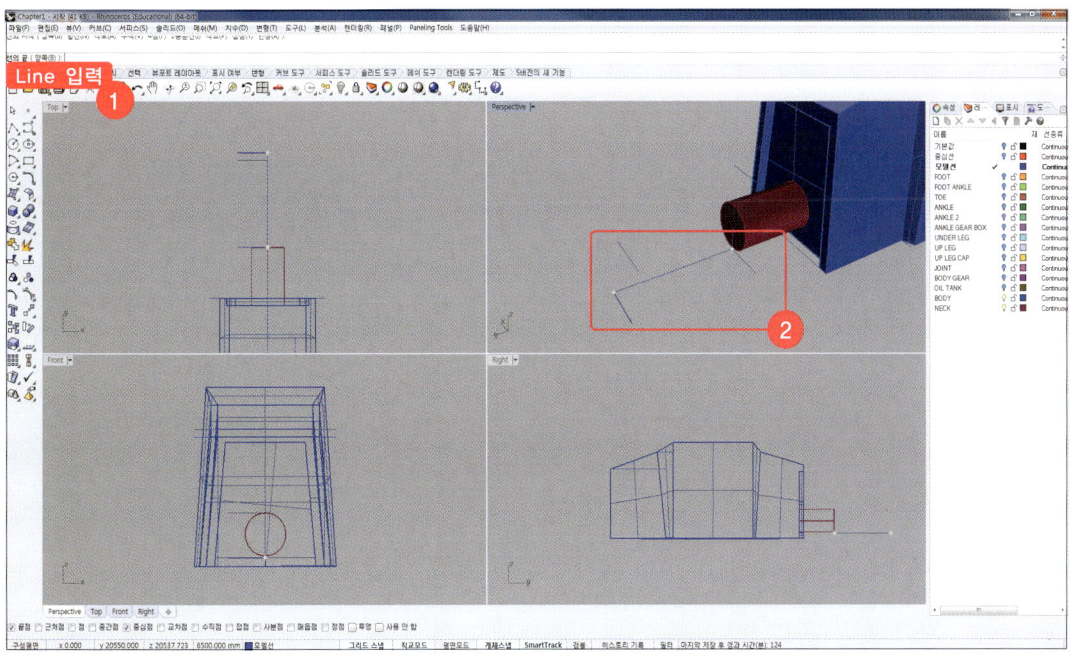

11 'Offset'을 입력하고 '간격띄우기 실행할 커브'에 Step 10에서 작성한 line을 선택합니다.
'간격띄우기 할 쪽'에 '1700'을 입력하고 [Top]뷰에서 왼쪽으로 간격띄우기 합니다.

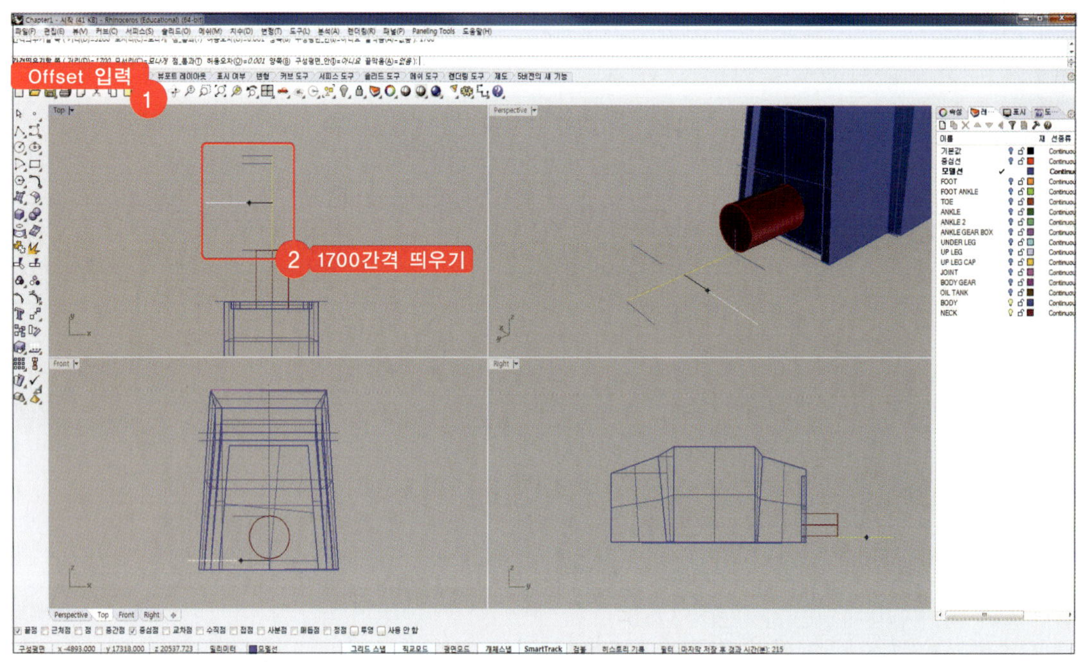

12 Step 11에서 작성한 line을 선택하고 명령창에 'EditPtOn'을 입력합니다.
NECK 부분의 점을 수직한 line의 끝점까지 드래그하여 이동시킵니다. [ESC]를 눌러 편집점을 끕니다.

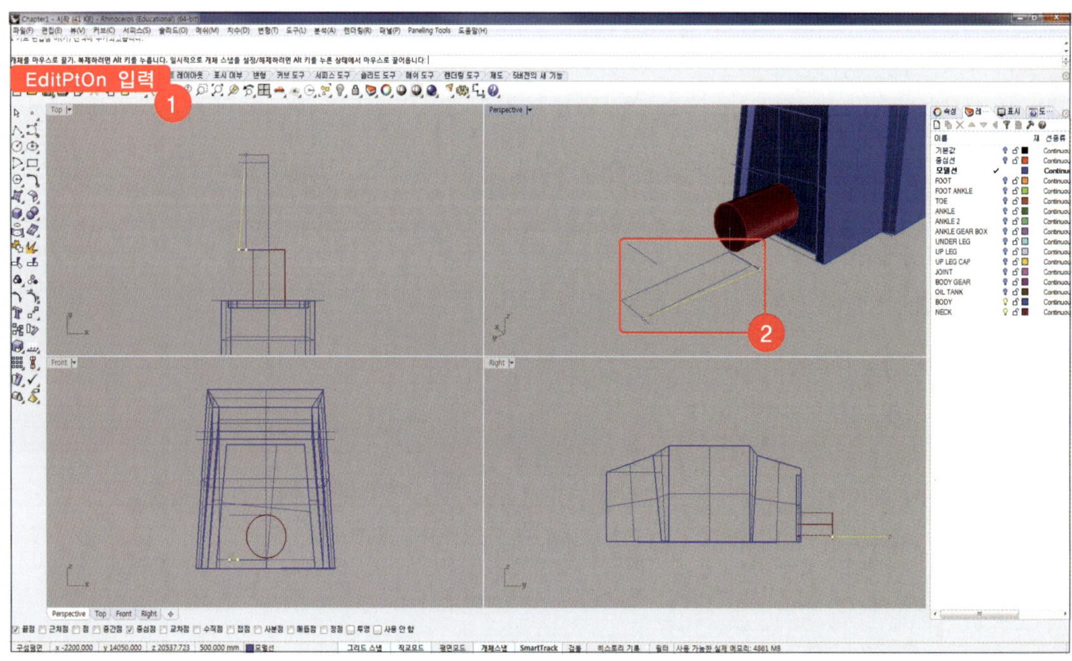

13 'Fillet'을 입력하고 명령창에 '결합=예'를 확인한 뒤, 아래쪽 사다리꼴 모양 4개의 line을 각각 연결하여 닫힌 커브를 만듭니다.(Fillet 명령 반복)

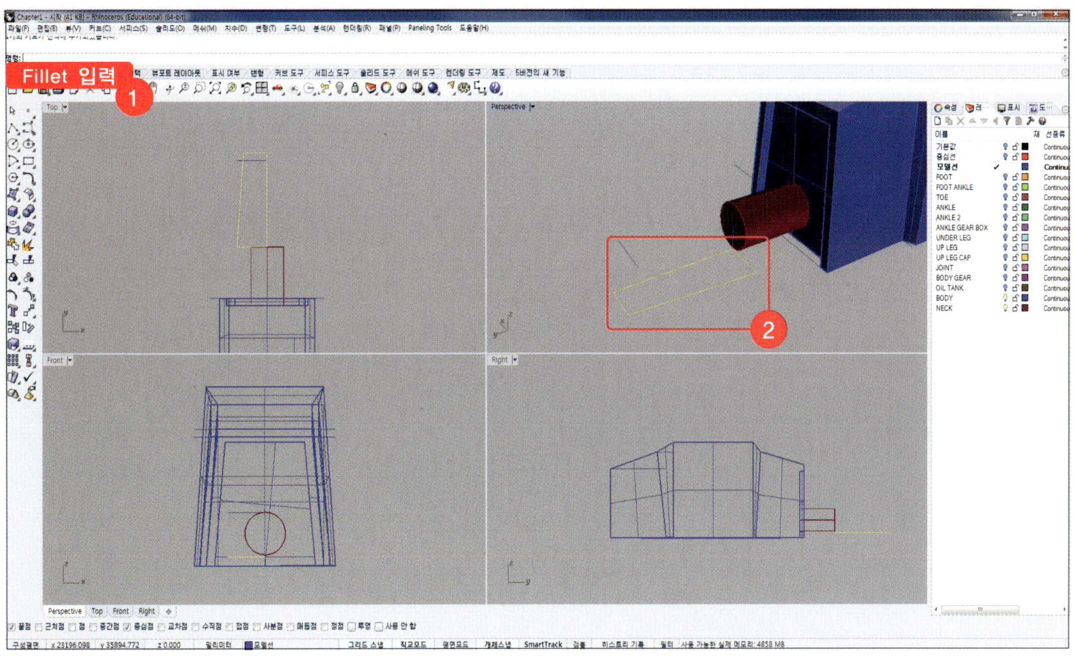

14 'Line'을 입력하고 아래 그림과 같이 '선의 시작'과 '선의 끝'을 Step 06, 09에서 작성한 line의 끝점을 선택해 연결합니다.

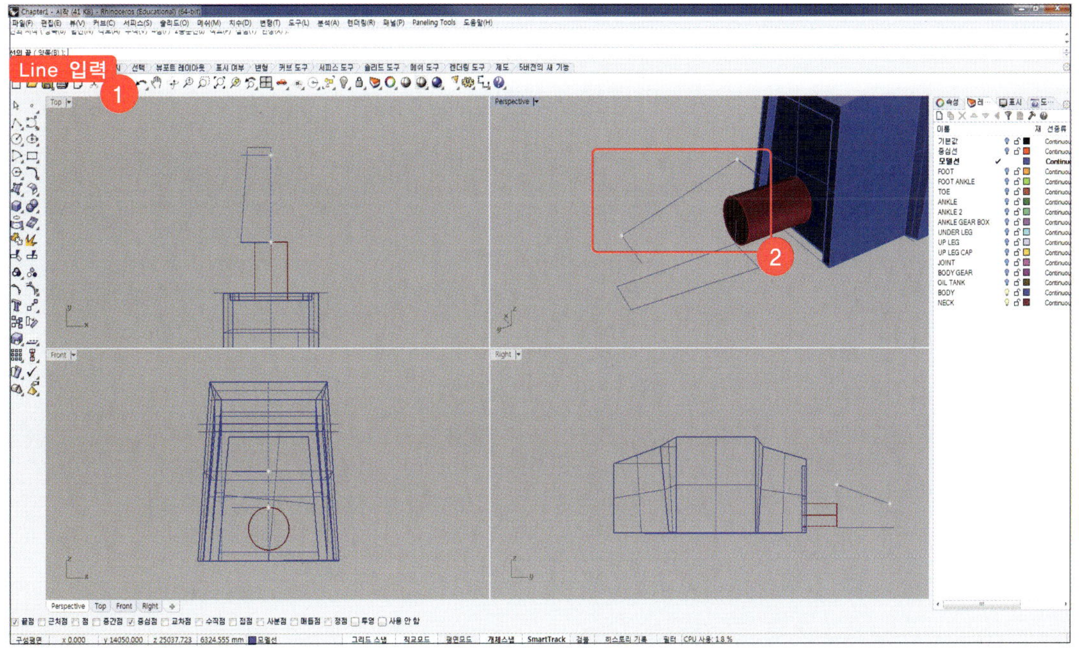

 'Offset' 을 입력하고 '간격띄우기 실행할 커브' 에 Step 14에서 작성한 line을 선택합니다.
'간격띄우기 할 쪽' 에 '1300' 을 입력하고 [Top]뷰에서 왼쪽으로 간격띄우기 합니다.

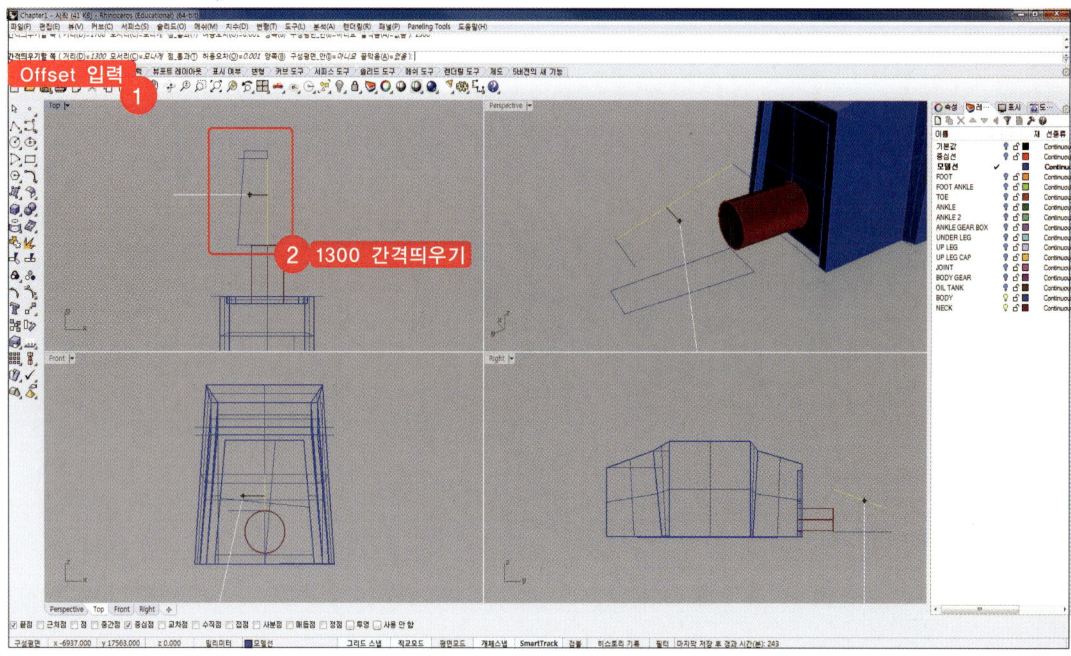

16 Step 12와 마찬가지로 'EditPtOn' 명령어를 이용하여 Step 15에서 간격띄우기한 line의 NECK 부분 끝점을 수직 line의 끝점까지 이동시킵니다.

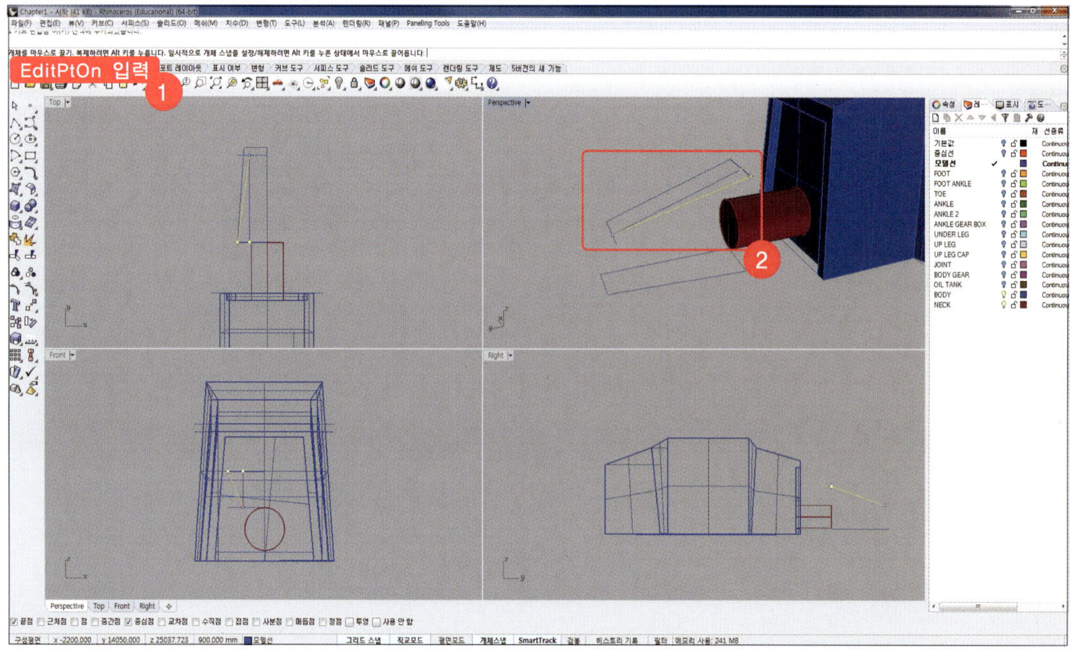

17 Step 13과 같이 'Fillet'을 이용하여 NECK 윗 부분 line 4개를 각각 선택, 연결하여 사다리꼴 모양의 닫힌 커브를 만듭니다.

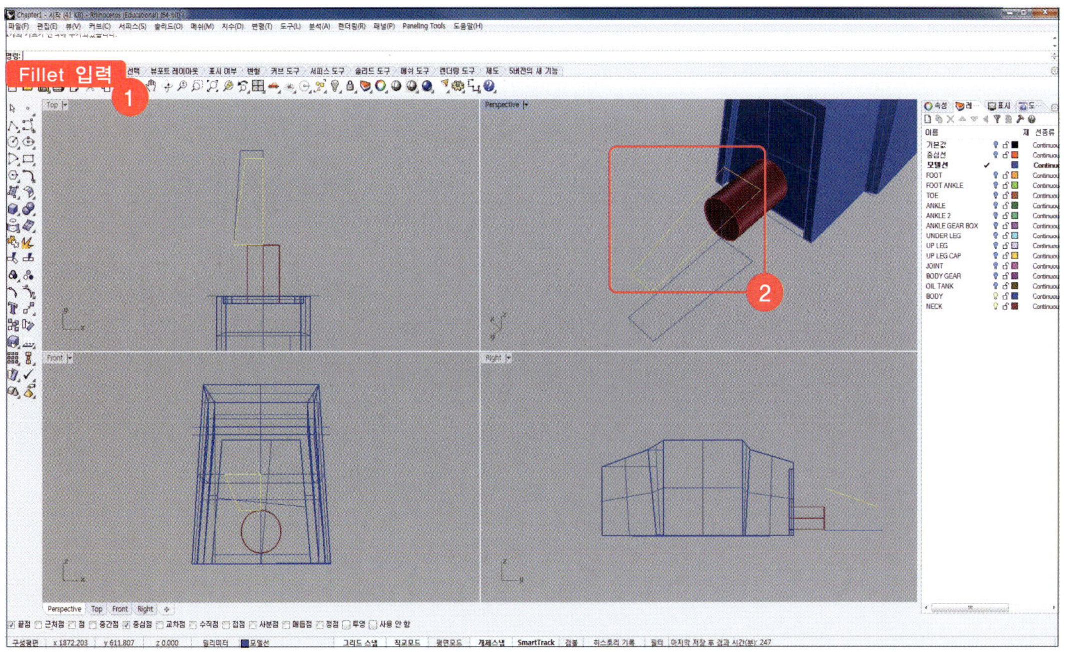

18 'HEAD'라는 이름의 새로운 레이어를 생성한 뒤 임의의 색을 지정합니다.
현재 레이어를 'HEAD'로 변경합니다.

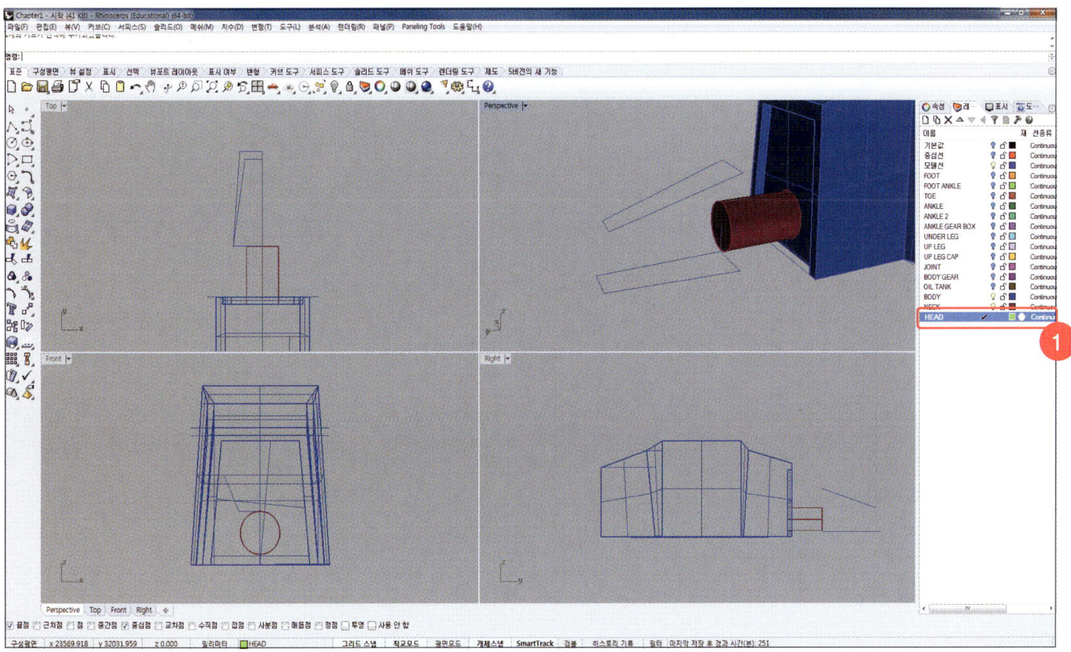

19 'SrfPt'를 입력하고 서피스 모서리로 아래 그림과 같이 3개의 점을 선택합니다.

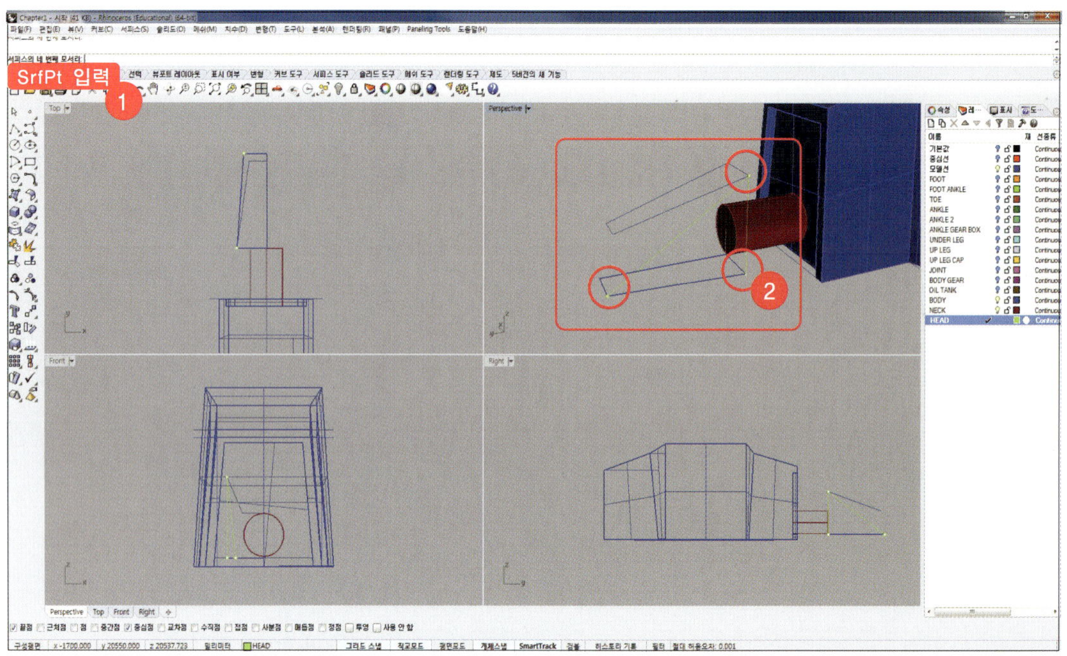

20 다시 'SrfPt'를 입력하고 서피스 모서리로 아래 그림과 같이 3개의 점을 선택합니다.

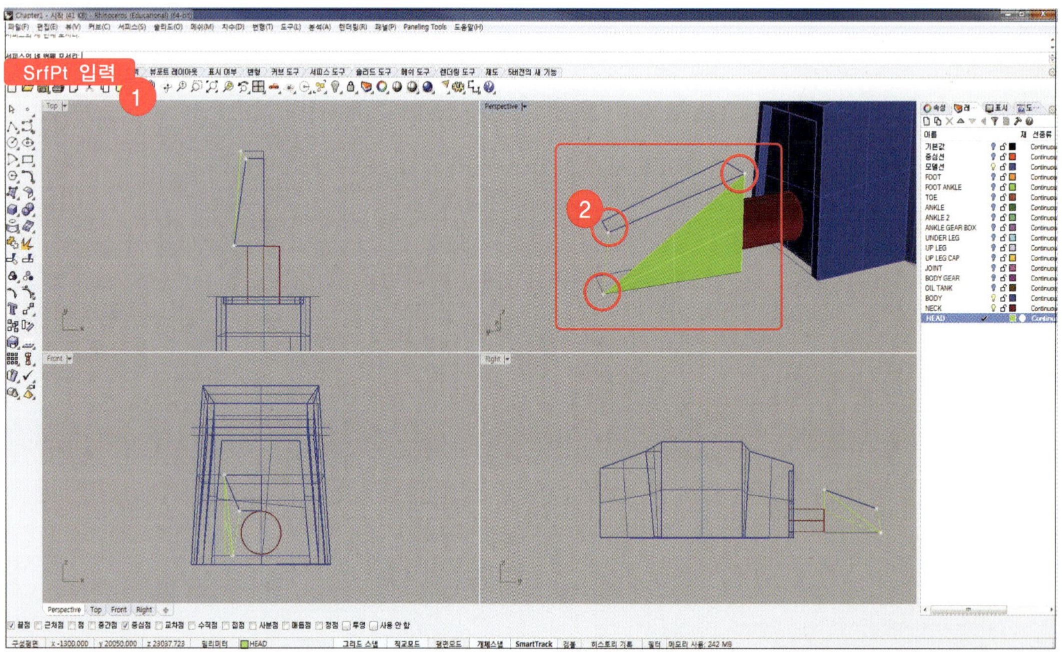

21 아래 그림과 같이 'SrfPt' 명령어를 이용하여 위, 아래, 앞, 뒤의 HEAD 표피 4개의 면을 생성합니다.

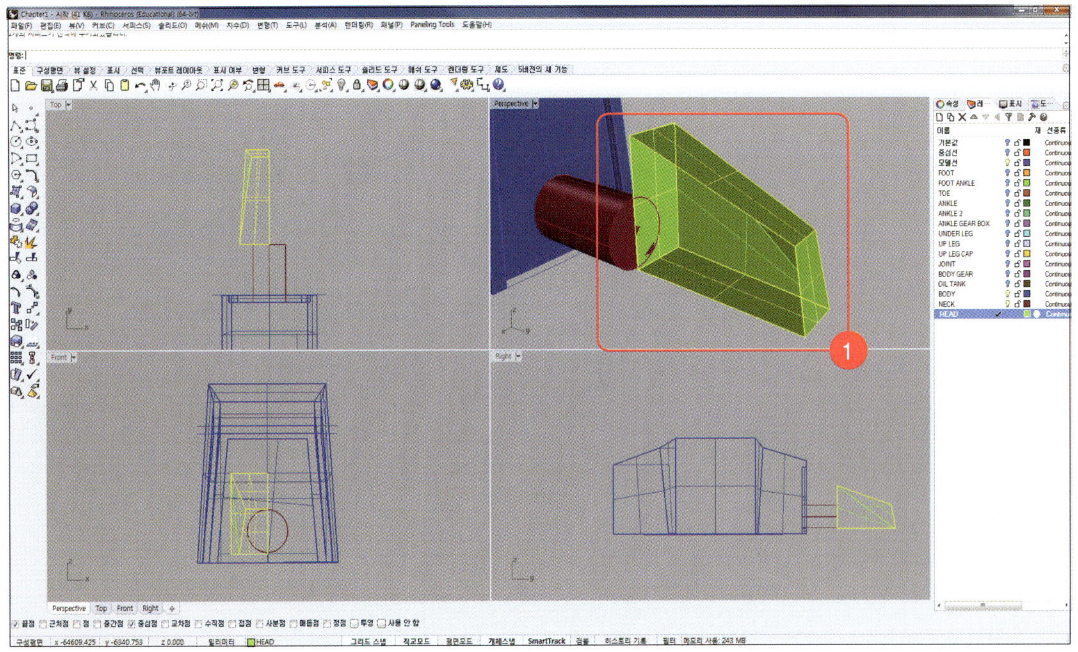

22 현재 레이어를 '모델선'으로 변경하고 'Line'을 입력합니다. 아래 그림과 같이 '선의 시작'과 '선의 끝'을 HEAD 표피 surface의 경계의 양 끝점을 선택해 line을 작성합니다.

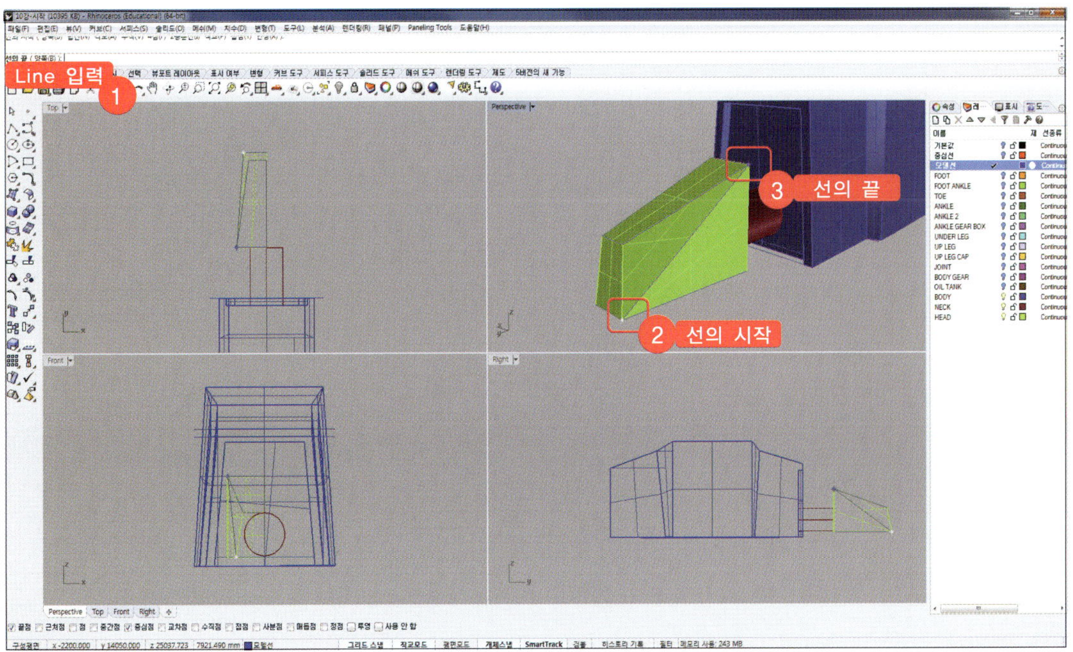

23 'Offset'을 입력하고 '간격띄우기 실행할 개체'에 아래 그림과 같이 HEAD표피 아래 가장자리를 선택하고 '간격띄우기 할 쪽'에 '1650'을 입력하고 [Right]뷰에서 위쪽으로 간격띄우기 합니다.

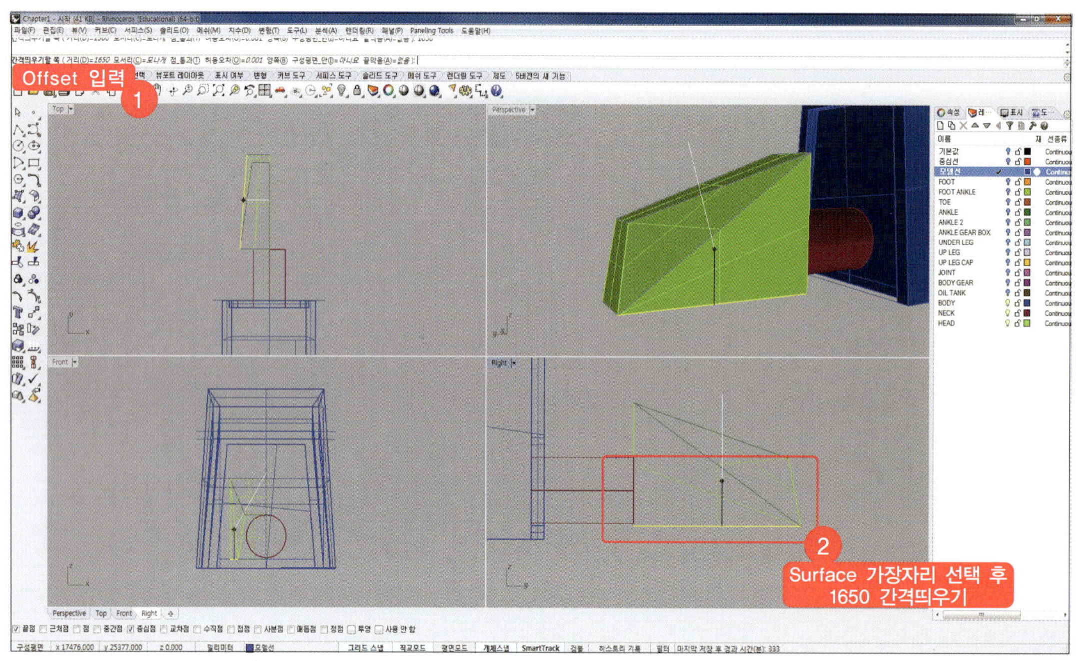

24 현재 레이어를 'HEAD'로 변경한 뒤, 명령창에 'Sphere'를 입력합니다. '구의 중심'으로 Step 22~23에서 작성한 line의 교차점을 선택하고(아래 스냅에서 '교차점'을 체크합니다.) '반지름'에 '1300'을 입력합니다.

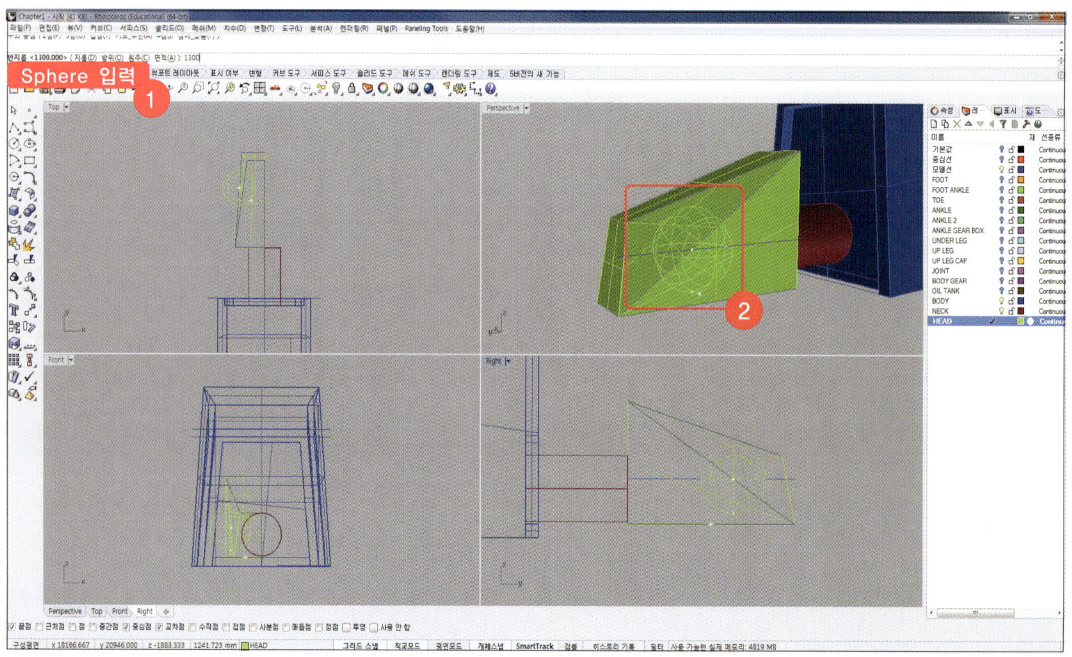

25 'Move'를 입력하고 '이동시킬 개체'에 Step 24에서 작성한 sphere를 선택합니다. [Front]뷰에서 '이동의 기준점'을 임의로 지정하고 '이동의 기준점 새 위치'에 '800'을 입력하고 오른쪽으로 이동시킵니다.

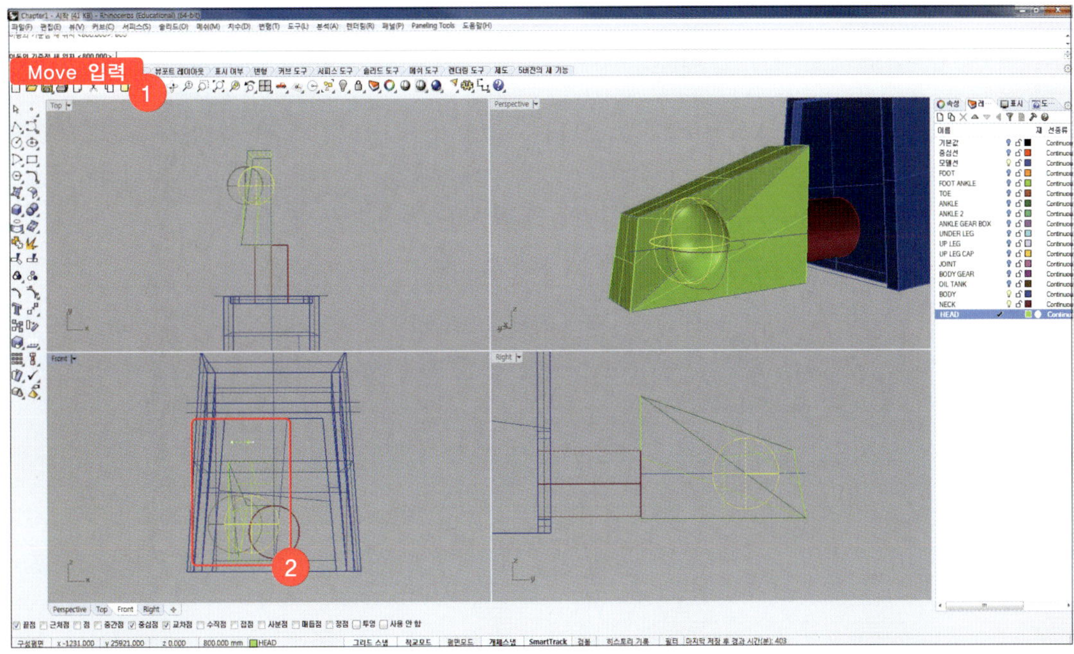

26 현재 레이어를 '모델선' 레이어로 변경합니다. 'Intersect'를 입력하고 '교차할 개체 선택'에 아래 그림과 같이 Shpere와 Sphere와 겹치는 surface 2개를 모두 선택한 뒤, [Enter]키를 누릅니다.

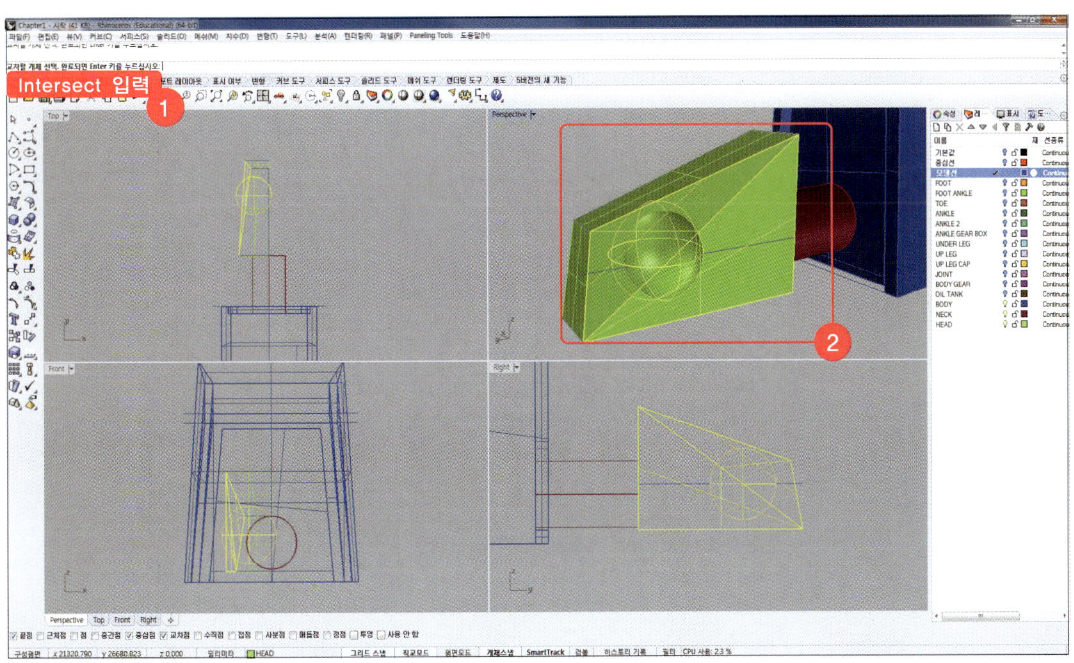

27 'Trim'을 입력하고 '절단 개체 선택'에 Step 26에서 Intersect한 커브 2개를 선택합니다.

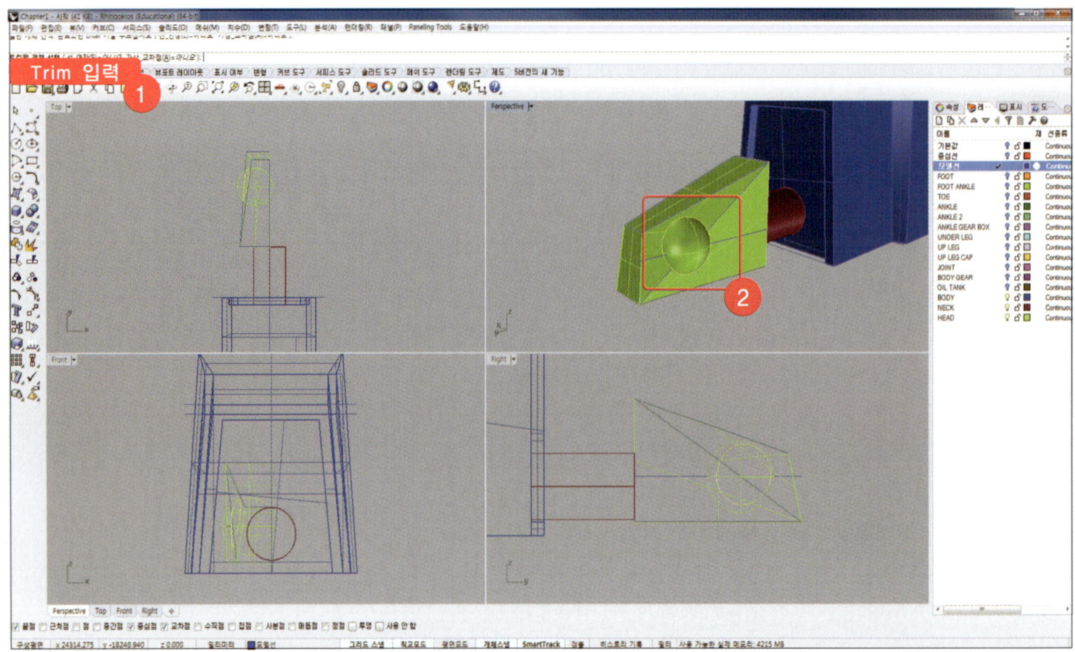

28 '트림할 개체 선택'에 HEAD 안쪽 Sphere부분을 먼저 trim한 뒤, Sphere 안쪽과 겹치는 HEAD 표피 surface 두 부분을 선택해 잘라 줍니다.

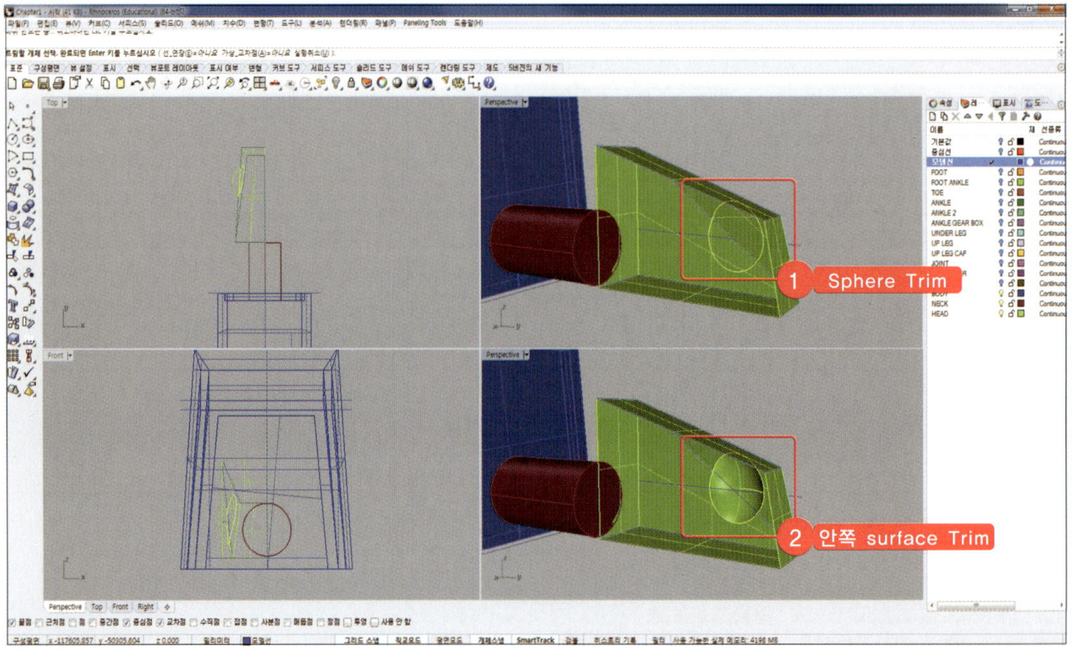

29 현재 레이어를 'HEAD'로 지정한 뒤, 나머지 레이어는 모두 끕니다. 명령창에 'Mirror'를 입력하고 '미러 실행할 개체'에 HEAD 레이어의 모든 개체를 선택한 뒤, 명령창에서 'Y축'을 클릭합니다.

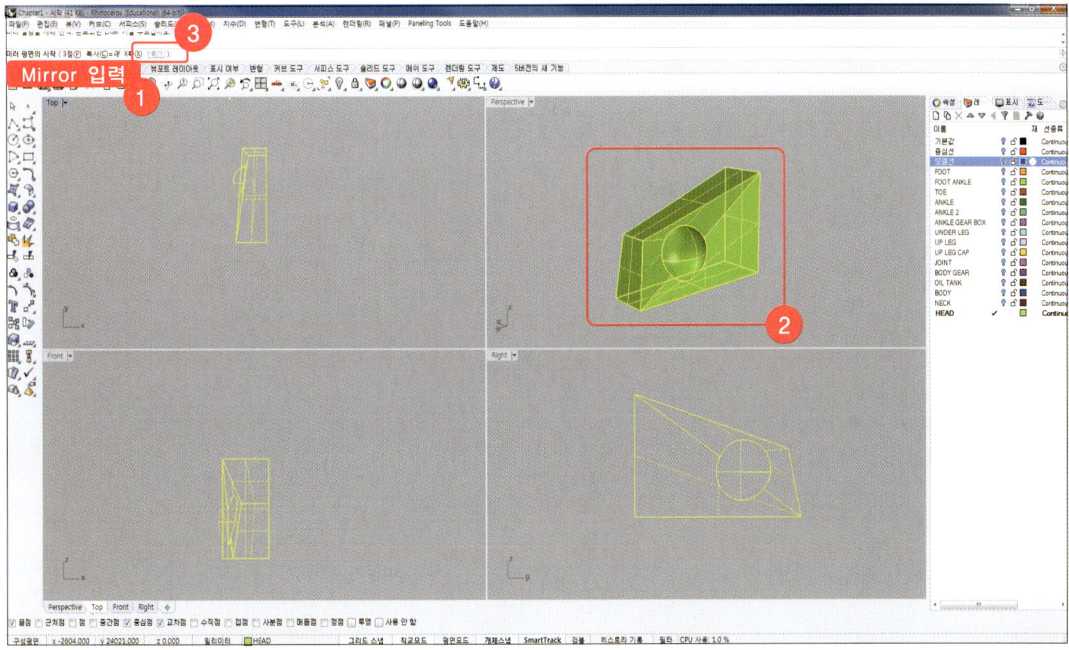

30 'HEAD' 레이어의 모든 개체를 드래그하여 선택하고 명령창에 'CreateSolid'를 입력하고 [Enter]키를 누릅니다.

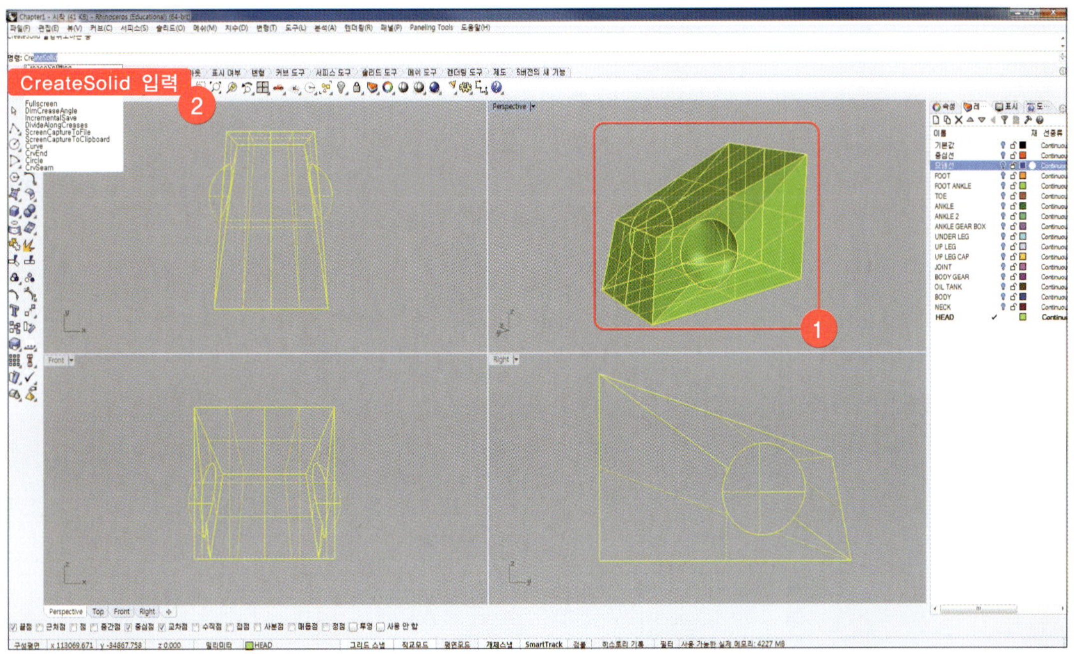

31 'OffsetCrvOnSrf'를 입력하고 '서피스에 있는 커브 선택'에 아래 그림과 같이 HEAD 윗 부분의 가장자리를
선택합니다. 간격띄우기 될 커브가 서피스 위에 있도록 방향을 설정합니다. '간격띄우기 거리'를 입력하기 전
명령창에서 '반전(F)'를 클릭하면 간격띄우기 방향이 바뀝니다. '간격띄우기 거리'에 '1700'을 입력하고
[Enter]키를 누릅니다.

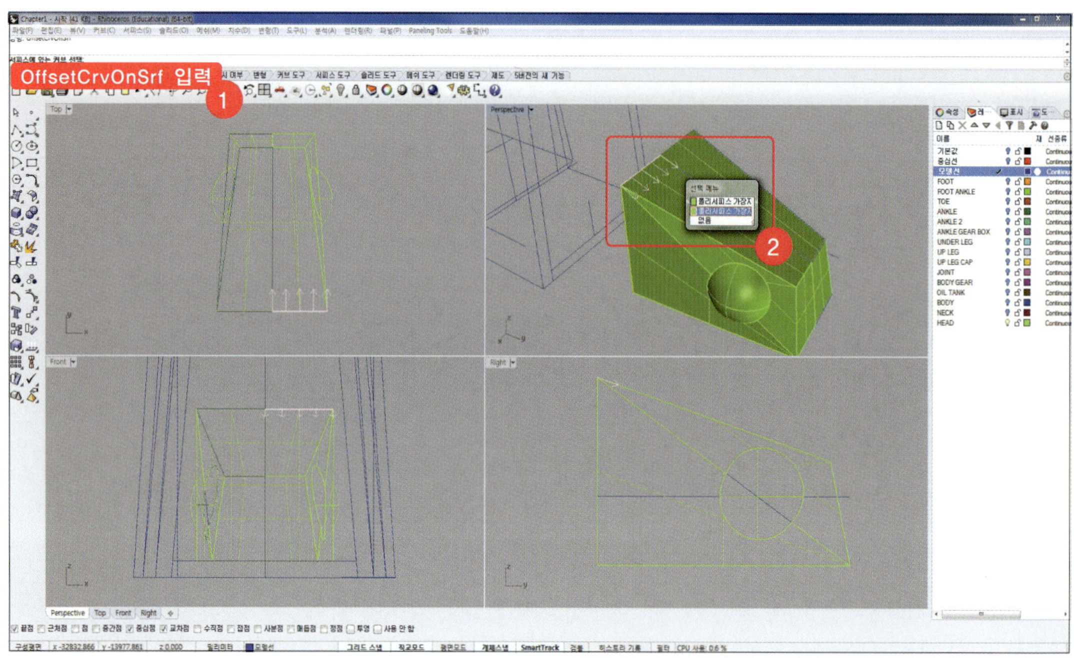

32 Step 31에서 간격띄우기한 커브의 레이어를 '모델선'으로 변경하고 명령창에 다시 'OffsetCrvOnSrf'를
입력합니다. '서피스에 있는 커브'에 Step 31에서 작성한 커브를 선택하고 '기준 서피스 선택'에 커브가
속해있는 HEAD 표피 서피스를 선택한 뒤, 방향을 아래쪽으로 변경합니다. '간격띄우기 거리'에
'2000'을 입력하고 [Enter]키를 누릅니다.

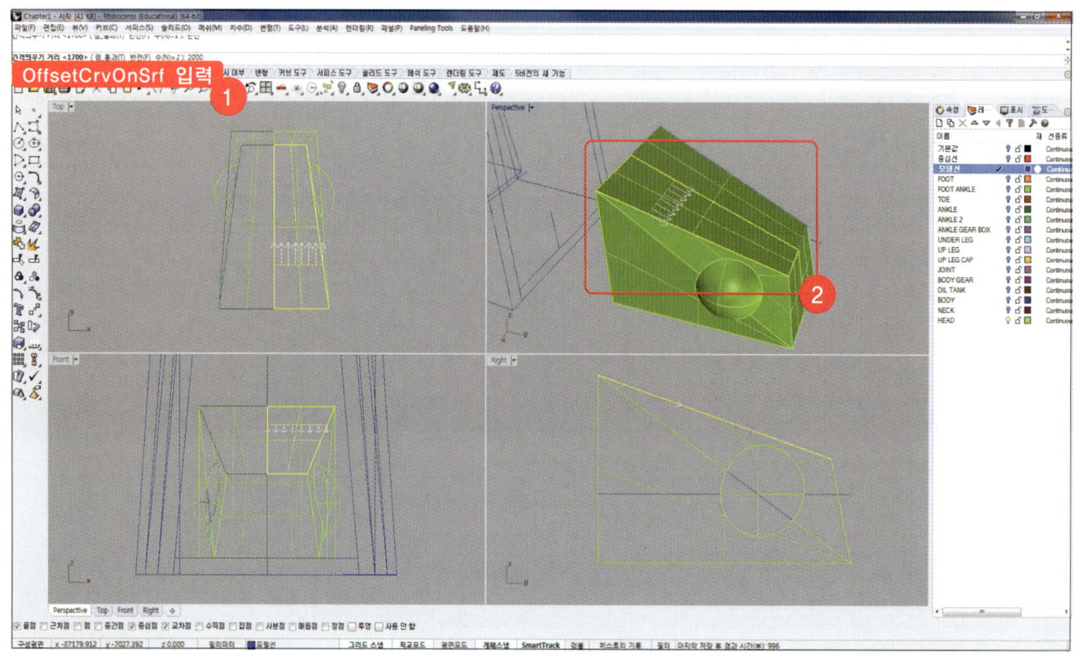

33 'Extend'를 입력하고 '경계 개체 선택'에 HEAD 표피 서피스 위에 있는 사다리꼴 커브를 선택합니다. '연장할 커브 선택'에 Step 31~32에서 작성한 커브를 선택하고 [Enter]키를 누릅니다.

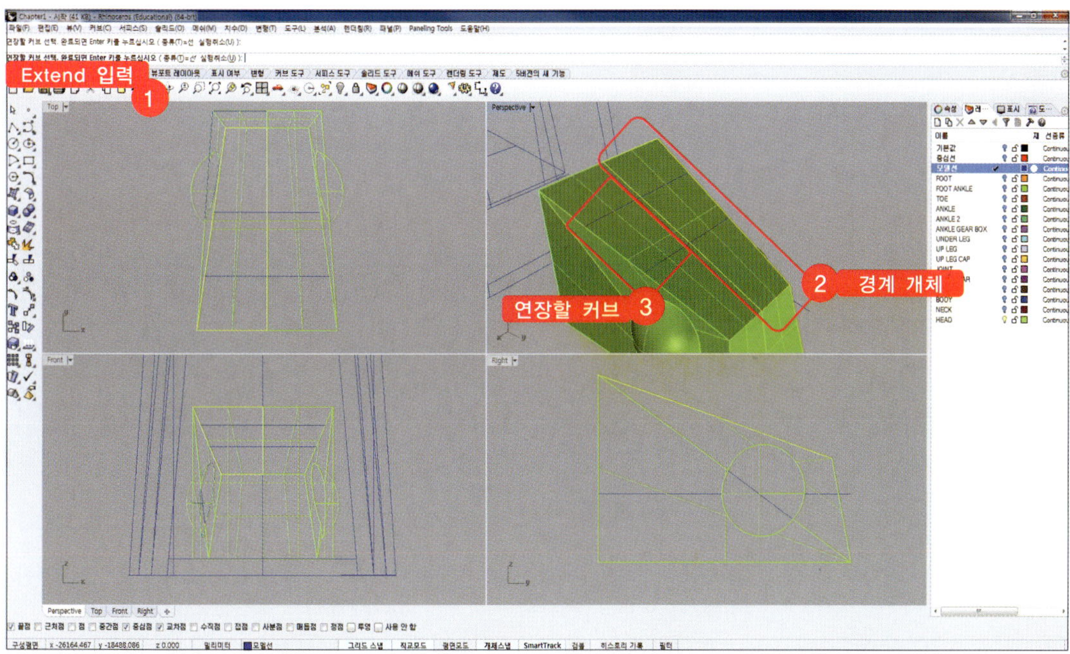

34 'SrfPt'를 입력하고 아래 그림과 같이 Step 33에서 연장한 커브와 HEAD 표피 서피스 가장자리와의 교차점 3곳을 선택하여 사다리꼴 모양의 surface를 생성합니다.

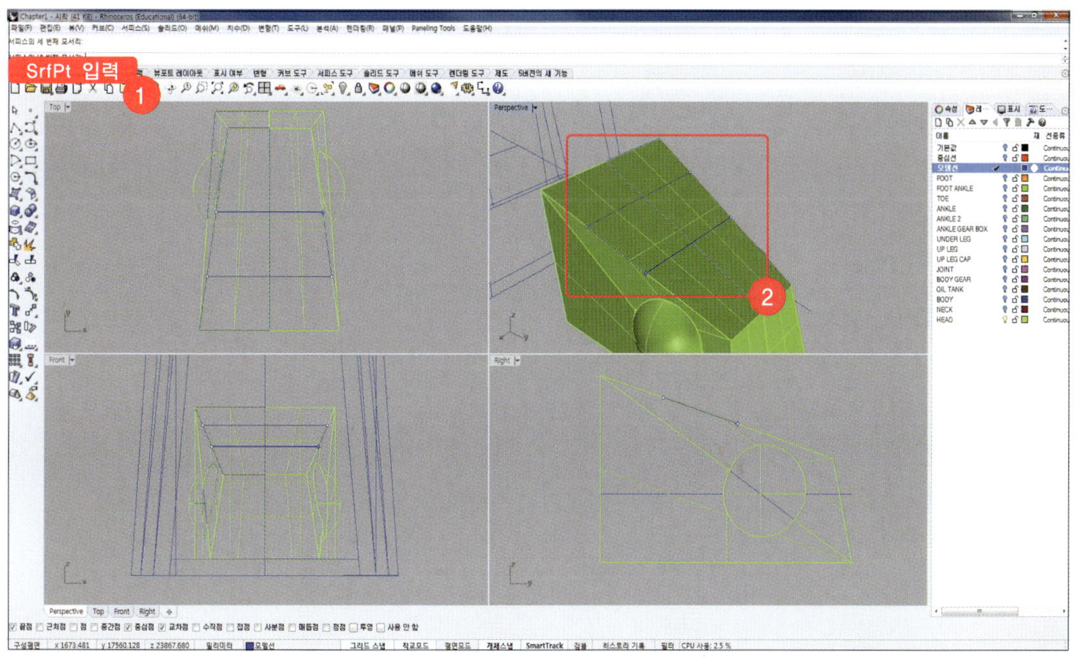

35 현재 레이어를 'HEAD'로 변경합니다. 'OffsetSrf'를 입력하고 '간격띄우기할 서피스'에 Step 34에서 작성한 서피스를 선택합니다. 간격띄우기 방향이 HEAD 표피 위쪽을 향하도록 변경하고(명령창의 '모두 반전' 클릭, '솔리드=아니요' 확인) '방향을 반전시킬 개체'에 '500'을 입력하고 [Enter]키를 누릅니다.

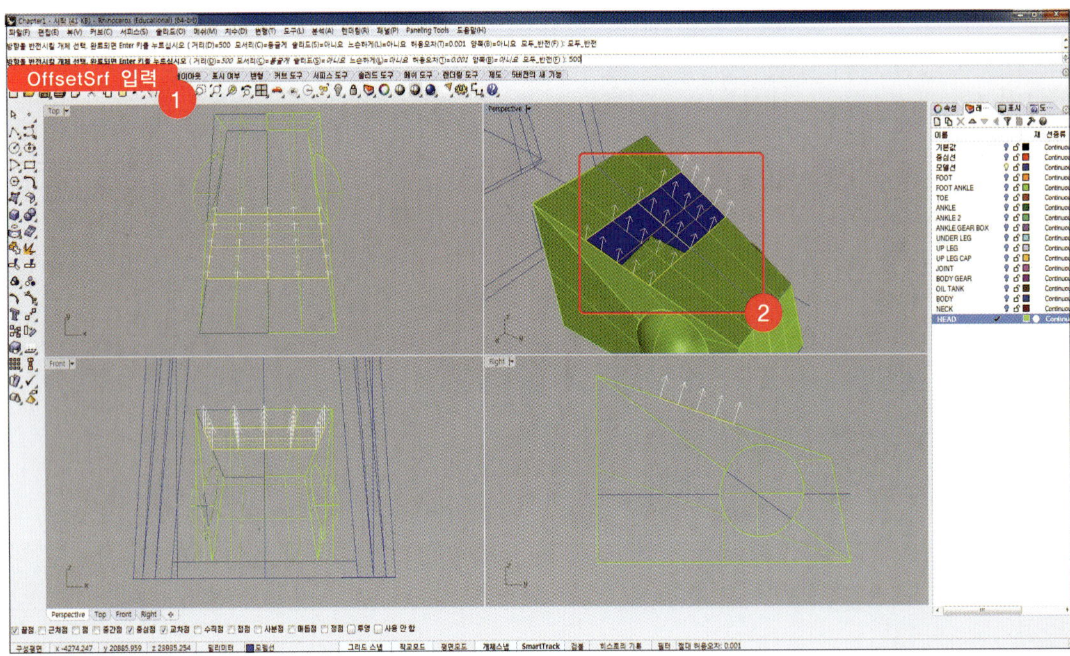

36 'Line'을 입력하고 아래 그림과 같이 Step 35에서 작성한 서피스의 가장자리 중간점(아래 스냅에서 '중간점' 체크)을 잇는 line을 작성합니다.

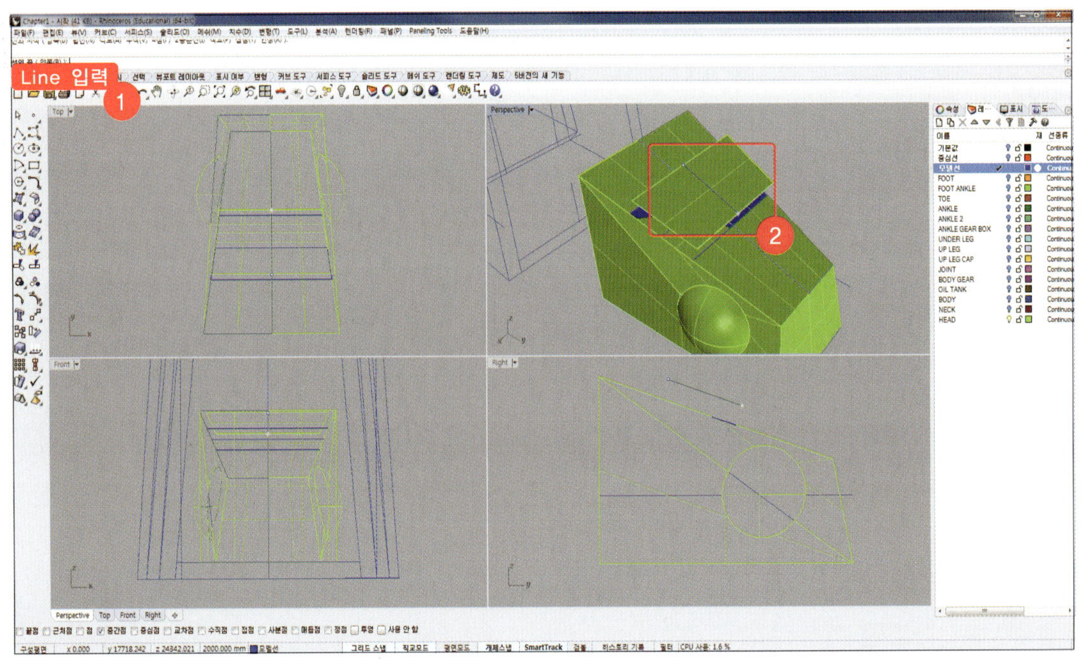

37 'Scale'을 입력하고 '크기 조정할 개체'에 Step 35에서 간격띄우기한 서피스를 선택합니다. '원점'에 Step 36에서 작성한 line의 중간점을 선택하고 '배율 또는 첫 번째 참조점'에 '0.6'을 입력한 뒤, [Enter]키를 누릅니다.

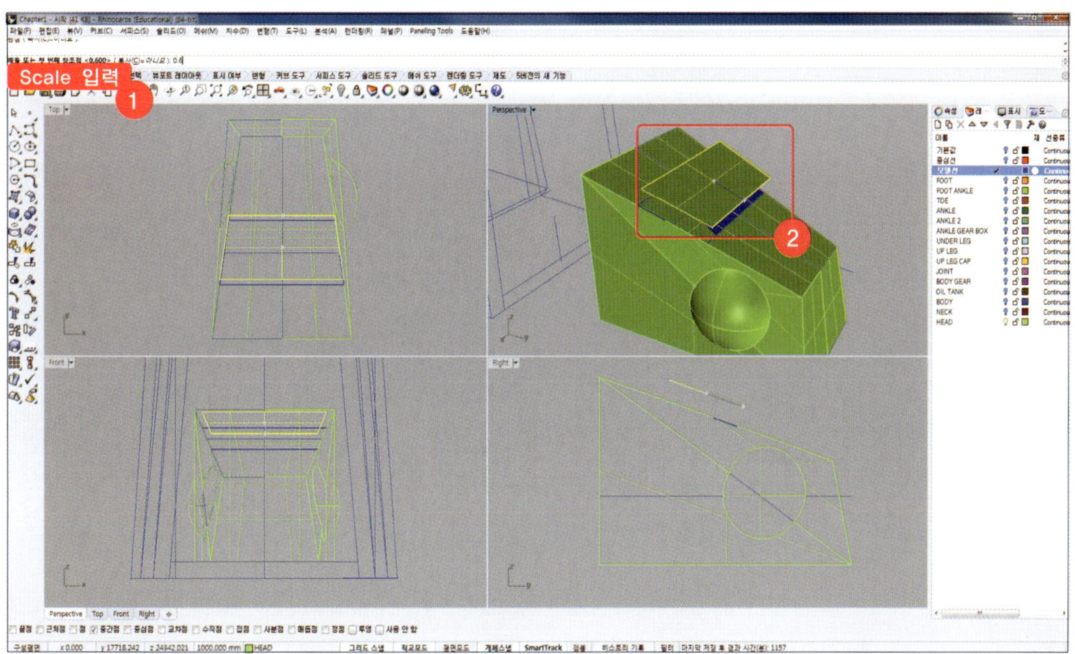

38 아래 '개체 스냅' 옆 '검볼'을 선택하고 Step 37에서 축소시킨 서피스를 선택합니다. [Top]뷰에서 빨간색 큐브를 선택하고 드래그하여 HEAD를 덮을 만큼 늘려줍니다.

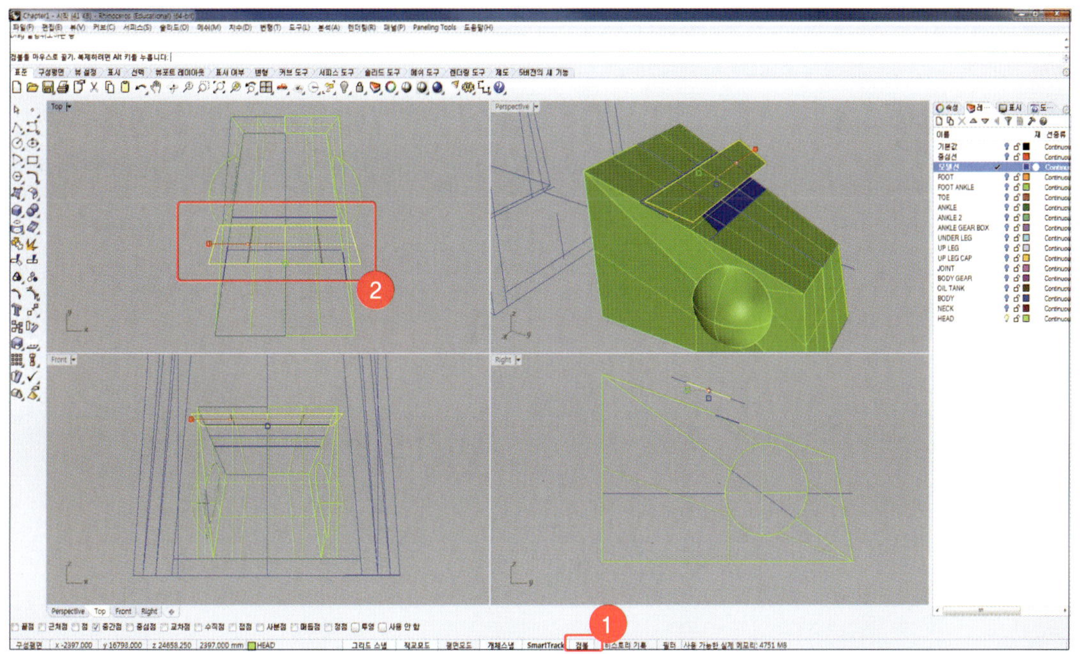

39 ‘ExtrudeCrv’를 입력합니다. ‘돌출 시킬 커브’에 아래 그림과 같이 Step 34에서 작성한 서피스 가장자리를 선택하고 수직 위로 Step 38에서 작성한 서피스를 통과할 만큼 돌출시킵니다. 반대편도 같은 방법으로 커브를 돌출시킵니다.

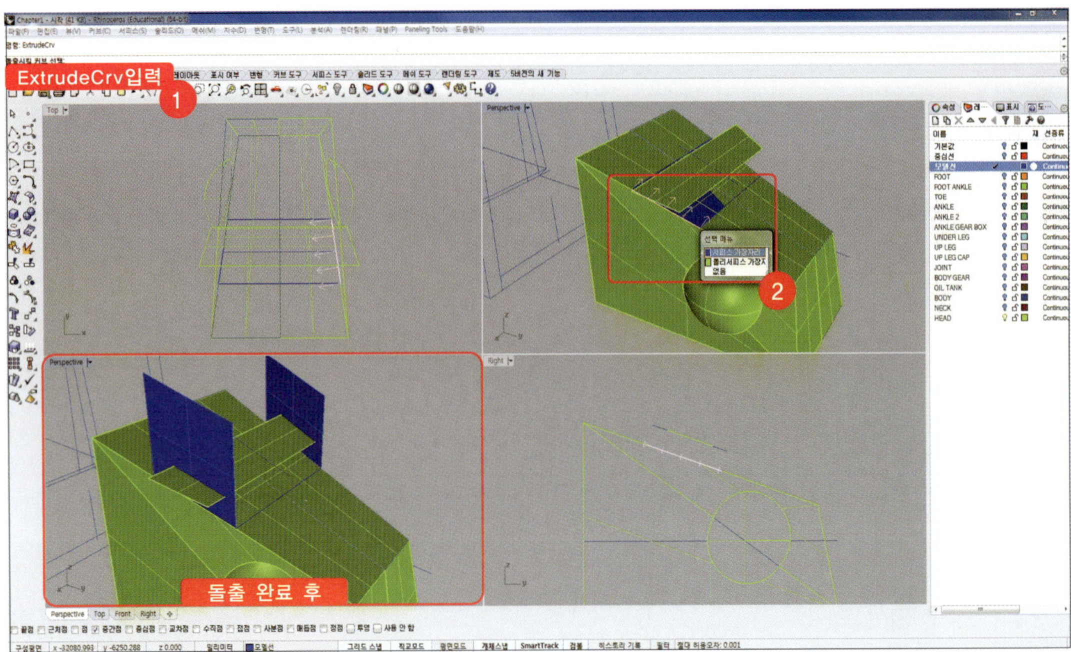

40 ‘Trim’을 입력하고 양쪽으로 돌출된 서피스를 잘라줍니다. ‘절단 개체 선택’에 Step 39에서 돌출시킨 서피스 2개를 선택하고 ‘트림할 개체 선택’에 양쪽 돌출된 서피스 부분을 선택해 잘라줍니다.

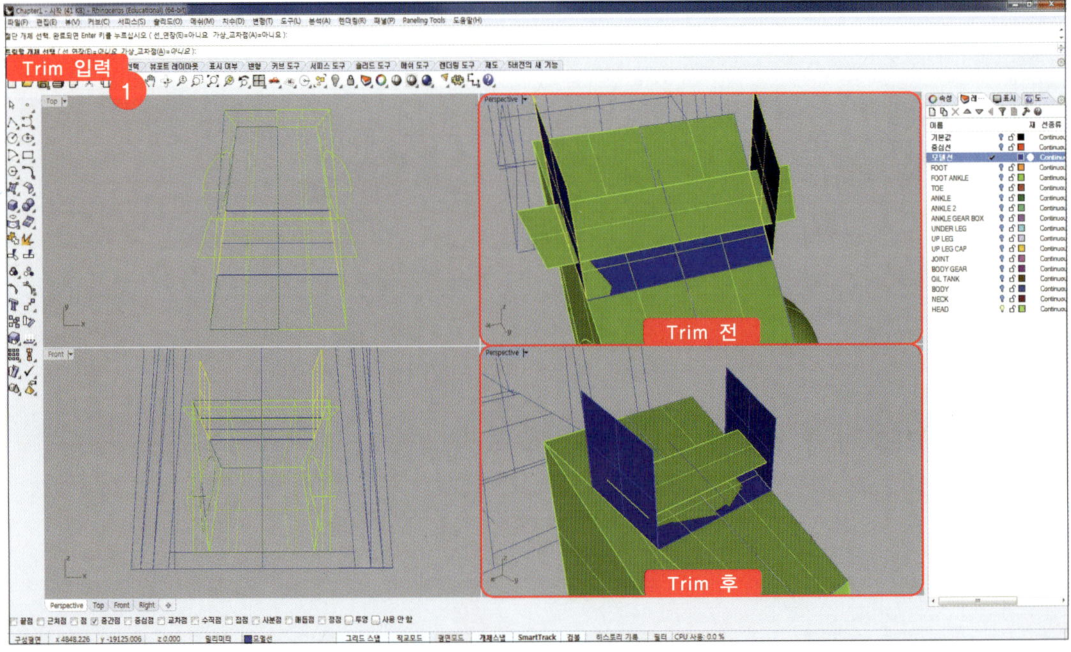

41 Trim을 위해 작성한 양쪽 서피스를 선택하고 명령창에 'Hide'를 입력한 뒤, [Enter]키를 누릅니다.

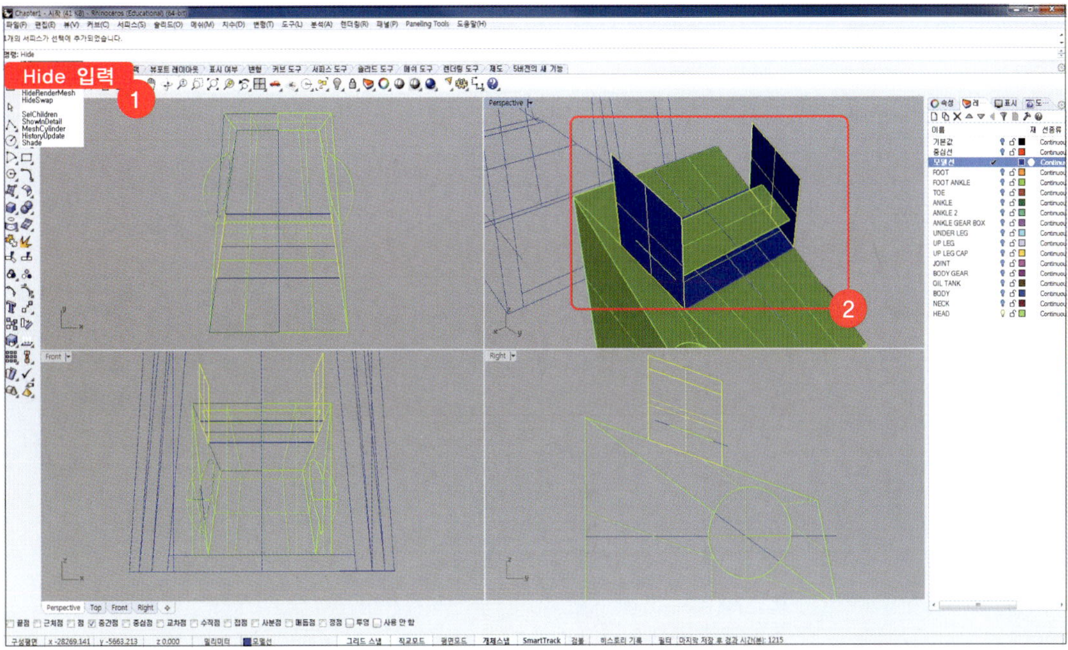

42 'DupFaceBorder'를 입력하고 '테두리를 복제할 서피스'에 아래 그림과 같이 표시된 서피스 2개를 선택합니다.

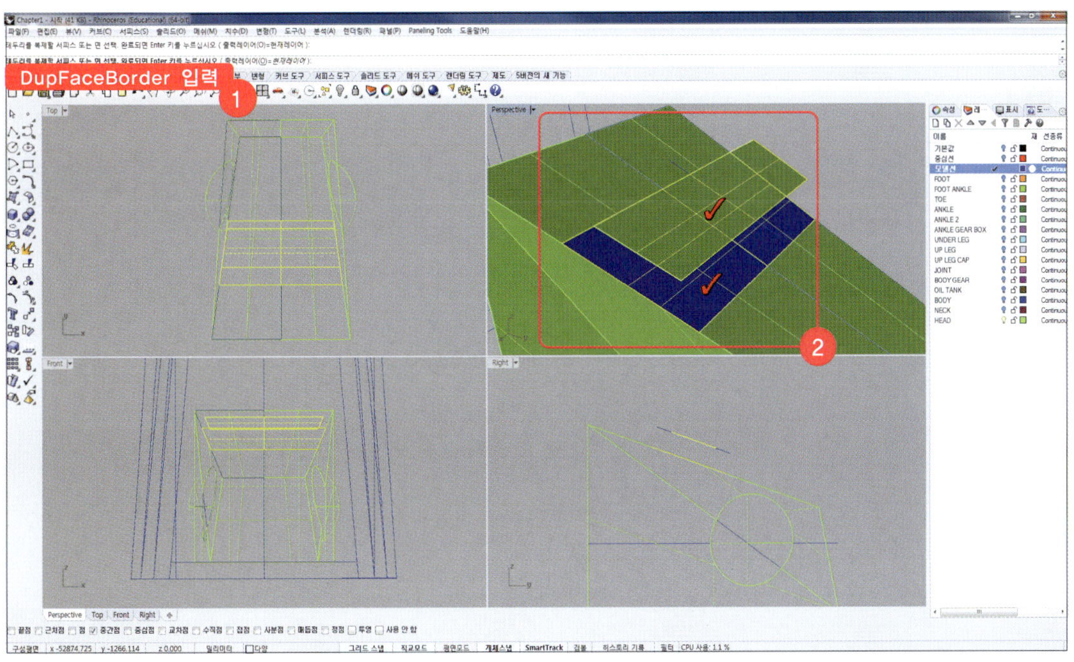

43 현재 레이어를 'HEAD' 레이어로 변경한 뒤, 명령창에 'Loft'를 입력합니다. '로프트할 커브 선택'에 Step 42에서 작성한 테두리 커브 2개를 선택하고 '조정할 심 점을 선택'에서 [Enter]키를 누릅니다. [로프트 옵션]창이 뜨면 '스타일'에 '직선 단면'을 선택하고 [확인]을 클릭합니다.

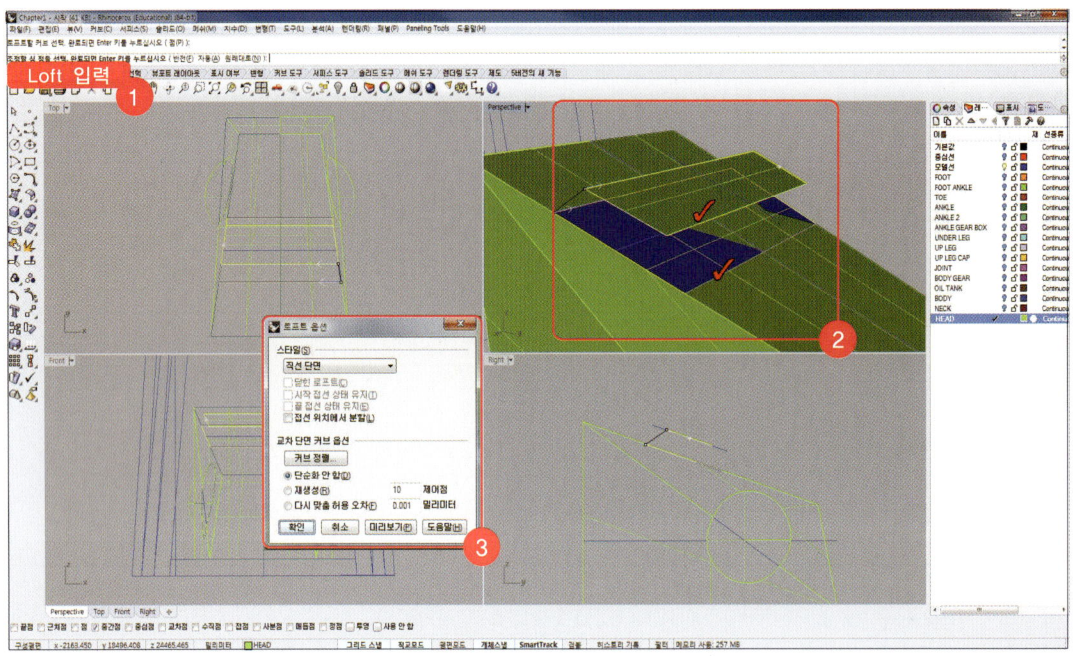

44 HEAD의 전반적인 부분이 완성되었습니다. 다음 강에서 HEAD를 더 자세하게 모델링

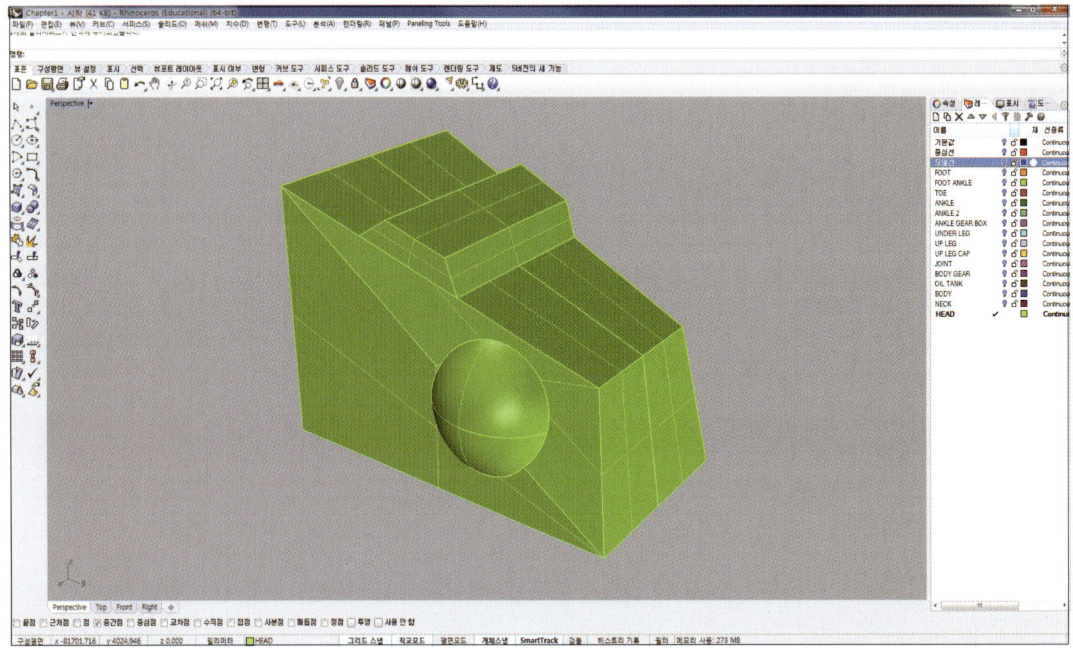

HEAD 모델링-Detail

■ HEAD 모델링 : 설계/제작/생산/조립

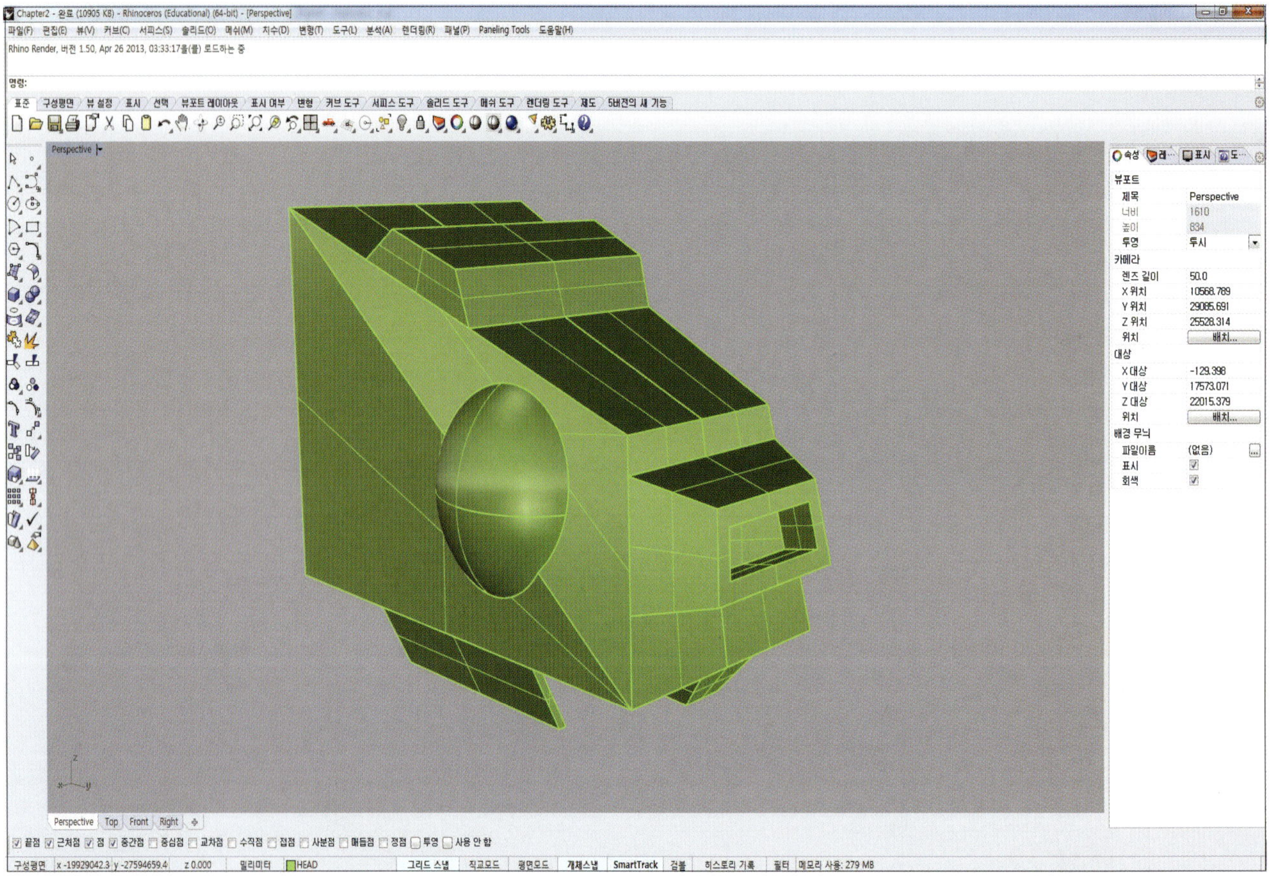

POINT!

● HEAD Digital Model 생성

● Digital Model간 조립

01 Rhino 3D 5를 실행합니다. 예제파일 'PART4' 폴더에서 'Chapter2 – 시작' 파일을 로드합니다.

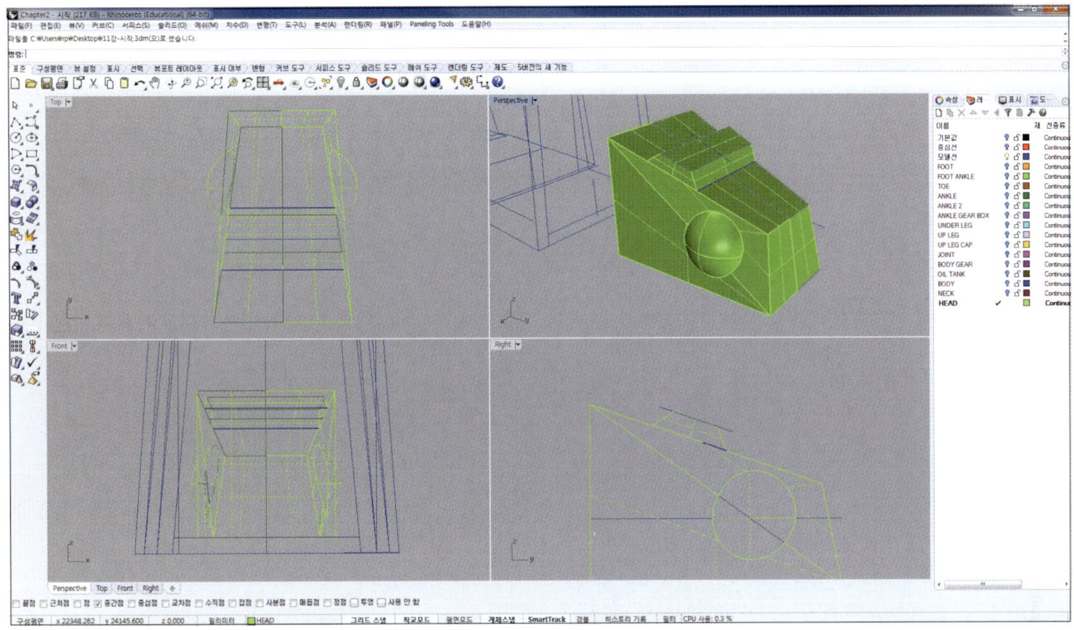

02 'OffsetCrvOnSrf'를 입력하고 '서피스에 있는 커브'에 아래 그림과 같이 HEAD 정면 아래쪽의 서피스 가장자리를 선택합니다. 방향은 서피스 면 위로 간격띄우기 되도록 명령창의 '반전'을 클릭해 변경하고 '간격띄우기 거리'에 '870'을 입력한 뒤, [Enter]키를 누릅니다.

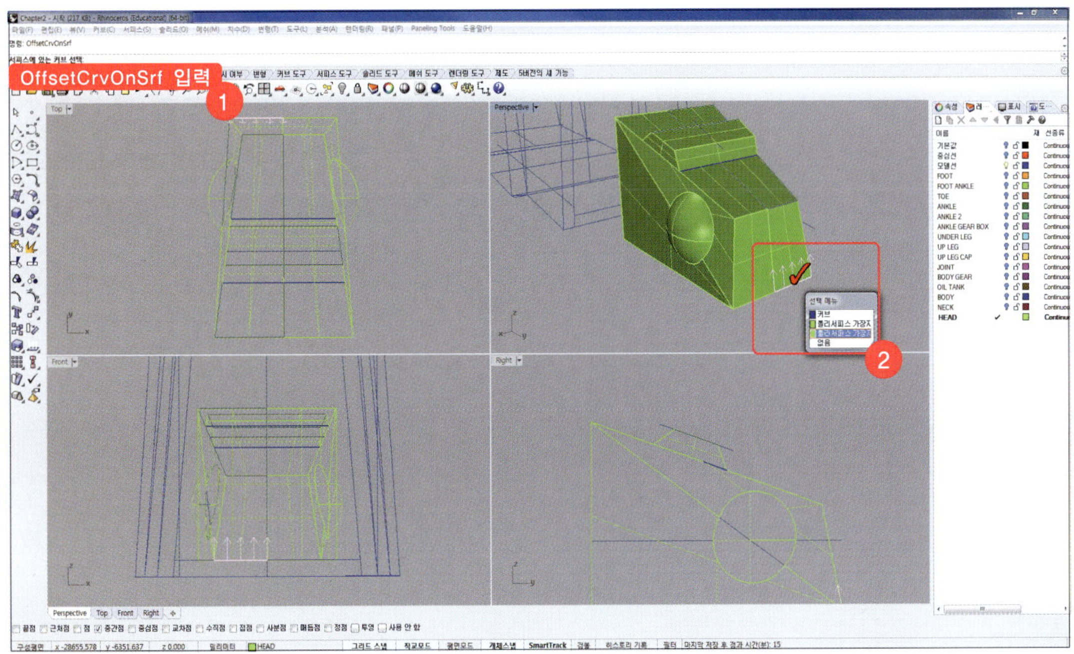

03 간격띄우기한 커브의 레이어를 '모델선'으로 변경하고 다시 'OffsetCrvOnSrf'를 입력합니다. Step 02에서 작성한 커브에서 같은 방향으로 '간격띄우기 거리'가 '1300'인 커브를 작성합니다.(기준 서피스 선택에는 커브가 속해 있는 서피스를 선택합니다.)

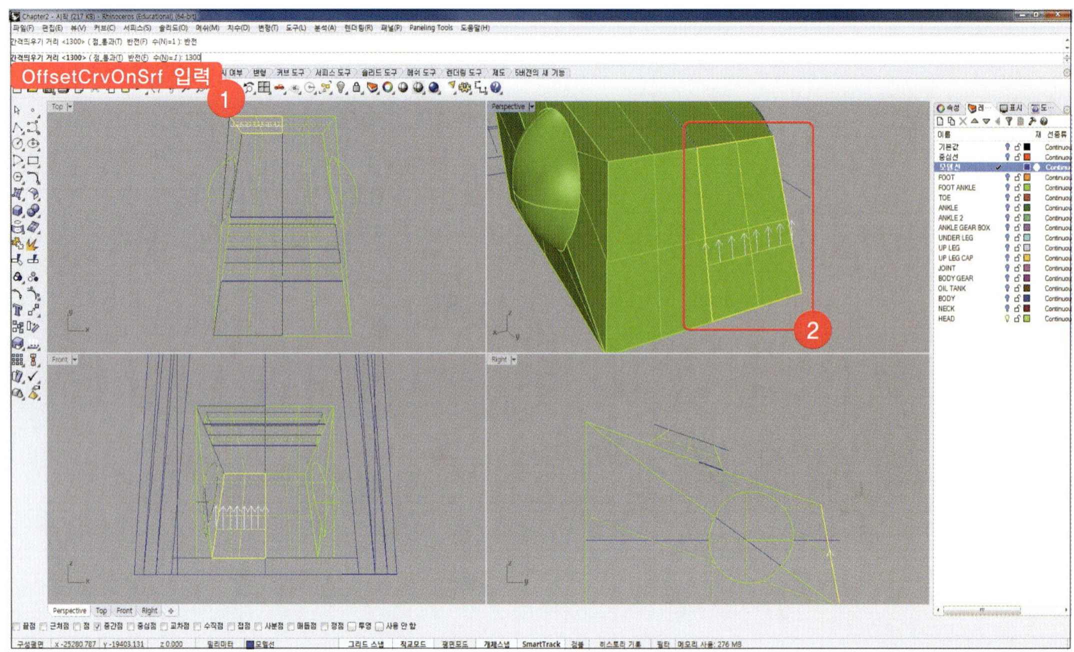

04 'Stretch'를 입력하고 '스트레치할 개체'에 간격띄우기한 아래쪽 line을 선택합니다. '스트레치 축의 시작'에 선택한 line의 HEAD 바깥쪽에 위치한 끝점, '스트레치 축의 끝'에 HEAD 중심 쪽의 line 끝점, '스트레치 목표 지점'에 HEAD 반대편의 가장자리와의 교차점을 선택합니다. 위쪽 간격띄우기한 커브 역시 같은 과정으로 HEAD 반대편 가장자리까지 연장합니다.

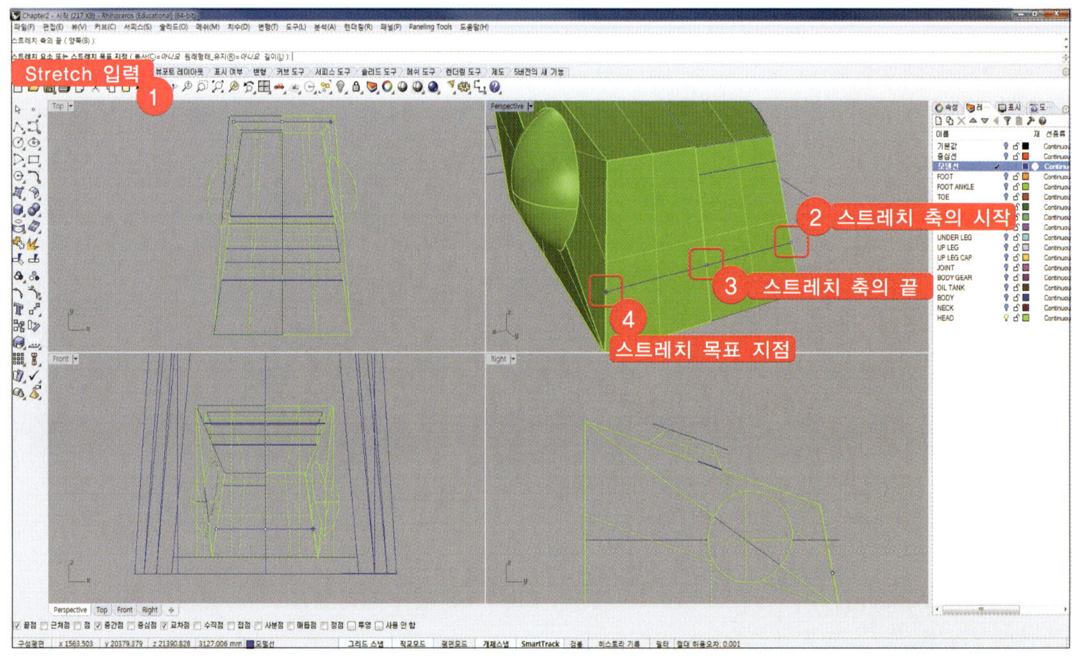

05 현재 레이어를 'HEAD'로 바꾸고 명령창에 'SrfPt'를 입력합니다.
서피스의 네 모서리를 아래 그림과 같이 Step 04에서 작성한 line의 각 끝점을 선택해 서피스를 생성합니다.

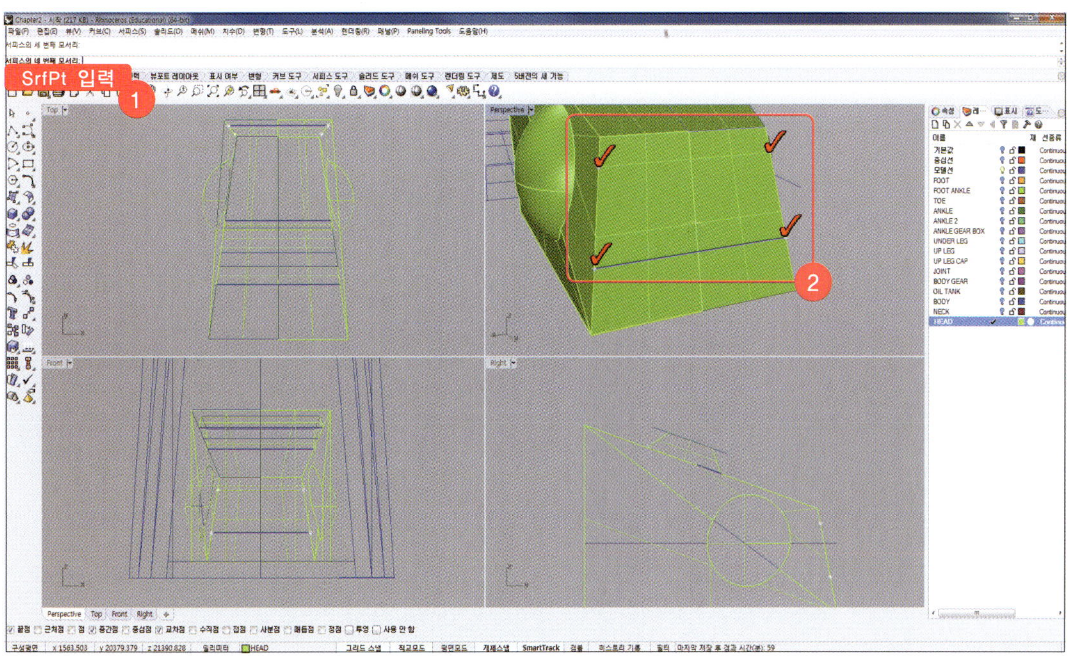

06 'OffsetSrf'를 입력하고 '간격띄우기할 서피스'에 Step 05에서 작성한 서피스를 선택합니다. 명령창에서 '모두 반전'을 클릭해 간격띄우기 방향을 HEAD 바깥쪽으로 향하도록 변경한 뒤, '900'을 입력하고 [Enter]키를 누릅니다.

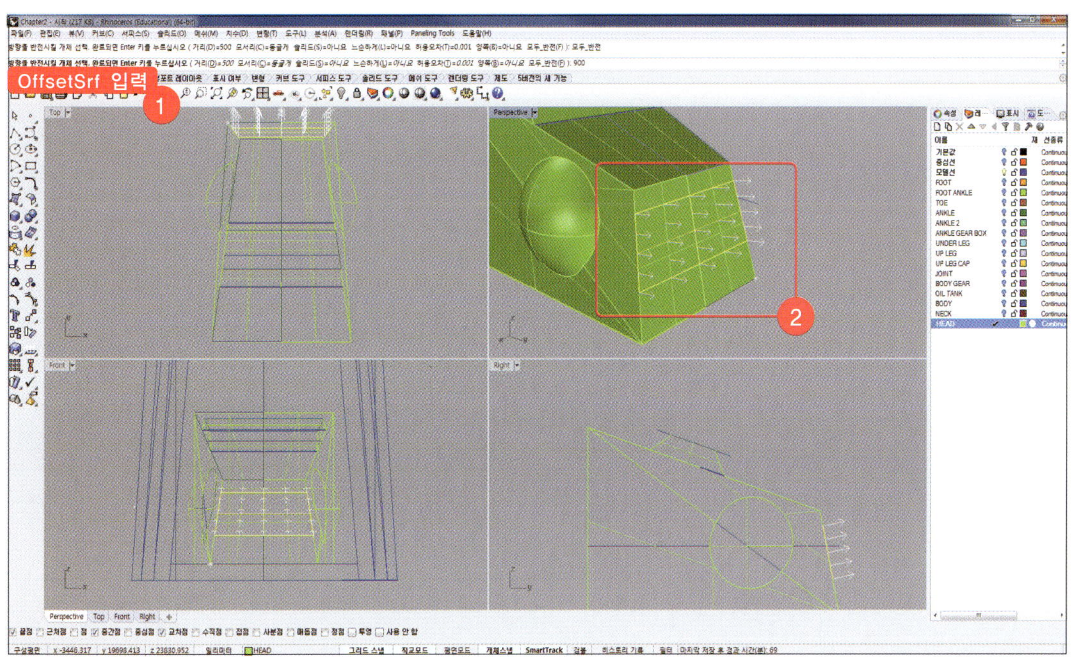

07 현재 레이어를 '모델선'으로 변경합니다. 'OffsetCrvOnSrf'를 입력하고 아래 그림과 같이 Step 06에서 간격띄우기한 서피스의 아래쪽 가장자리를 선택하고 방향을 위쪽으로 설정합니다. '간격띄우기 거리'에 '900'을 입력하고 [Enter]키를 누릅니다.

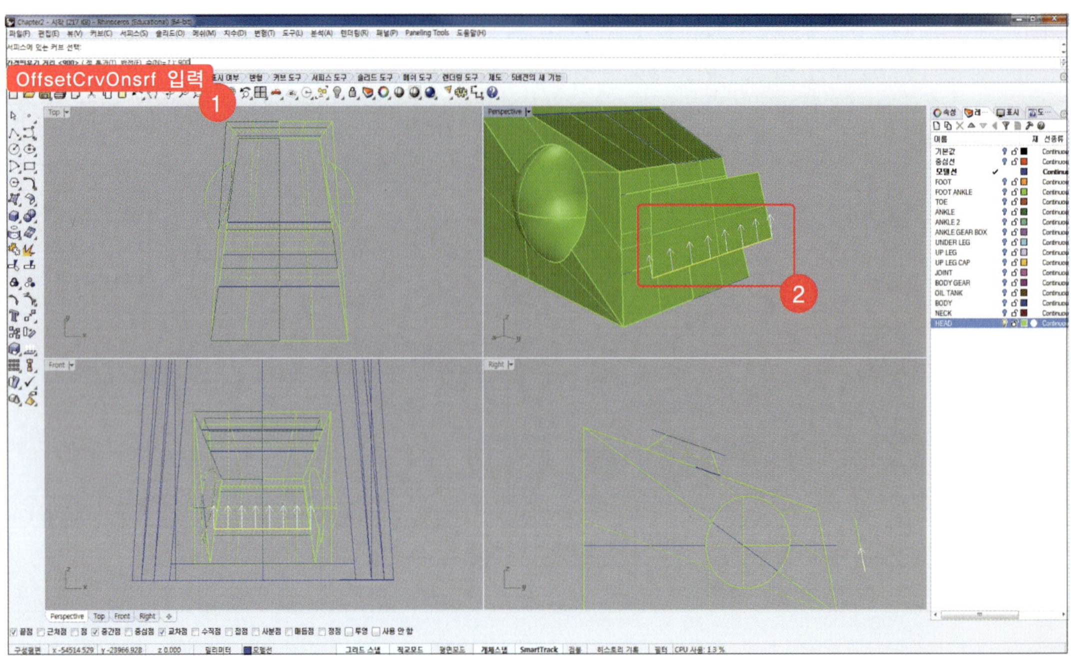

08 'OffsetCrvOnSrf'를 다시 입력하고 Step 06에서 간격띄우기한 서피스의 양 옆 가장자리 안쪽 방향으로 거리 '500'만큼 간격띄우기 line을 작성합니다. Step 06~07에서 간격띄우기한 3개의 line의 레이어를 '모델선'으로 변경합니다.

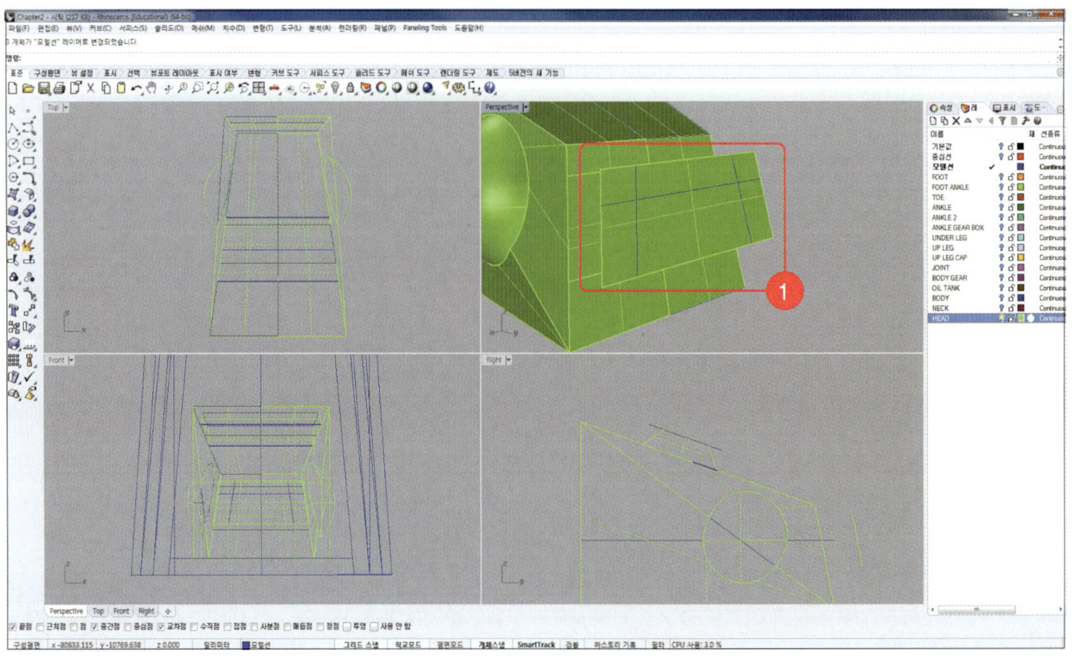

09 'Fille'을 입력하고 '반지름=0, 결합=예, 트림=예'를 확인하고 아래 그림과 같이 3개의 라인을 모따기 합니다.

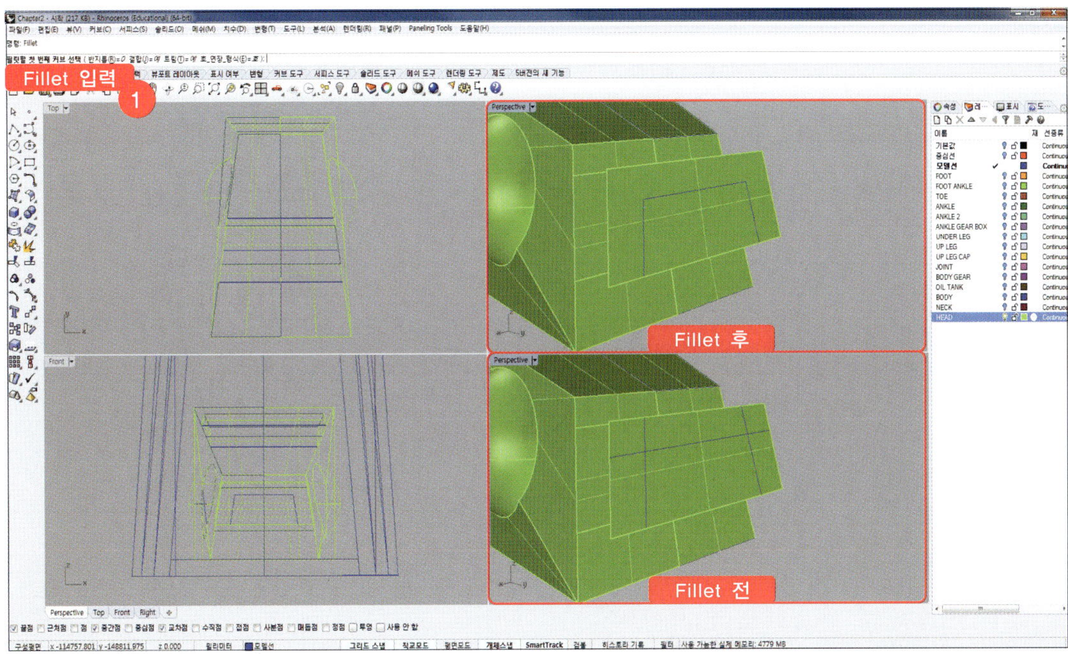

10 'Trim'을 입력하고 '절단 개체 선택'에 Step 09에서 fillet한 커브를 선택하고 '트림할 개체 선택'에 커브 바깥쪽 서피스를 선택해 자릅니다.

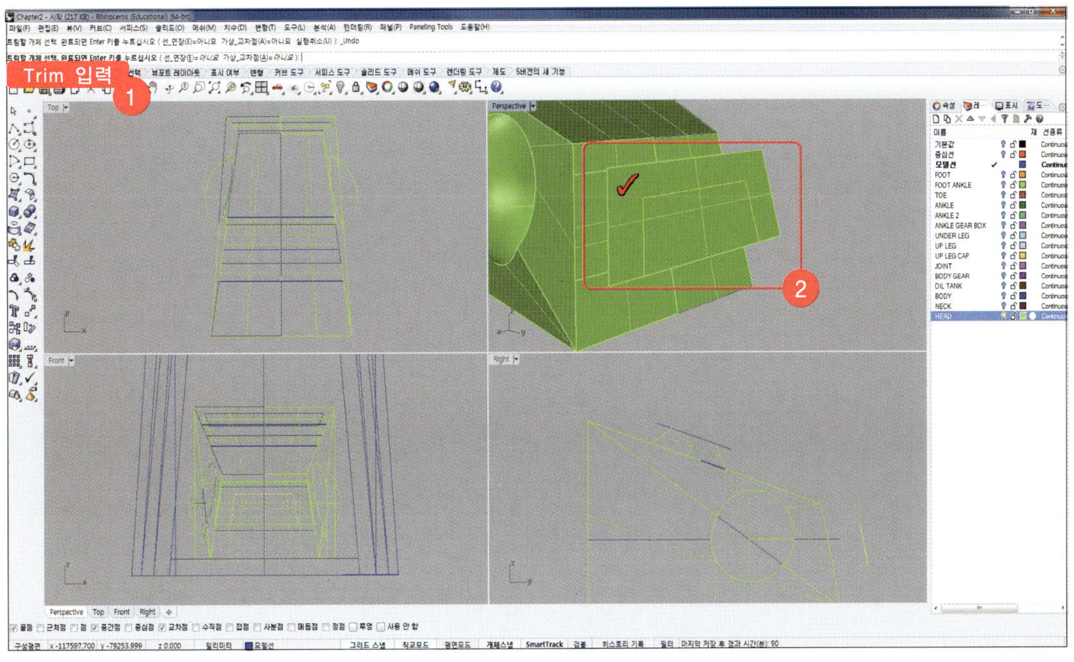

11 'HEAD' 레이어를 끈 뒤, 명령창에 'Line'을 입력합니다. '선의 시작'과 '선의 끝'을 아래 그림과 같이 Step 04에서 stretch한 2개의 line의 끝점을 연결합니다.

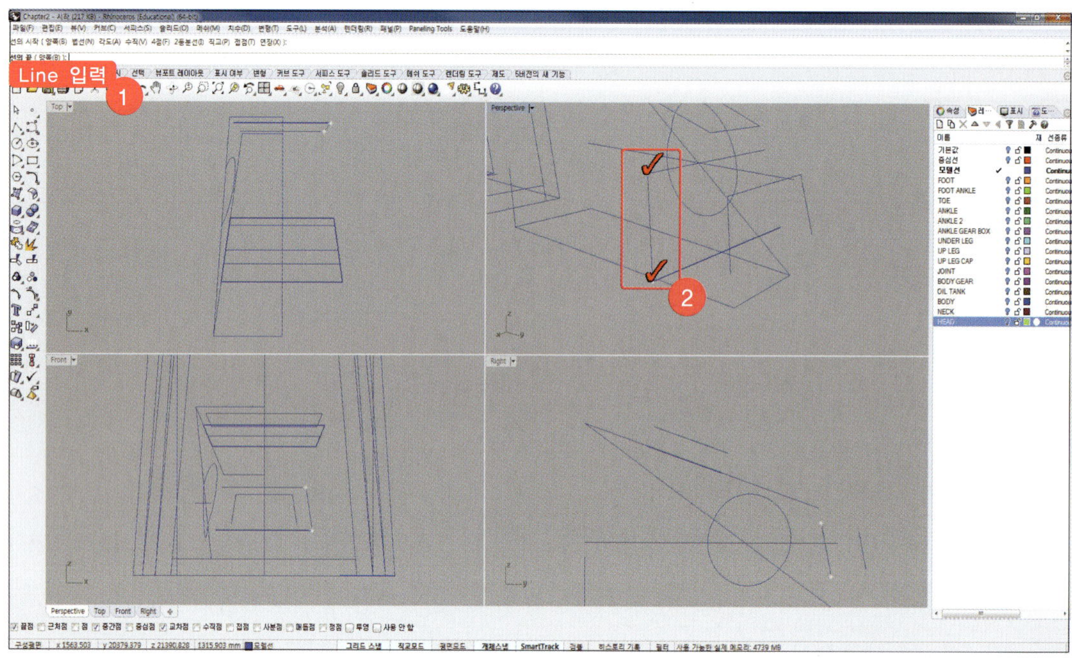

12 'Connect'를 입력하고 아래 그림과 같이 3개의 line을 연결합니다.

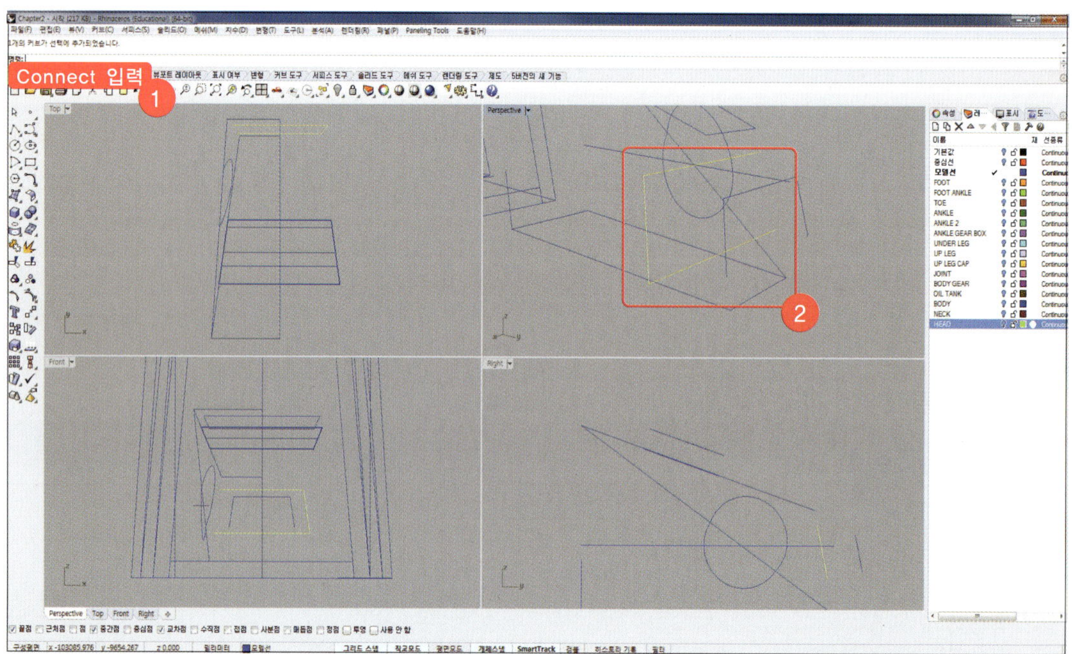

13 'CloseCrv'를 입력하고 아래 그림과 같이 2개의 polyline을 선택한 뒤, [Enter]키를 누릅니다.

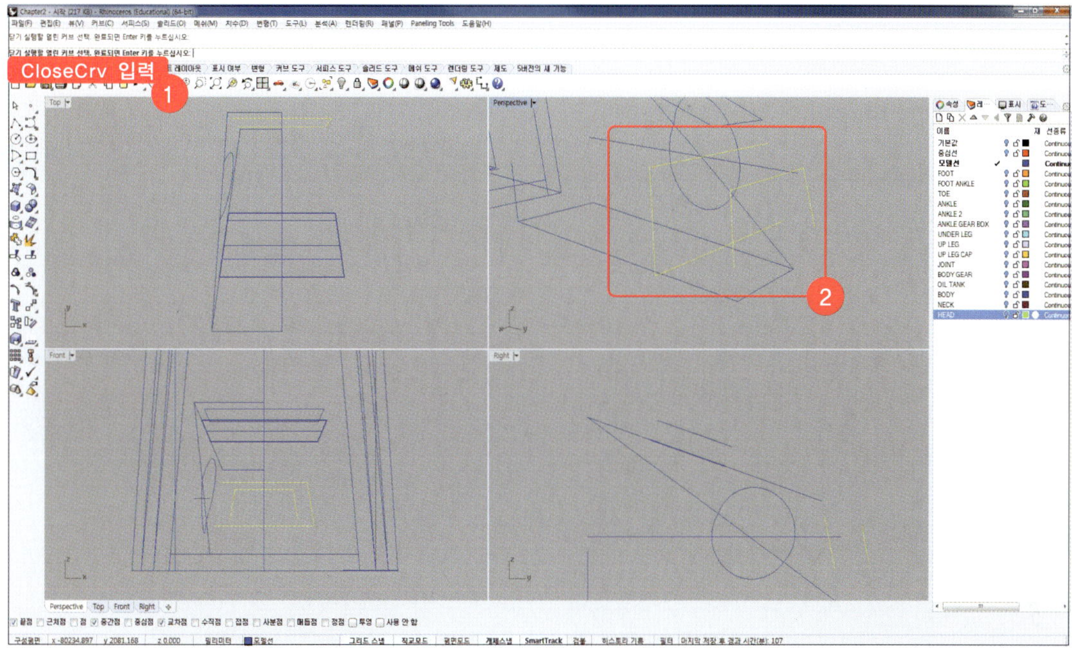

14 'Loft'를 입력하고 '로프트할 커브 선택'에 Step 13에서 작성한 2개의 닫힌 커브를 선택합니다. '조정할 심 점'에서 [Enter]키를 누르고 [로프트 옵션]창에서 '스타일'을 '직선단면'으로 지정하고 [확인]을 클릭합니다.

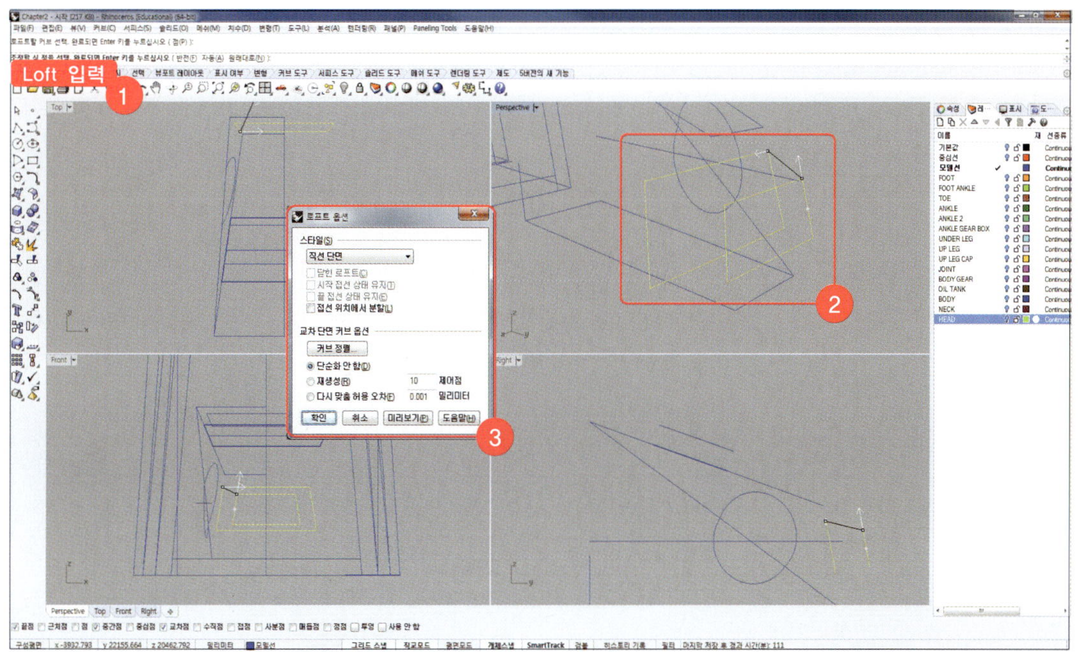

15 'HEAD' 레이어를 켠 뒤, Step 14에서 작성한 서피스의 레이어를 'HEAD' 레이어로 변경합니다. Step 05, 10에서 생성한 서피스를 삭제합니다.

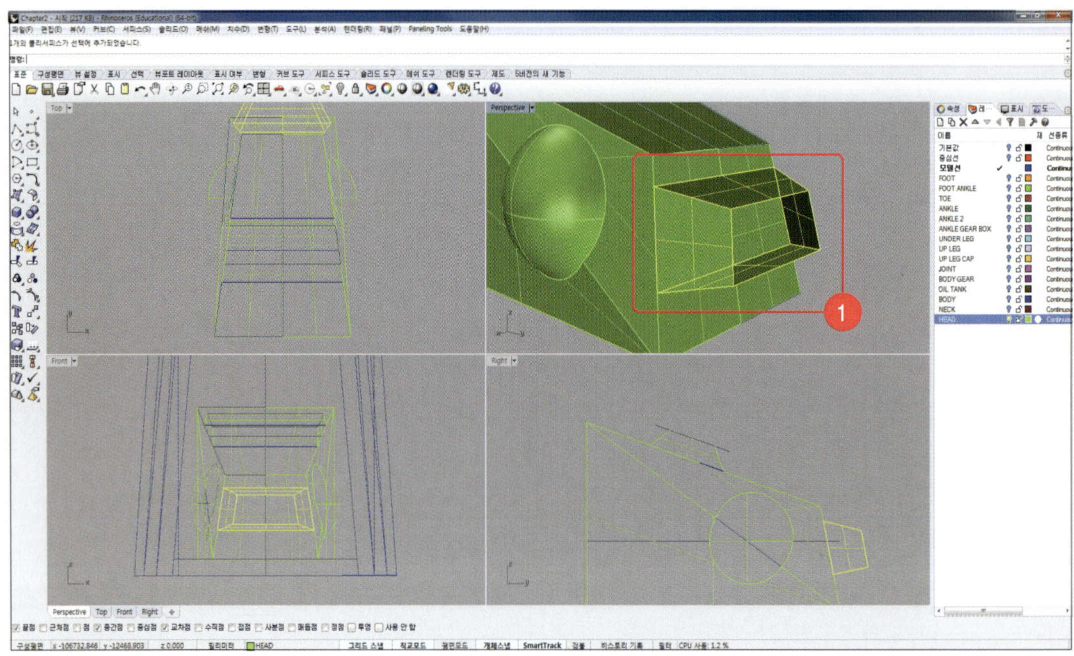

16 'Cap'을 입력하고 '끝막음할 서피스'에 Step 14에서 작성한 서피스를 선택하고 [Enter]키를 누릅니다.

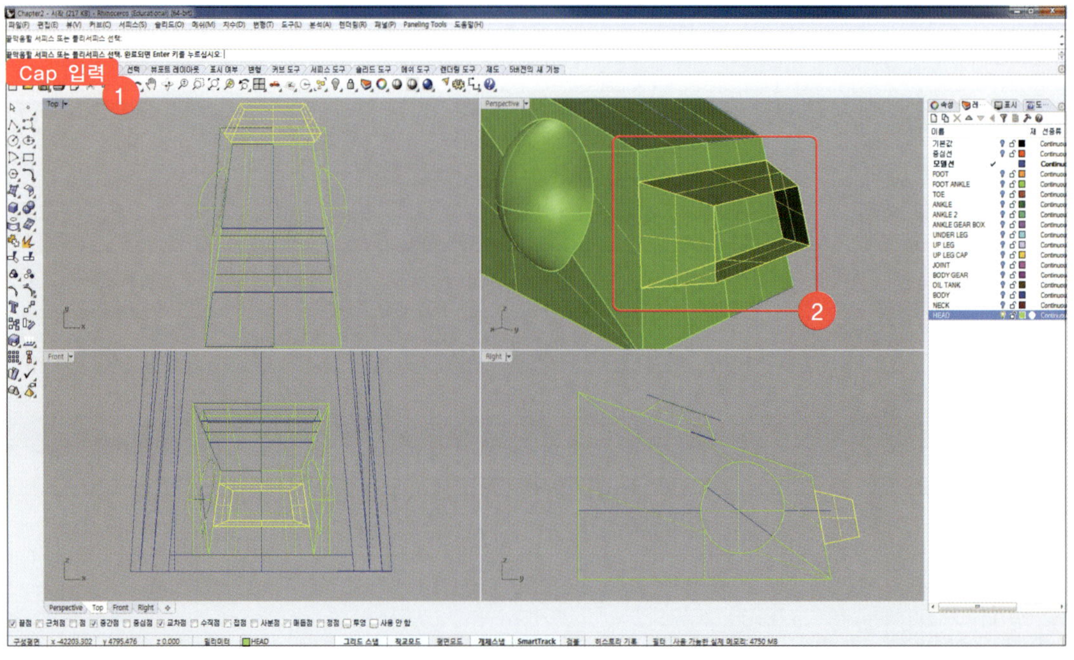

17 'Offset'을 입력하고 '간격띄우기할 개체'에 Step 14에서 닫힌 커브로 만들었던 앞쪽 커브를 선택합니다. '간격띄우기 할 쪽'에 '200'을 입력하고 커브 안쪽으로 간격띄우기가 작성되도록 방향을 지정합니다.

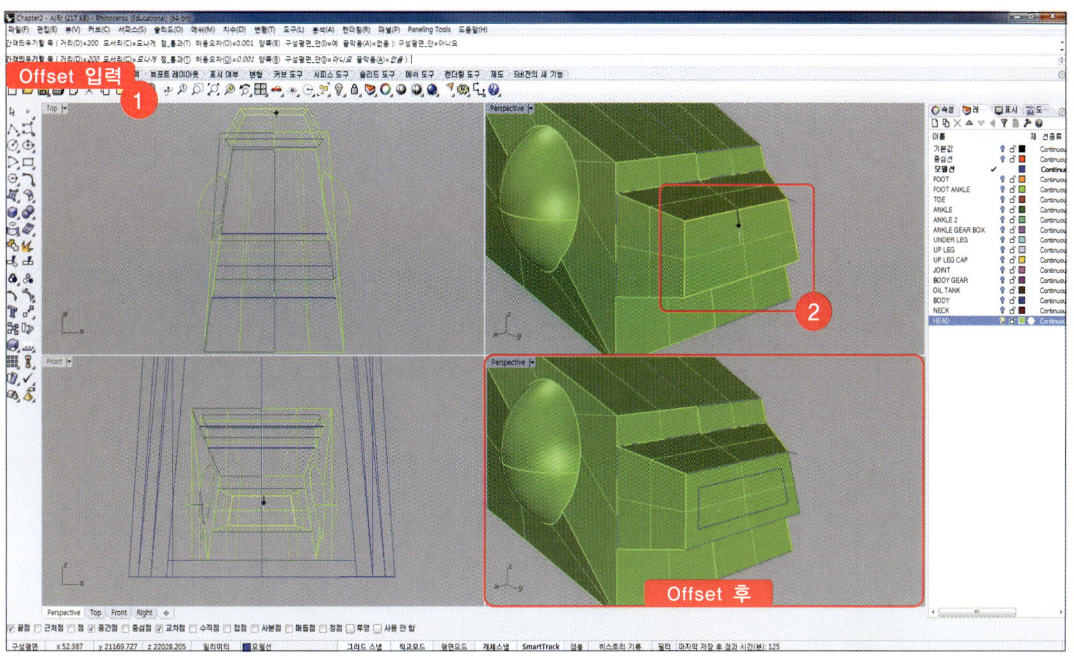

18 'MakeHole'을 입력하고 '닫힌 커브 선택'에 Step 17에서 작성한 커브를 선택합니다. '서피스 또는 폴리서피스 선택'에 Step 16에서 끝막음한 서피스를 선택하고 '깊이점'에 '500'을 입력해 서피스 안쪽으로 hole을 만듭니다.

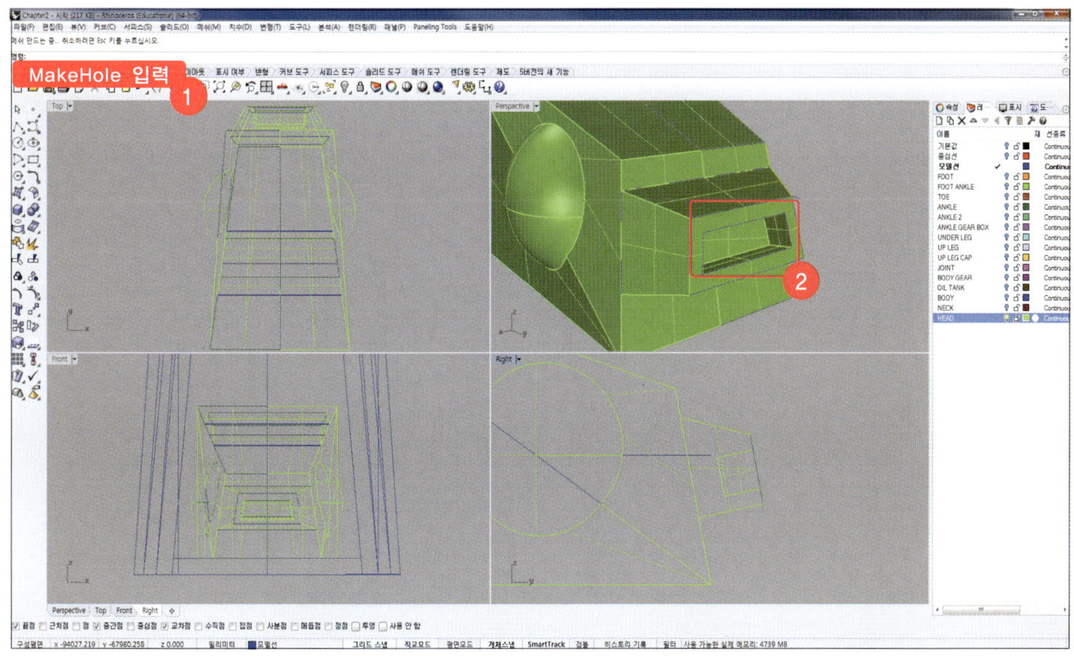

19 'OffsetCrvOnSrf'를 입력하고 '서피스에 있는 커브 선택'에 HEAD 아래쪽 중간의 가장자리를 선택합니다. '간격띄우기 거리'에 '500'을 입력하고 [Enter]키를 누릅니다. 중간을 기준으로 양 옆으로 500간격씩 line 2개를 작성합니다. 작성한 line의 레이어를 '모델선'으로 변경합니다.

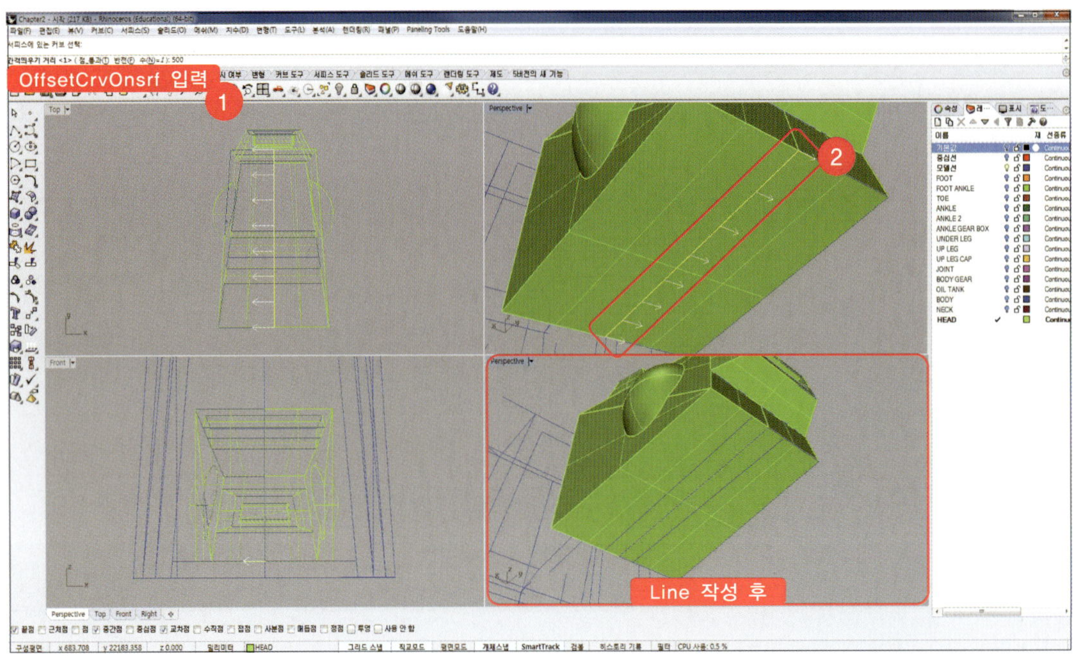

20 'Offset'을 이용하여 Step 19에서 작성한 line을 중심쪽 방향으로 '200'만큼 간격띄우기 line을 작성합니다.

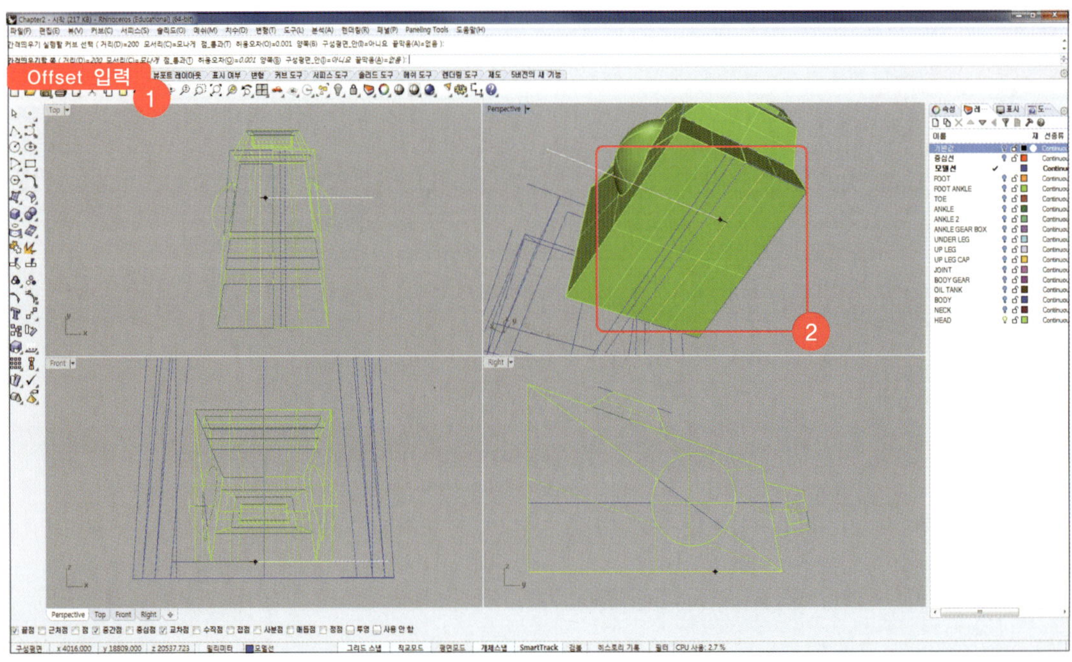

21 ‘Line’ 을 입력하고 Step 20에서 작성한 line 2개의 HEAD 정면쪽 끝점을 이어 line을 생성합니다.

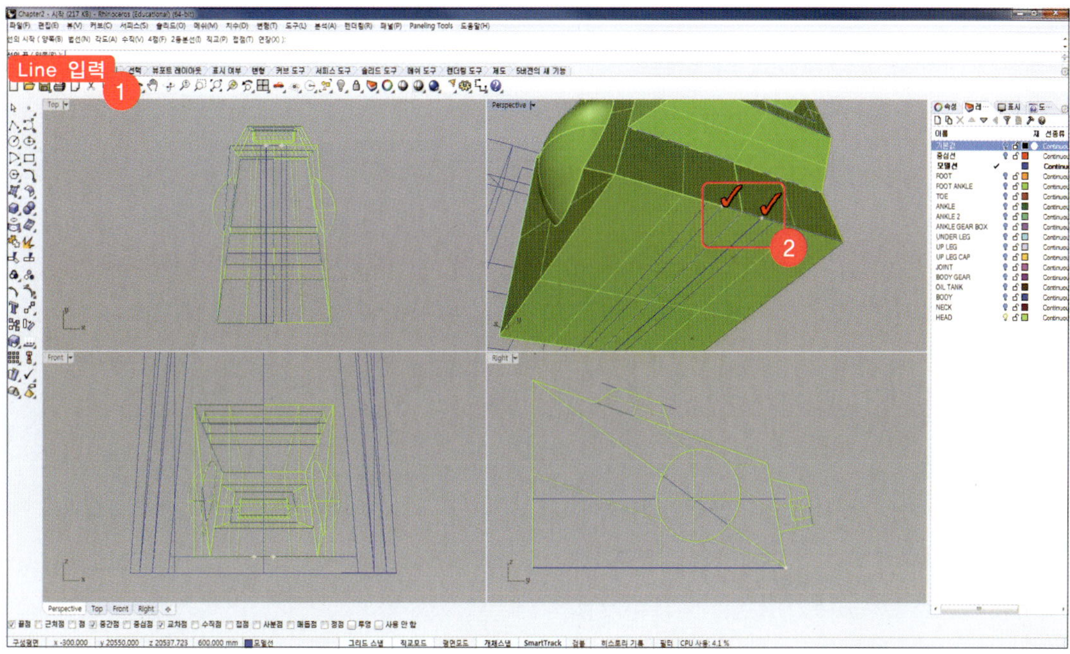

22 ‘Offset’ 을 이용하여 Step 21에서 작성한 line을 HEAD 아래 표피 서피스를 따라 각각 ‘400’, ‘5100’ 만큼 간격띄우기 line을 작성합니다.

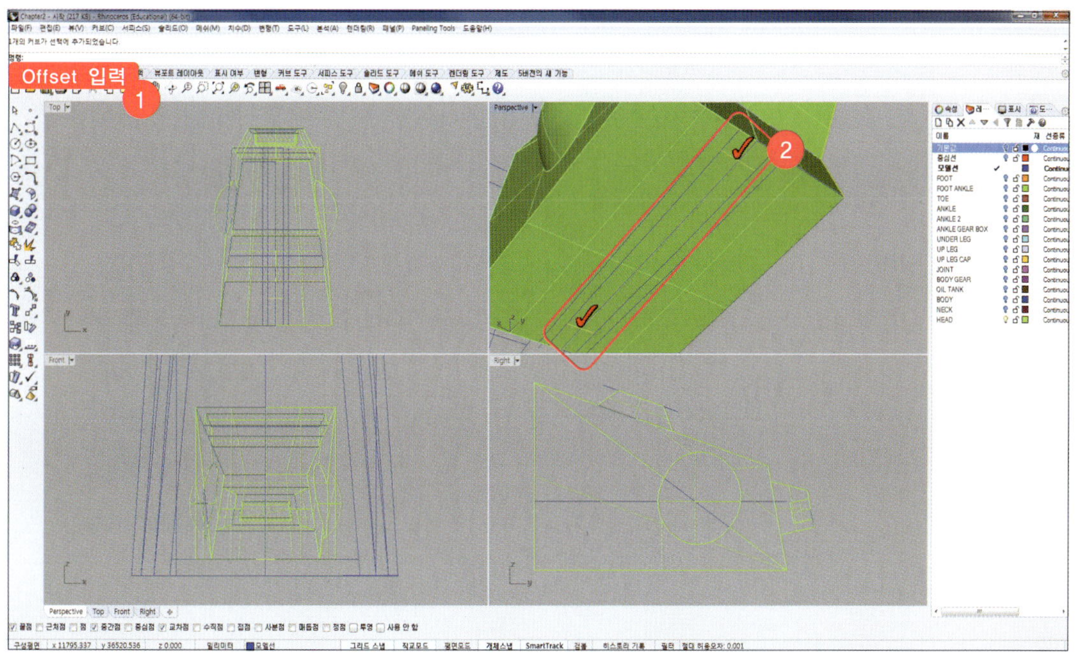

23 'Polyline'을 입력하고 아래 그림과 같이 Step 19~22에서 작성한 기준선을 따라 안쪽, 바깥쪽 사각형 line을 작성합니다. (현재 HEAD 색은 참고를 위해 변경한 것입니다.)

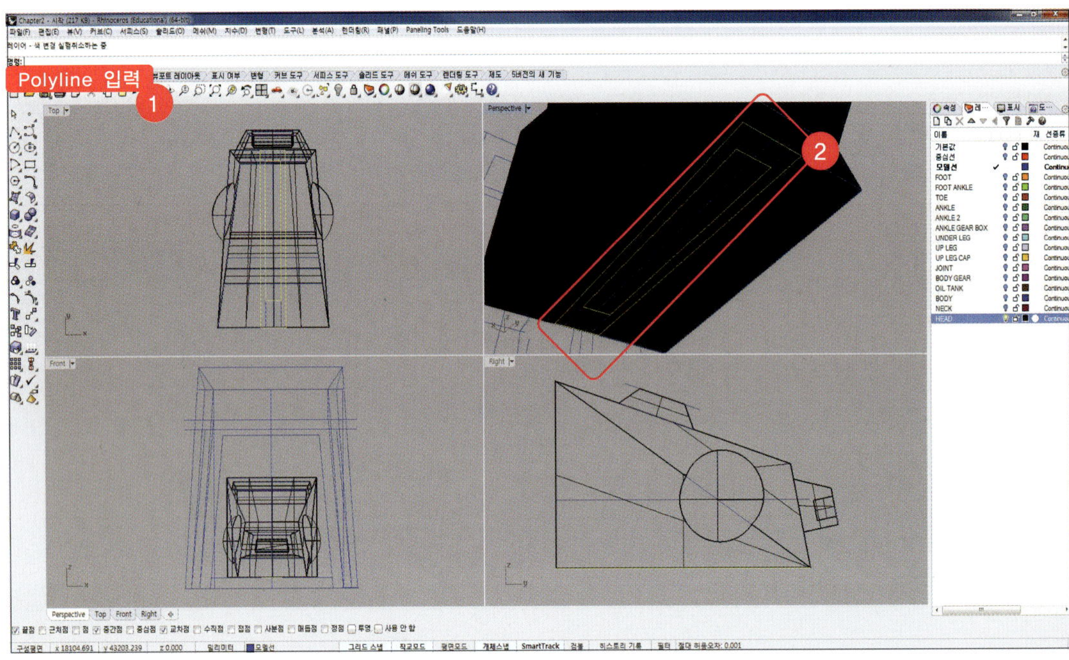

24 'Move'를 입력하고 '이동시킬 개체'에 안쪽 작은 사각형을 선택합니다. '이동의 기준점'에 [Right]뷰에서 임의의 점을 선택하고 '이동의 기준점 새 위치'에 '450'을 입력한 뒤, 수직 아래쪽으로 이동시킵니다.

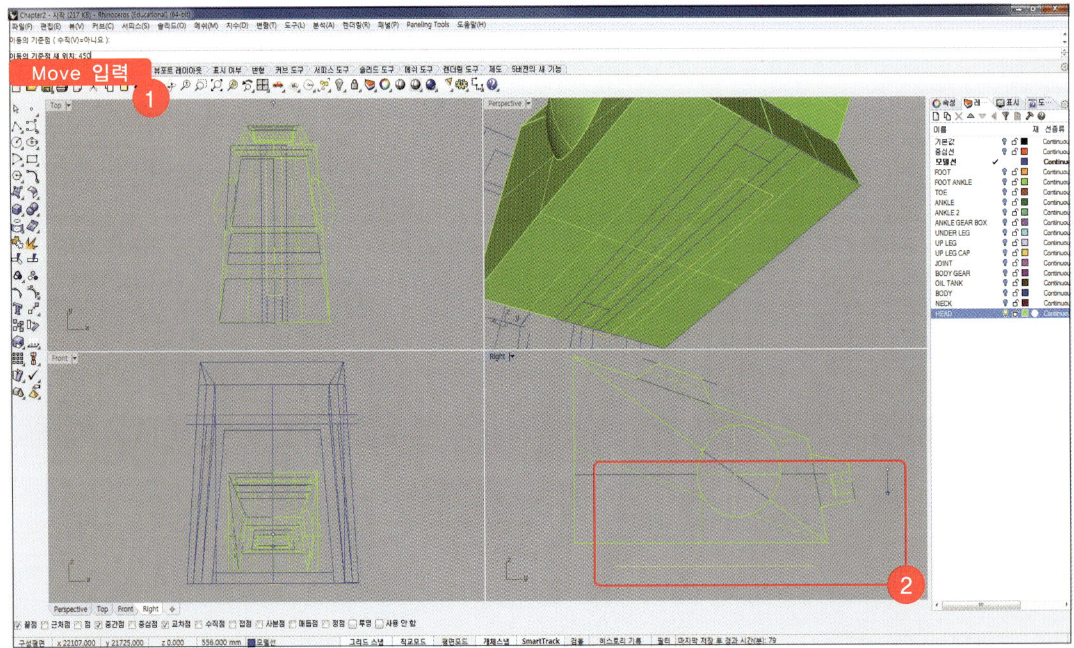

25 현재레이어를 'HEAD'로 변경하고 명령창에 'Loft'를 입력합니다. '로프트할 커브'에 Step 24에서 이동 시킨 polyline과 Step 23에서 작성한 바깥쪽 큰 사각형 polyline을 선택합니다. '조정할 심 점을 선택' 에서 [Enter]키를 누르고 [로프트 옵션]창이 활성화 되면 '스타일'에 '직선 단면'을 선택하고 [확인]을 클릭합니다.

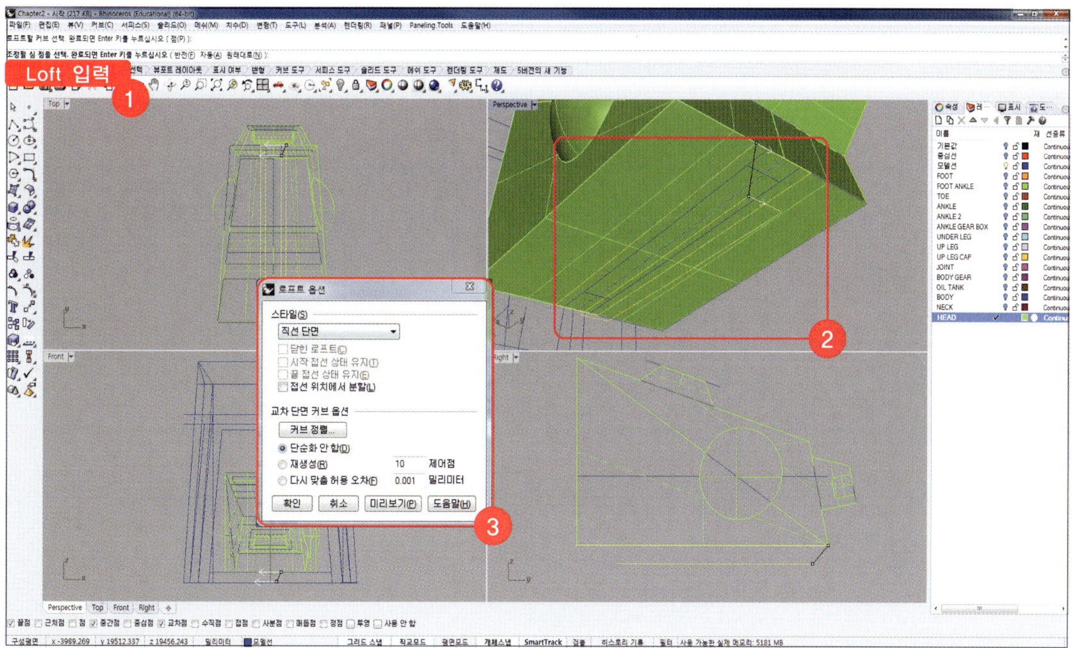

26 'Cap'을 입력하고 '끝막음할 서피스'에 Step 25에서 작성한 loft 서피스를 선택한 뒤, [Enter]키를 누릅니다.

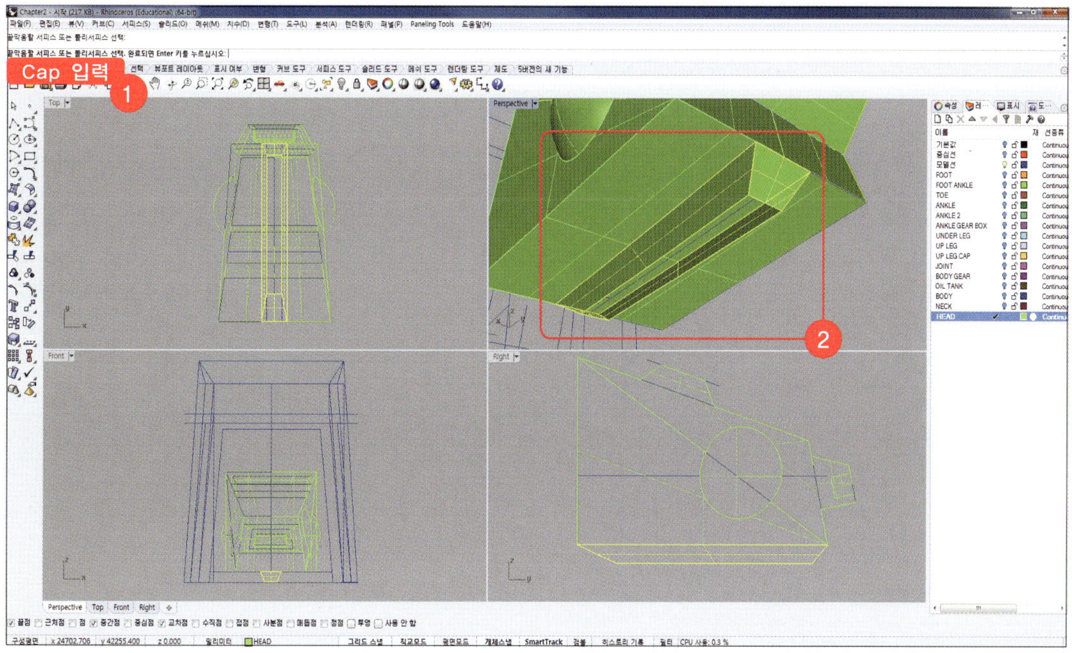

27 현재 레이어를 '모델선'으로 변경합니다. 'Line'을 입력하고 '선의 시작'을 아래 그림과 같이 HEAD 아래쪽 모서리를 선택하고 [Right]뷰에서 수직 아래로 방향을 잡은 뒤, '선의 끝'에 '900'을 입력합니다.

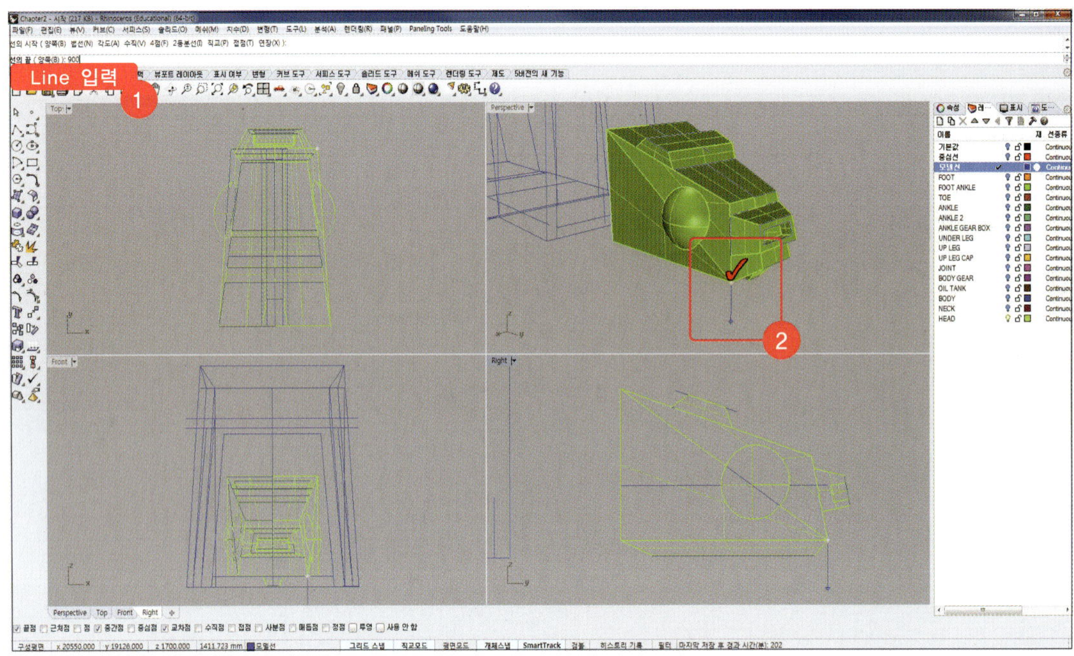

28 'Rotate'를 입력하고 '회전시킬 개체'에 Step 27에서 작성한 line을 선택합니다. '회전 중심'에 Step 27에서 작성한 line의 시작점을 선택하고 '첫 번째 참조점'에 [Front]뷰에서 line의 끝점을 선택합니다. '두 번째 참조점'에 '-30'을 입력하고 [Enter]키를 누릅니다.

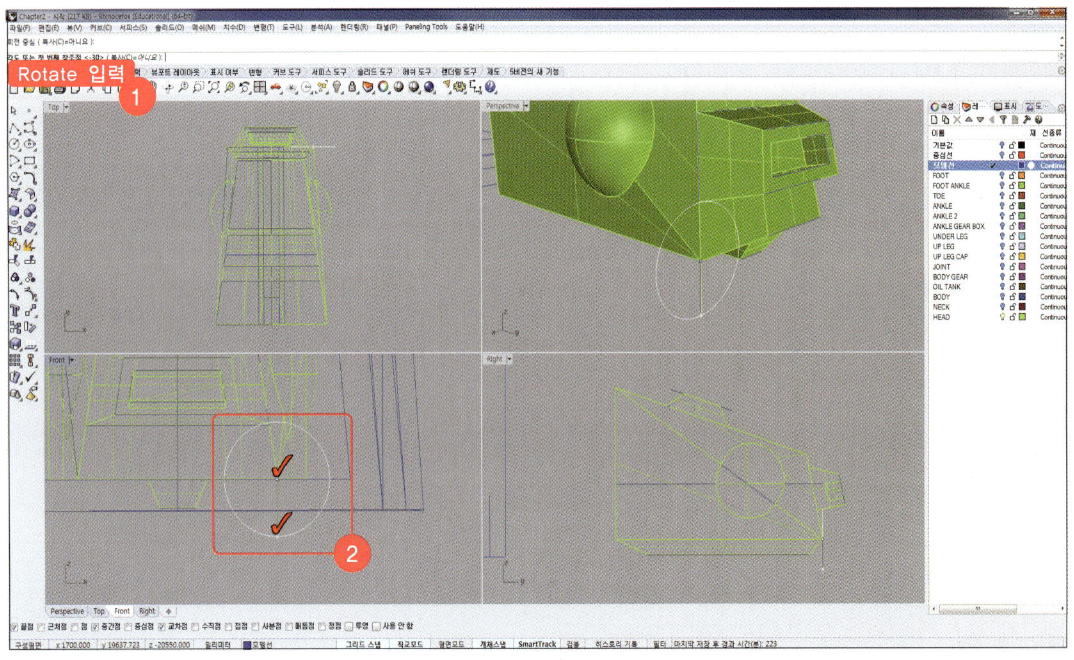

29 'Offset'을 입력하고 '간격띄우기 실행할 커브'에 Step 28에서 rotate한 커브를 선택합니다.
'간격띄우기 할 쪽'에 '100'을 입력하고 [Front]에서 평행하게 작성되도록 방향을 지정합니다.

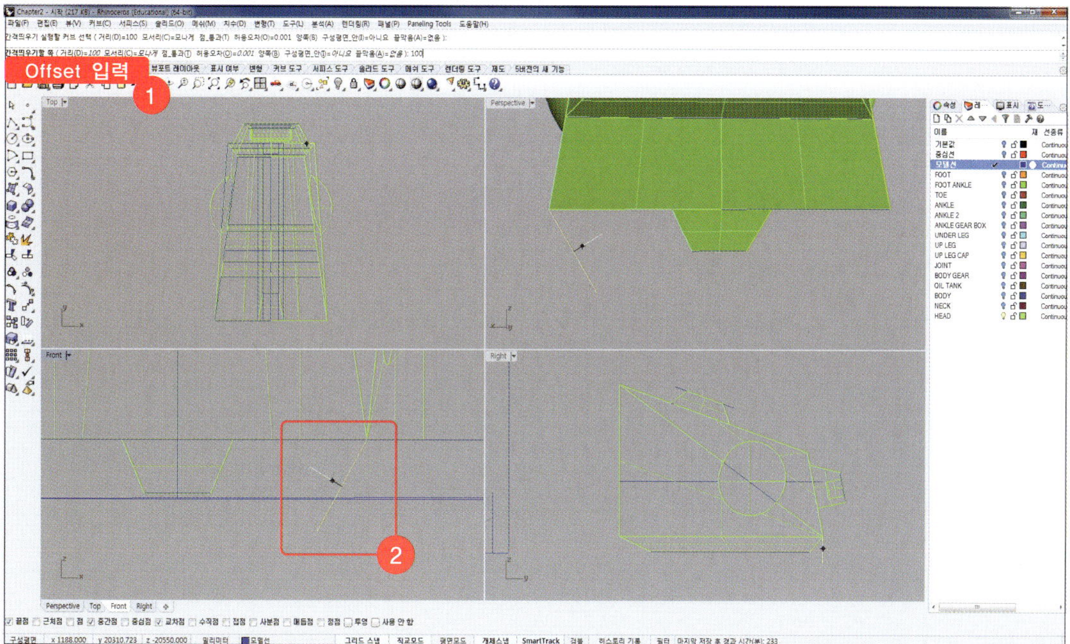

30 'Line'을 입력하고 아래 그림과 같이 Step 28에서 rotate 시킨 line의 양 끝점을 시작점으로 수평하게
line을 작성합니다.

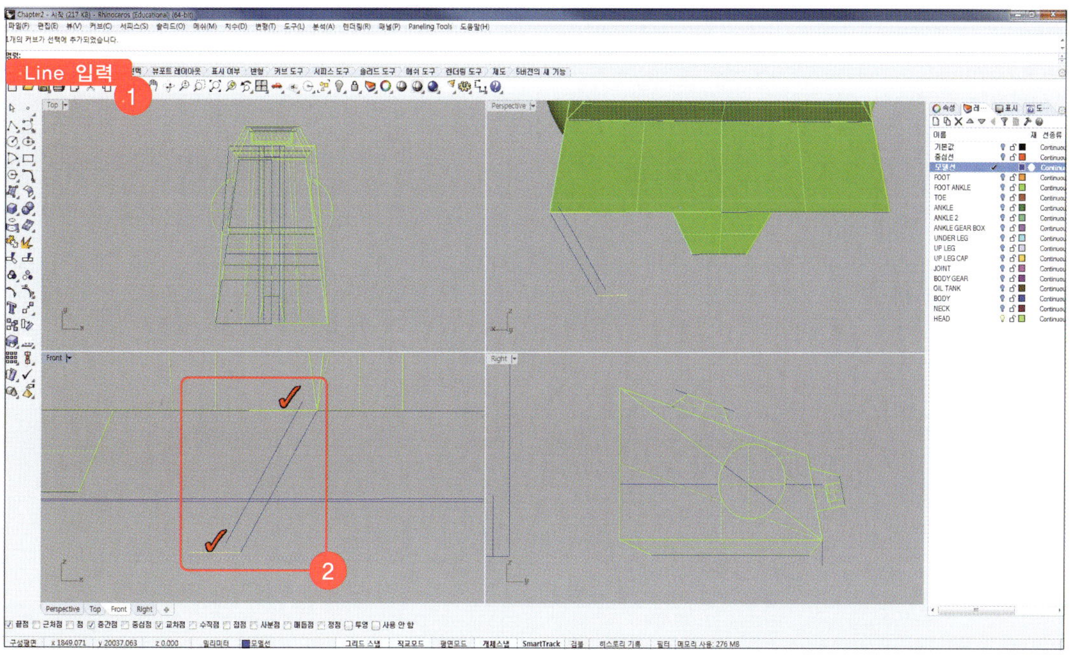

31 'Fillet'을 입력하고 명령창에서 '반지름=0, 결합=예, 트림=예'를 확인한 뒤 아래 그림과 같이 4개의 line이 평행사변형 모양의 커브가 되도록 fillet 명령어를 이용하여 작성합니다.

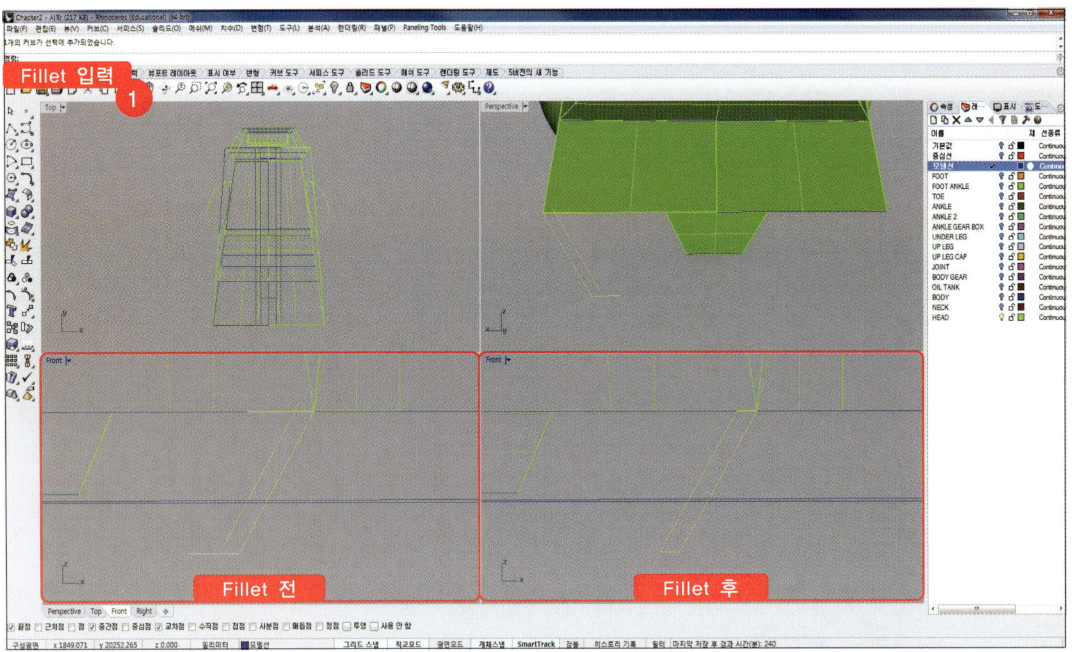

32 'Move'를 입력하고 '이동시킬 개체'에 Step 31에서 fillet 후 결합한 평행사변형 모양의 커브를 선택합니다. '이동의 기준점'에 [Right]뷰에서 임의의 점을 선택하고 '이동의 기준점 새 위치'에 '1600'을 입력한 뒤, 수평하게 왼쪽으로 이동시킵니다.

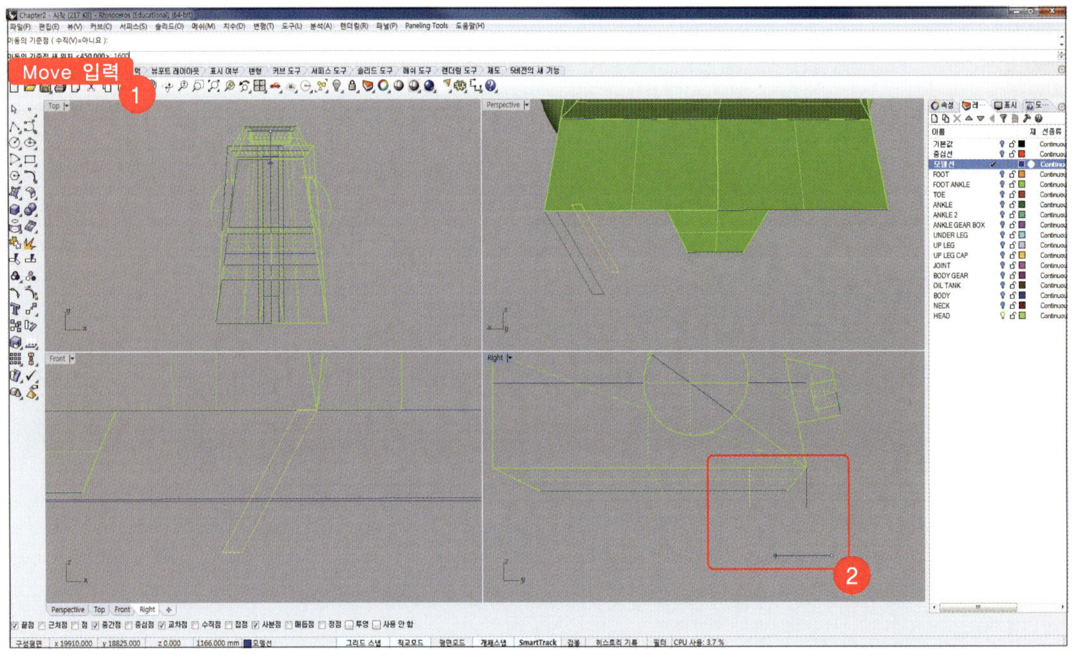

33 다시 'Move'를 입력하고 '이동시킬 개체'에 Step 32에서 이동시킨 커브를 선택합니다. '이동의 기준점'에 아래 그림과 같이 HEAD 아래쪽과 맞닿아 있는 평행사변형 모양의 바깥쪽 모서리를 선택하고 '이동의 기준점 새위치'에 HEAD 가장자리와의 교차점을 선택합니다.

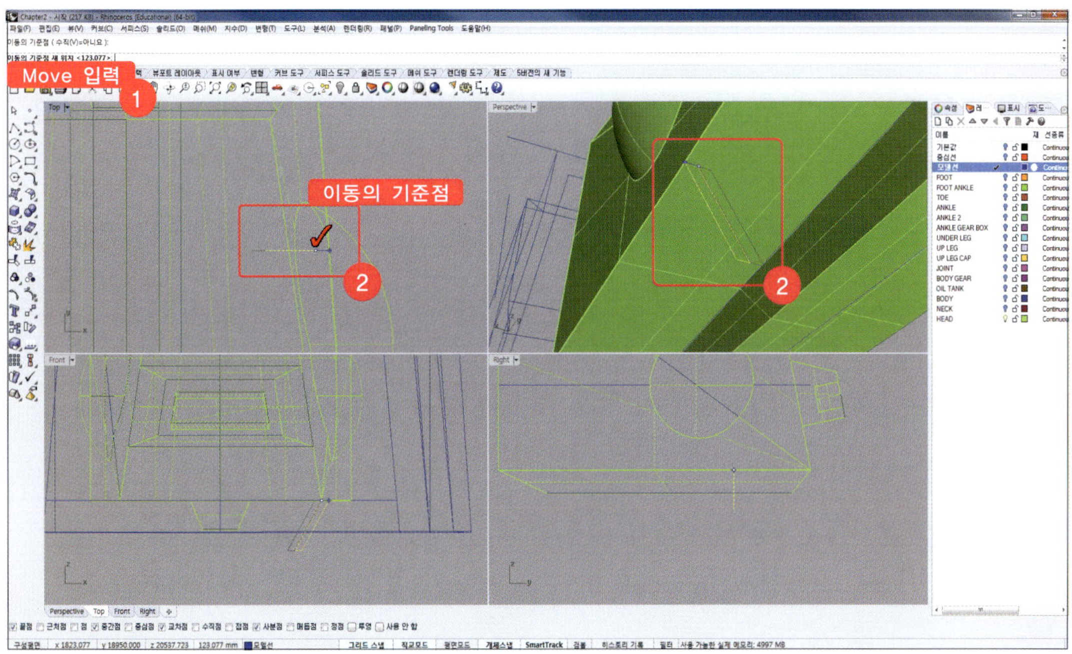

34 'Line'을 입력하고 '선의 시작'을 아래 그림과 같이 평행사변형 커브의 바깥쪽 모서리를 선택합니다. '선의 끝'에 '3000'을 입력하고 line의 방향으로 HEAD의 뒤쪽 모서리를 선택합니다.

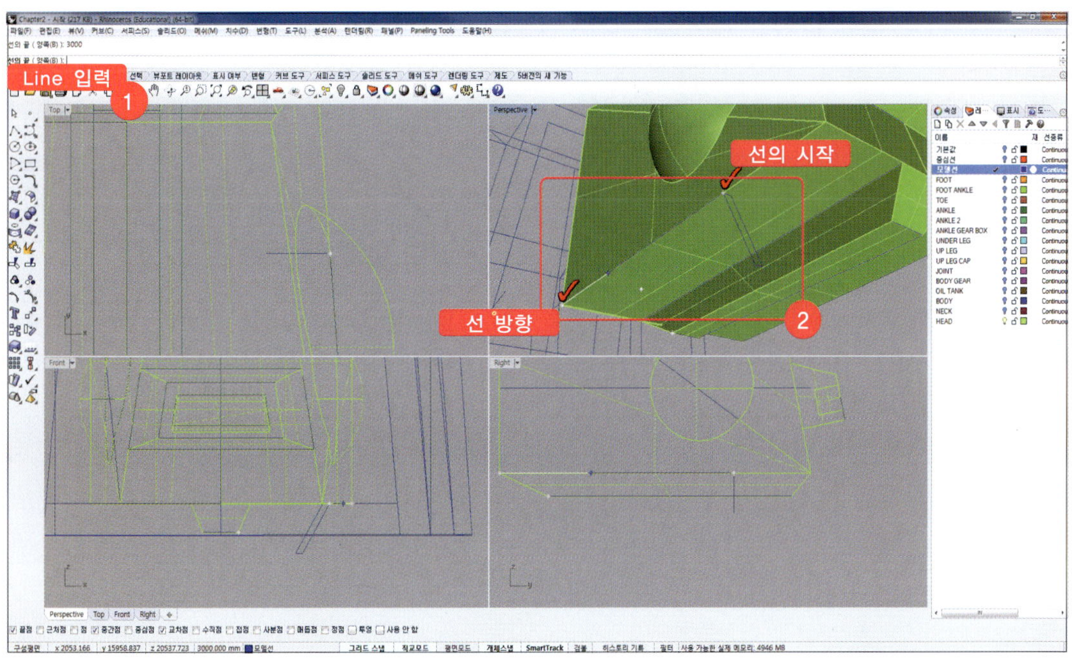

35 현재 레이어를 'HEAD'로 변경합니다. 'Sweep1'을 입력하고 '레일'에 Step 34에서 작성한 line을 선택합니다. '단면 커브'에 평행사변형 커브를 선택하고 [Enter]키를 누릅니다. '조정할 심 점을 선택'에서 [Enter], [1개의 레일 스윕 옵션]창이 활성화 되면 [확인]을 클릭합니다.

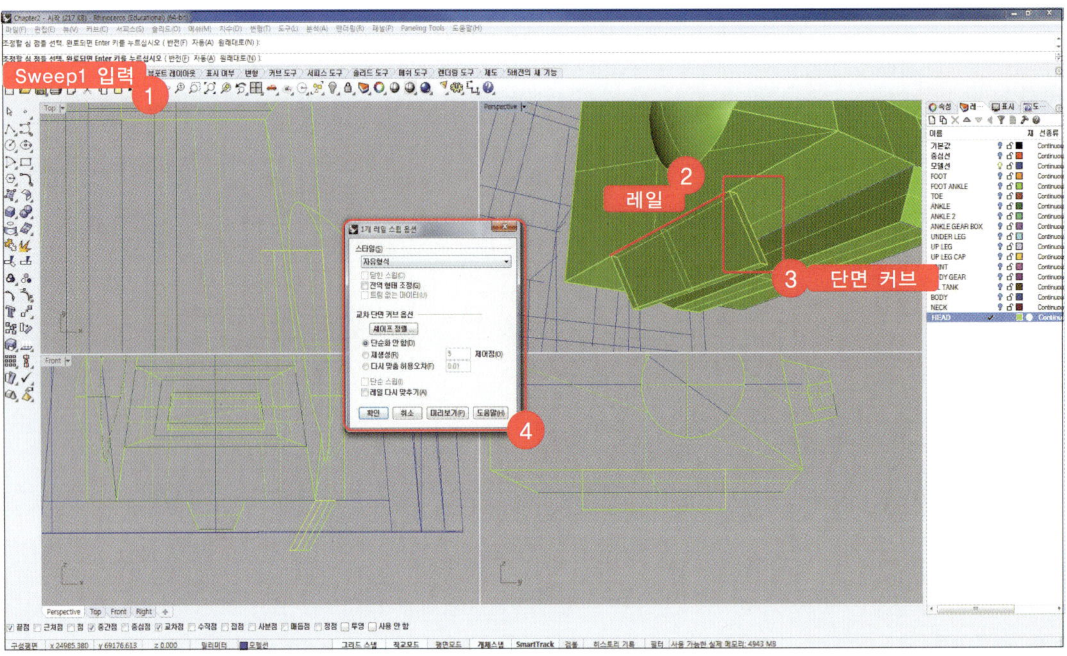

36 'Cap'을 입력하고 '끝막음할 서피스'에 Step 35에서 작성한 서피스를 선택하고 [Enter]키를 누릅니다.

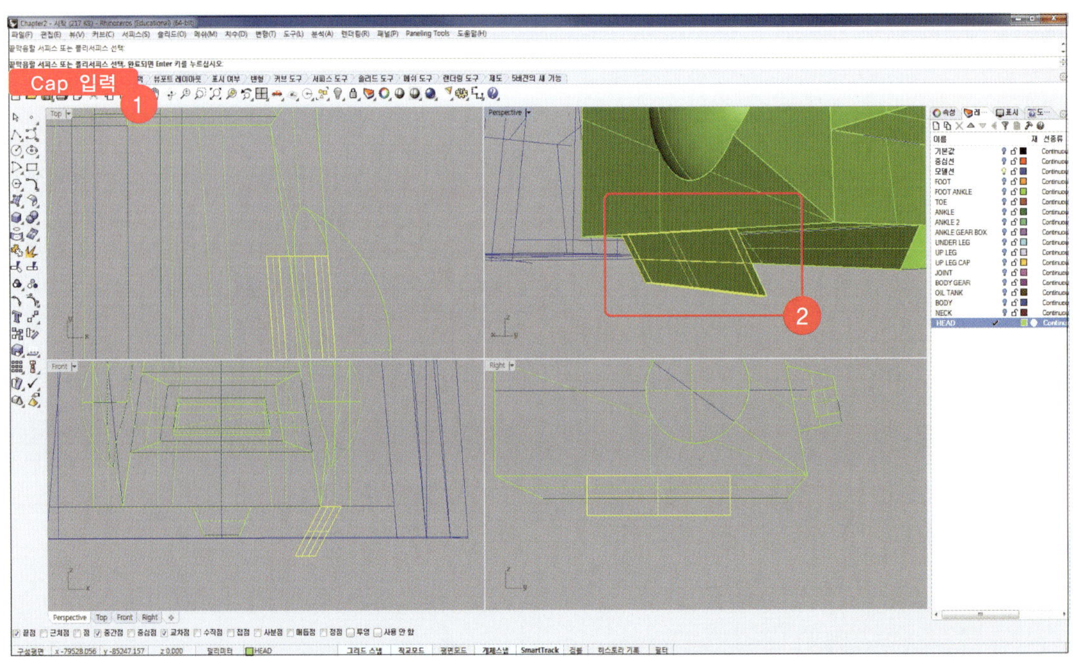

37 'Mirror' 를 입력하고 '미러 실행할 개체' 에 Step 36에서 끝막음한 서피스를 선택합니다.
'미러 평면의 시작' 에 명령창에서 'Y축' 을 클릭합니다.

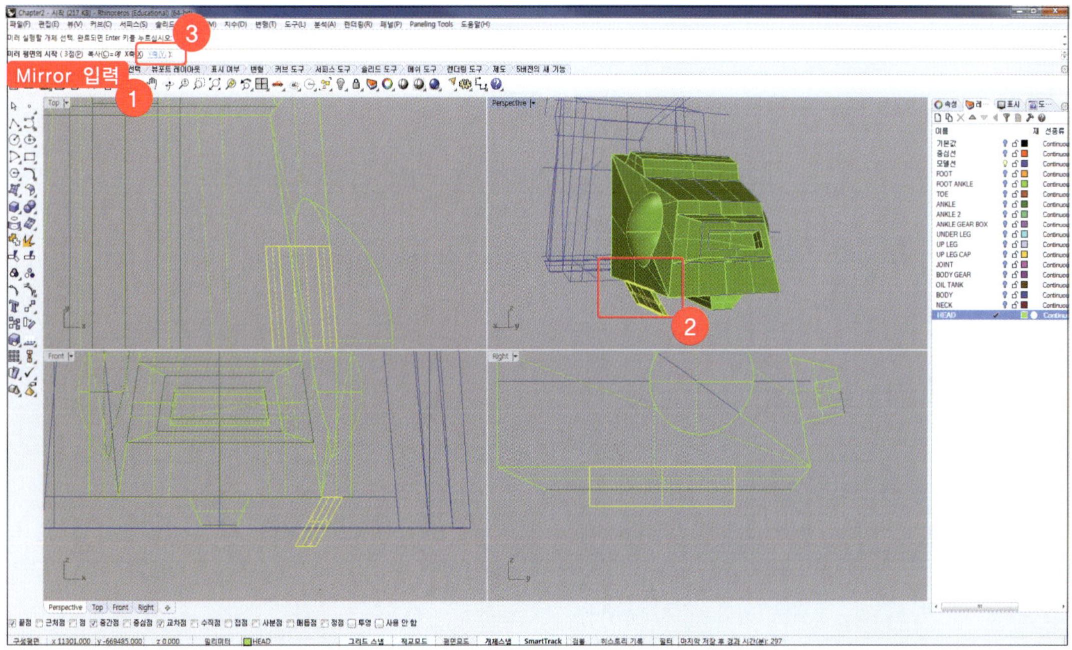

38 'HEAD' 를 제외한 나머지 레이어를 모두 끕니다. HEAD를 모두 선택하고 명령창에 'Group' 을 입력합니다.

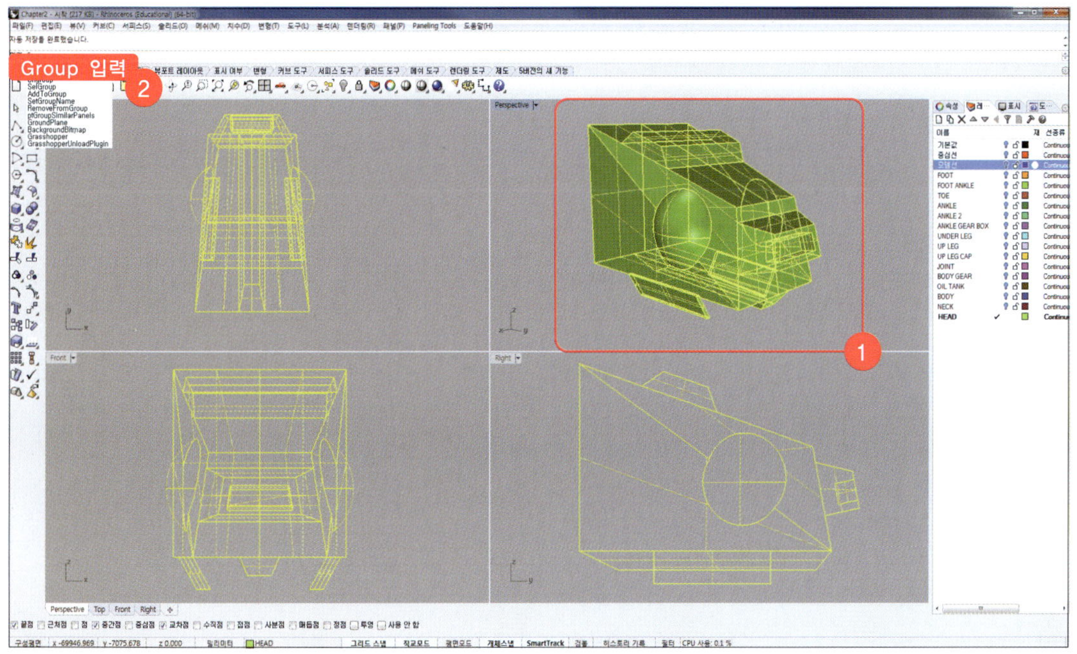

39 [파일] ➡ [선택된 개체 내보내기]를 클릭하고 HEAD를 선택한 뒤, [Enter]키를 누릅니다. [내보내기]창에서
'파일 이름'에 'HEAD'라 입력하고 '파일 형식'에 'Rhino 5 3D모델'을 선택하고 저장 위치를 선택한 뒤,
[저장]을 클릭합니다.

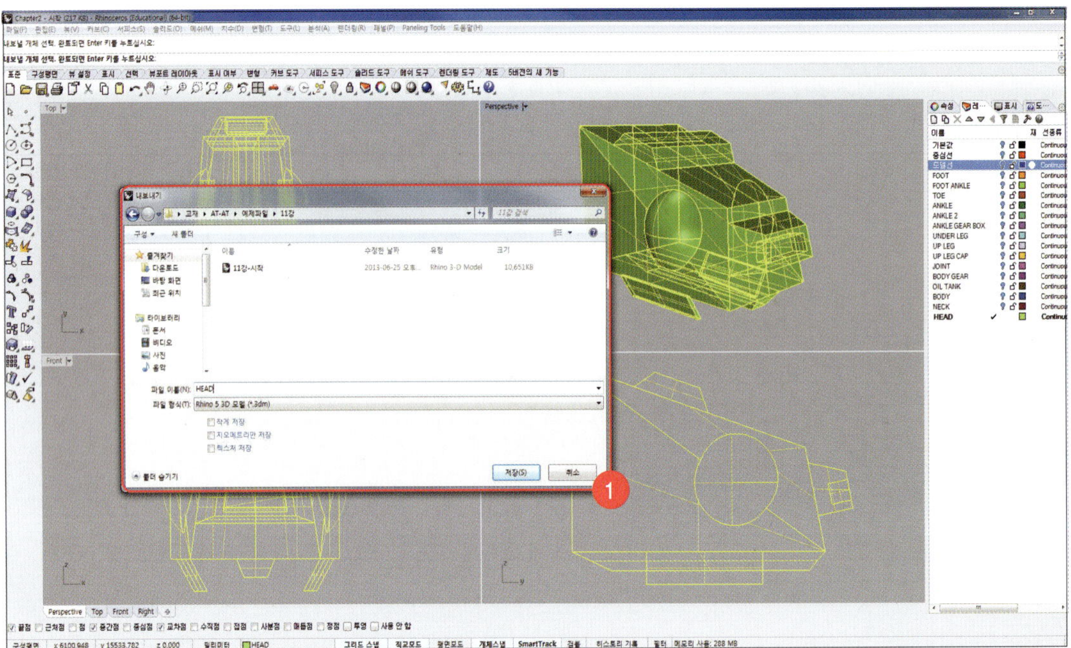

40 완성된 HEAD의 모습입니다.

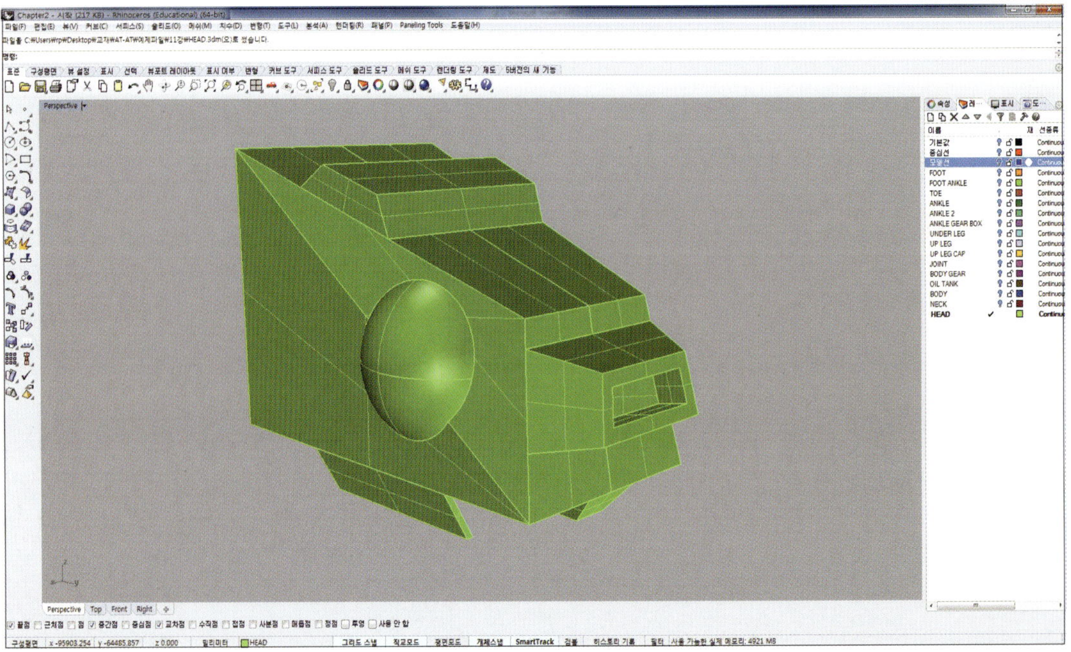

Chapter 03

GUN 모델링

■ GUN 모델링 : 설계/제작/생산/조립

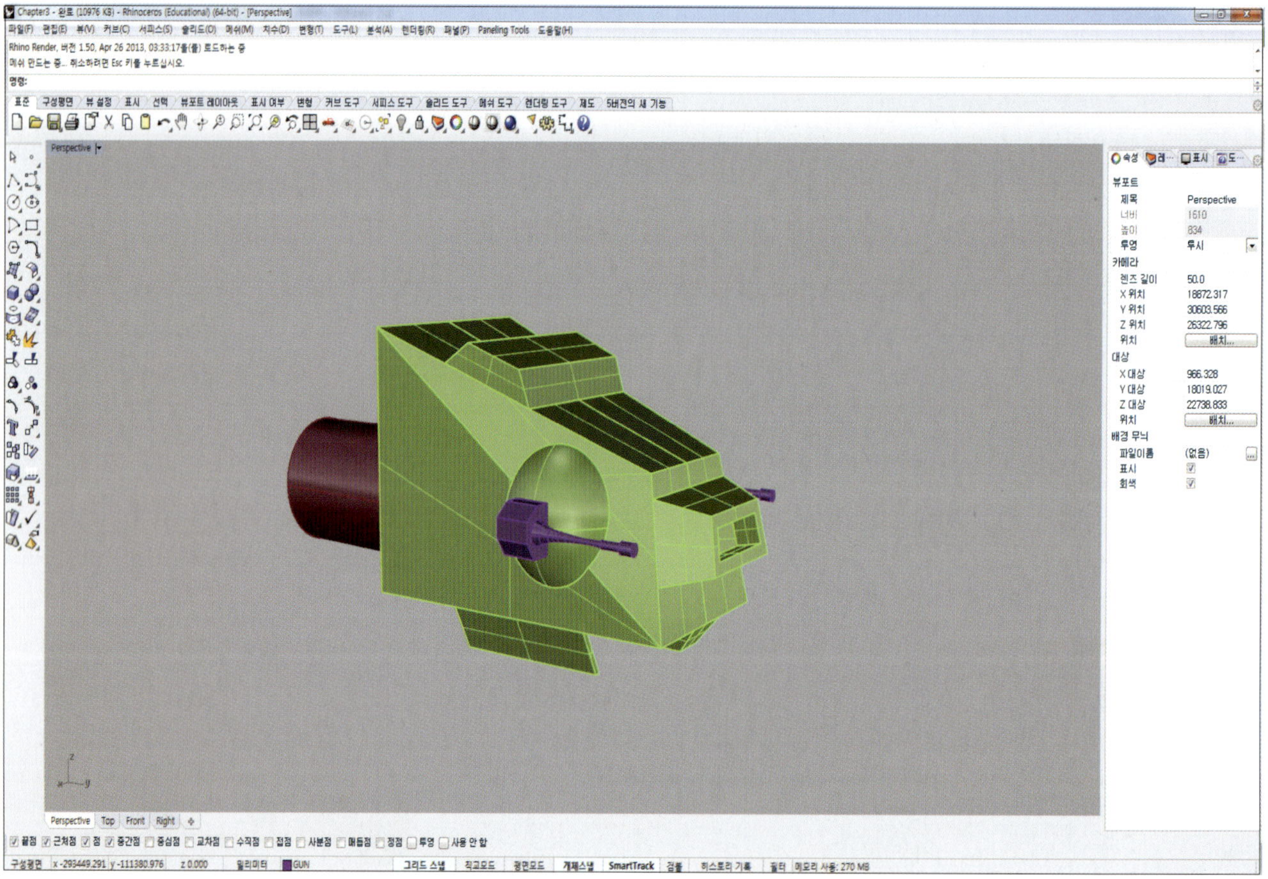

POINT!

- GUN Digital Model 생성
- Digital Model간 조립

01 Rhino 3D 5를 실행합니다. 예제파일 'PART4' 폴더에서 'Chapter3 – 시작' 파일을 로드합니다. [상태창]
➡ [레이어]탭에서 'GUN' 이라는 이름의 레이어를 생성하고 색상을 임의로 지정합니다. 현재 레이어로
'모델선2' 을 지정합니다.

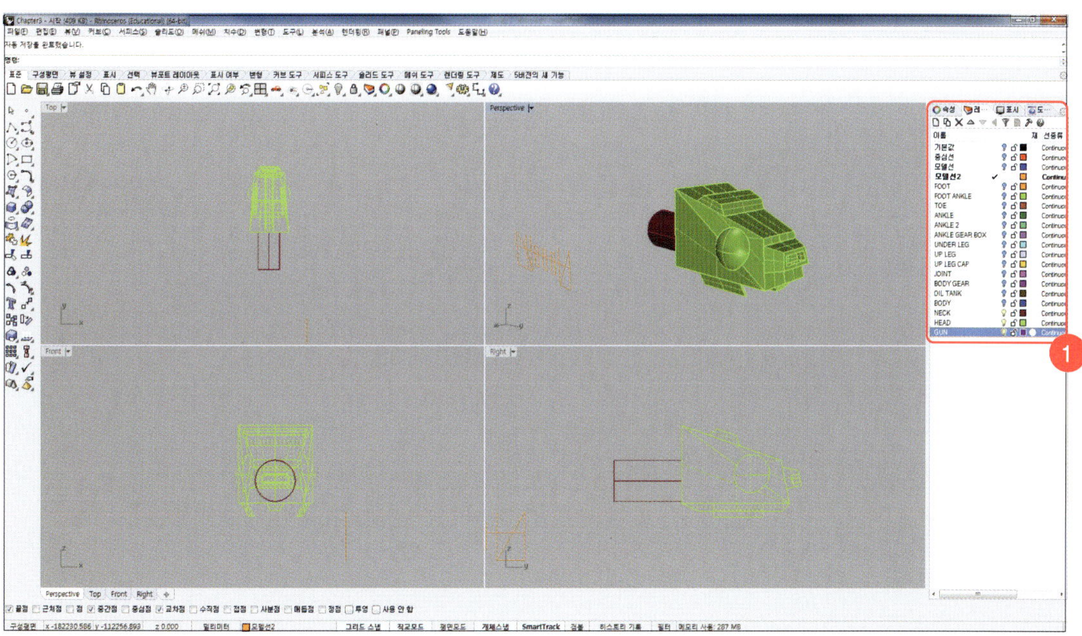

02 [Front]뷰에서 아래 그림과 같은 치수로 'Polyline' 명령어를 이용하여 스케치 합니다.

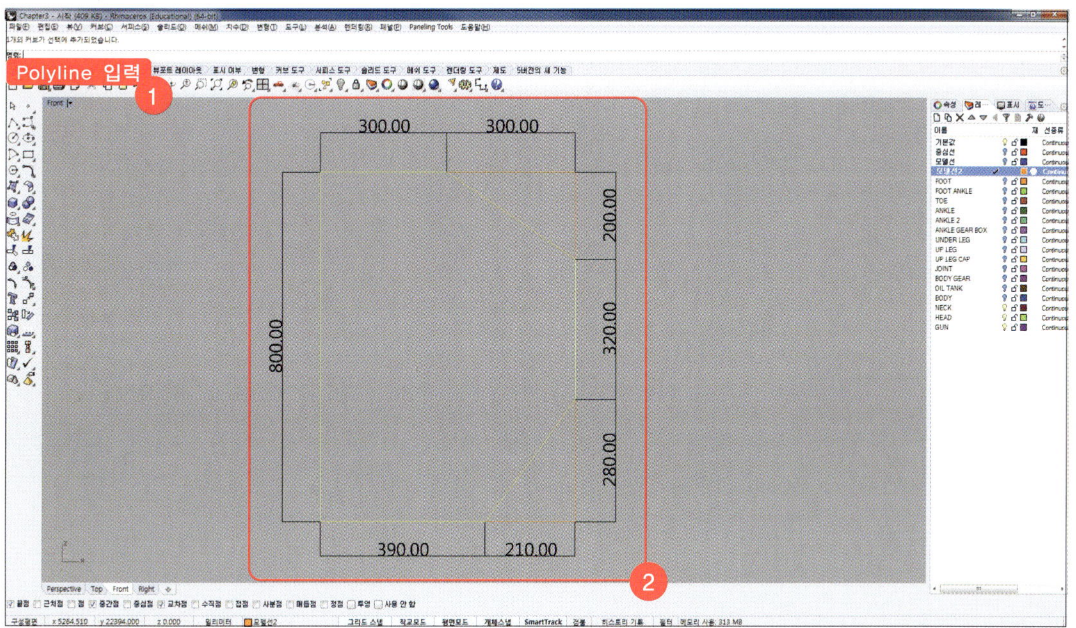

03 'Move'를 입력하고 '이동시킬 개체'에 Step 02에서 작성한 polyline을 선택합니다.
'이동의 기준점'에 Polyline의 중간점을 클릭하고 '이동의 기준점 새 위치'를 아래 그림과 같이 클릭하여
Polyline을 이동합니다.

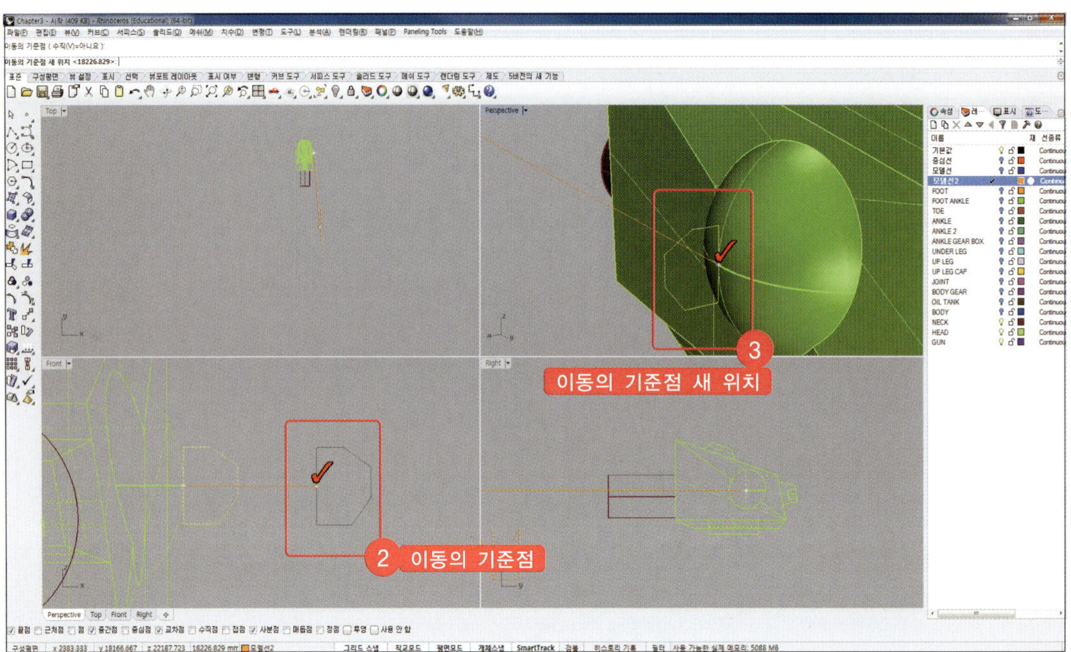

04 'ExtrudeCrv'를 입력하고 '돌출시킬 커브'에 Step 03에서 이동시킨 polyline을 선택합니다. 현재레이어를
'GUN'으로 변경하고 명령창에서 '양쪽=예, 솔리드=예'로 변경한 뒤, '350'을 입력하고 [Enter]키를
누릅니다.

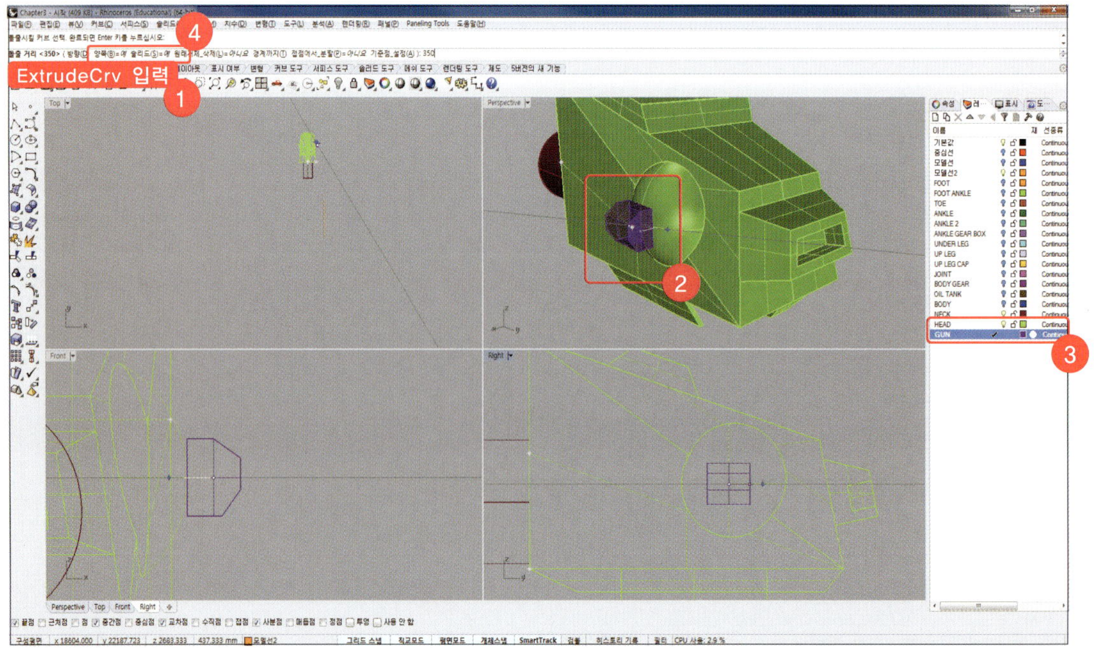

05 현재 레이어를 '모델선2'로 변경합니다. 'Line'을 입력하고 아래 그림과 같이 Step 04에서 작성한 서피스 앞쪽 표면에 서로 수직으로 교차하는 line을 작성합니다.

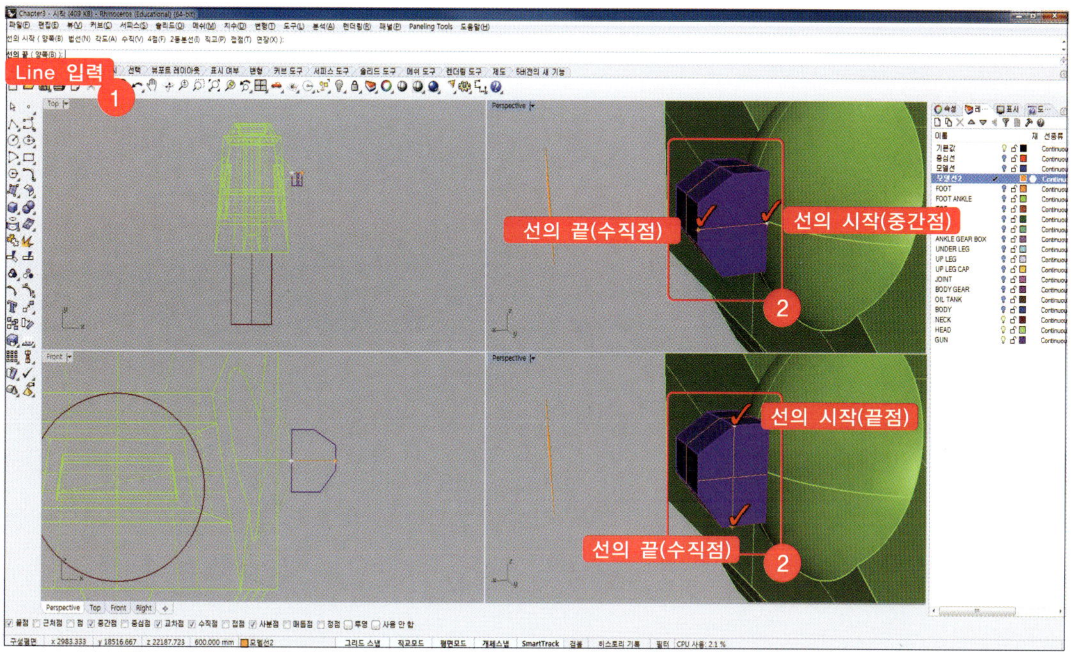

06 'Copy'를 입력하고 '복사할 개체'에 Step 05에서 작성한 line을 선택합니다. '복사의 기준점'에 [Right]뷰에서 지정한 다음 '복사할 위치의 점'에 '150'을 입력합니다. [Right]뷰에서 오른쪽으로 복사한 다음, 명령창에서 '마지막 점에서=예, 마지막_방향_사용=예'로 변경한 뒤, 순서대로 '150', '200', '325', '585'를 입력합니다. 이 과정에서 총 5차례 line을 복사합니다.

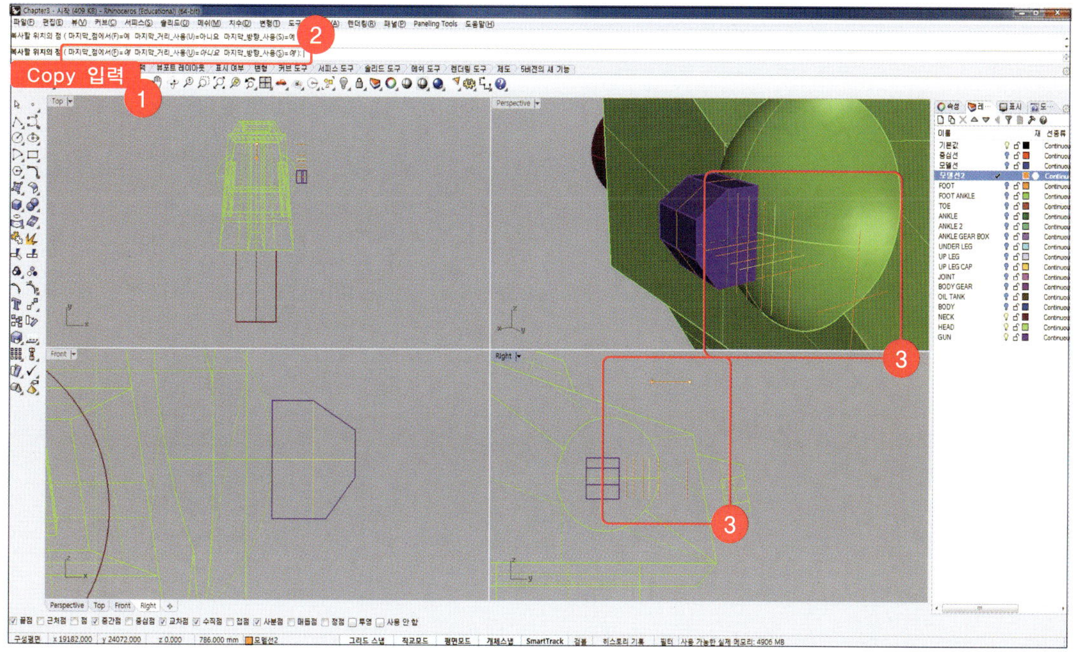

07 ‘Circle’ 을 입력하고 ‘원의 중심’ 을 Step 05에서 작성한 line의 교차점을 선택한 뒤, [Front]뷰에서 ‘반지름’ ‘200’ 을 입력합니다.

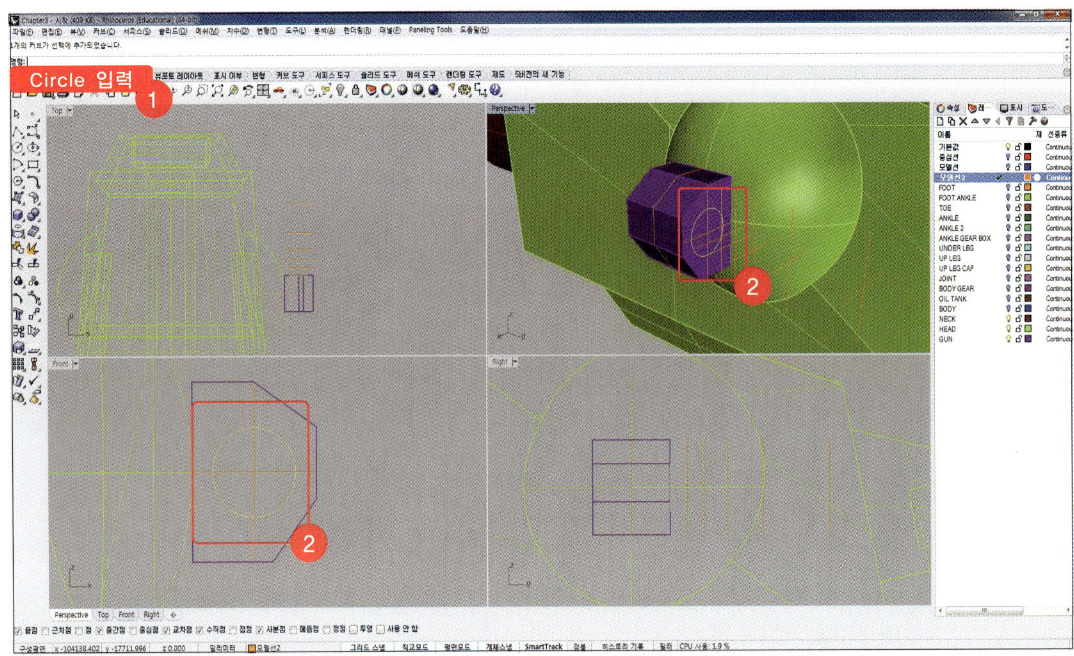

08 Step 06에서 복사한 line의 교차점 순서대로 Step 07에서와 같은 방법으로 반지름이 ‘150’, ‘100’, ‘75’, ‘50’, ‘50’ 인 circle을 작성합니다.

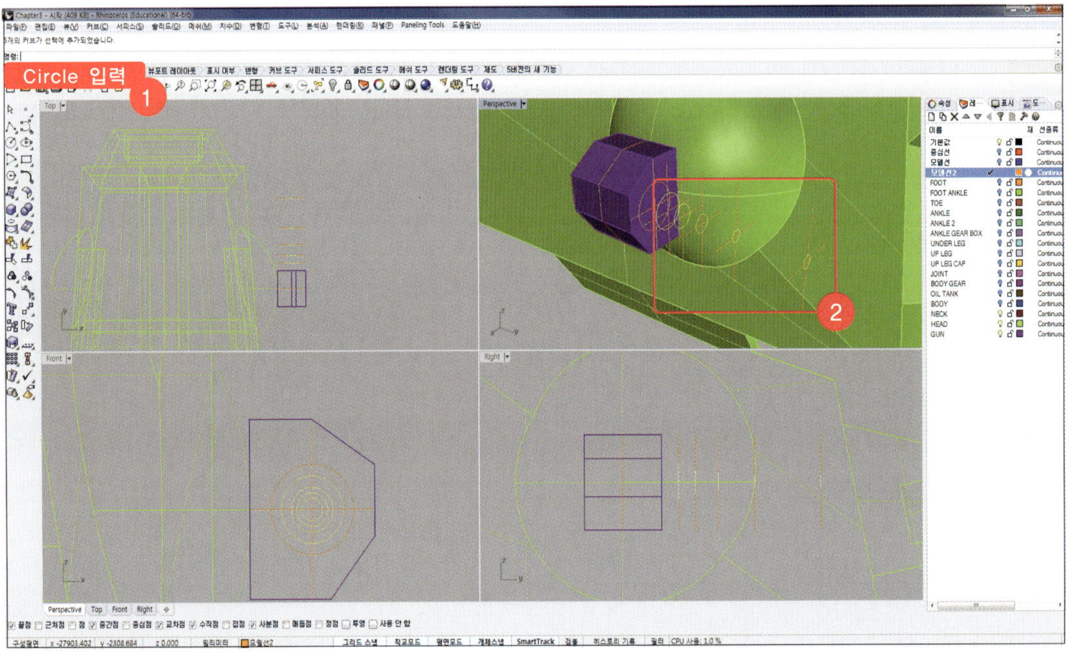

09 'Line'을 입력하고 '선의 시작'과 '선의 끝'을 아래 그림과 같이 Step 06에서 복사한 '585' 간격의 마지막 2부분 line의 교차점을 연결합니다.

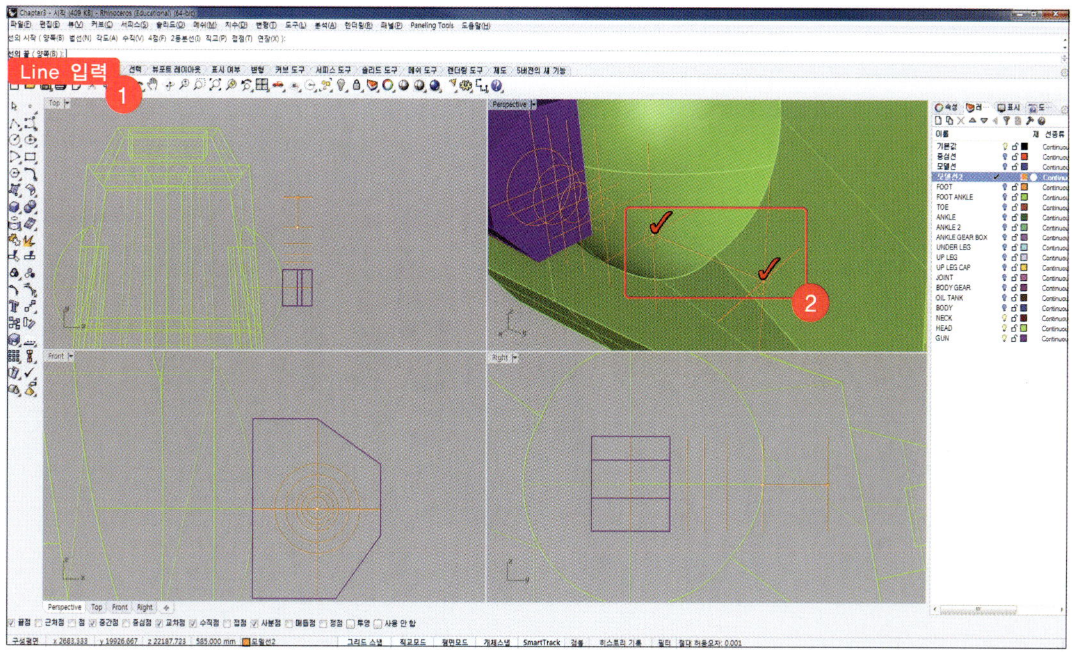

10 'Circle'을 입력하고 '원의 중심'에 Step 09에서 작성한 line의 중간점을 선택합니다. [Front]뷰에서 '반지름'에 '40'을 입력합니다.

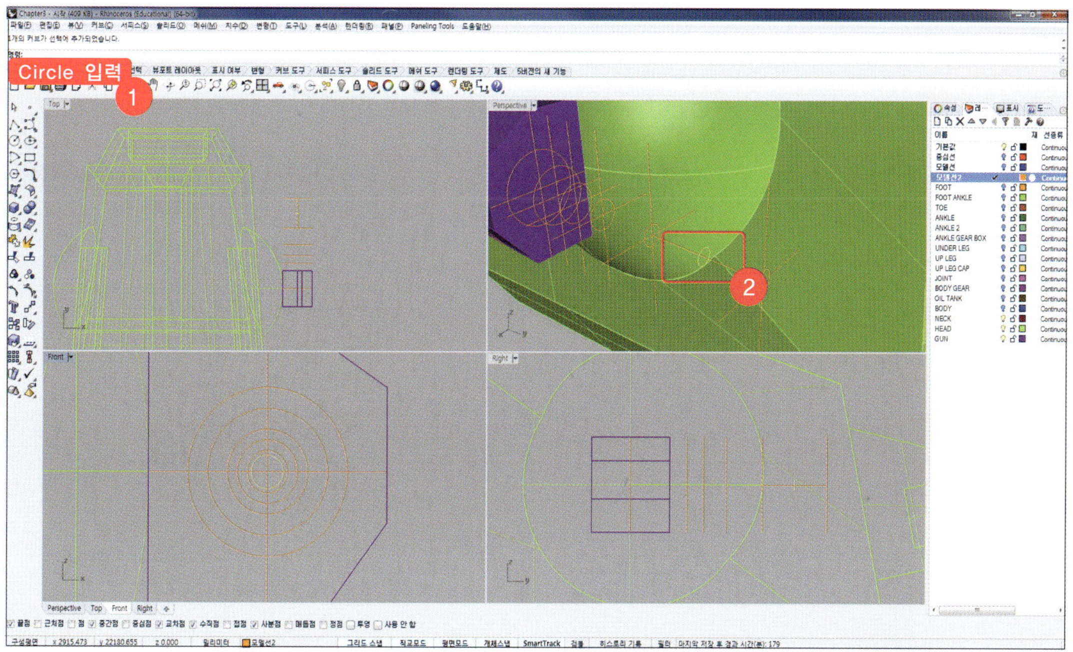

11 'Loft'를 입력하고 '로프트할 커브'에 Step 07~10에서 작성한 circle 커브를 모두 선택합니다. '조정할 심 점을 선택'에서 [Enter], [로프트 옵션]창에서 '스타일'에 '직선단면'을 선택하고 [확인]을 클릭합니다.

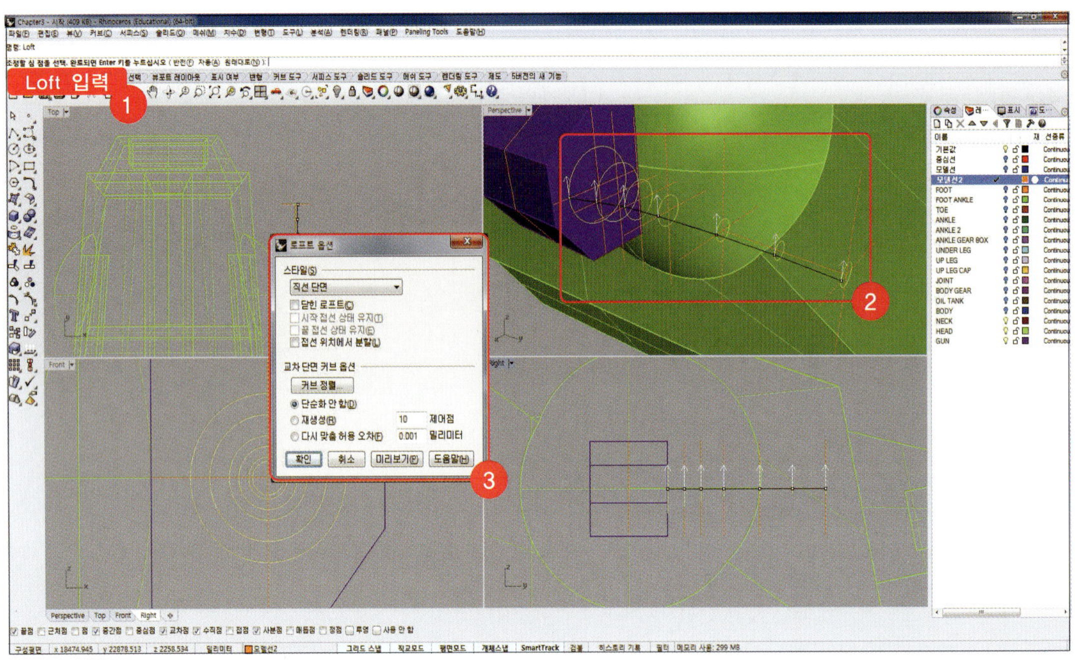

12 'Cap'을 입력하고 '끝막음할 서피스'에 Step 11에서 작성한 서피스를 선택한 뒤, [Enter]키를 누릅니다.

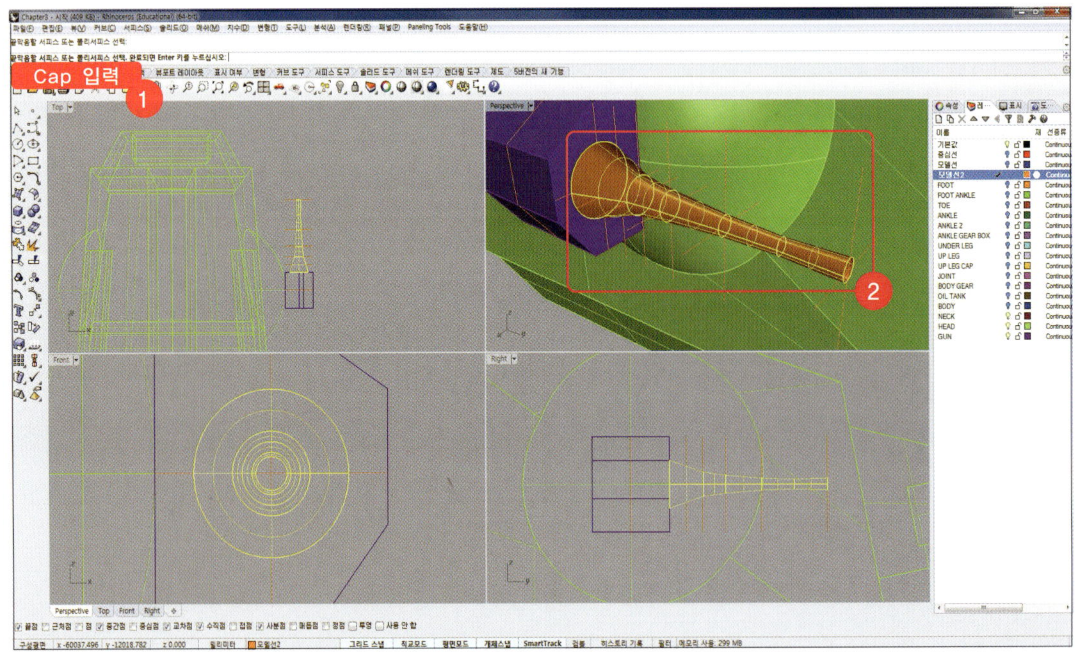

13 Step 12에서 끝막음한 서피스 레이어를 'GUN'으로 변경하고 현재 레이어도 'GUN'으로 변경합니다. 명령창에 'Cylinder'를 입력합니다. 명령창에서 '솔리드=예'를 확인하고 '원통의 밑면'에 아래 그림과 같이 Step 08에서 작성한 마지막 부분 원의 중심을 선택합니다. [Front]뷰에서 '반지름'에 '65', '원통의 끝'에 '−400'을 입력하고 [Enter]키를 누릅니다.

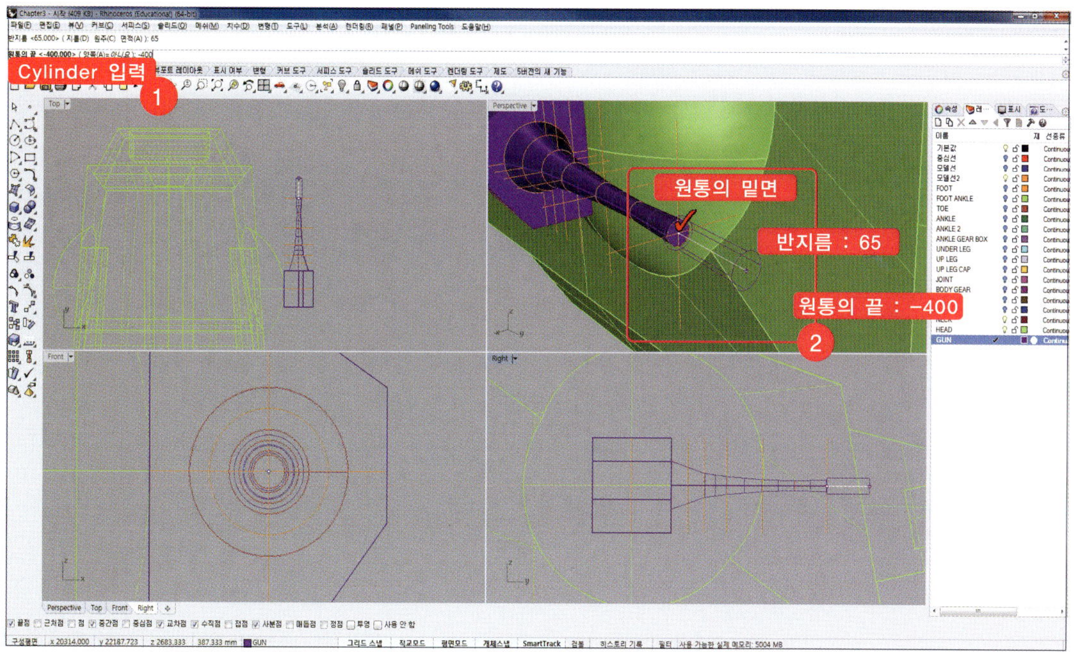

14 'Cylinder'를 입력하고 아래 스냅에서 '중심점'이 체크되어 있는지 확인합니다. '원통의 밑면'에 아래 그림에 표시된 바와 같이 Step 13에서 작성한 cylinder 표면의 중심점을 선택하고 '반지름'에 '100', '원통의 끝'에 '−250'을 입력한 뒤, [Enter]키를 누릅니다.

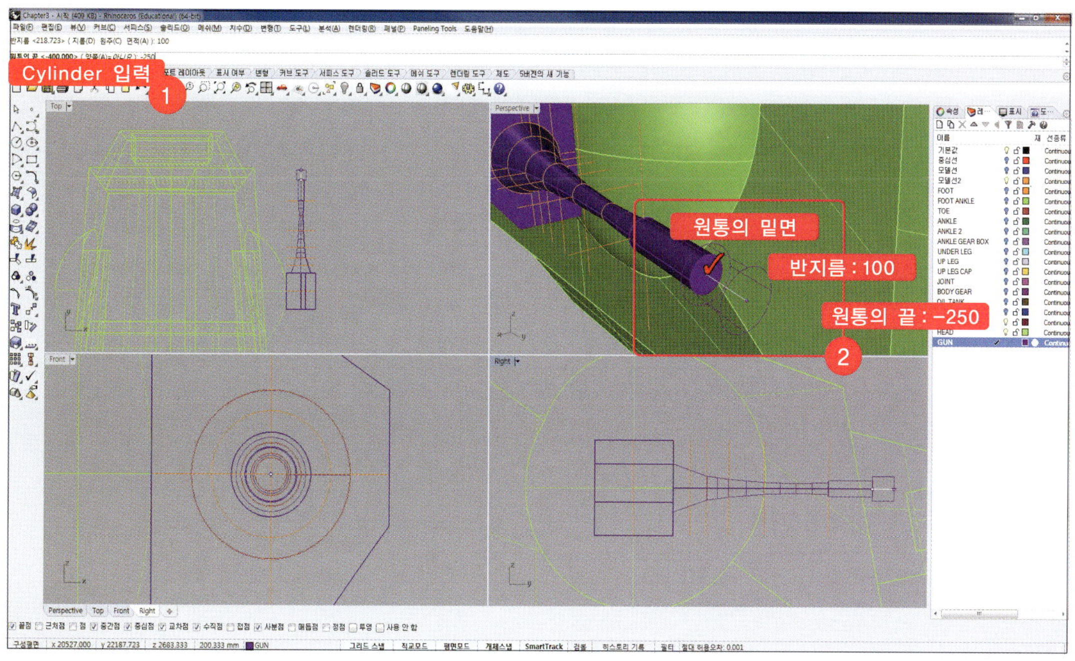

15 ‘모델선2’ 레이어를 끄고 본 강에서 작성한 GUN 부분 모두를 선택하고 명령창에 ‘Group’을 입력한 뒤 [Enter]키를 누릅니다.

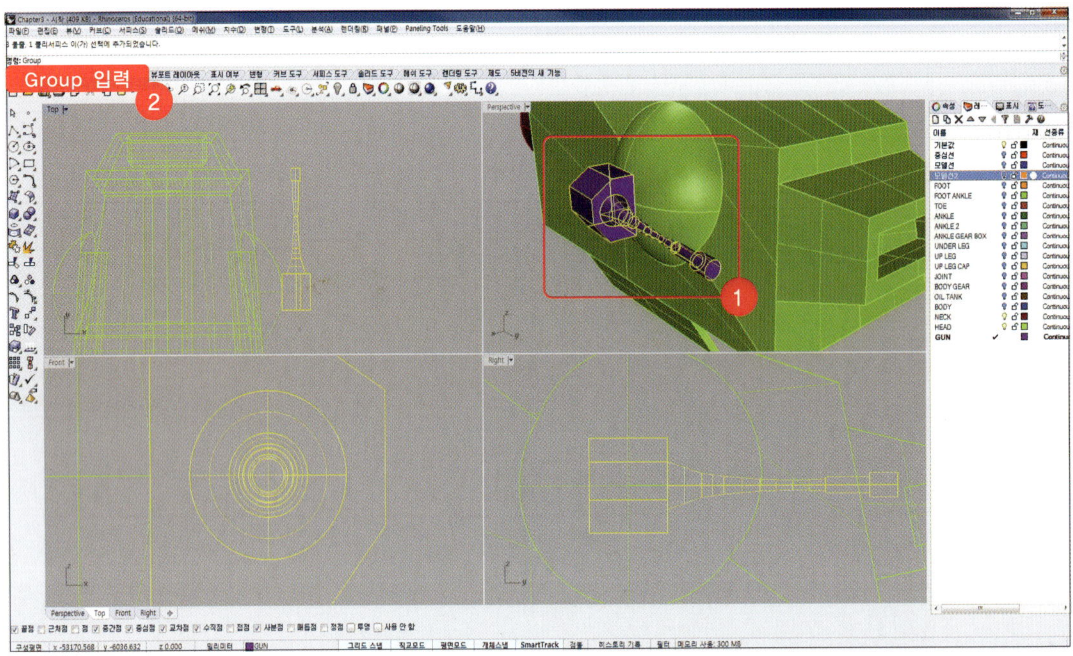

16 ‘Mirror’를 입력하고 ‘미러 실행할 개체’에 Step 15에서 그룹지은 GUN을 선택합니다. ‘미러 평면의 시작’에 명령창에서 ‘Y축’을 클릭합니다.

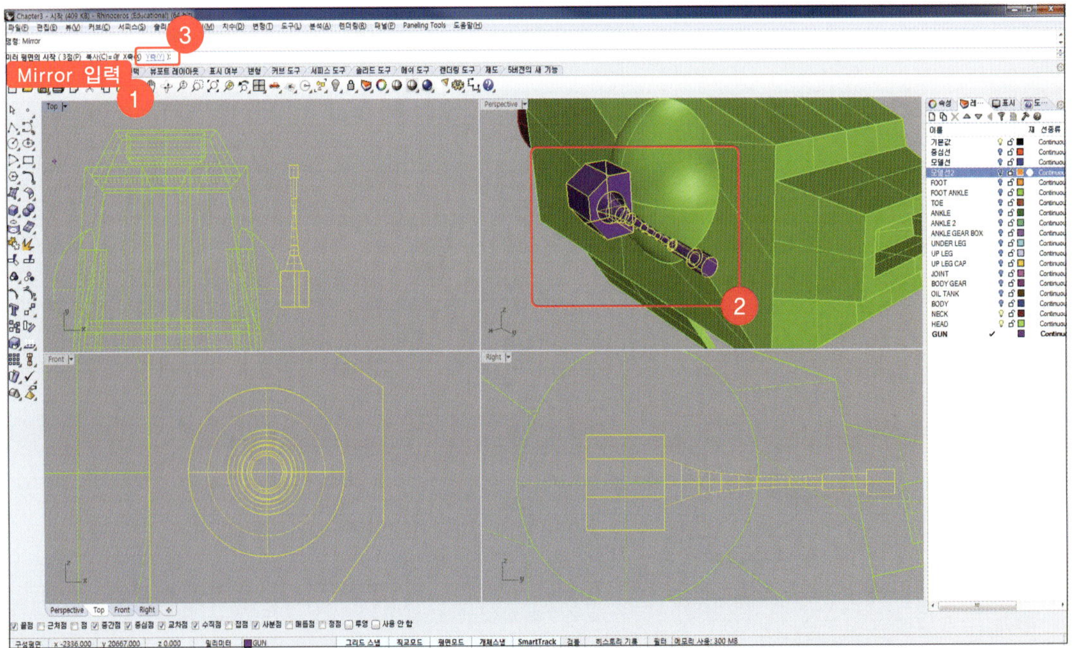

Chapter 04

UNDER GUN 모델링

■ UNDER GUN 모델링 : 설계/제작/생산/조립

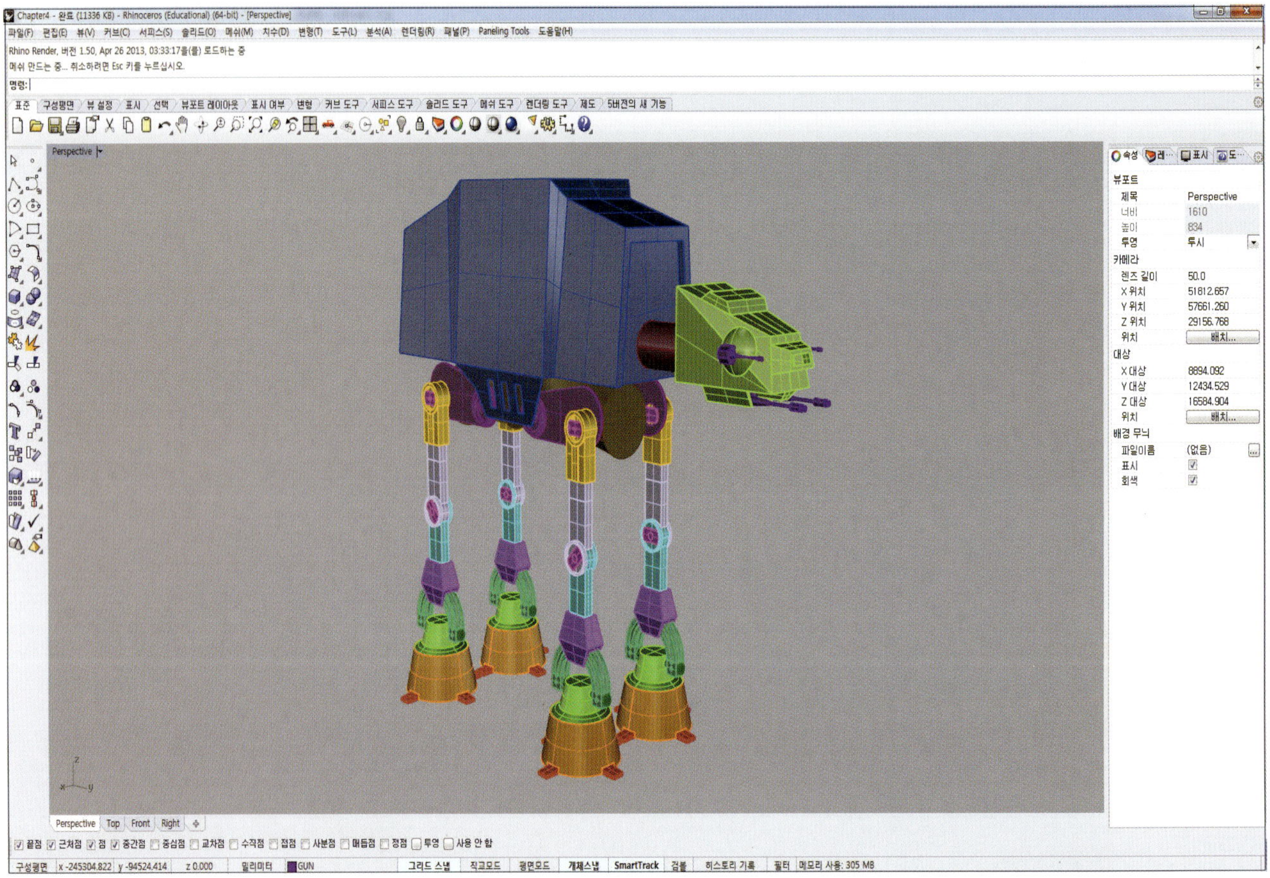

POINT!

- UNDER GUN Digital Model 생성
- Digital Model간 조립

01 Chapter 01에 이어 HEAD 아래쪽에 붙는 UNDER GUN을 작성하겠습니다. 예제파일 'PART4' 폴더에서 'Chapter4 - 시작' 파일을 로드합니다. 명령창에 'Circle'을 입력하고 [Right]뷰에서 임의의 점을 선택하고 '반지름'에 '80'을 입력한 뒤, [Enter]키를 누릅니다.

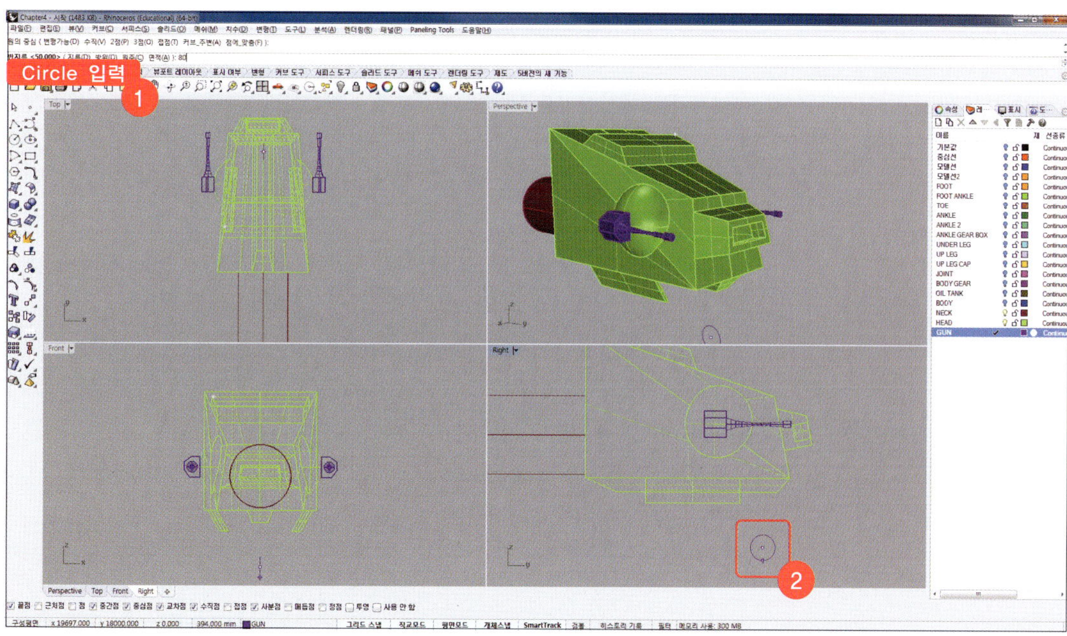

02 'ExtrudeCrv'를 입력하고 '돌출시킬 커브'에 Step 01에서 작성한 circle을 선택합니다. 명령창에서 '양쪽=예, 솔리드=예'를 확인하고 '1500'을 입력한 뒤, [Enter]키를 누릅니다.

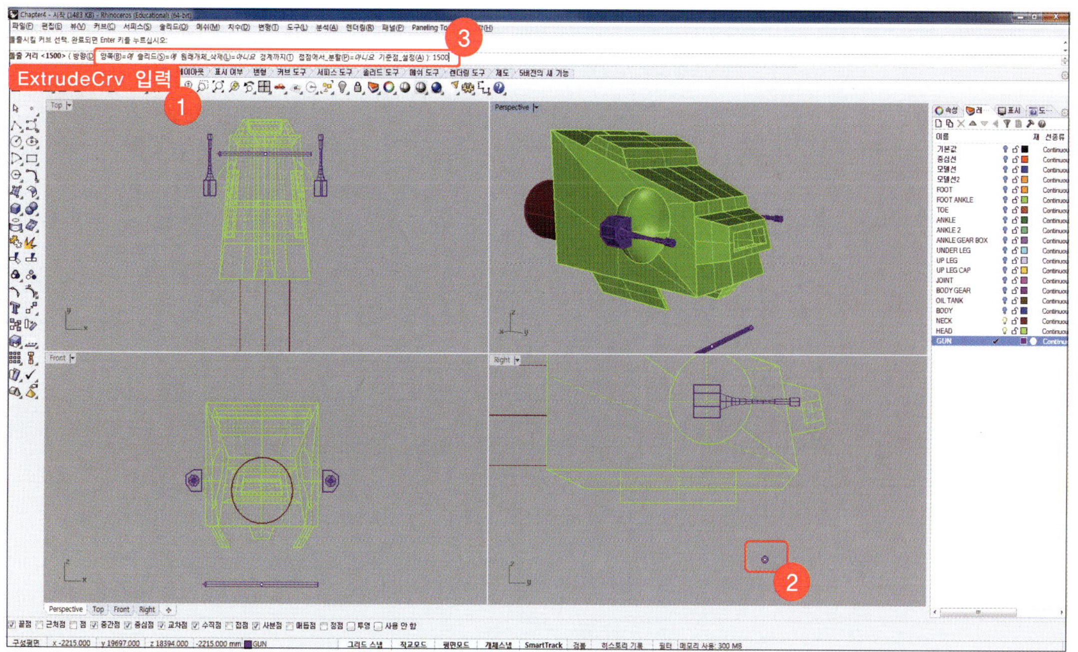

03 Step 02에서 작성한 서피스를 선택하고 명령창에 'Hide'를 입력합니다.

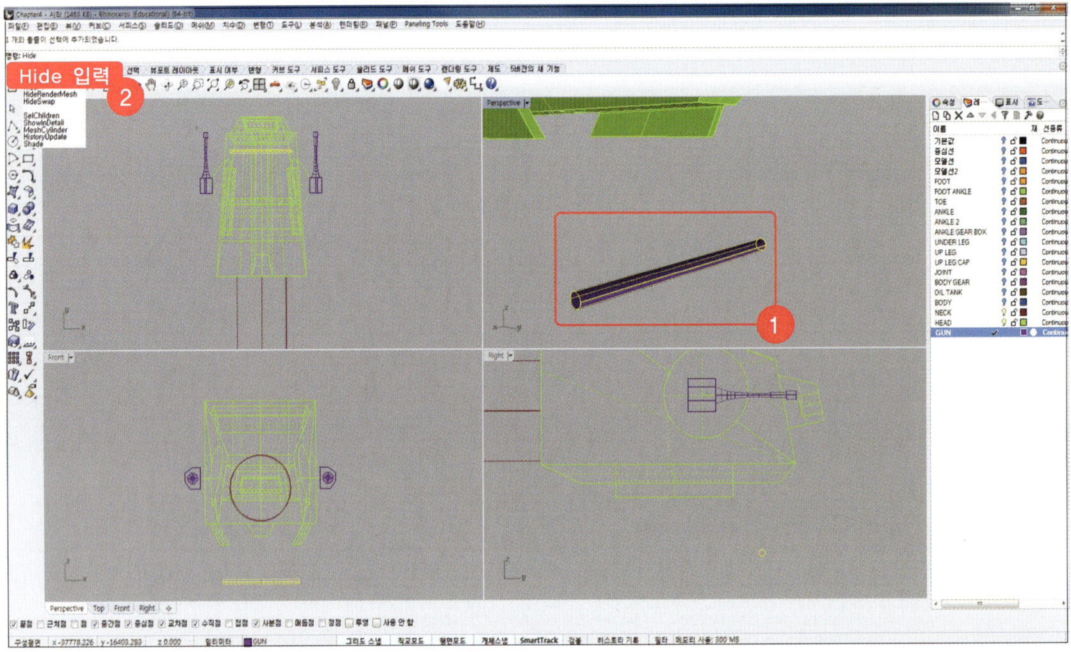

04 'Polygon'을 입력하고 '내접 다각형의 중심'에 아래 그림과 같이 Step 01에서 작성한 circle과 같은 중심을 선택합니다. 명령창에서 '변의 수=5'로 설정하고 방향은 아래를 가리키도록 합니다. '다른 모서리'에 '400'을 입력하고 [Enter]키를 누릅니다.

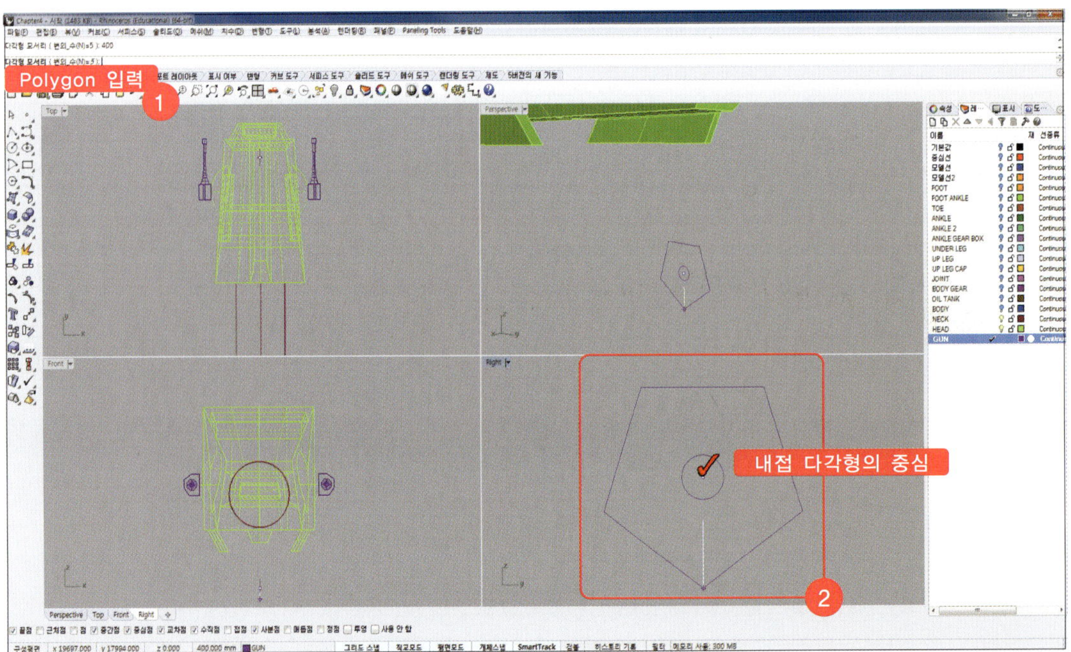

05 'ExtrudeCrv'를 입력하고 '돌출시킬 커브'에 Step 04에서 작성한 다각형 커브를 선택합니다.
명령창에서 '양쪽=예, 솔리드=예'를 확인한 뒤, '돌출 거리'에 '1000'을 입력합니다.

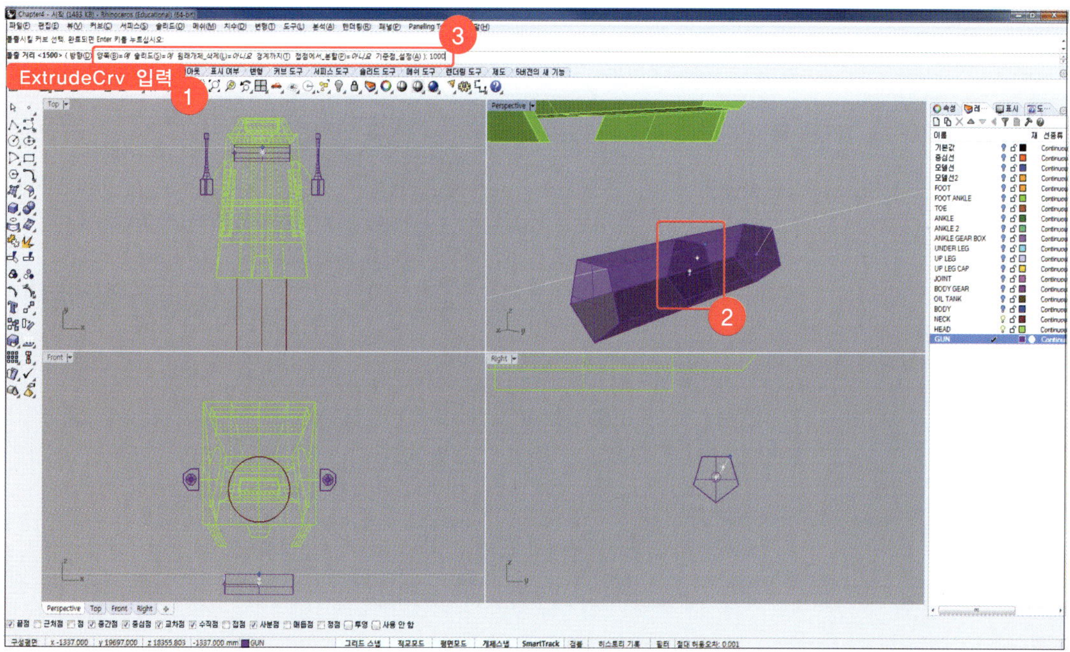

06 'Copy'를 입력하고 '복사할 개체 선택'에 다각형 커브와 circle 커브를 선택합니다. [Top]뷰에서 '복사의
기준점'을 임의로 선택하고 '복사할 위치의 점'에 '1015'를 입력하고 오른쪽으로 복사(클릭)하고 명령창
에서 '마지막 점에서=예'로 변경한 뒤, 다시 '185'를 입력하고 오른쪽으로 한 번 더 복사합니다.

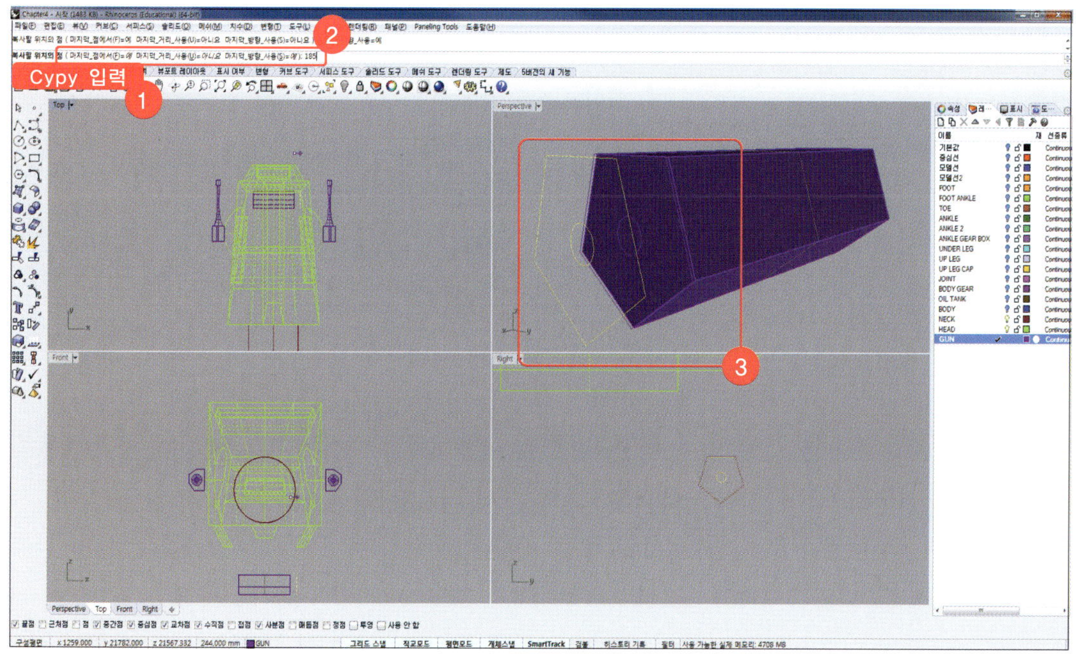

07 '모델선2' 레이어를 켜고 Step 06에서 복사한 커브들과 원본 커브들을 선택하고 레이어를 '모델선2'로 변경합니다. 현재 레이어 역시 '모델선2'로 변경합니다.

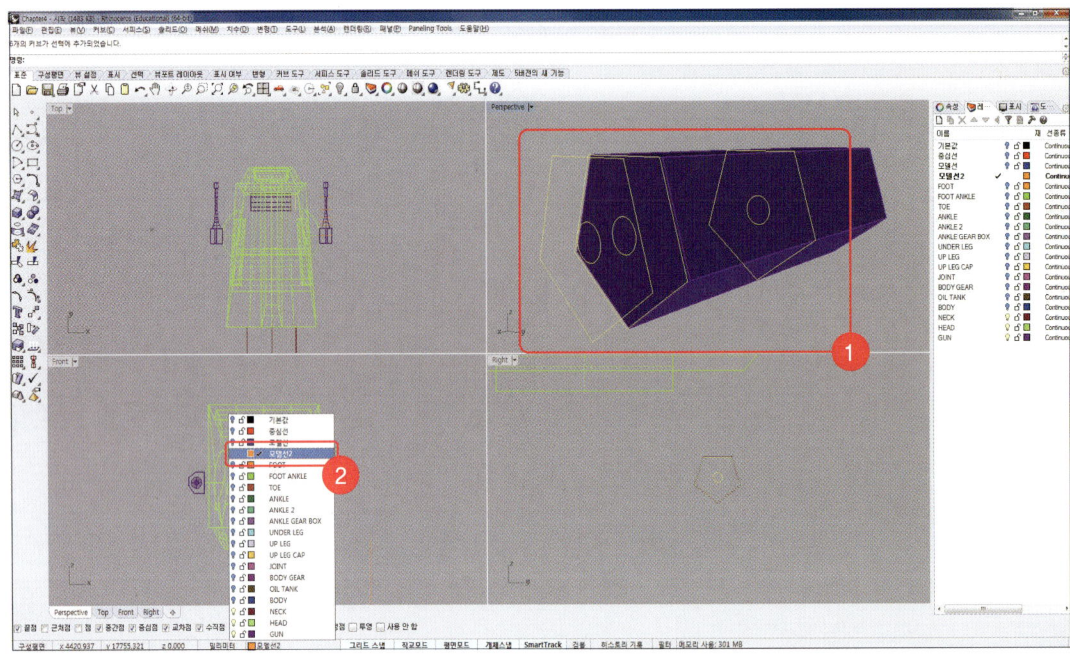

08 'Cylinder'를 입력하고 '원통의 밑면'에 Step 06에서 1015간격으로 복사한 작은 원의 중심을 선택합니다. [Right]뷰에서 '반지름'에 '320'을 입력하고 [Top]뷰에서 '원통의 끝'에 '170'을 입력합니다.

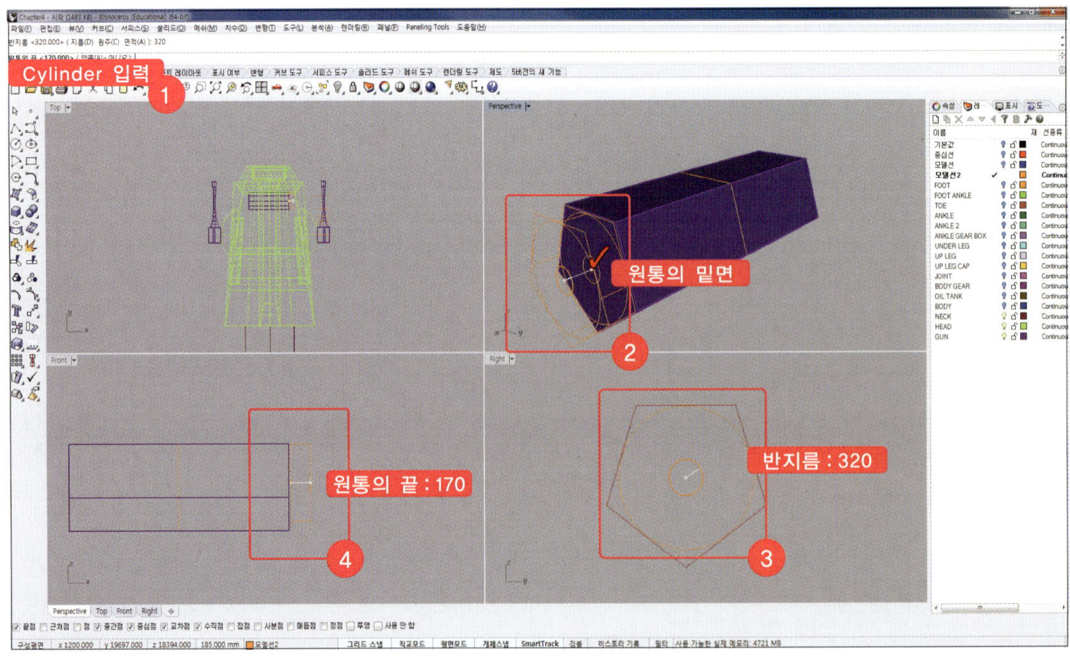

09 'Line' 명령어를 이용하여 cylinder 표면 위에 아래 그림과 같이 원의 중심점에서 [Right]뷰 기준 6시, 9시 방향의 사분점을 연결한 line을 작성합니다.

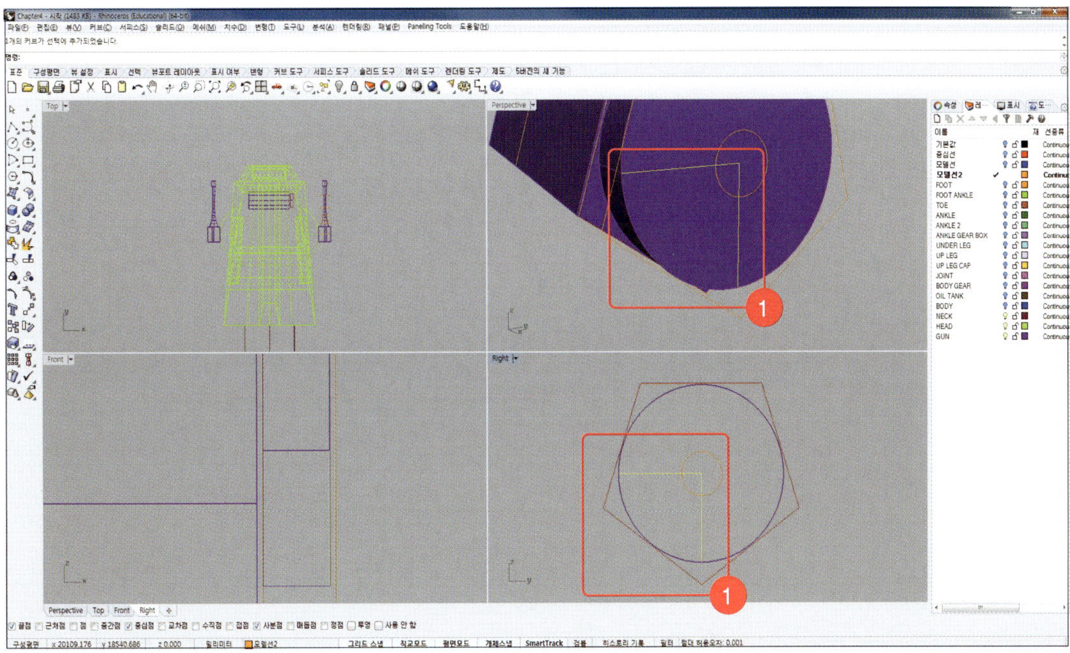

10 'Offset' 명령어를 이용하여 Step 09에서 작성한 line을 아래 그림과 같이 [Right]뷰 기준 아래쪽 왼쪽으로 각각 '90'씩 간격띄우기 합니다.

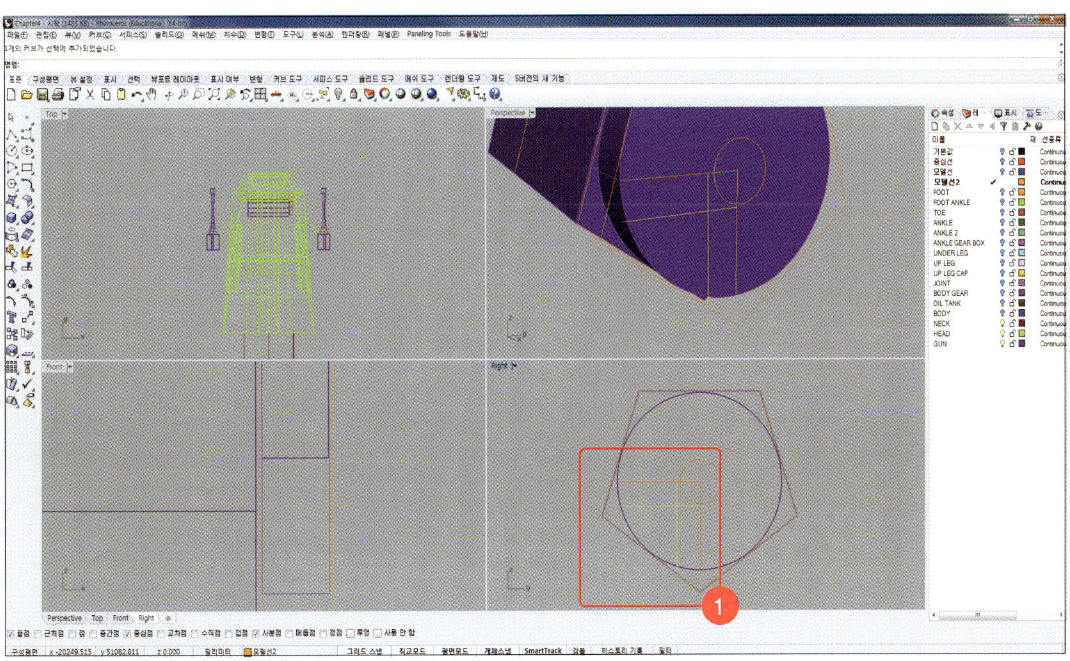

11 'DupEdge'를 입력하고 '복제할 가장자리 선택'에 아래 그림과 같이 cylinder 서피스의 바깥쪽 테두리를 선택합니다.

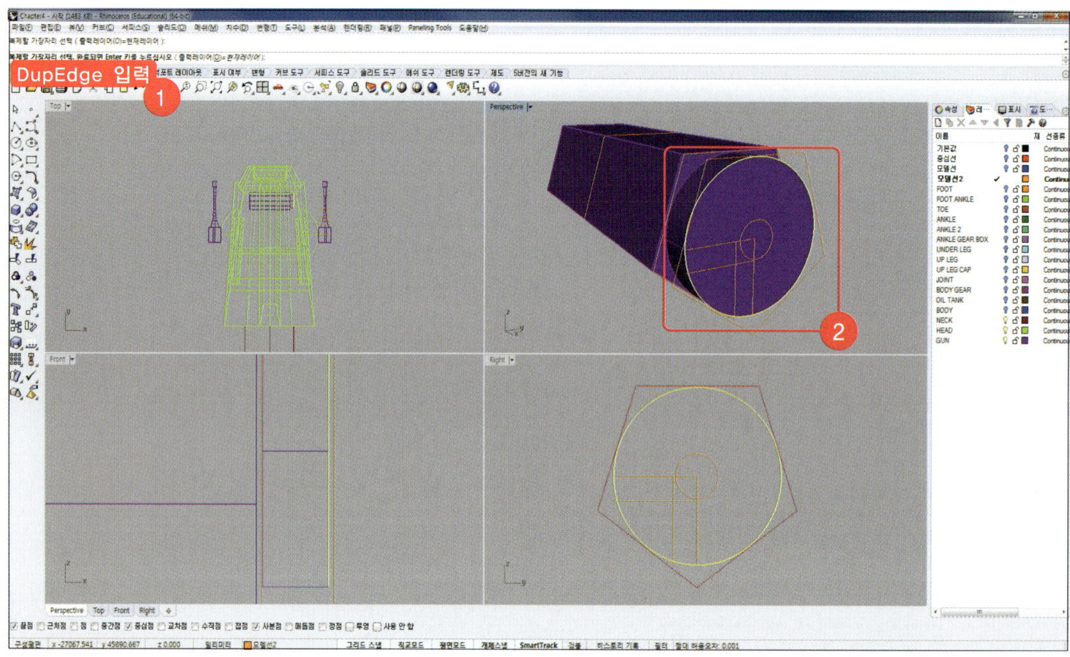

12 'Fillet'을 입력하고 아래 그림과 같이 line을 정리합니다.

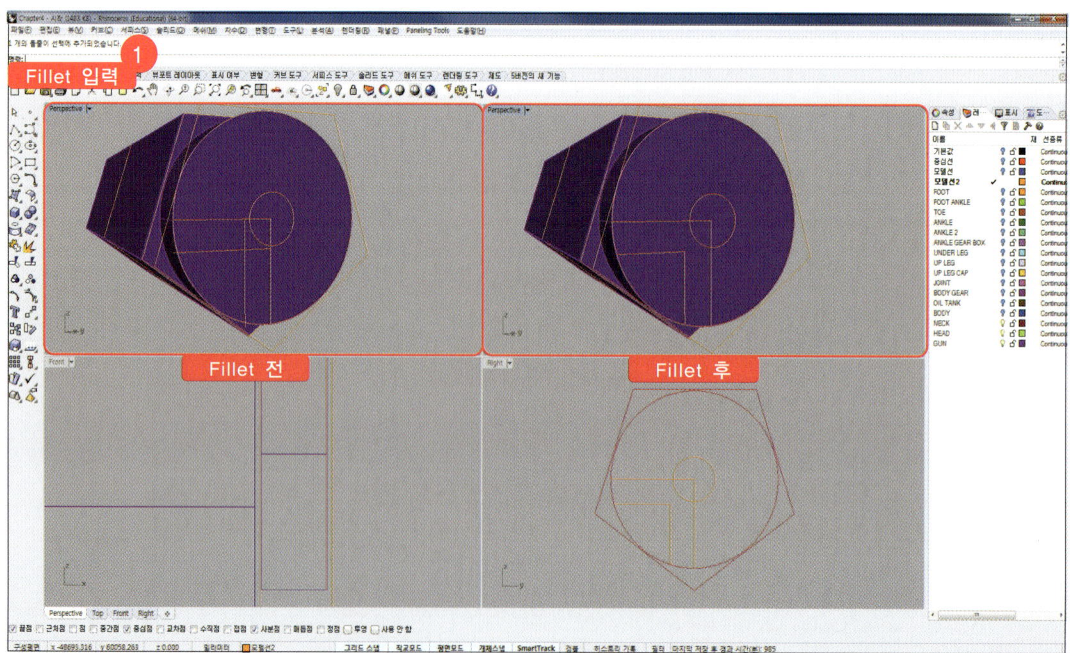

13 'Trim'을 입력하고 '절단개체'에 Step 12에서 정리한 line 2개를 선택합니다. '트림할 개체'에 바깥쪽 테두리 circle 커브를 선택해 아래 그림과 같이 부채꼴 모양의 커브가 되도록 합니다.

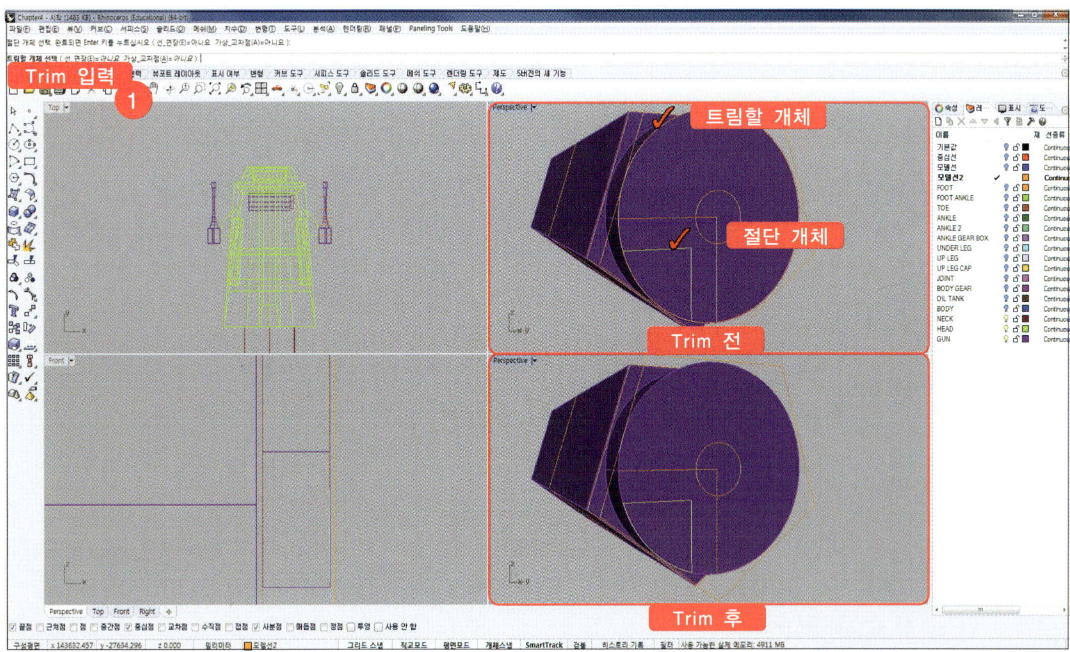

14 아래 그림과 같이 부채꼴 모양의 line 두 개와 arc 하나를 선택하고 명령창에 'Join'을 입력한 뒤, [Enter]키를 눌러 닫힌커브를 만듭니다.

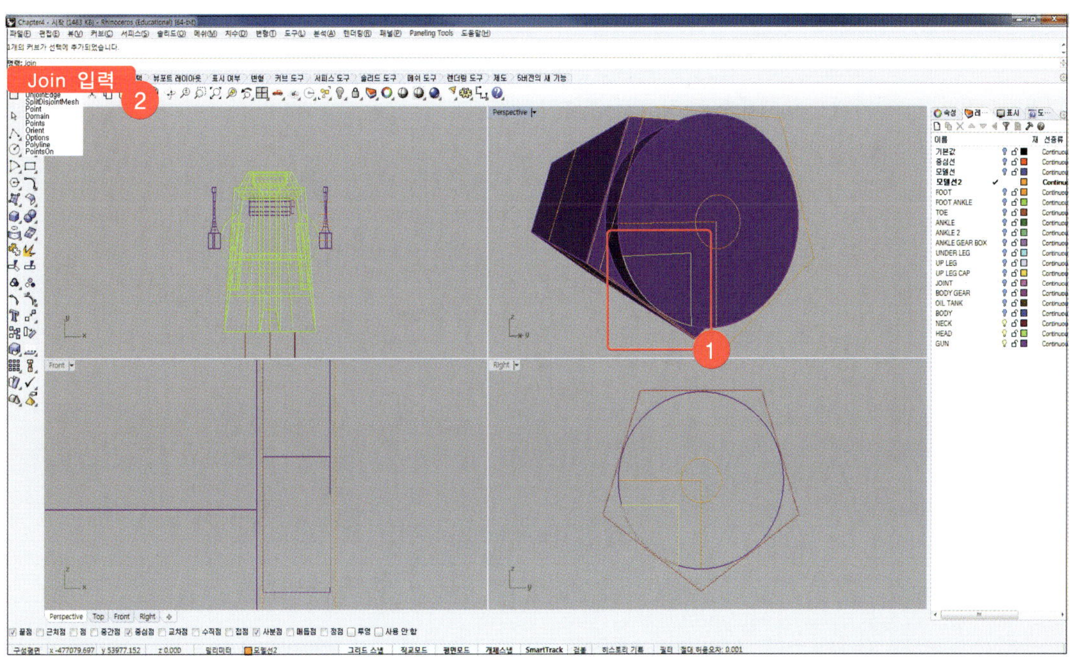

15 'MakeHole'을 입력하고 '닫힌 커브 선택'에 Step 14에서 join한 커브를 선택합니다. '서피스 또는 폴리 서피스 선택'에 뒤 쪽 cylinder를 선택하고 cylinder를 모두 뚫을 만큼 커서를 위치시키고 클릭합니다.

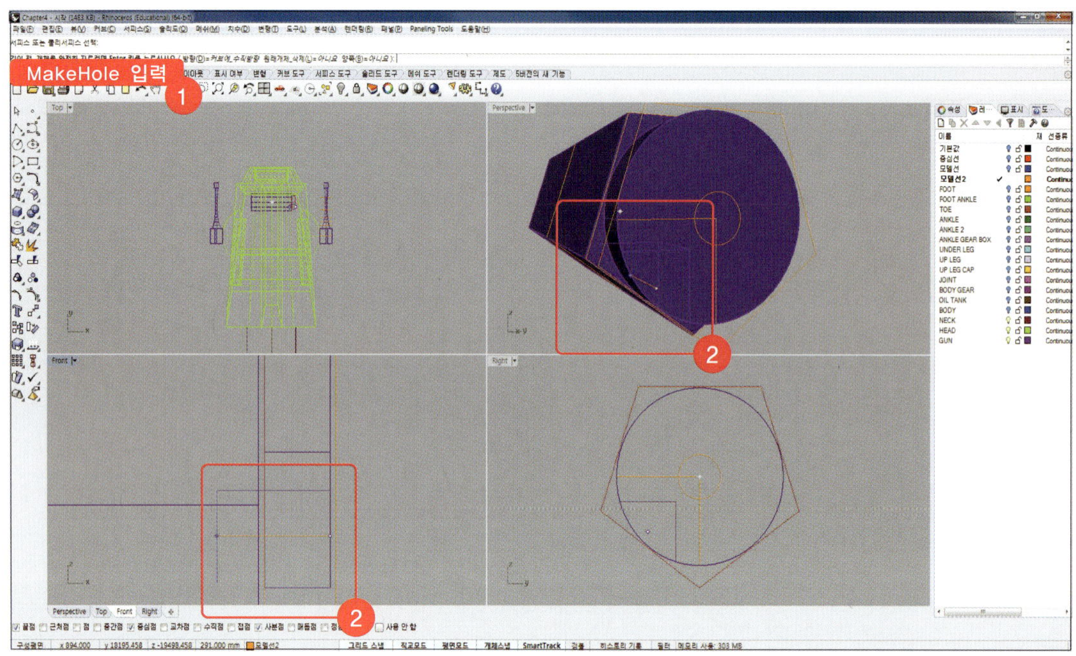

16 'Line'을 입력하고 아래 스냅에서 '중간점'을 체크합니다. 선의 시작과 끝을 아래 그림과같이 Step 15에서 뚫은 면 위에 직각으로 교차하도록 line 두 개를 작성합니다.

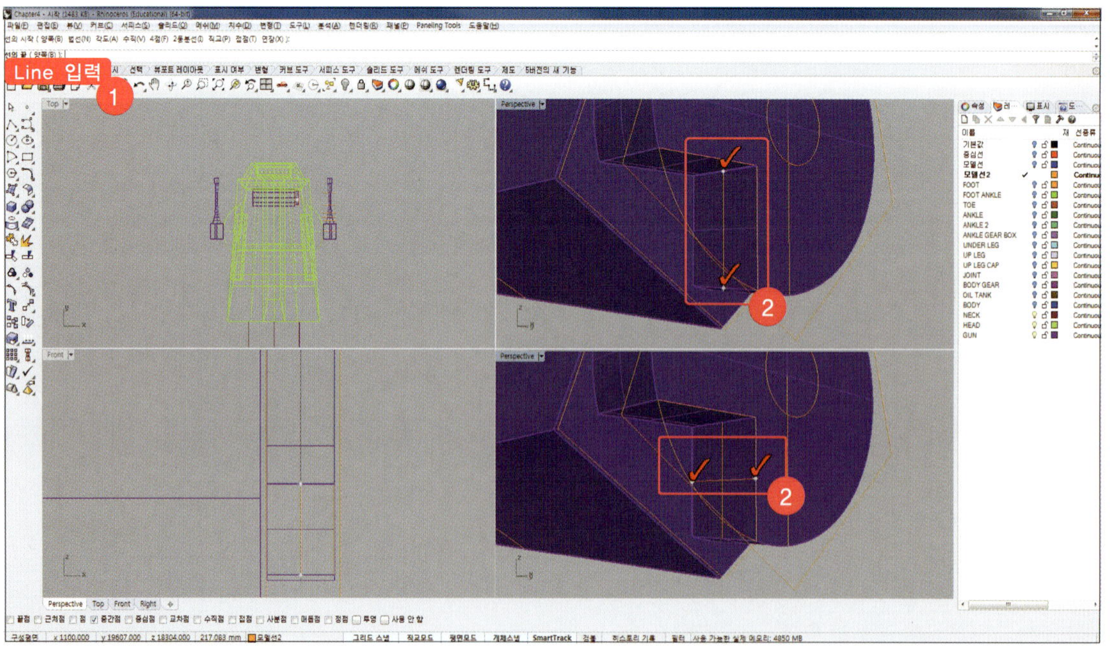

17 ‘Cylinder’를 입력하고 ‘원통의 밑면’에 Step 16에서 작성한 line의 교차점을 선택한 뒤, [Front]뷰에서
‘반지름’에 ‘80’을 입력합니다. ‘원통의 끝’에 ‘400’을 입력하고 [Enter]키를 누릅니다.
작성한 서피스의 레이어는 ‘GUN’으로 변경합니다.

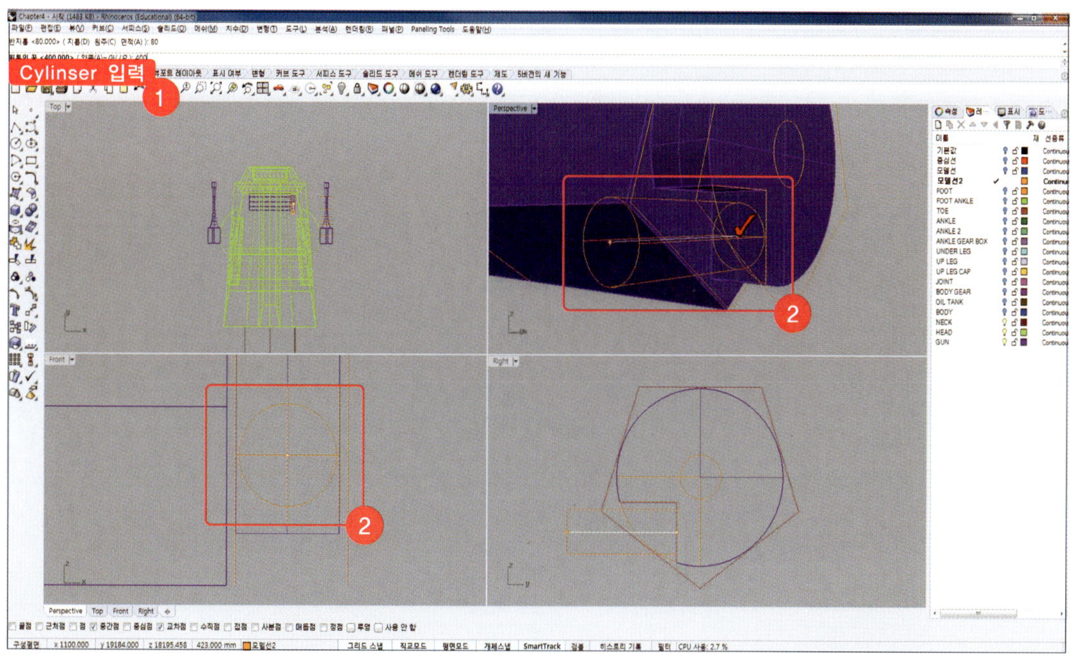

18 ‘Circle’을 입력하고 ‘원의 중심’에 아래 그림과 같이 Step 17에서 작성한 cylinder 바깥쪽 면의 중심을
선택한 뒤, [Front]뷰에서 ‘반지름’에 ‘240’을 입력합니다.

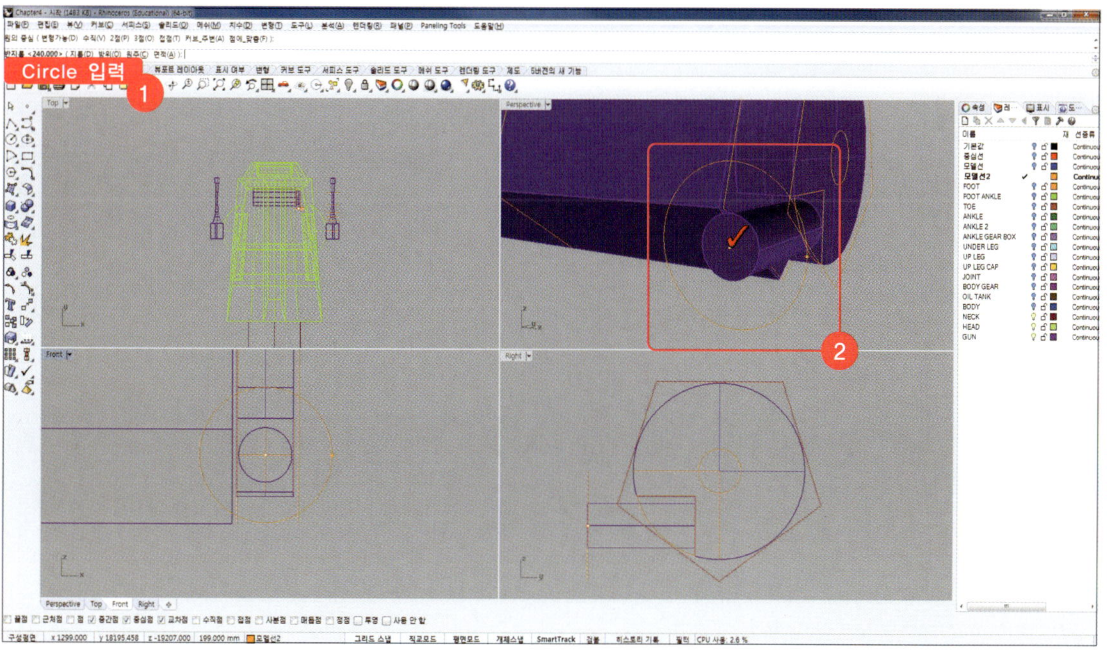

19 'Copy'를 입력하고 '복사할 개체'에 Step 18에서 작성한 circle을 선택합니다. [Right]뷰에서 '복사의 기준점'을 임의로 선택하고 '복사할 위치의 점'에 '1200'을 입력한 뒤, 왼쪽으로 복사합니다.

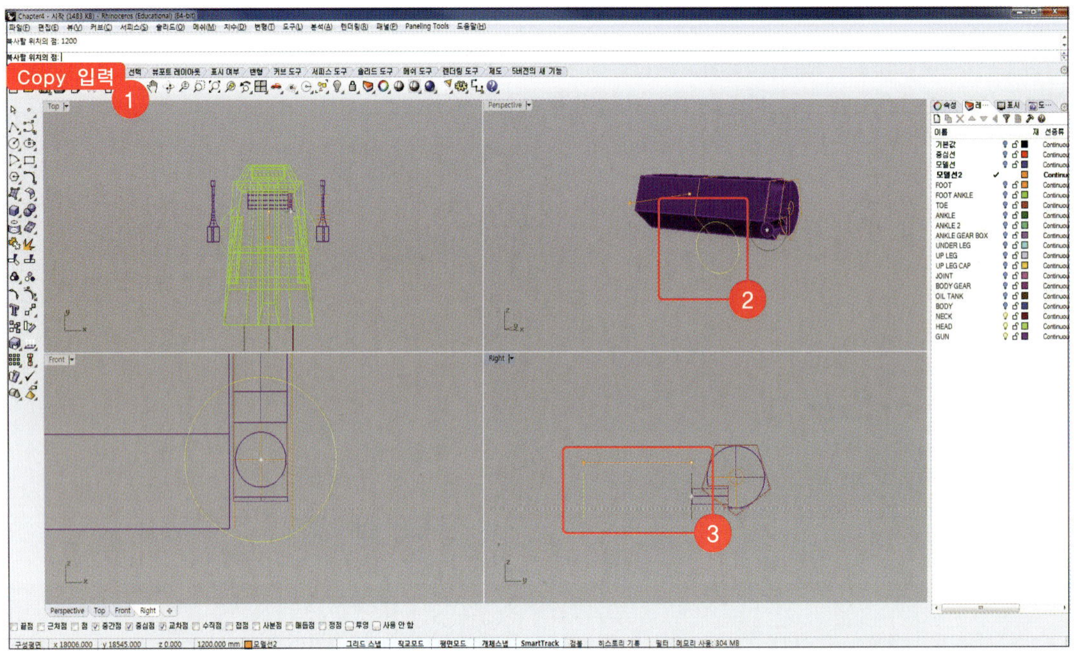

20 'Circle'을 입력하고 '원의 중심'에 아래 그림과 같이 Step 19에서 복사한 circle의 중심을 선택합니다. (아래 스냅에서 '중심점' 체크) [Front]뷰에서 '반지름'에 '120'을 입력하고 [Enter]키를 누릅니다.

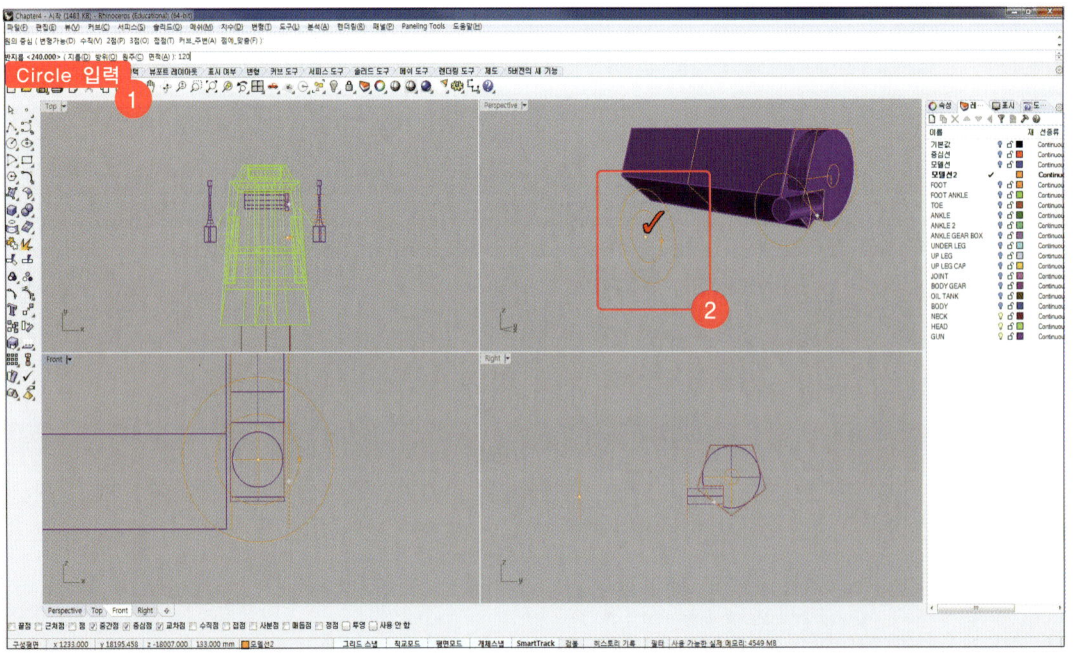

21 'Loft'를 입력하고 '로프트할 커브'에 아래 그림과 같이 Step 18에서 작성한 circle과 Step 20에서 작성한 circle을 선택합니다. '조정할 심 점을 선택'에서 [Enter]키를 누르고 [로프트 옵션]창에서 '스타일'에 '직선단면'을 선택하고 [확인]을 클릭합니다. 작성한 Loft 서피스의 레이어는 'GUN'으로 변경합니다.

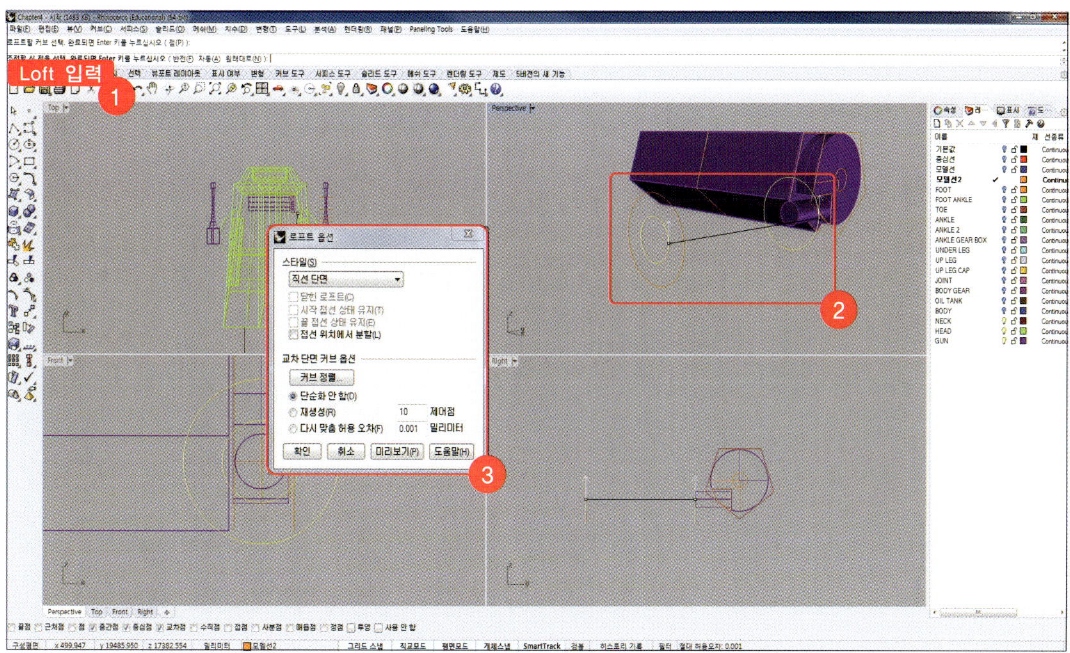

22 'Cap'을 입력하고 '끝막음할 서피스'에 Step 21에서 작성한 서피스를 선택하고 [Enter]키를 누릅니다.

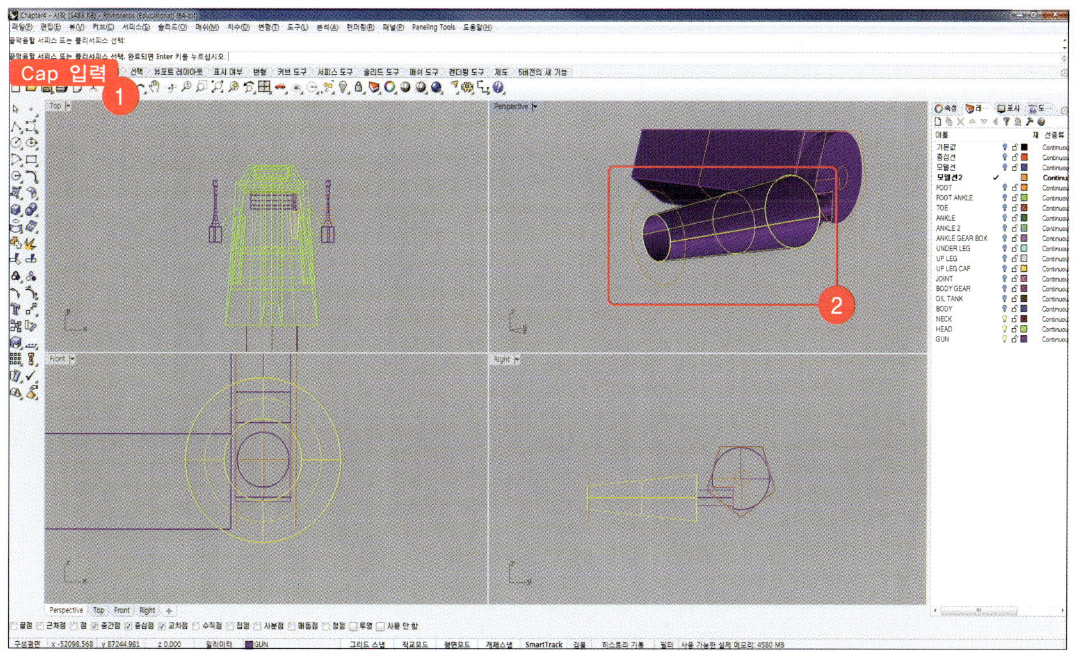

23 'Cylinder'를 입력하고 '원통의 밑면'에 아래 그림과 같이 Step 22에서 끝막음한 서피스의 중심점을 선택하고 [Front]뷰에서 '반지름'에 '80'을 입력합니다. '원통의 끝'에 '1500'을 입력한 뒤, [Enter]키를 누릅니다.

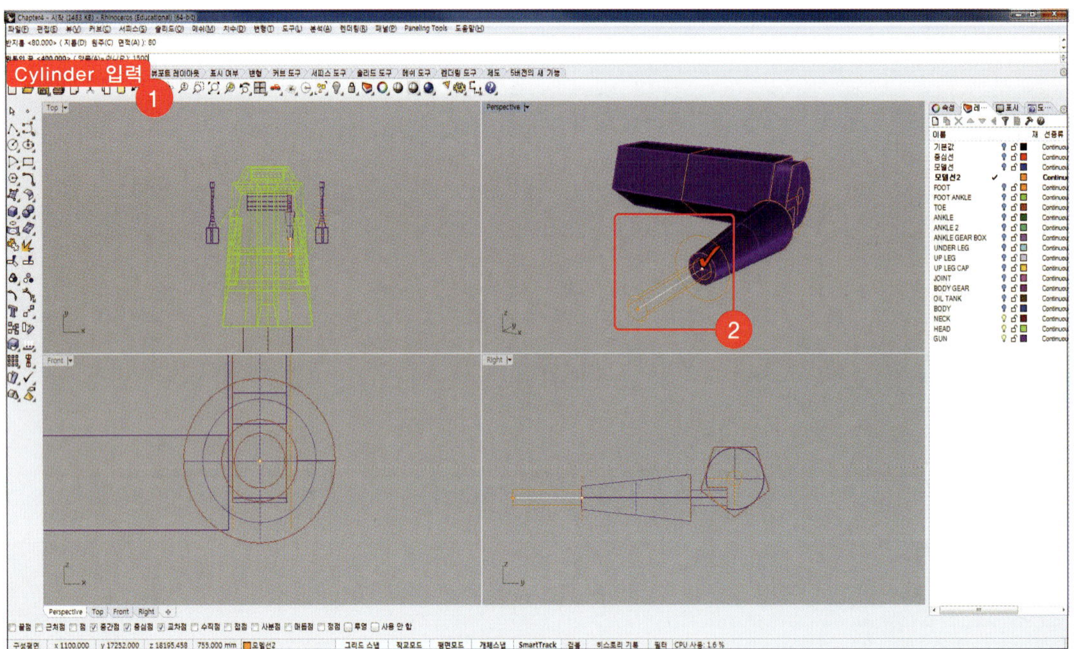

24 'Circle'을 입력하고 Step 23에서 작성한 cylinder 끝에 반지름 '180'인 원을 그리고 [Right]뷰 기준 왼쪽으로 '90' 만큼 작성한 circle을 복사합니다.

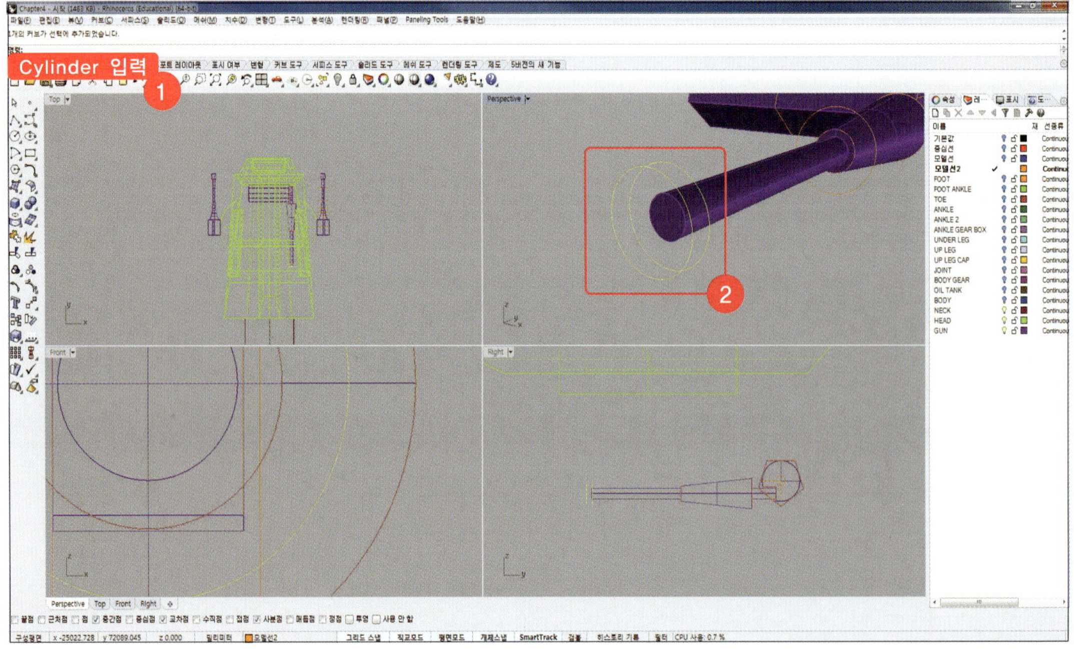

25 'Offset'을 입력하고 '간격띄우기 실행할 커브'에 끝 부분에 위치한 circle을 선택한 뒤, [Front]뷰에서 '간격띄우기할 쪽'에 '30'을 입력해 중심쪽으로 간격띄우기 커브를 작성합니다.

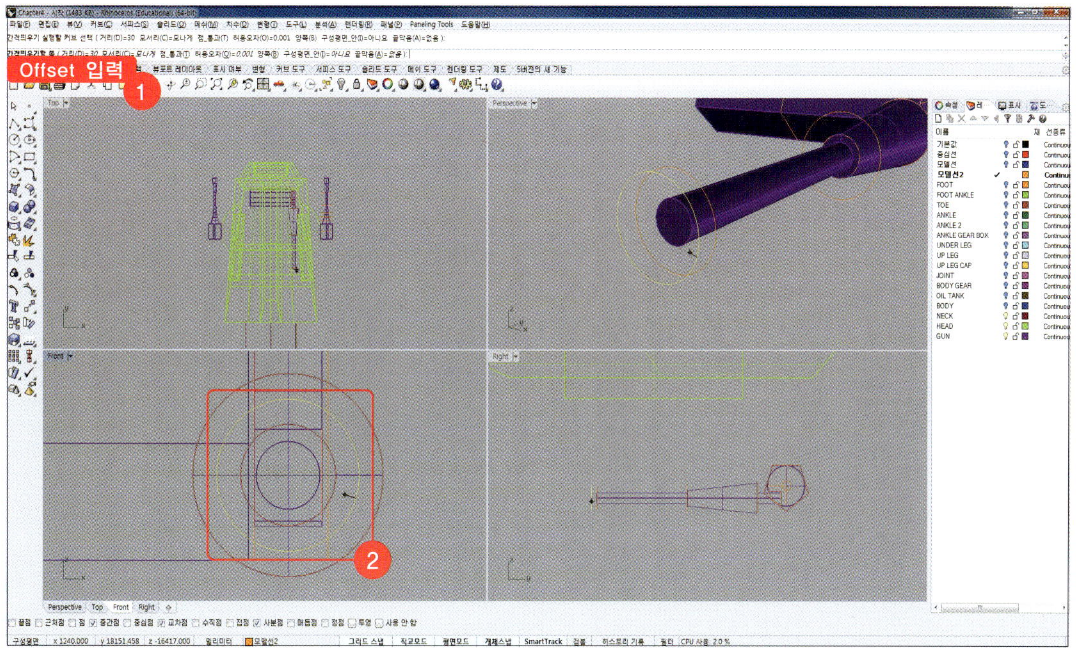

26 아래 스냅에서 '사분점'을 체크하고 명령창에 'Line'을 입력합니다. 선의 시작과 끝을 아래 그림과 같이 끝 부분의 반지름 180인 원의 수직방향으로 사분점을 연결합니다.

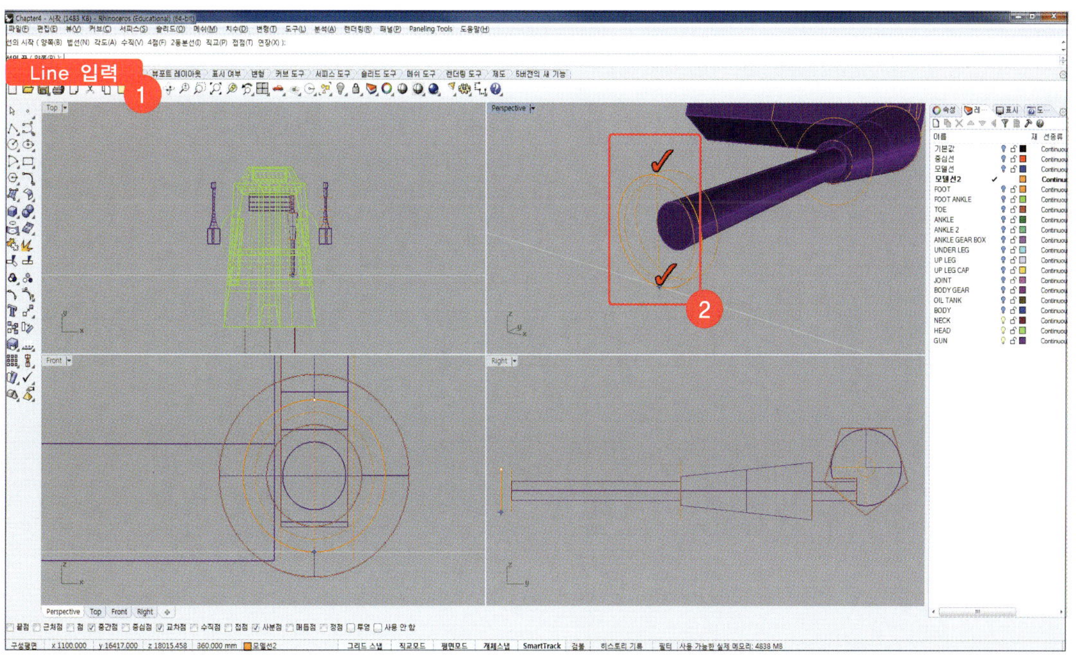

27 'Trim'을 입력하고 '절단 개체 선택'에 끝부분의 circle 두 개와 수직으로 사분점을 연결한 line을 선택합니다. '트림할 개체'에 체크 표시된 부분을 클릭하여 아래 그림과 같은 모양이 나오도록 trim 합니다.

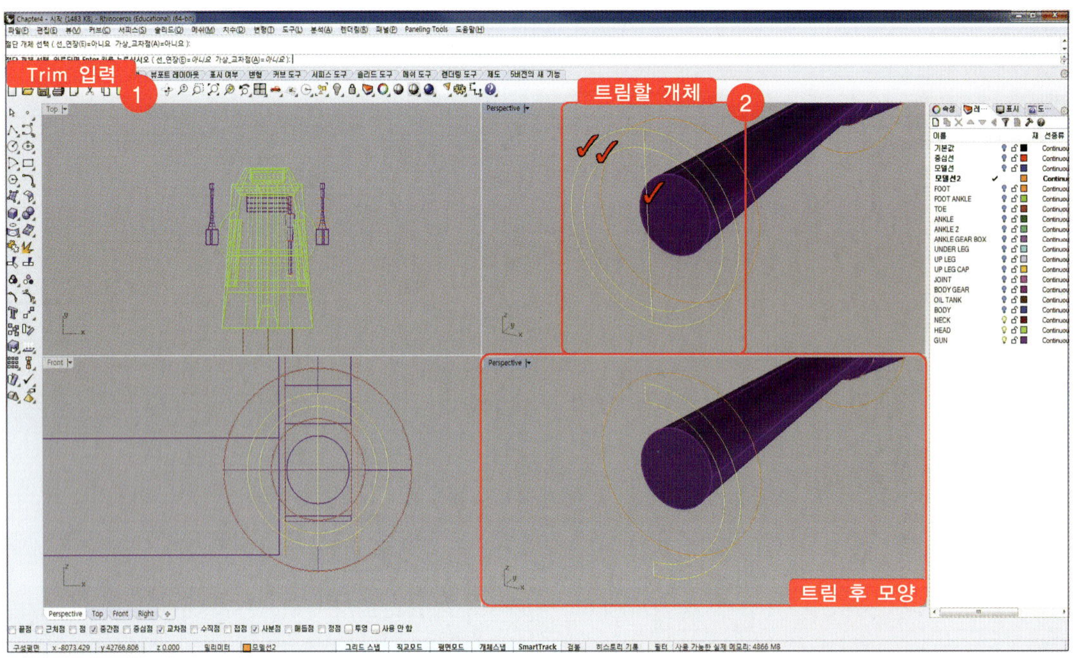

28 Step 27에서 trim한 line을 모두 선택하고 명령창에 'Join'을 입력합니다.

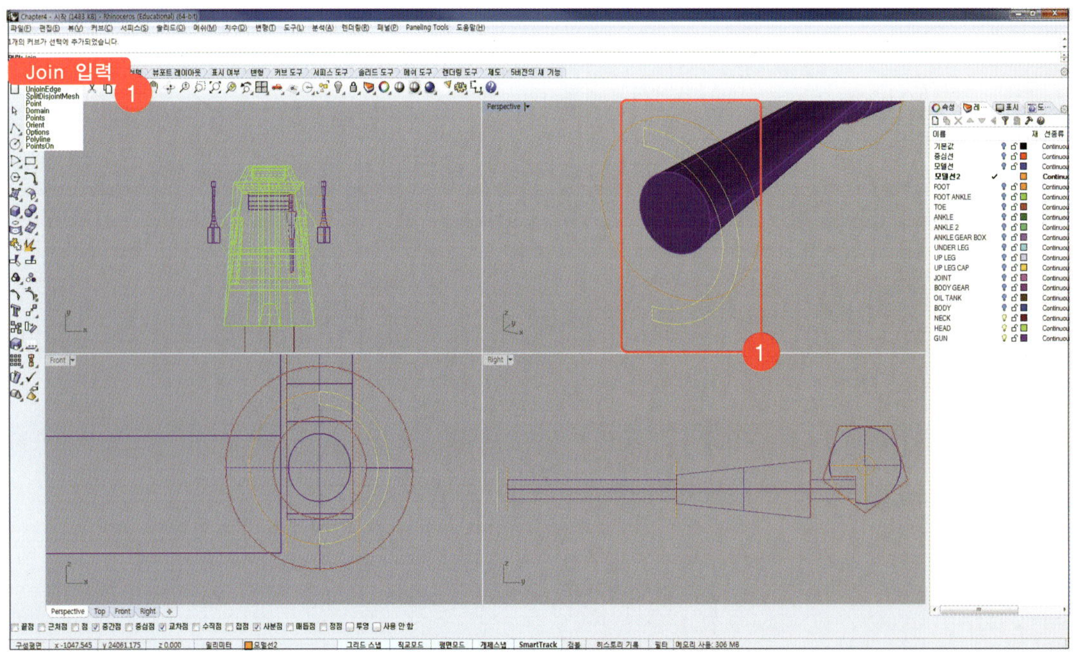

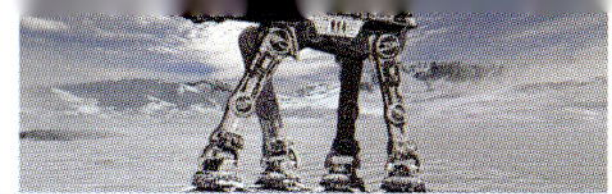

29 'Rotate'를 입력하고 '회전시킬 개체'에 Step 28에서 join한 커브를 선택합니다. '회전 중심'에 아래 그림과 같이 작성했던 circle의 중심을 선택하고 '첫 번째 참조점'에 수직 아래 점을 선택합니다. '두 번째 참조점'에 '30'을 입력한 뒤, [Enter]키를 누릅니다.

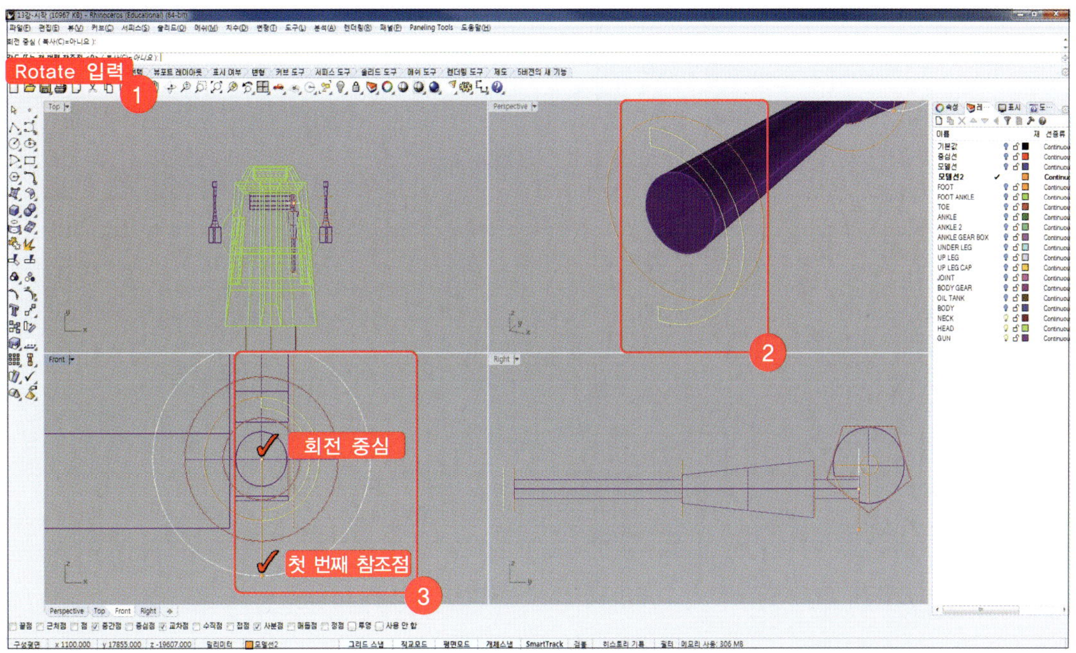

30 'ExtrudeCrv'를 입력하고 '돌출시킬 커브'에 총구 끝 부분의 circle을 선택합니다. 명령창에서 '양쪽= 아니요, 솔리드=예'로 변경하고 '돌출 거리'에 '-700'을 입력합니다. 작성한 돌출 서피스의 레이어는 'GUN'으로 변경합니다.

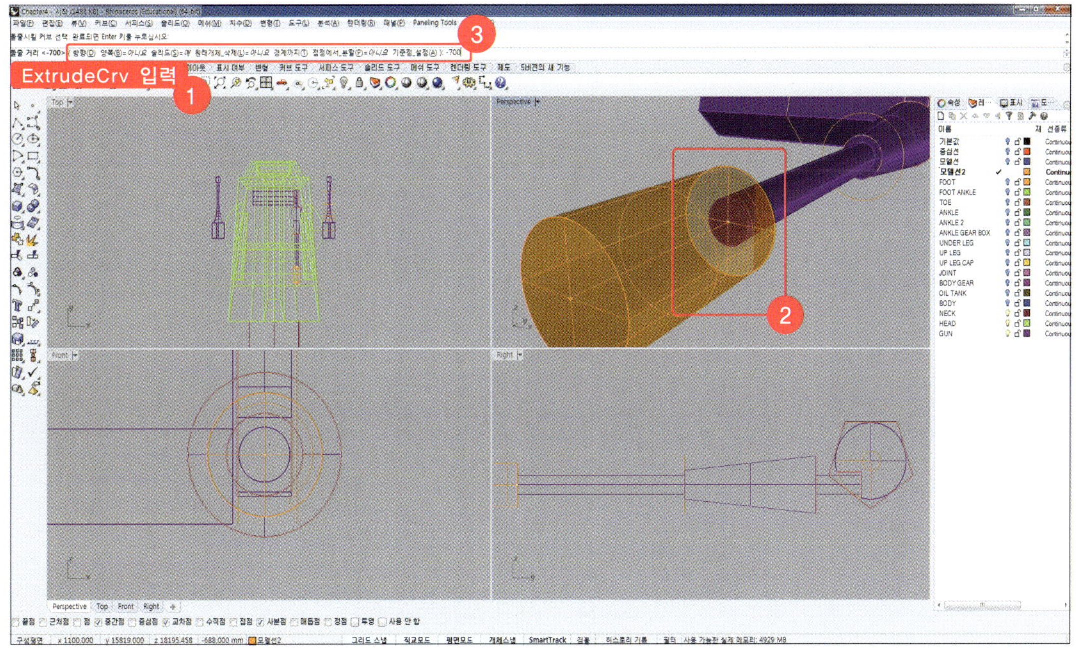

31 'MakeHole'을 입력하고 '닫힌 커브 선택'에 Step 29에서 회전시킨 커브를 선택합니다. '서피스 또는 폴리서피스 선택'에 Step 30에서 돌출시킨 서피스를 선택하고 '깊이 점'에 '-520'을 입력한 뒤, 총구 바깥쪽 방향으로 커서를 이동시키고 클릭합니다.

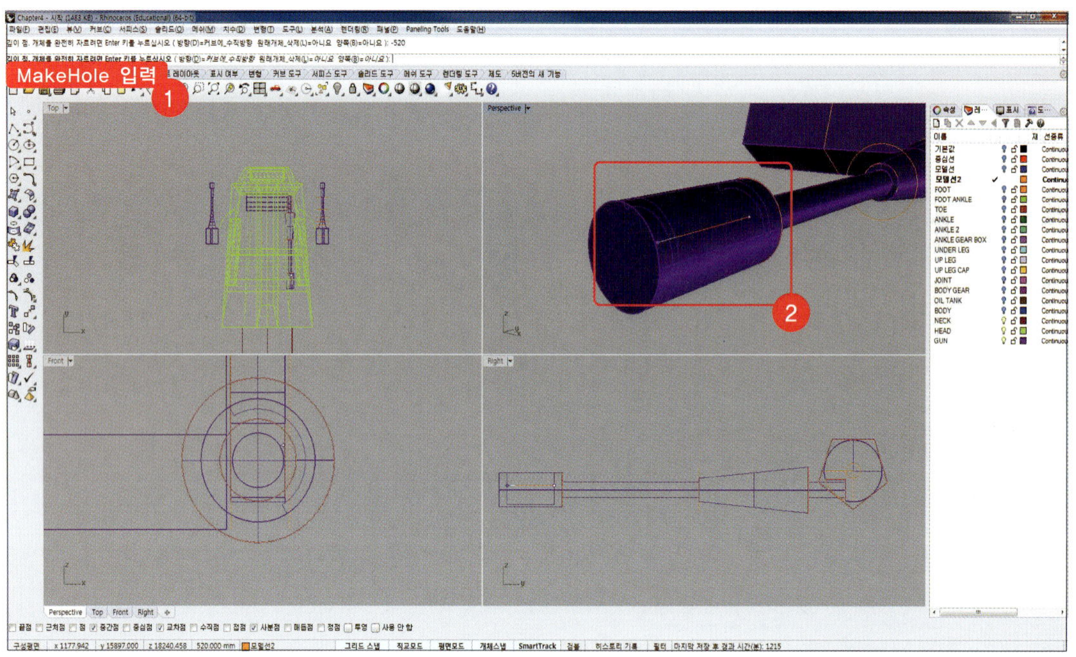

32 'Cylinder'를 입력하고 '원통의 밑면'에 아래 그림과 같이 Step 31에서 작성한 서피스 끝 원의 중심을 선택합니다. [Front]뷰에서 '반지름'에 '140'을 입력하고 '원통의 끝'에 '200'을 입력합니다.

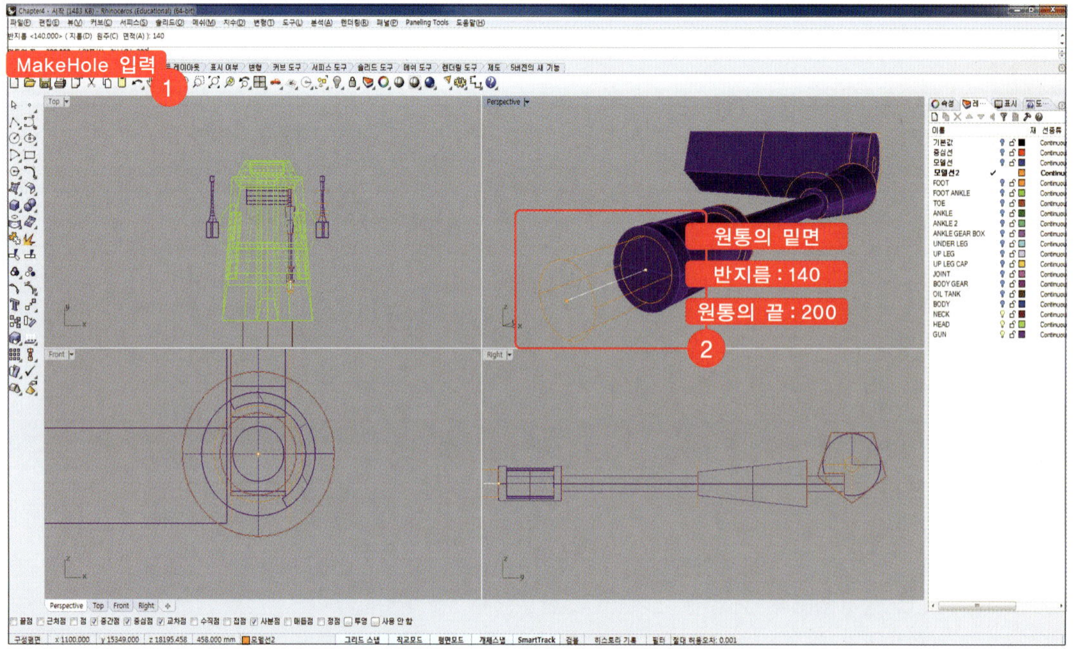

33 'Circle' 명령어를 이용하여 아래 그림과 같이 Step 32에서 작성한 cylinder 끝 부분 원 표면에 같은 중심을 가지는 반지름 '110'인 circle을 작성합니다.

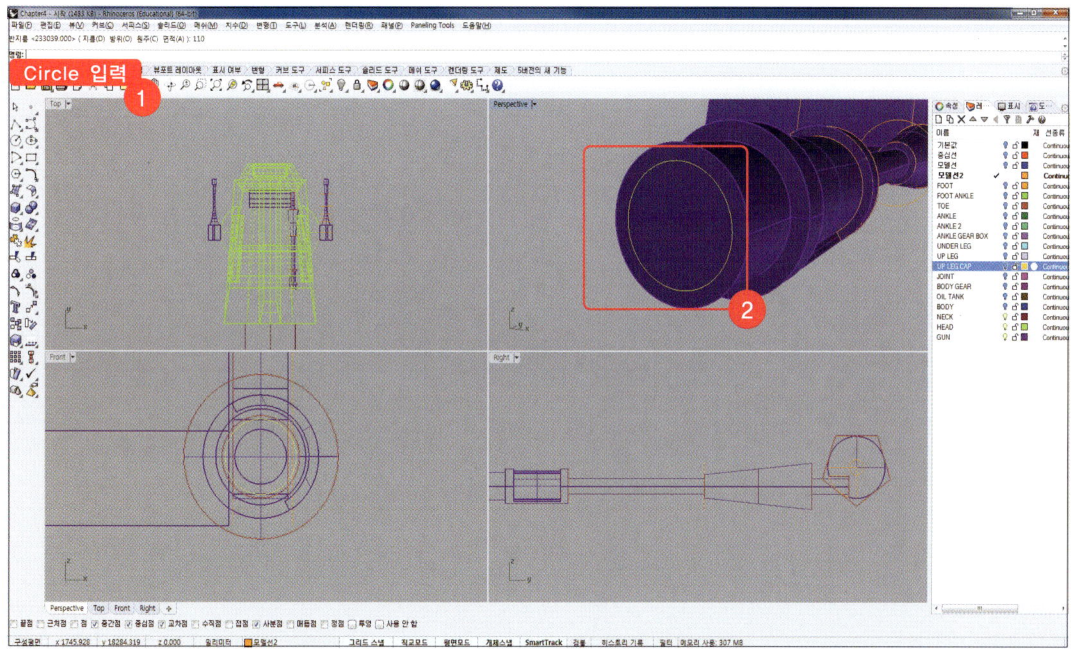

34 'MakeHole'을 입력하고 '닫힌 커브'에 Step 33에서 작성한 circle 커브, '서피스 또는 폴리서피스'에 Step 32에서 작성한 cylinder 서피스를 선택한 뒤, 서피스를 모두 뚫어줍니다.

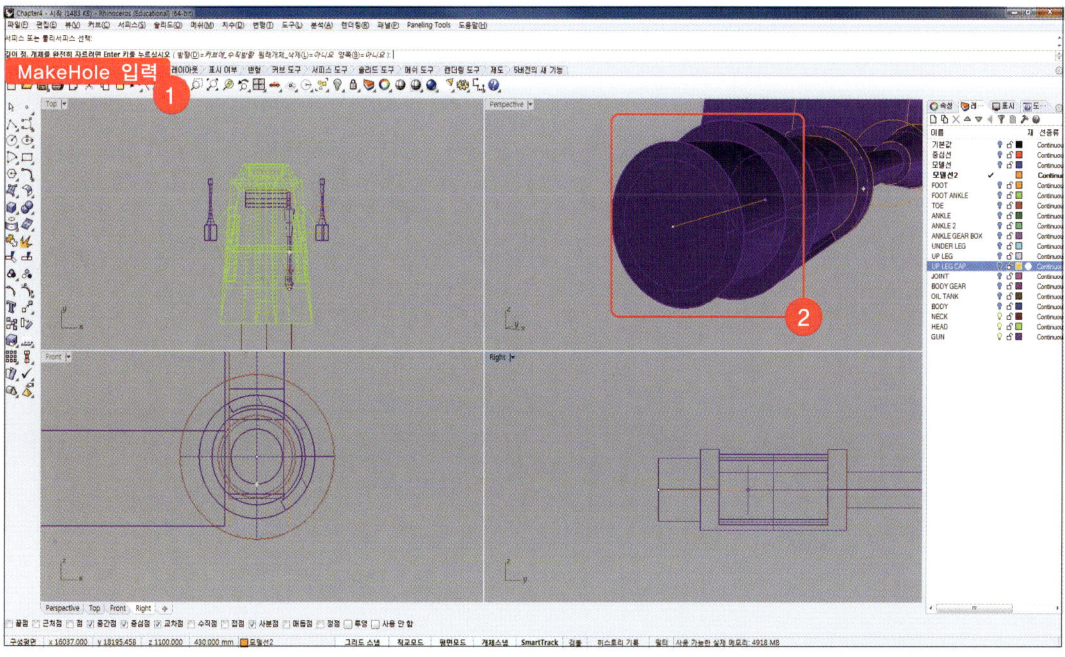

35 'ExtrudeCrv'를 입력하고 '돌출시킬 커브'에 아래 그림과 같이 총구가 시작되는 부분의 바깥쪽 5각형 커브를 선택합니다. 명령창에서 '양쪽=아니요, 솔리드=예'를 확인하고 '돌출 거리'에 '200'을 입력합니다. 작성한 서피스의 레이어는 'GUN'으로 변경합니다.

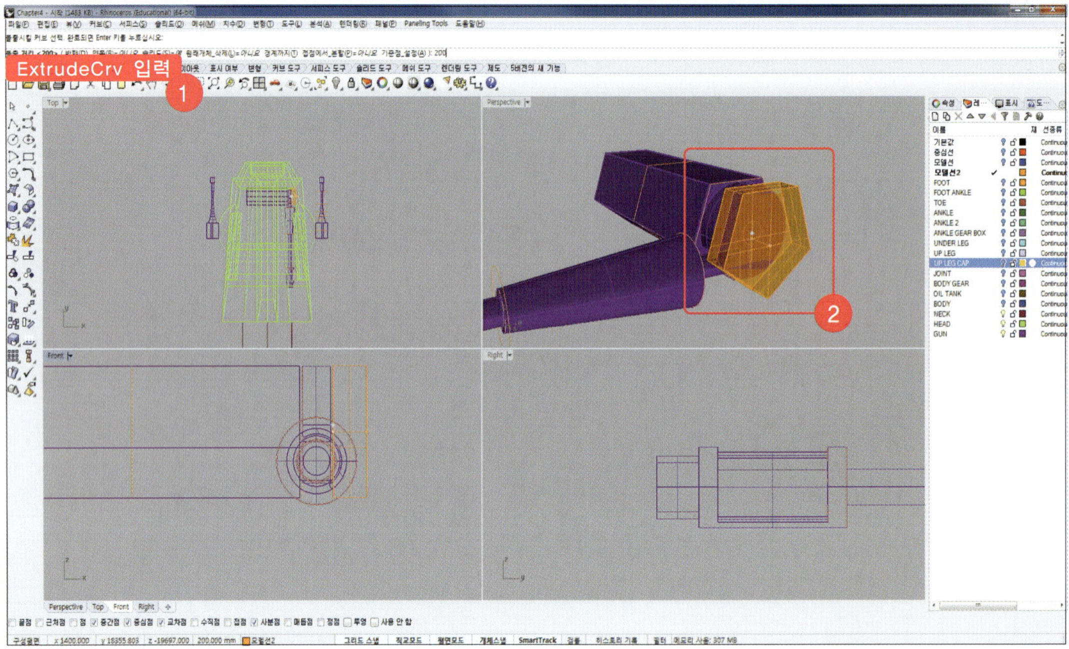

36 'ShowSelected'를 입력하고 Chapter 초반에 숨겼던 원형 막대모양의 서피스를 선택하고 [Enter]키를 누릅니다.

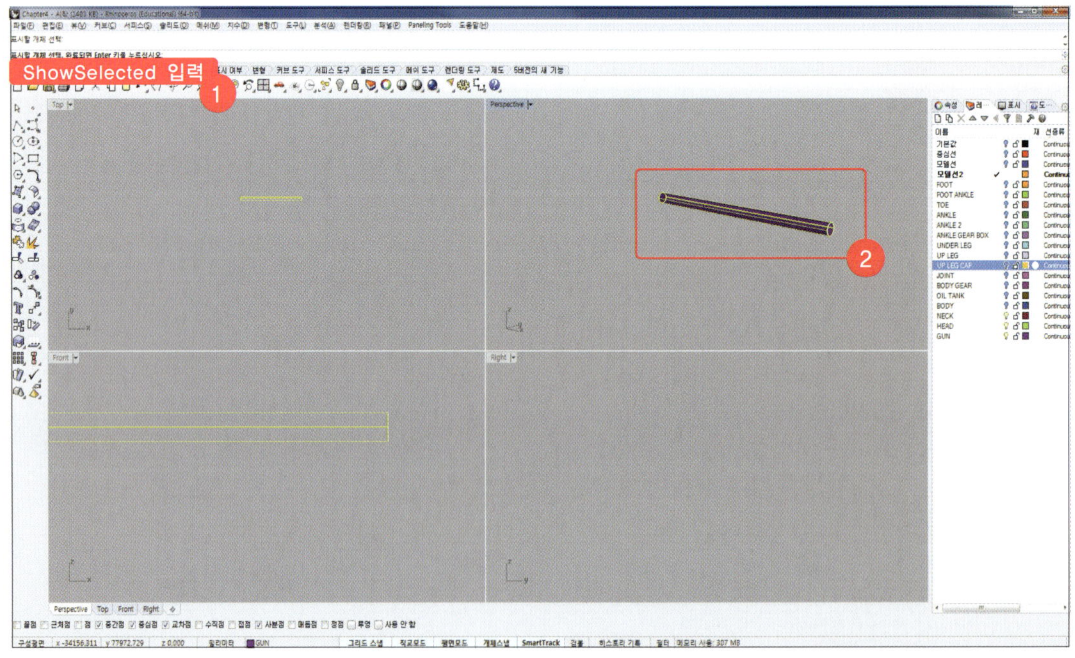

37 'BooleanDifference'를 입력하고 '차집합을 계산할 원래 서피스'에 아래 그림과 같이 원형 막대와 겹치는 5각형 서피스, 가운데 cylinder 서피스, 끝부분의 5각형 서피스를 선택합니다. '차집합 계산에 사용할 서피스'에 원형 막대 서피스를 선택하고 명령창에 '원래객체_삭제=아니요'를 확인하고 [Enter]키를 누릅니다.

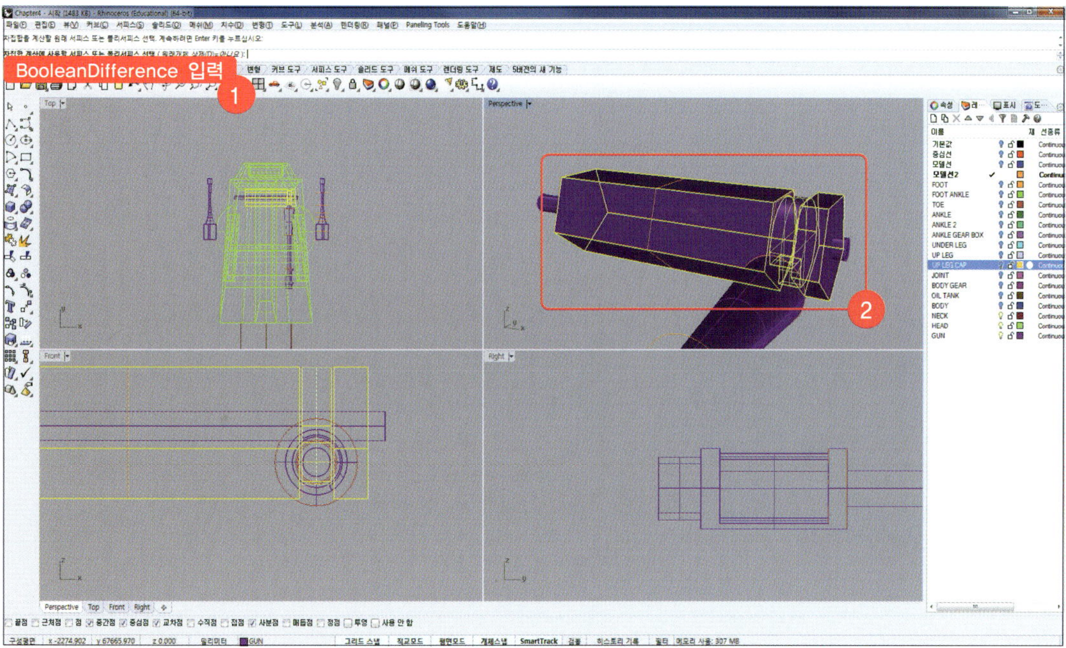

38 'Mirror'를 입력하고 '미러시킬 개체'에 아래 그림과 같이 총구 부분을 모두 선택합니다.
'미러 평면의 시작'에서 명령창의 'Y축'을 클릭합니다.

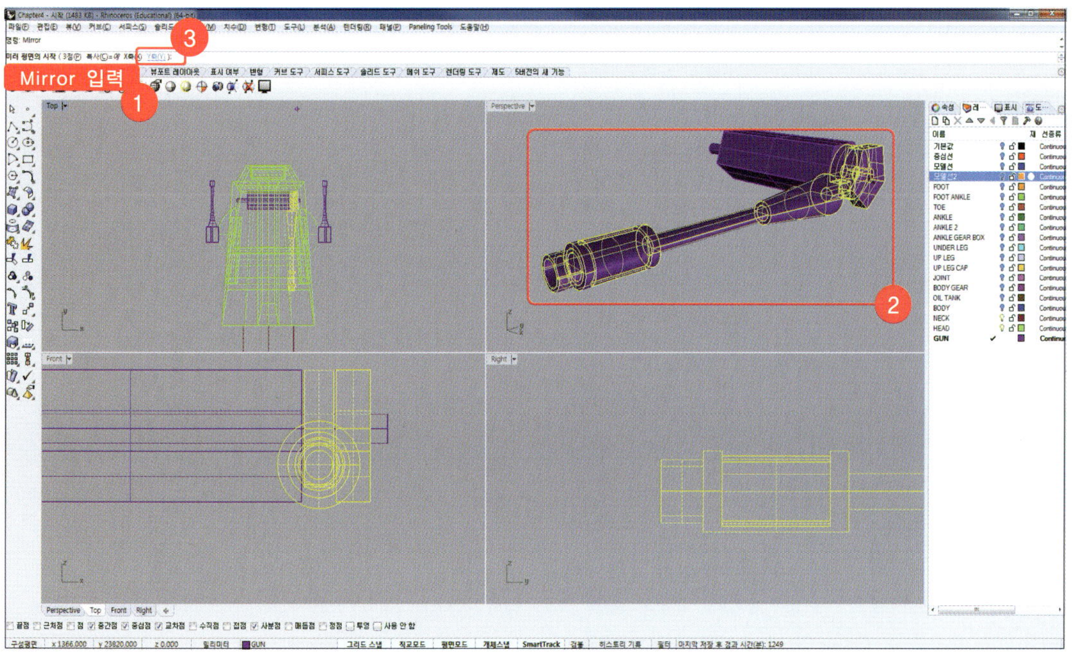

39 UNDER GUN 부분을 모두 선택하고 명령창에 'Group'을 입력합니다.

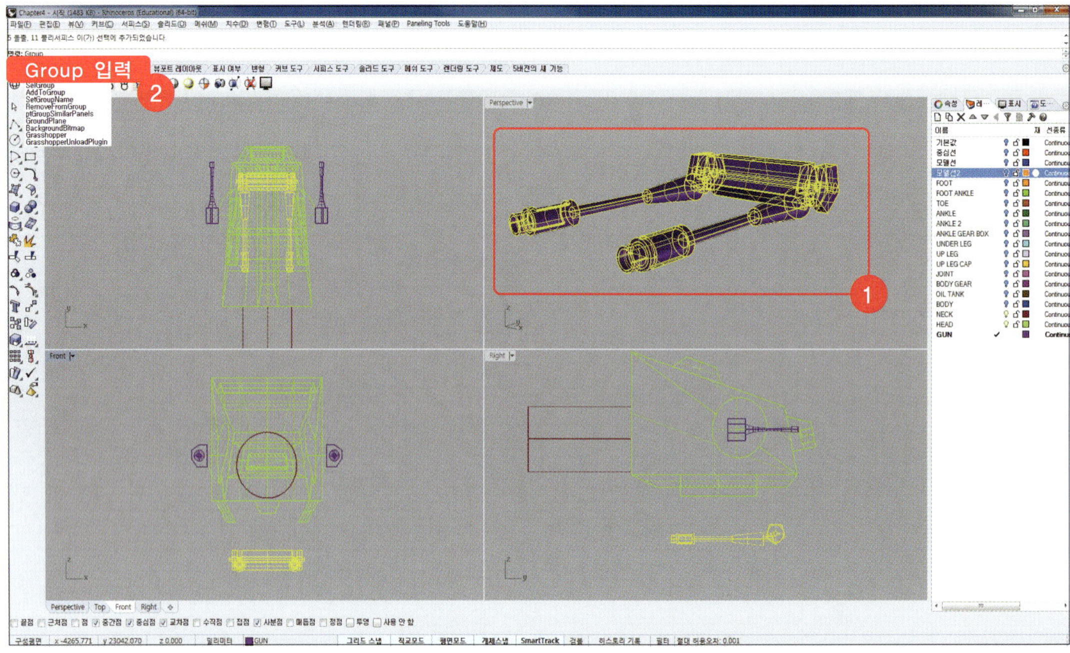

40 현재 UNDER GUN 부분의 방향이 반대로 되어 있으므로 'Rotate' 명령어를 이용하여 제자리에서 180도 만큼 회전시킵니다.

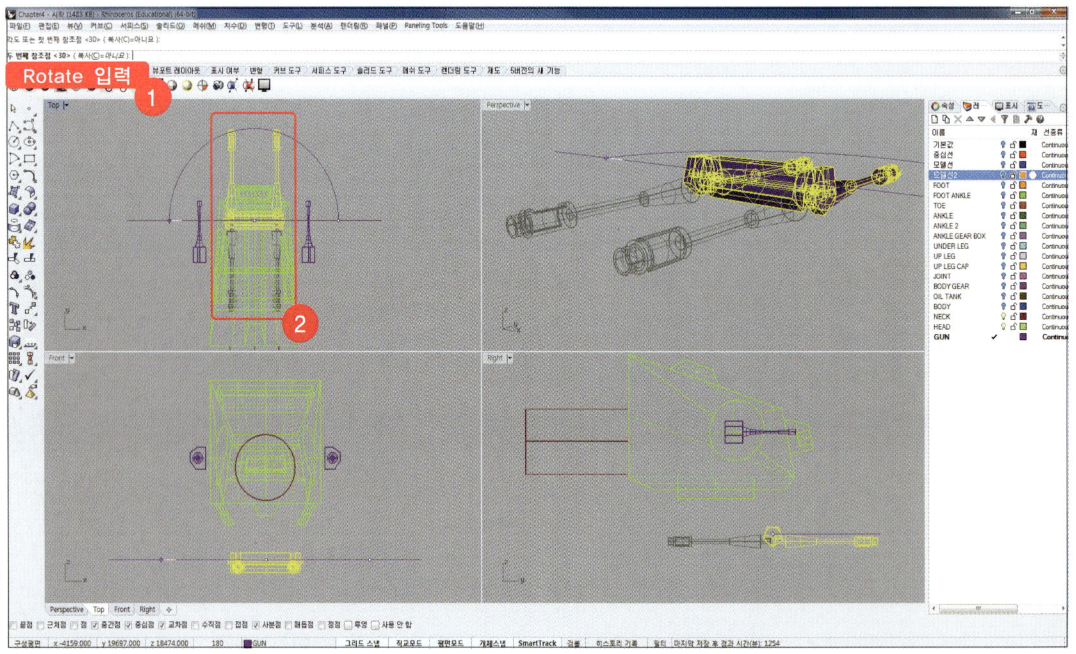

41 ‘Move’를 입력하고 ‘이동시킬 개체’에 UNDER GUN을 선택합니다. ‘이동의 기준점’에 UNDER GUN의 5각형 서피스의 앞쪽 중간점을 선택하고 ‘이동의 기준점 새 위치’에 ‘HEAD’ 앞쪽 밑면의 중간점을 선택합니다.

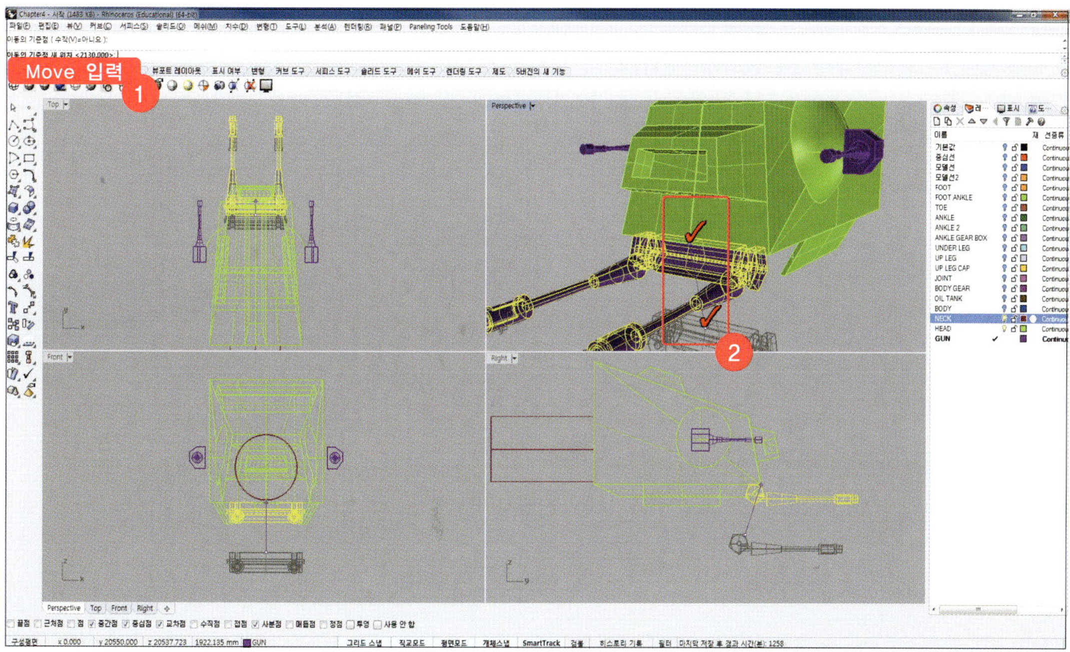

42 다시 ‘Move’를 입력하고 UNDER GUN을 [Right]뷰에서 왼쪽으로 ‘2130’만큼 이동시킵니다.

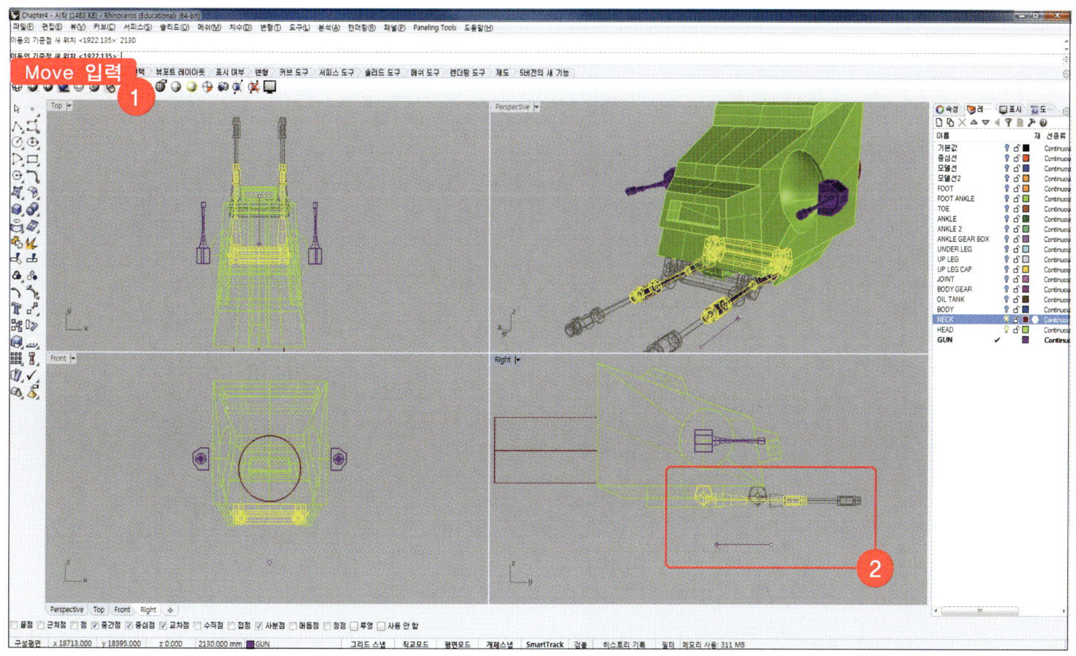

43 'GUN' 레이어를 제외한 모든 레이어를 끕니다. [파일] ➡ [선택한 개체 내보내기]를 클릭하고 GUN 레이어의 모든 개체를 선택합니다. [내보내기]창이 활성화되면 '파일 이름'에 'GUN'을 입력하고 '파일 형식'에 'Rhino 5 3D 모델'을 선택하고 [저장]을 클릭합니다.

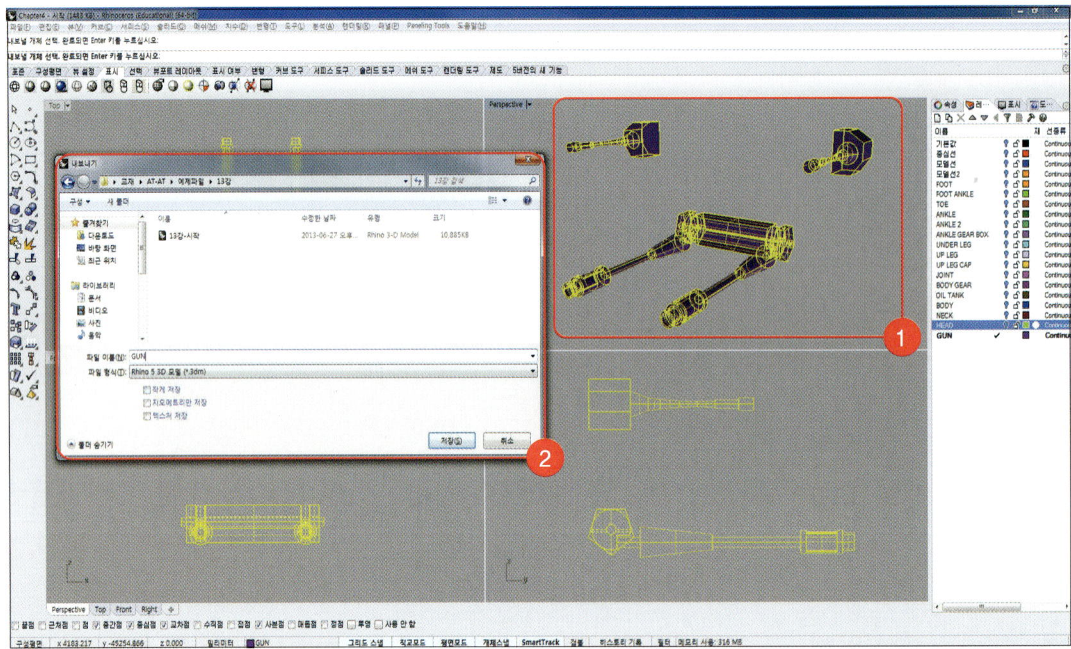

44 AT-AT Walker의 모든 부분이 완성되었습니다.

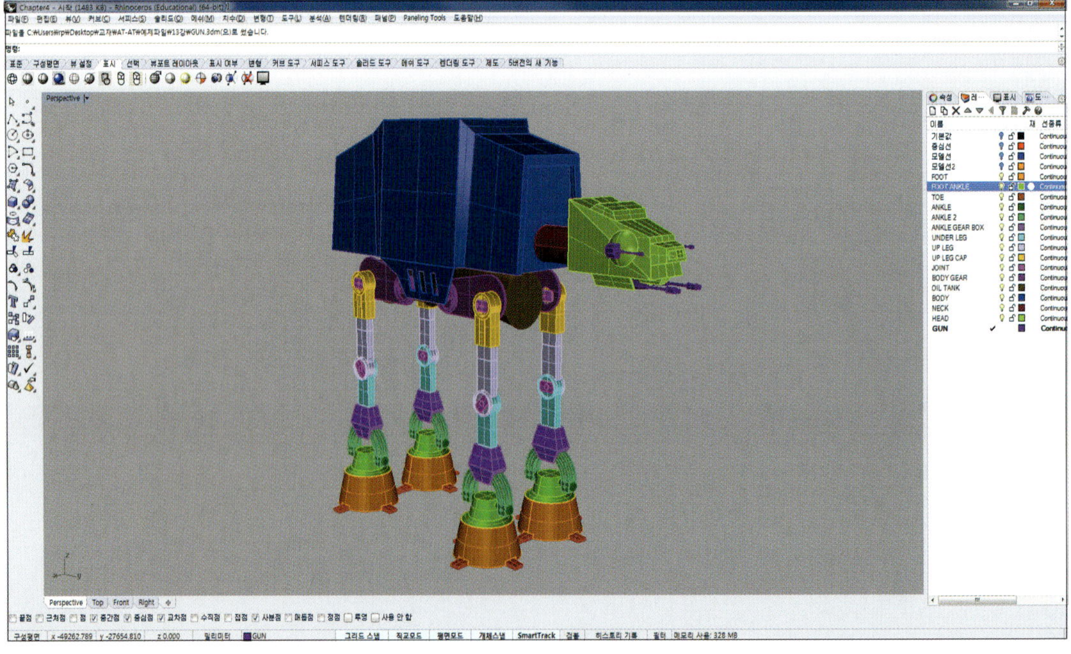

BIM 정규 강좌는 온라인으로 제공되는 동영상과 교재를 통해 학습을 진행할 수 있는 국내 최초의 실무 기반의 BIM 교육 과정입니다. 실시간으로 진행되는 동영상을 보면서 BIM 설계 프로젝트의 시작부터 끝까지 경험하실 수 있습니다.

■ MUST BIM 교육 과정의 목표!

첫째, 이론 중심의 강의에서 벗어난 생생한 실무 중심의 교육 제공
둘째, 단순한 모델링 교육이 아닌 실무 수행에 필수적인 기반 지식 제공
셋째, 통합된 프로젝트 조달 방식(Integrated Project Delivery)에 적합한 실무 인력 양성

■ MUST BIM 교육 과정의 비전!

[미래 건설 환경에 적합한 설계 및 엔지니어링 실무 인력 양성]

■ MUST BIM 정규 강좌 소개!

과 정	강 사	강 의 구 성	강 의 소 개		교 재
BIM 초급자 과정 (2개월)	서희창	본강의 20강, 특강 4강	따라하기 강의 제공		3차원 건축설계를 위한 MUST BIM, 기본편
BIM 고급자 과정 (2개월)	오정우	본강의 18강, 특강 3강	이론 강의 / 따라하기 강의 제공		3차원 건축설계를 위한 MUST BIM, 응용편
BIM 관리자 과정 (2개월)	함남혁	본강의 16강, 특강 2강	이론 강의 / 실무사례소개 따라하기 강의 제공		건축 프로젝트 관리를 위한 MUST BIM, 활용편

실무경험을 바탕으로 전 과정을 공개!

본 강좌는 한솔아카데미 발행 교재를 가지고 혼자서 공부하시는 수험생분들께 학습의 방향을 제시해드리고자 하는 종합강좌입니다. 인터넷강좌는 거리 또는 시간에 제한을 받지 않고 반복수강이 가능합니다.

■ MUST BIM 동영상 강좌의 특징!

MUST BIM 강의, 이래서 좋다!!

① 저자 직강 및 해설
② 강의별 학습목표 설정을 통한 동기부여
③ 이론 학습을 통한 강의 이해도 향상
④ 동영상, 교재를 활용한 BIM Tip 심화학습
⑤ 강의별 Summary를 통해 학습 성과 검토

Step 01 ▶ 각 단원별 학습목표 /포인트 숙지

Step 02 ▶ 동영상 강좌를 통한 학습 진행

Step 03 ▶ 머스트빔 커뮤니티를 통한 Q & A

Step 04 ▶ 본강좌/따라하기 반복수강

■ MUST BIM 동영상 강좌 수강신청 안내!

• MUST BIM 실무동영상 강좌 : 한솔아카데미 홈페이지 (http://www.inup.co.kr, http://rpaec.com/pace/)

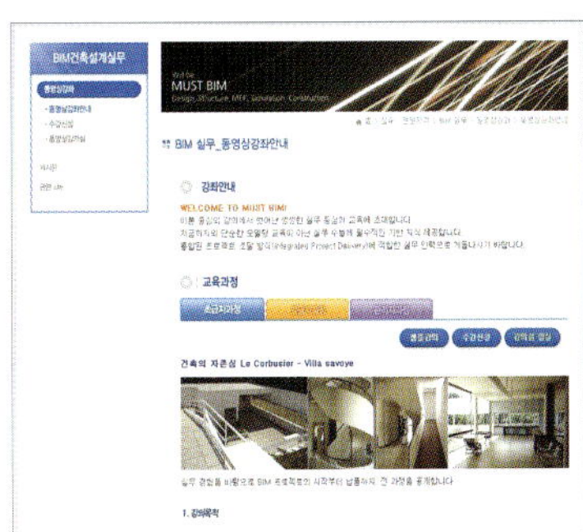
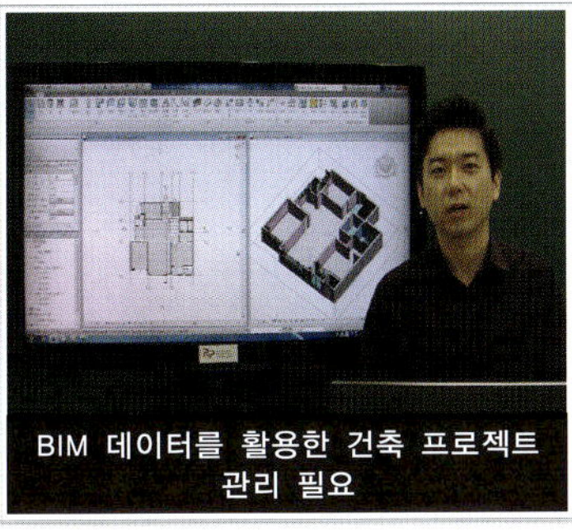

■ MUST BIM 교육 과정의 목표!

머스트빔 온라인 공식 커뮤니티를 통해 온라인 강좌 수강시 생기는 문제들에 대한 솔루션을 적극적으로 제공합니다.

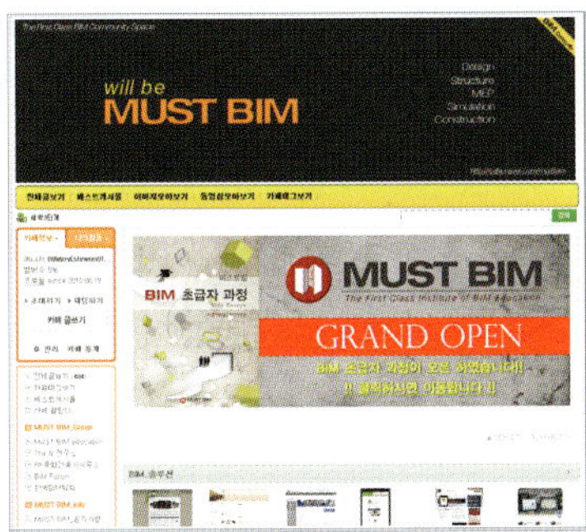
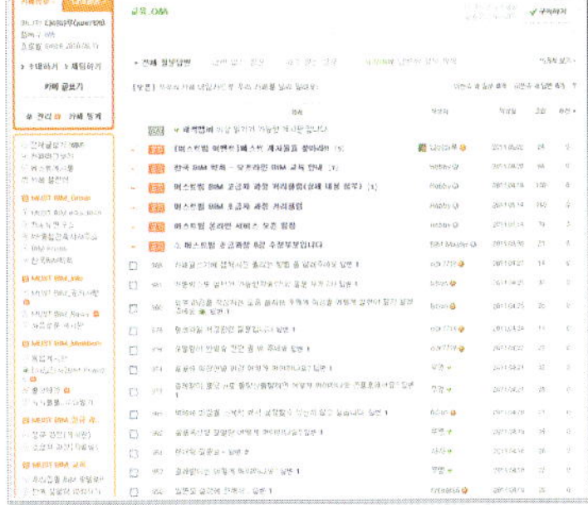
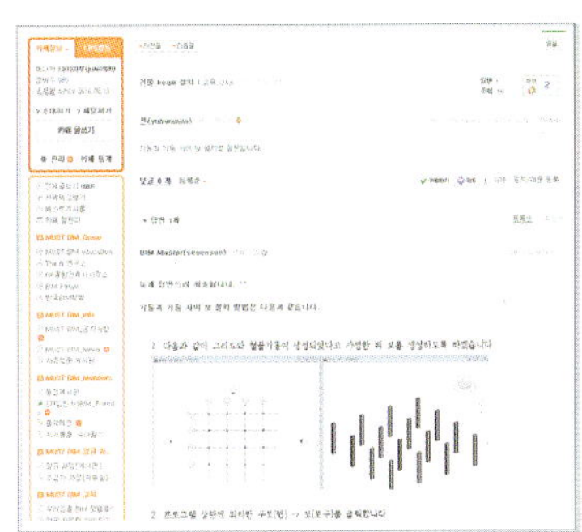

BIM 정규 과정을 수강하시는 분에게 별도 등급 부여(머스트빔 등급)를 통해 커뮤니티의 다양한 정보를 제공합니다.

• 교육 문의 (온라인 http://cafe.naver.com/mustbim / 오프라인 02-3409-0034, 02-462-1110)

AT-AT Walker를 활용한

디지털 모델링 방법론

From Analogue to Digital, From Digital to Analogue

제1판 제1쇄 인쇄 • 2014년 1월 11일
제1판 제1쇄 발행 • 2014년 1월 19일

이 책을 함께 만든 사람들

발행처 • (주)한솔아카데미
지은이 • 이나래, 박기백, 함남혁, 유기찬
발행인 • 한병천
주소 • 서울시 서초구 양재2동 275-3 트윈타워 A동 20층 2002호
대표전화 • 02)575-6144
팩스 • 02)529-1130
등록 • 1998년 2월 19일(제16-1608호)
홈페이지 • www.inup.co.kr /www.bestbook.co.kr

책임편집 • 이종권, 안주현, 안주희
표지디자인 • 강수정

ISBN • 979-11-5656-003-6 13000
정가 • 28,000원

• 잘못된 책은 구입처에서 교환해 드립니다.